Sicherheits- und Antriebstechnik

Herbert Bernstein

Sicherheits- und Antriebstechnik

Umweltgerechte Konstruktion und Normung der Maschinensicherheit

Springer Vieweg

Herbert Bernstein
München, Deutschland

ISBN 978-3-658-12933-0 ISBN 978-3-658-12934-7 (eBook)
DOI 10.1007/978-3-658-12934-7

Die Deutsche Nationalbibliothek verzeichnet diese Publikation in der Deutschen Nationalbibliografie; detaillierte bibliografische Daten sind im Internet über http://dnb.d-nb.de abrufbar.

Springer Vieweg

Lektorat: Thomas Zipsner

Gedruckt auf säurefreiem und chlorfrei gebleichtem Papier.

Springer Vieweg ist Teil von Springer Nature
Die eingetragene Gesellschaft ist Springer Fachmedien Wiesbaden

Vorwort

In der EU dürfen viele Produkte ohne CE-Kennzeichnung nicht in Verkehr gebracht oder in Betrieb genommen werden, d. h. für diese Produkte, ohne CE-Kennzeichnung herrscht Vertriebsverbot!

Ziel der CE-Kennzeichnung ist der Abbau von Handelshemmnissen, freier Warenverkehr und Sicherstellung von grundlegenden Sicherheits- und Gesundheitsanforderungen, was besonders zur industriellen Automation und Industrie 4.0 beiträgt.

Die CE-Kennzeichnung ist an produktabhängige Voraussetzungen geknüpft, die vom Hersteller, aber künftig auch von Importeuren und Händlern erfüllt werden müssen. Die CE-Kennzeichnung ist ein Sicherheitskennzeichen und ist daher entscheidend für den Markterfolg.

Die für die praktische Umsetzung wesentlichen Anforderungen werden in der Art des Buches anschaulich erläutert und anhand von Beispielen ausführlich behandelt.

Im weltweiten Handel und aufgrund gesetzlicher Vorgaben haben die Ermittlung der Konformität von Produkten mit vorgegebenen Anforderungen sowie die Dokumentation der Prüfergebnisse und die Bestätigung der Konformität eine große Bedeutung. Dafür stehen eine ganze Reihe von Produktrichtlinien und internationale Normen zur Verfügung, deren Kenntnis und Interpretation äußerst wichtig sind.

Die Auslegung und Anpassung von neuen und gebrauchten Maschinen und Anlagen an die gültigen Rechtsvorschriften, unter Anwendung von Normen, stellt Konstrukteure und Betreiber immer wieder vor die Fragen:

- Welche Vorschrift ist bindend?
- Was ist bei neuen Maschinen zu beachten?
- Wie wird die Risikobeurteilung durchgeführt?
- Welche Dokumentationen sind erforderlich?
- Welche Veränderungen bringt die neue Betriebssicherheitsverordnung mit sich?
- Welche Anpassungen sind über funktionale Änderungen hinaus erforderlich?
- Muss nach einer Änderung eine Neubewertung der Maschine erfolgen?

Für den Maschinenbauer ist die Bereichsabsicherung wichtig, besonders berührungslos wirkende Schutzeinrichtungen und die Zugangssicherung von Gefahrenbereichen. Hierzu gehört die Schutzüberwachung mit Positionsschalter und die Schutzeinrichtungen mit Annäherungsreaktion. Damit kann der Maschinenbauer dem Elektrotechniker seine Vorstellungen erläutern.

Ich bedanke mich bei meinen Studenten für die vielen Fragen, die zu einer besonders eingehenden Darstellung wichtiger und schwieriger Fragen beigetragen haben. Weiterhin nehme ich gerne Anregungen entgegen.

Für die gute Zusammenarbeit mit dem Lektorat Maschinenbau möchte ich mich bei Herrn Zipsner besonders bedanken.

Meiner Frau Brigitte danke ich für die Erstellung der Zeichnungen und für die Korrektur des Manuskripts.

Wenn Fragen auftreten: Bernstein-Herbert@t-online.de

Herbert Bernstein

Inhaltsverzeichnis

1 Vorschriften, Richtlinien und Normen

Der Weg zur „sicheren Maschine" muss nachweislich sicher sein, d. h., die Maschine führt alle Funktionen durch, ohne Verletzungen oder Gesundheitsschäden zu verursachen. Diesen Nachweis muss man im Regelfall in Eigenverantwortung und in Sonderfällen mit Hilfe einer „Zuständigen Stelle" erbringen. Nach außen dokumentiert wird dies durch das CE-Zeichen.

Nachfolgend findet man einen „Fahrplan", der im Weiteren genauer erläutert ist.

- Werksnorm erstellen
  - zutreffende Richtlinien ermitteln,
  - Normen recherchieren,
- Technische Dokumentation ausarbeiten
  - grundlegende Anforderungen auflisten,
  - Gefahrenanalyse durchführen,
  - Lösungen beschreiben,
  - Risiko abschätzen,
  - Prüfkriterien festlegen,
- Sicherheitskonzept integrieren
  - konstruktive Lösungen,
  - Schutzeinrichtungen, nach Normen, Baumusterprüfung, andere Gefahren,
  - vor Restgefahren warnen,
- Prüfprotokolle erstellen,
- Betriebsanleitungen ausarbeiten
  - grundlegendes Sicherheitskapital,
  - spezielle Gefahrenhinweise,
  - Betriebsanleitung übersetzen,
- Konformitätserklärung ausstellen,
- CE-Kennzeichnung anbringen.

H. Bernstein, *Sicherheits- und Antriebstechnik*, DOI 10.1007/978-3-658-12934-7_1

Für die komplette Maschine sowie Teile davon ist eine Risikoabschätzung zu erstellen. Gelangt man zu der Überzeugung, dass Versagen von Schaltungstechniken und Bauteilen in Schutzeinrichtungen zu einer Gefahr führen kann, so sind weitere Maßnahmen zur Risikoverminderung im Fehlerfall zu treffen. In jedem Fall muss dieser Vorgang sorgfältig ausgeführt und dokumentiert sein.

1.1 Europäisches Sicherheitskonzept

Bisher gibt es 16 unterschiedliche kennzeichnungspflichtige Richtlinien und eine große, stark wachsende Anzahl an EN-Normen (harmonisierte Europa-Normen). Sinn und Ziel ist der freie Warenverkehr innerhalb der Europäischen Union aufgrund gleicher Anforderungen in jedem Mitgliedsstaat, die ein Mindestmaß an Sicherheit beim Anwender sicherstellen.

EU-Richtlinien sind als eine Art Obergesetz zu verstehen, wie Abb. 1.1 zeigt. Die EU-Richtlinien müssen von allen Mitgliedsstaaten in nationales Recht umgesetzt werden.

Beispiel

Die Maschinenrichtlinie ist mit der 9. Verordnung Teil des Gerätesicherheits-Gesetzes in Deutschland geworden. EU-Richtlinien dienen in erster Linie dazu, eine einheitliche und verbindliche Rechtsgrundlage zu schaffen. Um jedoch die technische Weiterentwicklung nicht zu behindern, werden hier nur grundlegende Anforderungen definiert und keine technischen Details und Feinheiten festgeschrieben.

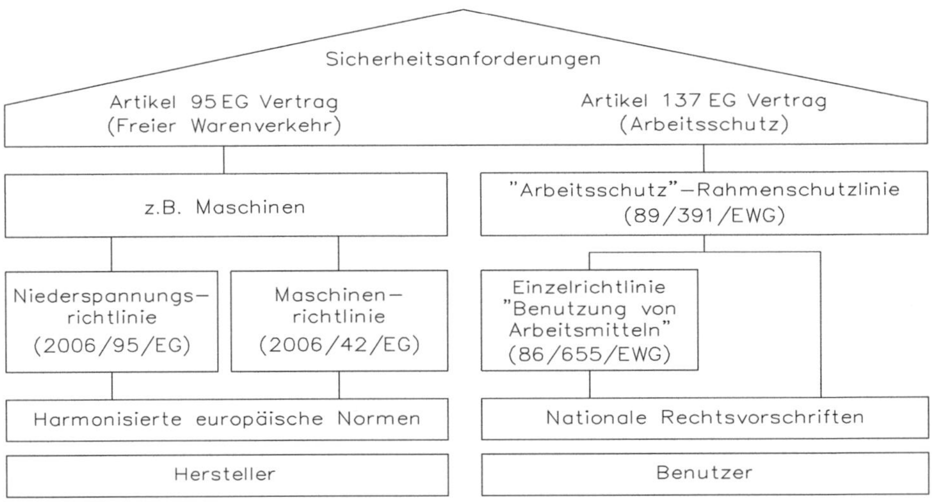

Abb. 1.1 Sicherheitsanforderungen der Fertigungsindustrie

Die Europa-Normen (EN-Normen) werden in das nationale Normenwerk jedes Mitgliedsstaates der Europäischen Union übernommen.

Nationale Normen mit einem Inhalt, der den EN-Normen entgegensteht, werden zurückgezogen.

Dies trifft für die DIN/VDE-Vorschriften ebenso zu wie für Unfallverhütungs-Vorschriften VBG.., ZH.. usw. Durch Einhalten der EN-Normen darf man „vermuten“, dass die Richtlinien erfüllt sind. Diese EN-Normen sind für jede Richtlinie in der „Mitteilung der Kommission im Rahmen der Durchführung der Richtlinie“ aufgelistet. Abb. 1.2 zeigt Normen für den Entwurf von Steuerungen.

Die als Weißdruck verbindlichen EN-Normen sind anzuwenden. Solange es für ein Gebiet keine EN-Normen oder nur Entwürfe gibt, können und sollen die nationalen Normen angewendet werden.

In der Praxis werden aber auch die im Amtsblatt der EG veröffentlichten Norm-Entwürfe (prEN..) von zuständigen Stellen als Grundlage zur Konformitätsbewertung herangezogen. Abb. 1.3 zeigt eine Übersicht der CE-kennzeichnungspflichtigen EU-Richtlinien.

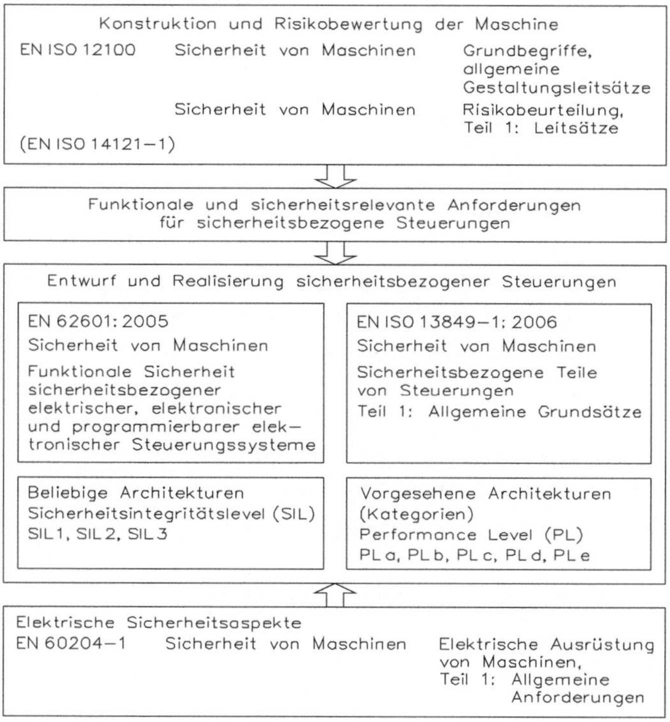

Abb. 1.2 Normen für den Entwurf von Steuerungen

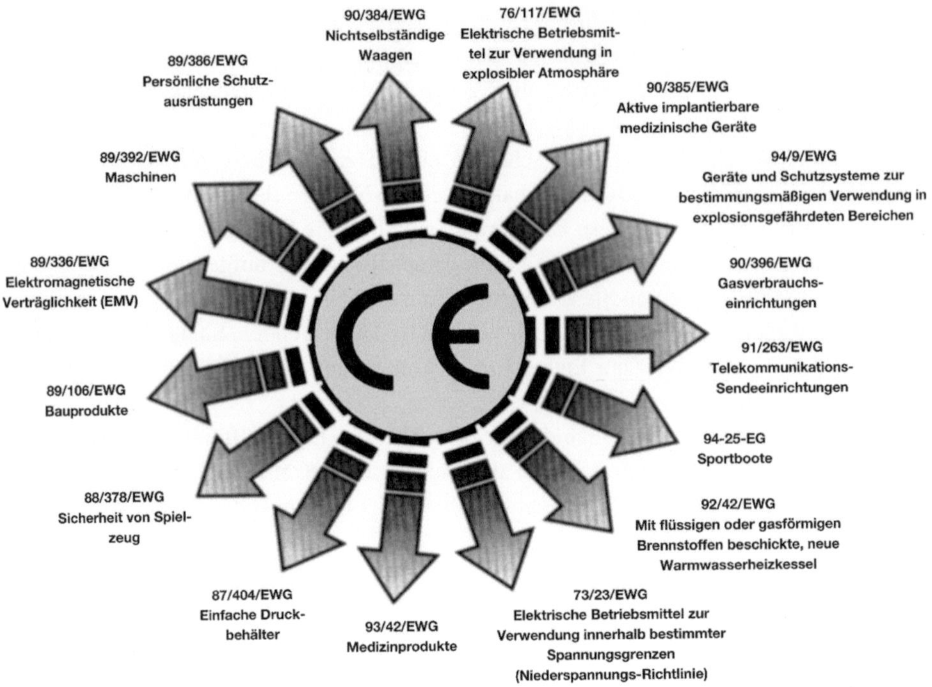

Abb. 1.3 Übersicht der CE-kennzeichnungspflichtigen EU-Richtlinien

1.1.1 Maschinenrichtlinie

Seit Anfang 1995 gilt die CE-Kennzeichnungspflicht nach der Maschinenrichtlinie 89/392/EWG. Diese definiert grundlegende Anforderungen an die Sicherheit von Maschinen und die Gesundheit des Betreibers/Anwenders.

Was ist nun eine „Maschine"? Zitat aus der Maschinenrichtlinie: Eine Maschine im Sinne dieser Verordnung ist eine Gesamtheit von miteinander verbundenen Teilen oder Vorrichtungen, von denen mindestens eines beweglich ist. Des weiteren schließt man die Betätigungsgeräte, Steuer- und Energiekreis mit ein, die für eine bestimmte Anwendung zusammengefügt sind (z. B. die Verarbeitung, Behandlung, Fortbewegung und Aufbereitung eines Werkstoffs).

Unter Maschinen versteht die Richtlinie beispielsweise:

- Industriemaschinen,
- Regalbediengeräte,
- Gabelstapler usw.

Da in der Maschinenrichtlinie nur grundlegende Anforderungen stehen, es aber eine Vielzahl unterschiedlicher Maschinen gibt, stellt sich nun die Frage: „Wie kann ein Maschinenhersteller nachweisen, dass diese Maschine sicher ist?" Zu diesem Zweck sind in den EN-Normen prüfbare und damit nachweisbare Forderungen festgeschrieben.

Die EN-Normen „Sicherheit für Maschinen" sind in drei Hauptgruppen unterteilt:

- Typ A: definiert Anforderungen, die für alle Maschinenarten anwendbar sind: Grundlegende Sicherheitsanforderungen.
- Typ B: sind „Gruppennormen", die konstruktiven Aspekte wie Abstände, Oberflächentemperaturen, oder funktionale Aspekte wie NOT-AUS, Zweihandbedienung, usw. behandeln. Diese sind für unterschiedliche Maschinengruppen anwendbar.
- Typ C: beschreiben als „Produktnormen" konkret die Anforderungen an einzelne Maschinenarten. Mit der C-Norm kann die Maschinensicherheit geprüft und nachgewiesen werden.

Viele der B- und besonders der C-Normen befinden sich im Entwurfsendstadium. Zusammen mit dem Anwendungszwang begründet dies die Verunsicherung der Maschinenhersteller zu diesem Thema. Abb. 1.4 zeigt den hierarchischen Aufbau der CEN-Sicherheitsnormen.

Die sicherheitstechnischen Anforderungen der Maschinenrichtlinie und EN-Normen sind unterschiedlich hoch abhängig vom jeweiligen Unfallrisiko. In den meisten C-Normen sind die konkreten Risiken der Maschinenart berücksichtigt.

Entsprechend hoch oder niedrig sind die sicherheitstechnischen Anforderungen vorgegeben. Besonders wenn keine C-Norm vorliegt, muss der Konstrukteur selbst aufgrund einer Gefahrenanalyse die Höhe des Risikos abschätzen und Maßnahmen zur Risikoverminderung ergreifen, prüfen und dokumentieren. Hilfestellungen zur Risikobeurteilung und Risikoverminderung geben die B-Normen EN 1050 und EN 954-1.

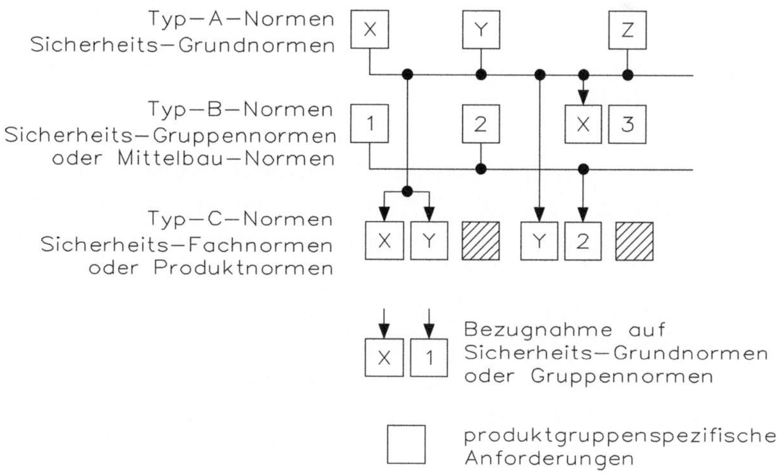

Abb. 1.4 Hierarchischer Aufbau der CEN-Sicherheitsnormen

1.1.2 Konformitätserklärung

Für jede Maschine muss der Hersteller eine Konformitätserklärung ausstellen. Darin werden die zugrunde gelegten EN-Normen angeführt und die Maschine dazu konform erklärt. Die Einhaltung dieser Normen erlaubt die Vermutung, dass die Maschinenrichtlinie eingehalten ist.

Die Maschinenrichtlinie sieht drei unterschiedliche Konformitätserklärungen vor:

- A für Maschinen und gefährliche Maschinen,
- B für Komponenten, einzubauende Maschinen und Steuerung,
- C für Sicherheitsbauteile.

Neben der Konformitätserklärung muss der Hersteller eine Dokumentation der Gefahren/Risiken und der Gegenmaßnahmen mit Prüfergebnissen erstellen. Diese Dokumentation ist nicht für ihre Kunden bestimmt, ggf. muss man diese einer „zuständigen Stelle“ auf „begründetes Verlangen“ vorgelegt werden.

Wichtig für den Benutzer ist die Bedienungsanleitung mit der „Bestimmungsgemäßen Verwendung“ und „Warnhinweisen“. Hierbei kommt die durchgeführte Risikoanalyse zugute: „Vor (nicht zu beseitigenden) Restgefahren warnen“.

Für elektrische Betriebsmittel gilt die CE-Kennzeichnungspflicht nach der Niederspannungs-Richtlinie 73/23/EWG.

Das Einhalten der Sicherheitsziele dient dem Schutz vor Gefahren durch elektrischen Strom bei Niederspannungsgeräten. Wesentliche Grundanforderungen finden sich als Sicherheitsziele der Richtlinie. Unter Niederspannungsbetriebsmitteln sind elektrische Schaltgeräte, Leitungen, Kabel, Drähte und Installationsmittel mit einem Spannungsbereich 50 ... 1000 VAC (Wechselspannung) bzw. 75 ... 1500 VDC (Gleichspannung) zu verstehen.

1.1.3 EMV-Richtlinie

Die Kennzeichnung von Produkten, die der EMV-Richtlinie 89/336/EWG entsprechen, ist ab 1996 vorgeschrieben. Die EMV-Richtlinie formuliert zwei grundlegende Anforderungen an die elektromagnetische Verträglichkeit von Betriebsmitteln:

- EN 50081: Störaussendung, d. h. der von Geräten ausgehende Höchstwert an elektromagnetischen Störungen (Ausstrahlung, Emission).
- EN 50082: Störfestigkeit, d. h. die angemessene Festigkeit von Geräten gegen elektromagnetische Störungen. Differenziert behandelt wird einerseits der Bereich Industrie sowie andererseits der Wohn-, Geschäfts-, Gewerbebereich, Leichtindustrie, Kleinbetriebe, Büro und Labor.

1.1.4 CE-Kennzeichnung

Der Hersteller bzw. der in der EU niedergelassene Bevollmächtigte (Lizenznehmer bzw. Vertragspartner) erklärt die Übereinstimmung der Produkte mit den Sicherheitsanforderungen der zutreffenden Richtlinien und EN-Normen. Durch Ausstellen einer EU-Konformitätserklärung wird dies dokumentiert.

Die Kennzeichnung mit dem CE-Zeichen wird, in Selbstverantwortung oder nach Baumusterprüfung, vom Hersteller angebracht. Die Kennzeichnung ist für den Verkauf ein Muss, denn ab dem gültigen Zeitpunkt dürfen Produkte/Bauteile/Geräte/Anlagen ohne CE-Zeichen nicht in Verkehr gebracht werden.

Das CE-Zeichen ist als ein Reisepass innerhalb des europäischen Binnenmarktes anzusehen. Es ist jedoch nicht mit einem Qualitäts- oder Gütezeichen zu verwechseln, da es nur als Verwaltungszeichen dient. Das CE-Zeichen richtet sich vorrangig an die Überwachungsbehörden. Abnehmern und Endverbrauchern signalisiert es, dass „vermutet" wird, dass das Produkt die Anforderungen der Richtlinie bzw. des umsetzenden Gesetzes einhält.

Die Kennzeichnung ist vor Inverkehrbringen, d. h. vor Verkauf und Inbetriebnahme, vorzunehmen. Das Inverkehrbringen im Sinne des Gesetzes ist jedes Überlassen technischer Arbeitsmittel, Produkte oder Waren an andere. Die Einfuhr in die EU steht dem Inverkehrbringen gleich. Somit müssen auch Importwaren, sofern diese unter eine Richtlinie fallen, das CE-Zeichen tragen. Dabei sind unter technischen Arbeitsmitteln verwendungsfertige Arbeitseinrichtungen, Arbeitsgeräte, Werkzeuge und Maschinen zu verstehen. Arbeitseinrichtungen sind dann verwendungsfertig, wenn man diese bestimmungsgemäß nutzt und eingesetzt werden können. Es brauchen keine weiteren Teile eingefügt zu werden. Das Inverkehrbringen – und damit die CE-Kennzeichnung – trifft für folgende Maschinen zu:

- neue Maschinen, die erstmals in der EU hergestellt werden,
- bestehende Maschinen, die umgebaut und/oder geändert werden,
- alle Maschinen (neue und bestehende), die aus einem Drittland eingeführt und im Gebiet der EU vertrieben und/oder verwendet werden,
- neue und umgebaute Maschinen, die kostenlos zur Verfügung gestellt werden.

1.2 Sicherheits-Gruppennormen Typ „B"

Die Sicherheits-Gruppennormen behandeln konstruktive Aspekte wie Abstände, Oberflächentemperaturen, oder funktionale Aspekte wie z. B. NOT-AUS, Zweihandbedienung. Diese sind für unterschiedliche Maschinengruppen anwendbar.

Liegt für die Maschine noch keine Produktnorm Typ „C" vor, oder es werden signifikante Gefährdungen der Maschine dort nicht behandelt, geben die Festlegungen der relevanten Gruppennormen Typ „B" Entscheidungshilfen. Tab. 1.1 zeigt die Themenbereiche für die CE-Kennzeichnung.

Tab. 1.1 Themenbereiche für die CE-Kennzeichnung

Thema	Norm
Allgemeines	
Grundbegriffe, allgem. Gestaltungsleitsätze – Grundsätzliche Terminologie, Methodologie – Technische Leitsätze und Spezifikationen	EN 292-1 EN 292-2 EN 292-2/A1
Risikobeurteilung	EN 1050
Regeln für Abfassung und Gestaltung von Sicherheitsnormen	EN 414
Terminologie	ENV 1070
Elektrische Ausrüstung von Maschinen	
Allgemeine Anforderungen	EN 60204-1
Sicherheitsbezogene Teile von Steuerungen	
Allgemeine Gestaltungsleitsätze	EN 954-1
Reduzierung des Gesundheitsrisikos durch Gefahrstoffe, die von Maschinen ausgehen	
– Grundsätze und Festlegungen für Maschinenhersteller – Methodik beim Aufstellen von Überprüfungsverfahren	EN 626-1 EN 626-2
Schutzeinrichtungen	
Verriegelungseinrichtungen in Verbindung mit Schutzeinrichtungen – Leitsätze für Gestaltung und Auswahl	EN 1088
Berührungslos wirkende Schutzeinrichtungen	EN 50100-1
Allgemeine Anforderungen an die Gestaltung und Konstruktion von beweglichen Schutzeinrichtungen (feststehende, bewegliche)	EN 953
Anordnung von Schutzeinrichtungen im Hinblick auf Annäherungsgeschwindigkeiten von Körperteilen, Abstände, Oberflächentemperaturen	EN 999
Mindestabstände zur Vermeidung des Quetschens von Körperteilen	EN 394
Sicherheitsabstände gegen das Erreichen von Gefahrenstellen mit den unteren Gliedmaßen	EN 811
Sicherheitsabstände gegen das Erreichen von Gefahrenstellen mit den oberen Gliedmaßen	EN 294
Temperaturen berührbarer Oberflächen – Ergonomische Daten zur Festlegung von Temperaturgrenzwerten für heiße Oberflächen	EN 563 EN 563/AC
Anzeigen, Stellelemente, Signale	
Ergonomische Anforderungen für die Gestaltung von Anzeigen und Stellteilen – Benutzer-Interaktion mit Anzeigen und – Stellteilen – Anzeigen – Stellteile	EN 894-1 EN 894-2 EN 894-3
Sichtbare, hörbare und tastbare Signale	EN 61310-1
Kennzeichnungsgrundsätze	EN 61310-2
System akustischer und optischer Gefahrensignale und anderer Signale	EN 981

Tab. 1.1 (Fortsetzung)

Thema	Norm
Menschen	
Körpermasse des Menschen – Grundlagen zur Bestimmung von Abmessungen für Ganzkörperzugänge von Maschinenarbeitsplätzen	EN 547-1 EN 547-2
Menschliche, körperliche Leistung – Begriffe	EN 1005-1
NOT-AUS, Zweihand, Energietrennung und -ableitung	
NOT-AUS-Einrichtung, funktionelle Aspekte, Gestaltungsleitsätze	EN 418
Zweihandschaltungen, funktionelle Aspekte, Gestaltungsleitsätze	EN 574
Vermeiden von unerwartetem Anlauf	EN 1037

1.2.1 Normen-Erläuterungen

Die folgenden Seiten sind bewusst praxisnah formuliert und aufgebaut. Wenn man verbindliche und detaillierte Informationen braucht, liest man bitte in der Norm direkt nach. Abb. 1.5 zeigt das Flussdiagramm für die Normen.

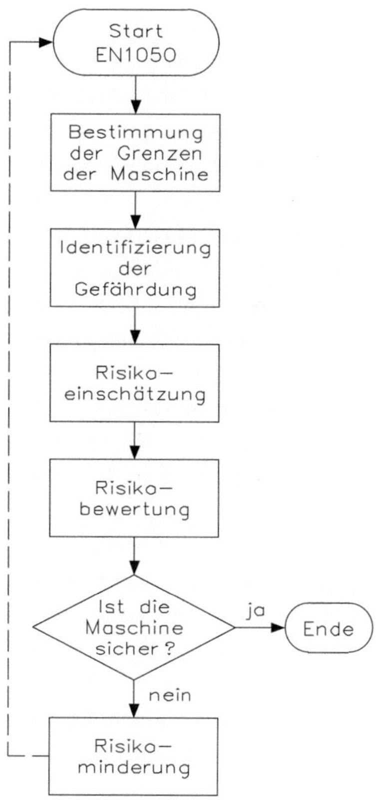

Abb. 1.5 Flussdiagramm für die Normen

Die Reihenfolge der Erläuterungen orientiert sich an dem Flussdiagramm „Maschinenrichtlinie umsetzen“. Unter der Maschinenrichtlinie wird es über 100 Typ „A“- und „B“-Normen geben.

Nach welcher grundlegenden und pragmatischen Methode können Maschinen aller Art sicher im Sinne der europäischen Gesetzgebung gestaltet werden?

Existiert für die Maschine keine Produktnorm, erhält man hier wichtige Hilfestellungen. Diese Typ „A“-Norm bildet die Basis für Typ „B“- und „C“-Normen.

Man kann die Maschine in vier Schritten so sicher konstruieren, dass diese keine Verletzungen oder Gesundheitsstörungen verursacht.

1.2.2 Risikoverminderung durch Konstruktion

Als vorrangige Maßnahme zur Gefahrenbeseitigung sind geeignete Konstruktionsmerkmale zu wählen wie:

- keine scharfen Ecken und Kanten,
- Mindestabstände zu Gefahren einhalten,
- Kräfte, Geschwindigkeiten und Massen auf ungefährliche Werte reduzieren,
- Teile unterhalb der Beanspruchungsgrenzen auslegen,
- eigensichere Techniken wie Schutzkleinspannung, ungiftige Flüssigkeiten in der Hydraulik etc. verwenden,
- mechanischer Formschluss bei Bewegungsübertragung hat Vorrang vor kraftabhängigen Lösungen,
- ergonomische Gesichtspunkte wie ausreichende Beleuchtung und körpergerechte Bedienung beachten,
- gefährdendes Maschinenverhalten wie unerwarteter Anlauf oder unkontrollierte Geschwindigkeitsänderung durch sicheren Steuerungsaufbau ausschließen,
- Fehlererkennung z. B. durch redundanten Aufbau,
- Arbeiten in den Gefahrenzonen auf ein Minimum reduzieren durch:
  - Zuverlässigkeit der Maschinenfunktion – dies vermindert die Häufigkeit der notwendigen Eingriffe,
  - kein manuelles Be- und Entladen der Maschine,
  - Einstell- und Wartungsstellen außerhalb des Gefahrenraumes.

Man beachte dabei alle „Lebensphasen“ der Maschine. Angefangen bei Bau, Transport und Inbetriebnahme über Gebrauch und Einsatz bis hin zur Außerbetriebnahme, Abbau, Demontage und ggf. Entsorgung.

Man schätzt nun das Verletzungsrisiko ab. Hilfestellung gibt die 1050 und die EN 954-1 für sicherheitsrelevante Teile der Steuerung.

Man kann die Gefährdungspotentiale durch geeignete Konstruktionsmerkmale nicht ausreichend senken und daher muss man technische Schutzmaßnahmen ergreifen.

Fall A: Der Zugang zum Gefahrenbereich während des Betriebes ist nicht erforderlich. Man schränkt diesen Bereich nur durch eine mechanische Verkleidungen ein. Die EN 953 beschreibt die Anforderungen an die „trennenden Schutzeinrichtungen".

Fall B: Muss der Bediener während des Betriebs in den Gefahrenraum eingreifen, sieht man Maßnahmen vor, wie z. B.

- bewegliche Schutzeinrichtung mit Überwachung,
- berührungslos wirkende Schutzeinrichtungen,
- Zweihandschaltung.

Für die Wartungs- und Einstellarbeiten sollen die Schutzeinrichtungen weitgehend in Funktion bleiben. Ist dies nicht möglich, muss ein abschließbarer Betriebsartenwahlschalter verwendet werden. Damit kann eine „risikoärmere" Betriebsart wie Schleichgang mit Handsteuerung gewählt werden.

Bei Wartungs- und Einstellarbeiten soll man wiederum eine Risikoabschätzung durchführen.

Es konnten nicht alle Gefährdungen durch Konstruktion oder technische Schutzeinrichtungen ausreichend beseitigt werden. Man muss den Benutzer durch deutliche Hinweise in der Betriebsanleitung direkt an der Gefährdungsstelle warnen!

Für Notfälle muss man eine oder mehrere NOT-AUS-Einrichtungen vorsehen. Dies ist nicht notwendig bei

- tragbaren handgehaltenen oder handgeführten Maschinen,
- Maschinen, deren Risiko durch NOT-AUS nicht verringert wird.

Für Reparatur- und Wartungsarbeiten sind Mittel für die Energietrennung und den Energieabbau notwendig. Dazu verwendet man beispielsweise abschließbare Hauptschalter mit Trennfunktion.

Weiterhin:

- Die Anschlussmöglichkeiten für den Transport mit Hebezeugen ist vorzusehen.
- Man muss berücksichtigen, dass alle Arbeiten wie Bedienung, Instandhaltung und dgl. vom Boden oder trittsicheren Podesten aus durchgeführt werden können.
- Man muss für die statische und dynamische Standsicherheit sorgen.

Sammeln und vereinigen von Kenntnissen über Konstruktion, Verwendung, Gefährdungen und Unfallgeschehen zur Risikobeurteilung.

Damit die Maschine oder Anlage als sicher eingestuft werden kann, muss man geeignete Sicherheitsvorkehrungen treffen. Ob diese überhaupt notwendig sind – und in welchem Umfang – erfährt man durch eine Risikobeurteilung bzw. Gefahrenanalyse. Dabei gilt es, prinzipiell zwei unterschiedliche Varianten von Schutztypen zu berücksichtigen:

- der Schutz von Einzelpersonen z. B. durch Zweihandsteuerungen,
- der Schutz von Arbeitsbereichen, die jede Person schützen, z. B. durch Schutzvorrichtungen.

Die Europa-Norm prEN 1050 „Sicherheit von Maschinen – Risikobeurteilung" ermöglicht es, über mehrere Schritte die Sicherheit bzw. das zu erwartende Risiko einzuschätzen.

Schritt 1 (Gefährdungsanalyse)
Die Grenzen der Maschine sind zu bestimmen.

- Welche Funktionen soll diese erfüllen, welche nicht? Bestimmungsgemäße Verwendung bis hin zu vorhersehbaren Fehlfunktionen und Missbrauch.
- Wer soll die Maschine nutzen, wer nicht? Qualifikation und Erfahrung des Personals in allen Bereichen von der Entwicklung bis hin zur Wartung.

Durch Identifizierung erhält man die Gefährdungen:

- Welche Gefährdungen hat Ihre Maschine? Eine Checkliste ist zu benützen. Dort sind mögliche elektrische, mechanische, chemische und physikalische Gefährdungen aufgeführt.

Man schätzt diese Umgebungs- und Einsatzbedingungen der Maschine ein.

- Welche Ereignisse können einen Schaden verursachen? Materialzufuhr oder Entnahme per Hand, Wartung, Instandhaltung, menschliche Verhaltensweisen, Beeinflussung durch Personen, die nicht zum Bedienungspersonal gehören, Ausfall von sicherheitsrelevanten Bauteilen.

Schritt 2 (Risikoeinschätzung)
Man beurteilt das Gesamtrisiko unter Berücksichtigung aller nachstehender Faktoren:

- Wahrscheinlichkeit einer Verletzung bzw. Gesundheitsgefährdung,
- Häufigkeit und Aufenthaltsdauer innerhalb des Gefahrenbereichs,
- höchster vorhersehbarer Schweregrad einer Verletzung,
- mögliche Umgehung der getroffenen Sicherheitsmaßnahmen,
- Zuverlässigkeit der Sicherheitsfunktionen,
- mögliches Verhalten der Maschine bzw. Anlage in allen Betriebsarten,
- menschliche Faktoren: Risikobewusstsein, Ausbildung, Zeitdruck,
- Kombination bzw. Zusammenspiel von Gefahrensituationen (Komplexität).

Schritt 3 (Risikoverminderung)
Man wendet die Punkte zur Risikoverminderung nach EN 292 an:

- beseitigen der festgestellten Gefährdung,
- Unbefugte sollen keinen Zugang in die Maschine haben,
- Verwendung von Schutzeinrichtungen,
- Schadensausmaß verkleinern durch Begrenzung auf ungefährliche Werte.

Schritt 4 (Risikobewertung)
Ist die notwendige Sicherheit erreicht?

- Sind Gefährdungen beseitigt/vermindert?
- Bieten technische Schutzmaßnahmen ausreichend Schutz, sind diese Maßnahmen praktikabel eingesetzt?
- Ist die Schaltungskategorie nach EN 954-1 korrekt gewählt?
- Ist die bestimmungsgemäße Verwendung klar formuliert und verständlich?
- Sind die sicheren Arbeitsverfahren angemessen beschrieben?
- Wird der Anwender über Notwendigkeit der persönlichen Schutzausrüstung unterrichtet?
- Wird vor Restrisiken ausreichend gewarnt?

Der Nachweis der Gefahrenanalyse dient der Kontrolle, dass alle signifikanten Gefährdungen erkannt und angemessene Vorkehrungen getroffen wurden, z. B. durch die Wahl der zutreffenden Kategorien gemäß EN 954-1. Weiterhin sind Schutzmaßnahmen und die dadurch erreichten Ziele zu dokumentieren. In einfachen Anwendungsfällen stellen Typ „B“- oder „C“-Normen eine ausreichende Dokumentation dar.

Teile der Steuerung sollen Sicherheitsaufgaben übernehmen. Man soll den Grad der Widerstandsfähigkeit gegen Fehler festlegen, in Abhängigkeit vom Verletzungsrisiko. Man muss prüfen, ob die Steuerung die Anforderungen erfüllt und man muss dieses immer dokumentieren.

Es ist immer zu dokumentieren, welche Teile der Steuerung Sicherheitsaufgaben übernehmen werden und welche nicht. Durch Gefährdungsanalyse und Risikobeurteilung (EN 292 und EN 1050) weiß man dann, welchen Beitrag zur Risikoverminderung die Steuerung übernehmen soll. Beispielsweise soll eine bewegliche Schutztüre mit Positionsschaltern überwacht werden. Auf diese Weise stellt man sicher, dass keine gefährliche Maschinenbewegung bei geöffneter Tür möglich ist.

Als weitere Dokumentationsmöglichkeit bietet sich Tab. 1.2 an.

Tab. 1.2 Dokumentationsmöglichkeit von Maschinen

Nummer	Art der Gefährdung nach EN 414	Nr. nach EN 414	Lokalisierung	Lösung
1	Quetschen	1.1	Bei Arbeitsvorgang xy	Abstand vergrößern
2	Scheren	1.2	Maschinenteil vorne	Schutzmaßnahme 5
3	Scheren	1.3	Beschickung des ...	Teil xy verändern ...
4	Schneiden und Abschneiden	1.4	Keine Gefährdung, weil ...	–

1.2.3 Risikoabschätzung

In der Risikoabschätzung beurteilt man die Auswirkungen beim Versagen eines Teils der Steuerung. Bleibt man bei dem Beispiel: Angenommen, es tritt ein Fehler auf und der Betrieb bei geöffneter Schutztür ist möglich.

- Wie hoch ist dann die potentielle Verletzungsgefahr?

Sind die Unfallfolgen größtenteils reversibel, wie z. B. Prellungen oder Schnittwunden ohne Komplikationen, wählt man S1, wie Abb. 1.6 zeigt. Nicht heilbare Verletzungen, wie das Abtrennen von Gliedmaßen oder gar tödliche Folgen, stuft man als S2 ein.

Als weiteren Punkt der Risikobeurteilung betrachtet man nun die Zeit (Abb. 1.7), wie häufig und wie lange eine Person sich im Gefahrenraum befindet.

Ist dies nur selten und/oder für kurze Dauer, wählt man F1, wie Abb. 1.8 zeigt.

Lange oder häufige Aufenthalte bewertet man mit F2.

Ein typischer Fall für F2 ist der Eingriff zwischen die Werkzeuge in regelmäßigen Abständen, um im zyklischen Betrieb Werkstücke zu entnehmen oder einzulegen. Ist der Zugang nur von Zeit zu Zeit erforderlich, wählt man F1. Zuletzt stellt sich die Frage: „Welche Möglichkeiten gibt es, einen Unfall zu vermeiden?"

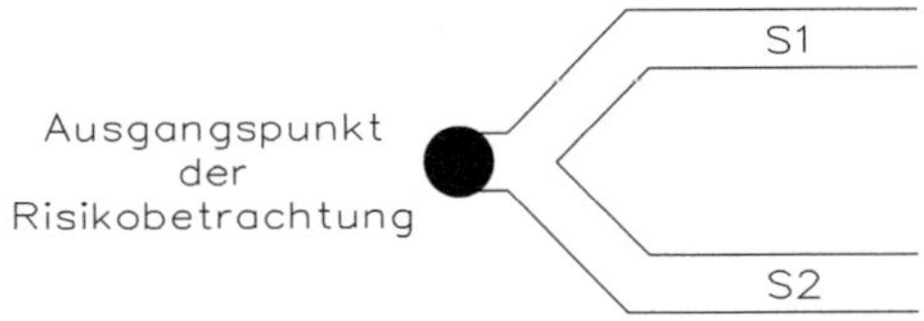

Abb. 1.6 Ausgangspunkt der Risikobetrachtung 0

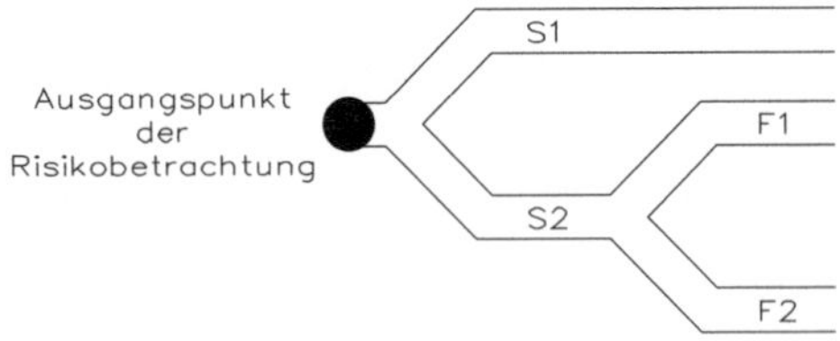

Abb. 1.7 Ausgangspunkt der Risikobetrachtung 1

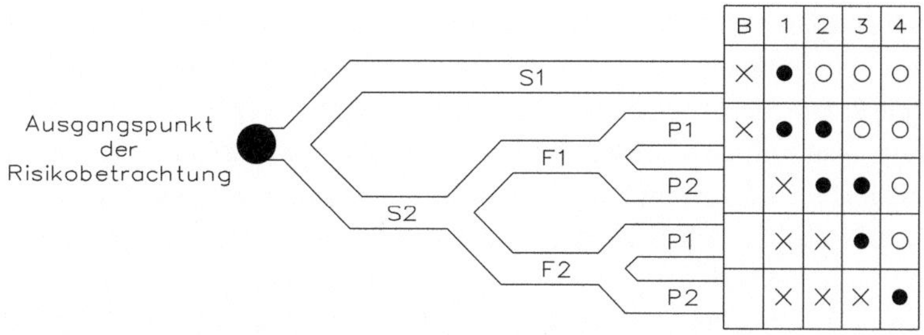

Abb. 1.8 Ausgangspunkt der Risikobetrachtung F1

Ein Unfall ist vor allem dann vermeidbar, wenn die Gefährdung erkennbar ist. Man orientiert sich an folgenden Punkten:

- Kann die Gefährdung direkt aufgrund ihrer physikalischen Merkmale festgestellt werden oder nur über technische Hilfsmittel wie Anzeigen etc.?
- Tritt die Gefährdung plötzlich, schnell und unerwartet auf oder langsam und sichtbar?
- Kann der Unfall durch Flucht oder Eingreifen Dritter vermieden werden?
- Betreiben Laien oder Fachpersonal die Maschine?
- Ist der Betrieb beaufsichtigt oder unbeaufsichtigt?
- Welche praktischen Erfahrungen liegen vor mit der Sicherheit beim Prozessverlauf?

Besteht eine realistische Chance, den Unfall zu vermeiden oder die Auswirkungen wesentlich zu verringern? Nur dann sollte man P1 wählen. Kann die Gefährdung kaum vermieden werden, bepunktet man dies mit P2.

Dieses Verfahren ist nicht mathematisch exakt, sondern qualitativ. Eine Abschätzung, die mit geringem Aufwand eine meist ausreichende Genauigkeit bringt. Man versteht dies als Teil der Risikobewertung nach prEN 1050 und nicht als Ersatz dafür.

Man legt nun fest, wie sicher die sicherheitsbezogenen Teile der Steuerung bei auftretenden Fehlern sein sollen.

Man kennt den Grundsatz: Je mehr die Risikoverminderung von den sicherheitsbezogenen Teilen der Steuerung abhängt, desto höher muss die Widerstandsfähigkeit gegen Fehler sein.

Als Bewertungskriterium bietet Ihnen die EN 954-1 Kategorien an. Die Kategorie wird ausgehend vom jeweiligen Risiko bestimmt und beschreibt die Widerstandsfähigkeit der Steuerung gegen Fehler.

Kategorie B (Basiskategorie): Die sicherheitsbezogenen Teile der Steuerung entsprechen mindestens dem Stand der Technik und man hält den zu erwartenden Einflüssen stand.

Kategorie 1: Die sicherheitsbezogenen Teile der Steuerung sind mit bewährten Bauteilen und Prinzipien zu gestalten und zu konstruieren. Unter einem bewährten Sicherheitsprinzip sind beispielsweise Positionsschalter mit zwangsöffnendem Kontakt zu verstehen. Mit elektronischen Bauteilen ist die Kategorie 1 im Normalfall nicht zu realisieren.

Kategorie 2: Die Sicherheitsfunktionen der sicherheitsbezogenen Teile einer Steuerung sind in geeigneten zeitlichen Abständen zu überprüfen. Die Prüfung darf automatisch oder manuell eingeleitet werden und ist mindestens bei jedem Anlauf durchzuführen. Dieses kann auch, als Resultat der Risikoanalyse, periodisch während des Betriebs erfolgen. Zwischen den Prüfungen kann eine gefahrbringende Situation an der Maschine auftreten.

Kategorie 3: Ein einzelner Fehler, der in einem sicherheitsbezogenen Bauteil der Steuerung auftritt, führt nicht zum Verlust der Sicherheitsfunktion. Durch eine Anhäufung unentdeckter Fehler kann es zu einer gefahrbringenden Situation an der Maschine kom-

Tab. 1.3 Anforderung und Verhalten des Steuerungssystems

Kategorie der bezogenen Teile von Steuerungen	Anforderungen	Verhalten des Steuerungssystems
B	– Steuerung nach dem Stand der Technik – Bauteile müssen den zu erwartenden Einflüssen standhalten	– Ausfall der Sicherheitsfunktion bei Auftritt eines Fehlers möglich – Einige Fehler bleiben unerkannt
1	– Anforderungen von „B“ müssen erfüllt sein – Einsatz bewährter Bauteile und Sicherheitsprinzipien	– Höhere Zuverlässigkeit der Sicherheitsfunktion, aber weiterhin Ausfall der Sicherheitsfunktion möglich
2	– Anforderungen von „B“ müssen erfüllt sein – Testung der Sicherheitsfunktion in angemessenen Zeitabständen	– Ein Fehler wird durch Prüfung erkannt – Ein Fehler kann zum Verlust der Sicherheitsfunktion zwischen den Prüfständen führen
3	– Anforderungen von „B“ müssen erfüllt sein – Ein Fehler führt nicht zum Verlust der Sicherheitsfunktion Fehler sollte, sofern möglich, erkannt werden	– Tritt ein Fehler auf, bleibt die Sicherheitsfunktion immer erhalten (Einfehler-Sicherheit) – Einige, aber nicht alle Fehler werden erkannt – Ausfall der Sicherheitsfunktionen bei mehreren Fehlern
4	– Anforderungen von „B“ müssen erfüllt sein – Ein Fehler führt nicht zum Verlust der Sicherheitsfunktion (Selbstüberwachung) – Der Fehler wird erkannt, die Maschine ist nicht weiter zu betreiben – Sicherheitsfunktion bleibt auch bei mehreren Fehlern erhalten	– Jeder erstmals auftretende Fehler wird erkannt – Die Sicherheitsfunktion bleibt immer erhalten (kein Ausfall)

men, da nicht alle Fehler erkannt werden müssen. Ein Beispiel hierfür ist ein redundanter Schaltungsaufbau ohne Selbstüberwachung.

Kategorie 4: Ein einzelner Fehler, der in einem sicherheitsbezogenen Bauteil der Steuerung auftritt, führt nicht zum Verlust der Sicherheitsfunktion. Dieser Fehler ist sofort oder vor der nächsten potentiellen Gefährdung zu erkennen, z. B. beim Schließen der Tür vor dem erneuten Maschinenstart. Ist dies aus gegebenen Umständen nicht möglich, darf die Anhäufung von Fehlern nicht zum Verlust der Sicherheitsfunktion führen.

Tab. 1.3 zeigt die (Steuerungs-)Kategorien nach EN 954-1.

1.2.4 Fehler und Fehlerausschluss

Ein Fehler kennzeichnet die Unfähigkeit eines Betriebsmittels, seine geforderte Funktion auszuführen.

Es gibt sehr viele Fehlerarten, die theoretisch auftreten können. In der Praxis lassen sich allerdings einige Fehler ausschließen.

Bei der Festlegung der Kategorien für die Verschaltungen in diesem Buch wurden folgende Fehler angenommen:

- Schütze ziehen nicht an oder fallen nicht ab.
- Drahtbruch an jeder Klemmstelle und in Zuleitungen außerhalb des Schaltschranks.
- Brückenbildung zwischen benachbarten Klemmstellen und in Zuleitungen außerhalb des Schaltschranks.
- Lageänderung von Positionsschaltern oder defekte Betätigung.
- Bei Positionsschaltern/Zuhaltungen mit getrenntem Betätigungselement:
  - Verbindung Betätiger zur Tür gelöst,
  - Defekt des Positionsschalterkopfes durch ungenaue Türführung.

Fehlerausschluss:

- Lösen der Hilfsschalterbausteine von Schützen,
- Defekt der NOT-AUS-Taste,
- Brückenbildung innerhalb der Schützverschaltung im Schaltschrank.

Begründung: Geschützter Einbau im Schaltschrank und bewährte Technik.

Je nach Umgebungsbedingungen lassen sich weitere Fehler ausschließen und mit geringerem Aufwand eine höhere Kategorie erreichen.

Man muss folgende Fehlerkriterien berücksichtigen:

- Falls als Folge eines Fehlers weitere Bauteile ausfallen, müssen der erste Fehler und alle die sich daraus ergebenden Fehler als einzelner Fehler betrachtet werden.
- Fehler gemeinsamer Ursache werden als einzelner Fehler betrachtet.

- Das gleichzeitige Auftreten von zwei unabhängigen Fehlern wird nicht in Betracht gezogen.

Abb. 1.9 zeigt die Reihenfolge der Typen A und B für die sicherheitstechnischen Anforderungen.

Validieren: Entspricht die Lösung den sicherheitstechnischen Anforderungen?

Man legt einen Validierungsplan fest, mit welchen Analysen und Prüfungen die Übereinstimmung der Lösung mit den Anforderungen ermittelt wird. Man prüft in jedem Fall, ob

- alle sicherheitsbezogenen Ausgangssignale in richtiger und logischer Weise von den Eingangssignalen erzeugt werden,
- das Verhalten im Fehlerfall den festgelegten Schaltungskategorien entspricht. Je nach Komplexität der Steuerung und der Verknüpfungen reicht eine theoretische Prüfung der Schaltpläne. Ansonsten führt man eine praktische Prüfung mit Fehlersimulation durch,
- die Steuerung und die Betriebsmittel für alle Betriebsarten und Umgebungsbedingungen ausreichend dimensioniert sind.

Man erstellt nach Abschluss der Analysen und Prüfungen einen Validierungsbericht. Dieser sollte mindestens beinhalten:

- alle zu prüfenden Gegenstände,
- das für die Prüfung zuständige Personal,

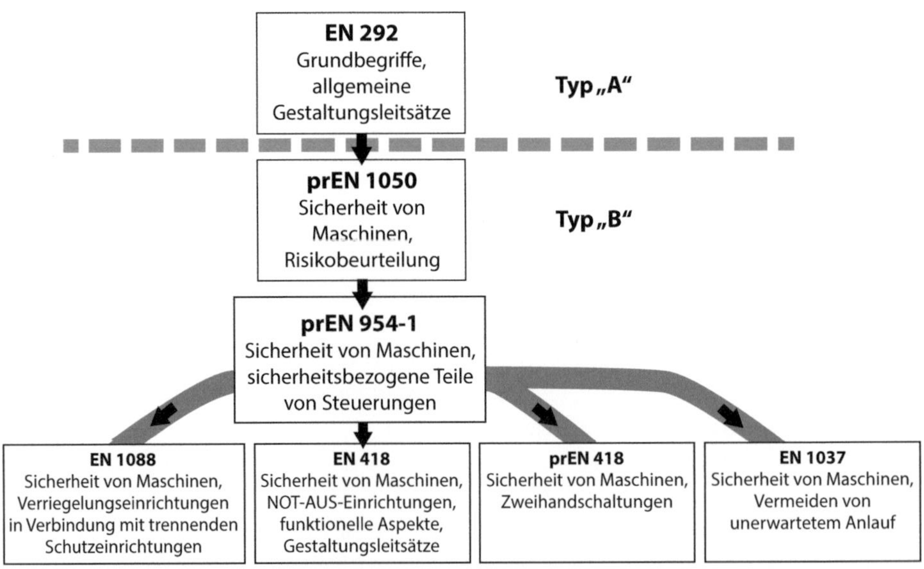

Abb. 1.9 Reihenfolge der Typen A und B

- Prüfeinrichtungen (einschließlich Einzelheiten der Kalibrierung) und Simulationsinstrumente,
- die durchgeführten Prüfungen,
- die festgestellten Probleme und deren Lösung,
- die Ergebnisse.

Man bewahrt die dokumentierten Ergebnisse in nachvollziehbarer Form auf.

Man informiert den Benutzer über die richtige Verwendung, die Leistungsfähigkeit und die Leistungsgrenzen der sicherheitsbezogenen Teile. Man instruiert den Benutzer, wie dieser die Leistungsfähigkeit der sicherheitsbezogenen Teile erarbeiten muss – insbesondere dann, wenn vom Hersteller getroffene Fehlerausschlüsse spezielle Instandhaltungsarbeiten erforderlich sind.

Auf welche Weise sollen bewegliche Schutzeinrichtungen überwacht werden? Diese Norm beschreibt Prinzipien für die Auswahl und Gestaltung der Verriegelungseinrichtungen und deren Anbindung an die Schutztür (EN 953) bzw. an die Steuerung (EN 954-1).

Diese Norm beschreibt Grundbegriffe und allgemeine Gestaltungsleitsätze für Verriegelungseinrichtungen und trennende Schutzeinrichtungen. Man wählt und gestaltet die Art der Verriegelungseinrichtung für jeden Anwendungsfall so, dass die grundlegenden EU-Sicherheitsanforderungen erfüllt werden.

Wichtige Auswahlkriterien für eine geeignete Verriegelungseinrichtung in speziellen Anwendungsfällen sind:

- die Anwendungsbedingungen und die bestimmungsgemäße Verwendung,
- die an der Maschine auftretenden Gefährdungen,
- die Schwere der möglichen Verletzung,
- die Wahrscheinlichkeit eines Ausfalls der Verriegelungseinrichtung,
- die Anhaltezeit und Zugangs- bzw. Zugriffszeit,
- Dauer, für die eine Person der Gefährdung ausgesetzt ist.

Einige dieser Kriterien wurde mit Hilfe der EN 292, EN 1050 und EN 954-1 bereits betrachtet. Weiterhin wird zwischen Ausführungen mit und ohne Zuhaltung unterschieden.

1.2.5 Verriegelungseinrichtungen mit und ohne Zuhaltung

- Eine Verriegelungseinrichtung ohne Zuhaltung ist eine mechanische oder elektrische Einrichtung (Abb. 1.10), die den Betrieb einer Maschine nur zulässt, wenn die Schutztür geschlossen ist (z. B. Sicherheits-Positionsschalter mit getrenntem Betätigungselement).

Diese Schutzmaßnahme von Abb. 1.10 verhindert die gefahrbringenden Maschinenfunktionen, wenn die Schutzeinrichtung nicht geschlossen ist. Die Tür ist offen, es ist keine Spannung für die Verriegelungseinrichtung vorhanden und daher ist keine Gefährdung

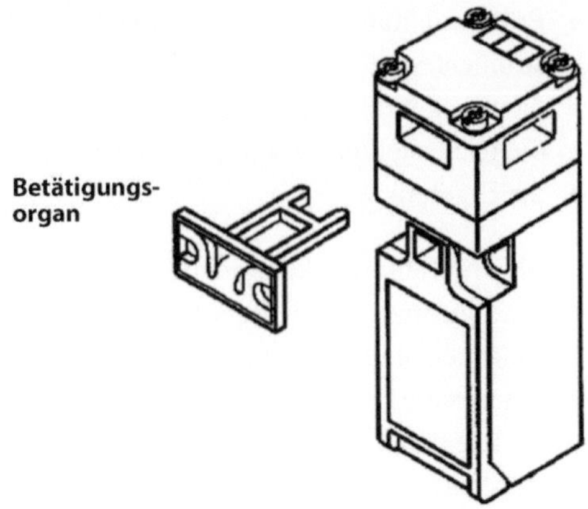

Abb. 1.10 Verriegelungseinrichtung ohne Zuhaltung

möglich. Ein Öffnen der Schutzeinrichtung während des Betriebs löst einen Halt-Befehl aus. Seine Bedeutung ist analog zu einem Stop-Befehl (EN 418, NOT-AUS-Einrichtungen). Durch Schließen der trennenden Schutzeinrichtung wird die Maschine betriebsbereit geschaltet. Das Einschaltsignal („Start") hat jedoch separat zu erfolgen. Abb. 1.11 zeigt eine Verriegelungseinrichtung ohne Zuhaltung für Personenschutzfunktion.

- Eine Verriegelungseinrichtung mit Zuhaltung ist eine mechanische oder elektrische Einrichtung, die den Betrieb einer Maschine nur zulässt, wenn die Schutztür geschlossen und zugehalten ist (z. B. Sicherheits-Positionsschalter mit getrenntem Betätigungselement und Zuhaltung).

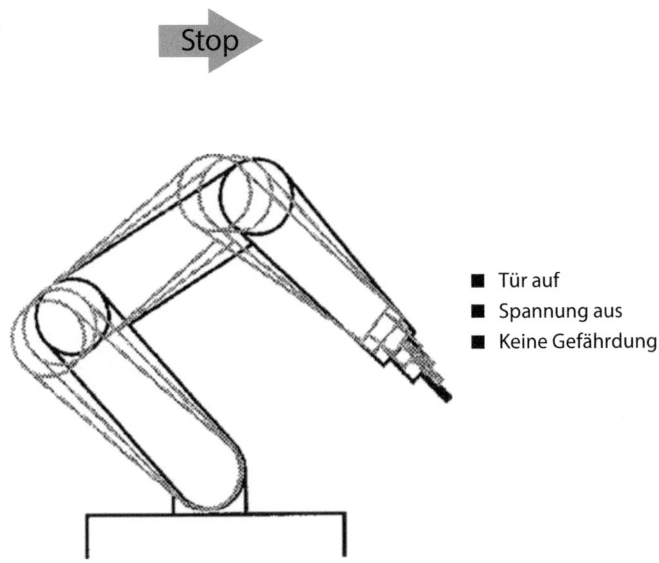

Abb. 1.11 Verriegelungseinrichtung ohne Zuhaltung für Personenschutzfunktion

Abb. 1.12 Verriegelungseinrichtung mit Zuhaltung

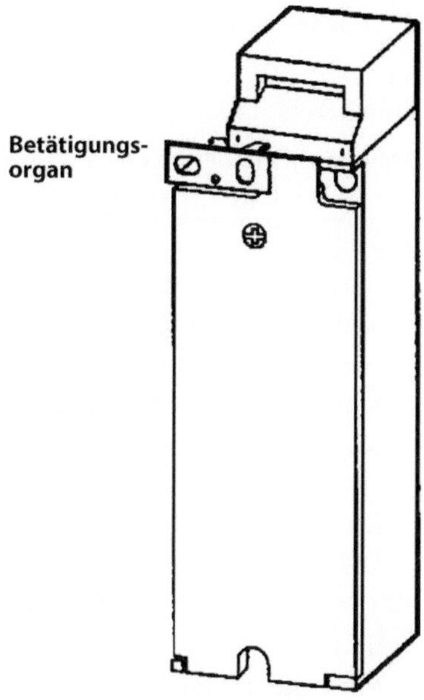

Die gefahrbringenden Maschinenfunktionen werden durch eine geschlossene und zugehaltene Schutzeinrichtung abgesichert, wie Abb. 1.12 zeigt. Die trennende Schutzeinrichtung bleibt solange zugehalten, bis das Verletzungsrisiko, durch die gefahrbringende Maschinenfunktion bzw. Bewegung, ausgeschlossen ist (die Überwachung erfolgt durch z. B. Drehzahl- bzw. Stillstandswächter o. ä.).

Durch Schließen und Zuhalten der trennenden Schutzeinrichtung (Abb. 1.13) wird die Maschine betriebsbereit geschaltet. Das Einschaltsignal („Start") hat auch hier separat zu erfolgen.

Abb. 1.13 Verriegelungseinrichtung mit Zuhaltung für erhöhte Personenschutzfunktion

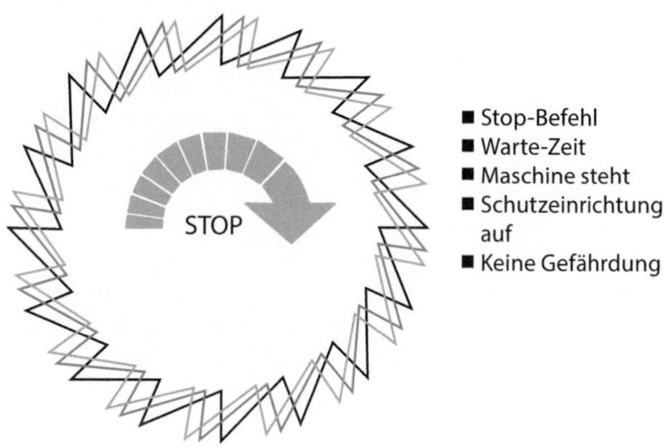

Welche Ausführung muss wann verwendet werden?

Anhaltezeit > Zugriffs- bzw. Zugangszeit → Verriegelungseinrichtung mit Zuhaltung
Anhaltezeit < Zugriffs- bzw. Zugangszeit → Verriegelungseinrichtung ohne Zuhaltung

Beispiel

Ein Bediener öffnet die Schutztür einer Drehmaschine und schaltet damit die Antriebsenergie ab. Nun greift er in den Gefahrenraum, um ein Werkstück zu entnehmen. Die gefahrenbringende Bewegung muss beendet sein, bevor der Bediener diese Maschinenteile erreicht. Andernfalls muss eine Verriegelungseinrichtung mit Zuhaltung eingesetzt werden.

Die Anhaltezeit der Maschine lässt sich recht einfach ermitteln.

Die Zugriffs- bzw. Zugangszeit wird von den Parametern Abstand, Annäherungsgeschwindigkeit und maschinenspezifischen Gegebenheiten wie Art der Zugänglichkeit bestimmt.

Mit Hilfe der prEN 999 „Anordnung von Schutzeinrichtungen im Hinblick auf Annäherungsgeschwindigkeiten von Körperteilen" kann man diese Zeiten berechnen.

1.2.6 Betätigungsart von mechanischen Positionsschaltern

Betrachtung immer bei geöffneter Schutztür. Ein Positionsschalter muss zwangsläufig betätigt sein. Abb. 1.14 zeigt eine Betätigungsart von mechanischen Positionsschaltern.

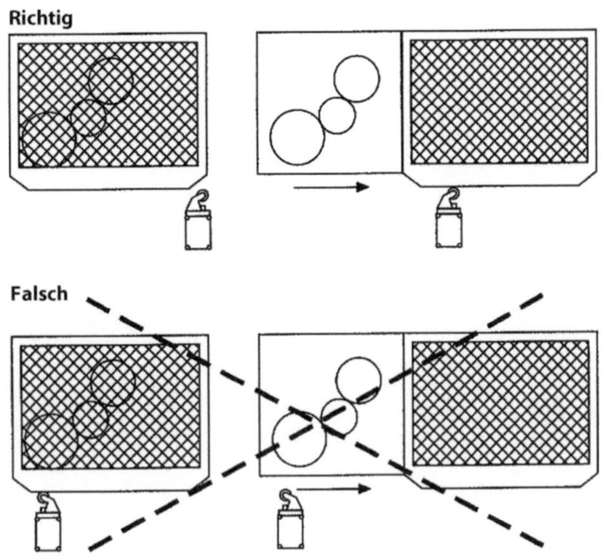

Abb. 1.14 Betätigungsart von mechanischen Positionsschaltern

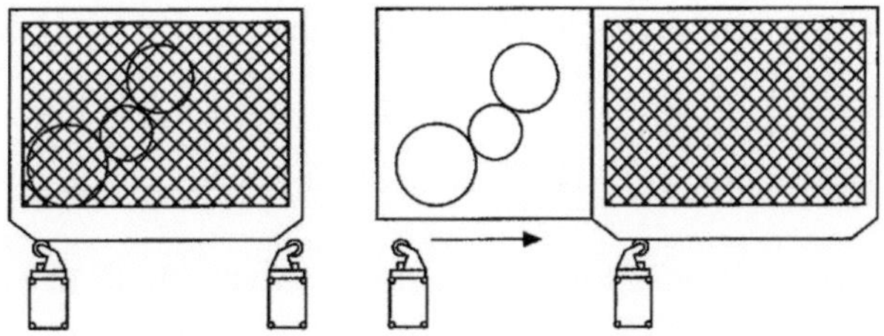

Abb. 1.15 Anordnung und Befestigung von Positionsschaltern

- Zwei Positionsschalter: Einer muss zwangsläufig betätigt sein, einer darf durch Rückstellfeder betätigt sein. Abb. 1.15 zeigt die Anordnung und Befestigung von Positionsschaltern.

Positionsschalter und Betätigungselemente müssen gegen Lageänderung gesichert sein:

- zuverlässige, nur mit Werkzeug lösbare Befestigungselemente verwenden,
- gegen Selbstlockerung gesichert,
- Langlöcher nur für Anfangseinstellung verwenden,
- Formschluss durch Bolzen, Stifte, Anschläge etc. sicherstellen,
- Schalter nicht als mechanischen Anschlag verwenden,
- vom Schalterhersteller angegebene Wege einhalten, wie Abb. 1.16 zeigt,
- Schalter geschützt anbringen, damit äußere Einflüsse keine Schäden bewirken,
- für Wartung und Funktionsprüfung müssen die Schalter zugänglich erreichbar sein,

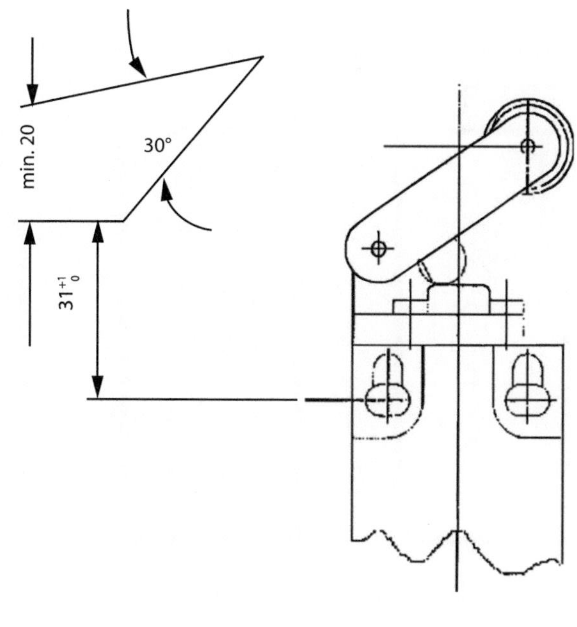

Abb. 1.16 Einbaumaße für die mechanischen Schalter

- beim Öffnen der Schutztür muss abgeschaltet sein, bevor ein gefährlicher Zustand auftritt.

Die Anforderungen an Positionsschalter sind:

- Öffnerkontakte müssen zwangsöffnend nach EN 60947-5-1 sein.
- Gekapselte Geräte müssen min. IP 54 aufweisen.

Zuhaltungseinrichtungen müssen

- durch Einrücken zweier starrer Teile formschlüssig wirken,
- im Regelfall mit Federkraft in Sperrstellung gehen, mit Energie entsperrt werden,
- eine manuelle, nur mit Werkzeug betätigbare Hilfsentriegelung besitzen (nur bei federkraftverriegelten Geräten),
- vollständig in Sperrstellung sein, bevor die Maschinenbewegung freigegeben wird,
- den zu erwartenden Kräften standhalten.

Abb. 1.17 zeigt die Einbauregeln für die Positionsschalter mit den internen Schalterstellungen.

Bei Schaltern mit getrenntem Betätiger (Sicherheits-Positionsschalter) soll das Umgehen der Schutzfunktion erschwert werden.

- Schalter verdeckt einbauen.
- Betätiger „nicht lösbar" befestigen.

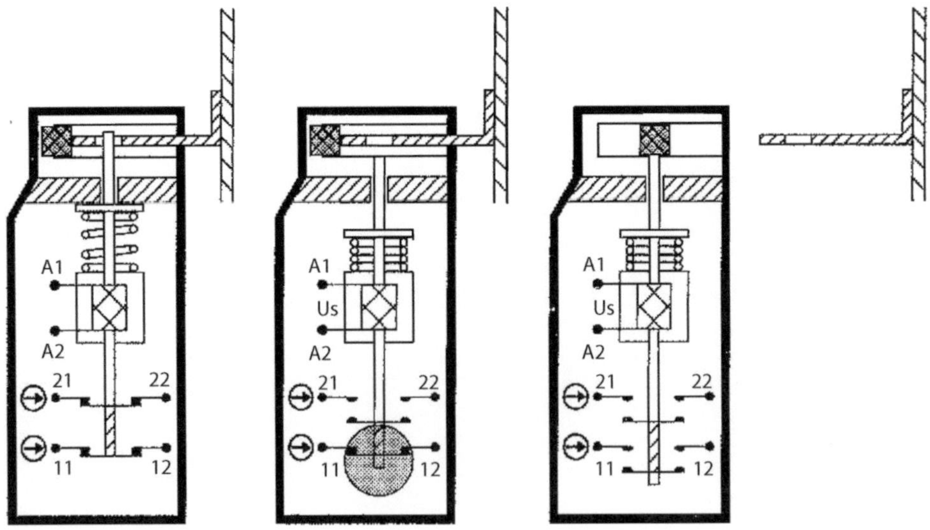

Abb. 1.17 Einbauregeln für die Positionsschalter

Abb. 1.18 Sicherheits-Positionsschalter

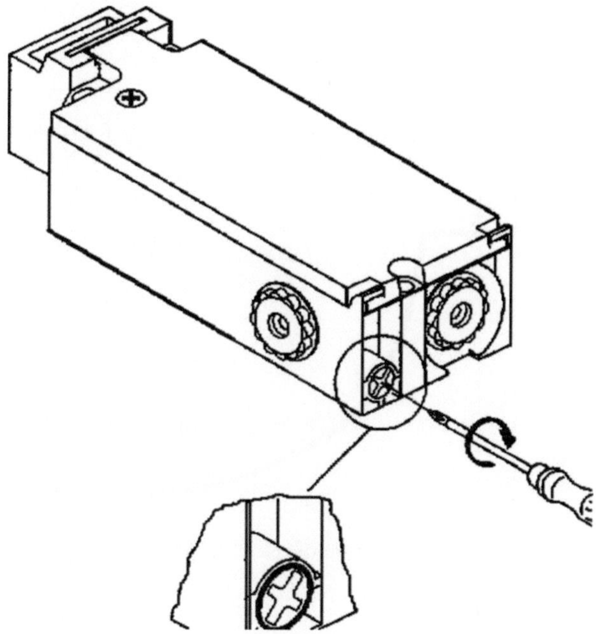

Abb. 1.18 zeigt einen Sicherheits-Positionsschalter, der eine Hilfsverriegelung hat, die nur mit einem speziellen Werkzeug zu entriegeln ist.

Die NOT-AUS-Funktion soll aufkommende oder bestehende Gefahren für Personen und Schäden an der Maschine oder am Arbeitsgut abwenden oder mindern. Abb. 1.19 zeigt die Einbauregeln für die NOT-AUS-Einrichtungen, Gefahren sind u. a. funktionale Unregelmäßigkeiten, Fehlfunktionen der Maschine, nicht hinnehmbare Eigenschaften des zu bearbeitenden Materials und menschliche Fehler.

Die NOT-AUS-Funktion ist vorgeschrieben.

Die Maschinenrichtlinie schreibt NOT-AUS-Einrichtungen für jede Maschine vor. Ausnahmen bilden:

- Maschinen, an denen eine NOT-AUS-Einrichtung das Risiko nicht verringern würde.
- Von Hand getragene und von Hand geführte Maschinen. NOT-AUS ist eine unterstützende Maßnahme, kein Ersatz für fehlende Schutzmaßnahmen!

Nach EN 60204-1/VDE 0113-1 muss man NOT-AUS-Einrichtungen an allen Bedienständen und anderen Arbeitsplätzen vorsehen.

Durch eine einzige Handlung einer Person wird die NOT-AUS-Funktion ausgelöst. Diese muss zu jeder Zeit verfügbar und funktionsfähig sein (EN 954-1). Die Betriebsart bleibt dabei unberücksichtigt.

Man gestaltet die NOT-AUS-Einrichtungen so, dass dem Anwender keine Überlegungen abverlangt werden, wenn es um die Betätigung und die sich daraus ergebenden

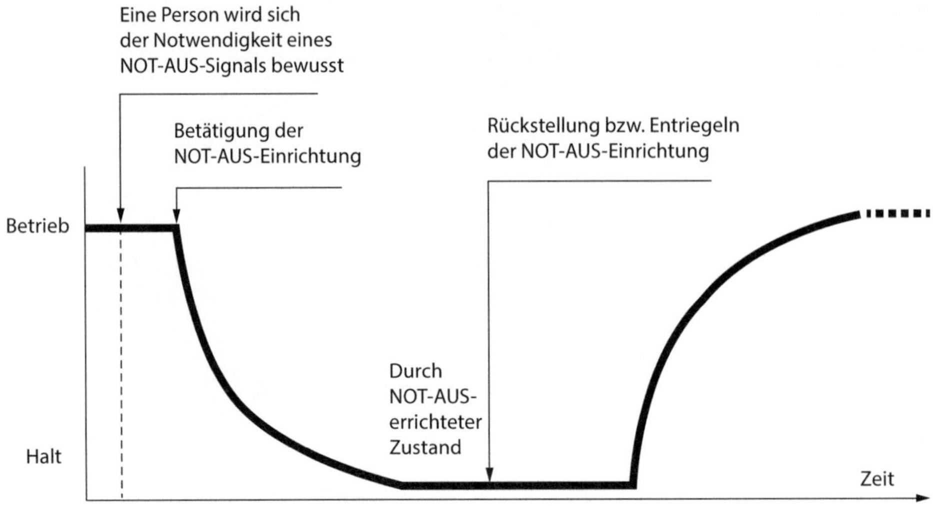

Abb. 1.19 Zeitdiagramm für die NOT-AUS-Einrichtungen

Wirkungen geht. Damit werden Verzögerungen bis zum Zeitpunkt des Auslösens – bis die Anlage abgeschaltet wird vermieden.

Die Wirksamkeit von Sicherheitseinrichtungen bzw. Einrichtungen mit sicherheitsbezogenen Funktionen darf dadurch nicht beeinträchtigt werden. Dies schließt auch das Befreien von Personen aus Gefahrensituationen mit ein.

Die Reaktion der Maschine auf den NOT-AUS-Befehl darf keine zusätzliche Gefährdung hervorrufen. Man prüft die Funktionen, ob ein sofortiges Abschalten möglich ist. Man prüft, ob ein sofortiges Abschalten = Stopp-Kategorie 0 oder ein geregeltes Stillsetzen = Kategorie 1 das geringere Risiko darstellt.

- Stopp-Kategorie 0: Die Anlage wird durch unmittelbares Abtrennen der Energiezufuhr zu dem Antriebselement oder mechanische Unterbrechung (auskuppeln) zwischen gefährlichen Elementen und ihren Antriebselementen stillgesetzt. Anwendungsbeispiel: Hauptschalter mit NOT-AUS-Funktion oder NOT-AUS-Schaltgerät in Verbindung mit Unterspannungsauslöser.
- Stopp-Kategorie 1: Hier erfolgt ein gesteuertes Stillsetzen mit Energiezufuhr zu dem Antriebselement, um den Halt zu erreichen. Nach erfolgtem Stillstand ist die Energiezufuhr zu unterbrechen. Anwendungsbeispiel: Motor mit Gleichstrombremse oder geregeltem Antrieb.

NOT-AUS-Befehlsgeräte (Abb. 1.20) müssen nach dem Prinzip der Zwangsbetätigung arbeiten. NOT-AUS-Tasten mit Zwangsöffnung nach EN 60947-5-1 öffnen die Kontakte mit einer starren Verbindung. Darüber hinaus ist die Forderung der Überlistungssicherheit sichergestellt.

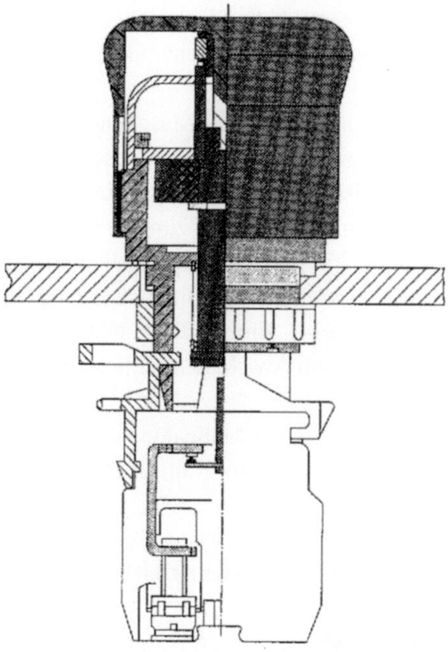

Abb. 1.20 NOT-AUS-Befehlsgerät

1.2.7 Vermeidung von unerwartetem Anlauf

Eine Maschine muss während des Eingriffs einer Person in den Gefahrenbereich gegen unerwarteten Anlauf gesichert werden, Welche Maßnahmen sind zu ergreifen?

Der steigende Automatisierungsgrad von Maschinen hat die Möglichkeit von unerwartetem Anlauf vergrößert. Es gibt eine beachtliche Anzahl von Unfällen, bei denen Maschinen für Fehlersuche oder Einrichten stillgesetzt wurden und dann unerwartet anliefen. Nicht nur mechanische Gefährdungen durch bewegliche Teile müssen betrachtet werden, auch z. B. Gefährdung durch Laserstrahlung.

Die Maschine muss mit Einrichtungen zur Energietrennung und -ableitung ausgestattet sein. Außerbetriebsetzen, größere Wartungsarbeiten und Arbeiten an Energiekreisen müssen gefahrlos durchgeführt werden können.

Geräte zum Trennen müssen

- zuverlässig trennen,
- mit mechanisch zuverlässigem Verbindungsglied die Betätigung des Stellteils auf das Trennelement übertragen,
- klar und unmissverständlich die Schaltstellung des Trennelementes anzeigen, z. B. über die Stellung des Bedienteils,
- in Trennstellung abschließbar sein, beispielsweise mit einem oder mehreren Vorhängeschlössern. Abschließbarkeit ist nicht gefordert, wenn die Wiederherstellung der Verbindung Personen nicht gefährden kann.

Der Hauptschalter nach EN 60204-1 erfüllt diese Forderungen. Man bestimmt die Anordnung und Anzahl solcher Geräte in Abhängigkeit von

- der Konstruktion der Maschine,
- der Notwendigkeit der Anwesenheit von Personen in Gefahrenbereichen,
- der Risikobeurteilung aus prEN 1050. Man beachte auch die EN 60204-1 „Einrichtungen zum Ausschalten zur Vermeidung von unerwartetem Anlauf",
- automatisches Stillsetzen bevor eine gefährliche Situation entstehen kann. Beispiel: Ein Antrieb ist nur mittels Leistungselektronik stillgesetzt = Stopp-Kategorie 2 nach EN 60204-1. Eine Stillstandsüberwachung bewirkt bei Beginn einer ungewollten Bewegung ein Abschalten mittels Leistungsschütz.

Achtung: Diese Maßnahmen sind kein Ersatz für die Energietrennung und -ableitung. Man darf nur nach sorgfältiger Risikobeurteilung vorgehen.

1.2.8 Sicherheitseinrichtung durch Zweihandschaltung

Die Zweihandschaltung ist eine Sicherheitseinrichtung. Durch standardgerechte Gestaltung verhindert man, dass der Bediener die Gefahrenbereiche während der gefährlichen Vorgänge erreichen kann.

Einrichtungen zur Ableitung gespeicherter Energie oder deren Rückhaltung sind beispielsweise Bremsen für bewegliche Teile, Schaltungen zur Entladung von Kondensatoren, Ventile für Druckbehälter. Sobald gespeicherte Energie Anlass zu Gefahren geben kann, muss man die Ableitungseinrichtungen verwenden. Man beachte, dass die Energieableitung oder -rückhaltung

- mit der Energietrennung einhergeht,
- selbst keine gefährlichen Zustände hervorruft,
- in der Bedienungsanleitung beschrieben wird,
- vom Betreiber auf Wirksamkeit überprüft werden kann (z. B. Manometer).

Falls Energietrennung und -ableitung nicht für alle Eingriffe geeignet sind, kann man die folgenden Maßnahmen in Betracht ziehen:

- Vermeidung zufällig erzeugter Startbefehle (Beispiel: Befehlsgerät mit versenkter Betätigungsfläche),
- zufällig erzeugte Startbefehle dürfen keinen unerwarteten Anlauf bewirken. STOP hat Vorrang vor START (Beispiele: Verrastende NOT-AUS-Taste, Schlüsseltaste, geöffnete bewegliche Schutztür).

Die Norm liefert Anforderungen und Anleitungen für die Gestaltung und Auswahl von Zweihandschaltungen. An welchen Maschinen diese eingesetzt werden müssen, erfährt man in der jeweiligen Typ-„0“-Norm bzw. durch die Risikobewertung (EN 292/EN 1050).

Für die geeignete Zweihandschaltung wählt man den Typ und Konstruktionsart aus, die abhängig ist von

- der vorhandenen Gefährdung,
- der Risikobewertung,
- dem Stand der Anwendungstechnik,
- weiteren Einflüssen, wie z. B. Verhinderung von versehentlichem Betätigen oder Umgehen,
- kein einfaches Umgehen der Schutzwirkung oder versehentlicher Betätigung.

Man ordnet die Stellteile der Zweihandschaltung so an, dass die Schutzwirkung nicht auf einfache Weise zu umgehen ist. Auch die Wahrscheinlichkeit einer versehentlichen Betätigung soll möglichst gering sein.

Welche Arten des Umgehens man berücksichtigen muss, hängt u. a. ab von

- der Gestaltung der Zweihandeinrichtung,
- den Betätigungsbedingungen,
- Art und Ort der Anbringung,
- den vorgeschriebenen Sicherheitsabständen.

Die Norm zeigt einige besondere Wege, wie das Umgehen bzw. das versehentliche Betätigen verhindert werden kann. Beispiel-Maßnahmen für unterschiedliche Arten des Umgehens sind:

- Betätigen mit einer Hand
  - Lichtes Maß zwischen den Stellelementen min. 260 mm (Abb. 1.21).
- Betätigen mit Hand und Ellenbogen desselben Arms
  - Lichtes Maß zwischen den Stellelementen min. 550 mm (max. 600 mm),
  - Stellteile unterschiedlicher Betätigungsrichtung.
- Betätigen mit Unterarm und Ellenbogen (Abb. 1.22)
  - Verwendung von Abdeckungen oder Kragen.
- Betätigen mit einer Hand und jedem anderen Teil des Körpers
  - Stellteile auf horizontaler Fläche min. 1100 mm über Zugangsebene.
- Betätigen durch Blockieren eines Stellteils
  - Typ II oder Typ III verwenden.

Abb. 1.21 Abmessungen für eine Zweihandeinrichtung

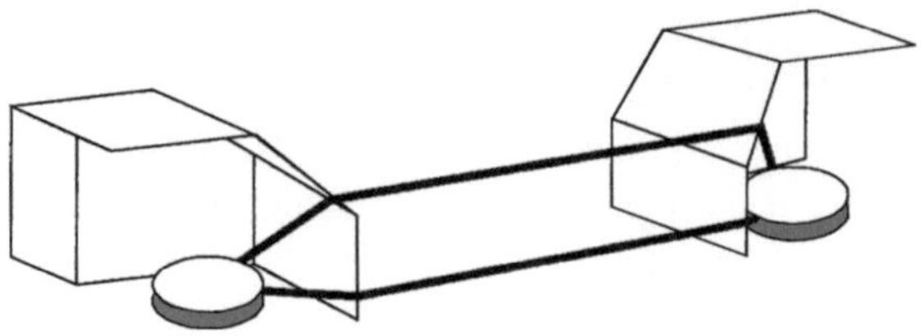

Abb. 1.22 Zweihandeinrichtung mit Schutz für Unterarm und Ellenbogen

Diese Maßnahmen können im Widerspruch zu den Anforderungen an Ergonomie stehen. Es ist hier eine ausgewogene Entscheidung zu treffen. Zu beachten sind die Anforderungen.

Die Norm unterscheidet drei Typen anhand der Mindest-Sicherheitsanforderungen, wie Tab. 1.4 zeigt.

Man stellt die Funktionssicherheit bei allen zu erwartenden Betriebs- und Umgebungsbedingungen sicher. Insbesondere dürfen durch Stoß, Schock, Umfallen etc. keine ungewollten START-Signale erzeugt werden. Die tragbaren handgehaltenen Maschinen sind mit zwei unterschiedlich bedienbaren Stellteilen auszurüsten, am besten mit Schaltsperre. Ortsveränderliche Zweihandschaltungen in separaten Gehäusen sollen standfest und gegen Lageänderung gesichert sein. Die Zuleitungen sind vor Beschädigung zu schützen.

Den Sicherheitsabstand zwischen Zweihandeinrichtung und Gefahrenbereich berechnet man mit Hilfe folgender Punkte:

- die Hand-Arm-Geschwindigkeit (EN 999),
- die Form und Anordnung der Zweihandschaltung,
- die Ansprechzeit der Zweihandschaltung,
- die Anhaltezeit: Beendigung des Ausgangssignals bis Beendigung der Gefährdung,
- der bestimmungsgemäße Gebrauch nach EN 292-1,
- die relevanten Typ-„C"-Normen.

Tab. 1.4 Typen der Mindest-Sicherheitsanforderungen

Anforderung	Typen				
	I	II	III		
			A	B	C
Benutzung beider Hände	•	•	•	•	•
Ausgangssignal nur, solange beide Eingangssignale da sind	•	•	•	•	•
Loslassen eines oder beider Stellteile beendet das Ausgangssignal	•	•	•	•	•
Versehentliche Betätigung weitgehend verhindern	•	•	•	•	•
Kein einfaches Umgehen der Schutzwirkung möglich	•	•	•	•	•
Erneutes Ausgangssignal nur nach Loslassen beider Stellteile		•	•	•	•
Ausgangssignal nur nach synchroner Betätigung innerhalb max, 0,5 s			•	•	•
Entspricht Kategorie 1 nach prEN 954-1	•		•		
Entspricht Kategorie 3 nach prEN 954-1		•		•	
Entspricht Kategorie 4 nach prEN 954-1					•

Genügen die Zweihandschaltungen an der Maschine in der Risikobewertung den spezifizierten Anforderungen? Dies muss die theoretische Beurteilung und praktische Prüfung bewerten. Man stellt die Informationen für Installation, Betrieb und Wartung vorzugsweise in der offiziellen Sprache des Errichters/Betreibers zur Verfügung. Man kennzeichnet die Zweihandschaltung mit mindestens dem Typ und der Norm.

Beispiel

EN 574: Typ III B

Für eigenständige Zweihandschaltungen gibt es weitergehende Forderungen.

Viele Produkt-Normen Typ „C“ befinden sich noch im (Vor-)Entwurfsstadium. Von insgesamt 540 Normprojekten zur Maschinensicherheit sind ca. 250 als EN-Norm vorhanden.

Bedeutung der C-Normen: Für die jeweilige Maschinenart ist zuerst die Produkt-Norm einzuhalten. Diese bezieht sich in der Regel auf die zutreffenden Gruppen-Normen (Typ „B“). Enthält die C-Norm dazu abweichende Forderungen, gilt die B-Norm. Zusammen mit dem Anwendungszwang begründet u. a. dies die Verunsicherung der Maschinenhersteller zu diesem Thema.

- Liegt für die Maschine noch keine Produktnorm (Typ „C“) vor oder
- es werden signifikante Gefährdungen der Maschine dort nicht behandelt, geben die Festlegungen der relevanten Gruppennormen Typ „B“ Entscheidungshilfen.

In der Praxis werden aber auch Entwürfe prEN ... zur Konformitätsbewertung herangezogen.

Die sicherheitstechnischen Anforderungen der Maschinenrichtlinie und EN-Normen sind unterschiedlich hoch, abhängig vom jeweiligen Unfallrisiko. In den meisten C-Normen werden die konkreten Risiken der Maschinenart berücksichtigt. Entsprechend hoch oder niedrig sind die sicherheitstechnischen Anforderungen.

In jedem Fall und besonders wenn keine C-Norm vorliegt, muss der Maschinenkonstrukteur selbst aufgrund einer Gefahrenanalyse die Höhe des Risikos abschätzen und Maßnahmen zur Risikoverminderung ergreifen, prüfen und dokumentieren.

2 Risikoanalyse und deren Beurteilung

Um zu beurteilen, welche Vorschriften wie weit zu beachten sind, sollte der Konstrukteur (Elektro- und/oder Maschinenbautechniker bzw. Ingenieur) eine Risikobeurteilung vornehmen.

Maschinenrichtlinien EN 292: „Allgemeine Gestaltungsgrundsätze Sicherheit von Maschinen“, EN 1050: „Risikobeurteilung der Maschine“ und die EN 954-1: „Sicherheitsbezogene Teile von Maschinen“ sind hierfür anzuwenden.

EN 292 ist eine zweiteilige A-Norm. Sie lässt sich als ein Vertiefungswerk der EU-Maschinen-Richtlinie verstehen. Sicherheit von Maschinen-Grundbegriffen, allgemeine Gestaltungsleitsätze ist der Titel der harmonisierten Norm. Die Vorschrift hilft dem Hersteller im (rechts) sichereren Bereich zu agieren. Es werden Regelungen zur Risikominderung, bezüglich technischer Schutzmaßnahmen und Benutzerinformation getroffen. Insgesamt ist die Norm eine Art pragmatischer Leitfaden zur Einhaltung der Europäischen Gesetze.

Die Risikominderung durch Konstruktion beinhaltet im Sinne des Nutzers auch ergonomische Grundsätze. Die Annahme, dass das Erfüllen der Norm bereits ein sicheres Produkt ermöglicht, ist eine Risikofalle. Wenn auch das meiste checklistenmäßig berücksichtigt ist, bleiben Gefahren aus spezifischen Nutzungskontexten und durch den allgemein gehaltenen Charakter der DIN EN 292 übrig. Es gilt auch die spezifischen B- und C-Normen zusätzlich zu beachten.

Zusätzlich zur Gefahrenanalyse nach Maschinenrichtlinie, fordert die EN 292 eine Gefährdungsanalyse. Diese stützt sich auf die EN 1050 (Sicherheit von Maschinen – Leitsätze zur Risikobeurteilung). Egal wie man es nennt, das was hinterher aufgesetzt ist, ist im Produkt/Maschinen-Entwicklungsprozess integriert, bei Weitem unterlegen. Alle gefahrenrelevanten Dokumentationspunkte lassen sich erst im Betriebszustand erfassen, denn es gelingt in den seltensten Fällen, d. h. wichtige Hinweise auf Restgefährdungen werden in der Betriebsanleitung fehlen. Im Nachhinein erzeugte Sicherheit ist mit einem mehrfachen Aufwand verbunden, da die Konstruktion in weiten Bereichen noch einmal nachvollzogen werden muss.

H. Bernstein, *Sicherheits- und Antriebstechnik*, DOI 10.1007/978-3-658-12934-7_2

Ein geringeres Produkthaftungsrisiko und bessere Produkte/Maschinen resultieren aus dem Weg, die Gefährdungsanalyse in die Produktentwicklung zu integrieren. Die frühzeitige Modifikation am Produkt auf Grund der parallel laufenden Gefahrenanalyse weicht zwar noch von der derzeitigen Praxis ab, bietet jedoch zahlreiche Mehrwerte.

2.1 Grenzrisiko

Die Norm EN 1050 geht davon aus, dass jede Maschine ein Risiko beinhaltet, und zwar das Risiko ohne MSR-Schutzmaßnahmen (Messen, Steuern, Regeln). Dieses Risiko wird durch die Analyse der Maschine ohne sicherheitstechnische Schutzkomponenten ermittelt. Liegt dieses Risiko über dem vertretbaren Grenzrisiko, müssen Maßnahmen zur Risikoreduzierung vorgenommen werden. Das sind die „MSR-Schutzmaßnahmen"; dadurch soll das tatsächlich verbleibende Risiko unter das vertretbare Grenzrisiko gesenkt werden. Abb. 2.1 zeigt die Beziehung zwischen Sicherheit, Gefahr und Risiko.

- Als Grenzrisiko bezeichnet man das größte noch vertretbare Risiko eines bestimmten technischen Vorgangs oder Zustands. Im Allgemeinen lässt sich das Grenzrisiko nicht quantitativ erfassen. Es wird in der Regel indirekt durch sicherheitstechnische Festlegungen beschrieben.
- Gefahr wird die Sachlage definiert, bei der das Risiko größer als das Grenzrisiko ist.
- Sicherheit wird die Sachlage definiert, bei der das Risiko nicht größer als das Grenzrisiko ist.
- Restrisiko ist das verbleibende Risiko nach Abzug aller risikoreduzierenden Maßnahmen.

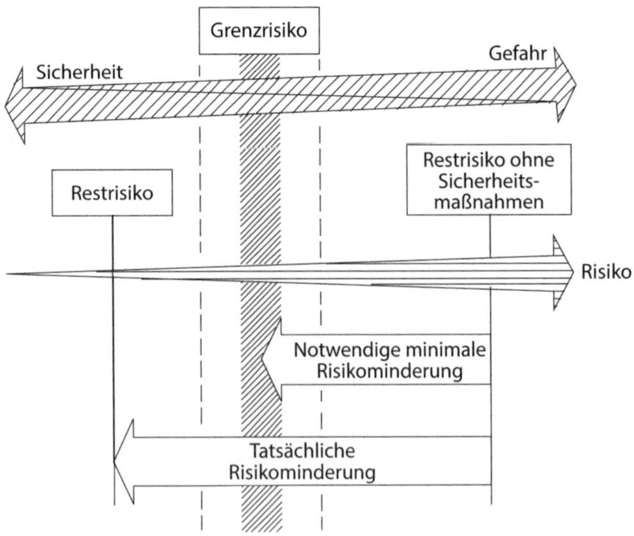

Abb. 2.1 Schema für die Risikoabschätzung

- Risiko ohne Sicherheitsmaßnahmen bezeichnet man das Risiko, wenn eine Maschine keine risikoreduzierenden Maßnahmen aufweist.

2.1.1 Risikobeurteilung

Die Risikobeurteilung (Auszüge aus der EN 1050) von Maschinen oder Anlagen muss einschließen:

- Die Gefährdung, Gefährdungssituation und Ereignisse, die einen Schaden hervorrufen können.
- Die vorhersehbare Wahrscheinlichkeit für das Auftreten eines Schadens und seiner Schwere.
- Die Komplexität der Maschine im Hinblick auf ihre Sicherheit sowie die Komplexität des Zusammenwirkens von Mensch und Maschine während aller Betriebshandlungen einschließlich einer vorhersehbaren nicht bestimmungsgemäßen Verwendung.

Eine Risikobeurteilung umfasst eine Folge von logischen Schritten (EN 1050), welche die systematische Untersuchung von Gefährdungen erlaubt, die von Maschinen ausgehen. Je nach dem Ergebnis folgt der Risikobeurteilung eine Risikominderung nach EN 292. Durch die Wiederholung der Beurteilung ergibt sich ein iterativer Prozess, mit dessen Hilfe die Gefährdung so weit wie möglich beseitigt und Schutzmaßnahmen getroffen werden müssen.

Die Risikobeurteilung umfasst:

- eine Risikoanalyse, die ihrerseits beinhaltet:
  - Bestimmung der konstruktiven (Wirkungs-)Grenzen der Maschine (EN 1050),
  - Identifizierung der Gefährdungen,
  - Risikoeinschätzung,
- sowie eine Risikobewertung.

Die Informationen zur Risikobeurteilung (EN 1050) und zu allen qualitativen und quantitativen Untersuchungen müssen folgende Angaben enthalten:

- die konstruktiven (Wirkungs-)Grenzen der Maschine,
- Sicherheitsanforderungen in den einzelnen Lebensphasen der Maschine (EN 292-1),
- Konstruktionszeichnungen und andere Hilfsmittel zur Beschreibung der Maschine,
- Art der Energieversorgung,
- die Unfall- und Zwischenfallgeschichte (soweit vorhanden),
- Information über eventuelle Gesundheitsschäden, die auf den Betrieb der Maschine zurückgeführt werden können.

Diese Informationen müssen aktualisiert werden, wenn das Fehlen einer Unfallgeschichte, eine bisher geringe Anzahl von aufgetretenen Unfällen oder ein geringes Schadensausmaß dürfen nicht automatisch zu der Annahme führen, dass das Risiko durch die Maschine gering sei.

2.1.2 Iterative Sicherheitserhöhung

Der iterative Prozess zum Erreichen einer erhöhten Sicherheit erfolgt grundsätzlich nach dem Ablauf, wie in Abb. 2.2 dargestellt. Beim n-fachen Durchlaufen des Algorithmus kann man die maximale Sicherheit erreichen.

S: Schwere der Verletzungen (S1 leichte (normalerweise reversible), S2 schwere (normalerweise irreversible) Verletzung, einschließlich Tod),

F: Häufigkeit und/oder Dauer der Gefährdungsexposition (F1 selten bis öfters und/oder kurze Dauer der Exposition, F2 häufig bis dauernd und/oder lange Dauer der Exposition),

P: Möglichkeiten zur Vermeidung der Gefährdung – allgemein bezogen auf die Geschwindigkeit und Frequenz, mit der sich das gefährdende Teil bewegt und auf den Abstand zu dem gefährdenden Teil (P1 möglich unter bestimmten Bedingungen, P2 kaum möglich),

B 1 bis 4: Kategorien für sicherheitsbezogene Teile von Steuerungen.

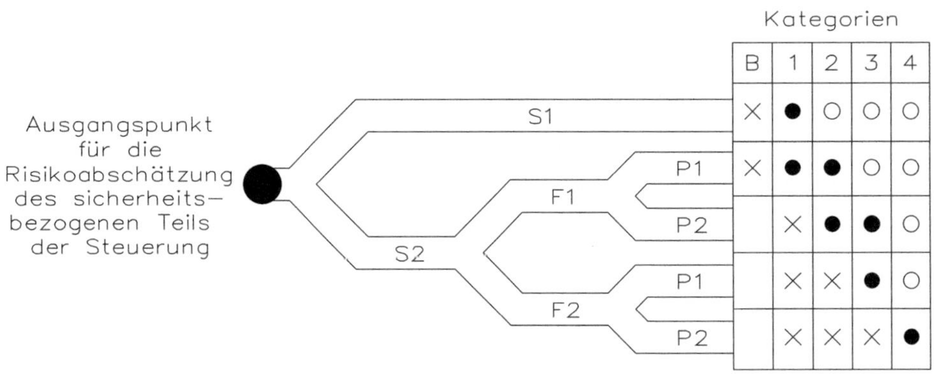

Abb. 2.2 Schema für Risikoabschätzung

Das einer bestimmten Situation oder einem bestimmten technischen Verfahren (EN 1050) immer noch vorhandene Risiko wird als Kombination der folgenden Elemente beschrieben:

- Ausmaß des möglichen Schadens,
- Eintrittswahrscheinlichkeit dieses Schadens als Funktion mit
  - der Häufigkeit und der Dauer, mit der Personen der Gefährdung ausgesetzt sind,
  - der Wahrscheinlichkeit des Auftretens eines Gefährdungsereignisses und
  - der technischen und menschlichen Möglichkeit zur Vermeidung oder Begrenzung des Schadens.

2.1.3 Risikoelemente

Das Gesamtrisiko, das von technischen Anlagen oder Verfahren ausgeht, wird als Funktion vom Schadensausmaß und der Schadenswahrscheinlichkeit ausgedrückt. Die einzelnen Risikoelemente können nach dem Schema von Tab. 2.1 zusammengefasst werden.

Für die systematische Untersuchung der Risikoelemente wurde eine Reihe von Verfahren entwickelt (EN 1050).

Tab. 2.1 Schadensausmaß und Schadenswahrscheinlichkeit

Risiko bezogen auf die betrachtende Gefährdung
ist eine Funktion vom
Ausmaß des möglichen Schadens durch die betrachtende Gefährdung
und der
Wahrscheinlichkeit des Eintritts des Schadens
Häufigkeit und Dauer der Gefährdungsexposition
Möglichkeit zur Vermeidung oder Begrenzung des Schadens
Eintrittswahrscheinlichkeit eines Gefährdungsereignisses

2.2 Schäden

2.2.1 Schadensausmaß

Das Ausmaß eines möglichen Schadens (EN 1050) kann unter Berücksichtigung der folgenden Kriterien eingeschätzt werden:

- Art des zu schützenden Rechtsgutes
  - Personen
  - Sachen
  - Umwelt
- Ausmaß der erfolgten Verletzung oder Gesundheitsschädigung
  - leicht, üblicherweise reversibel
  - schwer, üblicherweise irreversibel
  - tödlich
- Schadensumfang für jede Maschine
  - eine Person betroffen
  - mehrere Personen betroffen

2.2.2 Eintrittswahrscheinlichkeit eines Schadens

Die Wahrscheinlichkeit für den Eintritt (EN 1050) eines Schadens ist natürlich die alles entscheidende Frage. Nach dem „Gesetz der maximalen Boshaftigkeit" wird jedes unangenehme Ereignis, das denkbar ist, auch eintreten. Dass diese pauschale Aussage bei der Konstruktion einer Maschine als „überzogen" angesehen werden kann, weiß auch die Norm. Deshalb lässt sie die Einbeziehung der Häufigkeit und Dauer der Gefährdung sowie die Möglichkeit der Vermeidung der Gefährdung zu. Werden diese Überlegungen gewissenhaft durchgeführt, kann das Ergebnis optimaler Personenschutz und Kostenreduzierung sein.

Abhängig von der Notwendigkeit des Zugangs (EN 1050) zum Gefahrenbereich muss:

- die Art des Zugangs,
- die Zeit, die im Gefahrenbereich verbracht wird, sowie
- die Anzahl der Personen, für die ein Zugang erforderlich ist, beurteilt werden, denn mit diesen Punkten steigt die Wahrscheinlichkeit eines Unfalls.

Die Eintrittswahrscheinlichkeit eines Gefährdungsereignisses (EN 1050) ist entsprechend der Norm ableitbar aus:

- der Zuverlässigkeit der verwendeten Technik,
- anderen statistischen Daten,

- der Unfallgeschichte (soweit schon vorhanden),
- den Daten über Gesundheitsschädigungen ähnlicher Anlagen oder Maschinen und
- den Risikovergleichen.

Zu beachten ist, dass das Eintreten eines Gefährdungsereignisses sowohl technisch als auch menschlich bedingt sein kann.

2.2.3 Möglichkeiten zur Vermeidung oder Begrenzung eines Schadens

Die Möglichkeiten zur Vermeidung oder Begrenzung eines Schadens verbessern sich entsprechend der EN 1050 durch:

- die Art der Bedienung der Maschine:
  - durch ungeübtes Personal,
  - durch geübtes Personal,
  - durch selbsttätigen Betrieb.
- die Schnelligkeit des Eintretens eines Gefährdungsereignisses:
  - plötzlich,
  - schnell,
  - langsam.
- das Risikobewusstsein des Betreibers/Bedieners, der eine Gefahr erkennt:
  - durch allgemeine Informationen,
  - durch direktes Beobachten,
  - durch Anzeigegeräte.
- die menschlichen Reaktionen zur Vermeidung oder Begrenzung eines Schadens (z. B. Reflexe, Beweglichkeit, Möglichkeit der Befreiung):
  - unmöglich,
  - möglich unter bestimmten Bedingungen,
  - möglich.
- die praktischen Erfahrungen und Kenntnisse von Betreiber/Bediener über:
  - keine Erfahrung,
  - konkrete Maschine,
  - ähnliche Maschinen.

2.3 Personenschäden

Die Risikoabschätzung für exponierte Personengruppen muss alle der Gefährdung ausgesetzten Personen berücksichtigen (EN 292-1).

Die Einschätzung jeder Gefährdungsexposition erfordert eine Analyse und muss alle Betriebsarten der Maschine umfassen. Dies gilt im Besonderen für die Zugriffsmöglichkeiten zum Einstellen, Programmieren, Umrüsten, Reinigen, Fehlersuchen und Instandhalten (EN 292-1).

Menschliche Faktoren können das Risiko einer Maschine/Anlage beeinflussen. Es treten beispielsweise auf:

- Wechselwirkungen zwischen Personen und Maschine sowie
- Wechselwirkungen zwischen Personen und Personen.

Das Risiko beeinflussen:

- Psychologische Aspekte und
- ergonomische Aspekte sowie
- die Fähigkeit zur Entwicklung von Risikobewusstsein in einer gegebenen Situation in Abhängigkeit von der Ausbildung, den Erfahrungen und Fertigkeiten.

Ausbildung, Erfahrung und Fähigkeit können das Risiko beeinflussen, aber keine dieser Faktoren darf als Ersatz für die Beseitigung von Gefährdung oder Risikoverminderung durch Konstruktion oder technische Schutzmaßnahmen dienen!

Die Risikoeinschätzung insgesamt muss die Zuverlässigkeit von einzelnen Bauteilen und ganzen Systemen berücksichtigen.

Wenn Schutzmaßnahmen die Arbeitsorganisation, korrekte Verhaltensweisen, Aufmerksamkeit usw. beinhalten, dann muss deren relativ geringe Zuverlässigkeit im Vergleich zu erprobten technischen Schutzmaßnahmen bei der Risikoeinschätzung berücksichtigt werden.

Die Risikoeinschätzung muss auch die Möglichkeit berücksichtigen, dass vorgesehene Schutzmaßnahmen wirkungslos gemacht oder umgangen werden.

Es muss nämlich berücksichtigt werden, dass unter Umständen Interesse besteht, Schutzmaßnahmen zu umgehen, weil:

- die Schutzmaßnahmen evtl. die Produktion verlangsamen oder die Aktivitäten des Bedieners hemmen,
- andere Personen als das Bedienerpersonal davon betroffen sein können oder
- die Schutzmaßnahmen nicht erkannt oder in ihrer Wirkung nicht akzeptiert werden.

Die Anwendung programmierbarer elektronischer Systeme eröffnet eine zusätzliche Möglichkeit, Schutzmaßnahmen wirkungslos zu gestalten oder zu umgehen. Deshalb werden bei programmierbaren Sicherheitssteuerungen die Softwarebausteine mittels Programmquersumme, die das Datum und die Uhrzeit beinhalten, versiegelt (z. B. durch das Automatisierungssystem PSS 4000).

2.4 Risikobewertung

Nach der Risikoeinschätzung als letzten Schritt der Risikoanalyse muss eine Risikobewertung durchgeführt werden, um zu entscheiden, ob eine Risikominderung notwendig ist. Wenn keine genügende Sicherheit erreichbar ist, sind geeignete Schutzmaßnahmen auszuwählen und anzuwenden. Danach ist die Risikobeurteilung zu wiederholen. In diesem iterativen Prozess ist es wichtig zu prüfen, ob durch die Anwendung neuer Schutzmaßnahmen eventuell zusätzliche Gefährdungen geschaffen werden.

2.4.1 Erreichen des Ziels einer Risikominderung

Sind folgende Bedingungen erfüllt, kann der Prozess der Risikominderung als abgeschlossen angesehen werden:

- Gefährdung ist beseitigt oder das Risiko wurde vermindert durch:
  - konstruktive Maßnahmen oder Substitution durch weniger gefährliche Materialien und Stoffe,
  - technische Schutzmaßnahmen.
- Die ausgewählten technischen Schutzmaßnahmen ergeben aus der Erfahrung eine sichere Situation bei einer bestimmungsgemäßen Verwendung
  - die Art der ausgewählten technischen Schutzmaßnahmen für die Anwendung verhindern oder minimieren,
  - die Wahrscheinlichkeit, sie wirkungslos zu gestalten oder umgehen zu können,
  - das Ausmaß des Schadens,
  - die Behinderung bei der Arbeitsausführung.
- Die Informationen über die bestimmungsgemäße Verwendung der Maschinen sind ausreichend klar.
- Die Arbeitsverfahren, die beim Einsatz der Maschine zu befolgen sind, entsprechen den Fähigkeiten des Bedienungspersonals oder anderer Personen, die den von der Maschine ausgehenden Gefährdungen ausgesetzt sein können.
- Die empfohlenen Methoden für ein sicheres Arbeiten mit der Maschine und die entsprechenden Ausbildungsanforderungen sind in angemessener Form festgelegt.
- Anwender ist ausreichend über Restrisiken in den verschiedenen Lebensphasen der Maschine informiert.
- Persönliche Schutzausrüstungen empfohlen werden, wurden die Notwendigkeiten ihrer Benutzung und die entsprechenden Ausbildungsanforderungen festgelegt, die zusätzlichen Vorsichtsmaßnahmen (EN 292-2) sind ausreichend.

2.4.2 Risikovergleich

Als Teil des Verfahrens der Risikobewertung können die Risiken einer Maschine mit denen ähnlicher Maschinen verglichen werden, falls folgende Kriterien erfüllt sind:

- die Vergleichsmaschine ist sicher (Baujahr beachten),
- die bestimmungsgemäße Verwendung und die Art der Konstruktion ist vergleichbar,
- Gefährdung und die Risikoelemente sind vergleichbar,
- die technischen Spezifikationen sind vergleichbar oder
- die Einsatzbedingungen sind vergleichbar.

Die Durchführung eines Risikovergleichs entbindet nicht von der Notwendigkeit einer Risikobeurteilung!

2.5 Dokumentation

Für den Zweck dieser Norm muss die Dokumentation über die Risikobeurteilung, den beschrittenen Weg und die erreichten Ergebnisse informieren. Diese Dokumentation enthält:

- Die Maschine, für die die Beurteilung durchgeführt wurde, inklusiv aller relevanten Annahmen (z. B. Lasten, Festigkeiten, Sicherheitsfaktoren usw.).
- Die festgestellten Gefährdungen, wie
  - die festgestellten Gefährdungssituationen und/oder
  - die bei der Beurteilung in Betracht gezogenen Gefährdungsereignisse.
- Die Informationen, auf denen die Risikobeurteilung beruht, wie die verwendeten Daten und deren Quellen, (z. B. Unfallberichte, Erfahrung und vergleichbare Maschinen) und/oder
  - die Unsicherheit bzw. Fehlergrenzen der verwendeten Daten,
  - die durch Schutzmaßnahmen zu erreichenden Ziele.
- Die in Schutzmaßnahmen zur Beseitigung von festgestellten Gefährdungen oder Minderung von Risiken umgesetzten Anforderungen.
- Restrisiken, die nach der Anwendung von Schutzmaßnahmen verbleiben.
- Das Ergebnis der abschließenden Risikobewertung.

Die Liste in Tab. 2.2 ist nach den wichtigsten Gefährdungsarten selektiert und deshalb nicht vollständig (EN 1050).

Tab. 2.2 Zusammenstellung der Gefährdungen und ihre normenmäßige Behandlung

Nr.	Gefährdungen	Anhang A der EN 292-2:	EN 292-1	EN 292-2
1	Mechanische Gefährdung erzeugt durch Maschinenteile oder Werkstücke; verursacht durch deren	1.3	4.2	3.1, 3.2, 4
a)	Form			
b)	Relative Anordnung			
c)	Masse und Standfestigkeit			
d)	Masse und Geschwindigkeit			
1.1	Gefährdung durch Quetschen	1.3	4.2.1	3.8
1.2	Gefährdung durch Scheren			
1.3	Gefährdung durch Schneiden oder Abschneiden			
1.4	Gefährdung durch Erfassen oder Aufwickeln			
1.5	Gefährdung durch Einziehen oder Fangen			
1.6	Gefährdung durch Stoß			
1.7	Gefährdung durch Durchstich oder Einstich			
1.8	Gefährdung durch Reibung oder Abrieb			
1.9	Gefährdung durch Eindringen oder Herausspritzen von Flüssigkeit unter hohem Druck	1.3.2	4.2.1	
2	Elektrische Gefährdung			
2.1	Direkte Berührung von Personen mit unter Spannung stehenden Teilen	1.5.1, 1.6.3	4.3	3.9, 6.2.2
2.2	Berührung von Personen mit Teilen, die durch Fehlerzustände spannungsführend geworden sind	1.5.1	4.3	3.9
3	Thermische Gefährdung mit der Folge			
3.1	Verbrennungen und Verbrühungen durch Kontakt mit Werkstoffen sehr hoher Temperatur	1.5.5, 1.5.6, 1.5.7	4.4	
4	Gefährdung durch Lärm mit der Folge	1.5.8	4.5	3.2, 4
4.1	Gehörverlust			
4.2	Störung der Sprachkommunikation oder von akustischen Signalen			
5	Gefährdung durch Vibration	1.5.9	4.6	3.2
6	Gefährdung durch Strahlung			
6.1	Strahlung im Niederfrequenz-, Funkfrequenz-, Mikrowellen-Bereich	1.5.10	4.7	
6.5	Laserstrahlen	1.5.12	4.7	
7	Gefährdung durch Werkstoffe und andere Stoffe, die von Maschinen verarbeitet oder verwendet werden	1.1.3, 1.5.13, 1.6.5	4.8	3.3b, 3.4

Tab. 2.2 (Fortsetzung)

Nr.	Gefährdungen	Anhang A der EN 292-2:	EN 292-1	EN 292-2
8	Gefährdung durch Vernachlässigung ergonomischer Grundsätze beim Gestalten von Maschinen			
8.1	Ungesunde Körperhaltung oder besondere Anstrengung	1.1.2d, 1.1.5, 1.6.2, 1.6.4	4.9	3,6.1, 6.2.1–4, 6.2.6
8.6	Menschliches Fehlverhalten, menschliches Verhalten	1.1.2d, 1.2.2, 1.2.5, 1.2.8. 1.5.4, 1.7	4.9	3.6, 3.7.8, 3.7, 9, 5, 6.1.1
9	Kombination von Gefährdungen			
10	Unerwarteter Anlauf, unerwartetes Durch- oder Überdrehen			
10.1	Ausfall oder Störung des Steuerungssystems	1.2.7, 1.6.3		3.7, 6.2.2
10.2	Wiederherstellung der Energiezufuhr nach Unterbrechung	1.2.6		3.7.2
10.5	Softwarefehler	1.2.1		3.7.7
11	Fehlende Möglichkeit, die Maschine unter optimalen Bedingungen stillzusetzen	1.2.4, 1.2.6, 1.2.7		3.7, 3.7.1, 6.1.1
12	Änderung der Umdrehungsgeschwindigkeit von Werkzeugen	1.3.6		3.2, 3.3
13	Ausfall der Energieversorgung	1.2.6		3.7, 3.7.2
14	Ausfall des Steuer- bzw. Regelkreises	1.2.1, 1.2.3–5, 1.2.7, 1.6.3		3.7, 6.2.2
15	Fehlerhafte Montage	1.5.4	4.9	5.5, 6.2.1
16	Bruch bei Betrieb	1.3.2	4.2.2	3.3
22	Ursache beim Steuerungssystem			
22.1	Ungeeignete Positionierung der Steuerungseinheit	3.2.1, 3.3.1, 3.4.5		
25	Ursache durch dritte Personen			
25.1	Unerlaubtes Starten oder Benutzen	3.3.2		
25.2	Bewegung eines Maschinenteils über die Halteposition	3.4.1		
25.3	Fehlen oder mangelhafte Eignung von optischen oder akustischen Warneinrichtungen	1.7.4, 3.6.1		
26	Unzureichende Anweisung für den Fahrer/Bediener	3.6		

2.6 Verfahren zur Untersuchung von Gefährdungen und zur Einschätzung von Risiken

Es gibt es zwei Grundtypen der Risikoanalyse: die deduktiven und die induktiven Verfahren. Bei den deduktiven Verfahren wird das Schlussergebnis angenommen und der Weg gesucht, der zu diesem Schlussergebnis führt. Bei den induktiven Verfahren wird der Ausfall eines Maschinenelements angenommen. Die anschließende Analyse stellt alle Ereignisse fest, die diesen Ausfall verursachen können.

Vorläufige Untersuchung von Gefährdungen: Die „Preliminary Hazard Analysis" (PHA) ist ein induktives Verfahren mit dem Ziel, für ein System in all seinen Lebensphasen die Gefährdungen, Gefährdungssituationen und Gefährdungsereignisse zu ermitteln, die zu einem eventuellen Unfall führen könnten.

„WAS-WENN"-Verfahren: Dieses Verfahren (WHAT-IF Method) ist für relativ einfache Maschinen geeignet. Es wird bei jedem Prüfschritt die „Was-Wenn"-Frage gestellt.

Fehlzustands- und Auswirkungsanalyse: Diese Analyse, auch als Ausfalleffektanalyse (Failure mode and effect analysis – FMEA) bezeichnet, ist ein induktives Verfahren. Es hilft die Häufigkeit und die Folgen von Ausfällen an Maschinen zu ermitteln.

Fehlersimulation für Steuerungen: Fehlersimulation (Fault simulation for Control Systems) ist ebenfalls ein induktives Verfahren. Es beruht auf zwei Kriterien:

- praktische Prüfung am betreffenden Regelkreis und Fehlersimulation sowie
- Simulation des Regelverhaltens anhand von Hard- und Softwaremodellen.

MOSAR-Verfahren (Method Organized for a Systematic Analysis of Risks) ist ein Verfahren in zehn Schritten. Es wird eine Tabelle benutzt, um die Gefährdungen, Gefährdungssituationen und Gefährdungsereignisse zu identifizieren. Die Eignung der Schutzmaßnahmen wird mit Hilfe einer zweiten Tabelle untersucht, in einer dritten Tabelle wird die gegenseitige Abhängigkeit erarbeitet usw.

Fehlerbaumanalyse/Fehlzustandsbaumanalyse: „Fault Tree Analysis" (FTA) ist ein deduktives Verfahren, das auf Grund eines als unerwünscht angesehenen Ereignisses durchgeführt wird, um kritische Pfade herauszufinden, die zu dem unerwünschten Ereignis führen.

DELPHI-Methode: Diese Methode ist ein Vorhersageverfahren, das anhand vertrauter Prozessverläufe für bisher unbekannte Prozesse mit Methoden der Wahrscheinlichkeitstheorie hochwahrscheinlich zutreffende prognostische Voraussagen macht. Sie wird auch zur Entwicklung neuer Ideen verwendet.

2.7 Risikobeurteilung

Zurzeit gibt es eine große Anzahl Normen, deren Ziel die Risikobeurteilung ist. Als Anwender ist es fast nicht mehr möglich, die richtige, für sein Produkt anzuwendende Norm auszuwählen. DIN V19250, EN 954, IEC 61508, IEC 61511, IEC 62061 usw. Obwohl nach und nach die EN IEC 61508 zum alles beherrschenden Thema wird, hat die EN 954-1 nach wie vor ihre Berechtigung, wenn es um Maschinensicherheit geht. Diese Berechtigung kann auch von der Tatsache abgeleitet werden, dass im CEN das TC 114/WG 6 die EN 954-1 als EN 150 13849-1 überarbeitet und durch die Einführung von „Performance Level" an die Denkweise der EN IEC 61508 anpasst.

Die europäische Norm EN 954-1, EN 954-2 enthält die Definitionen von Kategorien und Anforderungen und beschreibt Eigenschaften von Sicherheitsfunktionen und Gestaltungsleitsätzen für sicherheitsbezogene Teile von Steuerungen. Sie bezieht programmierbare Systeme für alle Maschinenarten und darauf bezogene Schutzeinrichtungen ein. Sie gilt für alle sicherheitsbezogenen Teile von Steuerungen, unabhängig von der verwendeten Energieart (z. B. elektrisch, hydraulisch, pneumatisch, mechanisch). Sie legt jedoch nicht fest, welche Sicherheitsfunktionen und welche Kategorien im Einzelfall anzuwenden sind.

Sie enthält sicherheitstechnische Anforderungen und Orientierungshilfen für die Gestaltung, Konstruktion, Programmierung, den Betrieb, die Wartung und Reparatur von sicherheitsbezogenen Teilen von Steuerungen für Maschinen.

Sie gilt für alle Maschinen im gewerblichen und privaten Bereich. Sie kann, wo dies angebracht ist, auch für Steuerungen mit sicherheitsbezogenen Teilen gelten, die zu anderen technischen Zwecken mit ähnlichen Gefahren verwendet werden.

Die Norm sieht vor, bei der Konzeption der Steuerungskategorien Fehler an Bauteilen vorzusehen bzw. Fehlerausschlüsse anzunehmen (Fehlerausschluss bedeutet, dass ein solcher Fehler auszuschließen ist, weil davon ausgegangen werden kann, dass er weder entsteht noch auftritt.). Um für diesen Zweck objektive und nachprüfbare Kriterien zu haben, werden in EN 954 Listen von möglichen Bauteilfehlern aufgeführt. Diese Fehlerlisten sind bei der Bewertung von sicherheitsbezogenen Teilen von Steuerungen zu berücksichtigen. Die dort aufgeführten Fehlerlisten erheben keinen Anspruch auf Vollständigkeit und gegebenenfalls müssen zusätzliche Fehler berücksichtigt werden.

Im Allgemeinen sind folgende Fehlerbetrachtungen zu berücksichtigen:

- Zwei unabhängige zufällige Fehler treten nicht gleichzeitig auf.
- Falls als Folge eines Fehlers weitere Bauteile ausfallen, sind der erste Fehler und alle sich darauf ergebenden Fehler als einzelne Fehler zu betrachten.
- Systematische Mehrfachausfälle werden als einzelne Fehler betrachtet.

Bei elektrischen/elektronischen Bauteilen sind folgende Fehler anzunehmen:

- Kurzschluss oder Unterbrechung von Stromkreisen (z. B. Kurzschluss zum Schutzleiter oder zu einem blanken leitfähigen Teil), Unterbrechung von jedem Leiter,
- Kurzschluss oder Unterbrechung in einzelnen Bauteilen (z. B. Positionsschalter),
- Nichtabfallen oder Nichtanziehen von elektromagnetischen Bauelementen (z. B. Schütze, Relais, Magnetventile),
- Nichtstarten oder Nichtstoppen von Motoren, mechanisches Blockieren von bewegten Teilen (z. B. Positionsschalter),
- Driften über die Toleranzgrenzen hinweg von analogen Bauelementen (z. B. Widerstände, Kondensatoren),
- Oszillieren von instabilen Ausgangssignalen im Falle von integrierten, nicht programmierbaren Bauteilen,
- Fehler in der Gesamtfunktion oder von Teilfunktionen im Falle von programmierbaren Bauteilen (Worst-Case-Verhalten).

Anmerkungen

- Die Kategorien sind nicht dazu bestimmt, in irgendeiner gegebenen Reihenfolge oder hierarchischen Anordnung in Bezug auf die sicherheitstechnischen Anforderungen angewendet zu werden.
- Aus der Risikobeurteilung wird sich ergeben, ob der gesamte oder teilweise Verlust der Sicherheitsfunktion auf Grund von Fehlern akzeptabel ist.

Hieraus kann man ableiten, dass die bisweilen geführten Diskussionen, ob jetzt die ganze Firma XY in Kategorie 2, 3 oder 4 einzustufen ist, am Willen der Normengeber vorbei geht und nicht im Sinn der Norm ist. Meistens hat jede Maschine eine Vorder- und eine Rückseite. Die gefährliche ist die Frontseite, weil dort in der Regel die Maschine bestückt und bedient wird, während die Rückseite weniger gefährlich ist, weil sie meist durch Bleche und Schutzgitter verkleidet ist.

Tab. 2.3 Einstufungen gemäß EN 954-2 (EN ISO 13849-2)

Anhang	Technologie	Liste der grundlegenden Sicherheitsprinzipien	Liste der bewährten Sicherheitsprinzipien	Liste der bewährten Bauteile	Fehlerlisten und Fehlerausschlüsse
A	Mechanik	A.1	A.2	A.3	A.4
B	Pneumatik	B.1	B.2	B.3	B.4
C	Hydraulik	C.1	C.2	C.3	C.4
D	Elektrik	D.1	D.2	D.3	D.4

Tab. 2.4 Vergleich der drei gültigen Risikobeurteilungsnormen

DIN AK V 19250	DIN EN Kat 954	DIN EN IEC SIL 61508
1, 2	B	–
2, 3	1, 2	1
4	3	2
5, 6	4	3
7	–	4
8	–	–

Um für diesen Zweck objektive und nachprüfbare Kriterien zu haben, werden in der EN 954-2 (EN ISO 13849-2) Listen für die Technologien Mechanik, Pneumatik, Hydraulik und Elektrik aufgeführt werden. Tab. 2.3 zeigt die Einstufungen gemäß EN 954-2 (EN ISO 13849-2).

2.7.1 Vergleich verschiedener Risikobeurteilungsnormen

Es gibt verschiedene Normen, die auf einen Risikographen verweisen: DIN V 19 250, EN 954-1, DIN EN IEC 61508 und bis vor kurzem auch EN 1050. Mit Ratifizierung der EN 1050 sind in dieser Norm die Risikographen entfallen. Die DIN V 19 250, die eine deutsche Norm ist, wird nach den EU-Beschlüssen von 1993 als nationale Norm nicht mehr ratifiziert. Da diese jedoch in der Anlagentechnik häufig verwendet wird, im Maschinenbau jedoch die EN 954 zur Anwendung kommt, entsteht immer wieder die Frage, wie diese Normen zu vergleichen sind. Tab. 2.4 zeigt den Vergleich der drei gültigen Risikobeurteilungsnormen.

2.7.2 Prozess für Auswahl

Es ist wichtig, die Schnittstellen zwischen den sicherheitsbezogenen und den nicht sicherheitsbezogenen Teilen der Steuerung und nicht zu allen anderen Teilen der Maschine festzulegen. Somit kann der Beitrag der sicherheitsbezogenen Teile zur Risikoverringerung in Übereinstimmung mit der Risikobeurteilung der Maschine nach EN 1050 festgelegt werden.

- Schritt 1 (Gefährdungsanalyse und Risikobeurteilung): Die Gefährdungsanalyse und Risikobeurteilung erfolgt durch:
  - Festlegen der Gefährdung an der Maschine,
  - Beurteilen des durch diese Gefährdung aufgetretenen Risikos.

- Schritt 2 (Entscheiden über Maßnahmen zur Risikoverminderung durch Steuerungsmaßnahmen): Das Entscheiden über Maßnahmen zur Risikoverminderung durch Steuerungsmaßnahmen erfolgt über gestalterische Maßnahmen an der Maschine.
- Schritt 3 (Festlegen der sicherheitstechnischen Anforderungen für sicherheitsbezogene Teile der Steuerung): Das Festlegen der sicherheitstechnischen Anforderungen für sicherheitsbezogene Teile der Steuerung erfolgt in den beiden Schritten:
  - Festlegen der Sicherheitsfunktionen, die in der Steuerung vorzusehen sind.
  - Festlegen wie die Sicherheitsfunktionen erreicht werden und Auswählen der Kategorien.
- Schritt 4 (Gestalten und Verifizieren): Gestalten der nach den in Schritt 3 getroffenen Festlegungen und nach der in EN 954-1 beschriebenen Vorgehensweise. Verifizieren der Gestaltung muss in jeder Phase erfolgen, um sicherzustellen, dass die sicherheitsbezogenen Teile die Anforderungen der vorhergehenden Stufe im Zusammenhang mit den festgelegten sicherheitsbezogenen Funktionen und Kategorien erfüllen.
- Schritt 5 (Validieren): Validieren der bei der Gestaltung erreichten Sicherheitsfunktionen und Kategorien. Werden bei der Gestaltung sicherheitsbezogener Teile der Steuerung programmierbare Systeme verwendet, sind andere detaillierte Verfahren erforderlich (EN 954-1). Diese Verfahren sind derzeit in Vorbereitung.

2.8 Übersicht der Risikokategorien

Schwerpunkt dieses Verfahrens ist, die sicherheitstechnische Anforderung von Steuerungen, unabhängig von der Technologie, in fünf sicherheitstechnisch sinnvolle Kategorien einzustufen. Diese reichen von einfachen bis zu aufwendigen Anforderungen, wie Einfehlersicherheit, Redundanz, Diversität oder/und Selbstüberwachung.

Die sicherheitsbezogenen Teile von Steuerungen (EN 954-1 und EN 954-2) müssen mit den Anforderungen (Tab. 2.5) einer oder auch mehrerer der fünf nachfolgend beschriebenen Kategorien übereinstimmen. Die fortlaufende Nummerierung der Kategorien B, 1, 2, 3 und 4 soll keine hierarchische Anordnung sein bzw. soll nicht im hierarchischen Sinn angewendet werden.

Die sicherheitsbezogenen Teile der Kategorie B von Steuerungen (EN 954-1 und EN 954-2) müssen nach den zutreffenden Normen unter Verwendung der zugrundgelegten Sicherheitsprinzipien gestaltet und validiert werden.

Anmerkung

Diese Forderung scheint auf den ersten Blick verwirrend und ist auch nicht für Hersteller in den klassischen Industrieländern gedacht. Da jedoch zunehmend Produkte aus so genannten Dritte-Welt-Ländern, die andere, meist jedoch keinerlei Normen zu berücksichtigen haben, in den Wirtschaftsbereich der EU importiert werden, soll für diese hiermit ein gewisser Mindeststandard festgeschrieben werden.

Tab. 2.5 Anforderungen und Auswirkungen von Risikokategorien

Kategorie	Kurzfassung der Anforderung	Systemverhalten	Wesentliches
B	Die sicherheitsbezogenen Teile von Maschinensteuerungen und/oder ihre Schutzeinrichtung als auch ihre Bauteile müssen in Übereinstimmung mit den zutreffenden Normen so gestaltet, konstruiert, ausgewählt, zusammengestellt und kombiniert werden, dass sie den zu erwartenden Einflüssen standhalten können	Wenn ein Fehler auftritt, kann er zum Verlust der Sicherheitsfunktion führen	Überwiegend durch Auswahl von Bauteilen charakterisiert
1	Die Anforderung von B muss erfüllt sein Verwendung von sicherheitstechnisch bewährten Bausteinen und Prinzipien	Wie für Kategorie B beschrieben, aber mit einer höheren sicherheitsbezogenen Zuverlässigkeit der Sicherheitsfunktionen	
2	Die Anforderung von B und die Verwendung sicherheitstechnisch bewährter Prinzipien müssen erfüllt sein Die Sicherheitsfunktion muss in geeigneten Zeitabständen durch die Maschinensteuerung geprüft werden	Das Auftreten eines Fehlers kann zum Verlust der Prinzipien der Sicherheitsfunktion zwischen den Prüfungsabständen führen Der Verlust der Sicherheitsfunktion wird durch die Prüfung erkannt	Überwiegend durch Struktur charakterisiert
3	Die Anforderung von B und die Verwendung sicherheitstechnisch bewährter Prinzipien müssen erfüllt sein, dass – ein einzelner Fehler in jedem dieser Teile nicht zum Verlust der Sicherheitsfunktion führt und – wann immer in angemessener Weise durchführbar, der einzelne Fehler erkannt wird	Wenn der einzelne Fehler auftritt, bleibt die Sicherheitsfunktion immer erhalten Einige, aber nicht alle Fehler werden erkannt. Eine Anhäufung unerkannter Fehler kann zum Verlust der Sicherheitsfunktion führen	Überwiegend durch Struktur charakterisiert
4	Die Anforderung von B und die Verwendung sicherheitstechnisch bewährter Prinzipien müssen erfüllt sein. Sicherheitsbezogene Teile müssen so gestaltet sein, dass: – ein einzelner Fehler in der Steuerung nicht zum Verlust der Sicherheitsfunktion führt und – der einzelne Fehler bei oder vor der nächsten Anforderung an die Sicherheitsfunktionen erkannt wird. Falls dies nicht möglich ist, darf eine Anhäufung von Fehlern nicht zum Verlust der Sicherheitsfunktion führen	Wenn Fehler auftreten, bleibt die Sicherheitsfunktion immer erhalten Die Fehler werden rechtzeitig erkannt, um einen Verlust der Sicherheitsfunktionen zu verhindern	Überwiegend durch Struktur charakterisiert

Die Anforderungen der Kategorie 1 von B müssen nach EN 954-1 und EN 954-2 erfüllt sein. Die sicherheitsbezogenen Teile der Kategorie 1 müssen unter Verwendung bewährter Bauteile und bewährter Sicherheitsprinzipien gestaltet, gebaut und validiert werden.

Ein Bauteil für eine sicherheitsbezogene Anwendung gilt als bewährt, wenn dies in der Vergangenheit weit verbreitet mit erfolgreichen Ergebnissen verwendet worden ist.

Bewährte Sicherheitsprinzipien sind z. B.

- Vermeiden bestimmter Fehler durch Konstruktion, z. B. Kurzschluss durch Abstand,
- Verringerung der Wahrscheinlichkeit von Fehlern, z. B. durch Überdimensionierung der Bauteile,
- Festlegung der Ausfallrichtung, z. B. Not-Aus-Taster mit Öffnerfunktion oder
- frühe Fehlererkennung, z. B. durch Verwenden von Relais mit zwangsgeführten Kontakten, oder durch Erdung von Schaltkreisen usw.

Der Feuermelder ist, obwohl das große Gehäuse etwas anderes vermuten lässt, nichts anderes als ein Druckknopf, der auf einen elektrischen Kontakt wirkt. Dieser elektrische Kontakt ist nicht wie bei der Türklingel an unserer Haustüre ein Schließerkontakt, der einen Stromkreis schließt um eine Glocke läuten zu lassen, sondern ein Öffnerkontakt. Wie kann dies funktionieren? Ein Steuerstromkreis, der bei nicht betätigten Feuermeldern geschlossen ist, lässt ein Relais anziehen, dessen Öffnerkontakt mit einem elektrischen Läutwerk verbunden ist. Wird jetzt ein Feuermelder betätigt oder die Zuleitung zu einem Feuermelder gekappt, fällt das Relais in seine Ruhelage zurück und der Stromkreis zu dem elektrischen Läutwerk wird geschlossen. Dieses System hat sich als so zuverlässig erwiesen, dass Sicherheitsschaltkreise wie Not-Aus oder Positionsschalter von beweglichen Verdeckungen nach dem selben Prinzip erstellt werden. Auch hier sind die Steuerkontakte, wie z. B. die des Not-Aus-Tasters, Öffnerkontakte. Das Schaltrelais jedoch ist hierbei nicht ein einfaches Relais, sondern eine Relaisgruppe, die so beschaffen ist, dass Fehler erkannt werden können.

Die Anforderung der Kategorie 2 von B und die Verwendung bewährter Sicherheitsprinzipien EN 954-1 und EN 954-2 müssen erfüllt sein.

Die sicherheitsbezogenen Teile von Steuerungen der Kategorie 2 müssen so gestaltet werden, dass ihre Sicherheitsfunktionen in geeigneten Zeitabständen durch die Maschinensteuerung geprüft werden.

Diese Prüfung der Sicherheitsfunktion muss

- beim Anlaufen der Maschine und vor dem Einleiten eines gefährlichen Zustands, und
- periodisch während des Betriebs, wenn dies notwendig ist, erfolgen.

Jede Prüfung der Sicherheitsfunktion muss entweder

- Betrieb zulassen, wenn kein Fehler erkannt wird, oder
- einen Ausgang für die Einleitung angemessener Steuerungsmaßnahmen erzeugen, wenn ein Fehler erkannt wurde, und

- wann immer möglich am Ausgang einen sicheren Zustand einleiten oder eine Warnung vor der Gefährdung vorsehen.

Die Prüfeinrichtung darf als Bestandteil des sicherheitsbezogenen Teils der Steuerungen oder getrennt davon vorgesehen werden.

Nach Erkennen eines Fehlers muss ein sicherer Zustand bis zur Beseitigung des Fehlers aufrechterhalten bleiben.

Die Anforderung der Kategorie 3 von B und die Verwendung bewährter Sicherheitsprinzipien (EN 954-1 und EN 954-2) müssen erfüllt sein.

Die sicherheitsbezogenen Teile von Steuerungen der Kategorie 3 müssen so gestaltet werden, dass ein einzelner Fehler in einem dieser Teile nicht zum Verlust der Sicherheitsfunktion führt. Wann immer in angemessener Weise durchführbar, muss der einzelne Fehler bei der nächsten Anforderung der Sicherheitsfunktion erkannt werden. Diese Forderung kann z. B. durch Redundanz erreicht werden.

Das Systemverhalten ist so, dass

- einige, jedoch nicht alle Fehler erkannt werden,
- eine Anhäufung unerkannter Fehler zum Verlust der Sicherheitsfunktion führen kann.

Die Anforderung der Kategorie 4 von B und die Verwendung bewährter Sicherheitsprinzipien (EN 954-1 und EN 954-2) müssen erfüllt sein.

Die sicherheitsbezogenen Teile von Steuerungen der Kategorie 4 müssen so gestaltet werden, dass

- ein einzelner Fehler in jedem dieser sicherheitsbezogenen Teile nicht zum Verlust der Sicherheitsfunktion führt,
- der einzelne Fehler bei der nächsten Anforderung der Sicherheitsfunktion erkannt wird, und falls dies nicht möglich ist, eine Anhäufung von Fehlern nicht zum Verlust der Sicherheitsfunktion führen darf,
- Fehler gemeinsamer Ursache berücksichtigt werden müssen, z. B. durch Anwendung von Diversität, verhindern von EMV-Einflüssen usw.

2.9 Funktionen in Sicherheitskreisen

Weitere Punkte aus dieser Norm gehen auf einzelne Funktionen in Sicherheitskreisen ein und fordern deren Realisierung wie folgt:

Eine durch Schutzeinrichtungen ausgelöste Stopp-Funktion muss die Maschine nach Betätigung dieser Funktion so schnell wie nötig in einen sicheren Zustand überführen. Diese Stopp-Funktion muss funktionellen Vorrang vor einem Betriebsstopp aufweisen.

Beim Zusammenwirken einer Gruppe von Maschinen muss dafür gesorgt werden, dass dem übergeordneten Stellteil und/oder den anderen Maschinen das Anstehen einer sicheren Stopp-Bedingung signalisiert wird.

Beim Zusammenwirken einer Gruppe von Maschinen müssen die sicherheitsbezogenen Teile die Möglichkeit haben, eine Not-Aus-Funktion an alle Teile des zusammenwirkenden Systems zu signalisieren.

Wo Bereiche des zusammenwirkenden Systems deutlich voneinander getrennt sind (z. B. durch Schutzeinrichtungen oder durch ihre physikalische Anordnung) ist es nicht immer erforderlich, die Not-Aus-Funktion auf das gesamte System auszudehnen, sondern lediglich auf bestimmte, durch die Risikobeurteilung festgelegte Bereiche.

Nach dem Wirksamwerden eines Not-Aus-Vorgangs für einen Bereich des zusammenwirkenden Systems darf an den Schnittstellen zwischen diesem Bereich und anderen Bereichen des Systems keine Gefährdung vorhanden sein.

Nach dem Einleiten eines Stopp-Befehls durch eine Schutzeinrichtung muss der Stopp-Befehl aufrechterhalten bleiben, bis sichere Bedingungen für einen erneuten Start gegeben sind.

Die Rückstellung der Sicherheitsfunktion von der Schutzeinrichtung hebt einen Stopp-Befehl auf. Falls dies in der Risikobeurteilung angezeigt ist, muss das Aufheben des Stopp-Befehls durch eine manuelle, getrennte und absichtliche Betätigung (manuelle Rückstellung) bestätigt werden.

Die manuelle Rückstellung muss über eine getrennte, handbetriebene Einrichtung der sicherheitsbezogenen Teile der Steuerung vorgenommen werden, muss sicherstellen, dass alle Sicherheitsfunktionen und Schutzeinrichtungen betriebsbereit sind. Ist das nicht der Fall, darf eine Rückstellung nicht möglich sein. Die manuelle Rückstellung darf keine Bewegung oder keinen gefährlichen Zustand verursachen. Die Rückstellung muss durch absichtliche Betätigung erfolgen, die Steuerung auf die Annahme eines getrennten Anlaufbefehls vorbereiten und wird nur akzeptiert durch die Betätigung eines Freigabeschalters.

Der Rückstell-Schalter muss außerhalb des Gefahrbereiches an einem sicheren Ort angebracht sein, von dem gute Sicht über die gesamte Anlage gegeben ist, um sicherzustellen, dass sich niemand innerhalb des Gefahrbereichs befindet.

Wenn eine sicherheitsbezogene Einrichtung einen Befehl für einen Start oder einen erneuten Start erzeugt, hat der Start oder erneute Start nur dann automatisch zu erfolgen, wenn kein gefährlicher Zustand vorliegen kann. Diese Anforderungen für Start und erneuten Start sind auch für Maschinen einzuhalten, die ferngesteuert werden können.

Bei Schwankungen des Energieniveaus außerhalb des zulässigen Bereichs einschließlich eines Totalausfalls der Energieversorgung müssen sicherheitsbezogene Teile der Steuerung weiterhin Ausgangssignale vorsehen oder abgeben, sodass andere Maschinenteile einen sicheren Zustand erreichen können.

Die Aufhebung (muting) darf nicht dazu führen, dass Personen gefährlichen Zuständen ausgesetzt sind.

Nach Beendigung der Aufhebung müssen Sicherheitsfunktionen der sicherheitsbezogenen Teile der Steuerung wiederhergestellt werden.

Die Kategorie der sicherheitsbezogenen Teile, die eine Aufhebungsfunktion ausführen, muss so ausgewählt werden, dass die Einbeziehung der Aufhebungsfunktion die für die relevante Sicherheitsfunktion erforderliche Sicherheit nicht verringert, d. h. ein in die

Kategorie 3 eingestufter Sicherheitsschaltkreis darf nur mit Komponenten, die auch mindestens die Forderungen der Kategorie 3 erfüllen, überbrückt werden.

Anmerkung
Bei einigen Anwendungen ist ein Hinweissignal für die Aufhebungsfunktion erforderlich.

Soll nach diesen Kriterien für eine Anwendung eine Teilkomponente ausgewählt werden, ist festzustellen, dass das nicht einfach ist. Nur im Zusammenspiel aller Teile, die eine Steuerung bilden, kann die Risikobeurteilung vorgenommen werden. Die optimalen Eigenschaften von Einzelkomponenten nützen nichts, wenn diese zwar funktionsrichtig, aber sicherheitstechnisch falsch eingesetzt werden. Aus diesem Grund kann man nicht gewährleisten, dass Teilkomponenten der Risikokategorie 3 oder 4 entsprechen, sondern lediglich feststellen, dass mit diesen Teilkomponenten bei richtigem Einsatz in Verbindung mit anderen Teilkomponenten die Risikokategorie 3 bzw. 4 erreichbar ist.

Diese Einstufungspflicht zieht sich wie ein roter Faden vom kleinsten Endschalter bis zum Gesamtkonzept der ganzen Maschine durch, wobei der permanente Konflikt zwischen dem „technisch Machbaren" und dem nach der „reinen-Lehre-Zulässigen" ausgefochten werden muss.

2.10 Risikograph

Vielfach erkennen die Normenmacher, dass so manche Forderung einer Norm erklärungsbedürftig ist. Da sich aber auch Normenmacher an eine Norm zu halten haben, und zwar an die DIN 820, können sie dann diese Norm in einen normativen Teil und einen informativen Teil aufteilen. Der informative Teil ist dann der Anhang, und dient zur erleichterten Anwendung der betreffenden Norm und ihrer technischen Festlegungen. Zum besseren Verständnis dient die Grafik von Abb. 2.1.

Das Risiko ist eine Wahrscheinlichkeitsaussage, die die zu erwartenden Häufigkeiten des Auftretens einer Gefährdung und Verletzungsschwere durch diese berücksichtigt. Das zu erwartende Risiko muss durch geeignete Maßnahmen so verringert werden, dass das für diese Anwendung geforderte Sicherheitsniveau erreicht wird.

2.10.1 Gestaltung und Auswahl von Sicherheitsmaßnahmen nach EN 954-1

Da es zahlreiche Möglichkeiten gibt, um das Risiko an einer Maschine zu verringern und es ebenso viele Möglichkeiten gibt, um die sicherheitsbezogenen Teile einer Steuerung zu gestalten, handelt es sich hierbei um einen interaktiven Prozess. Hierfür wird ein schrittweises Vorgehen empfohlen.

- Schritt 1 (Gefährdungsanalyse und Risikobeurteilung):
  - Feststellen der Gefährdung an einer Maschine bei allen Betriebsarten und während jeder Lebensphase der Maschine entsprechend den Normen EN 292-1 und EN 1050,
  - Beurteilung des durch diese Gefährdung aufgetretenen Risikos und Entscheiden über die Risikoreduzierung für diese Anwendung nach den Normen EN 292-1 und EN 1050.
- Schritt 2 (Entscheiden über Maßnahmen zur Risikoreduzierung durch Steuerungsmittel):
  - Entscheiden über gestalterische Maßnahmen an der Maschine wie das Vorsehen von Schutzeinrichtungen, um die Risikoreduzierung zu bewirken.
- Schritt 3 (Festlegen der sicherheitstechnischen Anforderungen für die sicherheitsbezogenen Teile der Steuerung):
  - Festlegen der Sicherheitsfunktionen, die in der Steuerung vorzusehen sind,
  - Festlegen, wie die Sicherheitsfunktionen erreicht werden,
  - Auswählen der Kategorie für jedes Teil und für jede Kombination von Teilen innerhalb der sicherheitsbezogenen Teile der Steuerung.

Anmerkung
Hier kann abgeleitet werden, dass die Teile einer risikoreduzierenden Maßnahme nicht alle der gleichen Kategorie entsprechen müssen.

- Schritt 4 (Gestalten):
  - Gestalten der sicherheitsbezogenen Teile der Steuerung; Auflisten der berücksichtigten Gestaltungsmerkmale für die zu erreichenden Kategorien,
  - Verifizieren der Gestaltung in jeder Phase, um sicherzustellen, dass die sicherheitsbezogenen Teile den Anforderungen der festgelegten Funktionen und Kategorien entsprechen.
- Schritt 5 (Validieren):
  - Validieren der bei der Gestaltung erreichten Sicherheitsfunktion und Kategorie im Vergleich zu den Festlegungen in Schritt 3; erneute Gestaltung, falls erforderlich,
  - werden bei der Gestaltung sicherheitsbezogene Teile der Steuerung als programmierbare elektronische Systeme verwendet, sind andere detaillierte Verfahren erforderlich.

Anmerkung
Derzeit ist man der Auffassung, dass die Zuverlässigkeit des fehlerfreien Betriebs einer einkanaligen, programmierbaren, elektronischen Ausrüstung nicht zugesichert werden kann, deshalb ist es nicht ratsam, sich alleine auf den fehlerfreien Betrieb einer solchen Einkanal-Einrichtung zu verlassen.

2.10.2 Validieren durch Analyse

Im Allgemeinen ist eine Analyse zum Validieren (Betätigen) der erreichten Risikominderung notwendig.

Prüfung der festgelegten Sicherheitsfunktionen: Ein wichtiger Schritt für die Bestätigung ist die Prüfung der Sicherheitsfunktionen (EN 954-1) auf ihre vollständige Übereinstimmung mit den festgelegten Eigenschaften. Ziel der Prüfung ist es sicherzustellen, dass sicherheitsbezogene Ausgangssignale in eindeutiger und logischer Weise von den Eingangssignalen abhängig sind.

Prüfung der festgelegten Kategorien: Grundlage für eine festzulegende Kategorie ist das Verhalten im Fehlerfall. Die Prüfung muss zeigen, dass die notwendigen Anforderungen erfüllt sind.

Grundsätzlich sind folgende Verfahren anzuwenden:

- eine theoretische Prüfung und Verhaltensanalyse der Schaltpläne,
- praktische Prüfung der Originalschaltung und Fehlersimulation an Originalbauteilen,
- Simulation des Verhaltens der Steuerung anhand von Hard- und Software-Modellen.

Prüfung der Dimensionierung: Die Prüfung muss zeigen, dass die bei der Gestaltung festgelegte Leistungsfähigkeit bei allen festgelegten Betriebsarten erreicht wird. Folgende Normen sind zu berücksichtigen: EN 60 204-1, EN 60 529, EN 60 721-3-0, EN 61 000-4-1, IEC 68.

Nach Abschluss des Validierungsverfahrens muss ein Validierungsbericht erstellt werden. In dem Bericht sollte insbesondere festgehalten werden:

- alle zu prüfenden Gegenstände,
- für die Prüfung zuständiges Personal,
- die zu benutzenden Prüfeinrichtungen,
- durchgeführte Analysen und Prüfungen,
- die festgestellten Probleme und deren Lösungen,
- die Ergebnisse.

Alle Ergebnisse müssen dokumentiert und in nachvollziehbarer Form aufbewahrt werden (EN 1050).

Der Validierungsplan (EN 954) muss die Anforderungen für die Durchführung des Validierungsverfahrens für die festgelegten Sicherheitsfunktionen und deren Kategorien beschreiben:

a) Identität der Dokumente für die Festlegungen,
b) Betriebs- und Umgebungsbedingungen,
c) grundlegende Sicherheitsprinzipien (A.1, B.1, C.1 und D.1),
d) bewährte Sicherheitsprinzipien (A.2, B.2, C.2 und D.2),

e) bewährte Bauteile (A.3 und D.3),
f) Fehler, die aus den Fehlerlisten in A.4, B.4, C.4 und D.4 zu berücksichtigen sind,
g) alle Analysen und Prüfungen, die angewandt wurden.

Dokumente, die für die Validierung erforderlich sein können, sind:

a) Festlegung(en) über die angenommene Leistungsfähigkeit der Konstruktion, einschließlich der Sicherheitsfunktionen und Kategorien,
b) Zeichnungen und Festlegungen, z. B. für mechanische, hydraulische und pneumatische Teile, gedruckte Steuerkreispläne, Montagepläne, interne Verdrahtung, Gehäuse, Materialien, Aufstellung,
c) Blockdiagramm(e) mit Funktionsbeschreibung der Blöcke,
d) Steuerkreisdiagramm(e) einschließlich ihrer Verknüpfungen/Verbindungen,
e) Funktionsbeschreibung der Steuerkreisdiagramme,
f) Zeitfolgediagramm(e) für schaltende Bauteile, für Signale, die für die Sicherheit zuständig sind,
g) Bauteilliste mit Stückbezeichnung, Nennwerten, Toleranzen, relevanten weiteren Daten, die für die Sicherheit relevant sind,
h) Analyse aller relevanten Fehler, die in A.4, B.4, C.4 und D.4 aufgelistet sind, einschließlich der Begründung aller ausgeschlossenen Fehler,
i) Analyse des Einflusses der im Verfahren verwendeten Materialien,
j) spezielle Information für die Kategorie nach Tab. 2.6,
k) wo angebracht, muss die Software-Dokumentation beinhalten:
   1. eine Festlegung, die klar und eindeutig ist, und die das Erreichen der geforderten sicherheitstechnischen Leistungsfähigkeit der Software bestätigt, und
   2. den Beweis, dass die Software so gestaltet ist, dass sie die geforderte sicherheitstechnische Leistungsfähigkeit erreicht, und Einzelheiten über Prüfungen (insbesondere Prüfberichte), die durchgeführt wurden, um zu bestätigen, dass die geforderte sicherheitstechnische Leistungsfähigkeit erreicht wurde. Tab. 2.6 zeigt eine Übersicht über Anforderungen und Notwendigkeit einer Dokumentation.

2.10.3 Validierungsverfahren

Die Validierung soll für die Bereiche Mechanik, Pneumatik, Hydraulik und Elektrik durchgeführt werden. Hierfür gibt es in den Anhängen A, B, C und D für die Kategorien B, 1, 2, 3 und 4 jeweils eine

- Liste der grundlegenden Sicherheitsprinzipien,
- Liste der bewährten Sicherheitsprinzipien,
- Liste bewährter Bauteile,
- Liste von Fehlern und Fehlerausschlüsse.

Tab. 2.6 Übersicht über Anforderungen und Notwendigkeit einer Dokumentation

Anforderungen an die Dokumentation	Kategorien, für die eine Dokumentation erforderlich ist				
	B	1	2	3	4
Grundlegende Sicherheitsfunktionen	X	X	X	X	X
Zu erwartende Betriebsbeanspruchung	X	X	X	X	X
Einfluss des zu verarbeitenden Materials	X	X	X	X	X
Leistungsfähigkeit während anderer relevanter externer Einflüsse	X	X	X	X	X
Bewährte Bauteile	X	–	–	–	–
Bewährte Sicherheitsprinzipien	–	X	X	X	X
Prüfverfahren für die Sicherheitsfunktion	–	–	X	–	–
Festgelegte Prüfintervalle	–	–	X	–	–
Berücksichtigte, vorhersehbare Einzelfehler und das angewendete Erkennungsverfahren	–	–	–	X	X
Alle identifizierten Fehler gemeinsamer Ursache und wie diese verhindert werden	–	–	–	X	X
Alle vorhersehbaren ausgeschlossenen Einzelfehler	–	–	–	X	X
Wie Sicherheitsfunktionen bei jedem Fehler aufrechterhalten bleiben	–	–	–	X	X
Fehler, die zu erkennen sind	–	–	X	X	X
Verschiedene Fehleranhäufungen, die bei der Gestaltung zu berücksichtigen sind	–	–	–	–	X
Wie die Sicherheitsfunktion bei allen Fehlerkombinationen aufrechterhalten bleibt	–	–	–	–	X

Die Validierung durch Analyse und Prüfung muss aufgezeichnet werden. Die Aufzeichnung muss das Validierungsverfahren aller sicherheitstechnischen Anforderungen ersichtlich machen. Es lassen sich Querverweise zu anderen Dokumenten durchführen.

Für jedes System oder Bauteil, das einen Teil des Validierungsverfahrens nicht bestanden hat, muss die Aufzeichnung zeigen, inwieweit Übereinstimmung mit dieser Norm besteht.

Die Validierung durch Prüfungen muss systematisch geplant werden. Ein Prüfplan muss vor Beginn der Prüfungen ausgearbeitet werden, der Folgendes beinhaltet:

- die Prüfspezifikation,
- zu erwartende Ergebnisse der Prüfungen,
- die Reihenfolge der Testungen.

Prüfaufzeichnungen müssen erstellt werden, die Folgendes beinhalten:

- den Namen des Prüfers,
- die Umgebungsbedingungen,

- die Vorgehensweisen bei der Prüfung und die benutzten Ausrüstungen,
- die Ergebnisse der Prüfungen.

2.10.4 Fehlerlisten

Das Validierungsverfahren schließt die Überlegung des Verhaltens von sicherheitsbezogenen Teilen der Steuerungen im Fehlerfalle ein. Zu berücksichtigende Fehler sind in den allgemeinen Fehlerlisten in A.4, B.4, C.4 und D.4 zu finden, die sich auf Erfahrungen stützen. Die allgemeinen Fehlerlisten enthalten:

- die einzubeziehenden Bauteile und Elemente, z. B. Leiter, Kabel,
- die zu berücksichtigenden Fehler, z. B. Kurzschlüsse zwischen Leitern,
- die erlaubten Fehlerausschlüsse,
- eine Spalte für Bemerkungen, die die Begründungen für Fehlerausschlüsse enthält.

Nur permanente Fehler sind berücksichtigt.

Das Ziel der Validierung von Sicherheitsfunktionen ist sicherzustellen, dass sicherheitsbezogene Ausgangssignale abhängig von den Eingangssignalen entsprechend den Festlegungen korrekt und logisch sind. Die Validierung sollte alle normalen und vorhersehbare abnormale Bedingungen durch statische und dynamische Simulation abdecken.

2.11 Risikobewertung anhand eines Beispiels

Für das Beispiel einer Risikobewertung soll eine CNC- oder SPS-gesteuerte Drehmaschine dienen. Das zu bearbeitende Werkstück wird vor jedem Arbeitsgang von Hand in die Spannzange eingelegt. Dann wird der Arbeitsvorgang gestartet und nach Ablauf des Bearbeitungsvorgangs wird das Werkstück wieder von Hand entnommen. Das Bearbeitungsprogramm läuft automatisch ab. In der EN 954-1 wird vorgeschrieben, dass das Betrachten der Maschine ohne risikoreduzierende Maßnahmen zu erfolgen hat. Abb. 2.3 zeigt eine Drehmaschine ($\approx$ 50 Jahre alt) ohne Schutzmaßnahmen.

Die Risikobeurteilung erfolgt nach EN 1050. Bestimmung der Grenzen der Maschine: Der Wirkungsbereich der Gefährdungen der Maschine muss erfasst werden, einschließlich des vorhersehbaren Missbrauch oder einer Fehlfunktion nach EN 292-1:

- Das vorhersehbare Fehlverhalten infolge normaler Unachtsamkeit, aber nicht infolge absichtlichen Missbrauchs der Maschine.
- Das reflexartige Verhalten einer Person im Falle einer Fehlfunktion, eines Zwischenfalls, eines Ausfalls usw. während des Gebrauchs der Maschine.
- Das menschliche Verhalten, das darauf zurückzuführen ist, dass u. U. der „Weg des geringsten Widerstands“ beim Ausführen einer Aufgabe gewählt wird.

Abb. 2.3 Drehmaschine ohne Schutzmaßnahmen

Abb. 2.4 Drehmaschine mit mechanischer Abdeckhaube für Schutzmaßnahmen

Im Fall der Beispielmaschine ist der Wirkungsbereich eng begrenzt und überschaubar wie Abb. 2.4 zeigt. Der wirklich gefährliche Bereich ist der Bearbeitungsbereich, die Spannzange bzw. das Backenfutter, das u. U. mit sehr hoher Drehzahl rotiert.

Identifizierung der Gefährdungen: Es müssen alle Gefährdungen, Gefährdungssituationen und Gefährdungsereignisse festgestellt werden, die beim Einsatz der Maschine auftreten können. Tab. 2.7 zeigt die Auswahl nach EN 1050.

Tab. 2.7 Auswahl nach EN 1050

Tabelle A. 1	1,4	Gefährdung durch Erfassen oder Aufwickeln	EN 292-1
Tabelle A. 1	1,5	Gefährdung durch Einziehen oder Fangen	EN 292-1
Tabelle A. 1	8,6	Menschliches Verhalten/Fehlverhalten	EN 292-2

Risikoeinschätzung (EN 1050): Zur Risikoabschätzung sind folgende Faktoren zu berücksichtigen:

- Schadensausmaß,
- Eintrittswahrscheinlichkeit eines Gefährdungsereignisses,
- Möglichkeit zur Vermeidung oder Begrenzung eines Schadens,
- Art, Häufigkeit und Dauer der Gefährdungsexposition,
- menschliche Faktoren,
- Zuverlässigkeit von Schutzfunktionen,
- Möglichkeit zur Ausschaltung oder Umgehung von Schutzmaßnahmen.

Abb. 2.5 zeigt Schutzmaßnahmen an einer neuen Drehmaschine. Die Art der Gefährdung wurde wie folgt eingeschätzt:

- Es ist mit sehr hohen Drehzahlen zu rechnen.
- Es entstehen scharfe Kanten am Werkstück.
- Es entstehen scharfe Stahlspäne.
- Bei vorzeitigem Griff nach dem Werkstück kann es zum Erfassen von Kleidungsstücken oder Haaren kommen und dann ist mit erheblichen Verletzungen zu rechnen.
- Auch ohne direkte Berührung kann es durch fliegende, heiße, scharfkantige Späne zu Augenverletzungen kommen.

Deshalb muss dieser Gefahrenbereich abgedeckt werden. Ein direktes festes Verschließen der Gefahrenstelle ist die effektivste Lösung. Dies ist jedoch nur bei einer automati-

Abb. 2.5 Schutzmaßnahmen an einer Drehmaschine, denn durch die mechanische Konstruktion ist ein vorzeitiger Zugriff auf das Werkstück nicht möglich und es ist oben rechts der NOT-Aus-Taster vorhanden

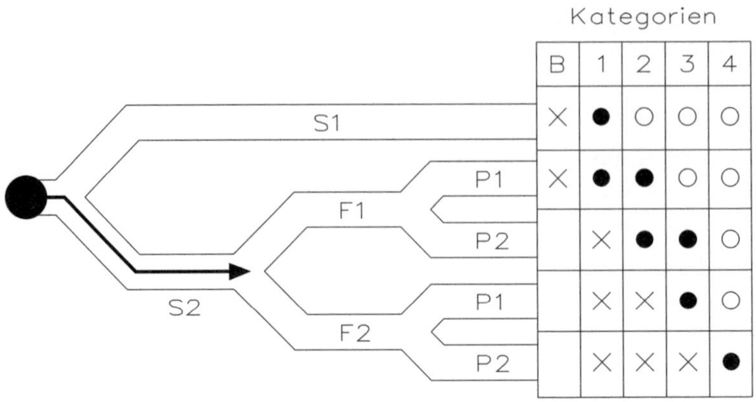

Abb. 2.6 Fortschritt der Risikoabschätzung anhand des Beispiels mit der Verletzungsschwere S2

schen Bestückung möglich. Das ist aber bei der Beispielmaschine nicht vorgesehen, denn diese wird von Hand bestückt. Somit muss der Gefahrenbereich zu öffnen sein. Für diesen Fall kann eine Schutztür als beste Lösung angesehen werden.

Risikobewertung (EN 1050): Nach der Risikoeinschätzung als letztem Schritt der Risikoanalyse muss eine Risikobewertung durchgeführt werden, um zu entscheiden, ob eine Risikominderung notwendig ist. Wenn keine Sicherheit erreicht ist, sind geeignete Schutzmaßnahmen auszuwählen und anzuwenden. Hiernach ist die Risikobeurteilung zu wiederholen. In diesem iterativen Prozess ist es wichtig zu prüfen, ob durch die Anwendung neuer Schutzmaßnahmen zusätzliche Gefährdungen geschaffen wurden.

Für die Anwendung des Risikographen ist die Schwere der Verletzung S1 oder S2 (EN 954) zuständig. Die Norm unterscheidet zwischen zwei Möglichkeiten:

- S1: nur leichte, sogenannte reversible, wieder verheilende Verletzungen. Solche Verletzungen können sein: Prellungen, Schnittwunden usw.
- S2: schwere Verletzung, so genannte irreversible, nicht wieder verheilende Verletzung. Solche Verletzungen können sein: Amputation oder auch Tod.

Die Risikoanalyse des Beispiels ergibt eine Verletzungsschwere S2, da mit irreversiblen Verletzungen zu rechnen ist, wie Abb. 2.6 zeigt.

Häufigkeit und Dauer der Gefährdungsexposition F1 oder F2 (EN 954). Die Norm unterscheidet zwischen den beiden Möglichkeiten F1 oder F2, legt jedoch nicht fest, welcher Zeitraum für F1 oder F2 anzunehmen ist.

- F1: der Zugang ist von Zeit zu Zeit erforderlich.
- F2: zyklischer Betrieb erfordert in regelmäßigen Abständen einen Eingriff in den Gefahrenbereich.

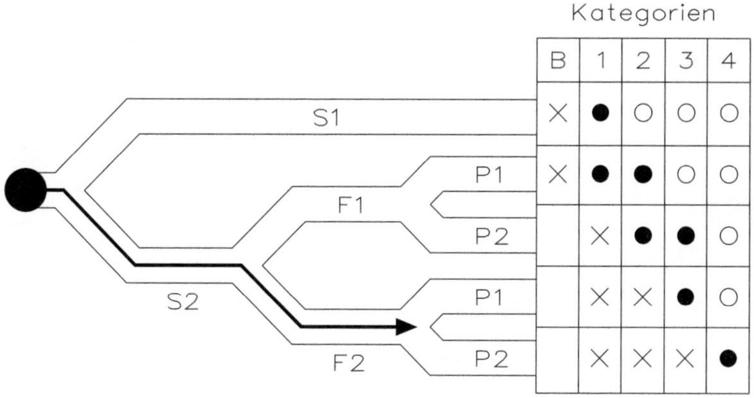

Abb. 2.7 Fortschritt der Risikoabschätzung mit der Gefährdungsexposition F2

Es ist ein zyklischer Betrieb gegeben, die Beispielmaschine wird von Hand bestückt. Abb. 2.7 zeigt den Fortschritt der Risikoabschätzung mit einer Gefährdungsexposition F2.

Möglichkeit zur Vermeidung der Gefährdung P1 und P2 (EN 954): Die Norm unterscheidet auch hier zwischen zwei Möglichkeiten:

- P1: wenn keine realistische Möglichkeit besteht, den Unfall zu vermeiden.
- P2: wenn fast keine Möglichkeit besteht, die Gefährdung zu vermeiden.

Ist die Gefahrenstelle offen und auch während des Fertigungsprozesses zugänglich, ist immer mit einem Unfall zu rechnen. Dies kann aus Erfahrungs- und Unfallberichten entnommen werden, wie Abb. 2.8 zeigt.

Als Ergebnis ist die Kategorie 4 ermittelt worden.

Sind hier keine Sicherheitsvorrichtungen angebracht worden, ist die Unfallgefahr sehr hoch. Denn bei gleichmäßigen eintönigen Arbeiten ist schnell ein Flüchtigkeitsfehler zu erwarten. Die Statistik belegt, dass bei Menschen etwa jede tausendste Handlung eine Fehlhandlung ist, d. h., dass beginnend mit dem morgendlichen Aufstehen uns stetig mehr oder weniger kleine Fehler unterlaufen (z. B. Stolpern, Danebengreifen, Übersehen, falsches Einschätzen usw.). Solche Fehlhandlungen werden aus Gewohnheit selbst nicht mehr registriert. Unter Berücksichtigung dieser Fakten kann ausgerechnet werden, wie lange es dauert, bis es zu einem Arbeitsunfall kommt.

Nach dem Produkthaftungsgesetz wird dem Hersteller oder Inverkehrbringer einer Maschine nach einem Arbeitsunfall ein Verschulden unterstellt. Dieser muss dann beweisen, dass ihn keine Schuld trifft. Wurden die Normen nicht eingehalten oder richtig ausgelegt, dürfte diese Beweispflicht sehr schwer zu erfüllen sein.

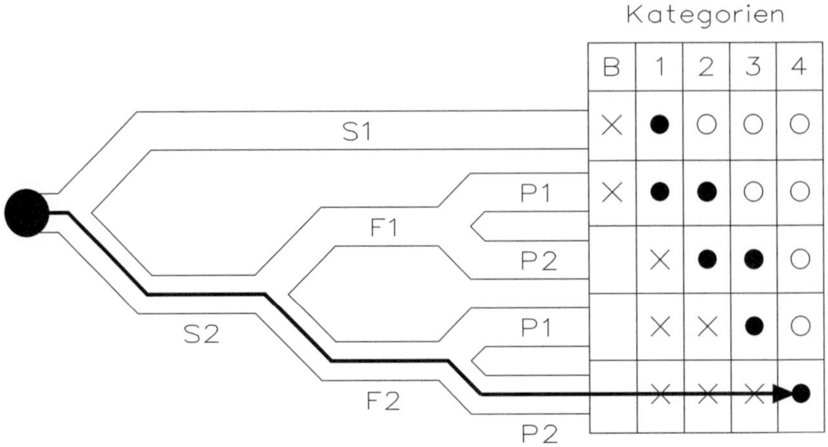

Abb. 2.8 Ergebnis des Beispiels einer Risikoabschätzung nach Berücksichtigung der Gefährdungsgruppe

2.12 Risikobeurteilung

Was ändert sich durch die ISO 13 849-1?

1. Durch Übernahme der Norm zum ISO ändert sich die Nummerierung von 954 in 13849,
2. Bewertung der Zeit bis zum gefährlichen Ausfall,
3. Qualifizierung der Diagnose,
4. Einführung von „Performance Level",
5. Berücksichtigung Fehler gemeinsamer Ursache,
6. Änderung des Risikographen.

Die Risikoparameter S, F und P werden weiterhin ein wichtiges Auswahlkriterium sein, aber nicht mehr zur Kategorie, sondern zum Performance Level führen. Dies ist dann der so genannte „erforderliche" PLr, der mit dem „erreichten" PL validiert werden muss.

Die Risikoparameter S, F und P sind

- **S**_Schwere der Verletzung:
  - S1 = leichte (normalerweise reversible) Verletzung,
  - S2 = schwere (normalerweise irreversible) Verletzung einschließlich Tod.
- **F**_Häufigkeit und/oder Dauer der Gefährdungsexposition
  - F1 = selten bis öfters und/oder kurze Dauer,
  - F2 = häufig bis dauernd und/oder lange Dauer.

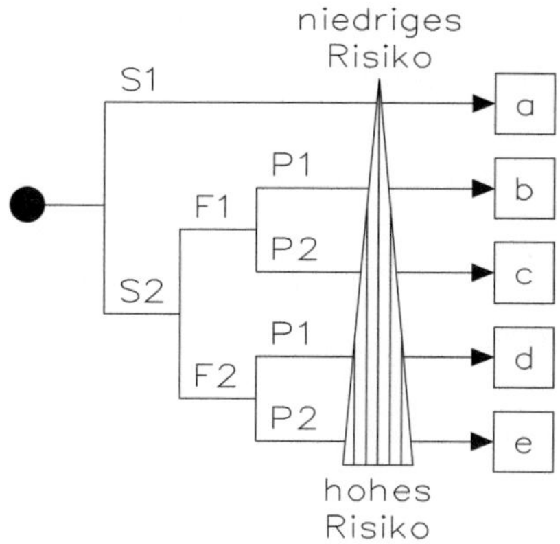

Abb. 2.9 Risikograph zum Ermitteln des erforderlichen „Performance Level"

- **P**_Möglichkeiten zur Vermeidung der Gefährdung
  - P1 = möglich unter bestimmten Bedingungen,
  - P2 = kaum möglich.
- **a**, **b**, **c**, d, e = sicherheitsrelevante „Performance Level".

Abb. 2.9 zeigt den Risikograph zum Ermitteln des erforderlichen „Performance Level". Hat man jetzt einen „Performance Level" und es stehen als nächstes mehrere Entscheidungen an:

- Welche Struktur soll die Steuerung und deren Verdrahtung aufweisen?
- Welche Prüftiefe bzw. welchen Diagnosedeckungsgrad DC hat diese Steuerung?
- Welche Qualität bzw. $MTTF_d$ haben die verwendeten Komponenten?
- Welcher Fehler gemeinsamer Ursache bzw. welcher CCF wird akzeptiert?

Hierzu ist es natürlich wichtig zu wissen, was DC, CCF und $MTTF_d$ überhaupt bedeuten.

Der Diagnosedeckungsgrad DC ist die teilweise Verminderung der Wahrscheinlichkeit von gefahrbringenden Hardwareausfällen aufgrund der Anwendung automatischer diagnostischer Prüfung. Ermittelt werden kann dieser aus der Wahrscheinlichkeit λ_{DD} von erkannten gefahrbringenden Ausfällen und der Wahrscheinlichkeit Σ_{Dtotal} aller gefahrbringenden Ausfälle mit folgender Gleichung:

$$DC = \sum \lambda_{DD} \Big/ \sum \Sigma_{Dtotal}.$$

Der Diagnosedeckungsgrad wird in Stufen unterteilt, wie Tab. 2.8 zeigt.

Genaugenommen geht es hierbei um die Prüftiefe und die Fehlererkennung. Es gibt Fehler, die relativ leicht zu erkennen sind, und es gibt Fehler, die nur mit sehr viel Aufwand erkannt werden. Auch gibt es Fehler, die in ihrer Auswirkung harmlos sind und eigentlich gar nicht als Fehler eingestuft werden, jedoch im Zusammenspiel mit anderen „harmlosen" Fehlern einen gefährlichen Zustand hervorrufen können.

Tab. 2.8 Deckungsgrad im Bereich des DC

Deckungsgrad	Bereich des DC
Ohne	DC < 60 %
Niedrig	60 % = DC < 90 %
Mittel	90 % = DC < 99 %
Hoch	99 % = DC

Abb. 2.10 Ausfälle gleicher Ursache in homogenen Systemen, CCF

Die Praxis hat gezeigt, dass auch redundante Systeme frühzeitig gefährlich ausfallen können. Die Ursachen sind dann in der Regel nicht systematische Fehler, sondern Frühausfälle. Diese sind dann meist nicht auf Verschleiß oder Überalterung, sondern auf einen Herstellerfehler zurückzuführen. Handelt es sich bei diesem Herstellerfehler nicht um einen Ausreißer, sondern um einen Chargenfehler, sind alle Bauteile mit demselben Herstellerdatum, aus demselben Fertigungsprozess usw. betroffen. Wird dies nicht erkannt und kommen solche Bauteile in Schaltkreisen, die der Sicherheit dienen, zum Einsatz, wird redundanzbedingtes Duplizieren die Ausfallwahrscheinlichkeit nicht wesentlich verändern. Denn warum soll ein fehlerbehaftetes Bauteil im Kanal A zuverlässiger sein als im identisch aufgebauten Kanal B. Abb. 2.10 zeigt Ausfälle gleicher Ursache in homogenen Systemen.

Die Wahrscheinlichkeit von gefährlichen Ausfällen gemeinsamer Ursache ist:

$$\lambda_{DU} \cdot CCF + \lambda_{DD} \cdot CCF_D,$$

λ_{DU}: Wahrscheinlichkeit unentdeckter zufälliger gefährlicher Ausfälle eines einzelnen Kanals,

λ_{DD}: Wahrscheinlichkeit aufgedeckter zufälliger gefährlicher Ausfälle eines einzelnen Kanals,

CCF: Anteil von Ausfällen, die eine gemeinsame Ursache aufweisen (Common Cause Failure),

CCF_D: CCF-Faktor aufgedeckter gefährlicher Ausfälle, steigt mit steigender Testrate.

Es gibt eigentlich nur ein Mittel um Ausfälle gleicher Ursache zu beherrschen, und das ist Diversität. Diversität ist Redundanz mit unterschiedlichen Bauteilen, Techniken oder Prinzipien.

Der Mathematiker A. A. Markov entwickelte Anfang des 20. Jahrhundert ein Wahrscheinlichkeitsmodell mit der Absicht, in Puschkins Werk „Onegin“ die Häufigkeit der Konsonanten zu ermitteln. Dieses Modell geht davon aus, dass jeder Zustand lediglich vom vorherigen Zustand abhängig ist. Das Ziel des Markov-Modells ist die Berechnung der Wahrscheinlichkeit, dass sich ein System zu einem bestimmten Zeitpunkt in einem bestimmten Zustand befindet, somit ist auch die Zuverlässigkeit sowie die Sicherheit oder die Verfügbarkeit gegeben.

Das Ziel und die Technik dieses Markov-Modells ist, die Zuverlässigkeit sowie die Sicherheit oder Verfügbarkeit zu bewerten. Es ist anwendbar zur Modellierung redundanter Systeme, in denen der Grad der Redundanz sich in zeitlicher Abhängigkeit von Komponentenausfällen oder Reparaturen ändert. Denn die Wahrscheinlichkeit, dass sich ein System nach Ablauf eines Zeitraums Δt in einem Zustand i_{k+1} befindet, hängt nur von den Zustandswahrscheinlichkeiten im aktuellen Zeitpunkt t_k sowie den Übergangsraten ab, jedoch nicht von den Zustandswahrscheinlichkeiten zu den weiter zurückliegenden Zeitpunkten.

2.12.1 Ausfallwahrscheinlichkeit

Mit Hilfe des Markov-Modells kann die durchschnittliche Wahrscheinlichkeit PDF (Probability of dangerous Failures ist eine gefährliche Ausfallwahrscheinlichkeit und Wahrscheinlichkeit des Eintretens eines gefährlichen Systemausfalls) eines gefährlichen Ausfalls pro Stunde errechnet werden:

$$PDF_{avg} \approx \tfrac{1}{2}\lambda_{DF} \cdot T_i = T_i/(2 \cdot MTBF_{FTD}),$$

T_i = Zeitabstand zwischen den funktionalen Prüfungen eines Bestandteils,
MTBF = ist die mittlere Zeit bis zum Bauteileausfall (MTBF = mean time between failures),
λ_{DF} = ist die Summe aller gefährlichen Fehler.

Das Modell geht von der Tatsache aus, dass jedes System ausfällt, wenn man nur lange genug wartet. Statistisch gesehen kann angenommen werden, dass nach Ablauf der MTTF von 63,2 % (MTTF = mean time to failures) die betreffenden Komponenten ausgefallen sind. Wobei die typischen Frühausfälle und Alterungsprozesse nicht berücksichtigt sind. Man kann sogar unterstellen, dass sich ein System im Laufe seiner Lebensphasen von einem hochsicheren System zu einem unsicheren System wandeln kann. Um diesem Phänomen entgegenzuwirken, hat man zwei Möglichkeiten:

- das System qualitativ so hochwertig zu gestalten, dass der gefährliche Ausfall erst nach Ablauf der Benutzungsdauer eintritt oder
- das System regelmäßig zu testen um sicherzustellen, dass die geforderten Funktionen bei der nächsten Anforderung noch gewährleistet sind.

Abb. 2.11 zeigt die Abhängigkeit zwischen $MTTF_d$ und DC, denn je nach Testrate verändert sich die Zeit bis zum gefährlichen Ausfall eines Systems. Ein anfänglich sicheres

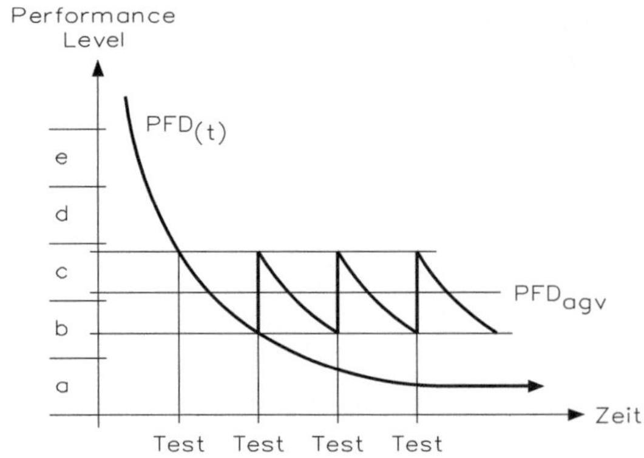

Abb. 2.11 PFD_{avg} ist der mittlere Ausfall, Versagenswahrscheinlichkeit bei Anforderung

System mit einem „Performance Level" rutscht im Laufe der Zeit durch Defekt und Verlust von Eigenschaften und Funktionen nach und nach auf das Niveau von „Performance Level" a. Natürlich werden verlorengegangene Eigenschaften nicht mehr erreicht, durch Tests nicht wieder zurückgeholt, aber wenn das geforderte „Performance Level" nicht mehr erreicht wird, geht das System in Betriebshemmung und stellt so einen sicheren Zustand her. Die Bezeichnung PFD steht für „Probability of Failure on Demand" und definiert die Ausfallwahrscheinlichkeit bei Anforderung (Versagungswahrscheinlichkeit der Sicherheitsfunktion) bei ihrer Anforderung bzw. Auslösung nach DIN EN 61508, die für Betriebsarten mit niedriger Anforderungsrate der Sicherheitsfunktion eine Rolle spielt.

Allgemein kann die MTTF (mean time to failures) für ein System bestehend aus Einzelkomponenten wie folgt beschrieben werden:

$$\frac{1}{\mathrm{MTTF_d}} = \sum_{i=1}^{N} \frac{1}{\mathrm{MTTF_{d,i}}} = \sum_{j=1}^{\tilde{N}} \frac{n_j}{\mathrm{MTTF_{d,j}}}.$$

Die Zeit bis zum gefährlichen Ausfall wird in drei Bereiche aufgeteilt, wie Tab. 2.9 zeigt.

Bei den Kategorien hat sich nicht viel verändert, außer, dass nicht mehr der Weg zur Kategorie das Ziel ist, sondern die Kategorie auf dem Weg zum „Performance Level" helfen soll. Folgende Parameter sind hierfür heranzuziehen:

Tab. 2.9 Zeit bis zum gefährlichen Ausfall

Bewertung	$MTTF_d$
Niedrig	3 Jahre = $MTTF_d$ < 10 Jahre
Mittel	10 Jahre = $MTTF_d$ < 30 Jahre
Hoch	30 Jahre = $MTTF_d$ < 100 Jahre

- S = Schwere der Verletzung,
- F = Häufigkeit und/oder Dauer der Gefährdungsexposition,
- P = Möglichkeiten zur Vermeidung der Gefährdung,
- DC = Diagnosedeckungsgrad,
- $MTTF_d$ = Zeit bis zum gefährlichen Ausfall,
- $MTTF_{oc}$ = Zeit bis zum gefährlichen Ausfall eines Kanals,
- CCF = Fehler gemeinsamer Ursache.

2.12.2 Kategorie B

Abb. 2.12 zeigt die Funktionen der Kategorie B.

Kategorie	Anforderung	Systemverhalten	$MTTF_{oc}$	DC_{avg}	PL	CCF in %
B	Die sicherheitsbezogenen Teile von Steuerungen müssen nach den zutreffenden Normen unter Verwendung grundlegender Sicherheitsprinzipien gestaltet/validiert werden	Wenn ein Fehler auftritt, kann er zum Verlust der Sicherheitsfunktion führen	Low–medium	–	a–b	–

Abb. 2.12 Einfaches System, Kategorie B. *I* Input bzw. Sensor, *L* Logic, *O* Output bzw. Actuator

Abb. 2.13 zeigt die Funktionen der Kategorie 1.

Kategorie	Anforderung	Systemverhalten	$MTTF_{oc}$	DC_{avg}	PL	CCF in %
1	Die Anforderungen von B müssen erfüllt sein. Die sicherheitsbezogenen Teile der Kategorie 1 müssen unter Verwendung bewährter Bauteile und bewährter Sicherheitsprinzipien gestaltet, gebaut und validiert werden	Das Ereignis eines Fehlers kann zu dem Verlust der Sicherheitsfunktion führen, aber mit höherer Zuverlässigkeit als bei Kategorie B	High	–	a–b	–

Abb. 2.13 Einfaches System mit hoher Zuverlässigkeit, Kategorie 1. *I* Input bzw. Sensor, *L* Logic, *O* Output bzw. Actuator

Abb. 2.14 zeigt die Funktionen der Kategorie 2.

Kategorie	Anforderung	Systemverhalten	$MTTF_{oc}$	DC_{avg}	PL	CCF in %
2	Die Anforderungen von B müssen erfüllt sein und die Sicherheitsfunktion muss in geeigneten Zeitabständen von der Maschinensteuerung geprüft werden	Das Ereignis eines Fehlers kann zu dem Verlust der Sicherheitsfunktion führen. Der Verlust der Sicherheit wird erkannt	Low–high	–	a–b	>65

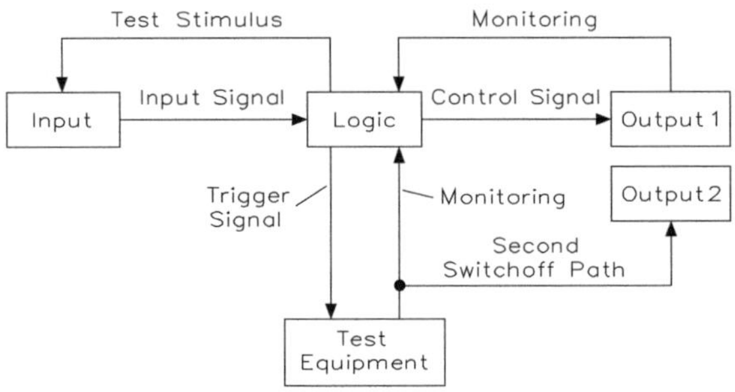

Abb. 2.14 Einkanaliges System mit Testung, Kategorie 2. *I* Input bzw. Sensor, *L* Logic, *O* Output bzw. Actuator, *TE* Test Equipment

Ob auch für den Hauptstromkreis, wie aus Abb. 2.14 entnommen werden kann, tatsächlich Redundanz gefordert sein wird, steht vermutlich erst nach Ratifizierung der ISO 13849-1 fest.

Abb. 2.15 zeigt die Funktionen der Kategorie 3.

Kategorie	Anforderung	Systemverhalten	$MTTF_{oc}$	DC_{avg}	PL	CCF in %
3	Die sicherheitsbezogenen Teile von Steuerungen müssen nach den zutreffenden Normen unter Verwendung der grundlegenden Sicherheitsprinzipien gestaltet/validiert werden	Wenn ein Fehler auftritt, kann er zum Verlust der Sicherheitsfunktion führen	Low–high	Low–medium	a–e	>65

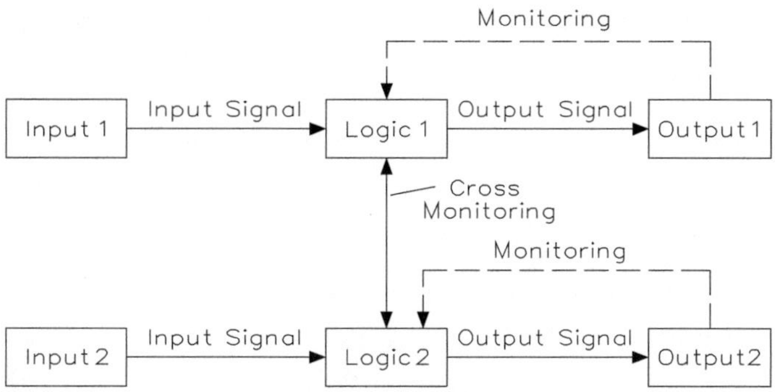

Abb. 2.15 Zweikanaliges System mit partieller Fehlererkennung, Kategorie 3. *I1*, *I2* Input bzw. Sensor, *L1*, *L2* Logic, *O1*, *O2* Output bzw. Actuator

Ob auch für den Hauptstromkreis, wie Abb. 3.18 entnommen werden kann, tatsächlich Redundanz gefordert sein wird, steht vermutlich erst nach Ratifizierung der ISO 13849-1 fest.

Abb. 2.16 zeigt die Funktionen der Kategorie 4.

Kategorie	Anforderung	Systemverhalten	$MTTF_{oc}$	DC_{avg}	PL	CCF in %
4	Die sicherheitsbezogenen Teile von Steuerungen müssen nach den zutreffenden Normen unter Verwendung der grundlegenden Sicherheitsprinzipien gestaltet/validiert werden	Wenn ein Fehler auftritt, kann er zum Verlust der Sicherheitsfunktion führen	High	High	e	>65

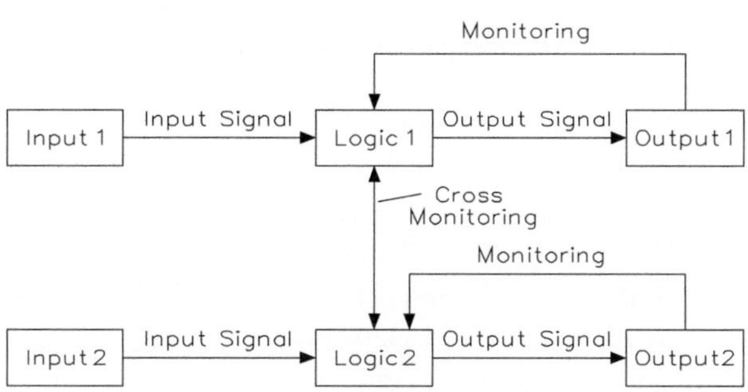

Abb. 2.16 Zweikanaliges System mit Einfehlersicherheit, Kategorie 4. *I1*, *I2* Input bzw. Sensor, *L1*, *L2* Logic, *O1*, *O2* Output bzw. Actuator

Tab. 2.10 Zusammenfassung der meisten sicherheitsrelevanten Anforderungen nach ISO 13849-1

Struktur	CCF	DC_{avg}	$MTTF_{OC}$	Kategorien	PL
Mono	/	/	Low	B	a
Mono	/	/	Medium	B	b
Mono	/	/	High	1	c
Mono	Erreicht	Low	Low	2	a–b
Mono	Erreicht	Low	Medium	2	b–c
Mono	Erreicht	Low	High	2	c–d
Mono	Erreicht	Medium	Low	2	c
Mono	Erreicht	Medium	Medium	2	c–d
Mono	Erreicht	Medium	High	2	d
Redundant	Erreicht	Low	Low	3	b
Redundant	Erreicht	Low	Medium	3	c–d
Redundant	Erreicht	Low	High	3	d
Redundant	Erreicht	Medium	Low	3	b–c
Redundant	Erreicht	Medium	Medium	3	d
Redundant	Erreicht	Medium	High	3	d–e
Redundant	Erreicht	High	High	4	e

2.12.3 Zusammenfassung der meisten sicherheitsrelevanten Anforderungen

DC_{avg} = Diagnosedeckungsgrad bei Anforderung,
CCF = Fehler gemeinsamer Ursache,
$MTTF_{OC}$ = Zeit bis zum gefährlichen Ausfall eines Kanals,
r_t = Diagnose-Testrate,
r_d = Anforderungsrate der Sicherheitsfunktion,
r_r = Reparaturrate,
PL = Performance Level.

Da die hier aufgezeigte Vorgehensweise von der EN IEC 61508 abgeleitet ist, liegt es natürlich nahe, die SIL der EN IEC 61508 mit den PL der ISO 13849 zu vergleichen. Diese Vergleichstabelle ist nicht wie Vergleiche der EN 954-1 mit der EN IEC 61508 nur eine Näherung, sondern direkt der ISO 13849 entnommen. Tab. 2.11 zeigt den Vergleich SIL der EN IEC 61508 mit PL der ISO 13849.

Beispiel einer Risikobestimmung nach ISO 13849

Unter Verwendung eines Beispiels wird versucht eine Risikoanalyse nach ISO 13849 durchzuführen.

Aufgabe: Überwachung einer Schutztür in Kategorie 3 oder 4 Verwendung (Abb. 2.17) einer Sicherheitssteuerung vom Typ PSS

Tab. 2.11 Vergleich SIL der EN IEC 61508 mit PL der ISO 13849

Wahrscheinlichkeit eines gefahrbringenden Ausfalls pro Stunde [1/h]	PL, – ISO 13849-1, Performance Level	SIL, – EN IEC 61508 Safety Integrity Level
$10^{-3} < PDF < 10^{-4}$	a	
$3 \cdot 10^{-3} < PDF < 10^{-5}$	b	1
$10^{-6} < PDF < 3 \cdot 10^{-6}$	c	1
$10^{-7} < PDF < 10^{-6}$	d	2
$10^{-8} < PDF < 10^{-7}$	e	3

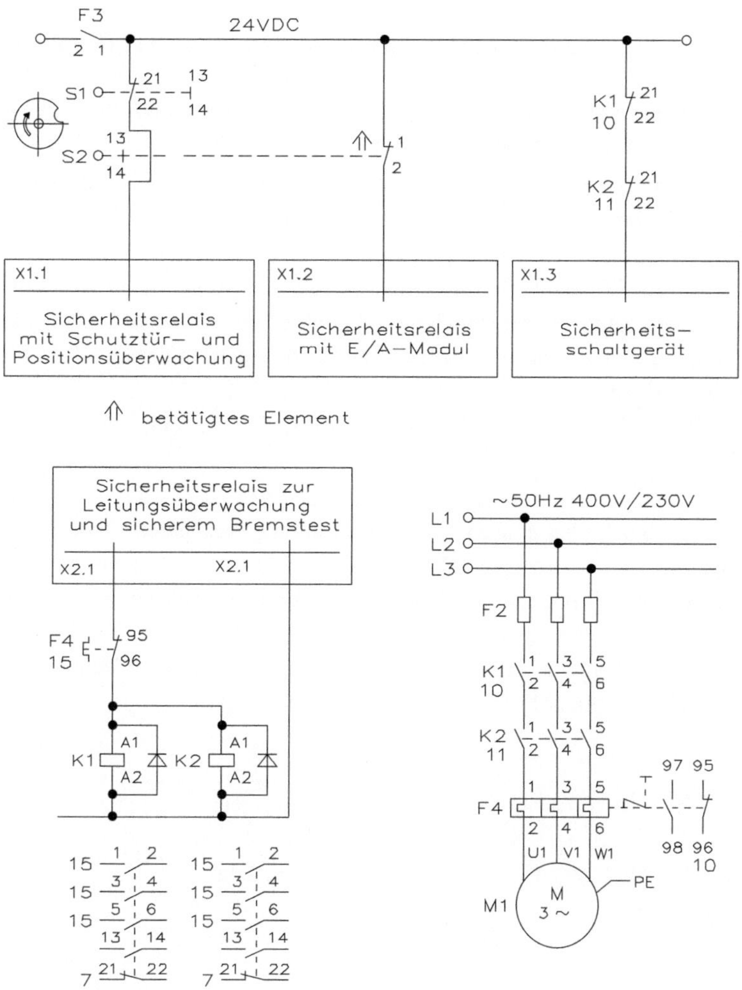

Abb. 2.17 Anschlussbeispiel einer Ansteuerung für eine Drehmaschine

Struktur: Redundanz bei Positionsschalter und Verdrahtung

Bestimmung der $MTTF_{oc}$-Zeit bis zum gefährlichen Ausfall eines Kanals

Zur Ermittlung der $MTTF_{oc}$ ist zu klären ob das System in

1. einkanaliger Struktur,
2. redundanter homogener Struktur,
3. redundanter diversitärer Struktur

realisiert werden soll. Handelt es sich um eine einkanalige Struktur, dann ist $MTTF_{oc} = MTTF_d$.

Wird eine homogene redundante Struktur ausgewählt, ist die $MTTF_{oc}$ für alle Kanäle gleich.

Bei diversitärer redundanter Struktur ist entweder die ungünstige der ermittelten $MTTF_{oc}$ auszuwählen oder deren Mittelwert anzuwenden.

Eine diversitäre Struktur liegt z. B. vor, wenn Positionsschalter unterschiedlichen Typs, unterschiedlicher Hersteller und/oder somit auch, unterschiedlicher $MTTF_d$ eingesetzt werden.

Die Quelle der $MTTF_d$-Werte für Geräte sollte in der Regel deren Hersteller sein. Ist dies nicht möglich, kann man entsprechende Datenbanken heranziehen, die typische Werte enthalten. Für die Worst-Case-Abschätzung der $MTTF_d$ wird in der Regel ein Sicherheitsfaktor von 10 eingerechnet.

Für das Beispiel nimmt man folgende $MTTF_d$ für die einzelnen Geräte an, wie Abb. 2.18 zeigt.

a) Positionsschalter S1 hat eine $MTTF_d$ von 15 Jahren (geschätzter Wert für diese Konstellation).
b) Positionsschalter S2 hat eine $MTTF_d$ von 30 Jahren (geschätzter Wert für diese Konstellation).
c) Sicherheitssteuerung hat eine $MTTF_d$ von 60 Jahren (vermuteter Worst-Case-Wert).
d) Schütz K1/K2 hat eine $MTTF_d$ von 32 Jahren (ISO 13849-1).

$$\text{Kanal 1: } \frac{1}{MTTF_{d,C1}} = \frac{1}{MTTF_{d,S1}} + \frac{1}{MTTF_{d,PSS}} + \frac{1}{MTTF_{d,K1}}$$

$$\frac{1}{MTTF_{d,C1}} = \frac{1}{15\text{ Jahre}} + \frac{1}{60\text{ Jahre}} + \frac{1}{32\text{ Jahre}} = 0{,}11 \Rightarrow MTTF_{d,C1} = 8{,}7$$

$$\text{Kanal 2: } \frac{1}{MTTF_{d,C2}} = \frac{1}{MTTF_{d,S2}} + \frac{1}{MTTF_{d,PSS}} + \frac{1}{MTTF_{d,K2}}$$

$$\frac{1}{MTTF_{d,C2}} = \frac{1}{30\text{ Jahre}} + \frac{1}{60\text{ Jahre}} + \frac{1}{32\text{ Jahre}} = 0{,}08125$$

$$\Rightarrow MTTF_{d,C2} = 12{,}3\text{ Jahre}$$

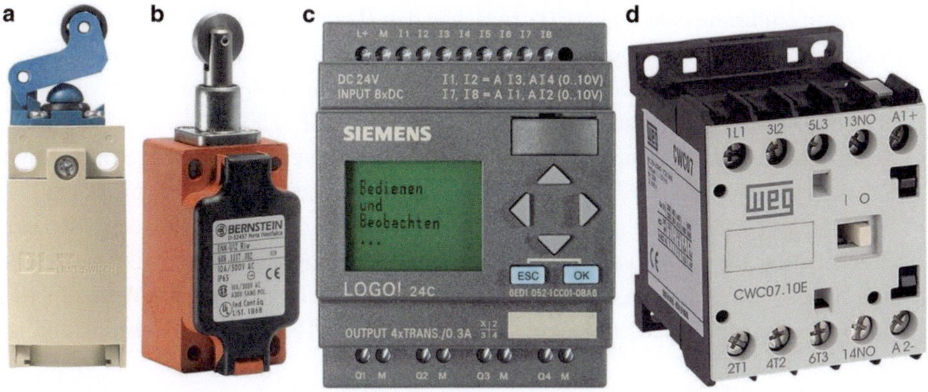

Abb. 2.18 $MTTF_d$ für zwei Positionsschalter, eine Sicherheitssteuerung und zwei Schütze K1/K2

Mit Hilfe der Mittelungsformel lässt sich näherungsweise eine gleichwertige homogene Struktur errechnen:

$$MTTF_d = \frac{2}{3}\left[MTTF_{d,C1} + MTTF_{d,C2} - \frac{1}{\frac{1}{MTTF_{d,C1}} + \frac{1}{MTTF_{d,C2}}}\right] = 10{,}5 \text{ Jahre.}$$

Ermittlung von DC_{avg}:

Berücksichtigung von $DC_{avg} = S1_{DD} / S1_{total}$ lässt sich der durchschnittliche DC bestimmen.

Für das Beispiel von Abb. 2.18 nimmt man folgende DC_{avg} Werte an:

a) Positionsschalter S1 hat einen DC von 90 %.
b) Positionsschalter S2 hat einen DC von 90 %.
c) Sicherheitssteuerung PSS hat einen DC von 99 %.
d) Schütze K1/K2 haben einen DC von 99 %.

Die Quelle der DC_{avg}-Werte sind:

- Positionsschalter können je nach Beschaltung einen unterschiedlichen Diagnosedeckungsgrad haben. Werden Positionsschalter mit intelligenter Elektronik verknüpft, so kann wie im Beispiel ein geeigneter Softwarebaustein Plausibilitätstests durchführen. Da Positionsschalter nur durch Öffnen und Schließen der Schutztüren getestet werden können, erreicht man bei diesem Beispiel mangels Testrate nur ein mittleres DC = 90 %.
- Schütze, die zwangsgeführt sind, lassen sich durch Rückführung eines Öffnerkontakts zur Sicherheitssteuerung auf Stellung überwachen. Deshalb kann für dieses Bauteil ein hoher DC = 99 % eingesetzt werden. Dieser hohe DC ist jedoch nur gegeben, wenn

die Zwangsführung nach EN 50205 zwischen den Hauptkontakten (Schließer) und den Hilfskontakten (Öffner) gegeben ist. Die Praxis zeigt jedoch, dass bei Schützen größer 5,5 kW in der Regel die Zwangsführung nur zwischen den Hauptkontakten (Schließer) besteht. Dies entspricht dann nicht den Forderungen der EN 50205.

- Schütze ohne Rückführung (ohne Zwangsführung) können weil Ruhestromprinzip in DC = 60 % eingestuft werden. Mit 60 % fallen die Schütze in den Bereich „gering".
- Sicherheitssteuerung, wie alle variablen Systeme verändert sich auch bei dieser je nach Konstellation der Diagnosedeckungsgrad, (z. B. für Eingangskreise, Mikroprozessor und Ausgänge). Daher müssten für bestimmte PSS-Konfigurationen die Werte für I_{DD} und I_{total} angegeben werden. Angenommener Wert des DC für diese Konstellation ist 99 %.

Um den DC_{avg} bestimmen zu können, muss jede an der Sicherheitsfunktion beteiligte Komponente mit einbezogen werden. Die PSS bekommt aufgrund ihrer redundanten Struktur einen Faktor von 2, denn sie ist wie zwei Sicherheitskreise zu betrachten.

Daraus ergibt sich

$$DC_{avg} = \frac{0{,}9 \cdot \frac{1}{MTTF_{S1}}}{\frac{1}{MTTF_{S1}}} + \frac{0{,}9 \cdot \frac{1}{MTTF_{S2}}}{\frac{1}{MTTF_{S2}}} + \frac{2 \cdot 0{,}99 \cdot \frac{1}{MTTF_{PSS}}}{2 \cdot \frac{1}{MTTF_{PSS}}} + \frac{0{,}99 \cdot \frac{1}{MTTF_{K1}}}{\frac{1}{MTTF_{K1}}} + \frac{0{,}99 \cdot \frac{1}{MTTF_{K2}}}{\frac{1}{MTTF_{K2}}} = 0{,}94.$$

Nach Tabelle „Diagnosedeckungsgrad" sind 94 % DC als „mittel" einzustufen.

Hierdurch ist zu erkennen, dass fehlende Rückführung der Schütze K1/K2 oder das Verwenden von Schützen ohne Zwangsführung das Gesamtergebnis entscheidend ins Negative korrigiert. Der DC_{avg} würde ca. 80 % fallen und somit nach Tabelle „Diagnosedeckungsgrad" als „gering" einzustufen sein.

Der „Common Cause Faktor" (CCF) wird in ISO 13849-2 abgehandelt. Es hat sich jedoch gezeigt, dass der CCF bis zu einem bestimmten Wert (2 %) das Gesamtergebnis nur unwesentlich beeinflusst. Ein vereinfachtes Verfahren zur Ermittlung der maximalen Wertigkeit von risikoreduzierenden Maßnahmen zeigt in Anlehnung an den Teil 6 der EN IEC 61508 Tabelle. Wird mehr als 65 % Übereinstimmung erreicht, so können die Anforderungen für den CCF als erfüllt betrachtet werden.

Nach Tab. 2.12 ist bei folgendem Design ein CCF von größer 65 % gegeben.

Es wurde ein redundantes System mit partieller Fehlererkennung ausgewählt und dies ergibt Kategorie 3.

Tab. 2.13 zeigt typische Werte nach Kategorie 3.

Bei diesem Beispiel wurden alle Komponenten und deren Verschaltung so ausgewählt, dass maximale Sicherheit und ein hoher Diagnosedeckungsgrad erreicht wurde. Dass dieser Wunschtraum nicht immer erfüllt werden kann, liegt an der Tatsache, dass die ausgewählten Komponenten oftmals die in sie gesetzten Erwartungen nicht erfüllen.

Tab. 2.12 Prozentuale Punktevergabe für Maßnahmen zur Vermeidung von Fehlern gemeinsamer Ursache

Nr.	Anforderung	Punkte
1	Trennung	
	Physikalische Trennung zwischen den Sicherheitskreisen und zu anderen Kreisen, z. B. getrennte Verlegung, Mantelleitungen, Einhaltung der Luft und Kriechstrecken auf Platinen für Trennung nach DIN VDE 0100	15 %
2	Diversität	
	Verschiedene Technologien verwenden, verschiedenartiges Design oder Prinzipien. Komponenten verschiedener Hersteller	20 %
3	Entwurf/Applikation/Erfahrung	
	Schutz gegen Überspannung, Überdruck, Überstrom, usw.	15 %
	Anwendung hinsichtlich Umwelteinflüssen bewährter Prinzipien	5 %
4	Beurteilung/Analyse	
	Wurden die Ergebnisse einer Fehleranalyse in Betracht gezogen, um Fehler gemeinsamer Ursache im Entwurf zu vermeiden?	5 %
5	Kompetenz/Ausbildung	
	Sind Entwickler geschult worden, die Ursachen und Folgen von Ausfällen gemeinsamer Ursache, zu erkennen, zu verstehen und zu vermeiden?	5 %
6	Umwelteinflüsse	
	EMV getestet	25 %
	Temperatur, Schock, Vibration, Luftfeuchtigkeit getestet, Einhaltung von Produktnormen	10 %

Tab. 2.13 Hoher AC_{avg} ergibt einen „Performance Level" von d und eine Kategorie von 3

Kanal 1	Kanal 2	MTTF/Jahre	DC %	CCF	Redundanz	Jahre	$MTTF_d$	Einstufung
S1	–	15	90	88	Redundant	8,7	$MTTF_{d,C1}$	Low
–	S2	30	90			12,3	$MTTF_{d,C2}$	Medium
PSS	–	60	99					
–	PSS	60	99			> 65 %	CCF	Erreicht
K1	–	32	99			11	$MTTF_d$	Medium
–	K2	32	99			0,94	DC_{avg}	Medium
							Kategorie	3
							Per. Level	d

Beispielsweise ist man bei den Schützen von $DC_{avg} \approx 99\,\%$ ausgegangen. Dieser Wert ist jedoch nur zu erreichen, wenn Stellungsüberwachung gegeben ist. Stellungsüberwachung eines Schützes erreicht man durch Abfragen eines Öffnerkontakts, ob dieser in Ruhestellung geschlossen ist. Dies funktioniert jedoch nur, wenn die Hilfskontakte, denn der Öffner ist ein Hilfskontakt, und die Lastkontakte nach EN 50205 zwangsgeführt sind. Erfüllt das Schütz diese Anforderung nicht, so kann es, weil das Ruhestromprinzip angewendet wird, in $DC_{avg} \approx 60\,\%$ eingestuft werden. In der Regel liegt die Grenze bei 5,5 kW,

Tab. 2.14 Ungünstiger Wert von DC_{avg} ergibt einen „Performance Level“ von c und eine Kategorie von 3

Kanal 1	Kanal 2	MTTF/Jahre	DC %	CCF	Redundanz	Jahre	$MTTF_d$	Einstufung
S1	–	15	90	88	Redundant	8,7	$MTTF_{d,C1}$	Low
–	S2	30	90			12,3	$MTTF_{d,C2}$	Medium
PSS	–	60	99					
–	PSS	60	99			>65 %	CCF	Erreicht
K1	–	32	60			11	$MTTF_d$	Medium
–	K2	32	60			0,82	DC_{avg}	Low
							Kategorie	3
							Per. Level	c

d. h. hat das Schütz eine größere Schaltleistung als 5,5 kW, ist nicht von Zwangsführung aller Kontakte auszugehen.

Änderung für nachfolgendes Beispiel ohne Zwangsführung: Schütze K1/K2 haben einen DC von 60 %.

Tab. 2.14 zeigt die Reduzierung des DC der Schütze wegen mangelnder Zwangsführung.

2.13 Neue Risikobewertung

Der Zweck des Bewertungs- und Validierungsverfahrens ist, die Spezifikation und die Konformität der Gestaltung der sicherheitsbezogenen Teile der Steuerung innerhalb der Gesamtspezifikation für die Sicherheitsanforderungen an der Maschine zu bestätigen. So beschreibt sich die Norm und zeigt mit einem Flussdiagramm (Abb. 2.19) die Vorgehensweise auf.

Die Tab. 2.15 2.16, 2.17 und 2.18 zeigen die Möglichkeiten zur Validierung für mechanische Systeme, pneumatische Systeme, hydraulische Systeme und elektrische Systeme. Die Auflistung ist nicht vollständig und soll nur aufzeigen, was mit grundlegenden oder bewährten Sicherheitsprinzipien, bewährten Bauteilen und Fehlerausschlüssen bezeichnet wird. Auch hier lautet die Empfehlung, „Norm kaufen und lesen“.

Bei Anwendung mechanischer Systeme für die Validierung (Tab. 2.15) sind die einzelnen Punkte einzuhalten.

Bei Anwendung von pneumatischen Systemen für die Validierung (Tab. 2.16) sind die einzelnen Punkte einzuhalten.

Bei Anwendung hydraulischer Systeme für die Validierung (Tab. 2.17) sind die einzelnen Punkte einzuhalten.

Bei Anwendung von elektrischen Systemen für die Validierung (Tab. 2.18) sind die einzelnen Punkte einzuhalten.

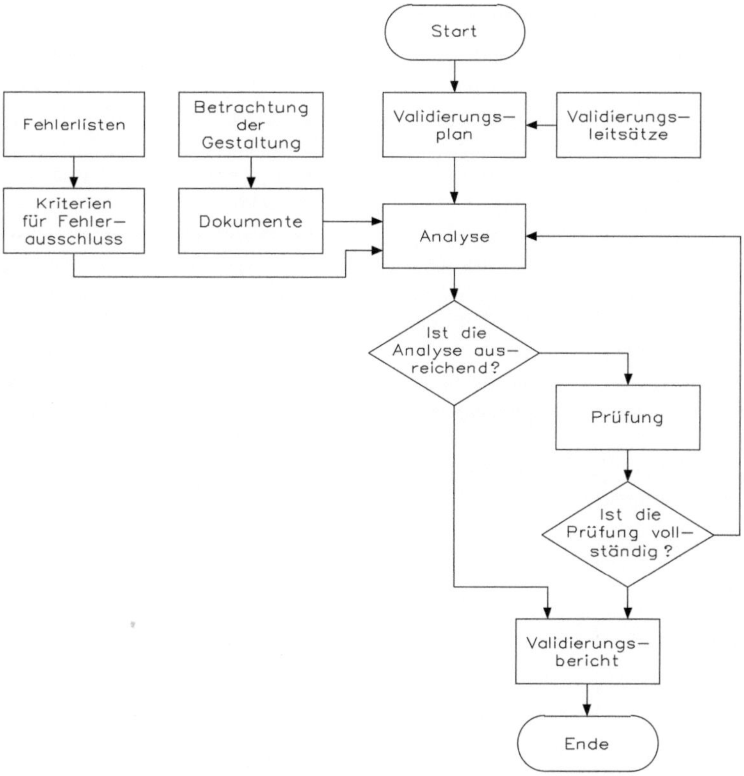

Abb. 2.19 Flussdiagramm über das Validierungsverfahren

Tab. 2.15 Anwendung für mechanische Systeme

Grundlegende Sicherheitsprinzipien	Bewährte Sicherheitsprinzipien	Bewährte Bauteile	Fehlerlisten und Fehlerausschlüsse
– Anwendung geeigneter Werkstoffe und Herstellungsverfahren, – richtige Dimensionierung und Formgebung, – geeignete Befestigung, – geeignete Reaktionszeit, usw.	– Anwendung des Prinzips der Energietrennung, – Anwendung von Bauteilen mit definiertem Ausfallverhalten, – Überdimensionierung, – zwangsläufige mechanische Wirkung/Betätigung, – Vervielfachung von Teilen, usw.	Schrauben, Federn, Nocken und Abscherstifte, wenn diese den Anforderungen entsprechen	– Fehlerannahmen wie z. B. Verschleiß/Korrosion, Bruch, Verformung usw., – Fehlerausschluss durch Überdimensionierung usw.

Tab. 2.16 Anwendung für pneumatische Systeme

Grundlegende Sicherheitsprinzipien	Bewährte Sicherheitsprinzipien	Bewährte Bauteile	Fehlerlisten und Fehlerausschlüsse
– Anwendung geeigneter Werkstoffe und Herstellungsverfahren, – richtige Dimensionierung und Formgebung, – Anwendung des Prinzips der Energietrennung, – geeignete Befestigung, – ausreichende Maßnahmen zur Vermeidung von Verunreinigung der Druckluft, – geeigneter Schaltbereich, – Schutz gegen unerwarteten Anlauf, usw.	– Durch Lastdruck schließendes Ventil, – Überdimensionierung, – zwangsläufige mechanische Wirkung/Betätigung, – Vervielfachung von Teilen, – geeignete Vermeidung von Verunreinigung der Druckluft	Z. Z. ist keine Liste von bewährten Bauteilen vorhanden, denn ein für eine bestimmte Anwendung bewährtes Bauteil kann für eine andere Anwendung ungeeignet sein	Tabellen für Wegeventile, Absperrventile, Stromregelventile, Druckventile, Rohrleitungen, Schlauchleitungen, Verbindungselemente, Druckwandler, Filter, Öler, Schalldämpfer, Druckbehälter, Sensoren usw.

Tab. 2.17 Anwendung für hydraulische Systeme

Grundlegende Sicherheitsprinzipien	Bewährte Sicherheitsprinzipien	Bewährte Bauteile	Fehlerlisten und Fehlerausschlüsse
– Anwendung geeigneter Werkstoffe und Herstellungsverfahren, – richtige Dimensionierung und Formgebung, – Anwendung des Prinzips der Energietrennung, – geeignete Befestigung, – Druckbegrenzung, – geeigneter Schaltzeitbereich, – Vereinfachung, – Trennung, usw.	– Überdimensionierung, – gesicherte Position, – durch Lastdruck schließendes Ventil, – zwangsläufige mechanische Wirkung/Betätigung, usw.	Z. Z. ist keine Liste von bewährten Bauteilen vorhanden, denn ein für eine bestimmte Anwendung bewährtes Bauteil kann für eine andere Anwendung ungeeignet sein	– Fehlerannahmen wie z. B. Verändern der Schaltzeiten, Nichtschalten bzw. Hängenbleiben usw., – Fehlerausschluss durch zwangsläufige mechanische Betätigung usw.

Tab. 2.18 Anwendung für elektrische Systeme

Grundlegende Sicherheitsprinzipien	Bewährte Sicherheitsprinzipien	Bewährte Bauteile	Fehlerlisten und Fehlerausschlüsse
– Anwendung geeigneter Werkstoffe und Herstellungsverfahren, – richtige Dimensionierung und Formgebung, – richtige Schutzleiterverbindung, – Isolationsüberwachung, – Anwendung des Prinzips der Energieabschaltung, – unterdrücken von Spannungsspitzen, – Verringern der Ansprechzeit, – sichere Befestigung der Eingabegeräte, – Schutz gegen Wiederanlauf nach Wiederherstellung der Energieversorgung, – Schutz des Steuerstromkreises, usw.	– Mechanisch verbundene Kontakte, Zwangsführung, – Fehlervermeidung in Kabeln, Querschluss, – Vermeidung undefinierter Zustände, – zwangsläufiger Betätigungsmodus, – gerichteter Ausfall, – Überdimensionierung, – zwangsläufiger Betätigungsmodus	– Schalter mit zwangsläufigem Betätigungsmodus nach EN 60947-5-1, – Not-Aus-Einrichtungen nach EN 418/ISO 13850, – Sicherungen nach EN 60269-1, – Leistungsschalter nach EN 60947-2. – Hauptschütz nach EN 60947-4-1 sind bewährt wenn: – andere Einflüsse berücksichtigt sind, z. B. Schwingen, und – der Ausfall durch geeignete Verfahren vermieden wird, z. B. durch Überdimensionierung, und – der Strom zur Last durch eine thermische Schutzeinrichtung begrenzt ist, und – Schaltung mit einer Sicherung gegen Überlastung geschützt werden. – Hilfsschütz nach EN 50205, EN 60204-1 und EN 60947-5-1 sind bewährt wenn: – andere Einflüsse berücksichtigt sind, z. B. Schwingen, und – zwangsläufig erregte Funktion vorliegt, und – der Ausfall durch geeignete Verfahren vermieden wird, z. B. durch Überdimensionierung, und – der Strom in den Kontakten durch Sicherungen oder Schutzschalter begrenzt ist, um ein Verschleißen der Kontakte zu vermeiden, und die Kontakte mechanisch verbunden sind, wenn sie für Überwachungen angewendet werden	– Kurzschluss zwischen beliebigen Leitern, – Kurzschluss zwischen beliebigen Leitern und der Erde oder dem Schutzleiter, – Kurzschluss zwischen benachbarten Klemmen, – nichtschließen von Kontakten, – nichtöffnen von Kontakten, usw.

3 Absichern von mechanischen und elektrischen Gefahren

Die Gefahrenstufe und die Risikokategorie wird anhand des Risikographen ermittelt. Nach dem in den vorigen Kapiteln aufgeführten Beispiele ist für die nachfolgende Fallstudie von Kategorie 4 auszugehen.

Wie geht man zur Problemlösung richtig vor?

Als Lösungen für das Problem stehen folgende Möglichkeiten zur Verfügung.

- Feste Verdeckung = Schutzgitter
  Vorteil: Diese Lösung wäre der optimale Schutz.
  Nachteil: Sie ist nicht zweckmäßig, da dadurch die Bestückung der Maschine (Drehbank) von Hand nicht mehr möglich ist.
- Bewegliche Verdeckung = Schutztüre
  Vorteil: Diese Lösung bietet sowohl den Schutz durch Abdeckung der Gefahrenstelle, als auch die Möglichkeit der Bestückung von Hand nach Öffnen der Abdeckung.
  Nachteil: Um die Sicherheit einer beweglichen Verdeckung zu gewährleisten, muss sie in ihrer Stellung überwacht werden. Die Stellungsüberwachung muss nach der Norm konzipiert sein.
- Berührungslose Verdeckung = Lichtgitter
  Vorteil: Die Schutzeinrichtung muss nicht manuell bewegt werden.
  Nachteile:
  1) Diese Schutzmaßnahme muss unter Berücksichtigung der maximalen Greifgeschwindigkeit und des zu erwartenden Nachlaufwegs (Bremsweg des Antriebs) auf Abstand zur Gefahrenquelle montiert werden.
  2) Durch unbeabsichtigtes Bedämpfen des Lichtgitters wird der Fertigungsvorgang unterbrochen und Schäden an Werkstück oder Fertigungseinrichtung sind nicht auszuschließen.

Die Sicherheit der Beispielmaschine kann durch eine Schutztür erreicht werden. Die Praxis zeigt jedoch, dass eine Schutzabdeckung, deren Stellung nicht überwacht wird,

H. Bernstein, *Sicherheits- und Antriebstechnik*, DOI 10.1007/978-3-658-12934-7_3

nicht immer geschlossen ist. Wie kann man die Stellung einer Schutzabdeckung überwachen? Dafür wird ein Grenz- oder Positionstaster so an der Schutzabdeckung angebracht, dass die Maschine nur eingeschaltet werden kann, wenn die Schutzeinrichtung geschlossen ist. In nicht sicherheitstechnisch-relevanten Anwendungen wäre dies mit einem Schließerkontakt zu realisieren, der mit dem Schließen der Schutzabdeckung betätigt wird und dann einschaltet. Ein Schließerkontakt ist bei sicherheitstechnisch-relevanten Anwendungen jedoch kein bewährtes Sicherheitsprinzip, d. h. der Positionstaster muss stattdessen einen Öffnerkontakt aufweisen. Dieser wird nicht mit der Schließbewegung der Schutzabdeckung geschlossen, sondern der Öffnerkontakt wird mit Öffnen der Schutzabdeckung unterbrochen. Durch Öffnen der Schutzabdeckung kann die Maschine in einen gefährlichen Zustand kommen.

Positionstaster dieser Art werden häufig für sicherheitsrelevante Anwendungen eingesetzt. Dieser beinhaltet sowohl die für höhere Kategorien benötigten Sicherheitskontakte als auch die Kontakte zur Stellungsüberwachung der Schutztüre und auch die mechanische Verriegelung. In der Regel ist die Verriegelungseinheit nach dem Prinzip „Federkraft" verriegelt bzw. elektrisch entriegelt gestaltet. Dies hat den Vorteil, dass auch nach einem Stromausfall die Schutztüre geschlossen bleibt und Arbeitsunfälle wegen eines undefinierten Zustands der Maschine ausgeschlossen werden. Es muss jedoch eine zusätzliche Möglichkeit zum Öffnen von innen her geschaffen werden, wenn die Schutztüre hintertretbar ist.

Ist die Zugriffszeit in den Gefahrenbereich kleiner als die Anhaltezeit der gefährlichen Bewegung, müssen weitere Maßnahmen getroffen werden. Es würde, obwohl die gefährliche Bewegung mit Öffnen der Schutzabdeckung abgeschaltet wird immer noch eine Gefährdung bestehen, da durch die hohe Drehzahl oder Schwungmasse die Maschine noch nicht den Stillstand erreicht hat.

Für die Lösung dieses Problems gibt es mehrere Möglichkeiten:

- Die Schutztür kann so weit entfernt von der Gefahrenstelle angebracht werden, dass nach Öffnen der Schutztür der Weg zur Gefahrenstelle länger als die abgeschaltete gefährliche Bewegung dauert. Dies lässt sich nur durch eine weitläufige Umzäunung realisieren und ist bei Maschinen dieser Art nicht zweckmäßig.
- Eine sehr häufig genutzte Technik ist die Zuhaltung der Schutzabdeckung. Diese Methode kann als eine der sichersten angesehen werden, sofern das Ende der Verriegelungszeit vom Ende der gefährlichen Bewegung abhängig ist. Hierbei muss sichergestellt sein, dass die Forderungen sicherheitsrelevanter Normen eingehalten werden.
- Laut Norm sind verschiedene Verzögerungseinrichtungen zulässig, die die nachfolgend beschriebenen Eigenschaften aufweisen müssen.

3.1 Verzögerungseinrichtungen

Bei Verwendung einer elektrischen oder mechanischen Verzögerungseinrichtung (Zeitschalter) darf ein Ausfall dieser Einrichtung selbst die Verzögerungszeit nicht vermindern.

- Zeitaufwendige Entriegelungseinrichtungen: Zeitaufwendige Entriegelungseinrichtungen mechanischer Art sind z. B. eine lange Schraubverbindung mit Feingewinde, deren Herausschrauben mehr Zeit benötigt, als die gefährliche Bewegung anhält.
- Federkraftverriegelte Zuhaltung: Eine federkraftverriegelte Zuhaltung wird nach Ablauf einer elektrischen Zeitstufe elektrisch entriegelt. Diese Zeitstufe darf keine programmierte Zeit einer programmierbaren Steuerung sein, da sonst zu befürchten ist, dass bei Ausfall dieser Zeitstufe die Sicherheit der Maschine nicht mehr gegeben ist. Deshalb muss diese, wie auch alle anderen elektrischen Sicherheitskomponenten, redundant, zyklisch überwacht und einfehlersicher sein.

3.1.1 Sicherheitszeitrelais

Das Sicherheitszeitrelais erfüllt die vorgenannten Anforderungen. Es ist zweikanalig aufgebaut und verlängert im Fehlerfall die Überwachungszeit auf „unendlich“, d. h., dass bei Ausfall eines Zeitkreises die Schutzabdeckung vom Maschinenbediener nicht mehr zu öffnen ist. Abb. 3.1 zeigt ein Sicherheitszeitrelais und die Zeit lässt sich an der Front einstellen.

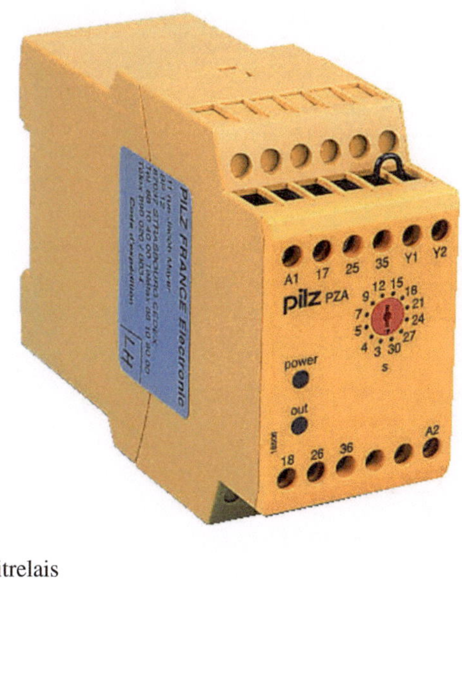

Abb. 3.1 Sicherheitszeitrelais

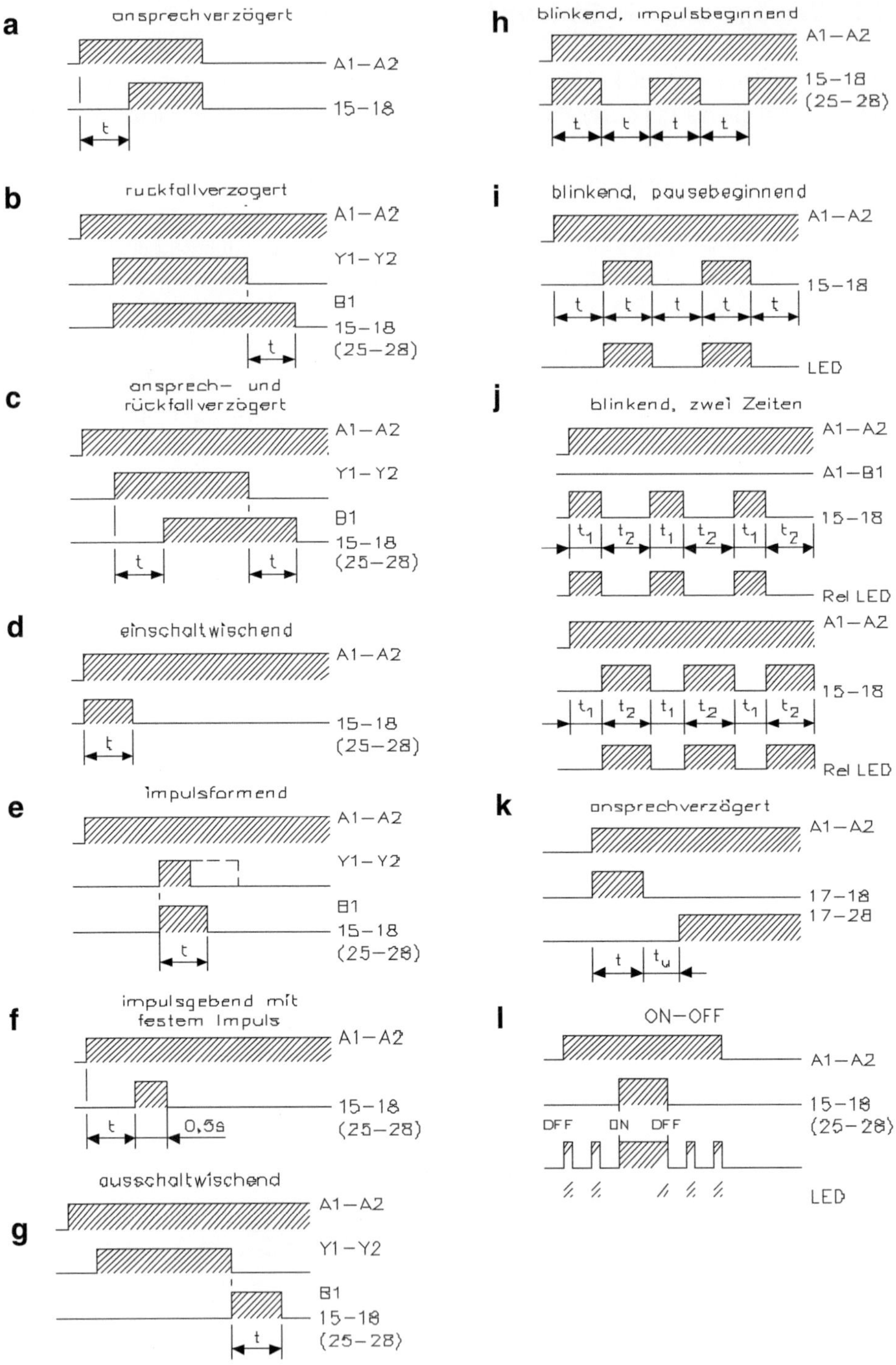

Abb. 3.1a–l (Fortsetzung)

In der Praxis gibt es zahlreiche Möglichkeiten für ein Sicherheitszeitrelais.

Abb. 3.1a Ansprechverzögerte Funktion Das Impulsdiagramm zeigt die Betätigungsspannung U_b, die über die Klemmen A1 und A2 angelegt wird. Nach der eingestellten Verzögerungszeit geht der Wechsler in Stellung 15 und 18 oder 25 und 28. Die Verzögerungszeit kann zwischen 0,1 und 60 s variieren. Die Ausgangsspannung geht sofort zurück, wenn die Betätigungsspannung U_b ausgeschaltet wird.

Abb. 3.1b Rückfallverzögerte Funktion Die Versorgungsspannung U_b wird direkt an die Klemmen A1 und A2 gelegt. Je nach Typ des Zeitrelais können die Klemmen Y1 und Y2 durch einen potentialfreien Schließer überbrückt oder ein Potential an B1 gelegt werden, so geht der Wechsler nach der eingestellten Zeit t in die Stellung 15–18 (25–28). Wird nun die Verbindung Y1–Y2 unterbrochen bzw. B1 vom Potential getrennt, geht der Wechsler nach der gleichen Zeit t in die Ausgangslage 15–16 (25–26) zurück.

Abb. 3.1c Ansprech- und rückfallverzögerte Funktion Die Versorgungsspannung U_b wird direkt an die Klemmen A1 und A2 gelegt. Je nach Typ des Zeitrelais können die Klemmen Y1 und Y2 durch einen potentialfreien Schließer überbrückt oder ein Potential an B1 gelegt werden, dann geht der Wechsler nach der eingestellten Zeit t in die Stellung 15–18 (25–28).

Wird nun die Verbindung Y1–Y2 unterbrochen bzw. B1 vom Potential getrennt, geht der Wechsler nach der gleichen Zeit t in die Ausgangslage 15–16 (25–26) zurück.

Abb. 3.1d Einschaltwischende Funktion Nach Anlegen der Spannung U an A1 und A2 geht der Wechsler des Ausgangsrelais in die Stellung 15–18 (25–28) und bleibt entsprechend der eingestellten Wischzeit betätigt. In dieser Funktion wird also aus einer Dauerkontaktgabe (Spannung an A1–A2) ein zeitlich definierter Wischimpuls (Klemmen 15–18, 25–28).

Abb. 3.1e Impulsformende Funktion Nach Anlegen der Versorgungsspannung U_b an A1 und A2 bleibt der Wechsler des Ausgangsrelais in der Ruhelage 15–16 (25–26). Bei einem Zeitrelais werden die Klemmen Y1 und Y2 durch einen potentialfreien Schließer überbrückt oder beim anderen Zeitrelais ein Potential an B1 gelegt, geht der Wechsler unverzögert in die Stellung 15–18 (25–28). Wird nun die Verbindung Y1–Y2 wieder geöffnet bzw. B1 vom Potential getrennt, bleibt der Wechsler solange betätigt, bis die eingestellte Zeit abgelaufen ist. Bleibt Y1–Y2 länger geschlossen bzw. B1 am Potential, geht das Ausgangsrelais ebenfalls nach der eingestellten Zeit in seine Ruhelage zurück. Bei der impulsformenden Funktion wird also immer ein zeitlich genau definierter Ausgangsimpuls gegeben, egal ob der Eingangsimpuls über Y1–Y2 oder B1 kürzer oder länger als die eingestellte Zeit ist.

Abb. 3.1f Funktion mit impulsgebendem und konstantem Impuls Die Betätigungsspannung wird über einen Ansteuerkontakt an die Klemmen A1 und A2 gelegt. Nach Ablauf der eingestellten Verzögerungszeit geht der Wechsler des Ausgangsrelais in die Stellung 15–18 (25–28) und fällt nach 0,5 s zurück in die Ausgangslage 15–16 (25–26). Bei dieser Funktion handelt es sich also um einen Wischimpuls mit zeitlicher Verzögerung.

Abb. 3.1g Ausschaltwischende Funktion Die Versorgungsspannung U_b liegt direkt an A1 und A2. Werden bei dem einen Zeitrelais die Klemmen Y1 und Y2, die vorher zu einem beliebigen Zeitpunkt potentialfrei kurzgeschlossen worden sind, wieder geöffnet bzw. bei dem anderen Zeitrelais der Kontakt B1 potentialfrei geschlossen, schließt der Kontakt 15–18 (25–28) für die Dauer der eingestellten Zeit.

Abb. 3.1h Funktion blinkend und impulsbeginnend Nach Anlegen der Spannung U_b an A1 und A2 geht der Wechsler des Ausgangsrelais in die Stellung 15–18 (25–28) und bleibt entsprechend der eingestellten Blinkzeit betätigt. Die anschließende Pausenzeit entspricht der Blinkzeit.

Abb. 3.1i Funktion blinkend und pausebeginnend Nach Anlegen der Spannung U_b an A1 und A2 bleibt der Wechsler des Ausgangsrelais entsprechend der eingestellten Blinkzeit in der Stellung 15–16 und geht nach Ablauf dieser Zeit in die Stellung 15–18. Der Zyklus beginnt mit einer Pausen-Phase.

Abb. 3.1j Funktion blinkend und zwei Zeiten Nach Anlegen der Spannung U_b an A1 und A2 geht der Wechsler des Ausgangsrelais in die Stellung 15–18 (impulsbeginnend). Durch eine Brücke zwischen den Kontakten A1 und B1 kann das Relais auf pausenbeginnend umgeschaltet werden. Die Zeiten t_1 und t_2 lassen sich unterschiedlich einstellen.

Abb. 3.1k Funktion ansprechverzögert Wird die Betätigungsspannung U_b an A1 und A2 gelegt, geht der Sofortkontakt in die Stellung 17–18. Nach Ablauf der eingestellten Zeit öffnet der Sofortkontakt; der Zeitkontakt 17–28 schließt nach einer Umschlagszeit t_u von 50 ms.

Abb. 3.1l Funktion ON-OFF Mit der ON-OFF-Funktion lässt sich die Funktion einer Steuerung testen. Diese Funktion ist ein spezielles Hilfsmittel und dient der Sicherheit bei der Inbetriebnahme. Mit der OFF-Funktion lässt sich das Ausgangsrelais abschalten, es reagiert nicht mehr auf den Funktionsablauf. Bei der ON-Funktion wird das Ausgangsrelais eingeschaltet. Diese Funktion setzt voraus, dass an den Klemmen A1–A2 die Versorgungsspannung anliegt. Die LED signalisiert den Betriebszustand.

3.1.2 Sicherer Stillstandswächter

Eine andere Möglichkeit sind stillstandsabhängige Entriegelungseinrichtungen. Diese Methode kann als eine der sichersten und zeitsparendsten angesehen werden. Die gefährliche Bewegung wird erkannt und dient als Maß für die Dauer der Zuhaltung. Es gibt keine unnötigen Wartezeiten bei geringeren Drehzahlen oder Schwungmassen. Auch hier ist, wie bei der zeitabhängigen Freigabe und der Einsatz einer programmierbaren Steuerung nicht zulässig, da zu befürchten ist, dass bei Ausfall der betreffenden Eingangsstromkreise die Sicherheit der Maschine nicht mehr gegeben ist. Auch muss davon ausgegangen werden, dass Software niemals fehlerfrei ist und jederzeit geändert werden kann. Deshalb sollten auch einkanalige Stillstandswächter, wie sie leichtsinnigerweise heute noch vielfach zum Einsatz kommen, nicht mehr verwendet werden.

Für Stillstandswächter kommen zwei Grundprinzipien zum Einsatz.

Das erste Prinzip ist das Erfassen der Spannung am Klemmbrett des Motors. Ist der Motor in Betrieb, so kann man hier meist die Spannung 230 V_{AC} oder 400 V_{AC} messen. Wird der Motor abgeschaltet, wirkt dieser während der Auslaufphase wie ein Generator und gibt Spannung ab, sodass der Motor erst bei Stillstand tatsächlich spannungsfrei ist.

Das zweite Prinzip ist direktes Erkennen der Bewegung. Mittels zweier um 90° versetzter Grenztaster wird die Bewegung einer Nockenscheibe erkannt und von dem Drehzahlwächter als Drehzahl interpretiert. Findet keine Veränderung an diesen Grenztastern mehr statt und sind deren Zustände logisch, meldet der Stillstandswächter (Abb. 3.2) den Stillstand und die Schutztüre kann geöffnet werden.

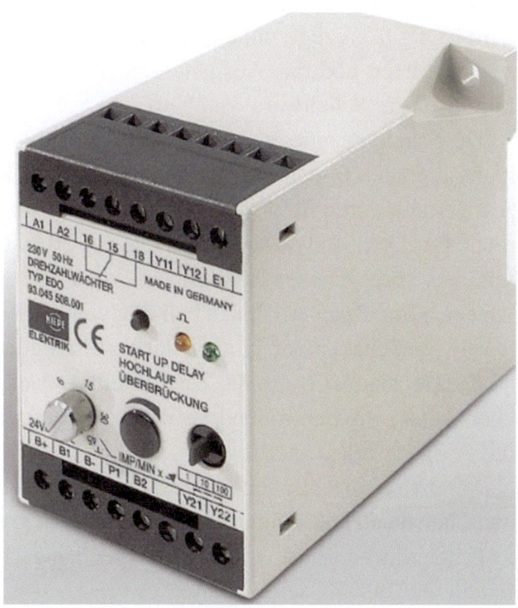

Abb. 3.2 Drehzahl- und Stillstandswächter

Eine weitere Möglichkeit ist, nicht die Zugriffszeit zu verlängern, sondern die Anhaltezeit zu verkürzen. Das ist technisch relativ einfach zu realisieren, denn es wird lediglich ein Bremsgerät benötigt. Ist dieses Bremsgerät jedoch elektrisch aufgebaut (z. B. ein Gleichstrombremsgerät), erfolgt mit einem NOT-AUS keine Notbremsung.

Um 1990 kamen die elektronischen Drehzahlwächter auf den Markt und diese werden in Verbindung mit einem die Drehzahl erfassenden Impulsgeber zur Drehzahl- bzw. Stillstandsüberwachung von Antrieben eingesetzt.

Als Impulsgeber können die Drehzahl- bzw. Stillstandsüberwachung eingesetzt werden:

- Induktiv arbeitende Impulsgeber nach NAMUR,
- 3-Leiter-Impulsgeber (NPN), minusschaltend,
- 3-Leiter-Impulsgeber (PNP), plusschaltend.

Die Impulse des Gebers werden vom Drehzahlwächter so ausgewertet, dass beim Unter- oder Überschreiten einer vorgegebenen Solldrehzahl ein Signal gegeben wird. Ein fünf Lagenkontakt erlaubt den Einsatz für alle Schaltlasten bis 5 A und bei Gleich- oder Wechselspannung bis 250 V.

In der Betriebsart „Unterdrehzahl/Stillstandsüberwachung“ mit Hochlaufüberbrückung bleibt der elektronische Drehzahlwächter ständig an Netzspannung.

Die Überwachungsfunktion wird über einen separaten Starteingang an Klemme E1 freigegeben. Dies ist besonders bei automatischen Anlass-/Folgeschaltungen von Vorteil, da die sonst erforderlichen Zeitrelais zur Störmeldeunterdrückung entfallen können.

Der Schaltzustand kann über eine Leuchtdiode beobachtet werden. Diese Ausführung wird häufig bevorzugt, um die Drehzahlüberwachung in unmittelbarer Nähe des Antriebs zu installieren und das Ausgangssignal des Drehzahlwächters über nicht abgeschirmte Leitungen zur Schaltwarte zu übertragen.

Die Schaltung eines elektronischen Drehzahlwächters ist so aufgebaut, dass die Vorteile der digitalen Impulseingabe genutzt werden. Zeitverzögerungen, wie sie bei analoger Auswertung durch die Mittelwertbildung der Impulsfolgen bedingt auftreten, entstehen nicht. Der Drehzahlwächter vergleicht den Abstand zweier aufeinanderfolgender Impulse mit einer vorgegebenen Zeitbasis und schaltet bei entsprechender Abweichung sofort ab. An einen Impulsgeber können beliebig viele Drehzahlwächter angeschlossen werden. Die jeweiligen Schaltpunkte können dabei verschieden sein.

Die Hochlaufzeit, also die Zeit, die ein Antrieb benötigt, um die Nenndrehzahl zu erreichen, kann zwischen 0 s und ≤ 40 s eingestellt werden. Während der Hochlaufzeit bleibt das Ausgangsrelais angezogen.

Mit dem elektronischen Drehzahlwächter kann der gewünschte Schaltpunkt im Bereich zwischen 6 und 6000 Impulsen pro Minute eingestellt werden. Dieser Impulsbereich wird zwecks einfacher Einstellung durch einen Kippschalter in drei Überwachungsbereiche unterteilt wie Tab. 3.1 zeigt.

Tab. 3.1 Überwachungsbereiche eines elektronischen Drehzahlwächters

Impulse/min	Schalterstellung	Ausschaltverzögerung in s ohne Relaisabfallzeit
6 ... 60	1 Impulse/min	10 ... 1
60 ... 600	10 Impulse/min	1 ... 0,1
600 ... 6000	100 Impulse/min	0,1 ... 0,01

Die maximale Betriebsfrequenz beträgt unabhängig vom Einstellbereich 12.000 Impulse/Minute.

Wichtiger Hinweis: Der elektronische Drehzahlwächter verarbeitet Impulse pro Minute und nicht Umdrehungen pro Minute. Die Antriebsdrehzahl muss daher mit der Anzahl der Bedämpfungselemente des Gebers pro Umdrehung multipliziert werden.

Mit dem Taster kann während der Einstellung des Schaltpunkts das Ausgangsrelais überbrückt werden, d. h. der Antrieb wird nicht durch den Einstellvorgang des Drehzahlwächters abgeschaltet. Innerhalb des jeweiligen Überwachungsbereichs wird der Schaltpunkt mit dem Sollwertpotentiometer eingestellt. Abb. 3.3 zeigt den Schaltungsablauf eines elektronischen Drehzahlwächters.

Die Betriebsarten des elektronischen Drehzahlwächters ist die Unterdrehzahlüberwachung mit oder ohne Hochlaufüberbrückung.

In dieser Betriebsart liegt der Drehzahlwächter (Unterdrehzahlüberwachung mit Hochlaufüberbrückung) ständig an Netzspannung. Über einen separaten Starteingang an Klemme E1 wird die Überwachungsfunktion freigegeben. Liegt die Antriebsdrehzahl nach Ablauf der eingestellten Hochlaufüberbrückung unter der Solldrehzahl, so fällt das Ausgangsrelais ab (Kontakt 15–16 geschlossen), ebenso bei Netzausfall oder Impulsgeberstörung.

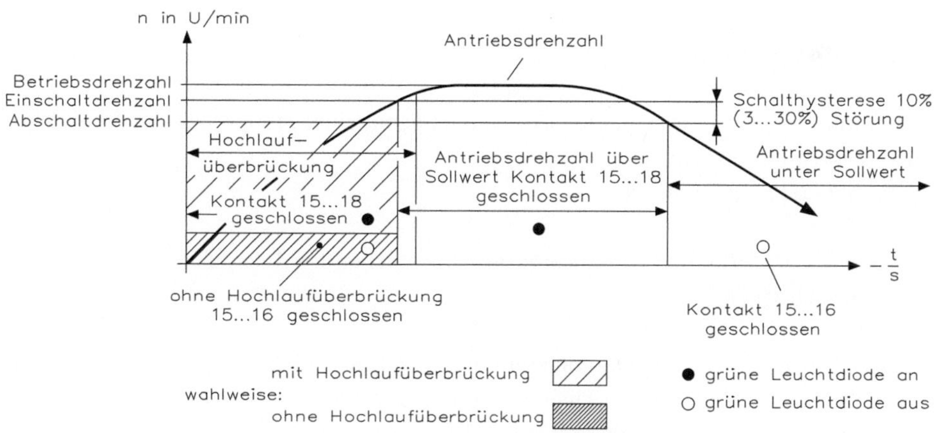

Abb. 3.3 Schaltungsablauf eines elektronischen Drehzahlwächters für eine Unterdrehzahlüberwachung

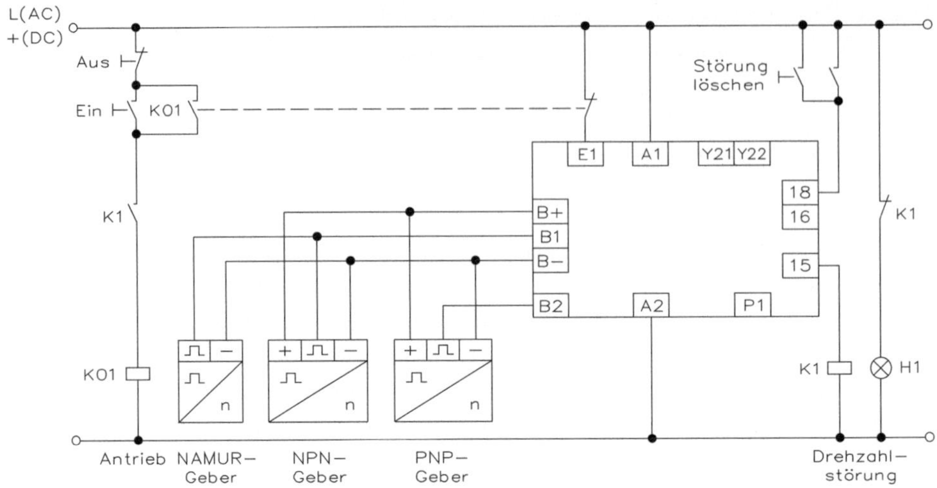

Abb. 3.4 Elektronischer Drehzahlwächter (Unterdrehzahlüberwachung mit Hochlaufüberbrückung)

Das Potentiometer für die Hochlaufüberbrückung muss auf Null gestellt werden und Klemme E1 bleibt unbeschaltet. Der interne Betriebsarten-Schalter wird in Stellung „Drehzahlüberwachung" geschaltet. Das Ausgangsrelais fällt ab, sobald die eingestellte Abschaltdrehzahl überschritten wird oder bei Netzausfall. Eine Impulsgeberstörung wird nicht signalisiert.

Abb. 3.4 zeigt die Schaltung eines elektronischen Drehzahlwächters mit Unterdrehzahlüberwachung (Hochlaufüberbrückung).

3.1.3 Stopp-Funktion

Die Norm EN 60204 verlangt, dass jede Maschine mit einer Stopp-Funktion der Kategorie 0 ausgerüstet sein muss.

Es gibt drei Stopp-Kategorien:

- Kategorie 0: Stillsetzen durch sofortiges Ausschalten der Energiezufuhr zu den Maschinenantrieben

Abb. 3.5 zeigt einen Drehstrommotor mit einem Ein- und Ausschalter, d. h. ohne magnetische Schnellauslösung im Überlastungsfall. Die vorgeschalteten Schmelzsicherungen übernahmen den Kurzschlussschutz für Motor, Leitungen und Schalter.

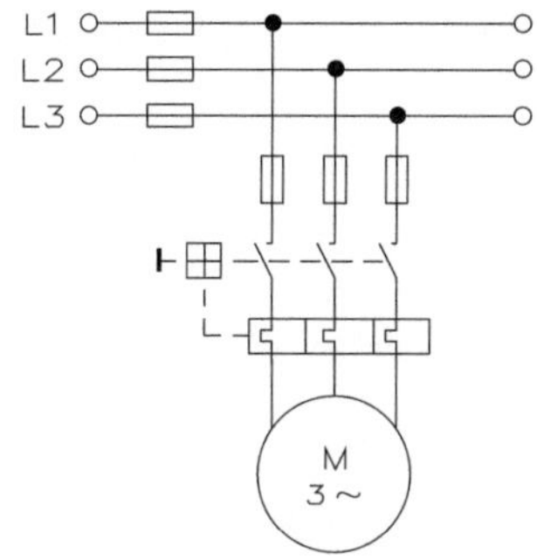

Abb. 3.5 Ein- und Ausschalter für einen Drehstrommotor

- Kategorie 1: Gesteuertes Stillsetzen, wobei die Energiezufuhr zu den Maschinen-Stellantrieben beibehalten wird, um das Stillsetzen zu ermöglichen. Die Energiezufuhr wird erst dann unterbrochen, wenn der Stillstand erreicht ist.

Anmerkung
Diese Stopp-Kategorie ergibt nach der Risikobewertung gemäß der Norm folgende Ergebnisse:

- Zeitverzögerungen bis 30 s max. Kategorie 3,
- Zeitverzögerungen 30 bis 300 s max. Kategorie 1,
- Zeitverzögerung größer 300 s können nicht als „sicher" eingestuft werden, da die menschliche Psyche bei Zeiten größer fünf Minuten nicht mehr mit einer Reaktion rechnet. Die somit „in Panik" ausgelösten Fehlbedienungen können große Schäden anrichten.

Für NOT-AUS-Kategorie 1 gibt es die speziell dafür entwickelte Serie. Da die Geräte in Zeitbereichen von 0,5 bis 300 s eingestellt werden können, sind sie sowohl zur Überbrückung der Bremszeit als auch für die Ausschaltrampe geregelter Antriebe einsetzbar. Es gibt noch in der Stopp-Kategorie mit zeitverzögerten Erweiterungsgeräten, die jedoch nur in Verbindung mit einem Standard-NOT-AUS-Schaltrelais diese Aufgabe übernehmen können.

Gesteuertes Stillsetzen, wobei die Energiezufuhr zu den Maschinenantrieben beibehalten wird.

Anmerkung
Lösungen nach NOT-AUS-Kategorie 2 sind nur mit Vorsicht anzuwenden. Eigentlich sind solche Lösungen nur mit einer besonderen Sicherheitssteuerung vertretbar.

- Kategorie 0: Stillsetzen durch sofortiges Ausschalten der Energiezufuhr zu den Maschinenantrieben.

3.1.4 NOT-AUS-Einrichtungen

Unabhängig von der Art der Ansteuerung muss der NOT-AUS-Taster selbst nach den Forderungen der Norm konzipiert sein.

- Befehlsgerät: Das Befehlsgerät und sein Stellteil müssen nach dem Prinzip der Zwangsbetätigung arbeiten. Beispielsweise ist ein Schalter mit Zwangsöffnung ein geeignetes Befehlsgerät. Gemäß der Norm ist die Zwangsöffnung (eines Schaltglieds) die Ausführung einer Kontakttrennung als direktes Ergebnis einer festgelegten Bewegung des Bedienteiles des Schalters über nicht federnde Teile (z. B. nicht abhängig von einer Feder).
- NOT-AUS-Einrichtung: Die NOT-AUS-Einrichtung darf nicht als Ersatz für ausreichende Schutzmaßnahmen dienen.
- Zusätzliche Gefährdung: Die Reaktion der Maschine auf den NOT-AUS-Befehl darf keinerlei zusätzliche Gefährdung hervorrufen.
- Handlung am Stellteil: Jede Handlung am Stellteil, die zur Erzeugung des NOT-AUS-Befehls führt, muss auch zu einem Verrasten des Befehlsgerätes führen, sodass nach Beendigung der Betätigung des Stellteiles der NOT-AUS-Befehl bestehen bleibt, bis das Befehlsgerät rückgestellt wird. Das Befehlsgerät darf nicht einrasten, ohne einen NOT-AUS-Befehl zu erzeugen.

Anmerkung
Das Nichteinrasten würde ein automatisches Wiedereinschalten durch den roten NOT-AUS-Taster ergeben und dies ist nicht zulässig.

- Rückstellen des Befehlsgerätes: Das Rückstellen des Befehlsgerätes darf nur als Ergebnis einer von Hand ausgeführten Handlung am Befehlsgerät möglich sein. Das Rückstellen des Befehlsgerätes alleine darf keinen Wiederanlauf-Befehl auslösen. Der Wiederanlauf der Maschine darf nicht möglich sein, bis alle betätigten Stellteile von Hand einzeln und bewusst rückgestellt worden sind.
- Farbe des Befehlsgerätes: Die NOT-AUS-Stellteile müssen Rot sein. Soweit ein Hintergrund hinter dem Stellteil vorhanden und soweit es durchführbar ist, muss dieser Gelb sein.

Anmerkung
Die Farbe Rot ist der Funktion „Gefahr", „Stopp", „Halt" und „Aus" vorbehalten. Deshalb darf mit einem roten Taster kein Einschalten möglich sein. Die Ein- oder Startfunktion muss durch einen separaten Taster realisiert werden. Dieser Taster darf weiß, grau, schwarz oder grün sein.

Zur Beschaffenheit des Starttasters und dessen Sicherheitseinstufung liegen keine Angaben vor. Die Norm fordert jedoch: Schutz bei Netzausfall oder Spannungseinbruch und Spannungswiederkehr. Wenn ein selbsttätiger Wiederanlauf einen gefährlichen Zustand,

Abb. 3.6 NOT-AUS-Taster, Farbe Rot mit gelbem Hintergrund

Schaden an der Maschine oder für den Arbeitsprozess verursachen kann, muss der Wiederanlauf verhindert werden. Unter der Norm ist vermerkt, dass NOT-AUS-Einrichtungen nach dem Rücksetzen keinen Wiederanlauf einleiten darf. Abb. 3.6 zeigt einen NOT-AUS-Taster.

Anmerkung
NOT-AUS-Taster älterer Bauart weisen unter Umständen die Eigenschaft auf, dass beim Durchdrücken des Tasters erst der elektrische Kontakt öffnet und danach die Mechanik einrastet. Wird ein solcher NOT-AUS-Taster nur angetippt, wird der Stromkreis unterbrochen und sofort wieder geschlossen. Dies ist gleichzusetzen mit dem Wiederanlaufen nach Rücksetzen des Tasters und nicht zulässig. Die Praxis hat gezeigt, dass solche NOT-AUS-Taster noch andere Probleme auslösen können. Sicherheitskreise sind mehrkanalig in der Praxis aufgebaut. Werden sie abgeschaltet, können Bauteiltoleranzen dazu führen, dass Zeitdifferenzen zwischen dem Rückfallen der einzelnen Kanäle auftreten. Wird der Sicherheitskreis noch während der Rückfallphase wieder aktiviert, kann es, solange nur ein Teil der Kanäle zurückgefallen ist, zum Blockieren des Sicherheitskreises führen. Der Sicherheitskreis lässt sich dann über den Startanschluss nicht mehr aktivieren. Nur durch ein Unterbrechen der Stromversorgung oder durch ein erneutes Betätigen des NOT-AUS-Tasters lässt sich dann der Sicherheitskreis zurücksetzen. Da der NOT-AUS-Taster nicht eingerastet ist, wird dieser in der Regel nicht als Verursacher erkannt, und es kommt zu unnötigen Fehlersuchzeiten und damit Standzeiten der Maschine. Diese Kosten betragen ein Vielfaches von NOT-AUS-Tastern.

3.1.5 Mechanische Schalter in der Elektrotechnik

In der Elektrotechnik unterscheidet man zwischen Schaltern (einpolig) und Leistungsschaltern (dreipolig). Diese werden verwendet als

- Hauptschalter, Hauptschalter mit NOT-AUS-Einrichtung,
- Ein-Aus-Schalter,
- Sicherheitsschalter,
- Umschalter,

- Wendeschalter, Stern-Dreieck-Schalter, Polumschalter,
- Stufenschalter, Steuerschalter, Codierschalter, Messumschalter.

Schalter lassen sich nach zahlreichen Merkmalen unterscheiden, beispielsweise nach der Art der Betätigung, nach Bauart und konstruktiven Merkmalen oder Nutzungsmerkmalen. Für Anwender am wichtigsten sind die elektrischen Kenngrößen (Bemessungsangaben), die die Eignung eines Schalters für bestimmte Spannungs- und Strombereiche, sowie Umgebungsbedingungen erlauben. Die Eignung muss dabei in allen Betriebszuständen des Schalters gegeben sein: Kontaktgabe, Stromführen, Kontakttrennen und sicheres Isolieren im geöffneten Zustand.

Be- und Verarbeitungsmaschinen werden heute häufig aus mehreren, autarken Einheiten aufgebaut. Der Energiebedarf jeder Einheit ist geringer und erfordert keine hohe Schaltleistung.

Die NOT-AUS-Funktion (Abb. 3.7, links) in Verbindung mit einem Motorschutzschalter zu realisieren, ist einfach und sicher. Hier gibt es die Möglichkeit der direkten Betätigung durch die NOT-AUS-Pilztaste oder die Auslösung des Schalters über das Schaltschloss in Verbindung mit einem Unterspannungsauslöser. Bei Betätigung des NOT-AUS-Tasters wird die Spannungsversorgung zum Unterspannungsauslöser unterbrochen und das Schaltschloss löst den Schalter aus. Der Hauptschalter kann erst nach Entriegelung des NOT-AUS-Tasters wieder eingeschaltet werden.

Überall dort, wo große Verbraucher geschaltet und geschützt werden, kommen Leistungsschalter (Abb. 3.7, rechts) zum Einsatz. In vielen Applikationen ist dieser Schalter ein Teil der NOT-AUS-Einrichtung. Im NOT-AUS-Fall kann der Schalter direkt über den Handgriff betätigt werden. Der Verbraucher, die Anlage oder Maschine wird direkt allpolig abgeschaltet.

Eine weitere Möglichkeit der Auslösung im Gefahrenfall besteht darin, den Schalter über das Schaltschloss auszulösen. Die Spannungsversorgung des Unterspannungsauslösers, der auf das Schaltschloss wirkt, wird beim Betätigen des NOT-AUS-Tasters unterbrochen. Daraufhin wird der Schalter über das Schaltschloss ausgelöst. Nach der Entriegelung des Tasters kann der Leistungsschalter dann wieder eingeschaltet werden.

Abb. 3.7 NOT-AUS-Taster mit Zusatz des Hauptschalters und Verriegelung

Untergliedert man nach dem Verhalten eines Schalters im Anschluss an eine erfolgte Betätigung und so gibt es Schalter, die nach einer Betätigung stabil in ihrem Schaltzustand bleiben. Dies sind z. B. bistabile Kippschalter, Wippschalter, Stufenschalter, Rastschalter, Mehrfach- oder Wahlschalter. Taster und Tasten dagegen kehren nach Wegnahme der Betätigung wieder in ihre Ruhestellung zurück.

Nach der Art der Anwendung werden beispielsweise unterschieden:

- Signalschalter werden meist in Gerätesteuerungen in Sicherheits-Kleinspannungskreisen verwendet,
- Geräteschalter werden als Netzschalter in Hausgeräten verwendet, die normalerweise an Steckdosen betrieben werden,
- Elektrowerkzeugschalter, die in überwiegend motorbetriebenen elektrischen Werkzeugen und Maschinen eingesetzt sind,
- Installationsschaltgeräte, die fest in Bauwerken montiert sind und nicht über beispielsweise Ziehen des Netzsteckers spannungsfrei werden,
- Schutzschalter (Leitungsschutzschalter).

Bei einem Schalter steht das Ein- und Ausschalten eines Stroms im Vordergrund, und zwar unmittelbar oder mittelbar als Folge einer Betätigung.

Wird der Schaltzustand nicht durch Betätigung geändert, sondern durch ein Steuersignal, z. B. ein Stromstoß an eine Spule, spricht man von einem Relais oder Schütz. Ein Transistor ist ebenfalls ein durch ein Steuersignal aktivierter Halbleiterschalter und daher kein Schalter im eigentlichen Sinne.

Die mechanische Betätigung ist für die Bezeichnung „Schalter“ nicht zwingend, auch zu den Schaltern zählt man

- Magnetfelder betätigte Reedschalter,
- über Wärme ausgelöste Bimetallschalter usw.

Im geschlossenen Zustand differenziert sich der Schalter in Abgrenzung zu Regel- und Steuereinheiten: Schalter können Regel- und Steuerelemente enthalten, die das Ein- oder Ausschaltverhalten mit gezielten Zwischenstufen versehen, z. B. die Drehzahlregelung bei Motorgeräten. Die Abgrenzung des Schalters von einem Steller oder Regler ist oft fließend. Wenn die Schaltfunktion als bestimmend eingestuft wird, greift die Schalterdefinition, sonst die in einer Regel- und Steuereinheit vorhanden ist.

Das wahrscheinlich wichtigste Element eines Schalters sind die Kontakte. Sie bestehen aus chemisch edlen Metallen, meist Silber. Diesem sind andere chemische Elemente zulegiert, um die Kontaktlebensdauer zu erhöhen. Bei Signalschaltern sind die Kontaktoberflächen oft mit Gold beschichtet, um bei hoher elektrischer Leitfähigkeit die Oberflächen chemisch korrosionsresistent zu machen.

Silber hat den Nachteil, dass mit dem Schwefel aus der Luft Sulfide entstehen. Diese Salze sind chemisch resistent und elektrisch sehr schlecht leitend. Entweder mechanisch durch Abrasion oder durch Lichtbogenabbrand müssen die Kontaktoberflächen gereinigt werden, um einen ausreichend niedrigen Übergangswiderstand sicherzustellen.

Die Kontaktträgerelemente sind oft aus Buntmetallen oder Federstählen, um je nach Anwendungsfall entsprechend gute elektrische Leitfähigkeit mit mechanischer Festigkeit und Elastizität zu kombinieren. Die Anschlüsse sind ebenfalls aus diesen Materialien und in vielerlei Varianten ausgebildet: Schraubanschlüsse, Steckanschlüsse für vorbereitete und unvorbereitete Leitungsenden, Kabelschuhe, Flachsteckelemente und vieles mehr sind üblich.

Als Gehäusematerialien sind Isolatoren notwendig, meist Kunststoffe, die ausreichend thermisch stabil sowie hitze- und feuerresistent sind.

Mechanisch betätigte Schalter können entweder manuell oder über Vorrichtungen betätigt werden. Der wesentliche Grund, dies zu unterscheiden, liegt darin, dass der Mensch als Regelkreis agieren kann: Schaltet ein Mensch ein Schaltgerät, und tritt im Folgenden die gewünschte Wirkung nicht ein, wird er je nach Situation geeignete Maßnahmen ergreifen. Bei mechanisiertem Schalten sollten konstruktive Elemente im Fehlerfall dafür sorgen, dass kein Gefahrenzustand entsteht.

Die Schalterbetätigung kann sowohl direkt als auch indirekt erfolgen. Die Norm für Geräteschalter formuliert, dass der Schaltvorgang über ein Betätigungsteil oder durch Bedienung eines Sensors erfolgen kann, wobei Betätigungsteil oder Sensor getrennt vom Schalter angeordnet sein können. Zur Übertragung zwischen Betätigungsteil und Schaltelement werden optische, akustische oder thermische Signalstrecken angeführt.

Bei den mechanisch direkt betätigten Schaltern unterscheidet man nach Betätigungselement zwischen:

- Kippschalter,
- Wippschalter,
- Druckschalter,
- Rastschalter,
- Schiebeschalter,
- Drehschalter,
- Stufenschalter,
- Tastschalter,
- Fußschalter,
- Schlüsselschalter,
- Schnurschalter,
- Reißleinenschalter,
- Dip- oder Codierschalter,
- Zugschalter.

Mechanisch über Vorrichtungen oder indirekt betätigte Schalter sind:

- Nockenschalter, Endlagenschalter,
- durch Medien betätigte Schalter, z. B. durch pneumatische Steuersignale betätigte Schalter, Öldruckschalter, Druckschalter, Schwimmerschalter (Füllstandsüberwachung).

Über Sensoren betätigte Schalter:

- Dämmerungsschalter, Bewegungsmelder, Funkschalter

Bei Betätigung stellen Einschalter oder Schließer Kontaktverbindungen her, während Ausschalter oder Öffner Verbindungen trennen. Wechselschalter (Umschalter, Wechsler) und Drehschalter verbinden einen Kontakt mit einem von zwei oder mehreren anderen Kontakten. Dabei werden Schalter, die die neue Verbindung herstellen, bevor die alte getrennt wird, als brückend (auch kurzschließend, make before break), und solche, die die alte Verbindung zuerst trennen, als nicht brückend (nicht kurzschließend, break before make) bezeichnet.

Tab. 3.2 Abkürzung, Art und Anzahl der Kontaktwege bei Kippschaltern

Abkürzung	Bezeichnung	Beschreibung	Symbol	IEC 60617
SPST	„Single pole, single throw“	Ein einpoliger Einschalter (Ein-Aus): Die Verbindung zwischen den beiden Anschlüssen kann geschlossen oder offen sein		
SPDT	„Single pole, double throw“	Ein einpoliger Wechselschalter(Ein-Ein): Der Anschluss C ist wahlweise mit L1 oder L2 verbunden. Die Mittelstellung ist mechanisch nicht stabil	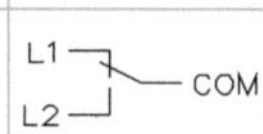	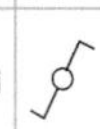
SPCO SPTT	„Single pole centre off“, oder „Single pole, triple throw“	(Ein-Aus-Ein). Diese Schalter unterscheiden sich vom SPDT durch eine mechanisch stabile Mittelstellung und diese hat keinen externen Anschluss		
DPST	„Double pole, single throw“	Zweipoliger Einschalter. Ein Hebel betätigt gleichzeitig zwei Ausschalter	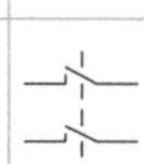	
DPDT	„Double pole, double throw“	Zweipoliger Wechselschalter. Ein Hebel betätigt gleichzeitig zwei Umschalter	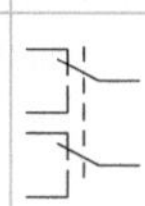	
DPCO	„Double pole, centre off“	Zweipoliger Wechselschalter mit stabiler Mittelstellung	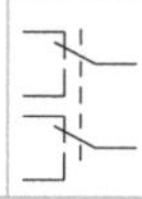	

Schalter können weiter unterschieden werden nach der Schaltfunktion

- Öffner, Schließer, Wechsler (brückend bzw. nicht brückend),
- Serienschalter (zum Schalten zweier Stromkreise mit einem Knauf),
- Kreuzschalter (zum Schalten eines Stromkreises durch mehr als zwei Schalter),
- Gruppenschalter (zum abwechselnden Schalten zweier Stromkreise mit drei Schalterstellungen z. B. eine Jalousie kann nur hoch- oder heruntergefahren werden, nicht jedoch beides gleichzeitig).

Art und Anzahl der Kontaktwege werden bei kleinen Kippschaltern oft mit englischen Abkürzungen beschrieben (SPST und DPST sind Einschalter, SPDT und DPDT sind dagegen Wechselschalter), wie Tab. 3.2 zeigt.

Bei Schaltern, die mechanisch gekoppelt drei Pole schalten, wird der erste Buchstabe der Bezeichnung durch ein „T“ für „triple“ ersetzt. Bei Schaltern mit vier Polen ist es ein „Q“ für „quadruple“. Eine alternative Bezeichnung ersetzt den ersten Buchstaben durch die Zahl der mechanisch gekoppelten Pole (z. B. 3PDT).

3.1.6 Gebrauchskategorien für Schalter

Bei der Betätigung eines Schalters besteht die Erwartung eines Zustandswechsels von „geschlossen“ nach „offen“ oder umgekehrt. Aufgrund besonders von Lichtbogeneffekten beim Öffnen und Schließen ist ein definierter Bewegungsablauf, unabhängig von demjenigen der Betätigung und für die Funktion und Lebensdauer eines Schalters erwünscht. Ab einem bestimmten Punkt, dem sogenannten Druckpunkt, soll der Schaltvorgang unumkehrbar eingeleitet sein. Dies lässt sich konstruktiv durch alle Varianten feinmechanischer Schnappelemente realisieren. Die derart aufgebaute Schalterbauform wird entsprechend Schnappschalter oder Sprungschalter bezeichnet.

Insbesondere bei Schaltern für Gleichstromkreise ist ein möglichst kurzzeitiges Öffnen des Stromkreises wichtig. Beim Trennen der Kontakte besteht oberhalb der Lichtbogengrenzspannung und einem Mindeststrom die Gefahr eines stehenden Lichtbogens, der bei längerer Brennzeit den Schalter sehr schnell thermisch überlastet. Um dies zu verhindern, führen die Schnappsysteme die begonnene Betätigung ab dem Druckpunkt selbsttätig zu Ende. In Wechselstromkreisen verlöscht ein eventuell vorhandener Lichtbogen meist von selbst beim nächsten Stromnulldurchgang.

Schalter für Wechselstrom über 25 A oder für Gleichstrom weisen teilweise hornförmige Kontakte und Löschkammern auf, die dazu dienen, den Lichtbogen zu verlängern, zu kühlen und so zum Verlöschen zu bringen. Besonders bei Mittel- und Hochspannungsschaltern die z. B. unter Öl oder Vakuum arbeiten, werden besondere konstruktive Maßnahmen zur Beherrschung entstehender Schaltlichtbogen getroffen. Häufig verwenden solche Schalter einen Federspeicher, um die Kontakte schnell zu trennen und zu schließen.

Im Gegensatz zu Kipp-, Wipp- oder Rastschaltern, die bei jedem Schaltwechsel betätigt werden, muss bei Tast- und insbesondere bei Schnappschaltern der Wechsel vom Arbeitszustand in den Ruhezustand selbsttätig erfolgen. Hierzu wird die im System gespeicherte Federenergie genutzt. Je nach Konstruktion eines Schalters als in Ruhestellung geschlossen (Öffner mit n. c. (normally closed)) oder offen (Schließer mit n. o. (normally open)) können diese als zwangsöffnend aus der Ruhestellung konstruiert sein. Damit lassen sich bei Mikroschaltern oder Schnappschaltern für hohe Einschaltströme eventuell entstandene Einschaltverschweißungen verhindern.

Eine weitere Differenzierung ergibt sich aus dem Zweck, den Schalter in einen Stromkreis einzufügen. Wesentliche Anwendungen sind: Hauptschalter; NOT-AUS-Schalter, Reparaturschalter, Schutzschalter, selektiver Leitungsschutzschalter, Lichtschalter, Totmannschalter, Lastschalter, Leistungsschalter usw.

Trennschalter bilden eine große isolierende Luftstrecke zwischen den geöffneten Kontakten, können aber kaum Strom schalten. Sie werden vorwiegend in Schaltanlagen für Spannungen über 1000 V eingesetzt und dienen zur Trennung von Anlagenteilen für Wartungsarbeiten.

Lastschalter zum Schalten im Stromnetz können mechanisch (wie z. B. Lichtschalter) oder elektronisch (Halbleiterrelais, SSR (solid state relay)) betätigt werden. Diese finden breiten Einsatz als Netzschalter an (Haushalts-)Geräten und dürfen nur bis zu dem angegebenen Nennstrom verwendet werden.

Lasttrennschalter (Hochspannungsschalter) vereinigen die Eigenschaften von Lastschaltern und Trennschaltern.

Leistungsschalter können Kurzschlussströme abschalten!

Steuerschalter können keine großen Lastströme, sondern nur kleinere Steuerströme schalten, mit denen beispielsweise Schaltschütze angesteuert werden. Beispiele sind Schlüsselschalter oder Industrietaster mit typischen Schaltspannungen (Gleich- oder Wechselspannung) von 48 V oder Wechselspannung von 230 V.

Signalschalter haben meist Kontakte aus Edelmetallen und besonders geringe Übergangswiderstände, sie dienen speziell zum Schalten kleiner Spannungen und Ströme.

Analogschalter ist eine Bezeichnung für digital angesteuerte Halbleiterschalter, die zum Schalten von analogen Signalen (z. B. Audiosignalen) geeignet sind. Sie arbeiten ausschließlich mit MOSFETs und werden als integrierte Schaltungen hergestellt, wie dem CMOS-Baustein 4066. Als elektrisch gesteuerte Bauelemente sind sie keine Schalter im engsten Sinne, sondern zählen zu den elektronischen Schaltern.

Die Gebrauchskategorie für Niederspannungsschaltgeräte definiert die charakteristischen Einsatzbedingungen für Schaltgeräte. Diese Geräte sind für unterschiedliche elektrische Verbraucher und für unterschiedliche Betriebsbedingungen dimensioniert.

Die Eigenschaft der zu schaltenden oder zu steuernden Last bestimmt die Anforderungen an die Schaltgeräte und deren korrekte Auswahl für die geplante Anwendung. Speziell die Beanspruchung der Schaltstrecken durch Strom und Spannung beim Ein- und Ausschalten sind von enormer Bedeutung.

Wichtig für den Anwender sind die Kontaktkategorien:

- Zwangsgeführte Kontakte: Bei einem Relais/Schütz mit zwangsgeführten Kontakten sind Öffner und Schließer der Hilfskontakte garantiert niemals gleichzeitig geschlossen.
- Kontakte mit Zwangsöffnung: Ein Schalter (z. B. NOT-AUS-Schalter) mit Zwangsöffnung ist so konstruiert, dass die Schaltbewegung zwangsläufig die Kontakte trennt. Bei verschweißten Kontakten werden diese unter Umständen aufgebrochen.
- Spiegelkontakte: Bei einem Schütz mit Spiegelkontakt ist dieser garantiert geöffnet, wenn irgendein Hauptkontakt geschlossen ist.

Um Anwendern die Verwendung geeigneter Schalter zu ermöglichen, werden für jeden Schalter verschiedene Bemessungsangaben spezifiziert und dies sind:

- Strom und Spannung,
- Art des Netzes: Gleichstrom/Wechselstrom/Gleich- und Wechselstrom,
- Lastart,
- Umgebungstemperatur,
- Anzahl der Schaltzyklen,
- Schutzart (IP-Schutz), wenn der Schalter montiert ist,
- Schutz gegen elektrischen Schlag bei Verwendung in verschiedenen Gerätetypen,
- Verschmutzungsgrad der Umgebung,
- Beständigkeit gegen Wärme und Feuer,
- Überspannungsfestigkeit,
- Qualität des Isolationsvermögens.

Für das Schaltvermögen eines Schalters ist von großer Bedeutung, wie das Strom-Zeit-Verhalten des Verbrauchers auf den Moment des Schließens und Öffnens rückwirkt. Man unterscheidet hierbei zwischen

- rein resistive (ohmsche) Last: Nur Verbraucher mit strenger Proportionalität zwischen Strom und Spannung. Diese Lastart wird mit der Nomenklatur z. B. 16 A/250 V_{AC} gekennzeichnet. Nach IEC 60947-5-1 wird sie als AC12 (ohmsche und Halbleiterlast) bezeichnet.
- motorisch-resistive Last: Da Motoren beim Anlaufen kurzzeitig einen deutlich höheren Strombedarf aufweisen, wird das Leistungsvermögen für diese Lastart besonders angegeben: 12(8)A/250 V_{AC} bedeutet, dass der Schalter Motoren mit einem Bemessungsstrom von 8 A einschalten kann, was konventionsgemäß mit dem Sechsfachen des in Klammern angegebenen Stroms im Anlauf überlastet wird: 48 A einschalten und mit dem Stromwert vor der Klammer ausschalten. Wird auch als AC3 (Leistungsfaktor $\cos\varphi = 0{,}6$) bezeichnet.

- kapazitive Last: Kondensatoren laden sich mit abklingender Kennlinie auf, weshalb der Strom beim Einschalten besonders hoch ist. Schalter, die hier besonders leistungsfähig sind, werden mit der Notation z. B. 5/100 A/250 V_{AC} bezeichnet. Diese 100 A mit einer typischen Zeitkonstante von 2,5 ms und ein Ausschaltvermögen von 5 A bei einer Wechselspannung bis 250 V sind möglich.
- Lampenlast: Der Einschaltstrom von Glühlampen ist um Faktor 13 bis 15 höher als der Nennstrom, d. h. durch eine Glühlampe von 100 W fließt beim Einschalten ein Strom von 6 A, während im geschlossenen Zustand nur 0,4 A fließen. Dies beansprucht einen Schalter beim Einschalten ähnlich wie eine kapazitive Last. Nach der Norm wird der Lampennennstrom in eckigen Klammern angegeben.
- stark induktive Last mit $\cos\varphi = 0{,}3$ (nach IEC 60947-5-1 als AC15 bezeichnet): Hier kommt es zu erhöhten Einschaltströmen (festgelegt als zehnfacher Nennstrom) und starkem Abschalt-Lichtbogen.

Besonders problematisch ist das Ausschalten von Gleichstrom bei Spannungen oberhalb von etwa 30 V, da dann der Schaltlichtbogen nicht zwingend verlöscht. Schalter können daher (falls sie dafür spezifiziert sind) bei höheren Gleichspannungen nur vergleichsweise geringe Gleichströme schalten.

3.1.7 Effekte beim Schalten

Bewegen sich zwei Kontakte aufeinander zu, wird unter einem bestimmten Minimalabstand die Durchschlagsfestigkeit des bestehenden Luftspalts unterschritten. Der Betrag des Minimalabstands ist von der herrschenden Feldstärke und somit vom Spannungspotential zwischen den Schaltkontakten abhängig. Dies hat zur Folge, dass oberhalb von Mindest-Spannung und -Stromstärke ein Funken oder ein sogenannter Vorzündlichtbogen entstehen kann. Dieser beansprucht die Kontaktoberflächen (Kontakterosion), schmilzt sie eventuell auf und kann zum Kontaktverschweißen führen. Diese geschädigten Schalter lassen sich nicht mehr öffnen.

Im Moment der Berührung gelten die Regeln der Stoßmechanik: Elastische und plastische Deformation der Kontaktflächen tritt ein mit der Folge möglicher Abhebungen, dem Effekt des Prellens. Die Kontakte schlagen zusammen und federn kurz wieder auseinander, sodass zusätzliche Störimpulse entstehen können.

Idealerweise bietet ein geschlossener Schalter dem elektrischen Strom keinen Reihenwiderstand. Der Strom kann im Realfall möglichst verlustarm geführt werden, wenn ein metallischer Kontakt auf einer möglichst großen Querschnittsfläche besteht. Der Kontaktwiderstand eines Schalters ist abhängig vom spezifischen Widerstand der Materialien selbst sowie der Berührfläche, die wiederum direkt von der Kontaktkraft und der Härte der verwendeten Materialien bestimmt wird. Einen wesentlichen Einfluss bilden Verschmutzungen und Oxidschichten. Die am Kontaktwiderstand erzeugte Verlustwärme heizt den Kontakt auf.

Wird der Schalter im geschlossenen Zustand zusätzlich durch Schwingungen belastet, die eine Relativbewegung der beiden Kontakte bewirken können, besteht zusätzlich die Gefahr der Reibkorrosion. Kleinste Metallpartikel werden durch die Bewegung abgerieben und können oxidieren und die metallische Berührfläche verringern. Folge davon ist eine Erhöhung des Übergangswiderstands und ein Ansteigen der Temperatur in der Kontaktzone.

Beim Öffnen eines Schalters nimmt die Kontaktkraft zunächst ab und die metallischen Berührflächen werden kleiner. Damit steigt der elektrische Widerstand, die Kontaktstelle heizt sich auf und im ungünstigen Fall schmilzt das Kontaktmaterial bei höheren Strömen. Reißt die verbindende Materialbrücke ab, wird sich bei Spannungen über etwa 12 V ... 20 V und Strömen über etwa 2 A ein Lichtbogen ausbilden, d. h. die Luft wird ionisiert, was sich in bläulichem Leuchten äußert. Über den Lichtbogen kann der Strom weiterhin fließen. Es entstehen sehr hohe Verlustleistungen, die zum Schmelzen und Verdampfen von Kontaktmaterial führen. Ist der Abstand der Kontakte ausreichend groß oder bei Wechselstrom geht der Strom durch Null und der Lichtbogen kann erlöschen.

Idealerweise fließt über den geöffneten Schalter kein Strom, denn real bieten Isolierstoffe oder Verschmutzungen jedoch einen Leckstrompfad. Neben dem Isolationswiderstand im geöffneten Zustand ist auch die Spannungsfestigkeit der voneinander getrennten Kontakte eine Kenngröße.

Schalter für das sichere Trennen müssen auch Überspannungen des Stromnetzes aushalten und z. B. bei Trennschaltern auch eine sichtbare Stromunterbrechung aufweisen.

Die sichere galvanische Trennung zum Betätigungselement bzw. Steuerstromkreis ist bei handbetätigten Netzschaltern durch Isolierstoffe und bei Halbleiterrelais z. B. durch Optokoppler gewährleistet. Integrierte Halbleiterschalter wie „low-side-“ oder „high-side-switches“ besitzen zwar Überwachungen des Schaltzustands und der Überlast, haben aber keine Potentialtrennung zum Steuerstromkreis.

3.1.8 Nockenschalter

Ein Nockenschalter lässt sich als Lastschalter für Licht, Heizung, Drehstrommotoren verwenden. Der 3-polige Lastschalter wird durch den Ein-Ausschalter von Abb. 3.8 ersetzt.

Wird der Nockenschalter betätigt, liegen bei der Ein-Funktion alle drei Phasen an dem Motor und es ergibt sich ein handbetätigter Motorschutzschalter.

Abb. 3.9 zeigt einen Nockenschalter für Stern-Dreieck-Schaltung. Durch den Nockenschalter wird der Motor nach dem Einschaltung erst in Stern betrieben und nach etwa 10 s in Dreieck von Hand umgeschaltet.

Bei der Sternschaltung werden je zwei Strangspannungen U_{st} miteinander zur Leiterspannung U verkettet. Es sind also zwei Spannungen, die Leiterspannung U und die Strangspannung U_{st} verfügbar. Es gilt:

$$U = 1{,}73 \cdot U_{st}.$$

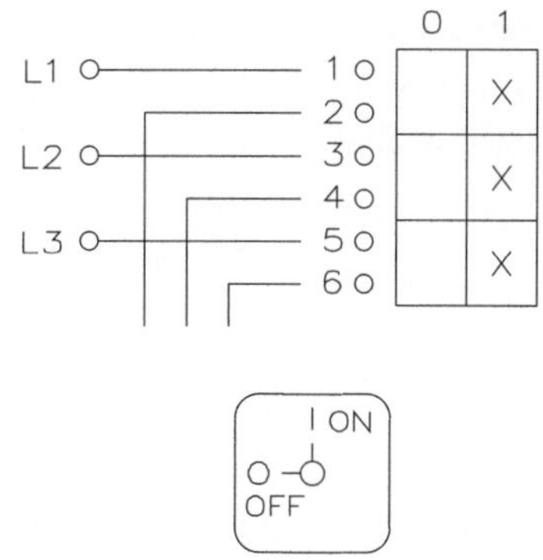

Abb. 3.8 Nockenschalter für Ein-Aus-Funktion

Der Strangstrom I_{st} und der Leiterstrom I sind dagegen gleichgroß.

$$I = I_{st}$$

Die Leistungen bei der Sternschaltung berechnet man für den Fall einer symmetrischen Belastung:

$S = 1{,}73 \cdot U \cdot I$	Scheinleistung VA in VA,
$P = 1{,}73 \cdot U \cdot I \cdot \cos\varphi$	Wirkleistung P in W,
$Q = 1{,}73 \cdot U \cdot I \cdot \sin\varphi$	Blindleistung Q in var (Volt Ampere reaktiv),
$Q = \sqrt{S^2 - P^2}$.	

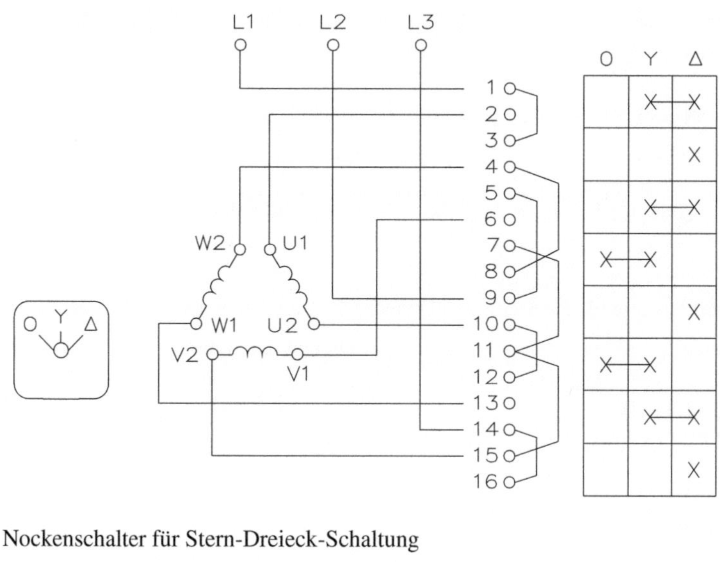

Abb. 3.9 Nockenschalter für Stern-Dreieck-Schaltung

Tab. 3.3 Zusammenhang für die Stern- und Dreieckschaltung bei symmetrischer Belastung

Drehstromleistung bei symmetrischer Belastung	
Sternschaltung	Dreieckschaltung
$I = I_{st} \qquad U_{st} = \frac{U}{\sqrt{3}}$	$U = U_{st} \qquad I_{st} = \frac{I}{\sqrt{3}}$
$S = 3 \cdot U_{st} \cdot I_{st} = 3 \cdot I \cdot \frac{U}{\sqrt{3}}$	$S = 3 \cdot U_{st} \cdot I_{st} = 3 \cdot U \cdot \frac{U}{\sqrt{3}}$
$S = \sqrt{3} \cdot U \cdot I$	$S = \sqrt{3} \cdot U \cdot I$

Bei einer unsymmetrischen Belastung muss man die Drehstromleistung aus der Summe der drei Strangleistungen berechnen.

Bei der Dreieckschaltung ist nur eine Spannung verfügbar und es gilt:

$$U = U_{st}.$$

Bei der Dreieckschaltung werden je zwei Strangströme I_{st} miteinander zum Leiterstrom I verkettet.

$$I = 1{,}73 \cdot I_{st}$$

Tab. 3.3 zeigt den Zusammenhang bei symmetrischer Belastung.

Tab. 3.4 zeigt die Wirkleistung für die Stern- und Dreieckschaltung bei symmetrischer Belastung.

Die Leistungen bei der Dreieckschaltung berechnet man für den Fall einer symmetrischen Belastung wie bei der Sternschaltung. Bei einer unsymmetrischen Belastung muss man die Drehstromleistung aus der Summe der drei Strangleistungen berechnen.

Bei dem Drehstrommotor von Abb. 3.10 liegt eine Netzspannung von 400 V an und der Motor nimmt 11,5 A auf. Der Leistungsfaktor beträgt $\cos\varphi = 0{,}86$. Welche Schein-, Wirk-, und Blindleistung nimmt der Motor auf?

$$S = 1{,}73 \cdot U \cdot I = 1{,}73 \cdot 400\,\text{V} \cdot 11{,}5\,\text{A} = 7{,}96\,\text{kVA}$$

$$P = 1{,}73 \cdot U \cdot I \cdot \cos\varphi = 1{,}73 \cdot 400\,\text{V} \cdot 11{,}5\,\text{A} \cdot 0{,}86 = 6{,}84\,\text{kW}$$

$$Q = \sqrt{S^2 - P^2} = \sqrt{(7{,}96\,\text{kVA})^2 - (6{,}84\,\text{kW})^2} = 4\,\text{kvar}$$

Tab. 3.4 Wirkleistung für die Stern- und Dreieckschaltung bei symmetrischer Belastung

Sternschaltung Y	Dreieckschaltung Δ
$I = 3{,}83\,\text{A}$ $P = \sqrt{3} \cdot U \cdot I \cdot \cos\varphi$ $P = \sqrt{3} \cdot 400\,\text{V} \cdot 3{,}83\,\text{A} \cdot 0{,}86 = 2{,}28\,\text{kW}$	$I = 11{,}5\,\text{A}$ $P = \sqrt{3} \cdot U \cdot I \cdot \cos\varphi$ $P = \sqrt{3} \cdot 400\,\text{V} \cdot 11{,}5\,\text{A} \cdot 0{,}86 = 6{,}85\,\text{kW}$
$\frac{P_\Delta}{P_Y} = \frac{6{,}85\,\text{kW}}{2{,}28\,\text{kW}} = 3$	

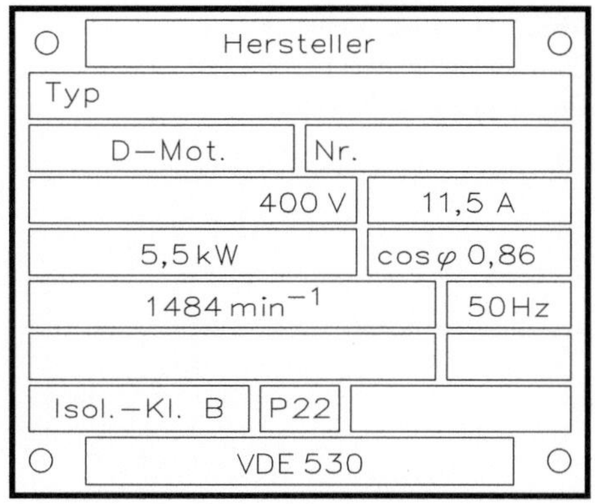

Abb. 3.10 Typenschild eines Drehstrommotors

Der Drehstrommoter von Abb. 3.10 soll von $\cos\varphi = 0{,}86$ auf $\cos\varphi = 0{,}93$ kompensiert werden. Wieviel Kapazität ist für die drei Kondensatoren erforderlich?

$$S = \frac{P}{\cos\varphi} = \frac{6{,}84\,\text{kW}}{0{,}93} = 7{,}36\,\text{kVA}$$

$$Q = \sqrt{S^2 - P^2} = \sqrt{(7{,}36\,\text{kVA})^2 - (6{,}84\,\text{kW})^2} = 2{,}7\,\text{kvar}$$

Die Blindleistung des Kompensationskondensators ist

$$Q_C = 4\,\text{kvar} - 2{,}7\,\text{kvar} = 1{,}3\,\text{kvar}.$$

Die Kapazität des Kompensationskondensators errechnet sich aus

$$C = \frac{Q_C}{2\cdot\pi\cdot f\cdot 1{,}73\cdot U^2} = \frac{1{,}3\,\text{kvar}}{2\cdot 3{,}14\cdot 50\,\text{Hz}\cdot 1{,}73\cdot(400\,\text{V})^2} = 15\,\mu\text{F}.$$

Es sind drei Kondensatoren mit je 15 µF erforderlich.
Wie groß ist das Drehmoment M_K für den Drehstrommotor?

$$M_K = \frac{9550\cdot P_N}{n_N} = \frac{9550\cdot 5{,}5\,\text{kW}}{1484\ \text{min}^{-1}} = 35{,}4\,\text{Nm}$$

Wie groß ist das Anzugsmoment M_A für den Drehstrommotor bei einer Stern-Dreieck-Schaltung, wenn in diesem Fall nach Herstellerangaben $M_A/M_N = 1{,}05$ ist?

$$M_A/M_N = M_K\cdot M_A = 35{,}4\,\text{Nm}\cdot 1{,}05 = 37{,}2\,\text{Nm}$$

Die Frequenz liegt im öffentlichen Netz mit f = 50 Hz fest. Die Drehzahländerung von Kurzschlussläufermotoren erfolgt durch die Polumschaltung, wenn z. B. eine Drehzahländerung von 1500 Umdr./min^{-1} nach 750 Umdr./min^{-1} erforderlich ist. Wird die Polzahl

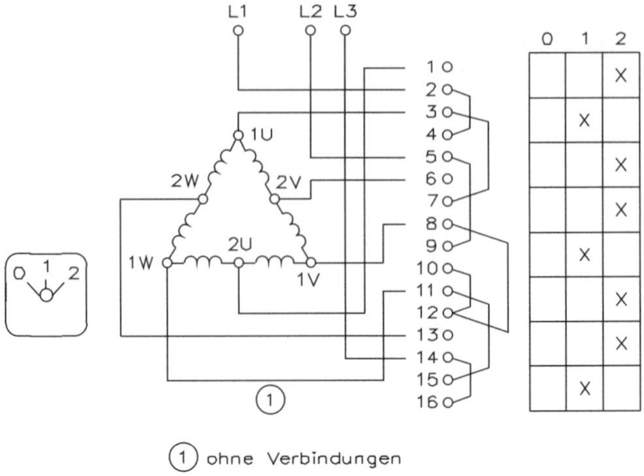

Abb. 3.11 Nockenschalter für zwei Drehzahlen bei einer Drehrichtung nach Dahlander

der Statorwicklung geändert, so ändert sich die Drehfelddrehzahl und mit ihr die Läuferdrehzahl.

Die Schaltung von Abb. 3.11 zeigt einen Nockenschalter für zwei Drehzahlen bei einer Drehrichtung. Zwei getrennte Ständerwicklungen mit verschiedenen Polzahlen ermöglichen zwei Drehzahlen, die in einem beliebigen ganzzahligen Verhältnis zueinander stehen können. Das Drehmoment ist bei beiden Drehzahlen etwa gleich, die Leistungen des Motors verhalten sich etwa wie die Drehzahlen. Motoren mit getrennten Wicklungen erfordern einen erhöhten Aufwand an Wicklungen und Elektroblech. Sie werden daher nur dort angewandt, wo das Drehzahlverhältnis 1:2 nicht genutzt werden kann. An das Klemmbrett werden in der Regel nur die Anfänge der Wicklungen geführt.

Bei der Dahlanderschaltung ist jeder Strang der Ständerwicklung in zwei Wicklungsteile unterteilt. Durch Umschaltung dieser Spulengruppen aus der Reihenschaltung in die Parallelschaltung wird die entstehende Polzahl halbiert und dadurch verdoppelt sich die Drehfelddrehzahl. Die gebräuchlichste Dahlanderschaltung ist die Dreieck-Doppelstern-Schaltung, wie Abb. 3.11 zeigt. Eine Reihenschaltung der Wicklungsteile bedeutet Dreieckverkettung der Stränge, bei Parallelschaltung erfolgt Sternverkettung, um durch Spannungsherabsetzung eine zu hohe Induktion im Nutbereich des Stators zu vermeiden. Dadurch erhöht sich trotz doppelter Drehzahl die Motorleistung nur um etwa den 1,5-fachen Wert. Das Drehmoment bleibt in beiden Drehzahlbereichen gleich, deshalb eignet sich die Dahlanderschaltung besonders für Antriebe mit konstantem Drehmoment, z. B. für Werkzeugmaschinen.

Das Klemmbrett von Motoren mit Dahlanderschaltung hat für jede Polzahl drei Klemmen, weil die Wicklungsteile meist bereits in der Ständerwicklung zusammengeschaltet sind. Der Motor lässt sich daher nur an einer Netzspannung betreiben.

Die Klemmen für die niedere Drehzahl sind mit 1U, 1V, 1W bezeichnet, die für die hohe Drehzahl mit 2U, 2V, 2W. Hierbei sind bereits vom Hersteller die Klemmenbezeichnungen 1U und 1W getauscht. Der Tausch ist erforderlich, damit bei gleichartigem Anschluss in beiden Drehzahlbereichen der Drehsinn erhalten bleibt.

Werden Motoren mit zwei getrennten und zugleich unterteilten Wicklungen ausgeführt, so sind bis zu vier Drehzahlen möglich.

3.2 Leistungsschalter

Leistungsschalter schützen elektrische Betriebsmittel vor thermischer Überlastung und bei Kurzschluss. Sie decken den Nennstrombereich von 20 bis 1600 A ab. Je nach Ausführung besitzen sie zusätzliche Schutzfunktionen wie Fehlerstromschutz, Erdschlussschutz oder die Möglichkeit zum Energiemanagement durch Erkennen von Lastspitzen und gezieltem Lastabwurf.

Die einzelnen Leistungsschalter zeichnen sich durch ihre kompakte Bauform und ihre strombegrenzenden Eigenschaften aus. In den gleichen Baugrößen wie die Leistungsschalter gibt es Lasttrennschalter ohne Überlast- und Kurzschluss-Auslöseeinheiten, die je nach Ausführung zusätzlich mit Arbeitsstrom- oder Unterspannungsauslöser bestückt werden können.

Die Leistungsschalter und Lasttrennschalter werden gebaut und geprüft nach den Vorschriften der Norm IEC/EN 60947. Sie besitzen Trenneigenschaften. In Verbindung mit einer Abschließvorrichtung sind sie zum Einsatz als Hauptschalter nach IEC/EN 60204/ VDE 0113 Teil 1 geeignet. Der elektronische Auslöser ist kommunikationsfähig.

Die aktuellen Zustände der Leistungsschalter vor Ort können mittels eines „Data Management Interface" (DMI) visualisiert bzw. in digitale Ausgangssignale umgesetzt werden. Desweiteren können die Leistungsschalter an ein Netzwerk, z. B. PROFIBUS-D angekoppelt werden. Abb. 3.12 zeigt einen ein- und dreipoligen Leistungsschalter.

Abhängig von der Art des zu schützenden Betriebsmittels ergeben sich Hauptanwendungsgebiete, die durch unterschiedliche Einstellungen der Auslöseelektroniken realisiert werden:

- Anlagenschutz,
- Motorschutz,
- Transformatorschutz,
- Generatorschutz.

Verschiedene Leistungsschalter bietet unterschiedliche Elektroniken vom einfachen Anlagenschutz mit Überlast- und Kurzschlussauslöser bis hin zum Digitalauslöser mit grafischem Display und der Möglichkeit zum Aufbau von zeitselektiven Netzen. Leistungsschalter sind anpassbar an universelle Anforderungen durch umfangreiches Einbauzubehör, wie Hilfsschalter, Ausgelöstmelder, Motorantriebe oder Spannungsauslöser, Schalter in Festeinbau oder Ausfahrtechnik, lassen einen vielfältigen Einsatz zu. Spezielle Leistungsschalter eröffnen durch ihre Kommunikationsfähigkeit neue Möglichkeiten

Abb. 3.12 Ein- und dreipoliger Leistungsschalter

in der Energieverteilung. Wichtige Informationen können weitergeleitet, gesammelt und ausgewertet werden, bis hin zur vorbeugenden Wartung. Sie erhöhen damit die Transparenz der Anlage. Durch einen schnellen Eingriff in einen Prozess können beispielsweise Anlagenausfälle vermindert oder sogar auch verhindert werden.

Grundlegende Auswahlkriterien eines Leistungsschalters sind unter anderem:

- max. Kurzschlussstrom I_{kmax},
- Nennstrom I_n,
- Umgebungstemperatur,
- Bauart 3- oder 4-polig,
- Schutzfunktion,
- minimaler Kurzschlussstrom.

3.2.1 Aufbau eines Leistungsschalters

Abb. 3.13 zeigt den internen Aufbau eines Leistungsschalters.

Die in Abb. 3.13 aufgeführten Bauteile des Leistungsschalters sind exakt aufeinander abgestimmt, damit die gemeinsamen Aufgaben, das schnelle Abschalten von Kurzschlussströmen und sicheres Erkennen von Überlasten, optimal ausgeführt werden können.

In den oberen Strombereichen der Schalter findet zunehmend die Mikroprozessortechnik ihre Anwendung (ca. >250 A). Elektronische Auslöser für Überlast und Kurzschluss werden eingesetzt, Kommunikationsschnittstellen zu speicherprogrammierbaren Steuerungen oder Leitsystemen werden geschaffen.

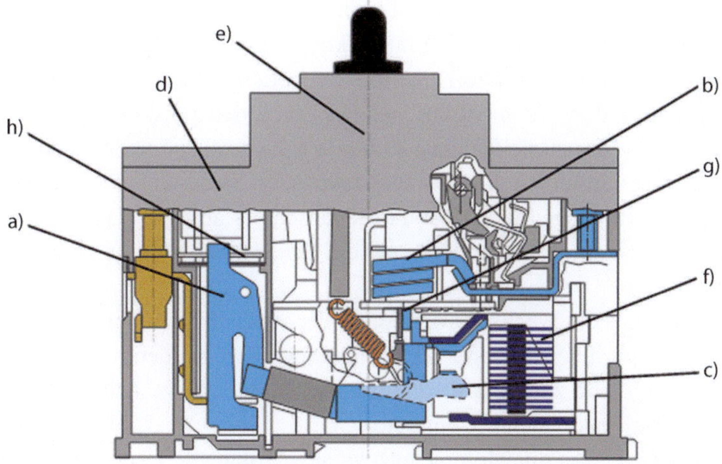

Abb. 3.13 Hauptfunktionsblöcke des Leistungsschalters. *a* Thermische Überstromauslöser, *b* Elektromagnetische Überstromauslöser, *c* Hauptkontaktsystem, *d* Hilfsschalter, *e* Schaltschloss, *f* Löschkammer (Bleche), *g* Schlaganker (Hammer), *h* Differentialauslöseschieber

Der Nennbetriebs-, sowie der Kurzschluss- oder Überlaststrom fließt zwischen den oberen und unteren Anschlussklemmen des Leistungsschalters seriell durch die elektromagnetischen und die thermischen Auslöser sowie die Hauptkontakte.

Jedes elektrische Bauteil wird vom selben Strom durchflossen. Unterschiedliche Ströme in Höhe und Dauer, bewirken in den einzelnen Auslösern unterschiedliche Reaktionen.

Betriebsmäßige Überlastungen führen nicht unverzögert zu gefährlichen Überbeanspruchungen. Der eingebaute Motorschutz mit thermisch verzögerten Bimetallauslösern eignet sich gut einfache Überlastschutzaufgaben zu erfüllen.

Abb. 3.14 zeigt die Funktion der Phasenausfallempfindlichkeit mit Hilfe einer Auslöse- und Diffentialbrücke.

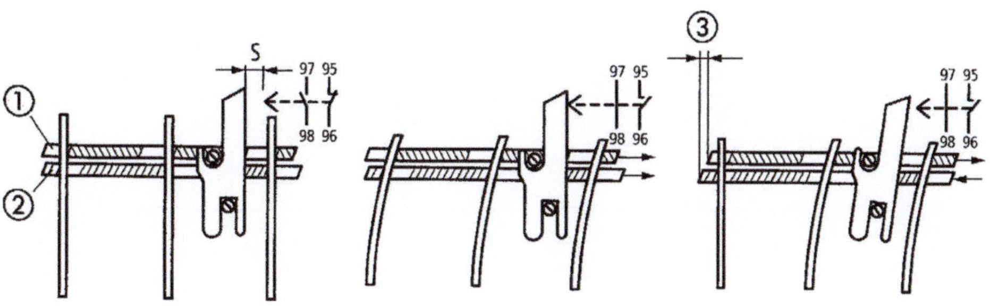

Abb. 3.14 Funktion der Phasenausfallempfindlichkeit mit Hilfe einer Auslöse- und Diffentialbrücke. *1* Auslösebrücke, *2* Differentialbrücke, *3* Differenzweg

Auch im Leistungsschalter fließt der Strom durch thermisch verzögerte Bimetallauslöser. Die Bimetallstreifen biegen sich in Funktion zu ihrer Temperatur und drücken auf eine Klinke im Schaltschloss. Die Höhe der Temperatur ist abhängig von der Heizleistung, hervorgerufen durch den Strom, welcher durch den Leistungsschalter fließt. Die Auslösegrenze, also der zurückzulegende Weg der Bimetallspitzen bis zum Ansprechen der Auslöseklinke, wird durch die Stromeinstellung am Skalenknopf eingestellt.

Ist die Auslöseklinke gedrückt, löst das Schaltschloss aus, die Hauptkontakte werden geöffnet, der Überstrom abgeschaltet bevor ein Schaden an Motorwicklung, Leitungen, etc. entstehen kann.

Muss in der Praxis ein Wechselstrommotor oder ein Gleichstrommotor überwacht werden, muss der Strom über alle drei Strombahnen geführt werden, um Frühauslösungen zu vermeiden. Abb. 3.15 zeigt die Verdrahtung des Motorschutzschalters für die Überwachung von Wechsel- oder Gleichstrommotor.

Bei Leistungsschaltern mit Motorschutzcharakteristik regen Überströme ab einem Bereich des 10 ... 16-fachen des maximalen Skaleneinstellbereichs zeitlich praktisch unverzögert den elektromagnetischen Überstromauslöser an. Der genaue Ansprechwert ist entweder einstellbar (Anpassung für Selektivität oder unterschiedliche Einschaltstromspitzen bei Transformator- und Generatorschutz) oder ist konstruktiv fest gegeben. Bei Leistungsschaltern für Anlagen- und Leitungsschutz liegt der Auslösebereich tiefer.

Betriebsmäßige Überlastungen führen nicht unverzögert zu gefährlichen Überbeanspruchungen. Der eingebaute Motorschutz mit thermisch verzögerten Bimetallauslösern eignet sich gut, einfache Überlastschutzaufgaben zu erfüllen.

Auch im Leistungsschalter fließt der Strom durch thermisch verzögerte Bimetallauslöser, wie Abb. 3.16 zeigt. Die Bimetallstreifen biegen sich in Funktion zu ihrer Temperatur und drücken auf eine Klinke im Schaltschloss. Die Höhe der Temperatur ist abhängig von der Heizleistung, hervorgerufen durch den Strom, welcher durch den Leistungsschalter fließt. Die Auslösegrenze, also der zurückzulegende Weg der Bimetallspitzen bis zum Ansprechen der Auslöseklinke, wird durch die Stromeinstellung am Skalenknopf eingestellt.

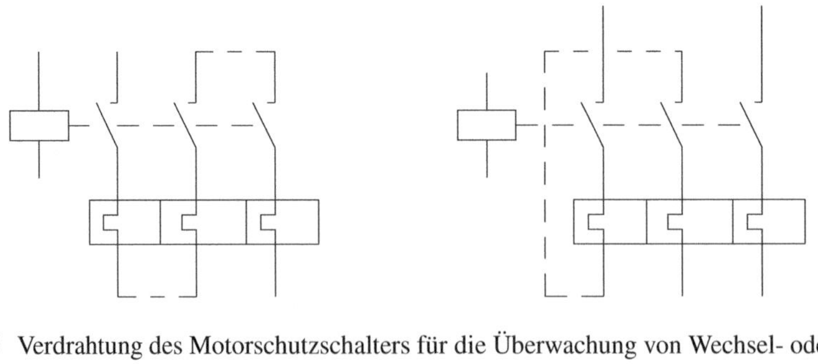

Abb. 3.15 Verdrahtung des Motorschutzschalters für die Überwachung von Wechsel- oder Gleichstrommotor

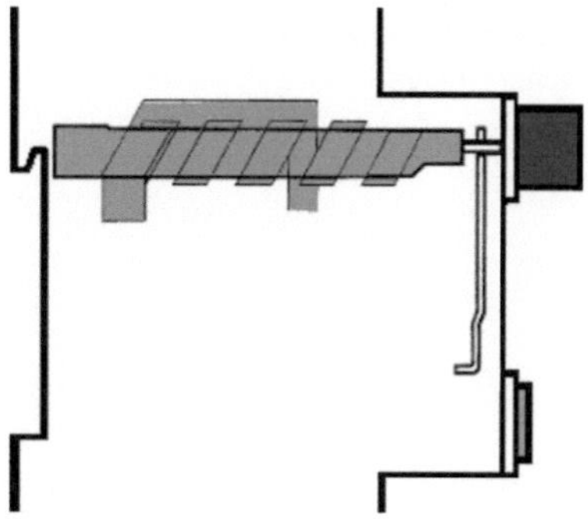

Abb. 3.16 Das durch den Motorstrom erwärmte Bimetall des thermischen Überstromauslösers krümmt sich und drückt seiner Skaleneinstellung entsprechend auf die Auslöseklinke des Schaltschlosses

Ist die Auslöseklinke gedrückt, löst das Schaltschloss aus, die Hauptkontakte werden geöffnet, der Überstrom abgeschaltet bevor ein Schaden an Motorwicklung, Leitungen usw. entstehen kann.

Bei kleineren Leistungsschaltern (meist < 100 A) ist die Hauptstrombahn hier zu einer kleinen Spule geformt. Fließt ein hoher Überstrom durch diese Windungen, wirkt eine Kraft auf den von der Spule umschlossenen Anker. Dieser Anker entriegelt das gespannte Schaltschloss, die Hauptkontakte springen in Stellung AUS, der Überstrom ist abgeschaltet.

Mechanische Systeme weisen eine gewisse Trägheit auf. Diese liegt im Bereich von wenigen Millisekunden und scheint daher auf den ersten Blick als vernachlässigbar. Will man aber strombegrenzende Leistungsschalter bauen, welche hohe Kurzschlussströme bereits im Entstehen eingrenzen und limitieren, muss man sich eingehend mit den Massenträgheitsmomenten von beweglichen Kontakten, Federn und Hebeln befassen und Millisekunden im Ausschaltablauf einsparen. Denn ein Kurzschluss hat bereits nach einem Viertel einer Sinus-Periodendauer, also etwa 5 ms bei 50 Hz seinen maximalen Wert erreicht (Annahme: Kurzschlussbeginn im Strom-Nulldurchlauf). Dies gilt es ja zu verhindern.

Der elektromagnetische Überstromauslöser seinerseits reagiert fast unverzögert (< 1 ms) auf den schnell ansteigenden Strom. Nur die dahintergeschaltete Auslösemechanik arbeitet zu träge. So wird diese einfach überbrückt, indem zusätzlich der nun als Schlaghammer ausgebildete Anker des Magnetauslösers bei strombegrenzendem Leistungsschalter direkt auf die Hauptkontakte wirkt. Die Kontakte werden bereits magnetisch aufgeschlagen, bevor das Schaltschloss anspricht. Dieses muss nun lediglich die Kontakte am Zurückfallen hindern und in AUS-Stellung fixieren.

Erst das Öffnen der Kontakte, das Zünden eines Lichtbogens schließlich, bewirkt eine Reduktion des Stroms und ein Abschalten des Kurzschlusses. Realisiert werden Leistungsschalter mit Schlaganker in den unteren Strombereichen bis ca. 100 A. Abb. 3.17 zeigt das Prinzip des Schlagankers. Durch das starke Magnetfeld, erzeugt von einem hohen Stromfluss, werden die Hauptkontakte fast unverzögert aufgeschlagen.

Die Anforderungen an einen Leistungsschalter-Hauptkontakt:

- hohes Einschaltvermögen,
- hohes Ausschaltvermögen,

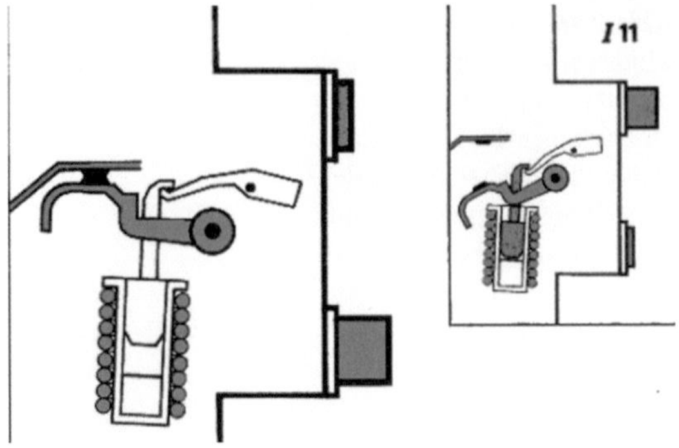

Abb. 3.17 Prinzip des Schlagankers

- verlustarme Stromführung des Nennbetriebsstroms,
- geringer Kontaktabbrand,
- kleiner Kontaktwiderstand,
- geringes Massenträgheitsmoment,
- optimale, die Lichtbogenwanderung begünstigende Form,
- Kostengünstig realisierbar.

Diese zu erfüllen, stellt einige Anforderungen an die Konstruktion und erfordert fundierte Kenntnisse der Physik und Werkstofftechnik. Kaum ein Material oder eine Ausführungsform erfüllt alle Anforderungen ideal. Kompromisse müssen geschlossen und ihre Auswirkungen anhand komplexer Rechenmodelle simuliert und aufwendig im Kurzschlusslabor bewiesen werden.

Ähnliches gilt für die Ausbildung der Löschkammer. Soll der Schaltlichtbogen schnell aus dem Bereich der Kontaktflächen geführt, gekühlt, aufgeteilt, verlängert und so zum Löschen gebracht werden, müssen die Löschkammerbleche mit ihrer Form und Anordnung eine funktionelle Einheit mit dem Hauptkontakt bilden.

Ein Kontaktsystem ist auf gutes Schaltverhalten bei einer bestimmten Netzspannung konstruiert. Ein z. B. für 400 V ausgelegtes Kontaktsystem weist bei Netzspannungen über 400 V ein reduziertes Schaltvermögen auf (Netzspannungen unter 400 V sind dabei unkritisch). Diese Reduktion führt daher, dass zur Kurzschlusslöschung im Kontaktsystem zur Netzspannung eine Gegenspannung aufgebaut wird (Lichtbogenspannung). Die Höhe der Lichtbogenspannung ist gegeben durch die Konstruktion des Kontaktsystems (Anzahl der Löschkammerbleche). Nur solange diese Gegenspannung höher als die Netzspannung ist, können Kurzschlussströme schnell begrenzt und gelöscht werden.

Technische Stromkreise verhalten sich fast ausschließlich induktiv. In der Induktivität L, dazu gehört auch die Leitungsinduktivität, ist bei Stromfluss in jedem Moment im Strom i eine magnetische Energie nach Gleichung enthalten, die den Ausschaltvorgang nach Gleichung beeinflusst:

$$\text{Magnetische Energie} \qquad E_{mag} = \frac{1}{2} \cdot L \cdot i^2,$$

$$\text{Ausschaltvorgang} \qquad u_n = R_i \cdot L \frac{di}{dt} + u_s,$$

$$\text{Ausschalten} \qquad \int u_n \cdot idt = \int R \cdot i^2 dt + \frac{1}{2} \cdot L \cdot i^2 + \int u_s \cdot idt.$$

Beim Ausschalten muss nach der unteren Gleichung sowohl die magnetische als auch die vom Netz während der Ausschaltung noch nachgelieferte Energie berücksichtigt werden. Abb. 3.18 zeigt eine Kurzschlussabschaltung mit einem Leistungsschalter. Den vor dem Kurzschluss fließenden Betriebsstrom kann man vernachlässigen, sodass die Betrachtung des Kurzschlussstromkreises allein ausreicht. Bei einem Fehler steigt, solange das Schutzgerät noch nicht reagiert, der Kurzschlussstrom mit großer Steilheit an. Nach einer gewissen Verzögerung, aufgrund der Reaktionszeit des Schalters, beginnt nach der Kontaktöffnung die Spannung am Schalter infolge Lichtbogenverlängerung und -bewegung anzusteigen, begrenzt den steilen Stromanstieg und reduziert anschließend den Strom bis auf Null. Der Verlauf der Schaltspannung u_S charakterisiert einerseits Art und Wirkung des Schaltgerätes und beschreibt andererseits die Wirkung im elektrischen Stromkreis. Abb. 3.18 zeigt eine Kurzschlussausschaltung in einem Niederspannungsstromkreis.

Die Hilfsschalter ermöglichen die funktionelle Einbindung des Schutzorgans in die Steuerung. EIN, AUS, Überlast- oder Kurzschlussauslösung können mit Hilfe von entsprechenden Hilfsschaltern signalisiert werden. Diese Hilfsstromschalter lassen sich am

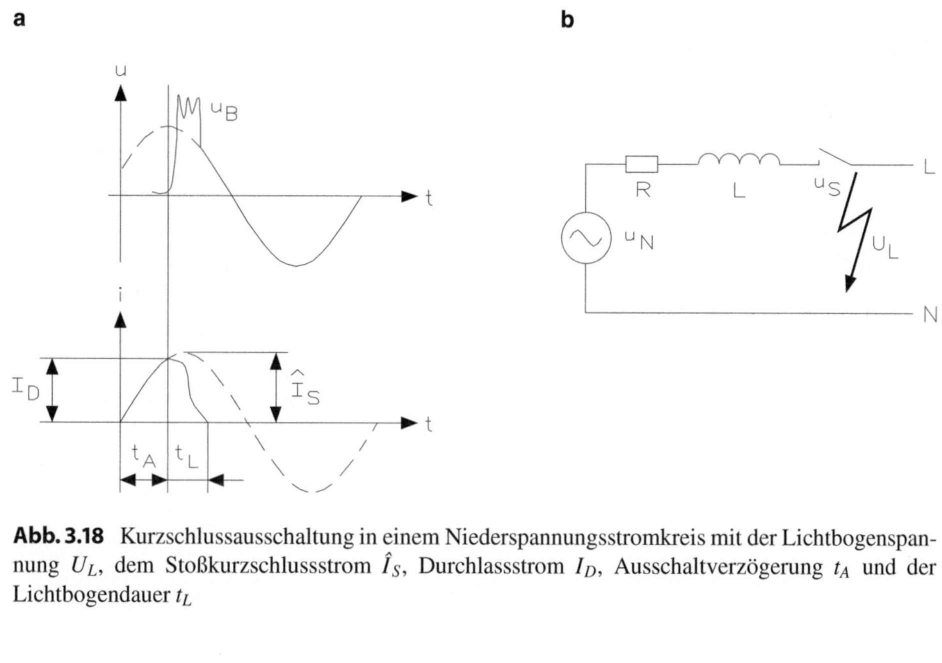

Abb. 3.18 Kurzschlussausschaltung in einem Niederspannungsstromkreis mit der Lichtbogenspannung U_L, dem Stoßkurzschlussstrom $\hat{I}_S$, Durchlassstrom I_D, Ausschaltverzögerung t_A und der Lichtbogendauer t_L

Leistungsschalter an- oder einbauen und sind entweder auf Klemmen geführt oder über freie Drahtenden extern verwendbar.

Das Schaltschloss ist ein Federkraftspeicher, der beim Einschalten gespannt wird und beim Ausschalten die Hauptkontakte in die Offenstellung führt. Als eigentliches Schaltzentrum des Schalters werden im Schaltschloss Informationen betreffend Überstrom und Kurzschluss, aber auch Aktionen durch manuelles Schalten am Leistungsschalter oder eines Fernantriebs, an die Haupt- und Steuerkontakte weitergegeben. Die mit hohem Kontaktdruck geschlossen gehaltenen Hauptkontakte müssen mit niedrigen Auslösekräften geöffnet werden. Optische Signalisationen über Schaltzustand oder Ausgelöststellung werden an der Schalterfront gesetzt.

Zusätzlich muss eine Freiauslösung gewährleistet sein, die ein Ausschalten des Leistungsschalters auch bei äußerlich blockiertem Schalthebel ermöglicht oder z. B. beim Einschalten auf einen Kurzschluss die Kurzschlussabschaltung zulässt.

Leistungsschalter vereinigen mehrere Hauptfunktionen und bilden leistungsfähige Funktionseinheiten in Verteilungen und Anlagen.

Folgende Funktionen lassen sich mit entsprechendem Schalterzubehör in einem einzigen Gerät vereinen:

- Kurzschlussschutz,
- Motorschutz,
- Leitungsschutz,
- Anlagenschutz,
- Betriebszustandssignalisation,
- Auslösemeldung,
- Fernschalten,
- Trennen,
- Abschließen mittels Schloss,
- Leistungsschalter.

Besonders im unteren Leistungsbereich übernimmt er oft auch das betriebsmäßige Schalten als manueller Schalter.

Um einen Kurzschluss im Entstehen zu begrenzen, müssen die Kontakte durch den Schlaganker in wenigen Tausendstel einer Sekunde geöffnet werden. Hochleistungsfähige Geräte benötigen dazu weniger als eine Millisekunde. Sofort zündet ein Lichtbogen, der – sobald in die Löschkammer geleitet – eine hohe Lichtbogenspannung aufbaut. Die Lichtbogenspannung kann vereinfacht als Widerstand betrachtet werden, der sofort in den Stromkreis geschaltet wird und den entstehenden Kurzschlussstrom unverzüglich begrenzt.

Bemerkung: Obwohl in der Umgangssprache Durchlassenergie genannt, stellt das Joule-Integral nur ein Maß für die Durchlassenergie dar, hat aber nicht die Dimension einer Energie. Das Joule-Integral multipliziert mit dem Widerstand des Strompfades ergibt streng genommen die Energie.

Die dadurch geringen Durchlasswerte der strombegrenzenden Leistungsschalter bewirken, dass nachfolgende Geräte und Anlageteile keinen oder nur wenig Schaden nehmen. Verschweißte Kontakte der Leistungsschütze oder großflächige Zerstörungen an Kabeln und Stromschienen durch wandernde Störlichtbögen können bei richtiger Geräteabstimmung nicht entstehen.

3.2.2 Arbeitsstromauslöser

Ein Arbeitsstromauslöser ist ein Elektromagnet, der bei Anlegen einer Spannung eine Auslösemechanik betätigt. Im stromlosen Zustand befindet sich das System in Ruhelage. Die Ansteuerung erfolgt mit einem Schließkontakt. Ist der Arbeitsstromauslöser für Kurzzeitbetrieb ausgelegt (übererregter Arbeitsstromauslöser mit 5 % ED), muss der Kurzzeitbetrieb durch Vorschalten eines entsprechenden Hilfskontaktes (gehört zum Lieferumfang) des Leistungsschalters sichergestellt werden. Diese Maßnahme entfällt beim Einsatz eines Arbeitsstromauslösers mit 100 % ED. Abb. 3.19 zeigt die Wirkungsweise eines Arbeitsstromauslösers.

Arbeitsstromauslöser werden zur Fernauslösung verwendet, wenn eine Spannungsunterbrechung nicht zur automatischen Abschaltung führen soll. Die Auslösung wird unwirksam durch Drahtbruch, Wackelkontakt oder Unterspannung.

3.2.3 Unterspannungsauslöser

Der Unterspannungsauslöser besteht aus einem Elektromagnet, der bei Spannungsunterbrechung die Auslösemechanik betätigt. Im stromdurchflossenen Zustand befindet sich das System in Ruhelage. Die Ansteuerung erfolgt mit einem Öffnerkontakt. Unterspan-

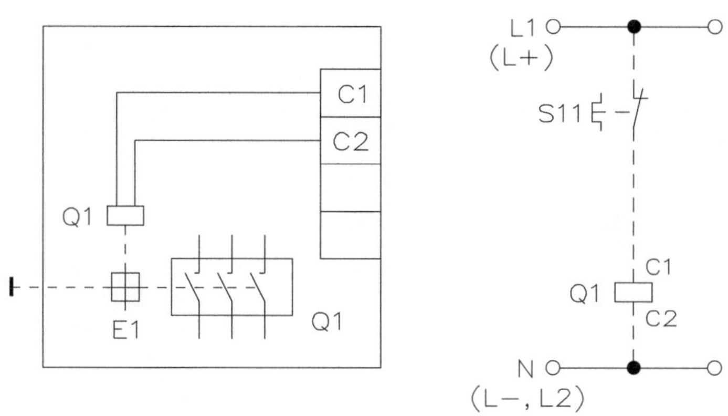

Abb. 3.19 Arbeitsstromauslöser

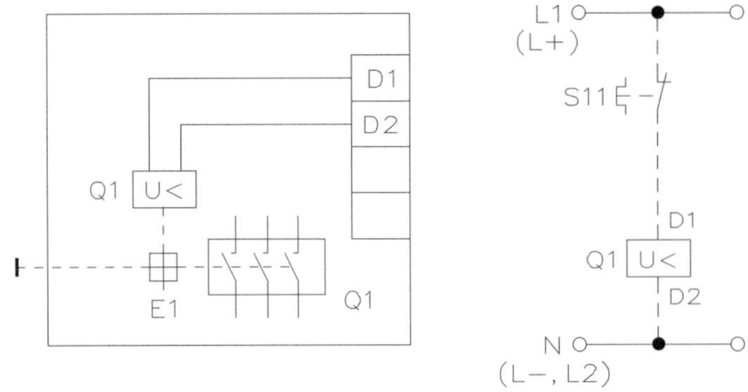

Abb. 3.20 Unterspannungsauslöser

nungsauslöser sind stets für Dauerbetrieb ausgelegt. Sie sind die idealen Auslöseelemente für absolut sichere Verriegelungen (z. B. NOT-AUS). Abb. 3.20 zeigt das Prinzip eines Unterspannungsauslösers.

Unterspannungsauslöser lösen bei Spannungsausfall den Schalter aus, um z. B. das selbsttätige Wiederanlaufen von Motoren zu verhindern. Unterspannungsauslöser eignen sich außerdem zur Verriegelung und Fernausschaltung mit größter Sicherheit, da im Störfall (z. B. Drahtbruch im Steuerstromkreis) immer abgeschaltet wird. Bei spannungslosen Unterspannungsauslösern können die Schalter nicht eingeschaltet werden.

3.2.4 Abfallverzögerter Unterspannungsauslöser

Der abfallverzögerte Unterspannungsauslöser ist eine Kombination aus separater Verzögerungseinheit und zugehörigem Auslöser. Er verhindert, dass kurzzeitige Spannungsun-

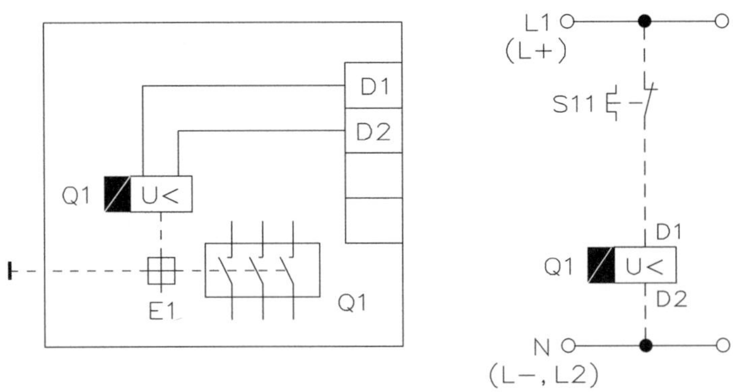

Abb. 3.21 Abfallverzögerter Unterspannungsauslöser

terbrechungen zu einer Abschaltung des Leistungsschalters führen. Die Verzögerungszeit ist zwischen 0,06 und 16 s einstellbar. Abb. 3.21 zeigt das Prinzip eines abfallverzögerten Unterspannungsauslösers.

3.3 Schütze

Ein Schütz ist ein elektrisches Bauteil, das in vielerlei Hinsicht einem Relais ähnelt, allgemein jedoch einen wesentlich breiteren Anwendungsbereich aufweist und demzufolge über viele Funktionen und Eigenschaften verfügt, die ein herkömmliches Relais nicht vorweisen kann. In den meisten Fällen werden Schütze speziell für große elektrische Leistungen entwickelt.

Ein weiterer Unterschied zwischen Schützen und Relais liegt darin, dass Relais für gewöhnlich in einer von zwei möglichen Konfigurationen eingesetzt werden können: als Öffner oder Schließer. Die meisten Schütze hingegen sind darauf ausgelegt, nur in der offenen Position zu agieren. Natürlich gibt es Ausnahmen, aber das ist die Regel. Schutzschalter sind, anders als Schütze und Relais, normalerweise geschlossen, öffnen jedoch, wenn gefährliche Bedingungen an dem jeweiligen Schaltkreis auftreten.

Schütze sind nicht immer, aber immer öfter, ein gutes Stück größer als Relais, gemessen an ihren physischen Ausmaßen. Kleine Schütze sind normalerweise in etwa handflächengroß. Sie können jedoch auch wesentlich größer sein und erfordern manchmal sogar schweres Gerät, um sie an Ort und Stelle zu bringen und in Betrieb nehmen zu können.

Schütze sind im Grunde genommen Schalter, die ferngesteuert geschaltet werden können. Sie können sowohl auf Spannungen, ähnlich denen der Steuergeräte, die ihren Status regulieren, ausgelegt sein, als auch auf Spannungen im Bereich der Lasten, die sie steuern. Aufgrund ihres breiten Anwendungsbereichs in dieser Kapazität kann man Schütze in der Praxis zu den Geräten für Industriezwecke zählen, die in Schaltungen eingesetzt werden, deren Spannung und Stromstärke die der meisten Haushaltsanwendungen für gewöhnlich um ein Vielfaches übersteigt.

Aufgrund der Bedingungen, in denen Schütze eingesetzt werden, sind bei deren Herstellung wesentlich andere Faktoren zu berücksichtigen als bei kleinen Relais. Viele Schütze sind beispielsweise mit einer Art Lichtbogenunterdrückungssystem ausgestattet, das ihre Lebensdauer erheblich verlängert. Die Wahl des jeweiligen Lichtbogenunterdrückungssystems hängt unter anderem davon ab, ob das Schütz mit Gleich- oder mit Wechselstrom betrieben wird.

Schütze werden auch über deren jeweilige Schaltung definiert, auch Kontakt-Konfiguration genannt. Das ermöglicht die Verwendung eines Schützes in der Form eines beliebigen Schalters, wobei sowohl mehrere Schaltkreise gleichzeitig als auch nur ein bestimmter Schaltkreis gesteuert werden können.

Schütze bieten eine effektive Methode, besonders groß dimensionierte Maschinen ferngesteuert ein- und auszuschalten. Schütze werden normalerweise für Hochleistungsanwendungen im Industriebereich eingesetzt, was auch an ihren Einstufungssystemen zu erkennen ist. Es gibt sie in verschiedenen Klassifizierungen nach IEC 60947-4-1. Diese Klassifizierungen werden in AC-Nummern angegeben, von AC-1 bis AC-4. Parallel dazu werden auch andere Einstufungssysteme verwendet.

Die Stärke des Stroms, dem ein Schütz ausgesetzt ist, das Material, aus dem es gefertigt ist, sowie die Frage, welche Technologie zur Unterdrückung von Lichtbögen eingesetzt wird, und einige weitere Faktoren bedingen die maximale Lebensdauer eines Schützes. Aus mechanischer Sicht jedoch, sind diese Geräte ausgesprochen robust und, sofern sie mit entsprechendem Schutz ausgestattet sind und in angemessenen Bedingungen eingesetzt werden, können sie eine sehr lange Zeit diverse Geräte ein- und ausschalten. Schütze-Zeitgeber werden oftmals in Beleuchtungssystemen eingesetzt und ermöglichen das Ein- und Ausschalten der Beleuchtung zu bestimmten Zeiten. Diese Geräte steuern die Funktion eines Schützes, basierend auf einer Art Zeitgeber, sei es eine Uhr oder ein einfacher Countdown-Timer. Schütze-Zeitgeber müssen nicht zwingend mit extrem hoher Stromstärke betrieben werden. Tatsächlich sind dies oftmals simple Haushaltsgeräte, die für den Endverbraucher bestimmt sind. Timing ist jedoch ein ausgesprochen wichtiger Faktor in der Industrie, sodass Zeitgeber in allen Größen und mit allen möglichen Werten für Spannung und Stromstärke erhältlich sind.

Hilfskontakte können Teil des Designs eines Schützes sein, oder aber in Form einer separaten Komponente als Modul zu dem Schütz hinzugefügt und entfernt werden. Hilfskontakte dienen oftmals der Übertragung von Steuerinformationen an eine logische Steuereinheit, die bei den meisten Anwendungen und je nach Eingang den jeweiligen Geräten das Signal zum unmittelbaren bzw. zeitlich festgelegten Ein- und Ausschalten erteilt.

Hilfskontakte sind für gewöhnlich mechanisch mit den Hauptschützen verbunden, mit denen sie gemeinsam ihren Status ändern. Sie können ebenso als Hardware-Steuergeräte eingesetzt werden. Bei Steuerungen mit Drucktasten sind sie oftmals in das Design der Starttasten integriert.

Die Konfiguration der Kontakte gibt an, an wie viele Schaltkreise und in wie vielen verschiedenen Positionen das Schütz angeschlossen werden kann. Der einfachste Schalter verfügt über je einen sogenannten Öffner und Schließer mit denen der Ein-Aus-Status eines Schaltkreises gesteuert werden kann.

Ändert man die Anzahl der Öffner und Schließer, können Schütze zur Steuerung hochkomplexer Schaltungen eingesetzt werden. In manchen Situationen sind Öffner und Schließer eines Schalters auf sehr unkonventionelle Art verkabelt, um dem Schaltkreis eine weitere Funktion hinzuzufügen.

Die sogenannte Normal-Konfiguration eines Schützes beschreibt die Anordnung der Kontakte (Abb. 3.22), wenn keinerlei Strom angelegt ist. Die meisten Schütze sind in dieser Konfiguration offen und schließen, sobald Strom angelegt wird. Es gibt natürlich Ausnahmen, aber diese Konfiguration ist eines der Hauptmerkmale von Schützen und eines der Dinge, die Schütze von herkömmlichen Relais unterscheidet.

Die Anwendung hiervon ist mit einem allgemeinen Beispiel einfach erklärt. Werden z. B. Starttasten von Maschinen gedrückt, kann ein Strom an Schützen angelegt werden, sodass diese geschlossen bleiben, solange der Strom angelegt ist. Industrielle Drucktas-

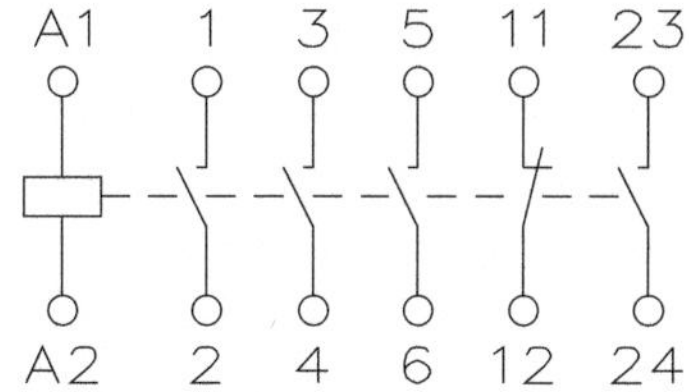

Abb. 3.22 Schütz mit seinen Kontakten (Öffner und Schließer)

ter zählen zu den häufigsten Anwendungen von Schützen hinsichtlich der Steuerung von Hardware. Abb. 3.23 zeigt einen dreipoligen Schütz.

Die Spulenspannung zählt zu den Einstufungskriterien von Schützen. An einem Schütz kann entweder Wechsel- oder Gleichspannung anliegen. Die Spulenspannung kann hilfreich sein, um Geräte mit niedriger bzw. höherer Spannung in den Schaltkreis einzugliedern, während an manchen Schützen die Spannung anliegt, die sie steuern.

Die Spulenspannung eines Schützes ist eines der Kriterien, anhand derer zu erkennen ist, ob es sich für eine bestimmte Anwendung eignet oder nicht. Bei der Wahl dieser Spannung muss der kontrollierte Schaltkreis und die Klassifizierung des Gerätes berücksichtigt werden, da bei deren Überschreitung Funktionsstörungen oder übermäßiger Verschleiß an dem Schütz auftreten können.

Die Nennstromstärke eines Schützes beschreibt die maximale Stärke des Stroms, der an den Kontakten anliegen kann, ohne dass Schäden auftreten. Diese Schäden können sowohl unmittelbar als auch zeitverzögert auftreten. Der Betrieb von Schützen mit einer Stromstärke, die über deren Nennwert liegt, kann die Lebensdauer des Gerätes erheblich verringern.

Strom verhält sich in verschiedenen Schaltungen unterschiedlich. Bei einem Schaltkreis mit Wechselstrom ist der Strom abwechselnd hoch und niedrig. Bei Schaltkreisen mit Gleichstrom kann dagegen der Strom dauerhaft sehr hoch sein. Dies hat einen erheblichen Einfluss auf die Bildung und die Kontrolle von Lichtbögen.

Abb. 3.23 Dreipoliger Schütz

Die Nennspannung eines Schützes ist die Spannung, bei der das Schütz ordnungsgemäß funktioniert. Wird diese überschritten, können Störungen und Fehlfunktionen auftreten. Die Nennspannung wird manchmal auch einfach als „Nennwert" angegeben, in sämtlichen Dokumenten über Schütze wird hierbei jedoch differenziert.

Magnetische Blaseinrichtungen sind Vorrichtungen zur Unterdrückung von Lichtbögen. Dabei unterdrücken sie diese Bögen, indem sie sich strecken und bewegen. Diese Geräte arbeiten in den meisten Fällen mit Seltenerd-Magneten, die direkt in die Geräte integriert sind. Die Magneten erzeugen ein magnetisches Feld, das den Lichtbogen unterdrückt und nach außen drückt.

Magnetische Blaseinrichtungen sind ausgesprochen nützliche Geräte für Schaltkreise mit Gleichstrom. Schaltungen mit Gleichstrom neigen zur Bildung von Lichtbögen mit einer dauerhaft sehr hohen Stromstärke, die die Kontakte an dem Schütz unmittelbar oder zeitverzögert beschädigen kann. Bei Wechselstrom ist die Stromstärke in dem Lichtbogen zeitweise gering, sodass der Strom im Vergleich zu Schaltkreisen mit Gleichstrom wesentlich leichter unterdrückt und Schäden sich verhindern lassen.

Abb. 3.24 zeigt eine Schaltung mit schlüsselgesichertem Rastschalter. Die Steuerung kann nur bei bestimmten Personen ein- und ausgeschaltet werden. F1 … F3 sind die Hauptsicherungen, F4 die Steuersicherung, F5 das Motorschutzrelais, S1 der Rastschalter mit Schlüssel, K1 das Schütz und M1 der Drehstrommotor.

Eine Freischaltung ist eine bestimmte Art einer Schutzschaltung. Liegt bei einer solchen Schutzschaltung eine Störung vor, während der Drucktaster den Schalter in der Ein-Position hält, wird der Schalter trotzdem auslösen. Dies gilt auch für den Fall, dass der Ein-Taster gedrückt gehalten wird.

Abb. 3.25 zeigt einen Schalter mit handbetätigtem Taster für den Tippbetrieb. Die Steuerung ist nur so lange eingeschaltet, wie der Taster S1 betätigt wird.

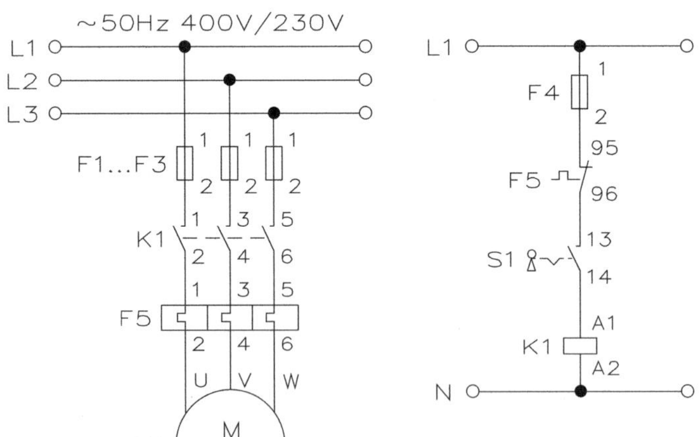

Abb. 3.24 Schaltung mit schlüsselgesichertem Rastschalter

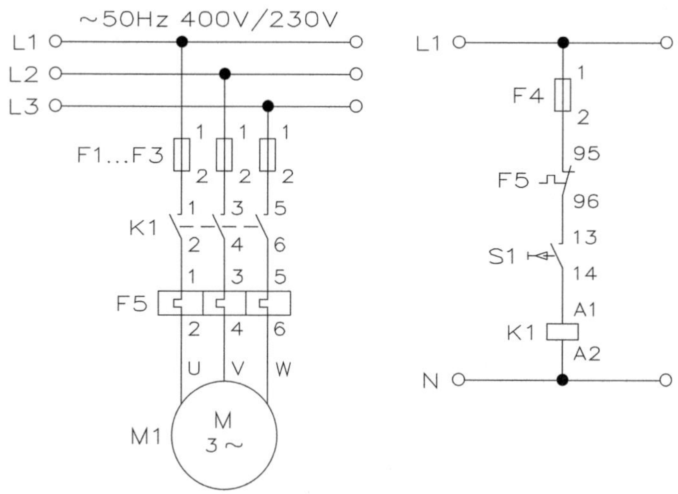

Abb. 3.25 Schalter mit handbetätigtem Taster (Tippbetrieb)

3.3.1 Elektromechanischer Schütz

Ein Schütz ist ein elektrisch oder pneumatisch betätigter Schalter für große elektrische Leistungen und ähnelt einem Relais. Das Schütz kennt zwei Schaltstellungen und diese sind ohne besondere Vorkehrungen im Normalfall monostabil.

Fließt ein Steuerstrom durch die Magnetspule eines elektromechanischen Schützes, zieht das Magnetfeld die mechanischen Kontakte in den aktiven Zustand. Ohne Strom stellt eine Feder den Ruhezustand wieder her, alle Kontakte kehren in ihre Ausgangslage zurück. Die Anschlüsse für Steuerstrom für die Magnetspule sowie die Kontakte für Hilfskreise (falls vorhanden) und die zu schaltenden Ströme sind im Schütz gegeneinander isoliert ausgeführt, d. h. es gibt keine leitende Verbindung zwischen Steuer- und Schaltkontakten. Im Grunde ist ein Schütz ein Relais mit wesentlich höherer Schaltleistung. Typische Lasten beginnen bei etwa 500 Watt bis hin zu mehreren hundert Kilowatt.

Schütze wurden entwickelt, damit ein Verbraucher mit großer Leistungsaufnahme (z. B. Motor) aus der Ferne über einen handbetätigten Schalter mit kleiner Schaltleistung geschaltet werden kann. Schütze ermöglichen schnellere und sicherere Schaltvorgänge, als dies mit rein mechanischen oder handbetätigten Schaltkonstruktionen möglich war. Die Leitungslänge der Lastkreise mit großem Leitungsquerschnitt lässt sich dadurch verringern.

Mit einem Schütz sind Schaltvorgänge aus der Ferne über Steuerleitungen mit relativ geringem Leiterquerschnitt möglich. Zu den typischen Anwendungsbereichen des Schützes zählt man die Aufgaben in der Steuerungs- und Automatisierungstechnik. Konkrete Anwendungsbeispiele sind unter anderem die Motorsteuerung, die Steuerung elektrischer Heizelemente und das Schalten lichttechnischer Anlagen sowie die Sicherheitsabschaltung von Maschinen. Mittels Hilfskontakten sind logische Funktionen realisierbar.

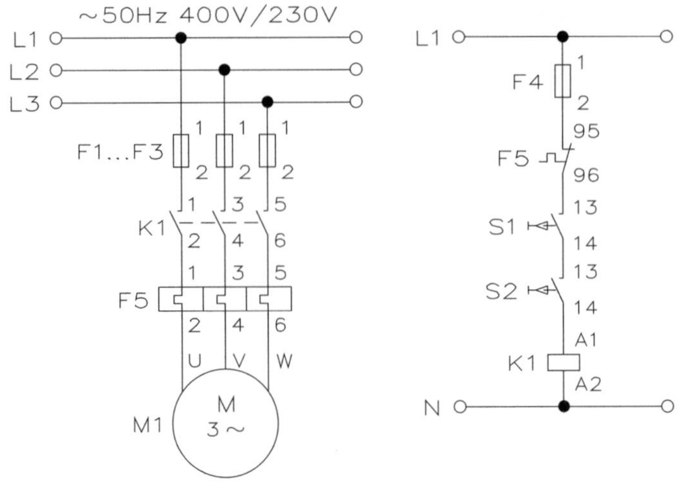

Abb. 3.26 Zweihandschaltung mit handbetätigten Tastern

Abb. 3.26 zeigt eine Zweihandschaltung mit handbetätigten Tastern. Die Steuerung ist nur eingeschaltet, wenn Taster S1 und Taster S2 betätigt werden. Die in Reihe geschalteten Schließer bilden eine UND-Verknüpfung, d. h. S1 und S2 müssen geschlossen sein. Die UND-Schaltung findet man bei Pressen als Sicherheitsschaltung.

Abb. 3.27 zeigt die Schaltung eines Schützes mit Selbsthaltung. Nach dem Betätigen des Tasters S2 bleibt die Steuerung so lange eingeschaltet, bis entweder S1 (Austaster) oder F4 (Steuersicherung) den Steuerkreis unterbricht.

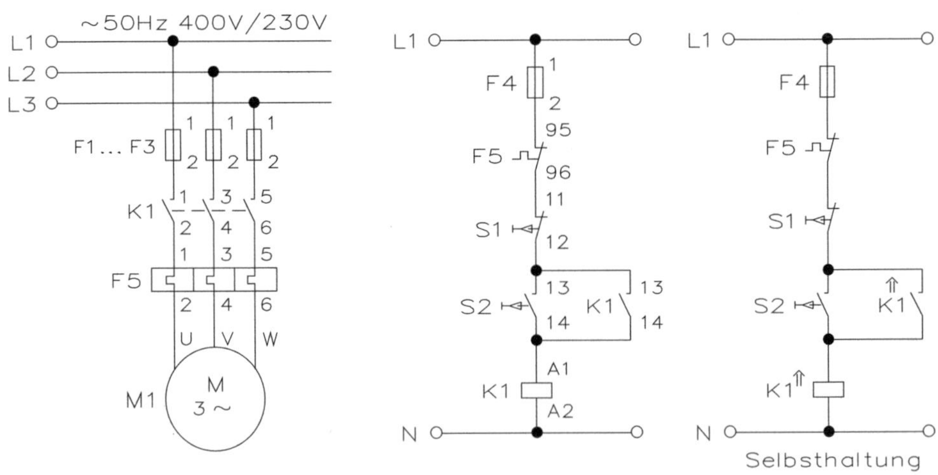

Abb. 3.27 Schaltung eines Schützes mit Selbsthaltung

Schütze unterscheiden sich in folgenden Merkmalen von Relais:

- Relais sind für geringere Schaltleistung ausgelegt und besitzen keine Funkenlöschkammern.
- Die Schaltkontakte von Relais sind einfach unterbrechend, während sie bei Schützen meist doppelt unterbrechbar sind.
- Relais benutzen oft Klappanker, Schütze hingegen meist Zuganker zwecks größerer mechanischer Schaltkraft, die für die höheren Schaltleistungen massiver Kontakte erforderlich sind.

Ein allgemein gültiges Unterscheidungsmerkmal ist, dass Schütze nur Öffner- und Schließerkontakte, Relais dagegen auch Wechslerkontakte (Umschalter) besitzen können.

Wegen der hohen Schaltleistungen und der dazu erforderlichen massiven Kontakte, deren schneller Betätigung und hoher Kontaktkraft des starken Elektromagneten, verursacht ein Schütz mechanische Erschütterungen. Meistens sind die Betätigungsmagnete federnd gelagert, sodass der Körperschall etwas gedämpft wird. Die Einbaulage ist beliebig.

Man unterscheidet zwischen Leistungsschützen (Schütze mit hoher Schaltleistung) und Hilfsschützen zur Realisierung logischer Verknüpfungen, für die Ansteuerung von Leistungsschützen oder zum Schalten kleiner Verbraucher.

Die Betätigungsspulen von Schützen können für den Betrieb mit Wechsel- oder Gleichspannung ausgelegt sein. Für Wechselspannungsbetrieb weisen die Elektromagneten einen Kern auf, dessen einer Teil von einer Kurzschlusswindung umschlossen ist und als Spaltpol bezeichnet wird. Dieser verursacht eine Phasenverschiebung und damit einen zeitverzögerten Magnetfluss in einem Teil des Eisenkerns, der die Haltekraft während der Zeit aufbringen muss, in der die Kraft des Hauptfeldes zum Halten des Ankers nicht ausreicht.

Bei Gleichspannungsschützen ist dies nicht erforderlich, hier kann die Rückstellkraft der Feder durch einen Permanentmagneten unterstützt sein. Oft besitzen Gleichspannungsschütze mehrere Zwischenlagen oder eine nicht magnetische Niete, um ein Kleben aufgrund der Restmagnetisierung zu verhindern. Teilweise werden Hilfskontakte und Vorwiderstände verwendet, um den Stromfluss nach dem Anziehen zu reduzieren.

Abb. 3.28 zeigt eine Schaltung mit zwei Schaltstellen. Eingeschaltet wird durch Betätigung von S3 oder S4. Ausgeschaltet wird durch Betätigung von S1 oder S2. Die parallel geschalteten Schließer bilden eine ODER-Verknüpfung. Die in Reihe geschalteten Öffner bilden ebenfalls eine ODER-Verknüpfung.

Die Betätigungsspule verursacht als induktiver Verbraucher beim Abschalten durch Selbstinduktion eine störende Spannungsspitze. Zur Schonung der Ansteuerelektronik und zur Vermeidung von Störemissionen kann daher im Steuerkreis eine Schutzbeschaltung gegen diese Abschaltüberspannung notwendig sein. Bei Wechselstromschützen besteht diese meist aus einer Reihenschaltung eines Widerstands mit einem Kondensator, die parallel zur Ankerspule angebracht werden. Bei Gleichstromschützen kann eine Freilauf-

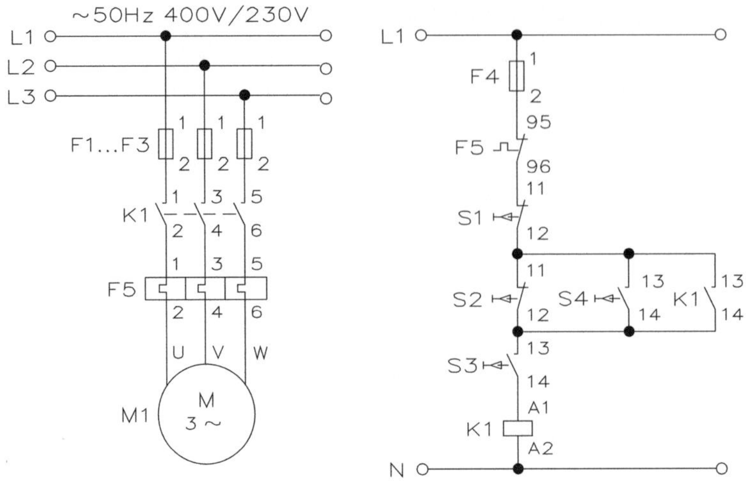

Abb. 3.28 Schalten von zwei Schaltstellen

diode eingesetzt werden, um steuernde Kontakte oder die Ansteuerelektronik zu schützen. Tab. 3.5 zeigt verschiedene Schutzschaltungen für induktive Verbraucher.

Zur Entstörung kann in beiden Fällen auch ein Varistor oder eine bidirektionale Suppressordiode, bei Gleichspannung auch eine Z-Diode oder eine unidirektionale Suppressordiode dienen. Insbesondere bei Gleichspannungsbetätigung verringert sich dadurch gegenüber Freilaufdioden die Abschaltzeit, die Steuerschaltung muss dafür jedoch eine höhere Schaltspannung vertragen.

Der Drehstrommotor von Abb. 3.29 lässt sich nur einschalten, wenn der Endschalter S3 geschlossen ist. Diese Schaltung findet man z. B. bei Waschmaschinen als Deckelverriegelung.

Einige Schütze verfügen zum leichten Montieren über eine Steckvorrichtung, zu der passende Entstörglieder geliefert werden.

Beim Trennen der Kontakte treten Abreißfunken oder ein Schaltlichtbogen auf, besonders, wenn man induktive Lasten schalten muss. Dies führt zu Kontaktabbrand und elektrischen Störemissionen. Luftschütze verfügen über Lichtbogen-Löschkammern, in die sich der Lichtbogen aufgrund seines Magnetfelds ausbreitet und dort gekühlt wird, sodass er erlischt. In besonderen Einsatzbereichen (explosionsgefährdete Bereiche) kann es notwendig sein, die Kontakte komplett zu kapseln. Auch ein Halbleiterschütz (solid state relay) lässt sich verwenden.

Um Abreißfunken und Schaltlichtbögen von vornherein zu vermeiden, können Entstörglieder eingesetzt werden. Typisch sind RC-Kombinationen (Boucherot-Glied), die über die Kontakte oder den Verbraucher geschaltet werden und kurzzeitig während der beginnenden Kontaktunterbrechung den Stromfluss übernehmen.

Schütze verwenden Haupt- und Hilfskontakte, je nach Anwendungsfall.

Tab. 3.5 Schutzschaltungen für induktive Verbraucher

Beschaltung der Last	Zusätzliche Abfallverzögerung	Definierte Induktionsspannungsbegrenzung	Bipolar wirksame Dämpfung	Vorteile/Nachteile
Diode 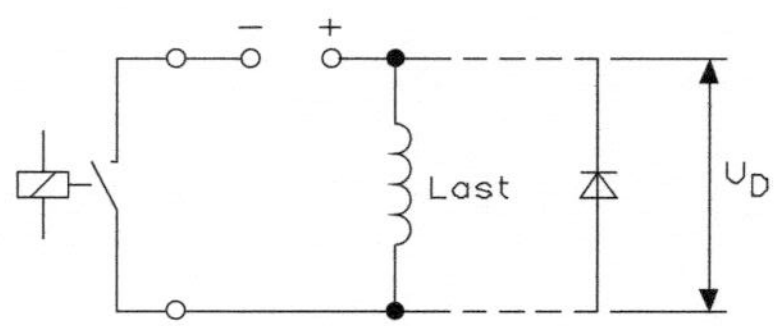	Groß	Ja (U_D)	Nein	*Vorteile* – gute Wirkung auf Lebensdauerverlängerung der Kontakte – einfache Realisierung – kostengünstig – zuverlässig – unkritische Dimensionierung – kleine Induktionsspannung *Nachteile* – Dämpfung nur über Lastwiderstand – hohe Abfallverzögerung
Reihenschaltung von Diode/Z-Diode 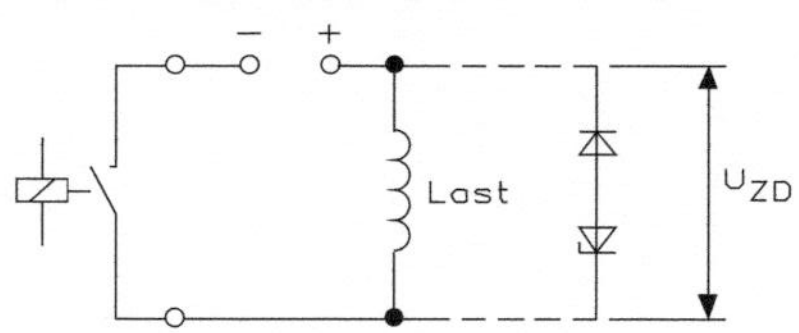	Mittel bis klein	Ja (U_{ZD})	Nein	*Vorteile* – unkritische Dimensionierung *Nachteile* – Bedämpfung nur oberhalb U_Z – geringe Wirkung auf Lebensdauerverlängerung der Kontakte
Suppressordiode 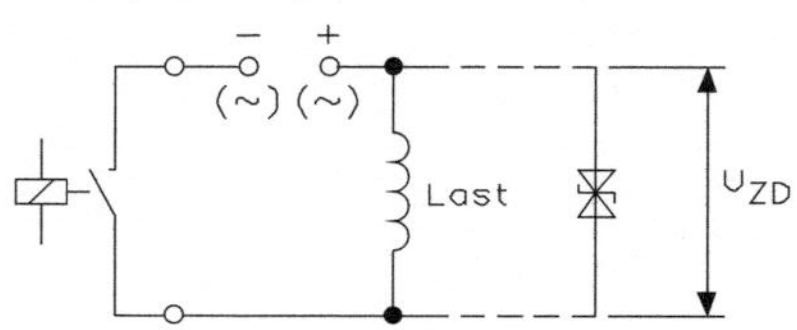	Mittel bis klein	Ja (U_{ZD})	Ja	*Vorteile* – kostengünstig – unkritische Dimensionierung – Begrenzung positiver Spitzen – für Wechselspannung geeignet *Nachteile* – Bedämpfung nur oberhalb U_{ZD} – geringe Wirkung auf Lebensdauerverlängerung der Kontakte

Tab. 3.5 (Fortsetzung)

Beschaltung der Last	Zusätzliche Abfallverzögerung	Definierte Induktionsspannungsbegrenzung	Bipolar wirksame Dämpfung	Vorteile/Nachteile
Varistor 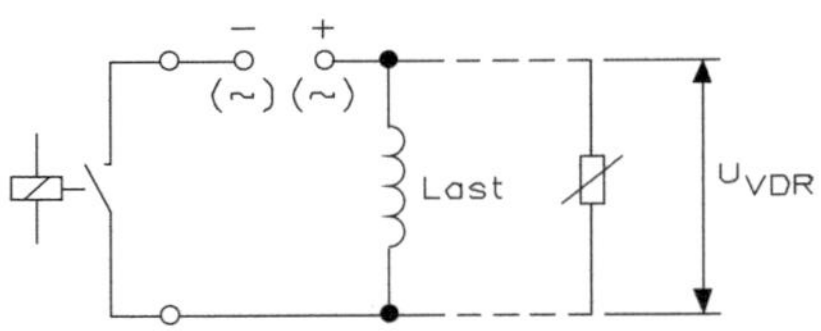	Mittel bis klein	Ja (U_{VDR})	Ja	*Vorteile* – hohe Energie-Absorption – unkritische Dimensionierung – für Wechselspannung geeignet *Nachteile* – Bedämpfung nur oberhalb U_{VDR} – geringe Wirkung auf Lebensdauerverlängerung der Kontakte
RC-Kombination 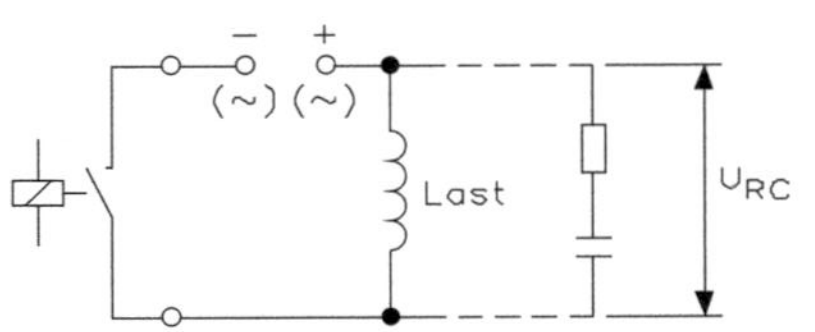	Mittel bis klein	Nein	Ja	*Vorteile* – HF-Dämpfung durch Energiespeicherung – für Wechselspannung geeignet – pegelunabhängige Bedämpfung genaue Dimensionierung erforderlich *Nachteile* – genaue Dimensionierung erforderlich – hoher Einschaltstromstoß – geringe Wirkung auf Lebensdauerverlängerung der Kontakte

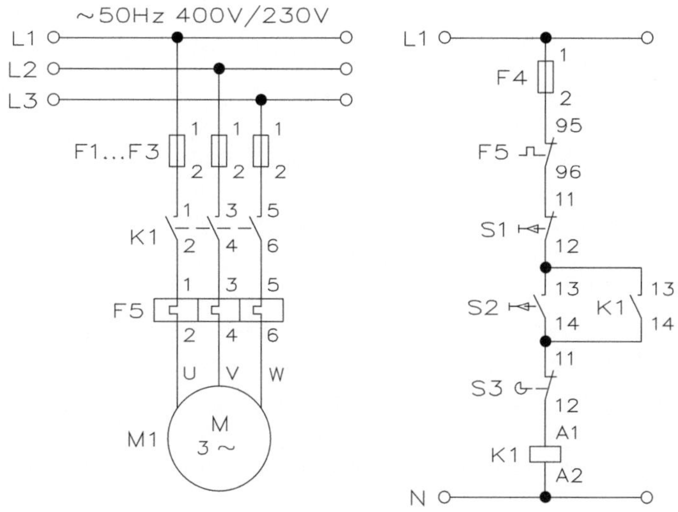

Abb. 3.29 Verriegelte Steuerung durch zwei Endschalter

- Hauptkontakte zum Schalten von Lasten:
  - Schließer (Arbeitskontakte; n. o. (Normally Open)),
  - Öffner (Ruhekontakte; n. c. (Normally Closed)),
  - Umschaltkontakte/Wechsler (Kombination eines Öffners mit einem Schließer),
  - Folgewechsler (Umschaltkontakt, bei dem alle drei Kontakte kurzzeitig beim Schalten verbunden werden.).
- Hilfskontakte zur Schützsteuerung und Signalanzeige:
  - ebenso Schließer, Öffner und Umschaltkontakte,
  - voreilende Schließer und verzögerte Öffner, u. a.

Die Kontakte unterteilen sich in zwei Gruppen:

- Hauptkontakte für die zu schaltende Leistung,
- Hilfskontakte als Meldeleitung.

Hauptstromkontakte eines Schützes werden mit einstelligen Ziffern bezeichnet. Dabei führen üblicherweise die ungeraden Ziffern (1, 3, 5) zum Stromnetz, die geraden Ziffern (2, 4, 6) führen zum Verbraucher.

Sicherheitsrelevante Schütze werden mit zwangsgeführten Kontakten ausgeführt: Öffner und Schließer können nie gleichzeitig geschlossen sein. Das bedeutet z. B., dass ein durch Überlastung verschweißter, d. h. bei stromloser Spule nicht öffnender Schließer dazu führt, dass kein Öffner schließt. Ein solches Schütz kann daher anhand dessen Öffner überwacht werden, ob es abgefallen ist. Mit einem weiteren redundanten Schütz und einem Sicherheitsschaltgerät kann damit gewährleistet werden, dass eine Anlage dennoch sicher abschaltet. Sie kann bei einem klebenden (defekten) Schütz dann nicht wieder eingeschaltet werden, indem der Startkreis über die Öffner beider Schütze führt.

Wenn bei einem Schütz z. B. der rechts außen liegende Schließerkontakt verschweißt, kann die Kontaktbrücke des ausgeschalteten Schützes etwas schief stehen. Bei „zwangsgeführten Kontakten" wird verlangt, dass in diesem Fall die Öffner nicht schließen dürfen, sondern dass über die gesamte Lebensdauer des Schützes ein Kontaktabstand von mindestens 0,5 mm erhalten bleibt. Verschiedene Sicherheitsschaltungen basieren auf der Voraussetzung, dass Öffner und Schießer eines Schützes niemals gleichzeitig geschlossen sein können.

Zur Funktionsüberwachung (Schutz vor hängenden oder festgebrannten Kontakten) kann auch ein Hilfsrelais verwendet werden, das hinter dem jeweiligen Leistungskontakt des Schützes angeschlossen ist und damit einen Hilfsstrom schaltet, sobald der Schaltvorgang vom Schütz zuverlässig ausgeführt wurde. Das Hilfsrelais kann im Gehäuse des Schützes integriert sein, ist jedoch mechanisch unabhängig.

3.3.2 Schütze für besondere Aufgaben

Soll ein Schütz nach einem Steuerstromimpuls (z. B. ein Tastendruck) in der geschlossenen Schaltstellung verbleiben, statt in die Ruhestellung zurückzufallen, kommt eine Selbsthalteschaltung zum Einsatz, die am Schütz einen Hilfskontakt erfordert. Solche Hilfskontakte können üblicherweise seitlich oder oben an das Schütz montiert werden oder sind bereits integriert. Auch das Verwenden eines nicht benötigten Leistungskontaktes als Hilfskontakt ist möglich. Die Selbsthalteschaltung ermöglicht den Einsatz eines Tastschalters statt eines Ausschalters zur Ansteuerung. Das Abschalten erfolgt mit einem weiteren, jedoch öffnenden Taster. In dessen Stromkreis können weitere Öffner geschaltet sein, z. B. Bimetallschalter zur Temperaturüberwachung. Die Selbsthalteschaltung hat gegenüber einem mechanischen Schalter den Vorteil, dass eine Maschine nach Netzausfall nicht wieder von selbst anläuft.

Es gibt auch bistabile Schütze und Stromstoßschalter, die keinen andauernden Haltestrom für den Elektromagneten benötigen.

Das pneumatische Schütz ist dem elektromechanischen Schütz von der Wirkung her gleich, es wird jedoch mit Druckluft anstelle eines Elektromagneten betätigt: Der Elektromagnet wird durch pneumatische Stellglieder (Druckdosen) ersetzt, welche über den Anker auf die Schaltkontakte wirken. Statt durch Anlegen eines Steuerstroms erfolgt das Umschalten in den aktiven Zustand hier durch Druckerhöhung. Druckluftschütze finden häufig in der Mittelspannungstechnik ihre Anwendung, da ein großer Abstand zwischen Arbeits- und Steuerkreis eingehalten werden kann. Außerdem sind pneumatische Schütze im Gegensatz zu ihren magnetischen Pendants in der Lage, größere Schaltwege (Kontaktabstände) zu überbrücken. Dies ist in der Mittelspannungstechnik elementar. In der Hochspannungstechnik werden ebenfalls pneumatisch betriebene Kontaktscheren verwendet.

Um bei häufiger Betätigung die Abnutzung (Kontaktabbrand, Verschleiß beweglicher Bauteile etc.) zu vermeiden, wurden Schütze auf Basis von Leistungshalbleitern entwickelt (Solid State Relais). Anders als beim mechanischen Schütz ist beim Halbleiterschütz keine sichere Trennung der Leistungskontakte in der geöffneten Schaltstellung gegeben. Es fließt ein geringer Reststrom und die Spannungsfestigkeit ist oft niedriger als von offenen mechanischen Kontakten.

Der Steuerkreis ist jedoch üblicherweise mittels Optokoppler galvanisch vom Laststromkreis getrennt, sodass auch beim Halbleiterschütz eine sichere Trennung gegeben ist. Die Ansteuerung erfolgt mit Schutzkleinspannung von 3 bis 30 V.

Halbleiterschütze müssen sorgfältiger in Bezug auf den Belastungsfall ausgewählt werden:

- für ohmsche Lasten gibt es Nullspannungsschalter; sie verursachen weniger Störemissionen,
- für induktive Lasten gibt es Halbleiterrelais, die die beim Abschalten auftretenden Spannungsspitzen verkraften bzw. bedämpfen.

Halbleiterschütze erfordern bei Nennstrom die Montage auf einem passend dimensionierten Kühlkörper – ihre Verlustleistung ist höher als diejenige mechanischer Schalter.

3.3.3 Kontaktmaterialien

Bei der Vielzahl von Einsatzmöglichkeiten in den verschiedenen Bereichen der Industrie ist es nötig, die Relais durch die richtige Wahl des Kontaktwerkstoffs an die vielfältigen Aufgabenstellungen anzupassen.

Die Werte für Spannung, Strom und Leistung sind für die Eignung der Kontaktwerkstoffe wichtig. Weitere Kriterien sind:

- Kontaktwiderstand,
- Abbrandfestigkeit,
- Materialwanderung,
- Verschweißneigung,
- chemische Einflüsse.

Hiermit lassen sich die verschiedenen Kontaktwerkstoffe, zumeist Edelmetall-Legierungen, entsprechenden Anwendungsbereichen zuordnen. Tab. 3.6 zeigt die wichtigen Informationen der Kontaktwerkstoffe aus Edelmetall-Legierungen.

Jeder elektrische Verbraucher stellt eine Mischlast mit ohmschen, kapazitiven und induktiven Anteilen dar.

Beim Schalten dieser Lasten ergibt sich eine mehr oder weniger große Belastung für den schaltenden Kontakt. Durch eine geeignete Kontaktschutzbeschaltung lässt sich diese Belastung reduzieren.

Tab. 3.6 Informationen der Kontaktwerkstoffe aus Edelmetall-Legierungen

Kontaktwerkstoff	Typ. Eigenschaften	Typ. Anwendungen	Richtwerte für den Anwendungsbereich[a]
Gold Au	Weitgehend unempfindlich gegenüber Industrieatmosphäre; bei Legierung mit Nickel (AuNi) oder Silber (AuAg) geringe und konstante Übergangswiderstände im Bereich geringer Schaltleistungen	Trockene Mess- und Schaltkreise, Steuerungseingänge	µA … 0,2 A µV … 30 V
Silber Ag	Hohe elektrische Leitfähigkeit; empfindlich gegen Schwefeleinflüsse, deshalb oft als Lagerschutz hauchvergoldet (ca. 0,2 µm); Legierungen mit Nickel (AgNi) oder Kupfer (AgGu) erhöhen die mechanische Festigkeit und die Abbrandfestigkeit und verringern die Schweißneigung	Universell einsetzbar; geeignet für mittlere Belastungen; bei Legierung mit Nickel (AgNi 0,15) für Gleichstromkreise mit mittlerer bis hoher Belastung	≥ 12 V ≥ 10 mA
Silber hartvergoldet Ag + Au	Eigenschaften ähnlich Gold Au, beim Schalten von Lasten > 30 V/0,2 A wird die Hartgoldauflage (5 … 10 µm) zerstört und es gelten die Werte und Eigenschaften des Ag-Kontaktes. Es muss mit einer geringeren Lebensdauer gerechnet werden	Geeignet für Steuerungseingänge und andere kleine Belastungen	≥ 100 mV ≥ 1 mA
Wolfram W	Höchster Schmelzpunkt; sehr hohe Abbrandfestigkeit; höhere Übergangswiderstände; sehr geringe Schweißneigung, korrosionsanfällig, oft als Vorlaufkontakt verwendet	Lasten mit sehr hohen Einschaltströmen, z. B. Glühlampen, Leuchtstofflampen	≥ 60 V ≥ 1 A
Silber-Nickel AgNi	Hohe Abbrandfestigkeit, geringe Schweißneigung, höhere Kontaktwiderstände als bei reinem Silber	Universell einsetzbar; geeignet für mittlere bis hohe Belastungen; Gleichstromkreise und induktive Lasten	≥ 12 V ≥ 10 mA
Silber-Nickel AgNi + Au	Eigenschaften ähnlich Gold Au, beim Schalten von Lasten > 30 V/0,2 A wird die Hartgoldauflage (5 … 10 µm) zerstört und es gelten die Werte und Eigenschaften des AgNi-Kontaktes. Es muss mit einer geringeren Lebensdauer gerechnet werden	Geeignet für Steuerungseingänge und andere kleine Belastungen	≥ 100 mV ≥ 1 mA

Tab. 3.6 (Fortsetzung)

Kontakt-werkstoff	Typ. Eigenschaften	Typ. Anwendungen	Richtwerte für den Anwendungsbereich[a]
Silber-Zinnoxid AgSnO	Geringe Schweißneigung; sehr hohe Abbrandfestigkeit bei hohen Schaltleistungen; geringe Materialwanderung	Anwendung stark abhängig vom Relaistyp, Schaltkreise mit hohen Ein- und Ausschaltbelastungen, z. B. Glühlampen und Leuchtstofflampen, Gleich- und Wechselstromkreise. Durch unterschiedliche Legierungen und Herstellerverfahren teilweise auch für kleinere Lasten geeignet	$\geq$ 12 V $\geq$ 10 mA ($\geq$ 10 mA)
Silber-Zinnoxid hartvergoldet AgSnO + Au	Eigenschaften ähnlich Gold Au, beim Schalten von Lasten > 30 V/0,2 A wird die Hartgoldauflage (5 … 10 µm) zerstört und es gelten die Werte und Eigenschaften des AgSnO-Kontaktes. Es muss dann jedoch mit einer geringeren Lebensdauer gerechnet werden	Geeignet für Steuerungseingänge und andere kleine Belastungen	$\geq$ 100 mV $\geq$ 1 mA

[a] Werte hängen vom eingesetzten Relais und weiteren Einsatzbedingungen ab

Da in der Praxis überwiegend Verbraucher mit großem induktiven Anteil wie Schütze, Magnetventile, Motoren usw. eingesetzt werden, sollen diese Einsatzfälle näher betrachtet werden. Durch die in der Spule gespeicherte Energie entstehen beim Abschalten Spannungsspitzen mit Werten bis zu einigen tausend Volt.

Am schaltenden Kontakt verursachen diese hohen Spannungen einen Lichtbogen, der den Kontakt durch Materialverdampfung und Materialwanderung zerstören kann. Die elektrische Lebensdauer wird dadurch erheblich verringert. Im Extremfall kann das Relais bei Gleichspannung und stehendem Lichtbogen bereits beim ersten Schaltspiel ausfallen.

Die Anzahl der mechanischen Schaltspiele hat zwar nur geringe Auswirkung auf die Lebensdauer und Gesamtbetriebsdauer der Hauptkontakte, aber dennoch können allgemeine Informationen zur mechanischen Abnutzung nützlich sein.

Die Verschmutzung der Magnetpoloberflächen verursacht ein leichtes Brummen des Schützes in geschlossener Stellung. Man verwendet zum Reinigen ein weiches, trockenes Tuch. Ein solches Brummen kann auch bei Verformung der Poloberflächen auftreten. Das Brummen verstärkt sich bei defektem Kurzschlussring. Ein defekter Kurzschlussring verursacht ein „Rasseln", da der Magnet dann ein Prellen des Schützes verursacht. In diesem Fall muss das Schütz ausgetauscht werden. Eine weitere Ursache für Wechselstrom-Brummen kann Korrosion sein, die durch unzulässige Umgebungsbedingungen verursacht wird.

Die Schütze müssen vor Kondenswasserbildung geschützt werden, um die Magnetpoloberflächen frei von Kerosin zu halten.

Der Arbeitsbereich des Schützes liegt zwischen 85 und 100 % der Bemessungsbetätigungsspannung gemäß IEC 60947-4-1. Bei einer Spannungsabweichung von ±5 % kommt es zu einem verstärkten Kontaktprellen, was wiederum zu einer erhöhten Kontaktabnutzung führt. Dies trifft nicht auf elektronische Weitbereichsspulen zu. Der Grund besteht darin, dass höhere Spannungen den Schließvorgang des Elektromagnets beschleunigen. Bei geringeren Spannungen ist die Schließgeschwindigkeit geringer. Diese beiden Faktoren können zu einem verstärkten Kontaktprellen beim Schließen führen. Hohe Spannung und erhöhte Geschwindigkeit beim Schließen tragen auch zu einem erhöhten Einschaltgeräusch bei.

Eine raue oder verfärbte Kontaktoberfläche weist nicht unbedingt auf eine Beschädigung oder Abnutzung hin. Die Kontakte in der Abb. 3.30 mögen mitgenommen aussehen, jedoch sind sie erfahrungsgemäß besser als ein neuer Kontaktsatz. Dies liegt daran, dass sie sich elektrisch eingebrannt haben und damit eine größere Kontaktfläche bieten. Daher wäre es vollkommen falsch, Kontakte nur nach dem Aussehen ihrer Oberflächen zu beurteilen und auszutauschen. Außerdem ist es ganz normal, dass sich die Kontakte in den drei Phasen nicht gleichmäßig abnutzen, deshalb müssen alle Kontakte (sowohl feste als auch bewegliche) zusammen ausgetauscht werden. Gleichzeitig empfiehlt es sich, die Löschkammern auszutauschen.

Bei Schützen ab 2000 sollten Feil-, Schleif- oder sonstige Reparaturversuche an Kontakten oder Kontaktflächen vermieden werden. Erfahrungsgemäß steigt dadurch die Gefahr, dass andere Probleme verursacht werden. Beispielsweise ist die Gefahr einer Erhöhung des Kontaktwiderstands durch Schleifpapierrückstände usw. hoch.

Die Wartung sollte auf die Beurteilung der Kontaktabnutzung begrenzt werden. Auf diese Weise ist ein störungsfreier Betrieb des Schützes bis zur nächsten Wartung gewährleistet. Gleichzeitig kann im Rahmen von Kontrollen geprüft werden, ob das Schütz in der Anwendung ordnungsgemäß funktioniert und keinerlei Anzeichen von anomaler Ab-

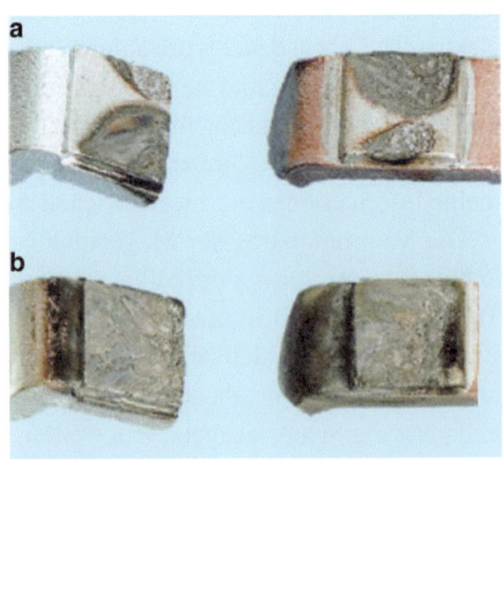

Abb. 3.30 Aussehen der Kontakte (**a**) nach nur wenigen Schaltspielen in einer AC-3-Anwendung und Kontakt nach Erreichen des optimalen eingebrannten Kontaktzustands (**b**) in einer AC-3-Anwendung

nutzung oder Beschädigung an den Kontakten zeigt. Abb. 3.30 zeigt das Aussehen der Kontakte.

Grundsätzlich gelten diese Schütze als wartungsfrei. Je nach Grad der Beanspruchung in der Anwendung kann eine Wartung der Kontakte erforderlich sein. Bei einer typischen Anwendung mit starker Beanspruchung kommt es zu häufigem Schalten bei hohen Strömen, Reversieren und Tippen (AC-4). Die verfrühte Wartung von Schützen trägt zur Steigerung der Gesamtkosten bei, während eine zu späte Wartung zu kostenintensiven Unterbrechungen und Ausfällen führen kann, Durch die Wartung zum richtigen Zeitpunkt werden solche Probleme vermieden. Die folgenden Gebrauchskategorien zählen zu den häufigsten.

- AC-1 (nicht oder geringe induktive Lasten, Widerstandsöfen): Das Schließen der Hauptkontakte ist relativ einfach, da der Einschaltstrom dem Bemessungsbetriebsstrom der Last entspricht. Das Öffnen erfolgt bei voller Bemessungsbetriebsspannung, wobei der Lichtbogen ein relativ niedriges Energieniveau aufweist.
- AC-2 (Starten und Ausschalten von Schleifringläufermotoren): Schließen und Öffnen erfolgt typischerweise mit dem 2,5-fachen Bemessungsbetriebsstrom des Motors ($I_e \cdot 2{,}5$), wobei die Bemessungsbetriebsspannung der Nennspannung entspricht.
- AC-3 (Starten und Ausschalten laufender Kurzschlussläufermotoren): Das Schließen der Hauptkontakte erfolgt mit dem ca. 6- bis 8-fachen (oder höher bei den heutigen Hochleistungsmotoren) Bemessungsbetriebsstrom des Motors je nach Motoreigenschaften und Art der Last. Das Öffnen ist einfacher, da der Strom dem Bemes-

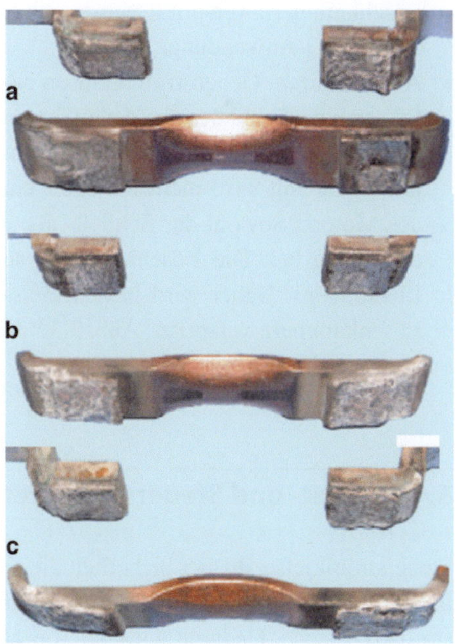

Abb. 3.31 Feste und bewegliche Kontakte in einer AC-3-Anwendung

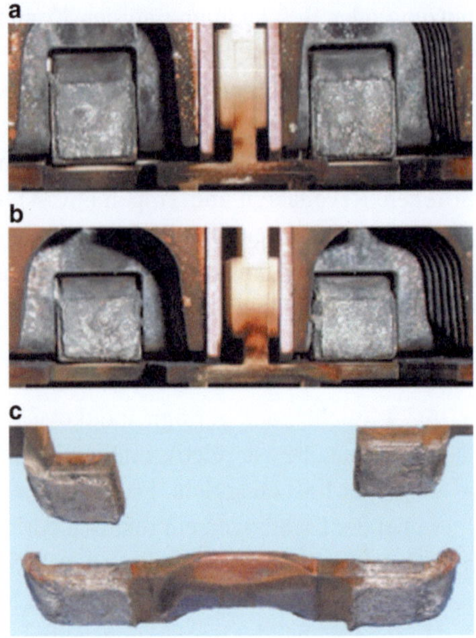

Abb. 3.32 Feste und bewegliche Kontakte in einer AC-4-Anwendung

sungsbetriebsstrom des Motors entspricht. Die Spannung verringert sich auf 17 % der Bemessungsbetriebsspannung. Die typische elektrische Abnutzung ist auf das Schließen der Kontakte zurückzuführen. Bei der Sichtprüfung einer AC-3-Anwendung zeigt sich normalerweise, dass kein oder nur sehr wenig Material von den Kontakten in die Löschkammern verspritzt wurde. Abb. 3.31 zeigt feste und bewegliche Kontakte in einer AC-3-Anwendung.

- AC-4 (Starten, Gegenstrombremsen oder Tippen von Kurzschlussläufermotoren): Das Öffnen und Schließen der Schützkontakte erfolgt mit dem ca. 6- bis 8-fachen (oder höher bei den heutigen Hochleistungsmotoren) Bemessungsbetriebsstrom des Motors. Die Spannung wird nicht reduziert und entspricht der Bemessungsbetriebsspannung des Motors. Sowohl der Schließ- als auch der Öffnungsvorgang tragen zur Kontaktabnutzung bei. Die Löschkammern spielen eine wichtige Rolle beim Löschen des Lichtbogens. Daher wird in den meisten Fällen Material von den Kontakten in die Löschkammern verspritzt. Abb. 3.32 zeigt feste und bewegliche Kontakte in einer AC-4-Anwendung.

3.4 Haupt- und Steuerstromkreise

Steuerstromkreise, die der Sicherheit dienen, sind zusätzliche Stromkreise, d. h. sie wirken in einer zweiten „Sicherheitsebene“ zusätzlich zu der vorhandenen Haupt- und Steuerstromkreisebene. Dadurch wird der Aufwand einer Maschinensteuerung oftmals verdoppelt, womit auch das Risiko eines Bauteilausfalls steigt. Damit diese Nebenwirkung den gewünschten Effekt nicht umkehrt, müssen Sicherheitsstromkreise so gestaltet sein, dass sich das Ausfallrisiko auf das der schon vorhandenen Hauptstromkreise begrenzt.

Wie können solche Stromkreise gestaltet werden?

Dazu ist folgende Fehlerbetrachtung notwendig:

- Schluss im Tasterkreis wird nicht erkannt,
- Fehler im Schaltkreis (1K1) wird nicht erkannt,
- Erdschluss wird erkannt.

Sicherheitsbezogene Teile der Steuerung sind mit bewährten Bauteilen nach bewährten Prinzipien aufgebaut.

Ein einfaches Risiko besteht darin: NOT-AUS wirkt auf Hauptschütz, Hauptschütz schaltet alles frei. Diese Schaltung ist zulässig. Das Risiko des Versagens von Hauptstromkreisen ist technisch und wirtschaftlich vertretbar. Es ist nicht im Sinn von Sicherheitsnormen, da sich dadurch der Schaltungsaufwand wesentlich vergrößert.

Abb. 3.33 zeigt einen einfachen Steuerstromkreis mit integriertem NOT-AUS. Links ist der Steuerstromkreis und rechts der Hauptstromkreis mit dem Motor gezeigt. Damit kommt man zu den Schaltungsunterlagen.

Schaltungsunterlagen erläutern die Funktion von Schaltungen oder von Leitungsverbindungen. Sie dokumentieren, wie elektrische Einrichtungen gefertigt, errichtet und ge-

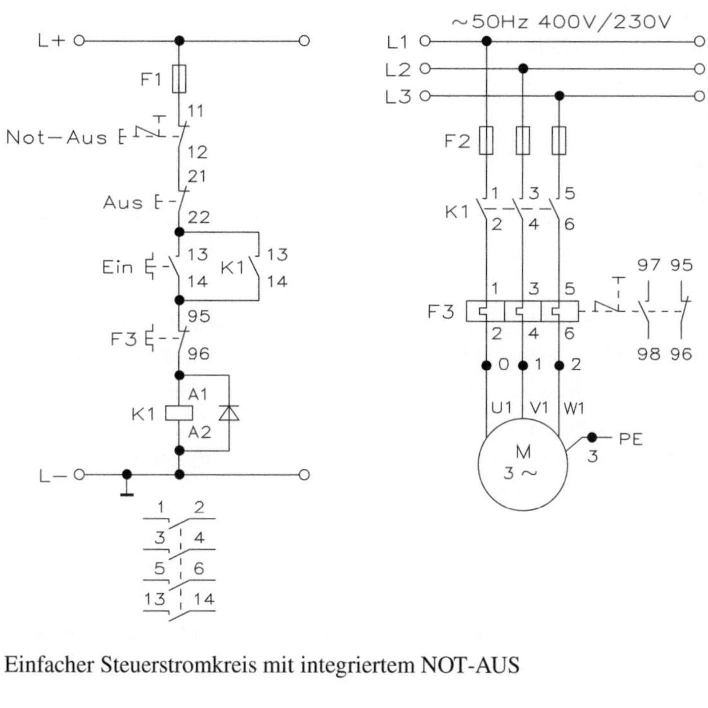

Abb. 3.33 Einfacher Steuerstromkreis mit integriertem NOT-AUS

wartet werden. Lieferant und Betreiber müssen vereinbaren, in welcher Form die Schaltungsunterlagen erstellt werden: Papier, Film, (Diskette) veraltet, USB-Stick usw. Sie müssen sich auch auf die Sprache einigen, in der die Dokumentation erstellt wird. Bei Maschinen müssen die Benutzerinformationen in der Amtssprache des Einsatzlandes verfasst werden. Schaltungsunterlagen werden in zwei Gruppen unterteilt. Die Einteilung erfolgt nach Art der Darstellung vereinfacht oder ausführlich, wie

- ein- oder mehrpolige Darstellung,
- zusammenhängende, halbzusammenhängende oder aufgelöste Darstellung,
- lagerichtige Darstellung.

Eine prozessorientierte Darstellung mit Funktionsplan (FUP) kann die Schaltunterlagen ergänzen.

Einteilung nach dem Zweck mit Erläuterung der Arbeitsweise, der Verbindungen oder der räumlichen Lage von Betriebsmitteln. Dazu gehören:

- erläuternde Schaltpläne,
- Übersichtsschaltpläne,
- Ersatzschaltpläne,
- erläuternde Tabellen oder Diagramme,
- Ablaufdiagramme, Ablauftabellen,
- Zeitablaufdiagramme, Zeitablauftabellen,
- Verdrahtungspläne,
- Geräteverdrahtungspläne,
- Verbindungspläne,
- Anschlusspläne,
- Anordnungspläne.

Schaltpläne zeigen den spannungs- oder stromlosen Zustand der elektrischen Einrichtung. Man unterscheidet:

- Übersichtsschaltplan: Einfache Darstellung einer Schaltung in ihren wesentlichen Teilen. Zeigt die Arbeitsweise und Gliederung einer elektrischen Einrichtung.
- Stromlaufplan: Ausführliche Darstellung einer Schaltung mit ihren Einzelheiten. Zeigt die Arbeitsweise einer elektrischen Einrichtung.
- Ersatzschaltplan: Besondere Ausführung eines erläuternden Schaltplans für Analyse und Berechnung von Stromkreiseigenschaften.

Verdrahtungspläne zeigen die leitenden Verbindungen zwischen elektrischen Betriebsmitteln. Sie zeigen die inneren oder äußeren Verbindungen und geben allgemein einen Aufschluss über die Wirkungsweise. Anstelle von Verdrahtungsplänen können auch Verdrahtungstabellen verwendet werden.

- Geräteverdrahtungsplan: Darstellung aller Verbindungen innerhalb eines Gerätes oder einer Gerätekombination mit Verbindungsplan (interconnection diagram). Darstellung der Verbindung zwischen den Geräten oder Gerätekombinationen einer Anlage.
- Anschlussplan: Darstellung der Anschlusspunkte einer elektrischen Einrichtung und die daran angeschlossenen inneren und äußeren leitenden Verbindungen.
- Anordnungsplan: Darstellung der räumlichen Lage der elektrischen Betriebsmittel; muss nicht maßstäblich sein.

3.4.1 Haupt- mit Hilfsstromkreis

Werden zusätzliche Schaltkreise zur Sicherheitsabschaltung der Hauptstromkreise in eine Steuerung eingebracht, dürfen diese das Risiko des Versagens nicht erhöhen.

Abb. 3.34 zeigt einen vereinfachten Aufbau, denn Steuer- und Sicherheitsstromkreis sind getrennt. Eine Fehlerbetrachtung soll auch hier den Stromkreis so einfach wie möglich gestalten:

- Schluss im Tasterkreis wird nicht erkannt,
- Fehler im Schaltkreis werden nicht erkannt.

Die Verdoppelung der Schaltkreise ergibt auch hier eine Erhöhung der Fehlermöglichkeiten.

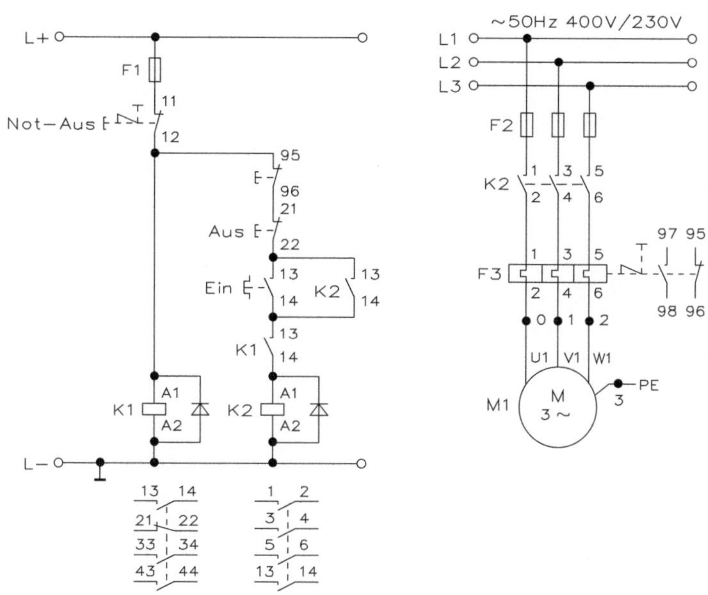

Abb. 3.34 Steuerstromkreis und Sicherheitsstromkreis getrennt

Eine mögliche Ausführung zeigt Abb. 3.34. Sie ist als Sicherheitsschaltkreis nicht zulässig, da ein Erstfehler einen gefährlichen Zustand bewirkt!

Die Schaltung enthält ein doppeltes Risiko: „NOT-AUS" wirkt auf Hilfsschütz, der Hilfsschütz wirkt auf den Hauptschütz, der dann alles freischaltet.

Diese Schaltung ist nicht zulässig, da sie nicht redundant ist und ein Erstfehler einen gefährlichen Zustand bewirkt.

3.4.2 Einfache Redundanz

Die folgenden Abschnitte stellen Maßnahmen zur Verringerung der Risiken vor. Um das Risiko in Sicherheitsschaltkreisen herunterzusetzen, müssen diese redundant aufgebaut werden. Redundanz bedeutet: Anwendung von mehr als einem Gerät oder System, um sicherzustellen, dass bei einem eventuellen Fehlverhalten des einen Teiles ein anderes verfügbar ist, um diese Funktion zu übernehmen. Eine Maßnahme im Sinn ist die Verdoppelung der Bauteile im Sicherheitsstromkreis. Eine Fehlerbetrachtung offenbart die Schwachpunkte:

- Schluss im Tasterkreis wird nicht erkannt,
- Fehler im Schaltkreis werden nicht erkannt, da gegenseitige Überwachung fehlt. Diese Art der Schaltung ist als Sicherheitsschaltkreis nicht zulässig, da auftretende Erstfehler nicht erkannt werden!

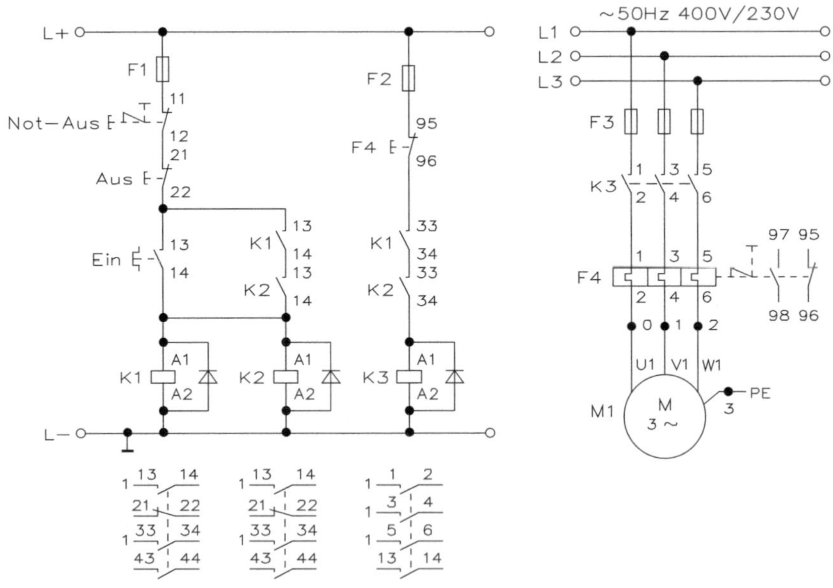

Abb. 3.35 Steuer-/Sicherheitsstromkreis mit einfacher nicht überwachter Redundanz

Die Schaltung enthält ein doppeltes Risiko: Ein NOT-AUS wirkt auf zwei Hilfsschütze, die erst auf den Hauptschütz wirken. Nach Ausfall eines Hilfsschützes ist eine Redundanz und damit die notwendige Sicherheit nicht mehr gegeben.

Die Schaltung ist nicht zulässig: Keine sichere Fehlererkennung im Sinne der Selbstüberwachung und es erfolgt kein zyklischer Test. Ein Erstfehler wird nicht erkannt, sodass ein Betrieb im einkanaligen Zustand möglich ist. Abb. 3.35 zeigt einen Steuer-/Sicherheitsstromkreis mit einfacher nicht überwachter Redundanz.

3.4.3 Zweischützschaltung

Diese Schaltung wurde früher häufig verwendet und ist deshalb stark verbreitet. Sie ist zwar redundant aufgebaut und es besteht eine gewisse Fehlerüberwachung. Da die Kontakte erstens in ihrer Funktion vor- bzw. nacheilend, und zweitens nicht zwangsgeführt sind, muss die so genannte „Zweischütz-Schaltung" als nicht sicher angesehen werden.

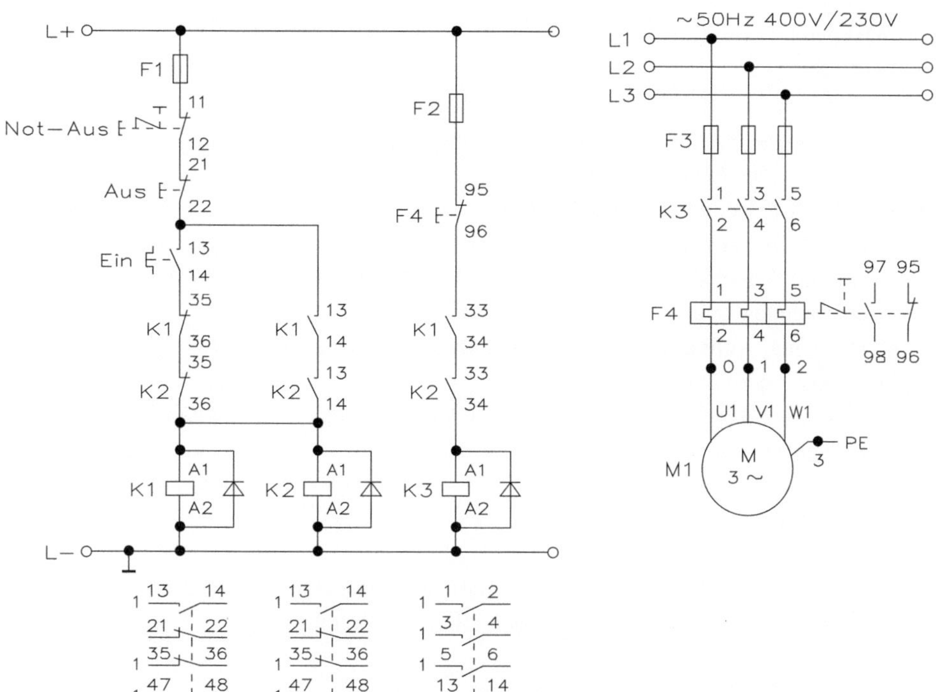

Abb. 3.36 Steuer-/Sicherheitsstromkreis als Zweischützschaltung mit vor- und nacheilenden Kontakten

Die geforderte Redundanz im Sicherheitsstromkreis wird mit speziellen Schützen realisiert. Abb. 3.36 zeigt einen Steuer-/Sicherheitsstromkreis in Zweischützschaltung mit vor- und nacheilenden Kontakten.

Die Fehlerbetrachtung zeigt die Schwächen der Schaltung:

- Schluss im Tasterkreis wird nicht erkannt,
- Fehler im Schaltkreis werden nicht immer erkannt, da die Schützkombination nicht zwangsgeführt ist.

Die Schaltung enthält ein doppeltes Risiko: Ein NOT-AUS wirkt auf Hilfsschütze, die erst auf den Hauptschütz wirken. Nach Ausfall eines Hilfsschützes besteht keine Redundanz mehr. Die Schaltung ist deshalb nicht zulässig: Keine sichere Fehlererkennung im Sinne der Selbstüberwachung, da die Schützkombination nicht zwangsgeführt ist.

3.4.4 Dreischützschaltung

Die Maßnahmen zur Verringerung von Risiken nach der Normung sind:

- Verwendung von erprobten Schaltungstechniken:
  - Schaltungseinrichtungen mit zwangsläufig öffnenden Kontakten,
  - Dreischütztechnik.
- Vorsehen von Redundanz oder Diversität:
  - Redundanz: Anwendung von mehr als einem Gerät oder System, um sicherzustellen, dass bei einem eventuellen Fehlverhalten des einen ein anderes diese Funktion übernehmen kann,
  - Diversität: Aufbau von Stromkreisen nach verschiedenen Funktionsprinzipien.
- Vorsehen von Funktionsprüfungen:
  - Prüfen beim Anlaufen der Maschine oder nach festgelegten Zeitabständen, ob die Kontakte richtig arbeiten,
  - Einfehlersicherheit: Sicherstellung, dass Einzelfehler zu keinem gefährlichen Zustand führen.

Die geforderte Redundanz im Sicherheitsstromkreis erfolgt mit zyklischem Test. Eine Fehlerbetrachtung zeigt die Vor- und Nachteile der Schaltung:

- Schluss im Tasterkreis wird nicht erkannt,
- Erdschluss wird erkannt,
- zyklischer Test wird durchgeführt,
- Einfehlersicherheit ist erreicht durch zwangsgeführte Relais,
- Fehler im Schaltkreis werden erkannt, wenn durch geeigneten Aufbau Querschlüsse auszuschließen sind.

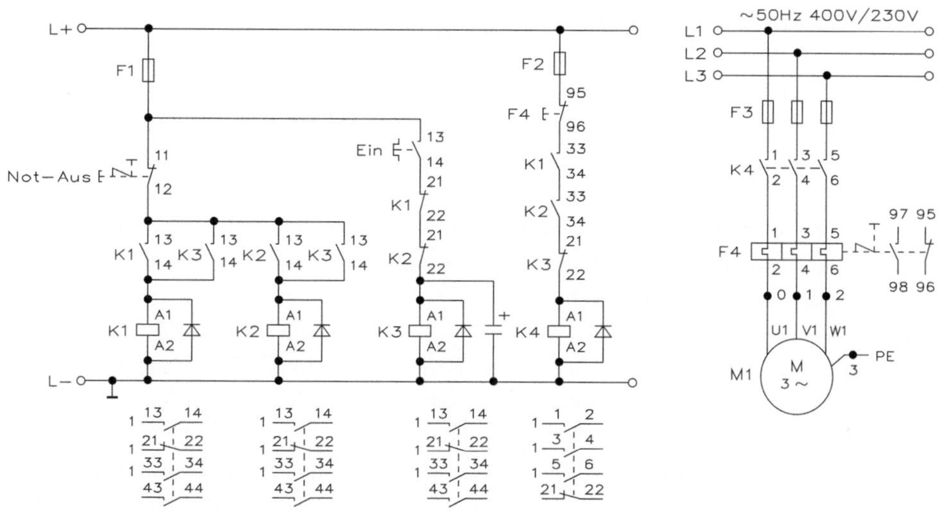

Abb. 3.37 Steuer-/Sicherheitsstromkreis als typische Dreischützschaltung mit Fehlererkennung

Die Schaltung enthält ein einfaches Risiko: Ein NOT-AUS wirkt auf Hilfsschütze, die auf den Hauptschütz wirken. Die Hilfsschütze sind redundant und zyklisch überwacht.

Sichere Fehlererkennung erfolgt im Sinne der Selbstüberwachung, da die Schützkombination zwangsgeführt ist. Erstfehler werden erkannt, da ein Schütz (K3 in Abb. 3.35) einen Selbsttest durchführt. Das in Abb. 3.37 gezeigte Beispiel eines Sicherheitsschaltkreises soll im Folgenden betrachtet werden.

Wird nach den Regeln der Normung ein Sicherheitsschaltkreis gestaltet, so ist zuerst die Abgrenzung festzulegen. Es kann ja nicht Sinn der Vorschrift sein, durch einfaches Verdoppeln aller Schaltkreise Redundanz zu erzielen, da das unnötig Kosten verursacht. Nach der Theorie beginnt der Sicherheitsschaltkreis nach dem NOT-AUS-Taster und endet am Leistungsschütz. Für diesen Pfad werden keine zusätzlichen Bauteile benötigt, die ein zusätzliches Risiko darstellen. Je nach Risikobetrachtung ist es dennoch zweckmäßig, eine Redundanz im NOT-AUS-Tasterkreis vorzusehen. Das jedoch nur im Kontaktteil, denn eine Verdoppelung der roten Stopp-Taster würde eher Unsicherheit als Sicherheit ergeben. Diese Überlegung ist auch für den Ausgang anzuwenden. Wenn der Sicherheitsschaltkreis am Leistungsschütz endet, müsste eigentlich im Gegensatz zum Kontaktteil der Spulenteil des Leistungsschaltschützes redundant sein. Da Redundanz in der Spule ohne eine Redundanz von Kontakten nicht optimal ist, wird diese Maßnahme nicht vorgesehen. Es kann jedoch von Vorteil sein, durch Verdoppeln des kompletten Leistungsschützes echte Redundanz zu erzielen.

Unter Berücksichtigung dieser Überlegungen sollten Sicherheitsschaltkreise deshalb nach folgendem Muster aufgebaut werden.

3.4.5 Redundanz im Ein- und Ausgangskreis

Nach der Normung ist Redundanz ein Mittel zur Erreichung der Einfehlersicherheit in Sicherheitsschaltkreisen und nach der Normung können diese dann in Kategorien eingestuft werden. Hier beginnt das eigentliche Dilemma, denn die Idee dieser Normen war, Sicherheit in eine vorhandene Steuerungstechnik einzubringen, ohne dass das derzeitige Versagensrisiko erhöht wird. Man wollte keine Verdoppelung der Haupt- und Steuerstromkreise, sondern nur, dass zusätzliche Bauteile, die der Sicherheit dienen, zu keiner Erhöhung des Ausfallrisikos führen.

Obwohl keine einheitliche Meinung besteht, ob die Ein- und Ausgangskreise mit einzuschließen sind, ist es sinnvoll, Sensoren im Bereich beweglicher Verdeckungen (Schutztüren) ab Kategorie 3 redundant einzusetzen, sowie NOT-AUS-Taster mit zwei getrennten Abschaltwegen zu verwenden.

Bei diesem Beispiel wird er Motor einkanalig abgeschaltet, obwohl diese Anwendung nach Kategorie 3 eingestuft werden kann. Wird der Motorschütz der Belastung durch den Motor entsprechend ausreichend ausgelegt und abgesichert, sodass auch ein etwaiges Blockieren der Motorwelle nicht zu einem Verschleiß der Schutzkontakte führt, kann diese Beschaltung im Sinne der Normung als korrekt angesehen werden.

Ist man sich bei der Realisierung dieser Maßnahmen nicht sicher, ob diese erfüllt oder ausreichend sind, so empfiehlt es sich, auch den Motorschütz redundant auszulegen. Ist dieser redundant, so kann der zweite Motorschütz die gefährliche Bewegung abschalten, wenn es beim ersten zum Verschweißen der Schaltkontakte kommt. Um sicherzustellen,

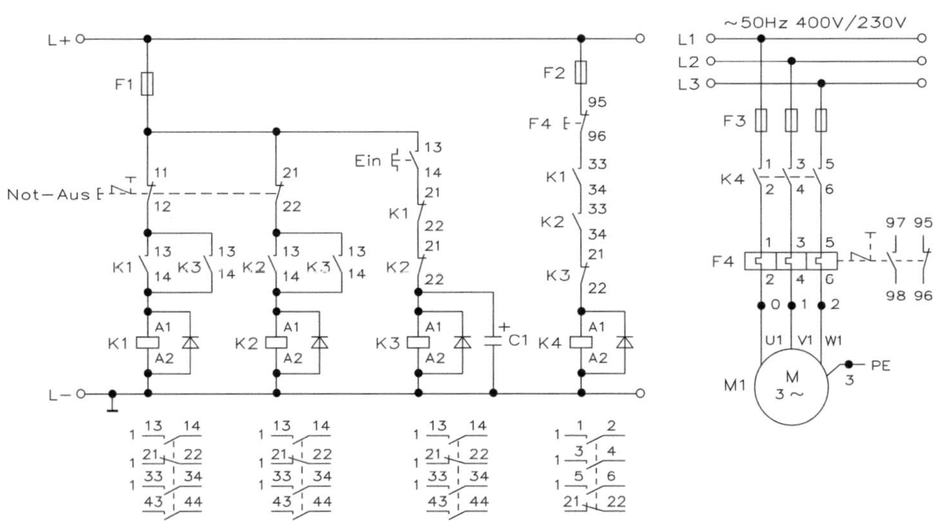

Abb. 3.38 Redundanter Steuer-/Sicherheitsschaltkreis in Kategorie 3, Motorabschaltung Kategorie 1

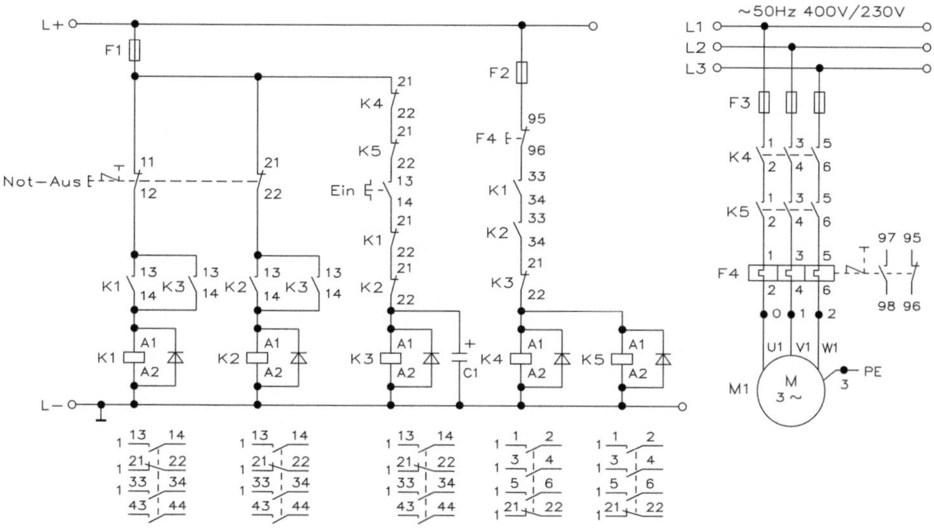

Abb. 3.39 Redundanter Steuer-/Sicherheits-/Hauptstromschaltkreis mit Fehlererkennung

dass beide Motorschütze immer funktionsfähig sind, wird von jedem Schütz ein Öffnerkontakt in den Startkreis des Sicherheitsschaltkreises eingebunden.

Bleibt einer dieser Motorschütze angezogen, bleibt auch der Öffnerkontakt im Startkreis des Sicherheitsschaltkreises offen und verhindert so das Wiedereinschalten. Diese Sicherheitsmaßnahme bezeichnet man als Rückführkreis und ist nur in redundanten Anwendungen sinnvoll. Abb. 3.38 zeigt einen redundanten Steuer-/Sicherheitsschaltkreis in Kategorie 3 und der Motorabschaltung mit Kategorie 1 und Abb. 3.39 zeigt einen redundanten Steuer-/Sicherheits-/Hauptstromschaltkreis mit Fehlererkennung.

3.4.6 Überwachter Start und Querschlusserkennung im Eingangskreis

Fordert das ermittelte Risiko, dass sowohl der Starttaster auf einen eventuellen Kurzschluss überwacht werden muss als auch die Hauptschütze mit einer erhöhten Sicherheit konzipiert werden müssen, dann kann wie folgt vorgegangen werden.

Abb. 3.40 zeigt als Ausführungsbeispiel eine Querschlusserkennung im Sicherheitsstromkreis mit überwachtem Start.

Eine Fehlerbetrachtung zeigt die Vorteile der Schaltung:

- Erdschluss wird erkannt,
- Schluss im Tasterkreis wird erkannt,
- Fehler im Schaltkreis werden erkannt,
- zyklischer Test wird durchgeführt,

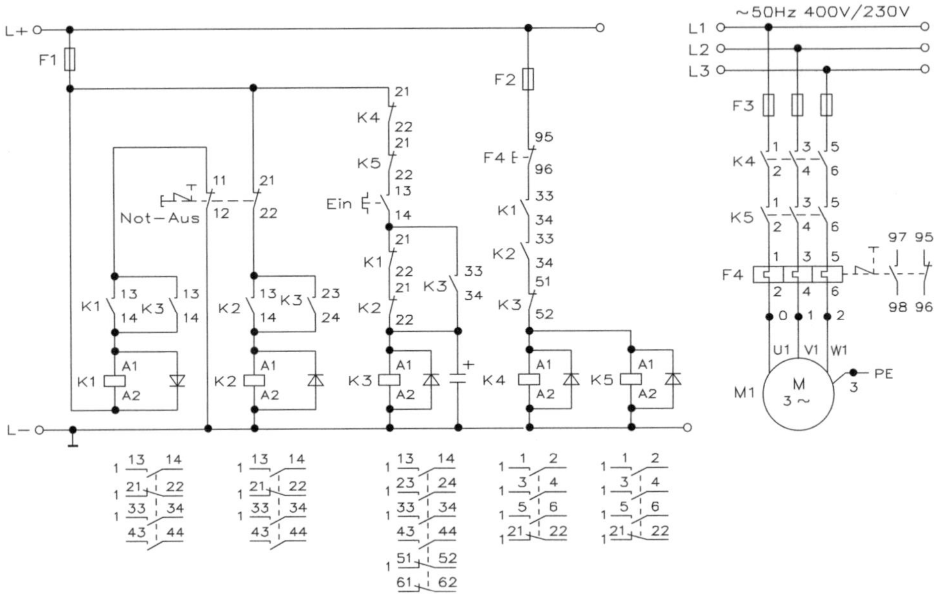

Abb. 3.40 Steuer-/Sicherheitskreis mit zweikanaliger Ansteuerung mit Querschlusserkennung, zweikanaliger Ausgang und Start auf die negative Flanke des Starttasters

- Einfehlersicherheit ist gegeben durch zwangsgeführte Relais,
- Querschlusserkennung durch unterschiedliche Potentiale im Tasterkreis,
- Schluss im Starttasterkreis wird erkannt,
- Fehler in der Schützansteuerung wird erkannt.

Da es sich innerhalb eines Schaltschranks um einen geschützten Bereich handelt, kann der Ausgangskreis ohne Querschlusserkennung sein. Werden jedoch die Motorschütze räumlich getrennt vom Sicherheitsschaltkreis montiert, so ist auch in diesem Kreis die Querschlusserkennung anzuwenden.

3.4.7 Einstufung der NOT-AUS-Beschaltung

Die Einstufung der NOT-AUS-Beschaltung erfolgt nach verschiedenen Kategorien. Da es je nach der vorgenommenen Risikobeurteilung unterschiedlich aufwendig realisierte Sicherheitsschaltkreise gibt, ist auch die Beschaltung des NOT-AUS-Tasters unterschiedlich.

Werden Sicherheitsschaltkreise durch die nach Kategorie 4 konzipierte Geräteserie überwacht, so erfolgt eine Einstufung nach den Kategorien des Risikographen. Tab. 3.7 veranschaulicht die Kriterien.

Tab. 3.7 Einstufung der Außenbeschaltung am Beispiel der Geräteserie

Einstufung der Außenbeschaltung	NOT-AUS-Taster Ansteuerung	Sicherheits-schaltkreis	Fehlerbetrachtung
Kategorie B, 1	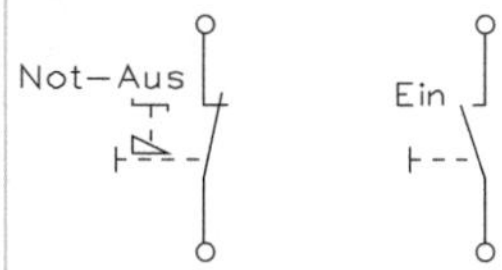	Ohne	Erdschlüsse werden erkannt
Kategorie 2	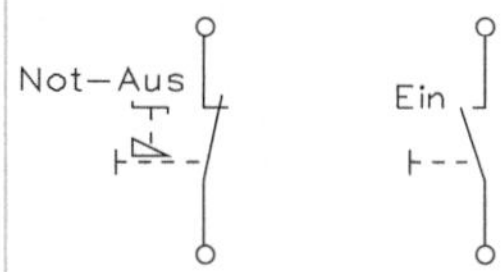	Ja	Erdschlüsse werden erkannt, Fehler im Sicherheitsschaltkreis werden erkannt
Kategorie 3	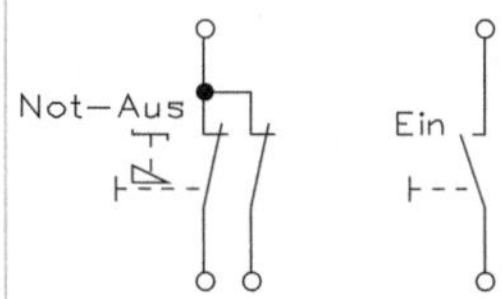	Ja	Erdschlüsse werden erkannt, Fehler im Sicherheitsschaltkreis werden erkannt, Fehler im Taster werden erkannt
Kategorie 4	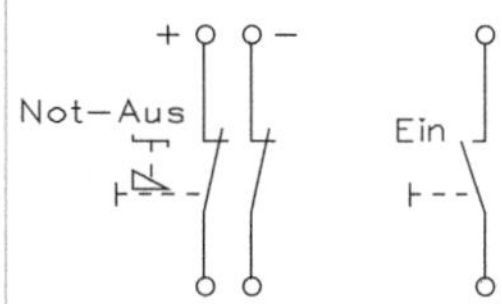	Ja	Erdschlüsse werden erkannt, Erdschlüsse werden erkannt, Fehler im Sicherheitsschaltkreis werden erkannt, Fehler im Taster werden erkannt, Querschluss im Taster wird erkannt

Anhand des nach Kategorie 4 einzustufenden Sicherheitsschaltkreises wird im Folgenden gezeigt, dass je nach der gewählten Außenbeschaltung unterschiedliche Sicherheitskategorien erreicht werden können.

3.4.8 Risiko-Kategorie 4

Die Risiko-Kategorie 4 fordert die rechtzeitige Erkennung auch von solchen Fehlern, die nicht unmittelbar zum Verlust der Sicherheitsfunktion führen. Denn die Anhäufung sicherheitstechnisch irrelevanter Fehler kann in ihrer Summe doch zum Verlust der Sicherheitsfunktion führen.

In elektrischen Sicherheitskreisen erreicht man die Erkennung von latenten Fehlern, indem man die Redundanz auf alle den Sicherheitskreis betreffenden Komponenten ausweitet. In solchen Sicherheitskreisen kann es vorkommen, dass sich in zweikanaligen Systemen die Kreise beeinflussen und Fehler, die in einem Kreis auftreten, von dem anderen Kreis verdeckt werden. Damit solche „Querschlüsse" bereits vor ihren eventuellen Auswirkungen erkannt werden, belegt man die einzelnen Kanäle mit unterschiedlichen

Potentialen. Kommt es dann zu einem Querschluss, löst durch die fließenden Ausgleichsströme die Sicherung aus.

Diese Technik wird hauptsächlich bei Sicherheitsschaltkreisen in Relaistechnik angewendet. Bei Sicherheitsschaltkreisen in Halbleitertechnik gibt es andere Lösungen. Weisen dort die beide Kanäle dasselbe Potential auf, aber mit unterschiedlichen Takten, die vom Sicherheitskreis überprüft werden. Wird ein falscher Takt gelesen oder der Takt bleibt aus (weil ein Erdschluss vorliegt), wird dies als Fehler erkannt, der zum Abschalten führt.

Diese beiden Möglichkeiten zeigen, wie auf einen Querschluss reagiert werden kann. Besser ist es jedoch den Querschluss zu verhindern. Wie kann das realisiert werden? Räumliche Trennung, getrennte Mantelleitungen, Verlegen in getrennten Stahlrohren oder das Nutzen von geschützten Bereichen sind mögliche Lösungen des Problems.

Damit ist auch zu erklären, warum bestimmte NOT-AUS-Schaltgeräte, die extern nur einkanalig angesteuert werden können, durch die Prüfstelle trotzdem in Kategorie 4 eingestuft worden sind. Der innere Aufbau dieser Geräte ist so gestaltet, dass in jedem möglichen Fehlerfall die Ausgänge immer sichere Potentiale einnehmen.

Es lassen sich auch Schaltschränke als geschützte Bereiche einstufen. Dazu muss die Verdrahtung der Sicherheitsschaltkreise außerhalb des Schaltschranks, je nach Risikohöhe

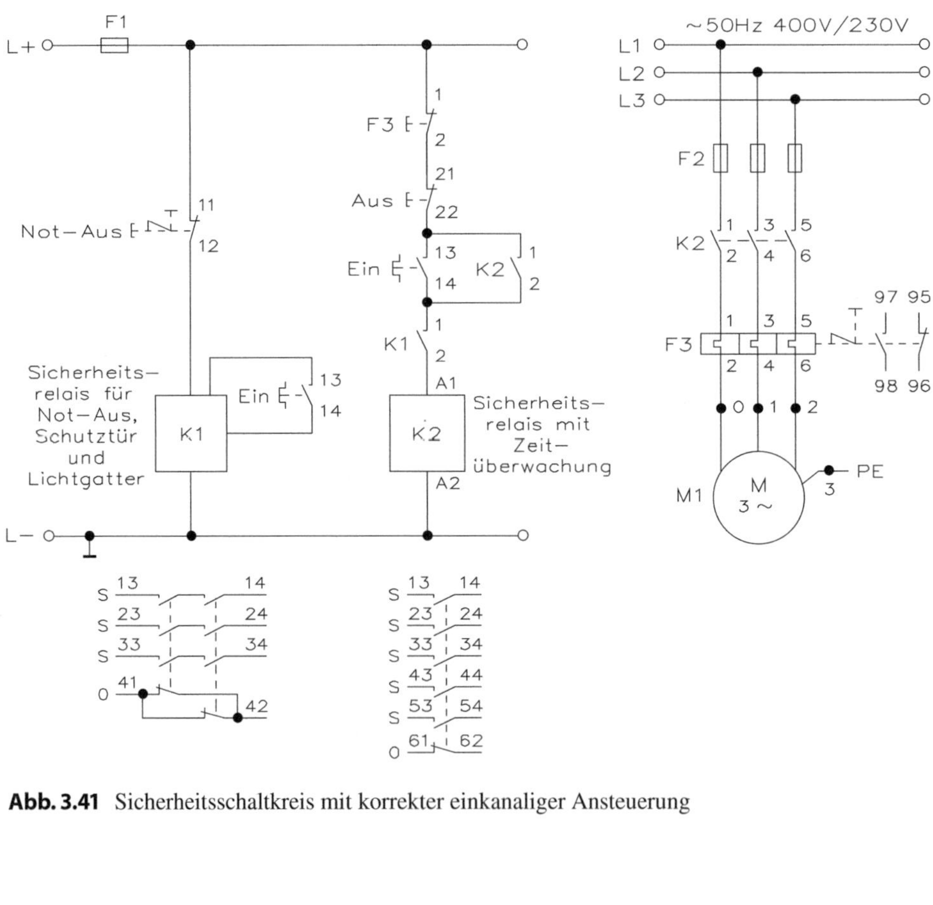

Abb. 3.41 Sicherheitsschaltkreis mit korrekter einkanaliger Ansteuerung

zweikanalig mit Querschlusserkennung vorgenommen werden. Im Schaltschrank ist eine Querschlusserkennung nicht unbedingt notwendig. Das bezogen auf Beeinflussungen der Sicherheitsschaltkreise untereinander, denn diese sind meist unmittelbar nebeneinander auf einer Hutschiene montiert und dadurch kann man mit kurzen Leitungslängen auskommen. Darüber hinaus wächst mit dem Umfang der Verdrahtung auch die Wahrscheinlichkeit von externen Verdrahtungsfehlern. Damit soll keine leichtfertige Einstellung zur Sicherheitstechnik propagiert werden, sondern übertriebenen Sicherheitsbestrebungen entgegengewirkt werden, die die Anforderungen für Sicherheitsschaltkreise unnötig hochschrauben. Anderseits ist damit die Gefahr verbunden, dass finanzielle Kosten den Maschinenkonstrukteur veranlassen, auf Sicherheitstechnik ganz zu verzichten. Ebenso ist auch nicht richtig, minderwertige Schaltungstechniken mit scheinbaren Sicherheitsargumenten aufzuwerten.

Abb. 3.41 zeigt das Beispiel einer einkanaligen Anordnung für NOT-AUS-Schaltrelais nach dem Prinzip des Sicherheitsschaltkreises für einkanalige Ansteuerung. Der NOT-AUS-Taster wird einfach in die Zuleitung zur Klemme A1 geschaltet. Dies ergibt eine Außenbeschaltung, die nach Kategorie 2 eingestuft werden kann.

Ist man unsicher, ob im gewählten Anwendungsfall der einkanalige NOT-AUS-Taster eine zuverlässige Abschaltung im Gefahrfall ermöglicht, sollte ein zweikanaliger NOT-

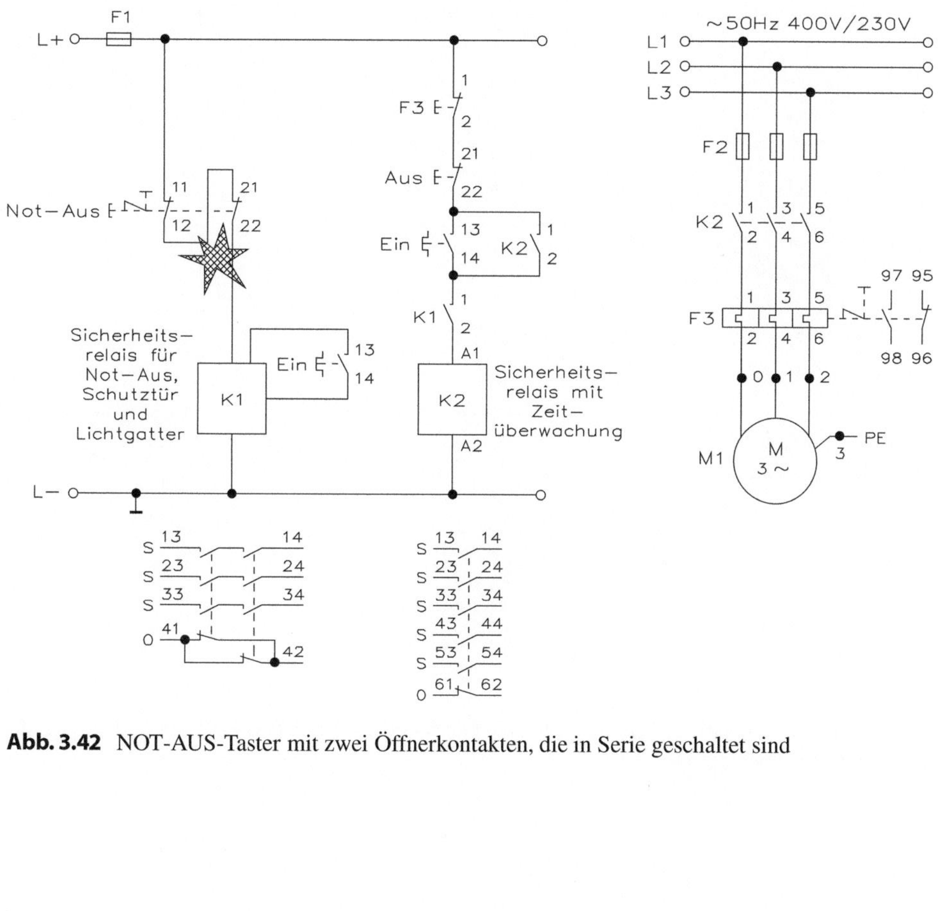

Abb. 3.42 NOT-AUS-Taster mit zwei Öffnerkontakten, die in Serie geschaltet sind

AUS-Taster zum Einsatz kommen. Da über deren Verschaltung sehr viel Unsicherheit herrscht, sollten gerade hierbei Aufwand, Vorteile und Nachteile sehr genau betrachtet werden.

Zweikanalige Abschaltung, wie sie in Abb. 3.42 gezeigt wird, findet sehr häufig Anwendung, zeigt aber bei genauer Betrachtung keinen tatsächlichen Mehrwert an Sicherheit.

Dies erkennt man mittels der folgenden Fehlerbetrachtung: Bei Nichtöffnen eines Kontaktes oder Kurzschlusses wird dies nicht erkannt, solange der andere Kontakt ordnungsgemäß öffnet und schließt. Die Sicherheitsfunktion ist zwar immer noch gegeben, aber es findet nur noch eine einkanalige Abschaltung statt. Da ein solcher Fehler durch keine Prüfroutine erkannt wird, muss diese Art der Verschaltung der einkanaligen Abschaltung nach Abb. 3.43 gleichgestellt werden.

Schaltungen wie diese werden von Sicherheitsrelais-Herstellern als Lösung empfohlen, wenn Sicherheitsschaltkreise nach Kategorie 3 oder auch Kategorie 4 kostengünstig erstellt werden sollen. Hier wird immer wieder argumentiert, dass nach Kategorie 3 nicht alle Fehler erkannt werden müssen. Hier sind nicht nur Bagatellfehler zu berücksichtigen, also gravierende Fehler wie der Verlust der Redundanz zu berücksichtigen, zumal

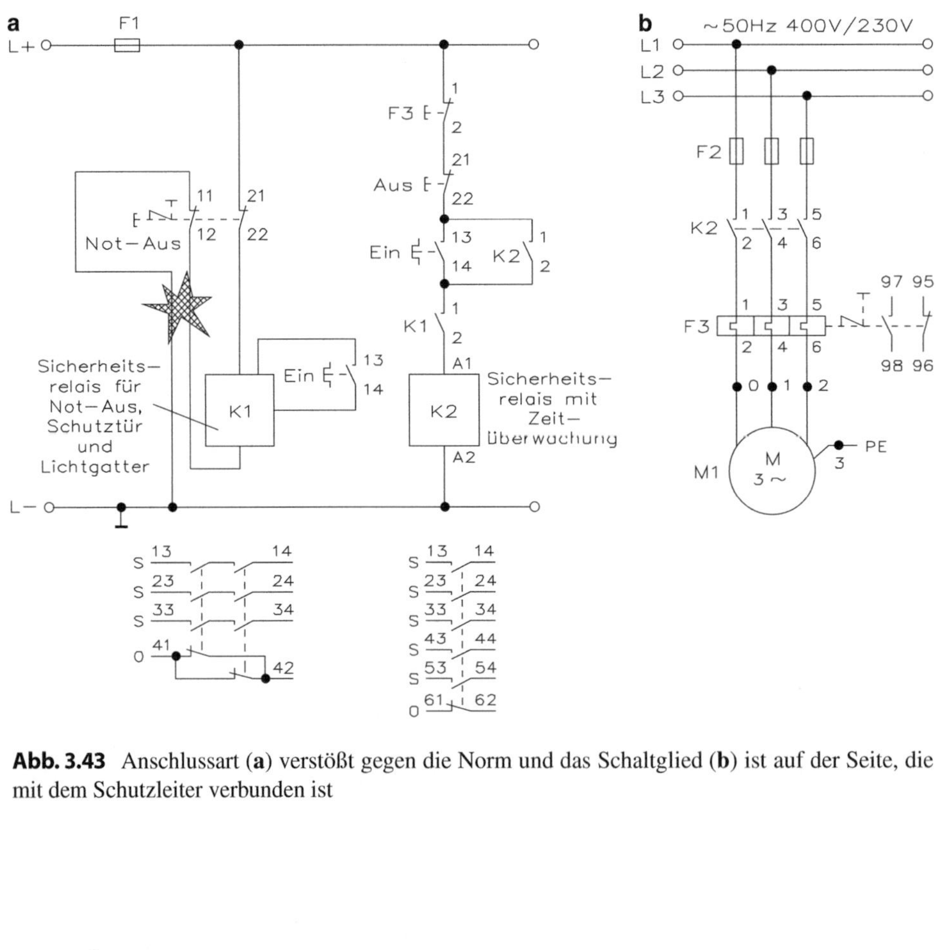

Abb. 3.43 Anschlussart (**a**) verstößt gegen die Norm und das Schaltglied (**b**) ist auf der Seite, die mit dem Schutzleiter verbunden ist

es sich bei diesem Fehler um einen durch den Sicherheitskreis nicht erkennbaren Fehler handelt. Auch hier gilt der Spruch, „Fehler, die nicht sofort zu erkennen sind, müssen als vorhanden unterstellt werden“. Ein weiterer Grund, warum von diesem Schaltbeispiel abzuraten ist, kann von der Norm abgeleitet werden. Steuergeräte dürfen hiernach nicht auf der Seite, mit der sie mit dem Schutzleiter verbunden sind, geschaltet werden. Wird die Verbindung zum Schutzleiter unterbrochen, so ist keine Erdschlusserkennung auf dem NOT-AUS-Taster nach der Norm möglich. Auch wird die Erkennung eines Querschlusses gerne überbewertet, denn Querschlusserkennung ist keine Grundforderung, sondern nur ein notwendiges Übel bei redundanten Sicherheitskreisen. Abb. 3.44 zeigt einen zweikanaligen NOT-AUS-Taster mit Differenzauswertung durch den Sicherheitskreis und die Defekte werden erkannt.

Bei diesem Schaltbeispiel wurde der Abschaltweg im Hauptstromkreis auch redundant ausgelegt. Je nach Risikofaktor kann dieser auch einkanalig sein. Grundvoraussetzung ist jedoch, dass Schütz und Absicherung entsprechend dimensioniert werden.

Nach der Norm für Risikokategorien und deren Fehlerbetrachtung zur Kategorie 4 ist ein zweikanaliger NOT-AUS-Taster mit Querschlusserkennung nicht zwingend vorgeschrieben, sondern nur eine Möglichkeit der Realisierung. Es können statt der elektrischen

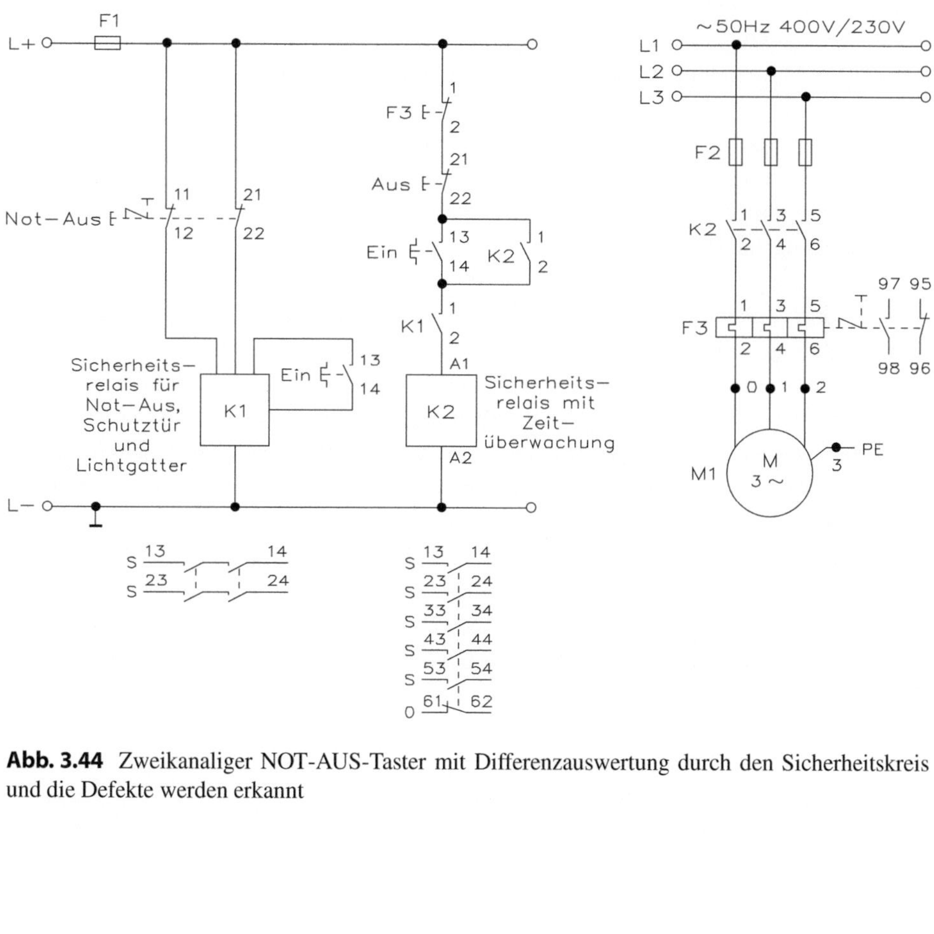

Abb. 3.44 Zweikanaliger NOT-AUS-Taster mit Differenzauswertung durch den Sicherheitskreis und die Defekte werden erkannt

Überwachung auf Querschluss auch andere Maßnahmen, wie beispielsweise mechanischer Schutz gegen Leitungsschluss, gewählt werden. Wenn z. B. die Kabel in ein Stahlrohr für mittlere und schwere Beanspruchung eingezogen und die Anschlüsse der IP-Schutzart (IP 54/55) normgerecht in das Gehäuse von Taste und Steuerung eingeführt werden, ist die Kategorie 4 auch bei einer einkanaligen Ansteuerung, wie in Abb. 3.44 gezeigt, erreicht.

3.5 Versorgung von Steuerstromkreisen

Zur Versorgung von Steuerstromkreisen müssen Transformatoren verwendet werden. Diese müssen galvanisch getrennte Wicklungen für Steuer- und Hauptstromkreise haben.

Diese Transformatoren können sein

- Steuertransformatoren nach DIN EN 60742 9/95 (DIN VDE 0551) oder
- Trenn- und Sicherheitstransformatoren nach DIN EN 60742 9/95 (DIN VDE 0551).

In der Regel sind diese zwischen zwei Außenleitern anzuschließen, können aber auch zwischen Außen- und N-Leiter angeschlossen werden.

Die Verwendung von Transformatoren zur Versorgung von Steuerstromkreisen ist für die meisten Maschinen vorgeschrieben. Ausnahmen bilden nur:

- Maschinen von weniger als einer Leistung von 3 kW, nur einem einzigen Motor und höchstens zwei äußeren Steuergeräten.
- Haushalts- und ähnliche Maschinen, deren elektrische Ausrüstung sich innerhalb des Maschinengehäuses befindet.

Die Norm enthält die internationale Vereinheitlichung und Reduzierung der Anzahl der Normspannungen. Bis auf USA und Japan werden einheitlich 230/400 V_{AC}/50 Hz Netze anzutreffen sein. Dann wird auch, statt der für die Übergangszeit eingeführten Toleranzwerte von −10 und +6 %, wieder ±10 % Spannungstoleranz zulässig sein. Zurückbleiben allerdings nach wie vor die unterschiedlichsten Steckdosensysteme, sodass z. B. elektrisch betriebene Werkzeuge aus Großbritannien nach wie vor zwar theoretisch, aber nicht praktisch in Deutschland betrieben werden können.

In den USA sind, je nach dem in welchem Teil der Staaten man sich gerade befindet, 110 V, 115 V oder 120 V bei 60 Hz anzutreffen. Auch Japan ist nicht einheitlich, so kann die Wechselspannung Werte von 200 V oder 220 V_{AC} bei 50 oder 60 Hz annehmen. Bei Gleichspannung sollte speziell in japanischen Netzen vor dem Anschluss geerdeter Geräte geprüft werden, ob Plus oder Minus geerdet ist.

Spannung 0,9 … 1,1 der Nennspannung,
Frequenz 0,99 … 1,01 der Nennfrequenz dauernd,
0,98 … 1,02 der Nennfrequenz kurzzeitig.

- Spannungsunterbrechung nicht länger als 3 ms innerhalb einer Periode, zwischen aufeinander folgenden Unterbrechungen muss eine Zeit von mehr als 1 s liegen.
- Spannungseinbrüche dürfen 20 % der Scheitelspannung der Versorgung für mehr als eine Periode nicht überschreiten, zwischen aufeinander folgenden Unterbrechungen muss eine Zeit von mehr als 1 s liegen.
- Gleichstromversorgung,
  - Durch Batterien
    Spannung 0,85 … 1,15 der Nennspannung,
    Frequenz 0,70 … 1,20 der Nennspannung bei batteriebetriebenen Fahrzeugen,
    Spannungsunterbrechung nicht länger als 5 ms.
  - Durch Umrichter
    Spannung 0,90 … 1,10 der Nennspannung,
    Frequenz 0,70 … 1,20 der Nennspannung bei batteriebetriebenen Fahrzeugen,
    Spannungsunterbrechung nicht länger als 20 ms, zwischen aufeinander folgenden Unterbrechungen muss eine Zeit von mehr als 1 s liegen,
    Welligkeit darf das 0,15-fache der Nennspannung nicht überschreiten.
- Steuerspannung: Wird die Steuerspannung einem Transformator entnommen, darf die Nennspannung 250 V nicht übersteigen. Typische Werte sind 230 V, 110 V, 42 V und 24 V.
- Überstromschutz: Steuerstromkreise müssen mit einem Überstromschutz entsprechend ausgerüstet werden. Der unbeeinflusste Kurzschlussstrom im Sekundärkreis darf bei Steuertransformatoren mit einer Bemessung von bis zu 4 kVA bei 230 V nicht größer werden als 1 kA. Zusammen mit dem geeigneten Schutzorgan (Sicherung) ist unter diesen Bedingungen das Verschweißen der Schaltelemente hinreichend auszuschließen.
- Schutzorgan, Querschnitt und Leitungslänge: Tritt ein Kurzschluss auf, soll das Schutzorgan (Sicherung) schnell ansprechen. Der Kurzschlussstrom muss hoch genug sein, damit er durch die Sicherung innerhalb von 200 ms ausgeschaltet wird.
  Für das Ermitteln des Kurzschlussstroms muss man folgende Einflussgrößen beachten:
  - Transformator,
  - Leitungslänge,
  - Leitungsquerschnitt.

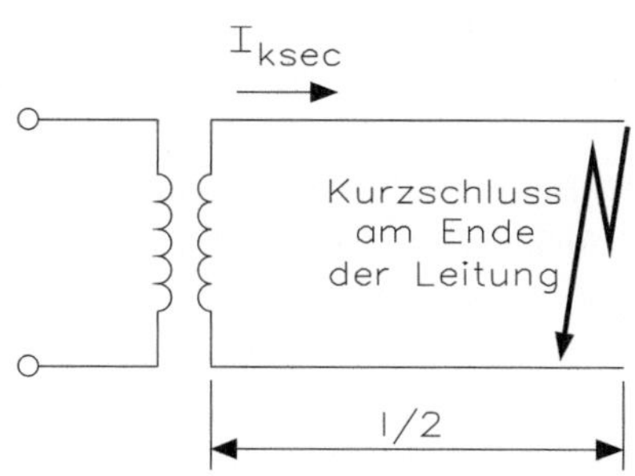

Abb. 3.45 Kurzschluss am Ende der Leitung

- Auswahl des Kurzschlussschutzorgans, dessen maximaler Ansprechwert kleiner als der Kurzschlussstrom ist. Die Berechnung erfolgt nach der Formel:

$$I_{Ksek} = \frac{U_{Ksek}}{\left[(r \cdot I) + \left(U_{nsek}^2 \cdot \frac{u_k}{P_n}\right)\right]}$$

mit:

I_{ksek}: sekundärseitiger Kurzschlussstrom,
U_{nsek}: Sekundärspannung des Trafos,
u_k: Kurzschlussspannung des Trafos,
P_n: Bemessungsleistung des Trafos,
l: Leitungslänge des Sekundärkreises,
R: Widerstand der einadrigen Leitung (Beispielswerte hier für 0,75 mm^2 Cu = 29,24 Ω/km; 1,0 mm^2 Cu = 21,93 Ω/km; 1,5 mm^2 Cu = 14,62 Ω/km).

Abb. 3.45 zeigt einen Kurzschluss am Ende der Leitung.

3.5.1 Anordnung von Überstromschutzeinrichtungen

Eine Überstromschutzeinrichtung muss dort angeordnet werden, wo der zu schützende Leiter an seine Versorgung angeschlossen ist. Ist dies nicht möglich, so kann hiervon abgewichen werden, wenn die Zuleitung zur Überstromschutzeinrichtung nicht länger als 3 m ist.

Überstromeinrichtungen für Hauptstromkreise schließen Sicherung und Leistungsschalter ein.

Bei den Sicherheitsschaltkreisen wurden durch Optimierung der Relaisspulenwiderstände folgende Leitungslängen erreicht.

Kabeltyp	2 × 1,52,
Leitungskapazität	150 nF/km,
Leitungswiderstand	28 Ω/km,
Temperatur	+25 °C,
Spannung	24 V_{DC} am Taster.

Bei einer Steuerspannung (Wechselspannung) ist die Leitungslänge 7,2 km. Diese beruht auf dem maximalen Leitungswiderstand ohne Kontaktübergangswiderstände von 200 Ω.

In den Wechselspannungsgeräten wird die Steuerspannung von z. B. 230 V_{AC} auf 24 V_{DC} heruntergesetzt. Dies geschieht mittels eines Transformators, der kurzschlussfest ist. Transformatoren dieser Art weisen eine etwas höhere Leerlaufspannung auf. Diese

Leerlaufspannung wird im Kondensator des Netzteils gespeichert und steht bei geöffnetem NOT-AUS-Tasterkreis an den Klemmen S11–S12–S22 an. Wird der NOT-AUS-Tasterkreis geschlossen, fließt kurzzeitig ein etwas höherer Strom, bis die Spannung auf die gewünschten 24 V_{DC} zusammenbricht.

Für bestimmte Schaltkreistypen erlaubt die Steuerspannung (bei Gleichspannung) eine Leitungslänge von 1,7 km. Diese beruht auf einem maximalen Leitungswiderstand ohne Kontaktübergangswiderstände von 50 Ω.

Für Schaltkreistypen erlaubt die Steuerspannung (bei Wechselspannung) eine Leitungslänge von 5,3 km. Diese beruht auf einem maximalen Leitungswiderstand ohne Kontaktübergangswiderstände von 150 Ω.

Für Schaltkreistypen ergibt sich mit einer Steuerspannung von 230 V_{AC} eine Leitungslänge von 140 km. In Wechselstromkreisen sind je nach verwendetem Kabeltyp unterschiedlich hohe Leitungskapazitäten vorhanden. Typisch sind beim Kabeltyp NYM die Leitungskapazität von 150 nF/km. Übersteigt die von der Leitungslänge abhängige Kabelkapazität 75 nF, so kann es sein, dass nach Betätigen des NOT-AUS-Tasters der Stromfluss nicht unterbrochen wird. Der induktive Strom durch den Transformator möchte entsprechend weiterfließen und nutzt dazu die Kabelkapazitäten. Diese Wechselströme bieten aber keinen Widerstand, so dass der Transformator weiter Energie erhält und Spannung an den Relais anliegt. Diese Spannung ist zwar nicht so hoch, dass die Relais anziehen könnten, aber die niedrigere Haltespannung kann ab 350 m Leitungslänge kapazitiv induziert auftreten. Die Minderung der Leitungslänge ist gegenläufig zur Höhe der Steuerspannung. Wie Abb. 3.46 wird bei ca. 42 V die maximale Leitungslänge erreicht. Bei größeren Entfernungen steigt der ohmsche über den kapazitiven Widerstand.

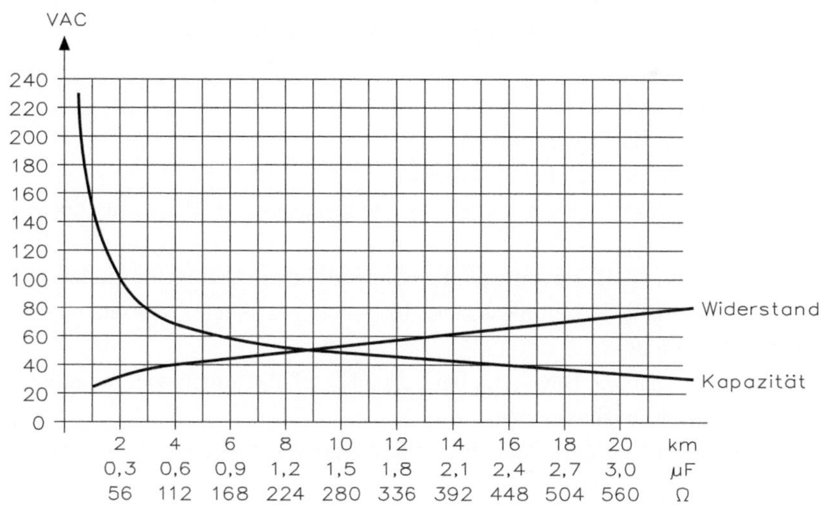

Abb. 3.46 Typischer Verlauf von Widerstand und Kapazität in Abhängigkeit von Leitungslänge und Spannung

Abb. 3.46 zeigt ein Schaltbeispiel, wie Kabelkapazität entsteht. In Mantelleitungen, wie dem Typ NYM, liegen die Leiter über der gesamten Länge dicht beieinander. Der Leitungsaufbau gleicht dem eines Kondensators und verhält sich auch so. Je länger das Kabel ist, umso größer ist die wirkende Kapazität.

3.5.2 Sicherungsautomaten

Der optimale Schutz gegen Kurzschluss-Verschweißung von Relaiskontakten ist nach wie vor die Schmelzsicherung. Dagegen spricht jedoch die Tatsache, dass diese bereits nach einmaligem Auslösen defekt ist und ersetzt werden muss. Dies ist das eigentliche Problem der Schmelzsicherung. Nach Murphys Gesetz der maximalen Boshaftigkeit ist natürlich in solch einem Fall keine Ersatzsicherung vorhanden und schon gar keine mit der Auslösekennlinie, die es zu ersetzen gilt. Aus diesem Grund wünscht man sich Sicherungsautomaten, im nachfolgenden Leitungsschutzschalter genannt, die auch nach vielfachem Auslösen nicht ersetzt werden müssen und immer einen korrekten Kurzschlussschutz bieten. Leider ist ein pauschales Ersetzen einer Schmelzsicherung mit 10 A durch einen Sicherungsautomaten mit 10 A nicht zu empfehlen. Da diese beiden nach einem unterschiedlichen Prinzip funktionieren, weisen sie auch eine unterschiedliche Auslösekennlinie auf. Während die Kennlinie der Schmelzsicherung harmonisch in einer 1/X-Kurve verläuft, hat die Kennlinie eines Sicherungsautomats auf halber Strecke einen Höcker. Die Ursache der Änderung im Verlauf dieser Kennlinie ist, dass hier unterschiedliche Systeme wirken. Die Charakteristik der unteren Hälfte wird von einem magnetischen, bei Kurzschluss wirkenden, Teil und die obere Hälfte von einem thermischen, bei Überstrom wirkenden Teil bestimmt wird. Da es hierbei Variationsmöglichkeiten gibt, werden Leitungsschutzschalter entsprechend ihrer Auslösecharakteristik eingestuft.

- Auslösecharakteristik A,
  - Für begrenzten Halbleiterschutz,
  - Schutz von Messkreisen mit Wandlern,
  - Schutz von Stromkreisen mit großen Leitungslängen, bei Forderung der Abschaltung in 0,4 s.
- Auslösecharakteristik B: Leitungsschutz hauptsächlich in Wohnbauinstallationen.
- Auslösecharakteristik C: Leitungsschutz, bevorzugt bei höheren Einschaltströmen wie Lampen, Motoren usw.
- Auslösecharakteristik D: Bevorzugt bei hohen Einschaltströmen wie Transformatoren, Magnetventilen, Kapazitäten usw.
- Auslösecharakteristik Z: Für Halbleiterschutz und diese lösen sehr schnell aus.

Die Aufgabe von Leitungsschutzschaltern ist der Schutz von Kabeln und Leitungen gegen thermische Überlastung der Isolation durch Überströme und Kurzschlüsse. Die Auslösecharakteristiken der Leitungsschutzschalter sind daher den Belastungskennlinien der Kabel und Leitungen angepasst. Muss man Sicherheitsschaltkreise mittels Leitungsschutzschaltern schützen, ist ein wichtiger Aspekt, dass Schaltkontakte, die ein sicheres Abschalten gewährleisten sollen, bei Kurzschluss nicht verschweißen. Ein wesentlicher Punkt hierbei ist, ob beim Kurzschluss ein Lichtbogen entsteht. Lichtbogen erzeugen, wie dies auch beim Elektroschweißen genutzt wird, eine sehr hohe Temperatur, die Metall verflüssigt und Kontakte verkleben lässt.

Bei der heute zu 80 % üblichen Spannung von 24 V_{DC} ist die Gefahr der Lichtbogenbildung vernachlässigbar, deshalb kann für eine weitere Betrachtung von einer Durchlassspannung von $\leq$ 60 V_{DC} ausgegangen werden. Ein weiterer wichtiger Wert, der zu ermitteln ist, wird durch den verwendeten Relaiskontakt bestimmt. Die meisten in der Produktreihe verwendeten Relaiskontakte sind für 8 oder 10 A ausgelegt.

Betrachtet man den Kurzschlussfall, nicht den Bereich der thermischen Überlast. Dieser ist davon abhängig, dass im Kurzschlussfall ein genügend hoher Strom fließt, um eine sichere elektromagnetische Auslösung des Leitungsschutzschalters zu gewährleisten.

Für Spannungen $\leq$ 60 V_{DC} ergeben sich für Leitungsschutzschalter bei einem prospektiven Kurzschlussstrom von 1 kA folgende Durchlasswerte von Tab. 3.8.

Aus Tab. 3.8 ist deutlich zu erkennen, dass sowohl beim 10 A als auch beim 8 A Relaiskontakt bei Einhaltung der max. Spannung von 60 V_{DC} kein Kontaktverschweißen zu befürchten ist. Anders ist dies bei höheren Spannungen wie z. B. 230 V_{AC}. Hier wirken wesentlich mehr Faktoren und eine genaue Analyse ist sehr schwierig. Man kann von fol-

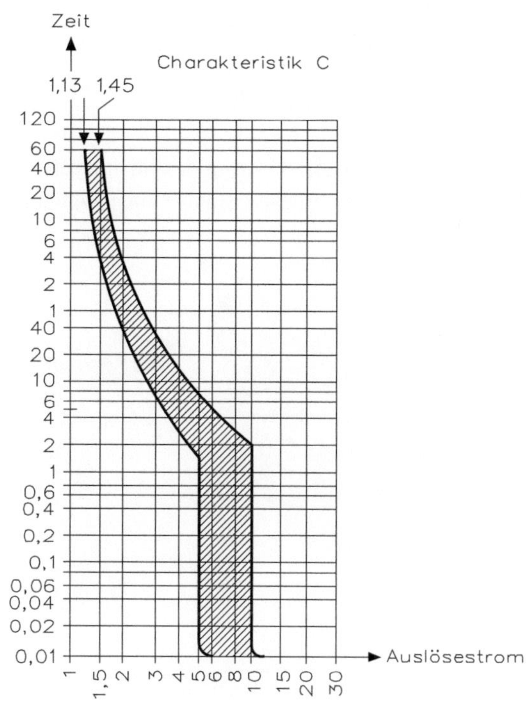

Abb. 3.47 Zeit-/Strom-Kennlinie eines Leitungsschutzschalters

Tab. 3.8 Kurzschlussstrom und Durchlasswerte bei Leitungsschutzschaltern

Leitungsschutzschalter	Typ. $I^2 \cdot t$-Wert	Relaiskontakte	Max. $I^2 \cdot t$-Wert
10 A	150 A^2s	10 A	400 A^2s
6 A	85 A^2s	8 A	320 A^2s

gendem ausgehen, dass der Amperewert des Leitungsschutzschalters deutlich unterhalb des Amperewerts des Relais liegt. Abb. 3.47 zeigt die Zeit-/Strom-Kennlinie eines Leitungsschutzschalters.

3.5.3 Schmelzsicherungen

Schmelzsicherungen zeichnen sich durch ein hohes Bemessungsschaltvermögen bei kleinstem Raumvolumen aus. Ein typischer Wert für das Bemessungsschaltvermögen bei Wechselspannung ist I = 50 kA, die Auslösestromstärken sind je nach Leitungsquerschnitt abgestuft und in den Normen DIN VDE 0636/IEC 60269 festgelegt.

Ein Vorteil dieser Sicherungsart ist die Strombegrenzung, die durch gleichzeitiges Schmelzen mehrerer Engstellen eines Schmelzleiters entstehen. Sollen Halbleiter geschützt werden, hat die Schmelzsicherung hier Vorteile, die von einem Leitungsschutzschalter nur schwer erreicht werden. Abb. 3.48 zeigt verschiedene Schmelzsicherungen.

Bei der Zuordnung von Sicherungen zum Leitungsschutz bei Überlast ist gemäß VDE 0100 Teil 430 vorzugehen:

Nennstromregel: $I_B \leq I_n \leq I_Z$,
Auslöseregel: $I_2 \leq 1{,}45 \cdot I_n$,
I_B: Betriebsstrom des Stromkreises,
I_n: Betriebsstrom der ausgewählten Schutzeinrichtung,

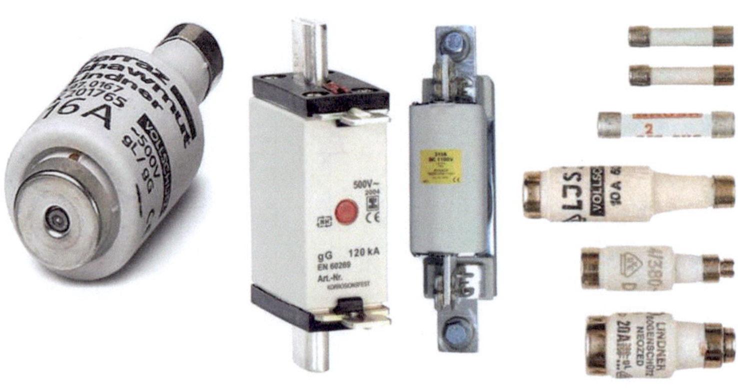

Abb. 3.48 Verschiedene Schmelzsicherungen

I_Z: zulässige Strombelastbarkeit der Leitung,
I_2: Auslösestrom der Schutzeinrichtung,
1,45: ist ein international akzeptierter Kompromiss zwischen Nutzungs- und Schutzgrad einer Leitung.

Tab. 3.9 zeigt die Dauerstrombelastung ausgewählter Leitungstypen.

Der Schutz bei Überlast besteht darin, Schutzorgane vorzusehen, die Überlastströme in den Leitern eines Stromkreises unterbrechen, ehe sie eine für die Leiterisolierung, die Anschluss- und Verbindungsstellen sowie die Umgebung der Leitungen und Kabel schädliche Erwägung hervorrufen können.

Zum Schutz bei Überlast von Leitungen müssen folgende Bedingungen erfüllt sein.

Beispiel

Eine dreiadrige NYM-Leitung soll bei einer Umgebungstemperatur von 21 °C als Einzelleitung an der Wand verlegt werden. Der Betriebsstrom beträgt 38 A.

Man bestimmt den Querschnitt mit $A = 6\,mm^2$ und die Verlegeart ist in C durchzuführen: $A = 6\,mm^2$, $I_Z = 49$ A und $I_n = 40$ A.

Die Bedingung lautet: $I_B \leq I_n \leq I_Z$ ist (38 A ≤ 40 A ≤ 49 A)

Gewählt wird die Sicherung mit $I_n = 40$ A.

Anmerkung

Bei einstellbaren Schutzorganen entspricht der Einstellwert I_Z, dem Strom, der eine Auslösung des Schutzorgans unter den in den Gerätebestimmungen festgelegten Bedingungen bewirkt (großer Prüfstrom).

Abb. 3.49 zeigt die Bezugswerte der Leitung und die Anordnung der Schutzorgane zum Schutz bei Überlast.

Schutzorgane zum Schutz bei Überlast müssen am Anfang jedes Stromkreises, sowie an allen Stellen eingebaut werden, an denen die Strombelastbarkeit gemindert wird, sofern ein vorgeschaltetes Schutzorgan den Schutz nicht sicherstellen kann.

Anmerkung

Ursachen für die Minderung der Strombelastbarkeit können eine Verringerung des Leiterquerschnitts, andere Verlegungsart, andere Leiterisolierung und weitere Einschränkun-

Tab. 3.9 Dauerstrombelastung ausgewählter Leitungstypen

Nennquerschnitt mm^2	Leitungsschutzschalter Zweileitersystem	Leitungsschutzschalter Dreileitersystem	Zul. Dauerstrom Zweileitersystem	Zul. Dauerstrom Dreileitersystem
1,5	B/C 16	B/C 16	19,5 A	17,5 A
2,5	B/C 25	B/C 25	26 A	24 A
4	B/C 32	B/C 32	35 A	32 A
6	B/C 40	B/C 40	46 A	41 A

Abb. 3.49 Bezugswerte der Leitung

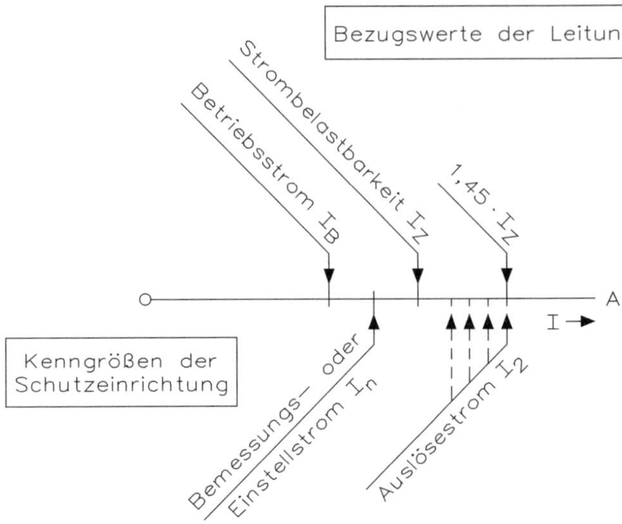

gen sein. Schutzorgane zum Schutz bei Überlast dürfen nicht eingebaut werden, wenn die Unterbrechung des Stromkreises eine Gefahr darstellen kann. Die Stromkreise müssen so gelegt sein, dass mit dem Auftreten von Überlastströmen nicht gerechnet werden muss.

Beispiele

- Erregerstromkreise von umlaufenden Maschinen,
- Speisestromkreise von Hubmagneten,
- Sekundärstromkreise von Stromwandlern,
- Stromkreise, die der Sicherheit dienen.

Der Schutz bei Kurzschluss besteht darin, Schutzorgane vorzusehen, die Kurzschlussströme in den Leitern eines Stromkreises unterbrechen, ehe sie eine für die Leiterisolierung, die Anschluss- und Verbindungsstellen sowie die Umgebung der Leitungen und Kabel schädliche Wärme hervorrufen können. Allgemein kann die zulässige Ausschaltzeit für Kurzschlüsse bis zu einer Dauer von 5 s sein und lässt sich nach der Gleichung bestimmen:

$$t = \left(k \cdot \frac{A}{t}\right)^2 \quad \text{oder} \quad I^2 \cdot t = k^2 \cdot A^2.$$

Darin bedeuten:

t: zulässige Ausschaltzeit im Kurzschlussfall in s,
A: Leiterquerschnitt in mm^2,
I: Strom bei vollkommenem Kurzschluss in A,

k: Konstante mit den Werten,
- 115 bei PVC-isolierten Kupferleitern,
- 74 bei PVC-isolierten Aluminiumleitern,
- 135 bei gummiisolierten Kupferleitern,
- 87 bei gummiisolierten Aluminiumleitern,
- 115 bei Weichlotverbindungen in Kupferleitungen.

Bei sehr kurzen zulässigen Ausschaltzeiten ($< 0{,}1$ s) muss das aus der Gleichung zu mittelnde Produkt $k^2 \cdot A^2$ größer sein als vom Hersteller angegebene $P \cdot t$-Wert des begrenzenden Schutzorgans.

Anmerkung
Diese Bedingung ist erfüllt, wenn eine Leitungsschutzsicherung des Nennstroms von 63 A vorhanden ist und der kleinste zu schützende Leitungsquerschnitt mindestens 1,5 mm² Cu beträgt.

Schutzorgane für den Schutz bei Kurzschluss müssen am Anfang jedes Stromkreises sowie an allen Stellen eingebaut werden, an denen die Kurzschlussstrom-Belastbarkeit gemindert wird, sofern ein vorgeschaltetes Schutzorgan den geforderten Schutz bei Kurzschluss nicht sicherstellen kann.

Anmerkung
Ursachen für die Minderung der Kurzschlussstrom-Belastbarkeit können sein: Verringerung des Leiterquerschnitts und andere Leiterisolierung. Auf den Kurzschlussschutz muss in allen Fällen verzichtet werden, wo eine Unterbrechung des Stromkreises eine Gefahr darstellen kann.

- Schutz der Außenleiter: Überstromschutzorgane sind in allen Außenleitern vorzusehen. Sie müssen die Abschaltung des Leiters, in dem der Strom auftritt, bewirken, nicht aber unbedingt auch die Abschaltung der übrigen aktiven Leiter.

Anmerkung
Wenn die Abschaltung eines einzigen Außenleiters eine Gefahr verursachen kann, z. B. bei Drehstrommotoren, muss eine geeignete Vorkehrung getroffen werden. Motorschutzschalter und Leistungsschalter schalten stets dreipolig ab.

- Schutz des Neutralleiters in Anlagen mit direkt geerdetem Sternpunkt (TN- oder TT-Systeme): Ist der Querschnitt des Neutralleiters geringer als der der Außenleiter, so ist eine seinem Querschnitt angemessene Überstromerfassung im Neutralleiter vorzusehen. Diese Überstromerfassung muss die Abschaltung der Außenleiter, jedoch nicht unbedingt die des Neutralleiters bewirken.

  Es ist jedoch zulässig, auf eine Überstromerfassung im Neutralleiter zu verzichten, wenn

- der Neutralleiter durch das Schutzorgan der Außenleiter des Stromkreises bei Kurzschluss geschützt wird und
- der Höchststrom, der den Neutralleiter durchfließen kann, bei normalem Betrieb beträchtlich geringer ist als der Wert der Strombelastbarkeit dieses Leiters.

Anmerkung
Diese zweite Bedingung ist erfüllt, wenn die übertragene Leistung möglichst gleichmäßig auf die Außenleiter aufgeteilt ist, z. B. wenn die Summe der Leistungsaufnahme der zwischen Außenleiter und Neutralleiter angeschlossenen Verbrauchsmittel, wie Leuchten und Steckdosen, sehr viel kleiner ist als die gesamte über den Stromkreis übertragene Leistung.

Bei Anlagen mit nicht direkt geerdetem Sternpunkt (IT-System): Wenn das Mitführen des Neutralleiters erforderlich ist, muss im Neutralleiter jedes Stromkreises eine Überstromerfassung vorgesehen werden, die die Abschaltung aller aktiven Leiter des betreffenden Stromkreises (einschließlich des Neutralleiters) bewirkt.

Auf diese Überstromerfassung darf jedoch verzichtet werden, wenn der betrachtete Neutralleiter durch ein vorgeschaltetes Schutzorgan, z. B. in der Einspeisung der Anlage, gegen Kurzschluss geschützt ist.

- Abschalten des Neutralleiters: Wenn die Abschaltung des Neutralleiters vorgeschrieben ist, muss die verwendete Schutzeinrichtung so beschaffen sein, dass der Neutralleiter in keinem Fall vor den Außenleitern ausgeschaltet und nach diesen wieder eingeschaltet werden kann.

Tab. 3.10 zeigt die Mindestquerschnitte für Schutzleiter.

Tab. 3.11 zeigt die Umrechnungsfaktoren für Temperaturen für die umgebende Luft. Die Umrechnungsfaktoren sind anders anzuwenden für die Strombelastbarkeit von Leitungen oder Kabeln frei in Luft.

Sicherungen bestehen aus einem isolierenden Körper, der zwei durch einen Schmelzleiter verbundene elektrische Kontakte oder Drahtanschlüsse aufnimmt. Der Schmelzleiter wird durch den ihn durchfließenden Strom erwärmt und schmilzt, wenn der Bemessungsstrom (Nennstrom) der Sicherung deutlich für eine bestimmte Zeit überschritten wird. Diese Schutzfunktion wird „Auslösen der Sicherung“ genannt. Ausgelöste Sicherungen sind unbrauchbar und müssen ersetzt werden.

Der Schmelzleiter ist in der Regel aus Elektrolytkupfer (E-CU) oder Feinsilber (Ag 1000/1000) hergestellt und von Luft oder Quarzsand umgeben. Der Sand dient als Lichtbogenlöschmittel. Beim Abschalten eines Stromkreises entsteht ein Lichtbogen, dessen Intensität von der Höhe des abzuschaltenden Stroms abhängt. Bei einem Kurzschluss kann dieser Strom um mehrere Größenordnungen über dem Nennstrom der Sicherung liegen.

Der Schmelzleiter durchläuft während des Ansprechens die drei Aggregatzustände (fest, flüssig, gasförmig). Im gasförmigen Zustand des Schmelzleiters entsteht ein Plas-

Tab. 3.10 Mindestquerschnitte für Schutzleiter

Außenleiter	Schutzleiter oder PEN-Leiter[a]		Schutzleiter[c] getrennt verlegt		
	Isolierte Starkstromleitungen	0,6/1-kV-Kabel mit vier Leitern	Geschützt		Ungeschützt[b]
mm^2	mm^2	mm^2	mm^2 Cu	Al	mm^2 Cu
Bis 0,5	0,5	–	2,5	4	4
0,75	0,75	–	2,5	4	4
1	1	–	2,5	4	4
1,5	1,5	1,5	2,5	4	4
2,5	2,5	2,5	2,5	4	4
4	4	4	4	4	4
6	6	6	6	6	6
10	10	10	10	10	10
16	16	16	16	16	16
25	16	16	16	16	16
35	16	16	16	16	16
50	25	25	25	25	25
70	35	35	35	35	35
95	50	50	50	50	50
120	70	70	70	70	70
150	70	70	70	70	70
185	95	95	95	95	95
240	–	120	120	120	120
300	–	150	150	150	150
400	–	185	185	185	185

[a] PEN-Leiter $\geq 10\,mm^2$ Cu oder $18\,mm^2$ Al
[b] Ungeschütztes Verlegen von Leitern aus Aluminium ist nicht zulässig
[c] Ab einem Querschnitt des Außenleiters von $\geq 95\,mm^2$ vorzugsweise blanke Leiter anwenden

ma und der Stromfluss erfolgt über diesen, d. h. es bildet sich ein Lichtbogen, der den Quarzsand stark erhitzt. Der schmelzende Quarzsand kühlt den Lichtbogen so intensiv, dass die erneute Zündung bei wiederkehrender Spannung nach dem Nulldurchgang (bei Wechselstrom) wirksam verhindert wird. Im Einflussbereich des Lichtbogens entsteht ein nicht leitender Sinterkörper aus Schmelzleitermetall. Der Lichtbogen verlischt und die zu schützende Leitung ist von der Strom- bzw. Spannungsquelle getrennt.

Die korrekte Funktion der Lichtbogenlöschung ist im Wesentlichen abhängig von der Körnung, der Reinheit und der Packungsdichte des verwendeten Quarzsandes. Das Löschmittel muss absolut frei von organischen Verbindungen sein. Die den Quarzsand oft begleitenden Feldspat-Bestandteile müssen vollständig entfernt werden, da Feldspat den Glasfluss des Sandes fördert. Glasfluss im Inneren eines Sicherungseinsatzes darf nicht eintreten, weil Glas im glühenden Zustand elektrisch leitend wird.

Tab. 3.11 Umrechnungsfaktoren für Temperaturen für die umgebende Luft

Isolierwerkstoff[a]	NR/SR	PVC	EPR
Zulässige Betriebstemperatur	60 °C	70 °C	80 °C
Umgebungstemperatur °C	Umrechnungsfaktoren		
10	1,29	1,22	1,18
1	1,2	1,1	1,1
20	1,15	1,12	1,10
25	1,08	1,06	1,05
30	1,00	1,00	1,00
35	0,91	0,94	0,95
40	0,82	0,87	0,89
45	0,71	0,79	0,84
50	0,58	0,71	0,77
55	0,41	0,61	0,71
60	–	0,50	0,63
65	–	–	0,55
70	–	–	0,45

[a] Bei höheren Umgebungstemperaturen nach Herstellerangaben

3.5.4 Niederspannungssicherungen

Niederspannungssicherungen werden eingesetzt im Verteilnetz, in der Industrie und beim Endabnehmer, z. B. im Sicherungskasten. Die typische Nennspannung ist 230/400 V_{AC}. Für Industrieanlagen gibt es Ausführungen bis über 1000 V Gleich- oder Wechselspannung.

Es gibt verschiedenen Bauformen (z. B. Schraubsicherungen, NH-Sicherungen, Zylindersicherungen), die wiederum jeweils in verschiedenen Betriebsklassen (Auslösecharakteristiken) hergestellt werden. Schmelzsicherungen sind, wie andere Sicherungselemente auch, durch ihre Auslösecharakteristik gekennzeichnet. Sie ist zusammen mit dem Nennstrom und dem Schaltvermögen eine wichtige Kenngröße.

Die Auslösecharakteristik beschreibt in einem Zeit-Strom-Diagramm das Toleranzfeld der Auslösezeit bei bestimmten auf den Nennstrom bezogenen relativen Überströmen. Die Toleranzen bei gleicher Charakteristik sind relativ groß. Bei 1,5-facher Überlast kann die Auslösezeit z. B. wenige Minuten bis zu einer Stunde betragen; beim 15-fachen Nennstrom (Kurzschluss) beispielsweise 50 ms … 100 ms. Charakteristisch für alle Zeit-Strom-Diagramme von Sicherungselementen ist, dass die Toleranzbreite bei geringem Überstrom größer als bei relativ hohen Überströmen ist. Sind enge Abschalttoleranzen erforderlich (z. B. zum Schutz eines kleinen Transformators gegen Überlast), ist eine Schmelzsicherung daher oft ungeeignet. Alternativ werden dann Temperatursicherungen oder Bimetall-Überstromschalter eingesetzt.

Tab. 3.12 Funktionsklassen bei Schmelzsicherungen

g	(„general purpose fuse“): Ganzbereichssicherung, die Ströme bis wenigstens zu ihrem Bemessungsstrom dauernd führen und Ströme vom kleinsten Schmelzstrom bis zum Bemessungsausschaltstrom ausschalten kann
a	(„accompanied fuse“, begleitende Sicherung): Ganzbereichssicherung, die Ströme bis wenigstens zu ihrem Bemessungsstrom dauernd führen und Ströme vom kleinsten Schmelzstrom bis zum Bemessungsausschaltstrom ausschalten kann
	Teilbereichssicherungen können also hohe Kurzschlussströme sicher abschalten, jedoch nicht Überlastströme und dürfen daher nur begleitend mit einem Überlastorgan verwendet werden

Die Kennzeichnung zwischen träge und flink (normal) ist bei Sicherungen nicht mehr üblich und man hat die einheitliche Betriebsklasse gG für Leitungsschutzsicherungen eingeführt. Die Kennlinie gG ist träge/flink, d. h. bei niedrigen Kurzschlussströmen träge und bei hohen flink. Die Kennzeichnung mit dem Schneckensymbol wurde für gL D-Sicherungen noch für Jahrzehnte beibehalten.

Für Sicherungen mit der Betriebsklasse gL gilt: Bei fünffacher Überschreitung des Bemessungsstroms reagiert die Sicherung innerhalb fünf Sekunden, bei zehnfacher Überschreitung beträgt die Reaktionszeit 0,2 s.

Die Betriebsklasse einer Niederspannungssicherung wird durch zwei Buchstaben ausgedrückt, von denen der erste Buchstabe die Funktionsklasse und der zweite Buchstabe das Schutzobjekt kennzeichnet. Die Funktionsklasse einer Sicherung kennzeichnet seine Fähigkeit, bestimmte Ströme ohne Beschädigung zu führen und Überströme oberhalb eines Bereichs ausschalten zu können.

Es wird zwischen zwei Funktionsklassen unterschieden und Tab. 3.12 zeigt dies.

Tab. 3.13 zeigt die Unterschiede für Schutzobjekte.

Tab. 3.14 zeigt Kombinationen gängiger Betriebsklassen.

Eng mit der Auslösecharakteristik verbunden ist die Selektivität einer Sicherungs- bzw. Verteileranlage: Es muss vermieden werden, dass z. B. die Hauptsicherung bei Kurzschluss oder Überlast schneller anspricht als die untergeordnete Sicherung im defekten Stromkreis. Daher müssen die Sicherungen hinsichtlich ihres Ansprechverhaltens aufeinander abgestimmt sein.

Tab. 3.13 Unterschiede für Schutzobjekte

G	Schutz für allgemeine Zwecke („general application“)
M	Schutz von Motorstromkreisen
R	Halbleiterschutz („rectifier“, Stromrichter)
S	Halbleiterschutz und Kabel- und Leitungsschutz
B	Bergbauanlagen
Tr	Transformatorenschutz

Tab. 3.14 Kombinationen gängiger Betriebsklassen

gG	Ganzbereichsschutz: Standardtyp für allgemeine Anwendung (trägflink)
gR	Ganzbereichsschutz: Halbleiterbauelemente, (superflink, schneller als gS)
gS	Ganzbereichsschutz: Halbleiterbauelemente und Leitungsschutz (superflink)
	Ersetzt seit 2006 die Werksnormen gRL und gGR
gPV	Ganzbereichsschutz: neue Betriebsklasse speziell für Photovoltaik (superflink). Ähnlich gR und gS, jedoch für Gleichstrom ausgelegt
aR	Teilbereichsschutz: Kurzschlussschutz für Halbleiterbauelemente (superflink), jedoch kein Überlastschutz und dieser muss anderweitig gewährleistet sein
aM	Teilbereichsschutz: Kurzschlussschutz für Schaltgeräte in Motorstromkreisen (träge), jedoch kein Überlastschutz und dieser muss anderweitig gewährleistet sein
gTr	Teilbereichsschutz: Kurzschlussschutz für Schaltgeräte in Motorstromkreisen (träge), jedoch kein Überlastschutz und dieser muss anderweitig gewährleistet sein
gB	Ganzbereichsschutz: Bergbauanlagen (kurzschlussflink) und Betriebsspannungen bis 1000 V

Ein Schraubsicherungshalter für eine D-Sicherung besteht aus einem festen Sicherungsunterteil mit dem Passelement (Passschraube) sowie einer abnehmbaren Schraubkappe mit Fenster. Der Sicherungseinsatz (Schmelzeinsatz, Sicherungspatrone, Sicherung) hat einen farbigen Betriebszustandsanzeiger (Kennmelder, auch Schaltzustandsanzeiger oder Unterbrechungsmelder), der bei eingeschraubter Sicherung hinter dem Fenster der Schraubkappe sitzt, und einen Fußkontakt, der zur Passschraube passen muss. Oft sind auch die Passschrauben zusätzlich farblich gekennzeichnet – sie müssen dann zur Farbe des Kennelements der Sicherung passen. Der Innendurchmesser des isolierten Kopfes der Passschraube limitiert den Durchmesser und damit den Nennstrom der einsetzbaren Sicherungsgrößen nach oben. Die Schraube ist mit einem speziellen Dreher, der in zwei Nuten am Zylindermantel des Isolierkörpers eingreift, fest sitzend anzuschrauben und muss passend zur Belastbarkeit der installierten Leitung gewählt sein. Der Sicherungseinsatz ist der reaktive, wechselbare Teil einer Sicherung.

Schraubsicherungen haben Fußkontakte mit nennstromabhängig abgestuftem Durchmesser. Im Unterteil des Sicherungshalters befindet sich ein entsprechendes farbiges Passelement (Passschraube, Passeinsatz), das verhindert, dass man Sicherungen mit höherem Bemessungsstrom als vorgesehen einsetzt.

In der Mitte des Kopfkontaktes des Sicherungseinsatzes befindet sich ein farbiges Metallplättchen, der Kennmelder, als Schaltzustandsanzeiger. Er ist mit einer Feder unterlegt und wird von einem Draht mit hohem Widerstand gehalten, der am Fußkontakt des Sicherungseinsatzes befestigt ist. Nach Abschmelzen des Schmelzleiters schmilzt auch der Haltedraht des Kennmelders, worauf der Kennmelder ausgeworfen wird. Eine Glasscheibe in der Schraubkappe verhindert das Herausfallen des Kennmelders und ermöglicht eine Sichtkontrolle der ausgelösten Sicherung.

Kennmelder und Passeinsätze sind abhängig vom Bemessungsstrom farblich gekennzeichnet.

Tab. 3.15 Kennfarben und Fußkontaktdurchmesser von Schraubsicherungen

Nennstrom	Farbe	Fußdurchmesser		
		D	DL	D0
2 A	Rosa	6 mm	8 mm	7,3 mm
4 A	Braun	6 mm	8 mm	7,3 mm
6 A	Grün	6 mm	8 mm	7,3 mm
10 A	Rot	8 mm	8 mm	8,5 mm
16 A	Grau	10 mm	10 mm	9,7 mm
20 A	Blau	12 mm	12 mm	10,9 mm
25 A	Gelb	14 mm		12,1 mm
35 A	Schwarz	16 mm		13,3 mm
50 A	Weiß	18 mm		14,5 mm
63 A	Kupfer	20 mm		15,9 mm
80 A	Silber	20 mm		21,4 mm
100 A	Rot			24,2 mm
125 A	Gelb			
160 A	Kupfer			
200 A	Blau			

Der wesentliche Unterschied zwischen D- und D0-Sicherungen ist neben den verschiedenen Abmessungen die zulässige Betriebsspannung: Während D-Sicherungen für eine Spannung von bis 500 V, Sondertypen bis zu 750 V (jeweils Gleich- und Wechselspannung) geeignet sind, ist das D0-System nur bis zu einer Spannung von Wechselspannung bis 400 V und Gleichspannung bis 250 V bestimmt.

Tab. 3.15 zeigt die Kennfarben und Fußkontaktdurchmesser von Schraubsicherungen.

Als Leitungsschutzsicherungen werden heute Schraubsicherungen der Betriebsklasse gG eingesetzt, z. B. um Leitungen zu Verteilern zu schützen. Vereinzelt werden noch Schraubsicherungen in Verbindung mit Motorschutzschaltern zum Schutz von Motoren eingesetzt, wenn Maschinen mit besonders hohem Einschaltstrom betrieben werden.

3.5.5 NH-Sicherungen

Niederspannungs-Hochleistungssicherungen, kurz NH-Sicherungen, sind auch unter den Namen Messersicherung, Schwertsicherung oder (in Verbindung mit Hausanschlusskästen) als Panzersicherung bekannt. Sie werden im Bereich der Hauptverteilungen in Niederspannungsnetzen eingesetzt. Merkmal ist das gegenüber Schraubsicherungen deutlich größere Bauvolumen sowie massive Kontaktmesser an beiden Enden. Daher können sie größere Ströme führen und trennen. Übliche Ausführungen als Hochleistungssicherung gestatten ein sicheres Abschalten von Fehlerströmen bis zu 120 kA (Bemessungsausschaltvermögen), wobei der Nennstrom bis zu 1,6 kA (Bemessungsstrom) betragen kann.

NH-Sicherungen sind in Industrieanlagen weit verbreitet, außerdem werden sie im öffentlichen Stromnetz verwendet, z. B. in Trafostationen, Hauptverteilungen, oder im Hausanschlusskasten von Gebäuden und als Zählervorsicherung.

Im Vorzählerbereich von Kundenanlagen benötigt man eine Trennvorrichtung pro Zähler. Eine Trennvorrichtung ist eine Einrichtung zum Trennen der Kundenanlage vom Verteilungsnetz, die auch durch den Kunden betätigt werden kann (z. B. SH-Schalter).

Diese Forderung erfüllen z. B. selektive Leitungsschutzschalter oder Neozed-Lasttrennschalter, jedoch nicht NH-Sicherungen. Deshalb werden NH-Sicherungen als Zählervorsicherung in Neuanlagen nur noch verwendet, wenn eine andere durch Laien bedienbare Trennvorrichtung (z. B. in Form einer Zählernachsicherung mit einem Neozed-Lasttrennschalter) vorhanden ist.

Auch NH-Sicherungen verfügen über einen Kennmelder, der eine defekte Sicherung anzeigt. Je nach Anwendung ist er als stirnseitig (oben) angebrachter Klappmelder ausgeführt oder als Mittenkennmelder, der bei eingesetzter Sicherung von vorne sichtbar ist. Fast alle Hersteller bieten auch NH-Sicherungen mit zwei Kennmeldern an (Kombimelder).

NH-Sicherungen gibt es mit verschiedenen Auslösecharakteristiken.

NH-Sicherungen werden in verschiedenen Baugrößen für verschiedene Nennstrombereiche gefertigt. NH-Sicherungseinsätze sind zur Handhabung mit Grifflaschen ausgestattet, die spannungführend oder spannungsfrei (isoliert) ausgeführt sein können. Um die Sicherungseinsätze einpolig in ein Sicherungsunterteil einzusetzen oder aus diesem herauszuziehen, ist ein Sicherungsaufsteckgriff notwendig.

So genannte NH-Trenner erleichtern den Sicherungswechsel, denn diese verwenden einen Klappdeckel, der die Grifflaschen aufnimmt und den Sicherungshaltegriff ersetzt.

NH-Trenner gibt es z. B. in diesen Bauformen:

- dreipolig schaltend, d. h. ein Klappeinsatz für alle drei Sicherungseinsätze eines Drehstromabzweigs,
- dreipolig schaltend, d. h. drei übereinander angeordnete und mechanisch miteinander verriegelte Klappeinsätze für je einen Sicherungseinsatz eines Drehstromabzweigs.

3.5.6 Hochspannungssicherungen

Hochspannungs-Hochleistungs-Sicherungen, kurz HH-Sicherungen, sind selbstständig schaltende Schutzgeräte im Mittelspannungsbereich bis 36 kV In einigen Ländern werden Schmelzsicherungen bis über 100 kV eingesetzt. Sie werden in Netzen der Energieversorgung und -verteilung verwendet, um die Auswirkungen von Überströmen (Kurzschlüssen) zu begrenzen. Die häufigste Anwendung findet sie in Transformatorstromkreisen, weitere Verwendungen sind in Motorstromkreisen und Kondensatorbänken.

Kommt es zu einem Kurzschluss, schmilzt der (oder die) im Innern der Sicherung befindliche(n) Schmelzleiter und unterbricht dadurch den Strom. Meist sind diese Sicherungen mit einem Schlagstift ausgerüstet, der durch einen zusätzlichen dünnen Schmelzdraht ausgelöst wird. Eine vorgespannte Feder sorgt dafür, dass dieser schlagartig aus der Stirnseite einer der Kontaktkappen der Sicherung austritt. Der Schlagstift wirkt z. B. auf die Auslösemechanik eines Lastschalters, welcher dann den fehlerhaften Stromkreis allpolig abschaltet.

Ein typisches Spektrum ist:

- 3 bis 7,2 kV mit Nennströmen bis 500 A,
- 6 bis 12 kV mit Nennströmen bis 355 A,
- 10 bis 24 kV mit Nennströmen bis 200 A,
- 20 bis 36 kV mit Nennströmen bis 100 A.

Zum Schutz von Mittelspannungs-Transformatoren und -Leitungen werden bei größeren Nennströmen Netzschutzgeräte eingesetzt.

Kurzschlüsse werden im Hochspannungsbereich zur Energieversorgung aufgrund der bei Kurzschlussströmen hohen Momentanleistungen durch aktiv gesteuerte Leistungsschalter mit einer entsprechend großen Kurzschlussleistung getrennt. Die Erkennung von Fehlern wie eines Kurzschlusses erfolgt durch den Netzschutz wie beispielsweise ein Distanzschutzrelais. Bei Einsatz von Schmelzsicherungen käme es bei Auslösung durch das schlagartige Verdampfen des Sicherungsdrahts und den Lichtbogen zu Beschädigungen in der Umgebung der Sicherung.

Bereichsabsicherung 4

Für gefährliche Maschinen, wie es z. B. Industrieroboter sind, muss der gesamte Wirkungsbereich gesichert sein. Das ist in der Praxis der Wirkungsbereich des Roboters zuzüglich der durch die bewegte Last beanspruchten Fläche. Dieser Bereich wird mittels eines stabilen Schutzgitters umzäunt. Der Durchgangs- oder Durchreichbereich wird mittels einer „berührungslos wirkenden Schutzeinrichtung" (BWS) und der Boden um den Roboter entweder von einem Lichtstrahl abgescannt oder durch eine Trittmatte überwacht. Abb. 4.1 zeigt einen Industrieroboter.

4.1 Berührungslos wirkende Schutzeinrichtungen

Berührungslos wirkende Schutzeinrichtungen (BWS) sind optische Systeme, die vor einer Gefahrenstelle so angebracht werden, dass bei der Annäherung einer Person diese erkannt und die gefährliche Bewegung gestoppt wird.

Hierunter versteht man eine Zusammenstellung von Komponenten, die zusammenarbeiten, um für einen Zugangsschutz für einen gefährlichen Bereich zu sorgen und sollte über folgende Einrichtungen verfügen:

- Sensorteile,
- Steuerungs-/Überwachungsteile,
- Ausgangsschaltelemente.

Es gibt vier unterschiedliche Typen von Schutzeinrichtungen:

- BWS Typ 1: Noch nicht definiert.
- BWS Typ 2: Dieser Typ muss eine Einrichtung für einen periodischen Test haben, der den gefahrbringenden Ausfall erkennt. Das Testsignal muss das Ansprechen des

H. Bernstein, *Sicherheits- und Antriebstechnik*, DOI 10.1007/978-3-658-12934-7_4

Abb. 4.1 Industrieroboter ohne Bereichsabsicherung

Sensorteiles nachbilden. Wird der periodische Test durch den externen sicherheitsbezogenen Teil der Steuerung eingeleitet, muss die BWS hierfür geeignete Anschlüsse besitzen.

Nach dem Start darf erst das OSSD (Ausgangsschaltelement, output signal switching device) nach erfolgtem Test und erkannter Fehlerfreiheit wieder in den Ein-Zustand schalten. Ein einzelner Fehler, der den bestimmungsgemäßen Betrieb beeinträchtigt, muss aufgedeckt werden und zwar

- sofort,
- als Ergebnis des nächsten Funktionstests,
- nach Aktivierung des Sensorteiles.

Dazu müssen folgende Aktionen durchgeführt werden:

- Einleiten der Verriegelung innerhalb der BWS,
- bei einer BWS mit nur einem OSSD ein Signal erzeugen, welches im externen sicherheitsbezogenen Teil der Steuerung den Verriegelungszustand auslöst.

Dieser Verriegelungszustand muss nullspannungssicher sein, d. h. durch Netzunterbrechung ohne Fehlerbeseitigung darf sich die BWS (berührungslos wirkende Schutzeinrichtung) nicht wieder aktivieren.

- BWS Typ 3: Noch nicht definiert.
- BWS Typ 4: Ein einzelner Fehler, der zum Verlust des Sensordetektionsvermögens führt, muss dazu führen, dass die BWS innerhalb der Reaktionszeit in den Verriegelungszustand geht. Ein einzelner Fehler, der die Reaktionszeit verlängert oder verhindert, muss erkannt werden und den Verriegelungszustand auslösen.

4.1.1 Verriegelungszustand

Dieser Verriegelungszustand muss für BWS Typ 4 nullspannungssicher sein, d. h. durch Netzunterbrechung ohne Fehlerbeseitigung darf die BWS nicht wieder aktiviert werden. Wird ein Fehler, der selbst keinen gefahrbringenden Ausfall verursacht, nicht erkannt, darf das Auftreten eines weiteren Fehlers nicht zu einem gefahrbringenden Ausfall führen.

- Ausgangsschaltelement (OSSD): Der Teil der BWS, der mit der Maschinensteuerung verbunden ist und in den Aus-Zustand übergeht, wenn der Sensorteil während des bestimmungsgemäßen Betriebs anspricht, wird als Ausgangsschaltelement (OSSD) bezeichnet. Sowohl eine BWS Typ 3 als auch eine BWS Typ 4 muss mindestens zwei OSSDs besitzen.

Erstes der BWS nachgeschaltetes Steuerelement (FSD) ist Bauteil des sicherheitsbezogenen Steuerungssystems der Maschine, das den Stromkreis zu den Hauptelementen des Antriebs unterbricht, wenn das OSSD in den Aus-Zustand geht.

Die Überbrückungsfunktion (Muting) ist eine vorübergehende automatische Überbrückung der Sicherheitsfunktion durch sicherheitsbezogene Teile des Steuerungssystems.

Es gilt als Überbrückungsfunktion, wenn sich die BWS in einem überbrückten Zustand befindet, aber das OSSD muss beim Ansprechen des Sensorteiles im Ein-Zustand verharren.

Bei Anforderung Typ 3/4 einer BWS vom Typ 3 oder 4 müssen Vorrichtungen vorhanden sein, um zwei unabhängige festverdrahtete Muting-Signalquellen anschließen zu können. Sollten unzulässige Mutingsignale auftreten, muss die BWS den überbrückten Zustand verhindern.

Bei Anforderung Typ 2 muss jeder Fehler im Mutingeingang durch einen periodischen Test erkannt werden und muss verhindern, dass ein überbrückter Zustand eintritt.

Bei der Anzeige muss ein Leuchtmelder eine Fehlfunktion signalisieren, wenn die BWS im überbrückten Zustand ist. Die Leuchtfläche des Leuchtmelders muss mindestens 1 cm^2 groß sein und eine Helligkeit von mindesten 200 cd/m^2 aufweisen. Zur Farbe des Leuchtmelders ist in der Norm keine Aussage vorhanden und man verwendet allgemein weiß.

Bei Ausfällen müssen die gemeinsamen Ursachen berücksichtigt werden. Zu nennen sind:

- Umwelteinflüsse,
- mehrkanalige Systeme dürfen kein gemeinsames Substrat benutzen,
- Kurzschlüsse zwischen den Kanälen müssen erkannt werden.

Die Anlaufsperre muss verhindern, dass das OSSD in den Ein-Zustand geht, wenn die elektrische Versorgung eingeschaltet oder nach Unterbrechung wieder eingeschaltet wird.

Der Aus-Zustand des OSSD muss beibehalten werden, bis die BWS manuell gestartet wird.

Die Wiederanlaufsperre muss verhindern, dass das OSSD in den Ein-Zustand geht, wenn

- das Schutzfeld unterbrochen ist, während sich der Maschinenantrieb in einem gefahrbringenden Teil des Arbeitszyklus befindet,
- das Schutzfeld unterbrochen ist, während sich die Maschinen im Automatik- oder Halbautomatikbetrieb befinden,
- die Betriebs- oder Betätigungsart umgeschaltet wird.

Der gesperrte Zustand muss anhalten, bis die Wiederanlaufsperre manuell zurückgesetzt wird. Das Zurücksetzen darf nicht möglich sein, wenn das Schutzfeld unterbrochen ist.

Es muss ein gelber Leuchtmelder vorhanden sein, der signalisiert, solange die Anlaufsperre wirkt und verhindert, dass die OSSD in den Ein-Zustand geht.

Der Ein-Zustand muss bei Leuchtmelder und Anzeigeelemente den Ausgangsstatus der OSSD durch einen grünen und der Aus-Zustand des Ausgangsstatus der OSSD durch einen roten Leuchtmelder angezeigt werden.

Für das BWS zum Wiederingangsetzen einer Maschine muss zur Bereichsabsicherung und zum Steuern der Maschine verwendet werden. Es sind folgende Betriebsarten zulässig:

- Eintakt, wo einmaliges Ansprechen und eine Deaktivierung des Sensorteiles eine Maschinenbewegung auslöst,
- Zweitakt, wenn zweimaliges aufeinanderfolgendes Ansprechen und Deaktivieren des Sensorteiles eine Maschinenbewegung auslöst.

Anforderungen zum Wiederingangsetzen einer Maschine:

a) Die Anlaufsperre muss in diesen Betriebsarten verhindern, dass das OSSD in den Ein-Zustand geht, wenn die elektrische Versorgung eingeschaltet, oder nach Unterbrechung wieder in Betrieb genommen wird. Der Aus-Zustand des OSSD muss beibehalten werden, bis die BWS manuell gestartet wird.
b) Wird in diesen Betriebsarten während der gefahrbringenden Bewegung der Sensorteil angesprochen, muss die Wiederanlaufsperre wirken.

c) Das erneute Einleiten des Betriebs der Maschine durch Verwendung einer beschriebenen Betriebsart darf nur innerhalb einer begrenzten Zeit möglich sein.
d) Ist der Zweitaktbetrieb ausgewählt, darf unter keinen Umständen der Eintaktbetrieb möglich sein.
e) Wenn die unter c) genannte Zeit überschritten ist, muss die Wiederanlaufsperre wirken.
f) Nach Ändern der beschriebenen Betriebsart muss die Wiederanlaufsperre wirken.

Die Richtlinien der Hand- und Armgeschwindigkeit für gestalterische Methoden um Mindestabstände nachfolgender Schutzeinrichtungen sind zu berechnen für

- berührungslos wirkende Schutzeinrichtungen einschließlich solcher mit zusätzlicher Steuerfunktion,
- Schaltmatten und Schaltplatten,
- Tippschaltungen einschließlich Zweihandschaltungen.

Es ist folgende Vorgehensweise einzuhalten:

1. Erkennen der Gefährdung und Bewerten des Risikos.
2. Ist eine „C-Norm" vorhanden, dann muss die Schutzeinrichtung nach dieser Norm ausgewählt werden.
3. Ist noch keine „C-Norm" vorhanden, dann sind betreffende übergeordnete CEN A- oder B-Normen zum Auswählen der Schutzeinrichtungen anzuwenden.
4. Übernahme des Sicherheitsabstandes in die Gestaltung der Maschine.
5. Sicherstellen, dass die Schutzeinrichtung so eingebaut ist, dass der Zugang zum Gefahrenbereich nicht ohne Ansprechen der Schutzeinrichtung möglich ist.
6. Ferner ist zu überprüfen, ob die festgelegte Anordnung verhindert, dass sich Personen zwischen der Schutzeinrichtung und dem Gefahrenbereich aufhalten können, ohne von der Schutzeinrichtung erkannt zu werden.

4.1.2 Mindestsicherheitsabstand im Gefahrenbereich

Diese europäische Norm gibt Parameter, die auf Werten für Hand-/Arm- und Annäherungsgeschwindigkeiten basieren und die Vorgehensweise an, wie die Mindestabstände von speziellen Sensor- oder Betätigungseinrichtungen von Schutzeinrichtungen zu einem Gefahrbereich bestimmt werden. Sie ist anzuwenden für Schutzeinrichtungen mit Annäherungsreaktion wie z. B.:

- BWS wie Lichtschranken, Lichtgitter usw.,
- Schaltmatten,
- ZH (Zweihandbedienung).

Die Schutzeinrichtungen mit Annäherungsreaktion sind jedoch nicht geeignet für Zustimmtaster, Tippschaltungen und mitführbare Zweihandbedienungen.

Die berechneten Abstände bieten ausreichenden Personenschutz gegen Risiken bei Annäherung an einen Gefahrbereich, wenn folgende mechanische Gefährdungen bestehen:

- Quetschen, Scheren, Schneiden,
- Abschneiden, Erfassen,
- Aufwickeln, Einziehen oder Fangen, Reibung,
- Abrieb, Durchstich,
- Einstich und Stoß.

Schutz gegen die Risiken mechanischer Gefährdungen durch das Herausschleudern fester oder flüssiger Materialien sowie nicht mechanischer Gefährdungen wie toxische Emissionen, Elektrizität, Strahlung usw. wird in dieser Norm nicht behandelt.

4.1.3 Allgemeine Gleichung zur Berechnung von Mindestabständen

Der Mindestabstand zum Gefahrbereich ist unter Anwendung folgender allgemeiner Formel zu berechnen:

$$S = (K \cdot T) + C.$$

Dabei ist:

S der Mindestabstand in mm, gemessen vom Gefahrbereich zum Erkennungspunkt, zur Erkennungslinie, zur Erkennungsebene oder zum Schutzfeld,
K eine Konstante in mm/s, abgeleitet von Daten über Annäherungsgeschwindigkeiten des Körpers oder von Körperteilen,
T der Nachlauf des gesamten Systems in Sekunden,
C ein zusätzlicher Abstand in mm, der das Eindringen in den Gefahrbereich vor Auslösen der Schutzeinrichtung zu Grunde legt.

4.1.4 Nachlauf

Der Nachlauf des gesamten Systems umfasst mindestens zwei Phasen.

$$T = t_1 + t_2$$

wobei

T der Nachlauf des gesamten Systems ist,
t_1 die maximale Zeit zwischen dem Auslösen der Sensorfunktion und dem Zeitpunkt ist, bis die Schutzeinrichtung das Ausgangssignal in den AUS-Zustand geschaltet hat,
t_2 die Ansprechzeit der Maschine ist, d. h. die zum Stillsetzen der Maschine benötigte Zeit, nachdem das Ausgangssignal von der Schutzeinrichtung übergeben wurde. Der Faktor t_2 wird durch verschiedene Faktoren beeinflusst, z. B. Temperatur, Schaltzeit von Ventilen, Alterung von Bauteilen.

Eine Sicherheitslichtschranke muss so angebracht werden, dass bei Unterbrechung des Lichtbündels während der gefährlichen Bewegung die Gefahrenstelle erst dann erreicht werden kann, wenn die Bewegung zum Stillstand gekommen ist. Das bedingt, dass zwischen der nächstliegenden Grenze der Gefahrenstelle und dem Lichtbündel ein Sicherheitsabstand S einzuhalten ist. Der Sicherheitsabstand hängt von der Nachlaufzeit des Arbeitsmittels und von der Annäherungsgeschwindigkeit der Person ab.

Die Nachlaufzeit ist unter praxisnahen Bedingungen in mehrfachen Messungen zu ermitteln. Als Greifgeschwindigkeit ist je nach Auflösung der BWS 2 m/s oder 1,6 m/s einzusetzen.

Nachdem anfänglich Laserscanner davon abhängig waren, dass ein reflektierender Rand den zu schützenden Bereich umfasste, sind moderne Geräte nicht mehr hiervon abhängig. Mikrocontrollertechnik ermöglicht Laufzeitberechnungen, so dass Flächen in fast beliebiger Form überwacht werden können. Einzige Einschränkung sind natürlich Schlagschattenflächen von Hindernissen, denn Licht kann ja bekanntlich nicht um Ecken gemessen werden.

Wenn maschinenspezifische europäische Normen einen anderen Abstand als den nach dieser Norm berechneten Sicherheitsabstand festlegen, ist der jeweils größere Abstand anzusetzen.

Wenn davon ausgegangen werden muss, dass ein Zugang in den Gefahrenbereich über die BWS möglich ist, dann darf die Mindesthöhe des oberen Lichtstrahls 1800 mm nicht unterschreiten.

4.1.5 Gefahrenstellenabsicherung

Berührungslos wirkende Schutzeinrichtungen (BWS Kategorie 4) müssen so an der Maschine angebracht sein, dass die Gefahrenstelle nicht erreicht werden kann, ohne den Bereich des Schutzfeldes zu passieren. Ein Über-, Unter- oder Umgreifen sowie Hintertreten darf nicht möglich sein. Ist dies durch die BWS Kategorie 4 nicht abzusichern, müssen zusätzlich mechanische Abschirmungen angebracht werden. Bei der Gefahrenabsicherung durch eine BWS-S ist auch ein sicheres Erkennen einer Bedienerhand durch die BWS Kategorie 4 unerlässlich. Das muss durch ein entsprechend hohes Auflösungsvermögen sichergestellt werden, sodass jeder Gegenstand, der das Schutzfeld unterbricht, sicher erkannt wird. Zusätzlich ist ein Sicherheitsabstand von der BWS Kategorie 4 zu der kraftbetriebenen Verformungsstelle (z. B. Quetsch- oder Schneidstelle o. ä.) einzuhalten. Der Abstand wird bestimmt durch die Maschinennachlaufzeit, der Reaktionszeit der BWS Kategorie 4 und der Greifgeschwindigkeit der Bedienperson.

Bilden die BWS horizontale oder geneigte Schutzfelder über der abzusichernden begehbaren Fläche, so sind diese in einer durch Anwendung und BWS vorbestimmten Mindesthöhe anzubringen. Der Sicherheitsabstand zwischen dem äußeren Schutzfeldrand und der abzusichernden Gefahrenstelle ist auch hier so zu bemessen, dass unter Berücksichtigung der Maschinennachlaufzeit Verletzungen durch die gefährliche Bewegung im Gefahrenbereich auszuschließen sind. Abb. 4.2 und 4.3 zeigen die unterschiedlichen Anordnungen für die BWS Kategorie 4.

Werden die BWS-S-Zugangsabsicherungen zum Schutz des Gefahrenbereichs eingesetzt, müssen diese je nach Anwendungsfall in entsprechender Höhe und mit entsprechender Auflösung angebracht werden. Der Sicherheitsabstand ist so zu bemessen, dass unter Berücksichtigung der Maschinennachlaufzeit Verletzungen von Personen ausgeschlossen werden.

Der Wiederanlauf des gefährlichen Betriebs darf nicht automatisch nach Verlassen des Schutzfeldes erfolgen. Er darf nur durch Betätigen eines Befehlsgerätes außerhalb des Gefahrenbereichs möglich sein. Abb. 4.4, 4.5 und 4.6 zeigen unterschiedliche Beispiele für die BWS Kategorie 4.

Als Hintertretschutz können verschiedene Techniken angewendet werden. Vorrangig ist zu überlegen, ob nicht eine einfache mechanische Abschirmung so angebracht werden kann, dass das Hintreten nicht möglich ist.

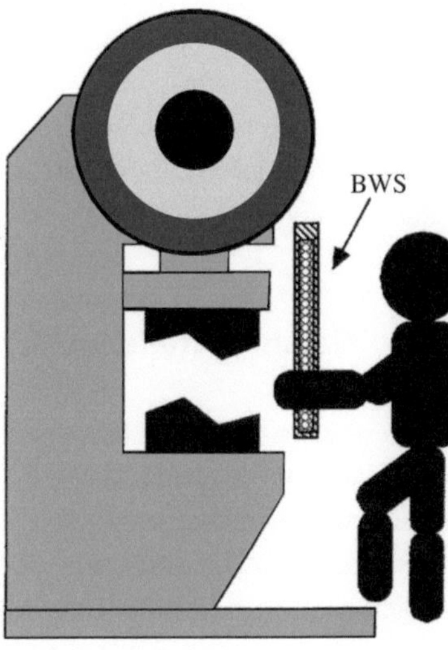

Abb. 4.2 Nach BWS Kategorie 4 muss der Sensor so angebracht werden, dass der Bediener der Maschine nur durch das Schutzfeld der BWS Kategorie 4 in den Gefahrenbereich greifen kann

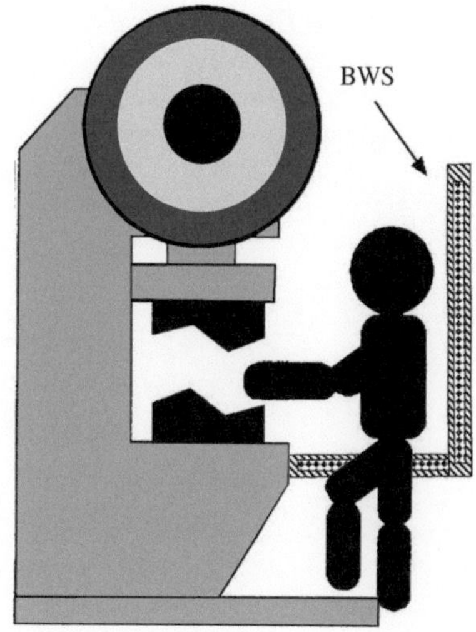

Abb. 4.3 Ist die BWS Kategorie 4 hintertretbar, muss ein Hintertretschutz angebracht werden. Dies kann eine mechanische Abdeckung sein oder eine zusätzliche BWS Kategorie 4, die schräg oder waagerecht angebracht ist

Als typischer Hintertretschutz können Schaltmatten eingesetzt werden. Mit diesen wird der Bereich hinter der BWS ausgelegt, so dass auch Personen, die das Schutzfeld durchschritten haben, erfasst werden. Trittmatten oder Schaltmatten erfüllen jedoch nicht immer die Anforderungen der Industrietauglichkeit. Sie sind aus weichem Kunststoff oder Kautschuk hergestellt, weshalb scharfe oder schwere Gegenstände zu Beschädigungen führen können. Hat die BWS-Schaltmatte ein Loch, kann eventuell Feuchtigkeit eindringen und die Matte in ihrer Funktion zerstören. Sind solche Beschädigungen auszuschließen, kann die Schaltmatte als preiswerter Hintertretschutz eingesetzt werden.

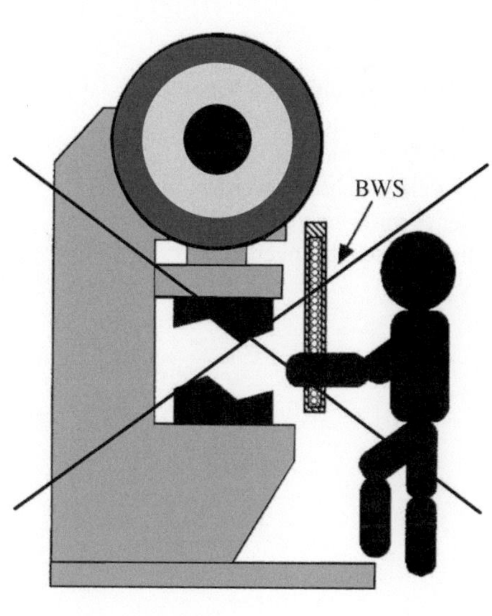

Abb. 4.4 Eine untergreifbare BWS Kategorie 4 ist nicht zulässig. Die BWS Kategorie 4 muss tiefer angebracht sein oder entsprechend verlängert werden

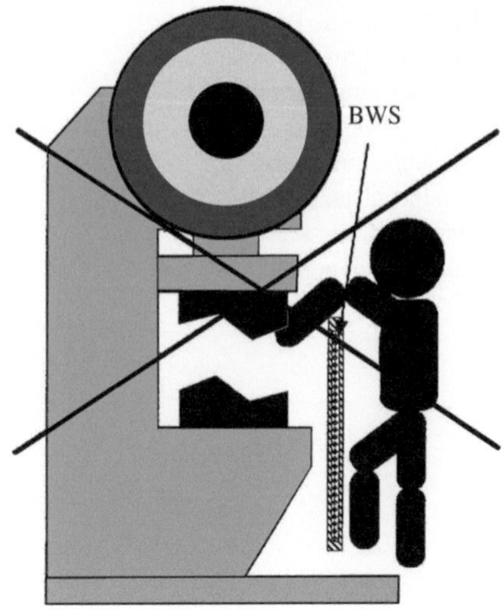

Abb. 4.5 Das Übergreifen muss verhindert werden. Die BWS Kategorie 4 muss höher angebracht werden oder länger sein

In der Regel wird als Hintertretschutz einer BWS eine zweite waagerecht oder schräg montierte BWS eingesetzt. Diese kann oftmals nur einen kleinen Bereich abdecken, weshalb es eine weitere optische Hintertretkontrolle, den Scanner, gibt. Ein Laserstrahl tastet die zu überwachende Fläche ab. Wird er durch einen Fremdkörper unterbrochen, so wird dies erkannt und die gefährliche Bewegung abgeschaltet.

Das Schutzfeld wird in drei Bereiche aufgeteilt: Schutzfeld, Warnfeld und Messfeld. Dies hat den Vorteil, dass ein Bereich besteht, bei dem eine Vorwarnung gegeben werden kann, bevor der eigentliche Sicherheitsbereich berührt und der Produktionsvorgang gestoppt wird. Abb. 4.7 zeigt ein Schutzfeld für einen Laserscanner.

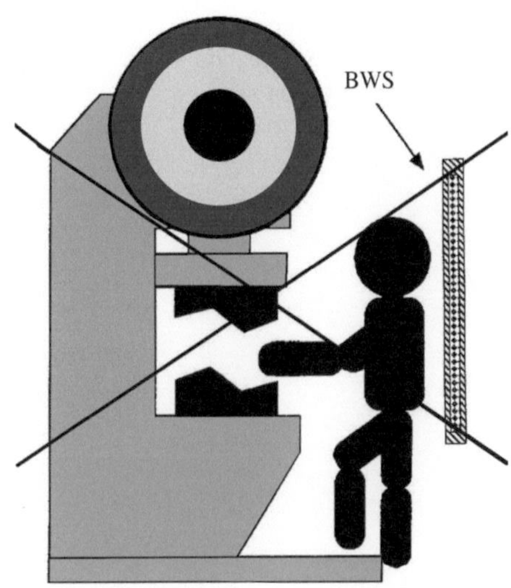

Abb. 4.6 Ist die BWS Kategorie 4 hintertretbar, muss die BWS-S näher an der Gefahrenstelle angebracht werden oder es muss ein zusätzlicher Hintertretschutz angebracht werden

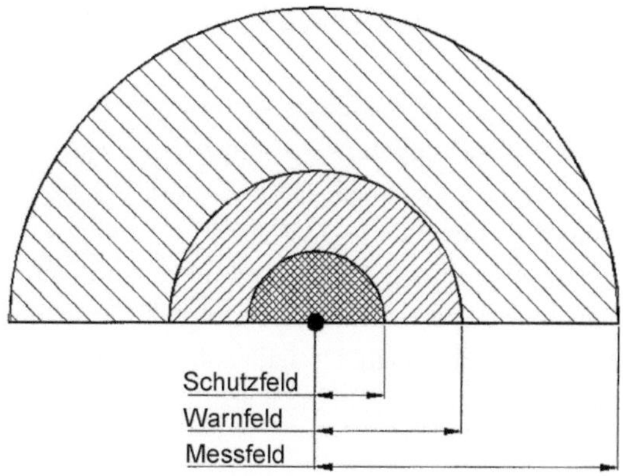

Abb. 4.7 Schutzfeld eines Laserscanners

4.2 Sicherheitsmaßnahmen

In der Norm werden einstrahlige Lichtschranken nur insoweit behandelt, als sie bodenparallel angeordnet sind und der Strahl durch den aufgerichteten Körper einer Person unterbrochen wird.

Wenn die Risikobewertung den Einsatz einer einstrahligen Einrichtung zur Verwendung als Schutzeinrichtung mit Annäherungsreaktion zulässt, ist der Sicherheitsabstand nach der allgemeinen Formel unter Verwendung folgender Werte zu berechnen:

K = 1,6 m/s,
C = 1200 mm,
T = je nach BWS und Maschine.

Abb. 4.8 zeigt eine einstrahlige Lichtschranke mit Höhe des Lichtstrahls von 750 mm über dem Boden. Bei einem großen Sicherheitsabstand S muss gewährleistet sein, dass eine Person das Schutzfeld weder unter- oder übergreifen noch seitlich umgehen kann. Außerdem muss ein Aufenthalt zwischen Gefahrenstelle und Schutzfeld zwangsläufig verhindert werden.

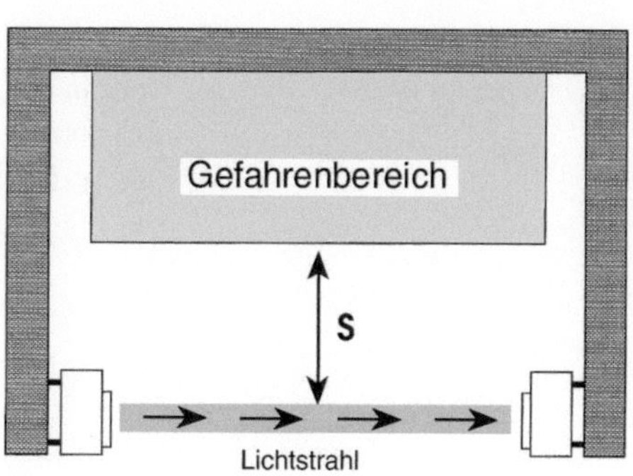

Abb. 4.8 Einstrahlige Lichtschranke mit Höhe des Lichtstrahls von 750 mm über dem Boden

4.2.1 Zugangssicherung von Gefahrenbereichen

Ist das Werkzeug austauschbar, so sind bei der Berechnung des Sicherheitsabstandes S die größten Werkzeugabmessungen zu berücksichtigen.

Die Sicherheitslichtschranke muss vor Erschütterung und gegen Öl, Staub usw. geschützt werden.

In der Norm werden Lichtschranken mit mehreren Einzelstrahlen behandelt. Diese Einrichtungen erfassen nicht unbedingt das Eindringen des Körpers oder von Körperteilen in den Gefahrenbereich. Deshalb sollten alle vorhersehbaren Methoden des Zugangs bei der Risikobewertung in Betracht gezogen werden:

- Durchkriechen unterhalb des niedrigsten Strahls,
- Hinüberreichen über den obersten Strahl,
- Hindurchreichen zwischen zwei Strahlen,
- Durchsteigen zwischen zwei Strahlen.

Je nach Anzahl der Strahlen werden für die Höhen und Abstand die in Tab. 4.1 aufgeführten Werte vorgeschrieben. Tab. 4.1 zeigt die Mindestforderungen für Lichtgitter.

Abb. 4.9 zeigt mehrstrahlige Lichtschranken oder Lichtgitter für eine Anwendung als Zugangssicherung von Gefahrenbereichen. Wenn die Risikobewertung den Einsatz einer mehrstrahligen Einrichtung zur Verwendung als Schutzeinrichtung mit Annäherungsreaktion zulässt, ist der Sicherheitsabstand nach der allgemeinen Formel unter Verwendung folgender Werte zu berechnen:

K = 1,6 m/s,
C = 850 mm,
T = je nach BWS und Maschine.

Ein Lichtgitter besteht aus mehreren Lichtstrahlen, die in der Regel übereinander angeordnet sind. Es können hierfür mehrere optoelektronische Sensoren zum Einsatz kommen oder ein einzelner Lichtstrahl, der durch Spiegel umgelenkt wird.

Tab. 4.1 Mindestforderungen für Lichtgitter

Anzahl der Strahlen	Höhe in mm über der Bezugsebene (Boden)
2	400, 900
3	300, 700, 1100
4	300, 600, 900, 1200

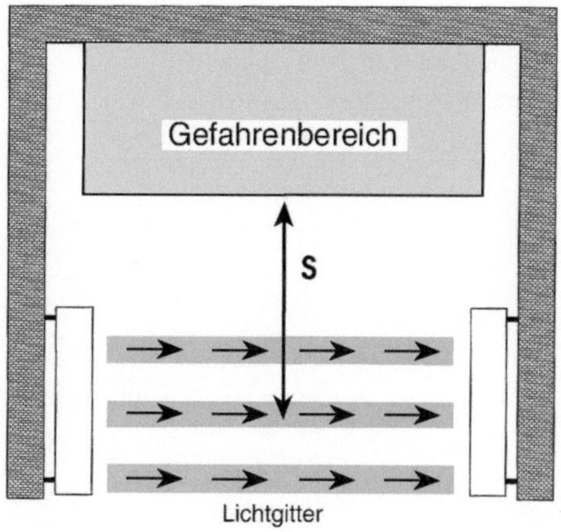

Abb. 4.9 Mehrstrahlige Lichtschranken oder Lichtgitter, in einer Anwendung als Zugangssicherung von Gefahrenbereichen

4.2.2 Lichtvorhang

Es werden Lichtvorhänge mit einer Auflösung bis max. 40 mm und einer normalen Annäherungsausrichtung zum Schutzfeld behandelt. Die Berechnung des Mindestabstandes erfolgt ebenfalls nach der allgemeinen Formel mit den Werten:

K = 2 m/s,
C = 8 (d – 14),
d = 40 (Auflösung der BWS in mm),
T = je nach BWS und Maschine.

Die Formel gilt für alle Sicherheitsabstände (S) bis einschließlich 500 mm. Der Mindestabstand beträgt 100 mm. Falls S größer als 500 mm wird, darf mit K = 1,6 m/s gerechnet werden.

Bei Lichtvorhängen mit einer Auflösung zwischen 40 und 70 mm gelten die Werte:

K = 1,6 m/s,
C = 850 mm,
T = je nach BWS und Maschine.

Abb. 4.10 zeigt den Lichtvorhang als Zugangssicherung von Gefahrenbereichen. Für Lichtvorhänge mit einer Annäherungsrichtung parallel zum Schutzfeld (meist horizontale Absicherung von Flächen) gilt:

K = 1600 mm/s,
C = hängt von der Höhe des Schutzfeldes und der Höhe der Gefahrenstelle ab,
C = 1200 mm (bei Einbau über Boden).

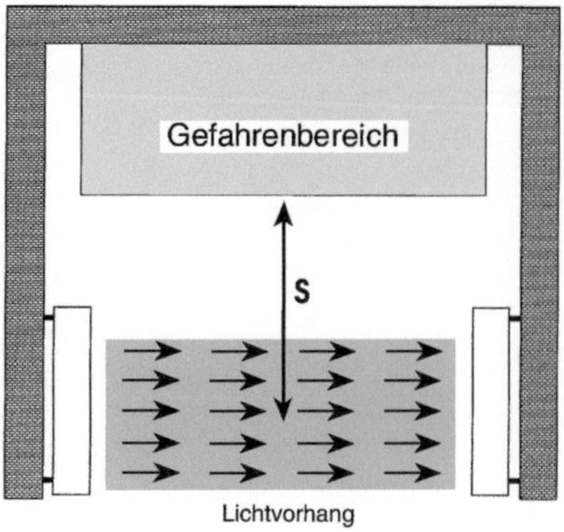

Abb. 4.10 Lichtvorhang als Zugangssicherung von Gefahrenbereichen

4.2.3 Schaltmatten

Schalt- oder Trittmatten funktionieren als einzige Sicherheitseinrichtung nicht mit zwangsöffnenden Kontakten, sondern sie haben Schließerkontakte. Schaltmatten werden deshalb hauptsächlich als sog. „Hintertretschutz“ verwendet, d. h. die Grenze zum Sicherheitsbereich wird mittels einer BWS und der Boden dahinter durch eine Schaltmatte überwacht.

Die Überwachung der Schaltmatten funktioniert so, dass der Gesamt-Schließerkontakt der Schaltmatte nicht direkt ein Relais ansteuert, das die gefährliche Bewegung abschaltet, sondern der Schließerkontakt der Schaltmatte schließt die Spannung zum Antrieb der gefährliche Bewegung kurz, wodurch diese abgeschaltet wird. Abb. 4.11 zeigt einen Sicherheitsschaltkreis bei Ansteuerung durch eine Schalt- oder Trittmatte.

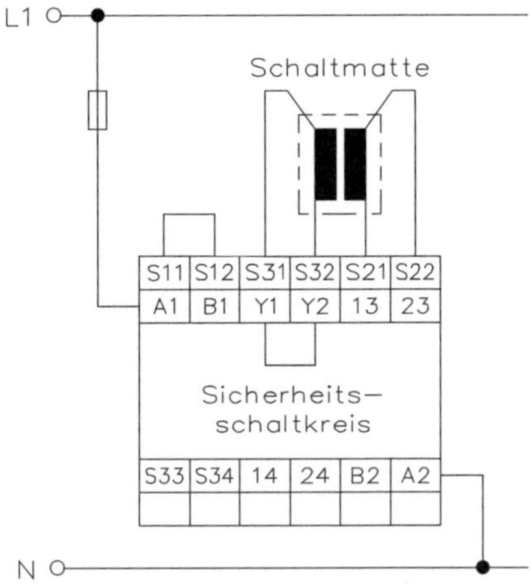

Abb. 4.11 Sicherheitsschaltkreis bei Ansteuerung durch eine Schaltmatte

Beim Sicherheitsschaltkreis sind bei Anschluss einer Schaltmatte die Stromkreise S31–S32 und S21–S22 geschlossen, das Relais hat durchgeschaltet. Über die geschlossenen Ausgangskontakte 13–14 und 23–24 kann der Antrieb der gefährlichen Bewegung freigegeben werden. Wird die Schaltmatte belastet, gibt es einen Kurzschluss zwischen den Kreisen S31–S32 und S21–S22. Die Spannung im Gerät bricht zusammen und die Ausgangsrelais schalten aus, d. h. die gefährliche Bewegung wird gestoppt.

4.2.4 Zweihandsteuerungen

Für Zweihandsteuerungen fasst Tab. 4.2 die neuen Anforderungsstufen der Norm zusammen: Ihre normgerechten Realisierungen können beispielsweise mit Zweihandrelais der Typen I bis III vorgenommen werden.

In der Praxis verwendet man ein Zweihandrelais, welches über zwei Taster angesteuert wird, die jeweils nur über einen Schließerkontakt verfügen. Bekommt jetzt einer der Taster während der Zeit, in der er betätigt ist, einen Schluss, so wird durch Loslassen dieses Tasters das Ausgangssignal nicht zurückgenommen. Verwenden die Taster außer dem Schließerkontakt noch einen weiteren überwachten Kontakt (z. B. einen Öffnerkontakt), so kann über diesen das Loslassen des Tasters erkannt werden. Geräte, die diese Forderung nicht erfüllen, werden deshalb in Kategorie IIIA eingestuft. Abb. 4.12 zeigt die Beschaltung des Zweihandrelais (zweikanalige Ansteuerung).

In der Praxis verwendet man ein Zweihandrelais, das mittels zwei Tastern angesteuert wird. Diese Taster weisen sowohl einen Schließer, als auch einen Öffnerkontakt pro Taster auf. Zusätzlich verfügt das Gerät über einen Rückführkreis, welcher die nachfolgenden

Tab. 4.2 Anforderungsstufen an Zweihandsteuerungen und normgerechte Realisierungsmöglichkeiten

Anforderungen		Typen				
	EN 574	I	II	III		
				A	B	C
Benutzung beider Hände	5.1	√	√	√	√	√
Loslassen eines der beiden Stellteile beendet das Ausgangssignal	5.2	√	√	√	√	√
Versehentliches Betätigen weitestgehend verhindern	5.4	√	√	√	√	√
Kein einfaches Umgehen der Schutzwirkung möglich	5.5	√	√	√	√	√
Erneutes Ausgangssignal nur nach Loslassen beider Stellteile	5.6	√	√	√	√	√
Ausgangssignal nur nach synchroner Betätigung innerhalb max. 500 ms	5.7			√	√	√
Anwendungen der Sicherheitskategorie 1 nach EN 954-1	6.2	√		√		
Anwendungen der Sicherheitskategorie 3 nach EN 954-1	6.3		√		√	
Anwendungen der Sicherheitskategorie 4 nach EN 954-1	6.4					√

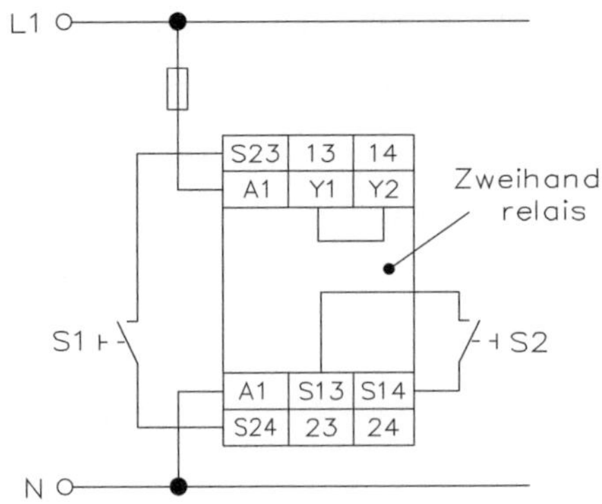

Abb. 4.12 Beschaltung des Zweihandrelais (zweikanalige Ansteuerung 1S + 1S, Überwachungszeit < 500 ms, Ausgang 2S, Rückführkreis)

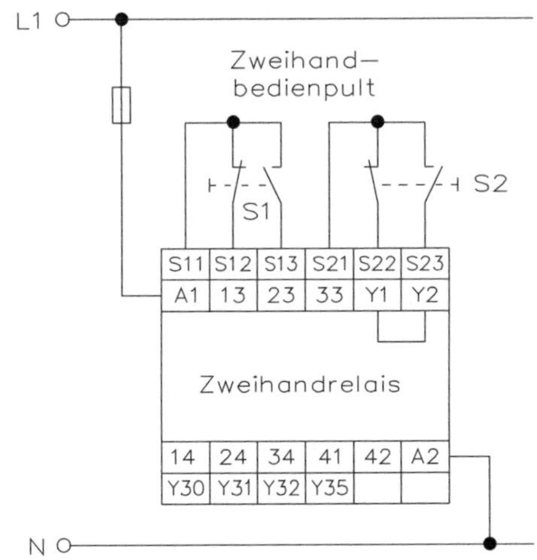

Abb. 4.13 Beschaltung des Zweihandrelais (zweikanaligeAnsteuerung 1S – 1Ö + lS – lÖ, Überwachungszeit < 500 ms, Ausgang 3S + 1Ö, Rückführkreis)

Schütze in den Sicherheitskreis mit einbindet. Die Taster weisen eine Querschlussüberwachung auf und werden auf Gleichzeitigkeit überwacht, wie Abb. 4.13 zeigt. Die Taster dürfen nicht vor Anlegen der Betriebsspannung betätigt werden und der Rückführkreis muss zum Zeitpunkt der Tasterbetätigung geschlossen sein.

4.2.5 Muting

Unter Muting versteht man das sichere, automatische und vorübergehende Überbrücken einer berührungslos wirkenden Schutzeinrichtung (BWS), um z. B. Material in einen oder aus einem Gefahrbereich zu transportieren. Über spezielle Sensoren wird der Mutingzyklus von der Mutingsteuerung nur dann gestartet, wenn das Material durch das Schutzfeld transportiert wird. Die Anforderung der Sensoren muss so erfolgen, dass Personen nicht in der Lage sind die Mutingsensoren in dieser Form zu aktivieren. Sie lösen beim Zugang in den Schutzbereich das Abschalten der Gefahr bringenden Bewegung aus. Speziell für diesen Fall hat die Industrie besondere Sicherheitsschaltgeräte mit Mutingfunktion entwickelt.

Das Sicherheitsschaltgerät mit Mutingfunktion übernimmt serielle und parallele Mutingfunktionen und ermöglicht so das bestimmungsgemäße Unterdrücken der Sicherheitsfunktion und zeigt diese über eine Mutinglampe an. Als Besonderheit überwacht es diese Mutinglampe auf Funktion und schaltet im Fehlerfall unter Abgabe einer Warnmeldung automatisch auf eine zweite Lampe um.

4.3 Trennende Schutzeinrichtungen

Eine verriegelte trennende Schutzeinrichtung ist eine trennende Funktion in Verbindung mit einer Verriegelungseinheit. Sie muss zahlreiche Bedingungen erfüllen.

- Verriegelte trennende Schutzeinrichtung: Diese Einrichtung ist eine trennende Schutzeinrichtung in Verbindung mit einer Verriegelungseinrichtung. Sie muss folgende Bedingungen beinhalten:
  - Die gefährliche Maschinenfunktion, die durch die Schutzeinrichtung abgesichert wird, kann nicht ausgeführt (z. B. gestartet) werden, solange die Schutzeinrichtung nicht geschlossen ist.
  - Ein Halt-Befehl wird ausgelöst, wenn die Schutzeinrichtung während der gefährdenden Maschinenfunktionen geöffnet wird.
  - Wenn die Schutzeinrichtung geschlossen ist, wird die gefährdende Maschinenfunktion zugelassen. Das Schließen der trennenden Schutzeinrichtung löst jedoch das Ingangsetzen nicht aus.
- Verriegelte trennende Schutzeinrichtung mit Zuhaltung: Diese Einrichtung mit Zuhaltung ist eine trennende Schutzeinrichtung in Verbindung mit einer Verriegelungseinrichtung und einer Zuhaltung, die folgende Bedingungen erfüllt:
  - Die gefährliche Maschinenfunktion, die durch die trennende Schutzeinrichtung abgesichert wird, kann nicht ausgeführt werden, solange die Schutzeinrichtung nicht geschlossen und zugehalten ist.
  - Die trennende Schutzeinrichtung bleibt solange geschlossen und zugehalten, bis das Verletzungsrisiko, das von der gefährdenden Maschinenfunktionen ausgeht, vorbei ist.
  - Wenn die Schutzeinrichtung geschlossen und zugehalten ist, wird die gefährdende Maschinenfunktion zugelassen, jedoch löst das Schließen und Zuhalten der trennenden Schutzeinrichtung das Ingangsetzen nicht aus.

- Zuhaltungseinrichtung: Es handelt sich um eine Einrichtung, deren Zweck es ist, eine trennende Schutzeinrichtung in der geschlossenen Stellung zu halten, so dass
  - die Maschine nicht betrieben werden kann, solange die Schutzeinrichtung nicht geschlossen und zugehalten ist,
  - die trennende Schutzeinrichtung so lange zugehalten bleibt, bis das Verletzungsrisiko vorbei ist.
- Zwangsläufige Betätigung: Diese Betätigung liegt vor, wenn ein bewegliches mechanisches Bauteil durch direkten Kontakt oder über starre Teile zwangsläufig ein anderes Bauteil mitbewegt.
- Zwangsöffnung eines Kontaktelementes: Bei dieser Öffnung wird die Kontakttrennung als unmittelbares Ergebnis einer bestimmten Bewegung des Betätigungselements durch nicht elastische Glieder (keine Feder) erreicht.
- Anhalte- und Zugriffszeit: Dieser Schutz ist die
  - Anhaltezeit: Dies ist die Zeit zwischen dem Auslösen des Anhaltebefehls durch die Verriegelungseinrichtung und dem Beenden der gefährlichen Maschinenfunktion.
  - Zugangs- bzw. Zugriffszeit: Dies ist die benötigte Zeit zum Erreichen der gefährlichen Maschinenfunktion nach dem Auslösen des Anhaltebefehls durch die Verriegelungseinrichtung, berechnet unter Zugrundelegen der Annäherungsgeschwindigkeit.
- Verriegelungsarten ohne Zuhaltung: Die trennende Schutzeinrichtung lässt sich jederzeit öffnen und erzeugt noch einen Stopp-Befehl, sobald diese geöffnet wird.
- Verriegelungseinrichtung mit Zuhaltung: Bei dieser Einrichtung wird die trennende Schutzeinrichtung von der Zuhaltung in der geschlossenen Position gehalten. Die Entriegelung ist
  - jederzeit möglich und die Schutzeinrichtung kann während der gefährlichen Bewegung entsperrt werden,
  - abhängig möglich und die Schutzeinrichtung kann erst nach dem Beenden der gefährlichen Bewegung entsperrt werden.

  Die Zuhalteeinrichtung kann ein Teil der Verriegelungseinrichtung oder eine separate Einrichtung sein. Diese Einrichtung kann
  - von Hand betätigt, von Hand entsperrt werden,
  - federkraftbetätigt sein und durch Energie entsperrt werden,
  - energiebetätigt sein und durch Federkraft entsperrt werden,
  - energiebetätigt sein und durch Energie entsperrt werden.
- Anordnung und Befestigung von Positionsgebern: Positionsgeber müssen so montiert sein, dass diese gegen Verändern der Position gesichert sind. Das erreicht man dadurch, dass
  - das Lösen nur mit einem Werkzeug möglich ist,
  - bei Langlöchern ein Verschieben der Position aus dem Wirkungsbereich nicht möglich ist,
  - die Formschlüssigkeit nach der Einstellung gesichert wird (z. B. durch Bolzen, Passstifte).

  Das Auswechseln der Geber muss jedoch ohne Neujustage möglich sein.

- Zusätzliche Anforderungen: Ein Selbstlockern oder die Möglichkeit, den Geber und dessen Betätigungselemente leicht zu umgehen, muss verhindert sein. Das wird dadurch erreicht, dass die
  - Befestigungseinrichtung über eine ausreichende Festigkeit verfügen muss,
  - Befestigungseinrichtung nicht als mechanischer Anschlag verwendet werden darf.
- Zuhalteeinrichtungen: Für diese Einrichtungen gelten folgende Aufforderungen:
  - Die Zuhalteeinrichtung muss durch das Einrücken zweier starrer Teile wirken.
  - Der Teil, der zum Blockieren der trennenden Schutzeinrichtung vorgesehen ist, muss „federkraftbetätigt und durch Energie entsperrt" werden. Es muss jedoch eine manuelle Entriegelungseinrichtung vorgesehen werden, deren Betätigung nur mit einem Werkzeug möglich ist. Diese ist erforderlich, damit im Notfall, auch bei Ausfall der Energie, das Öffnen der Schutzeinrichtung möglich ist.
  - Die Maschine darf nicht in Betrieb gesetzt werden können, solange die Zuhaltung nicht in der Sperrstellung ist.
- Verzögerungseinrichtungen: Bei Verwenden einer Verzögerungseinrichtung (Zeitschalter) darf ein Fehler in dieser Einrichtung die Verzögerungszeit nicht verkürzen (wie z. B. beim Sicherheitszeitrelais). Im Fehlerfall sollte die Verzögerungszeit „unendlich" werden, so dass ein Öffnen der Schutzeinrichtung ohne Fehlerbeseitigung nicht mehr möglich ist.

  Vorzuziehen ist in der Praxis jedoch eine sichere Stillstandserkennung, die Fehler im Anhaltesystem der gefährlichen Bewegung erkennen kann.
- Einschränkung von Umgehungsmöglichkeiten: Verriegelungseinrichtungen müssen so gestaltet sein, dass sie nicht auf einfache Weise umgangen werden können mit Hilfe von
  - leicht verfügbaren Gegenständen (wie z. B. Schrauben, Nadeln, Blechen usw.),
  - Gegenständen des täglichen Gebrauchs (z. B. Schlüssel, Münzen, Taschenmesser),
  - Werkzeugen, die zur bestimmungsgemäßen Maschinenbedienung erforderlich sind.

Anmerkung

Bereits bei der Konstruktion der Maschine sollte darauf geachtet werden, dass kein Werkzeug zu ihrer Bedienung notwendig ist.

- Verriegelungseinrichtungen mit mechanisch betätigten Positionsschaltern: Bei dieser Einrichtung mit einem mechanisch betätigten Positionsschalter werden folgende Forderungen erhoben:
  - Der Positionsschalter muss zwangsläufig betätigt werden.
  - Der Öffnerkontakt des Positionsschalters muss zwangsöffnend sein.

Anmerkung
Hat der Positionsschalter zusätzlich zum Öffner- einen Schließerkontakt, so ist die Manipulation erschwert und die Stellungsüberwachung des Positionsschalters gegeben.

- Verriegelungseinrichtungen mit zwei mechanisch betätigten Positionstastern: Bei diesen Einrichtungen mit zwei mechanisch betätigten Positionstastern gelten folgende Forderungen:
  - Die Positionsschalter sollten in entgegengesetzter Art betätigt werden.
  - Der eine Schalter mit Öffnerkontakt, wird durch die trennende Schutzeinrichtung zwangsläufig betätigt, der andere Schalter mit einem Schließerkontakt wird durch die trennende Schutzeinrichtung nicht zwangsläufig betätigt (Stellungsüberwachung, keine zweikanalige Ansteuerung).

Anmerkung
Die Positionsschalter sind mit Öffner- und Schließerkontakten ausgestattet, so ist die Manipulation erschwert und die Stellungsüberwachung des Positionsschalters gegeben.

In begründeten Fällen ist die Verwendung von zwei Schaltern mit zwangsläufiger Betätigung möglich (z. B. beim Einsatz der programmierbaren Sicherheitssteuerung). Hier kann durch gezielte Abfrage der Positionsschalter auch eine Stellungsüberwachung erreicht werden.

- Zugriffshäufigkeit: Als Zugriffshäufigkeit wird die Öffnungshäufigkeit einer trennenden Schutzeinrichtung für den Zugriff/Zugang zum Gefahrenbereich bezeichnet.
  Als häufig wird ein Zugriff bzw. Zugang bezeichnet, wenn bei Normalbetrieb der Maschine pro Zyklus einmal Produkte entnommen oder zugeführt werden (zyklischer Eingriff). Typisch sind dabei 100-mal pro Stunde.
  Als gelegentlich wird ein Zugriff bzw. Zugang bezeichnet, wenn bei automatischen Prozessen eine zufällige korrigierende Tätigkeit im Gefahrenbereich oder zum Einstellen bzw. Instandhalten in den Gefahrenbereich stattfinden muss und nur einen gelegentlichen Eingriff darstellt. Typisch sind dabei mehrmals am Tag.
- Stellungsüberwachung durch Grenztaster: Bei Anwendungen von Verriegelungseinrichtungen mit automatischer Überwachung kann die Funktionsprüfung bei jedem Zustandswechsel der beweglichen Verdeckung (d. h. bei jedem Zugriff bzw. Zugang) ausgeführt werden (Stellungsüberwachung durch Grenztaster mit Öffner-/Schließerkontakten).

Bei seltenem Zugriff bzw. Zugang sollte die Verriegelungseinrichtung unter Einsatz zusätzlicher Maßnahmen, wie Entsperren der trennenden Schutzeinrichtung, getestet werden, da sonst zwischen aufeinander folgenden Funktionsprüfungen die Eintrittswahrscheinlichkeit eines unbekannten Fehlers erhöht ist. Beim Einsatz einer programmierbaren Sicherheitssteuerung lassen sich per Software zusätzliche Prüfentsperrungen durch den Bediener erzwingen.

4.4 Positionstaster

Wie sind Positionstaster an einer beweglichen Verdeckung anzubringen und mit welchen Kontakten müssen diese ausgerüstet sein? Je nach der vorgenommenen Risikobeurteilung kann die Stellung der Schutztüre mit einem oder zwei Positionstastern überwacht werden. Wird nur ein Positionstaster an der Schutzeinrichtung angebracht, muss, solange die Gefahrenquelle nicht abgedeckt ist, dieser betätigt sein.

Für den Fall „Schutztüre geschlossen" ist der Positionsschalter nach Abb. 4.14 anzuordnen.

Für den Fall „Schutztüre nicht geschlossen" ist der Positionsschalter nach Abb. 4.15 anzuordnen.

Weiterhin gelten folgende Prämissen:

- Der Positionstaster muss direkt durch die Schutzeinrichtung betätigt werden und nicht indirekt durch einen Federmechanismus oder eine andere indirekte Kraft.
- Der Kontakt in diesem Positionstaster muss eine Öffnerfunktion durch Zwangsbetätigung aufweisen.
- Sind mehrere Kontakte im Positionstaster enthalten, so müssen diese zueinander zwangsgeführt sein.
- Es ist nicht zulässig, den Positionsschalter so anzubringen, dass die gefährliche Bewegung mit dem Schließen der Schutztüre eingeschaltet wird.

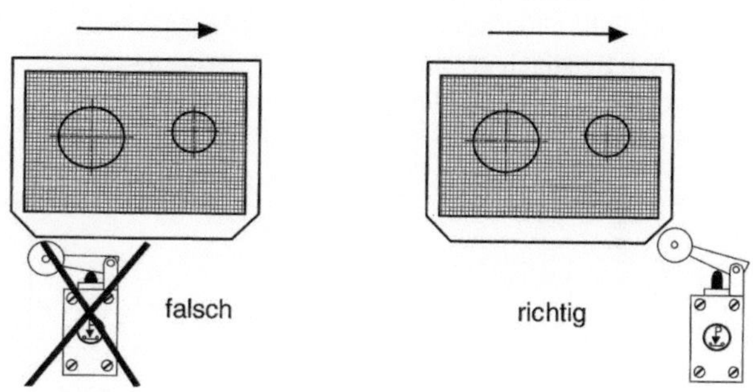

Abb. 4.14 Richtige und falsche Anordnung des Positionsschalters bei geschlossener Schutztüre

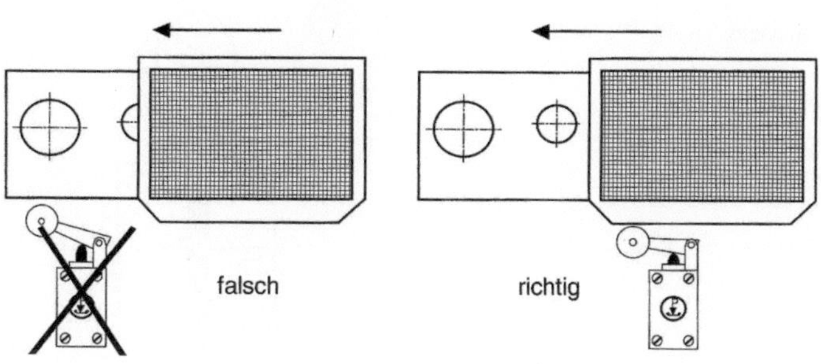

Abb. 4.15 Richtige und falsche Anordnung des Positionsschalters bei nicht geschlossener Schutztüre

4.4.1 Positionstaster mit Schließerfunktion

Wird als Sicherheitsschalter ein Positionstaster mit Schließerfunktion eingesetzt, so ist die Öffnerfunktion nicht zwangsbetätigt. Abb. 4.16 zeigt den Normalfall und Abb. 4.17 das Hängenbleiben des Schließers (Nichtöffnung) im Fehlerfall.

Anmerkung
Diese Art Positionstaster können in ihrer Funktion nicht als sicher angesehen werden und sind deshalb als Sicherheitsschalter nicht zulässig. Durch Federkraft ist keine sicherheitsgerechte Abschaltung möglich, da die Feder brechen kann oder zu gering ist, um im Gefahrenfall einen verschweißten Kontakt zu öffnen.

4.4.2 Sicherheitsgerechte Positionstaster

Drei sicherheitsrelevante Forderungen sind für Positionstaster formuliert.

1. Zwangsbetätigung der Öffnerfunktion (Abb. 4.18) durch eine Feder
2. Zwangsöffner
   Abb. 4.19 zeigt den sicherheitsgerechten Zwangsöffner im Fehlerfall.

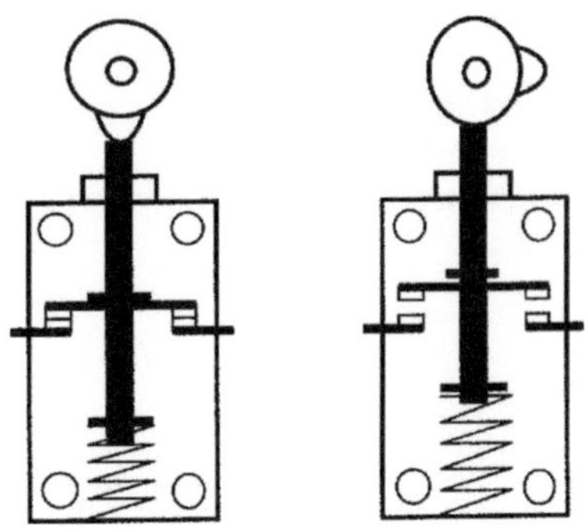

Abb. 4.16 Schließerkontakt im Normalfall. *Links* Kontakt wird durch Betätigen geschlossen, *rechts* Kontakt wird durch Federkraft geöffnet

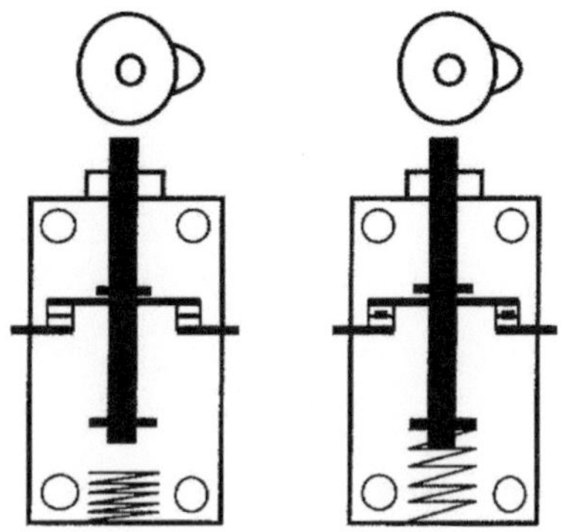

Abb. 4.17 Schließerkontakt im Fehlerfall. *Links* Kontakt bleibt bei Federbruch geschlossen, *rechts* Kontakt bleibt nach Verschweißen geschlossen

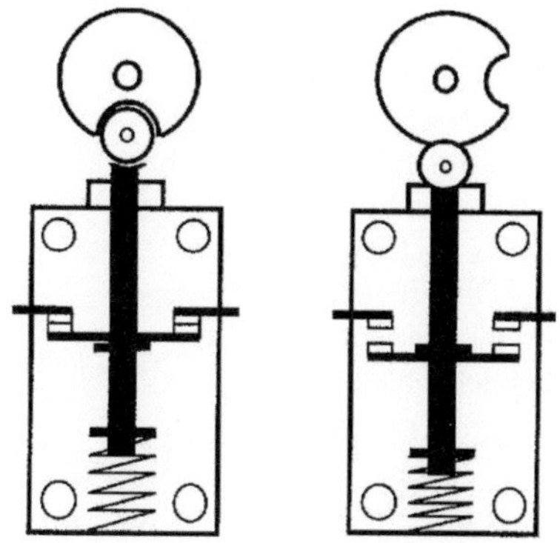

Abb. 4.18 Sicherheitsgerechter Positionstaster als Öffner. *Links* Kontakt wird durch Federkraft geschlossen, *rechts* Kontakt wird durch Betätiger geöffnet

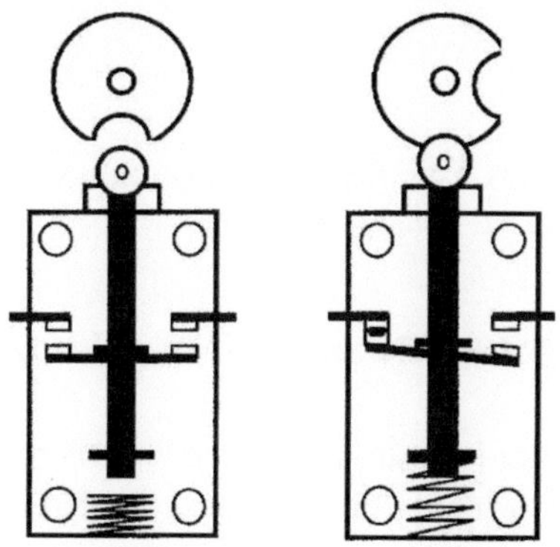

Abb. 4.19 Sicherheitsgerechter Zwangsöffner im Fehlerfall. *Links* Kontakt bleibt bei Federbruch offen, *rechts* Kontakt wird nach Verschweißen geöffnet

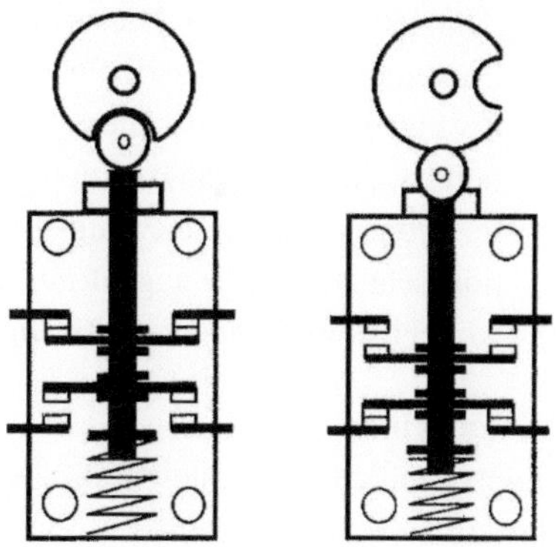

Abb. 4.20 Zwangsgeführter Positionstaster im Normalfall. *Links* Öffner und Schließer in Ruheposition, *rechts* Öffner und Schließer in Gefahrenposition

3. Zwangsführung der Kontakte
   Abb. 4.20 zeigt einen zwangsgeführten Positionstaster im Normalfall.

Ist der Positionstaster mit Öffner- und Schließerkontakten bestückt, lässt sich der Schließerkontakt als Stellungsüberwachung des Öffnerkontaktes verwenden. Dazu muss sichergestellt werden, dass im Fehlerfall zu keinem Zeitpunkt Öffner und Schließer gleichzeitig geschlossen sind. Abb. 4.21 zeigt die Auswirkungen im Fehlerfall.

Positionstaster, die diese Forderungen erfüllen, sind nach Abb. 4.22 gekennzeichnet.

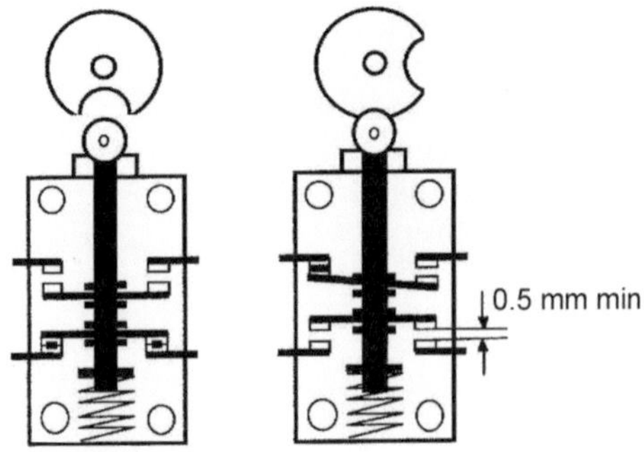

Abb. 4.21 Zwangsgeführter Positionstaster im Fehlerfall. *Links* Nach Verschweißen des Schließerkontaktes bleibt der Öffnerkontakt offen, *rechts* Nach Verschweißen des Öffnerkontaktes wird dieser zwangsgeöffnet und der Schließer bleibt offen

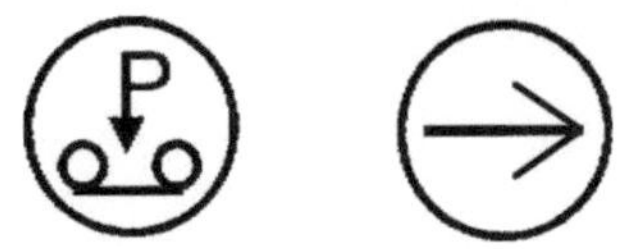

Abb. 4.22 Kennzeichnung von sicherheitsgerechten Positionstastern. *Links* nach DIN 0660T 206, *rechts* nach EN 60 947-5-1

4.4.3 Zwangsöffnung des Öffner-Hilfsstromschalters

Bei Hilfsstromschaltern in Steuerkreisen mit Sicherheitsfunktion wird eine sichere Funktion der Öffnerkontakte gefordert nach

- Zwangsöffnungsweg: Dieser Weg ist der Mindestweg vom Beginn der Betätigung des Bedienteiles bis zur endgültigen Stellung der Zwangsöffnung der öffnenden Kontakte.
- Zwangsöffnungskraft: Diese Kraft ist die Betätigungskraft, die am Bedienteil erforderlich ist, um die Zwangsöffnung zu erreichen.
- Positionsschalter mit Zwangsöffnung: Ein Gerät erfüllt die Anforderung an einen Positionsschalter mit Zwangsöffnung, wenn die Öffner die erforderliche Öffnung erreichen, wobei das Bedienteil den Zwangsöffnungsweg zurückgelegt hat.

Anmerkung
Zwischen dem Bedienteil und dem Hilfsstromschalter sind keine elastischen Verbindungen zulässig.

Alle Positionsschalter, die mit einem Hilfsstromschalterblock ohne Sprungfunktion oder einem Hilfsstromschalterblock „Öffner plus Schließer" mit einer Sprungfunktion ausgerüstet sind, fungieren als Zwangsöffnung des Öffners.

Die Grundforderungen für Hilfsstromschalter lauten

1. Zwangstrennung sicherstellen,
2. einer Bemessungsspannung von 250 V standhalten,
3. einer Umgebungstemperatur von −25 bis +65 °C standhalten,
4. der Gebrauchskategorie AC15 oder DC13 entsprechen.

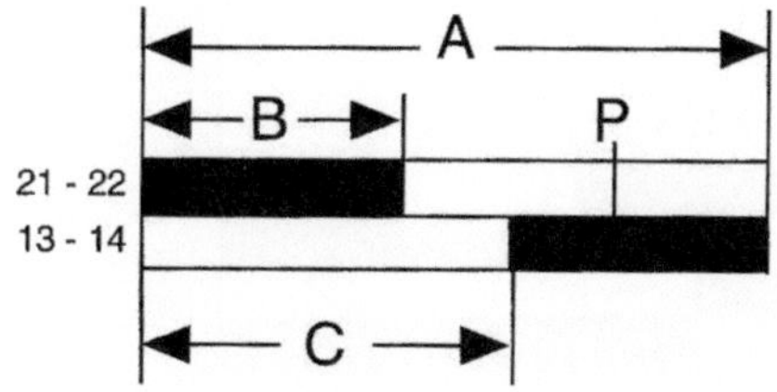

Abb. 4.23 Schaltdiagramm für die Kontaktfolge „Öffner plus Schließer, gestuft" ohne Sprungfunktion. *A* maximaler Weg des Betätigers in mm oder Grad, *B* Betätigerweg bis zum Beginn der Hilfsschalteröffnung 21–22, *C* Betätigerweg bis zum Beginn des Hilfsschalterschließens 13–14, *P* Betätigerweg bis zur vollzogenen Zwangstrennung des Öffners

4.4.4 Hilfsstromschalter ohne Sprungfunktion

Die Funktion eines Hilfsstromschalters mit Sprungfunktion sei am Beispiel „Hilfsschalter Öffner plus Schließer, gestuft" (Abb. 4.23) verdeutlicht.

Hilfsstromschalter, deren Kontaktbrücken mit der Geschwindigkeit bewegt werden, die durch die Stößelbewegung vorgegeben ist, bezeichnet man als Schleichschaltelemente. Diese Schaltelemente weisen keine Hysterese auf, deshalb ist der Schaltpunkt beim Öffnen und Schließen gleich. Beim Betätigen des Schalters öffnet sich erst der Öffner, dann sind über eine gewisse Wegstrecke beide Kontakte offen und erst dann schließt der Schließer. Es gibt aber auch Hilfsstromschalter, die von diesem Standard abweichen, weil der Schaltpunkt so ausgelegt ist, dass kurzzeitig beide Kontakte geschlossen sind. Dies hat einen historischen Grund. In den Anfangsjahren der Sicherheitstechnik, als die Sicherheitstechnik noch nicht die heutige Verbreitung hatte, wurden Sicherheitsschaltkreise manuell mit zwei bis vier Schützen erstellt. Hierfür brauchte man entweder zusätzlich ein Zeitrelais oder aber Hilfsstromschalter mit überlappenden Kontakten. Da diese Techniken heute nicht mehr eingesetzt werden, sollte man aus Gründen der Fehlererkennung keine Hilfsstromschalter mit überlappenden Kontakten für Sicherheitsschaltkreise mehr verwenden.

Schleichschaltelemente weisen den Vorteil auf, dass deren einfache Bauweise wenig Platz erfordert und somit bauartbedingt kleine Positionsschalter ermöglichen, die überall leicht zu montieren sind. Der Nachteil ist, dass durch das langsame Umschalten die Schaltkontakte je nach Stromstärke schneller verschleißen. Auch ist der Selbstreinigungseffekt gegenüber Sprungkontakten nicht so gut, falls geringe Ströme (mA-Bereich) geschaltet werden.

4.4.5 Hilfsstromschalter mit Sprungfunktion

Die Funktion eines Hilfsstromschalters mit Sprungfunktion ist am Beispiel „Hilfsschalter Öffner plus Schließer, gestuft" (Abb. 4.24) verdeutlicht.

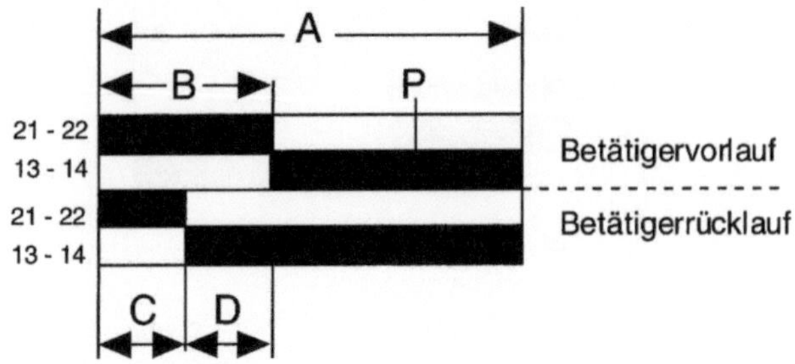

Abb. 4.24 Schaltdiagramm für die Kontaktfolge „Öffner plus Schließer, gestuft" mit Sprungfunktion. *A* maximaler Weg des Betätigers in mm oder Grad, *B* Betätigerweg bis zum Einschaltpunkt, *C* Betätigerweg bis zum Rückschaltpunkt, *D* (B–C) ist der Differenzweg, *P* Betätigerweg bis zur vollzogenen Zwangstrennung des Öffners

Abb. 4.25 Symbol für Schalter mit Zwangsöffnung

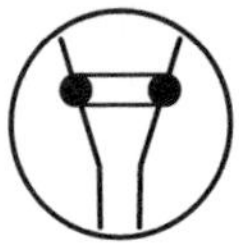

Abb. 4.26 Symbol für Gerät mit zwangsgeführten Kontakten

Diese Schalter weisen im Gegensatz zum Hilfsstromschalter mit Schleichschaltelementen eine Hysterese auf, d. h. sie schalten beim Öffnen der Schutztüre zu einem anderen Zeitpunkt als beim Schließen.

Hilfsstromschalter mit Zwangsöffnung (Abb. 4.25) müssen an der Außenseite dauerhaft mit dem Bildzeichen gekennzeichnet sein.

Zwangsgeführte Kontaktelemente (Abb. 4.26) müssen eindeutig gekennzeichnet werden:

- auf dcm Schaltgerät selbst,
- in der Herstellerdokumentation,
- oder auf beiden.

Die Zwangsführung muss im Stromlaufplan durch eine parallele Doppellinie und ausgefüllte Kreise auf jedem Symbol der zwangsgeführten Kontakte dargestellt werden. Falls ein Gerät ausschließlich oder einige zwangsgeführte Kontakte enthält, muss dieses mit dem Symbol gekennzeichnet werden.

4.4.6 Schalter-Kategorien

Positionsschalter werden mit unterschiedlichsten Funktionsprinzipien angeboten, z. B. mechanisch betätigte Positionsschalter:

1) Nockenbetätigte Positionsschalter: Wird ein einzelner Schalter dieser Bauart verwendet, muss dieser in zwangsläufiger Art durch die Verdeckung der gefährlichen Bewegung betätigt werden, insbesondere deshalb, weil diese Betätigungsart das Umgehen des Schalters auf einfache Weise verhindert.
2) Positionsschalter mit getrenntem Betätiger: Diese Positionsschalter weisen den Vorteil der einfachen Montage auf, sind aber je nach Gestaltung des getrenntem Betätigers leichter zu manipulieren. Obwohl dies bestritten wird, kann davon ausgegangen werden, dass die Hersteller dieser Schalter mindestens dreimal so viele Betätiger wie Schalter verkaufen. Man kann sogar davon ausgehen, dass zum Standardwerkzeug eines Instandhalters der Zweitbetätiger am Schlüsselbund vorhanden ist. Um einen erhöhten Schutz gegen Umgehung zu erreichen, sollte der verdeckte Einbau, der das Einführen von Ersatzbetätigerelementen verhindert, vorgenommen werden.
3) Berührungslos wirkende Positionsschalter: Bei der Verwendung von berührungslos wirkenden Positionsschaltern ist keine zwangsläufige Betätigung durch die bewegliche Verdeckung gegeben, wie sie nach DIN gefordert ist. Um gleichwertige Sicherheit zu erlangen, ist ein erheblich größerer Aufwand nötig. Eine spezielle Anordnung der Magnete im Betätiger soll verhindern, dass mit einfachen Mitteln ein Ausgangssignal ausgelöst werden kann. Die Reedkontakte, die nur einen sehr geringen Strom schalten können und zum Verschweißen neigen, werden durch strombegrenzende Widerstände geschützt. Die Schaltzustände der Kontakte im Positionsschalter werden von einem speziellen Auswertegerät auf logisches Verhalten überwacht.
4) Verriegelungseinrichtungen mit Zuhaltung: Diese Einrichtung muss auch dann verwendet werden, wenn die Anhaltezeit größer ist als die Zeit, die eine Person benötigt, um nach Öffnen der Schutztüre die Gefahrenstelle zu erreichen. Diese Schalter sind Schalter der Kategorie 2, bei denen der Betätiger durch einen speziellen Mechanismus festgehalten wird.

Schalter dieser Art werden je nach Verwendungszweck wie folgt angeboten:

a) Federkraft verriegelt, elektrisch (Energie) entriegelt,
b) Elektrisch (Energie) verriegelt, Federkraft entriegelt.

Wobei die Variante „Federkraft verriegelt und elektrisch entriegelt“ bevorzugt angewendet werden soll, da beim umgekehrten Prinzip die Schutzeinrichtung bei Ausfall der Energie wirkungslos wird.

4.4.7 Schutzüberwachung und Positionsschalter

Wird an einer Maschine/Anlage durch Risikoanalyse eine Gefahrenstelle erkannt, so sind entsprechend der mittleren Kategorie risikoreduzierende Maßnahmen zu ergreifen. Nach EN 292-1 kann je nach Gegebenheit zwischen trennenden oder nicht trennenden Schutzeinrichtungen gewählt werden. Weitere Normen wie die

- DIN EN 294 08/92 Sicherheit von Maschinen – Sicherheitsabstände gegen das Erreichen von Gefahrstellen mit den oberen Gliedmaßen,
- DIN EN 81112/96 Sicherheit von Maschinen – Sicherheitsabstände gegen das Erreichen von Gefahrstellen mit den unteren Gliedmaßen,
- DIN EN 349 06/93 Sicherheit von Maschinen – Mindestabstände zur Vermeidung des Quetschens von Körperteilen,
- DIN EN 953 11/97 Sicherheit von Maschinen – Trennende Schutzeinrichtungen – Allgemeine Anforderungen an Gestaltung und Bau von feststehenden und beweglichen trennenden Schutzeinrichtungen,
- DIN EN 1088 02/96 Sicherheit von Maschinen – Verriegelungseinrichtungen in Verbindung mit trennenden Schutzeinrichtungen – Leitsätze für Gestaltung und Auswahl,
- DIN EN 61496-1 06/98 Sicherheit von Maschinen – Berührungslos wirkende Schutzeinrichtungen – Teil 1: Allgemeine Anforderungen und Prüfungen,
- DIN EN 547 02/97 Sicherheit von Maschinen – Körpermaße des Menschen –
  - Teil 1: Grundlagen zur Bestimmung von Abmessungen für Ganzkörper-Zugänge an Maschinenarbeitsplätzen,
  - Teil 2: Grundlagen für die Bemessung von Zugangsöffnungen,
  - Teil 3: Körpermaßdaten.

Als trennende Schutzeinrichtung bezeichnet man den Teil einer Maschine, der eigens dazu benutzt wird, um als körperliche Sperre Schutz zu bieten. Die trennende Schutzeinrichtung kann ein Gehäuse, Abdeckung, Schirm, Türe, Verkleidung usw. sein.

- Anforderungen an trennende Schutzeinrichtungen: Diese Einrichtungen sollen folgende Funktionen erfüllen:
  - Verhindern des Zugangs zu dem Raum, der durch die trennende Schutzeinrichtung abgeschlossen wird
  - Fernhalten von Material, Werkstücken, Spänen, Flüssigkeiten, Strahlung, Staub, Dämpfen, Gasen, Lärm usw., die von der Maschine weggeschleudert werden können.
- Feststehende trennende Schutzeinrichtungen: Diese Einrichtung, die an einer Stelle angebracht ist:
  - entweder dauerhaft z. B. angeschweißt,
  - mit Befestigungselementen, wie Schrauben die das Wegnehmen bzw. Öffnen ohne Werkzeug verhindern.

- Anforderungen an feststehende trennende Schutzeinrichtungen: Diese Einrichtungen müssen fest an ihrem Platz gehalten werden
  - entweder permanent, z. B. angeschweißt,
  - mit Befestigungsmitteln wie Schrauben z. B. das Wegnehmen bzw. Öffnen ohne Werkzeug soll unmöglich sein, und wenn möglich sollten diese nicht ohne Befestigungsmittel in der Schließstellung der Positionsschalter gehalten werden.
- Entfernen von trennenden Schutzeinrichtungen: Das abnehmbare Teil von trennenden Schutzeinrichtungen darf nur mit Hilfe eines Werkzeugs entfernbar sein. Ist dies nicht der Fall, so muss es sich um eine bewegliche Verdeckung handeln, die auf Stellung überwacht werden muss.
- Stellung abnehmbarer trennender Schutzeinrichtung: Soweit durchführbar, muss eine abnehmbare trennende Schutzeinrichtung so gestaltet sein, dass diese ohne ihre Befestigungseinrichtung nicht in ihrer vorgesehenen Stellung verbleibt.
- Zurückhalten wegfliegender Teile: Besteht ein vorhersehbares Risiko, dass Teile (zerbrochene Werkstücke) von der Maschine wegfliegen, muss die trennende Schutzeinrichtung so gestaltet sein, dass diese zurückgehalten werden.
- Klettern: Das Klettern an trennenden Schutzeinrichtungen muss durch Gestaltung verhindert werden. Konstruktionen, die sich als Leiter oder gar Treppe anbieten, werden auch als solche genutzt, daher ist immer an den Missbrauch zu denken.
- Bewegliche trennende Schutzeinrichtungen: Diese Einrichtungen sind meistens mechanisch mit dem Maschinengestell verbunden und ohne Werkzeug nicht zu öffnen.
- Anforderungen an bewegliche trennende Schutzeinrichtungen: Diese Einrichtungen gegen Gefährdungen, die von beweglichen Kraftübertragselementen ausgehen. Diese müssen so weit wie möglich mit der Maschine (z. B. Scharniere) verbunden bleiben, wenn sie geöffnet werden. Sie müssen mit einer Verriegelungseinrichtung mit oder ohne Zuhaltung ausgerüstet sein, sodass die beweglichen Teile nicht eingeschaltet werden können, solange die Schutzeinrichtung nicht geschlossen ist.
- Einstellbare trennende Schutzeinrichtungen: Eine feststehende oder bewegliche trennende Schutzeinrichtung, die entweder als ganzes einstellbar ist oder einstellbare Teile enthält.
- Anforderungen an einstellbare trennende Schutzeinrichtungen: Diese Einrichtungen lassen sich verwenden, wo nicht der komplette Gefahrenbereich abgesichert werden kann und muss:
  - nach Art der durchzuführenden Arbeit manuell oder automatisch verstellbar sein,
  - leicht und ohne Werkzeug verstellt werden können,
  - die Gefahr eines Herausschleuderns so weit wie möglich verringern.
- Verriegelte trennende Schutzeinrichtungen: Diese Einrichtung ist mit einer Verriegelungseinrichtung ausgestattet, sodass
  - die gefährdenden Maschinenfunktionen, die von der Schutzeinrichtung abgesichert sind, nicht ausgeführt werden können solange die Schutzeinrichtung nicht geschlossen ist,

  - ein Halt-Befehl ausgelöst wird, wenn die Schutzeinrichtung während der gefährdenden Maschinenfunktion geöffnet wird,
  - wenn die Schutzeinrichtung geschlossen ist, die gefährdende Maschinenfunktion durch das Schließen nicht in Gang gesetzt wird.
- Verriegelte trennende Schutzeinrichtungen mit Zuhaltung: Diese Einrichtungen mit einer Verriegelungseinrichtung und einer Zuhaltung, sodass
  - die gefährdende Maschinenfunktion, die von der Schutzeinrichtung abgesichert ist nicht ausgeführt werden kann, solange die Schutzeinrichtung nicht geschlossen und verriegelt ist,
  - die trennende Schutzeinrichtung so lange geschlossen und verriegelt bleibt, bis das Verletzungsrisiko, das von den gefährdenden Maschinenfunktionen ausgeht, vorbei ist,
  - wenn die Schutzeinrichtung geschlossen und verriegelt ist, die gefährdende Maschinenfunktion durch das Schließen nicht in Gang gesetzt wird.
- Steuernde trennende Schutzeinrichtungen: Diese Einrichtung in Verbindung mit einer Verriegelungseinrichtung mit oder ohne Zuhaltung, sodass
  - die gefährdende Maschinenfunktion, die von der Schutzeinrichtung abgesichert ist, wird nicht ausgeführt, solange die Schutzeinrichtung nicht geschlossen ist,
  - wenn die Schutzeinrichtung geschlossen ist, wird die gefährdende Maschinenfunktion durch das Schließen in den Betriebszustand gesetzt.
- Steuernde trennende Schutzeinrichtungen: Diese Schutzeinrichtungen sollten nur verwendet werden, wenn
  - keine Möglichkeit besteht, dass sich Personen im Gefahrenbereich aufhalten, solange die trennende Schutzeinrichtung geschlossen ist,
  - das Öffnen der steuernden trennenden Schutzeinrichtung die einzige Möglichkeit ist, den Gefahrenbereich betreten zu können,
  - die Verriegelung, die mit der steuernden trennenden Schutzeinrichtung verbunden ist, größtmögliche Zuverlässigkeit besitzt.
- Nicht trennende Schutzeinrichtungen: Diese Einrichtung (anders als eine trennende Schutzeinrichtung), die ein Risiko vermindert mit Annäherungsreaktion, z. B. durch elektrosensitive oder druckempfindliche Schutzeinrichtung.
- Technische Eigenschaften von nicht trennenden Schutzeinrichtungen: Wenn diese Schutzeinrichtung eine direkt wirkende Sicherheitsfunktion besitzt, muss diese konzipiert sein, d. h. bewährte Bauteile, Bauteile oder Systeme mit definiertem Ausfallverhalten, Redundanz und Selbstüberwachung.
- Schutzeinrichtungen mit Annäherungsreaktion: Einrichtung, die das Anhalten von gefährdenden Maschinenteilen bewirkt, sobald sich eine Person über eine festgelegte Grenze bewegt.

4.4.8 Schutzeinrichtungen mit Annäherungsreaktion

Schutzeinrichtungen mit Annäherungsreaktion können sein:

- mechanische, z. B. Auslösedrähte, teleskopische Fühler, druckempfindliche Einrichtungen,
- nicht mechanische, z. B. optoelektronische Einrichtungen, Einrichtungen die kapazitiv oder mit Ultraschall funktionieren.

Zur Risikominderung durch Konstruktion gehören folgende Maßnahmen

1) die Vermeidung oder Reduzierung von möglichst vielen Gefährdungen,
2) die Begrenzung der Häufigkeit und Dauer der Gefährdungsexposition durch Reduzierung der Notwendigkeit des Eingreifens in den Gefahrenbereich.

Die Praxis zeigt, dass gerade Punkt 2, aus welchen Gründen auch immer, nur sehr unzureichend berücksichtigt wird. Ja es scheint sogar eine menschliche Schwäche zu sein, dass man mit viel Aufwand versucht, mit den Auswirkungen einer Störung zu leben, anstatt deren Ursachen zu beseitigen.

- Beispiel für Risikokategorie 1 und 2: Wählt man die Position des Schalters so, dass mit Schließen der Schutztüre die „gefährliche" Bewegung eingeschaltet wird oder wer-

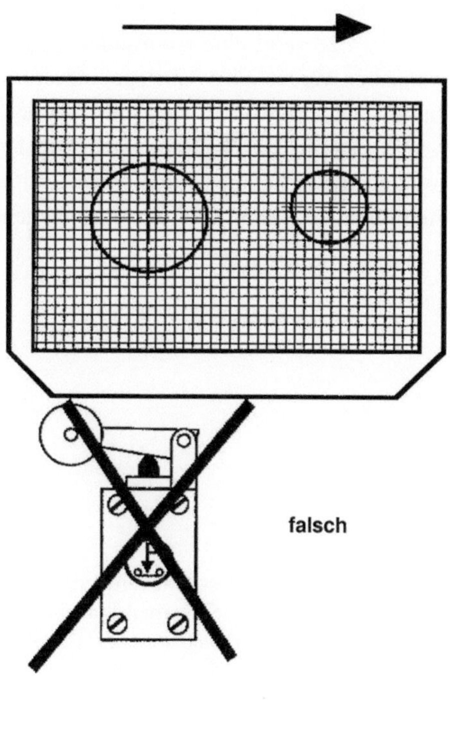

Abb. 4.27 Bei dieser Anordnung kann der Positionsschalter mit Klebeband auf „Dauer" gestellt werden

Abb. 4.28 Anordnung des Positionsschalters zur Überwachung einer beweglichen Verdeckung

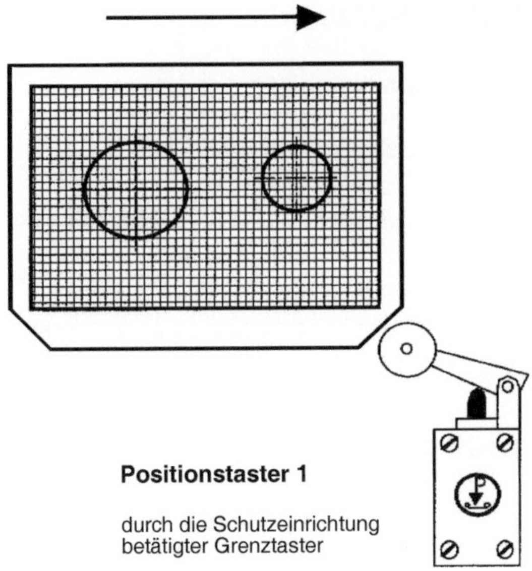

den kann, so widerspricht dies der Sicherheitsphilosophie. Positionsschalter müssen so angebracht werden, dass, wenn der Gefahrenbereich freigegeben wird, diese die gefährliche Bewegung abschalten. Abb. 4.27 zeigt eine Anordnung und der Positionsschalter kann mit einem Klebeband auf „Dauer" gestellt werden.

Abb. 4.28 zeigt eine Anordnung eines Positionsschalters zur Überwachung einer beweglichen Verdeckung. Verriegelungseinrichtungen mit einem mechanisch betätigten Positionsschalter müssen zwangsläufig betätigt werden.

Als Beispiel für die Risikokategorie 1 und 2 sei die Stellungsüberwachung einer beweglichen Verdeckung durch einen Positionsschalter angenommen. Abb. 4.28 zeigt die Anordnung und Abb. 4.29 den entsprechenden vereinfachten konstruktiven Aufbau.

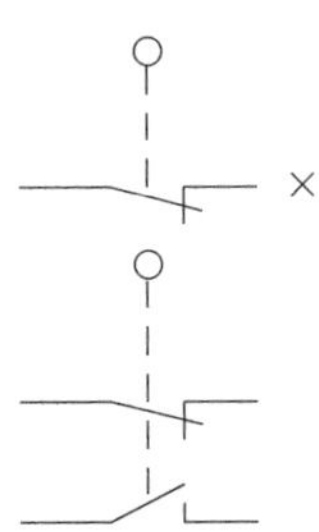

Abb. 4.29 Mögliche Kontaktanordnungen bei einem Sicherheitskontakt. *Oben* Kategorie 1: Öffnerkontakt fungiert als Sicherheitskontakt, *unten* Kategorie 2: Öffnerkontakt fungiert als Sicherheitskontakt, Schließerkontakt dient zur Stellungsüberwachung

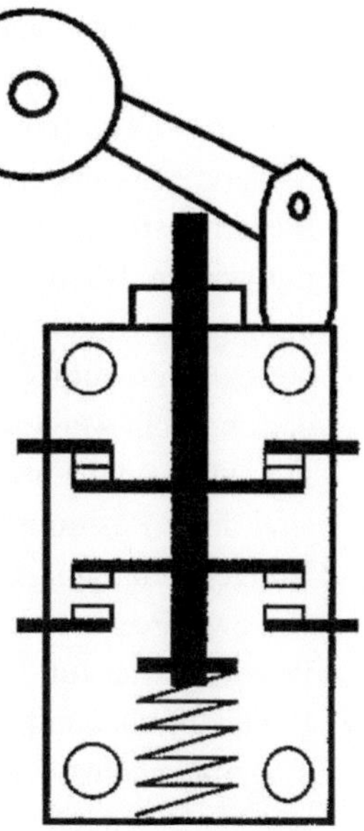

Abb. 4.30 Typischer Aufbau eines Positionstasters

Die Mindestanforderung an einen Positionsschalter der Risikokategorie 1 und 2 ist ein Öffner; die Funktion ist zwangstrennend.

Diese in ihrer Funktion als sehr zuverlässig angesehene Schutztürüberwachung ist jedoch sehr leicht zu manipulieren. Entsteht im Innern des Schutztürschalters ein Kurzschluss, kann dieser nicht erkannt werden. Auch wäre es möglich den Positionsschalter aus seiner Position zu bringen. Damit ist die zwangsläufige Betätigung durch die Schutzabdeckung und die zwangstrennende Abschaltung nicht mehr gegeben. Die Gefahr bringende Bewegung kann dann nicht mehr gestoppt werden.

Ist jedoch ein zweiter Kontakt vorhanden, muss das ein Schließerkontakt sein, der der Stellungsüberwachung des Positionstasters dient. Abb. 4.29 zeigt die möglichen Kontaktanordnungen bei einem Sicherheitskontakt.

Da der Schließerkontakt nur bei geöffneter Schutztüre geschlossen ist, eignet er sich zur Stellungsüberwachung. Bekommt dieser Schließerkontakt die Start- oder Einschaltfunktion, so muss der Anwender nach Spannungswiederkehr bzw. Einschalten der Maschine die Schutztüre öffnen und wieder schließen. Wird der Schließerkontakt nicht geschlossen, ist von einem Fehler im Positionsschalter auszugehen. Wird der Positionsschalter zwecks Manipulation aus seiner Position gebracht, kann der Sicherheitsschaltkreis zwar durch Drücken des Positionsschalters per Hand aktiviert werden, dem Bediener wird jedoch auch jedes Mal das Verbot seiner Handlung bewusst. Da Schutztüren mit nur einem Positionsschalter relativ leicht zu manipulieren sind, ist diese Schutzart nur für gelegentlichen Eingriff geeignet. Abb. 4.30 zeigt den Aufbau eines Positionstasters.

- Beispiel für Risikokategorie 3 und 4: Soll in Verbesserung der vorgenannten Aufgaben eine höhere Risikokategorie erreicht werden, dann muss man zwei mechanisch betätigte Positionsschalter einsetzen. Die Forderungen an sicherheitsbezogene Teile von Steuerungen müssen so gestaltet sein, dass ein einzelner Fehler nicht zum Verlust der Sicherheitsfunktionen führt. Fehler gemeinsamer Ursache müssen immer berücksichtigt werden. Kann man unterstellen, dass der einzelne Positionsschalter durch Beschädigung am Rollenhebel oder durch lösen der Befestigungsschrauben bei Öffnen der beweglichen Verdeckung nicht mehr abschaltet, so kann Kategorie 3 nur durch Redundanz erreicht werden. Um Fehler gemeinsamer Ursache, z. B. Lösen der Befestigungsschrauben oder Entfernen der gesamten beweglichen Verdeckung entgegenzuwirken, sind diese Positionsschalter als Kombination von zwangsläufiger und nicht zwangsläufiger Betätigungsart anzubringen. Abb. 4.31 zeigt eine Anordnung und Betätigung von zwei Positionsschaltern für Stellung „Schutztür geschlossen" und Abb. 4.32 zwei Positionstaster für die Stellung „Schutztüre nicht geschlossen".
- Kontaktbestückung: Beide Positionsschalter können wahlweise, je nach Risikobeurteilung, mit einem oder zwei Schaltkontakten bestückt sein. Die Wertigkeit der Positionsschalter ist jedoch unterschiedlich.
- Einkanalige Ausführung: Positionsschalter Nr. 1 wird zwangsläufig betätigt und beinhaltet einen zwangsöffnenden Kontakt.
- Positionsschalter Nr. 2 wird nicht zwangsläufig betätigt und beinhaltet einen Schließerkontakt.

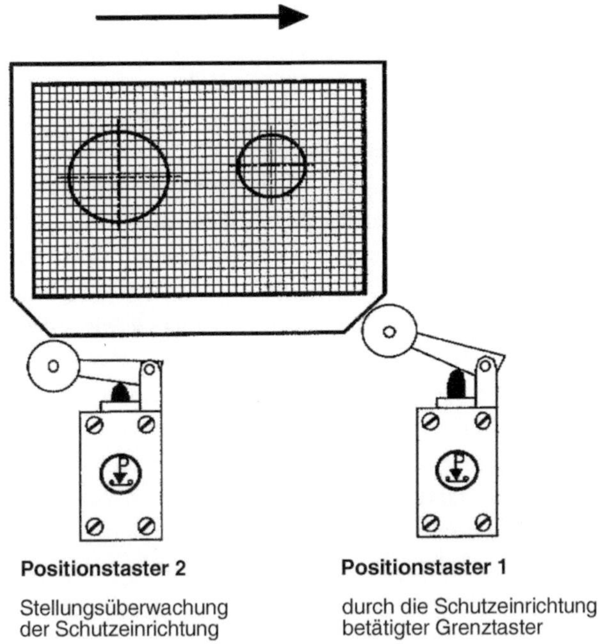

Abb. 4.31 Anordnung und Betätigung von zwei Positionsschaltern für Stellung „Schutztüre geschlossen"

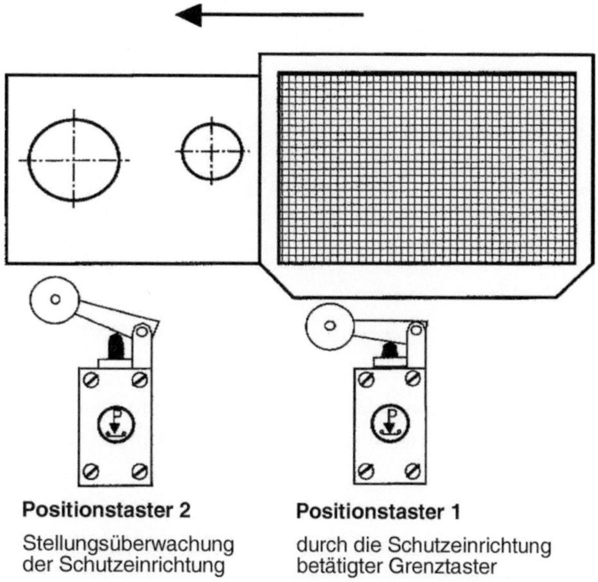

Abb. 4.32 Anordnung und Betätigung von zwei Positionstastern für die Stellung „Schutztüre nicht geschlossen"

Abb. 4.33 zeigt einen einkanaligen Aufbau des Positionsschalters.

Man erreicht dadurch eine Stellungsüberwachung der Schutztüre und diese Anwendung könnte in Kategorie 3 eingestuft werden.

- Zweikanalige Ausführung: Positionsschalter Nr. 1 wird zwangsläufig betätigt und beinhaltet einen zwangsöffnenden Kontakt und einen Schließerkontakt zur Stellungsüberwachung des Positionsschalters.

Positionsschalter Nr. 2 wird nicht zwangsläufig betätigt und dient der Stellungsüberwachung der Schutztüre. Ist auch dieser mit einem Öffner- und Schließerkontakt bestückt, so wird nicht nur die Schutztüre, sondern auch der Positionsschalter auf Stellungssicherheit überwacht. Abb. 4.34 zeigt den zweikanaligen Aufbau des Positionsschalters.

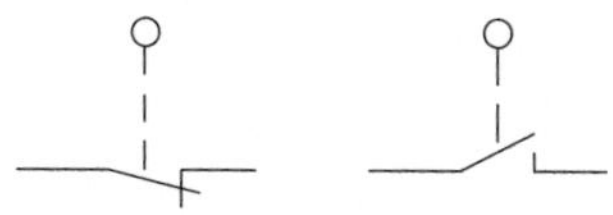

Abb. 4.33 Einkanaliger Aufbau des Positionsschalters. *Links* Öffnerkontakt arbeitet als Sicherheitskontakt, *rechts* Schließerkontakt dient zur Stellungsüberwachung

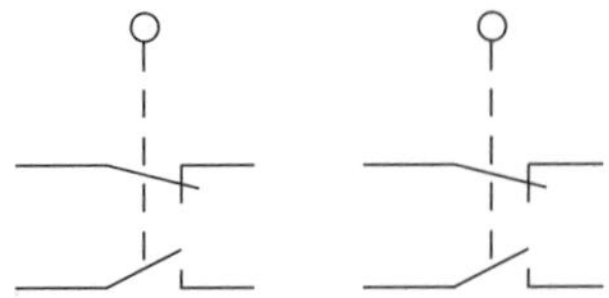

Abb. 4.34 Zweikanaliger Aufbau des Positionsschalters. *Links* Öffnerkontakt arbeitet als Sicherheitskontakt, Schließerkontakt dient zur Stellungsüberwachung, *rechts* Schließerkontakt dient zur Stellungsüberwachung und der Öffnerkontakt arbeitet als Sicherheitskontakt

4.4.9 Überwachung der Positionsschalter

Sind die Positionstaster und deren Kontakte nach den Regeln der EN 1088 zugeordnet, muss überwacht werden, ob sie die Forderungen erfüllen.

- Überwachung der Positionsschalter: Da Positionstaster in der Regel immer mit jeweils einem Öffner- und einem Schließerkontakt bestückt sind, sollten sie grundsätzlich auch genutzt und angeschlossen werden.

Bisher wurden immer getrennt angeordnete Positionstaster behandelt. Da das nicht zwingend vorgeschrieben ist, bieten die meisten Hersteller von Positionstastern deshalb zwei Positionstaster in einem gemeinsamen Gehäuse an. Diese Positionstaster gibt es auch mit Türverriegelung, also einer Zuhaltung. Da die Positionstaster zum Teil schon vorkonfektioniert sind, ist bei der Auswahl darauf zu achten, dass das gewünschte Risikoniveau durch die Außenbeschaltung auch erreicht werden kann.

Reihenschaltung von Sicherheitskontakten: Bei der Reihenschaltung von Sicherheitskontakten werden zwei Positionstaster in einem gemeinsamen Gehäuse in Reihe geschaltet.

Diese Anordnung erfüllt nur oberflächlich betrachtet die Forderung nach Redundanz und wird fälschlich vielfach als redundant angeboten. Kommt es jedoch zu einem Schluss über einen der beiden Öffner, wird dieser Fehler nicht erkannt, solange der andere Öffner seine Funktion erfüllt. An den Anschlussklemmen lässt sich nicht erkennen, ob beide oder nur ein Kontakt geöffnet ist.

Seriell angeordnete Kontakte im Positionstaster können in der Ansteuerung nur wie ein Kontakt bewertet werden. Sie ergeben deshalb in der Einstufung nur die Kategorie 1 oder 2. Abb. 4.35 zeigt eine Reihenschaltung von Sicherheitskontakten.

- Parallelschaltung von Sicherheitskontakten: Die Parallelschaltung von Sicherheitskontakten ermöglicht neben der Überwachung des Gefahrenzustandes auch die Überwachung der korrekten Arbeitsweise der Positionsschalter. Abb. 4.36 zeigt eine Parallelschaltung von Sicherheitskontakten.

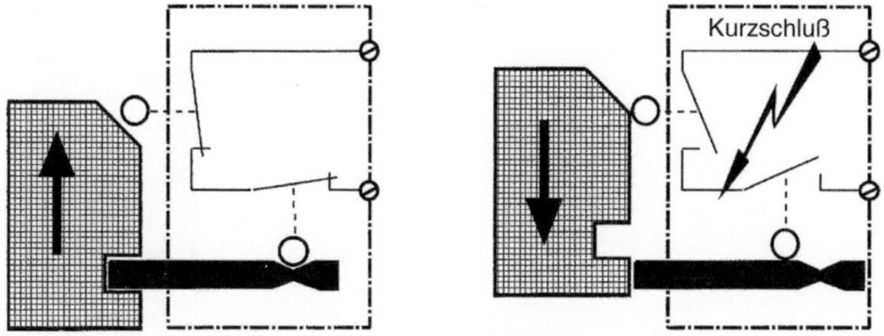

Abb. 4.35 Beispiel einer Reihenschaltung von Sicherheitskontakten. *Links* Ruhezustand, *rechts* Gefahrenfall (ein Öffner durch Kurzschluss außer Betrieb)

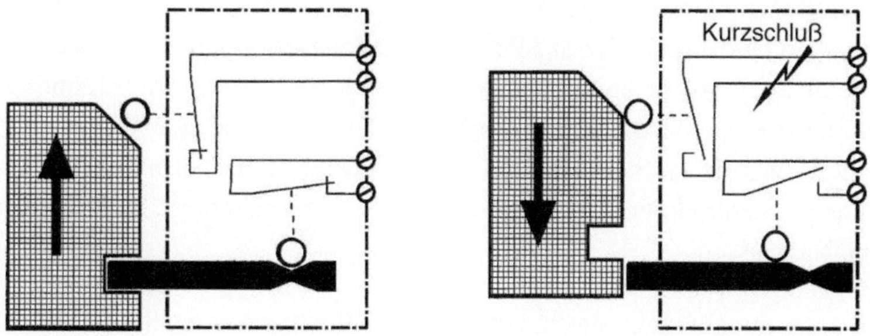

Abb. 4.36 Beispiel einer Parallelschaltung von Sicherheitskontakten. *Links* Ruhezustand, *rechts* Gefahrenfall (ein Schließer öffnet bei Kurzschluss nicht: Auswertung führt zu „Not-Aus")

Bei Beibehaltung der Kontaktzahl im Positionstaster verdoppelt sich die Anzahl der Anschlüsse. Dadurch ist die parallele Auswertung des Kontaktpaares möglich. Durch die parallele Abfrage der beiden Kontakte im Positionstaster werden Fehler im Positionstaster und in dessen Zuleitung erkannt. Das ergibt eine höhere Einstufungsmöglichkeit nach EN 954.

Ein besserer Schutz gegen ein Umgehen der Sicherheitseinrichtung kann erreicht werden, wenn Nocken und Geber in einem gemeinsamen Gehäuse angeordnet sind. Obwohl bei diesen Schaltern die Vermutung nahe liegt, dass die Forderungen für Kategorie 3 und 4 erfüllt sind, trifft dies nur für Kategorie 3 zu, denn der einzelne Betätiger kann auch hier eine unerkannte Fehlerquelle sein. Abb. 4.37 zeigt einen Sicherheitsschalter mit Verriegelung.

- Schutztüre: Eine Schutztüre ist nur solange eine Sicherheitseinrichtung, solange sie geschlossen ist. Obwohl der Werktätige an der Maschine das weiß, wird er möglicherweise versuchen, diese im Arbeitsprozess zu öffnen, wenn ihm das als eine Erleichterung erscheint. Damit er das keinesfalls ausführt, schalten Positionstaster an der Schutztüre mit deren Öffnen den Antrieb ab. Da das bloße Ausschalten des Antriebs durch dessen

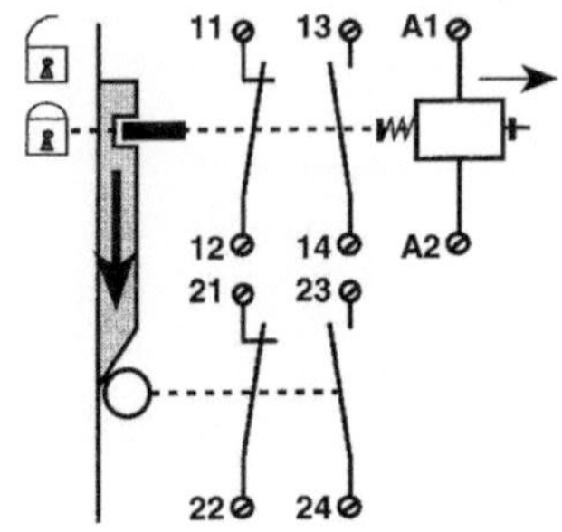

Abb. 4.37 Sicherheitsschalter mit Verriegelung einer Innenbeschaltung

langen Nachlauf noch keine ausreichende Sicherheit ergibt, ist zusätzlich eine mechanische Verriegelung notwendig.

- Zuhaltungen: Das Prinzip dieser Sicherheitsmaßnahme besteht darin, dass eine Gefahrenstelle nicht als solche angesehen werden muss. Um dieser Anforderung gerecht zu werden, muss eine den Zugang verhindernde Tür selbstverriegelnd sein und darf sich nur mittels Energie (z. B. elektrisch) wieder öffnen. Eine Ausnahme ist notwendig, wenn die Schutztüre hintertretbar ist, denn dann muss sich diese im Notfall (auch von innen) öffnen lassen.

Es gibt auch Zuhaltungen, die mit elektrischer Energie verriegelt und mit Federkraft entriegelt werden. Diese weisen jedoch den Nachteil auf, dass bei einem Stromausfall unverzögert die Schutzfunktion aufgehoben wird. Da dies noch vor dem Motorstillstand sein kann, sollte diese Art der Zuhaltung nicht oder nur bedingt (z. B. für weitläufige Absperrungen) verwendet werden. Natürlich ist nicht nur die Art, sondern auch der Zeitpunkt des Entriegelns der Schutzeinrichtung von der Risikobeurteilung abhängig. Verschiedene Zeitpunkte der Entriegelung sind:

- jederzeit: nicht sicher,
- Ablauf einer gewissen Zeit: bedingt sicher.

Anmerkung
Die Karenzzeit muss länger sein als die zu erwartende Auslaufzeit des Motors und darf nicht durch eine SPS-Einrichtung und deren Software realisiert werden, sondern durch eine Schutzschaltung nach den Regeln der EN 60204.

- nach Motorstillstand: sicher.

Die Stillstandserkennung muss gewährleistet sein, d. h. nach den Regeln der EN 60204 erfolgen.

- Verzögerte Freigabe der Gefahrenstelle: Zur Verhinderung des gefährlichen Zugriffs zu einer Gefahrenstelle muss die Entriegelung einer Schutzeinrichtung zeitverzögert erfolgen.

Die Normung nennt verschiedene Möglichkeiten der Verriegelungseinrichtung mit Zuhaltung.

- Verzögerte Entriegelung: Die trennende Schutzeinrichtung wird von der Zuhaltung in der geschlossenen Position gehalten. Die Entriegelung ist möglich
  - jederzeit: Die Schutzeinrichtung kann während der gefährlichen Bewegung entsperrt werden,
  - abhängig: Die Schutzeinrichtung kann erst nach Beenden der gefährlichen Bewegung entsperrt werden.

Eine Verriegelungseinrichtung mit Zuhaltung und verzögerter Entriegelung muss verwendet werden, wenn die Anhaltezeit größer ist als die Zeit, die eine Person benötigt, um in den Gefahrenbereich zu gelangen.

Dabei kann die Anhaltezeit

- kleiner sein als die Zugriffs-/Zugangszeit und dann ist nur eine verriegelte, trennende Schutzeinrichtung mit oder ohne Zuhaltung notwendig,
- größer sein als die Zugriffs-/Zugangszeit und dann ist als Schutzeinrichtung eine verriegelte, trennende Schutzeinrichtung mit Zuhaltung und verzögerter Entriegelung erforderlich.

Für die verzögerte Entriegelung gibt es verschiedene Techniken.

Zeitrelais mit handbetätigter und verzögerter Entriegelung: Die Verriegelungseinrichtung ist mit einer handbetätigten Verzögerungseinrichtung ausgestattet. Dabei wird z. B. ein Gewindestift mit einer bestimmten Länge als Verriegelung verwendet. Dieser Gewindestift muss von Hand herausgedreht werden. So wird eine gewisse Zeit benötigt, bis die Verriegelung freigegeben wird.

Die handbetätigte Entriegelung muss natürlich eine längere Zeit beanspruchen, als die gefährliche Bewegung zum Auslaufen benötigt. Ein Beispiel zeigt Abb. 4.38.

- Elektrisch verzögerte Entriegelung: Diese Entriegelung kann durch ein spezielles Zeitrelais erfolgen. Das Zeitrelais ist ein anzugsverzögertes Relais mit redundantem

Abb. 4.38 Zeitverzögerung durch lange Schraube

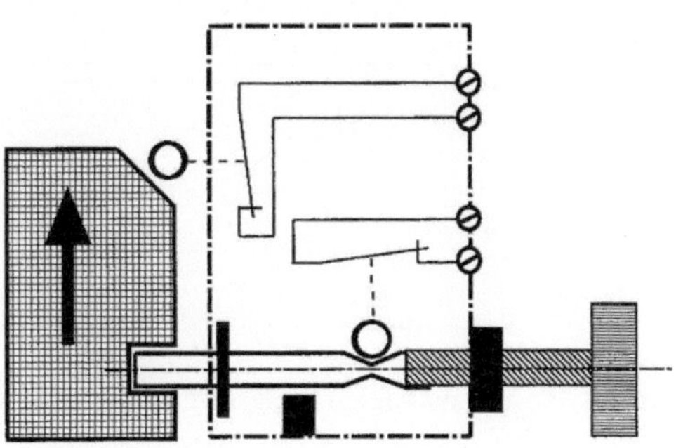

Aufbau. Es ist so aufgebaut, dass im Fehlerfall kein vorzeitiges Öffnen möglich ist, sondern die Zeit auf unendlich verlängert wird.

Da es die Wirkung einer Anzugsverzögerung ausübt, wird es einfach über den Öffnerkontakt des Motorschützes gestartet. Trotz einer geringen externen Beschaltung ist es dadurch möglich, den Motorschütz in die Sicherheitsmaßnahme mit einzubeziehen. Denn wenn der Schütz nicht zurückfällt, kann selbst bei momentan stillstehendem Motor die Schutztüre nicht geöffnet werden.

4.4.10 Stillstandsabhängige Entriegelung

Eine stillstandsabhängige Entriegelung besteht, wenn die Entriegelung erst nach dem Motorstillstand erfolgt. Abb. 4.39 zeigt die zeitabhängige Freigabe einer Schutzabdeckung.

Ein Beispiel für eine Entriegelungsfreigabe nach sicherer Stillstandserkennung ist der Stillstandswächter. Dieser Stillstandswächter ist redundant aufgebaut und arbeitet nach

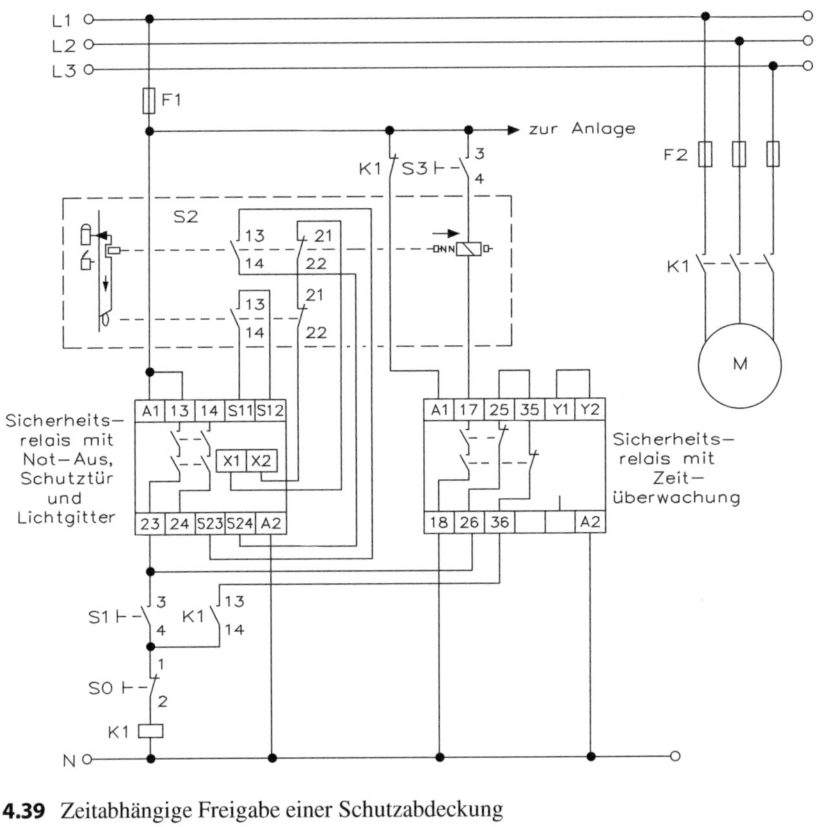

Abb. 4.39 Zeitabhängige Freigabe einer Schutzabdeckung

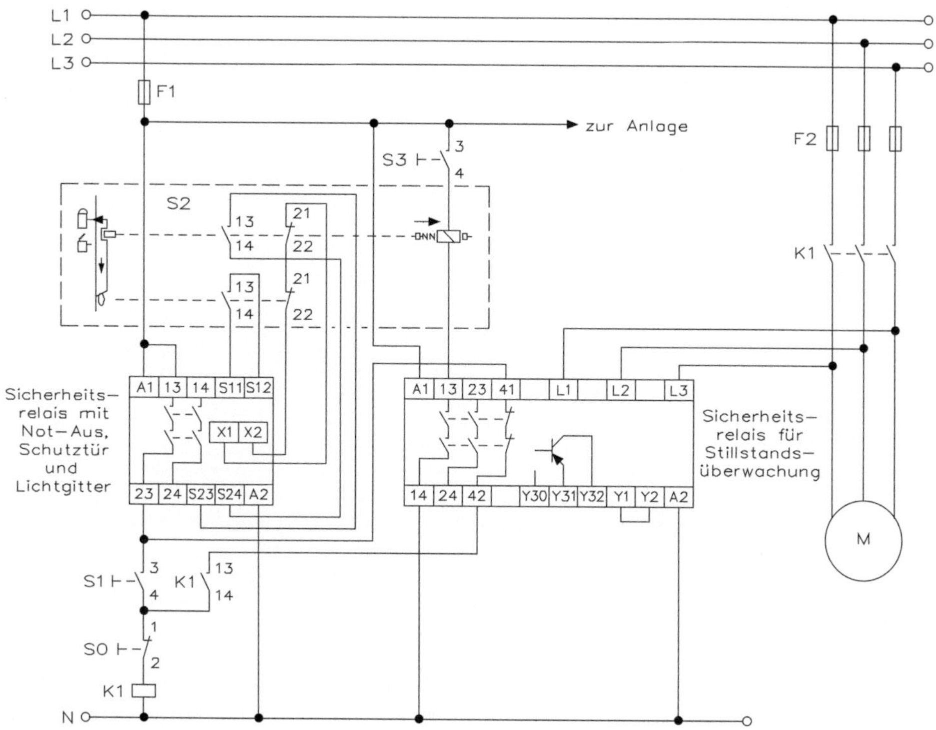

Abb. 4.40 Stillstandsabhängige Freigabe einer Schutzabdeckung

dem Prinzip der Rest-EMK. Im Normalfall bekommt der Motor seine Energie vom Netz. Diese Spannung wird erkannt und vom Stillstandswächter als „gefährliche Drehzahl" interpretiert. Wird der Motor abgeschaltet, induziert er infolge seines Restmagnetismus eine Spannung am Klemmbrett, die der Stillstandswächter als „Drehzahl" erkennt. Unterschreitet diese Spannung den einstellbaren Spannungswert zwischen 20 mV und 3 V, interpretiert der Stillstandswächter dies als einen „stillstehenden Motor" und gibt die Verriegelung der Schutztüre frei. Ein defekter Motor oder Aderbruch wird somit auch erkannt. Abb. 4.40 zeigt eine stillstandsabhängige Freigabe einer Schutzabdeckung.

Da der Sicherheitsstillstandswächter auch eine „Aderbrucherkennung" hat, muss während des Messvorganges der Sternschütz angezogen sein. Über den Öffnerkontakt 41–42 ist eine Selbsthaltung des Motorschützes nur nach erfolgter Drehzahlerkennung durch den Stillstandswächter möglich. Eine Stillstandserkennung ist beim Einsatz von Gleichstrombremsgeräten erst nach Beendigung des Bremsvorganges möglich.

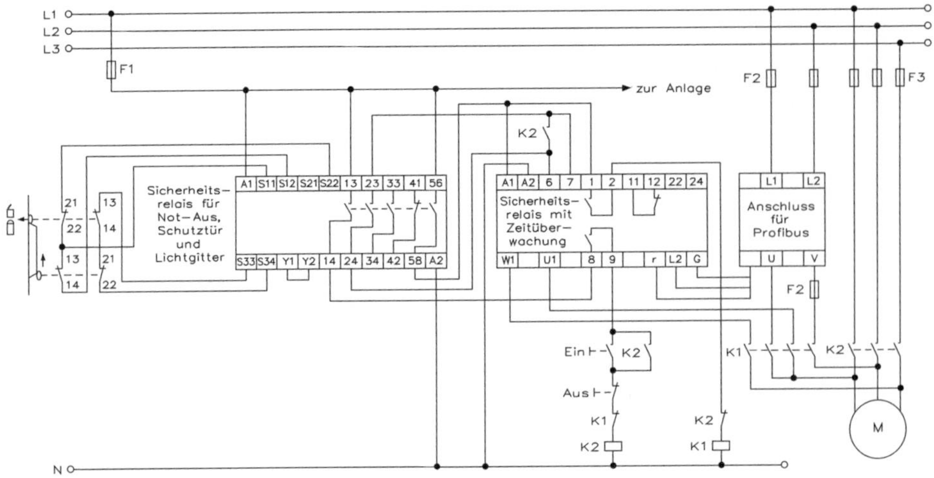

Abb. 4.41 Bremsen der gefährlichen Bewegung nach Öffnen einer Schutzabdeckung

4.4.11 Reduzierung der Anhaltezeit

Eine andere Maßnahme zur Erhöhung der Sicherheit ist die Reduzierung der Anhaltezeit. Ist nach einem Nothalt innerhalb einer akzeptierbaren Zeit kein Stillstand der gefährlichen Bewegung zu erwarten, so lässt sich eine „Not-Aus, Kategorie 1" einleiten. Dieser Vorgang folgt einem „Stopp, Kategorie 0", der die Energiezufuhr des Antriebs unverzögert abschaltet, um dann über eine Rückfallverzögerung eine weitere Drehzahlreduzierung bis zum Motorstillstand einzuleiten. Danach müssen alle Einrichtungen sicherheitsgerecht abgeschaltet werden. Abb. 4.41 zeigt die Bremsung der gefährlichen Bewegung nach Öffnen der Schutzabdeckung.

4.4.12 Berührungslos wirkende Positionstaster

Obwohl in der EN 1088 verlangt wird, dass ein Positionsschalter zwangsläufig betätigt werden muss und dass der Öffnerkontakt des Positionsschalters zwangsöffnend sein muss, lassen sich auch nicht mechanisch betätigte Positionsschalter verwenden.

Eine Verriegelungseinrichtung mit nicht mechanisch betätigten Positionsschaltern kann verwendet werden, um Probleme zu vermeiden, die bei der Verwendung von mechanisch betätigten Positionsschaltern entstehen. So beispielsweise, wenn eine trennende Schutzeinrichtung vollständig von einer Maschine entfernt werden kann und/oder die Umgebungseinflüsse einen abgedichteten Schalter erfordern.

Werden nicht mechanisch betätigte Positionsschalter (Sensoren) in einer Sicherheitsanordnung verwendet, darf die erreichte Sicherheit nicht geringer sein als die Sicherheit, die mit mechanisch betätigten Gebern erreicht würde.

Das Einsatzgebiet dafür sind oftmals Schutzgitter oder Tore mit hohem Eigengewicht. Diese beschädigen oder zerstören leicht mechanische Positionsschalter und setzen dadurch Produktions- und Fertigungsanlagen außer Betrieb. Auch extreme Umweltbedingungen, wie feine Stäube und aggressive Flüssigkeiten können mit berührungslos wirkenden Positionsschaltern beherrscht werden.

Solche Systeme müssen nach DIN VDE 0660 T209 geprüft und zugelassen sein. In der Regel sind dies Magnetsicherheitsschalter mit Öffner und Schließerkontakten, die durch codierte Magnete angesteuert werden. Spezielle Logikbausteine überwachen dabei Eingangskontakte auf logische Schaltzustände und setzen diese dann zwangsgeführten Positionsschaltern gleich. Je nach der geforderten Risikokategorie kommen ein oder zwei Positionsschalter zum Einsatz. Diese berührungslos wirkenden Positionsschalter mit ihren Auswertegeräten erfüllen meist jedoch nur die Forderungen der EN 1088 und müssen deshalb, wie auch mechanisch betätigte Positionsschalter, zusätzlich mittels eines Sicherheitsschaltkreises nach EN 60204 verknüpft und überwacht werden.

Wie berührungslos wirkende Positionstaster beschaffen sein müssen, kann der EN 60947-5-3 02/00/DIN VDE 0660 Teil 214 entnommen werden.

- PDF ist ein Näherungsschalter mit definiertem Verhalten unter Fehlerbedingungen.
- PDF-D ist ein Näherungsschalter, der die erhöhte Zuverlässigkeit sicherstellt, durch sein definiertes, verbessertes Verhalten.
- PDF-T ist ein Näherungsschalter, dessen definiertes Verhalten nachgewiesen wird, indem das Nichtvorhandensein eines festgelegten Objektes simuliert wird.
- PDF-S ist ein Näherungsschalter, der trotz eines Fehlers sein definiertes Verhalten nicht verliert.
- PDF (S_{ao}) ist der gesicherte Schaltabstand eines PDF. Der Abstand zur aktiven Fläche, innerhalb dessen das korrekte Erkennen eines festgelegten Objektes unter allen festgelegten Umgebungsbedingungen und Herstellungstoleranzen erkannt wird.
- PDF (S_{ar}) ist der gesicherte Ausschaltabstand eines PDF. Der Abstand zur aktiven Fläche, innerhalb dessen das korrekte Erkennen der Abwesenheit eines festgelegten Objektes unter allen festgelegten Umgebungsbedingungen und Herstellungstoleranzen erkannt wird.
- PDF-M ist ein Näherungsschalter, der trotz mehrerer Fehler sein definiertes Verhalten nicht verliert.
- OSSD (output signal switching device) ist das Ausgangssignal-Schaltgerät.

Zusammengefasst als Klassifizierung nach dem definierten Verhalten ergibt sich Tab. 4.3.

Der Ausgang eines PDF-S oder eines PDF-M muss mindestens zwei OSSDs aufweisen.

Die Konstruktion muss die Möglichkeit eines Verlustes des definierten Verhaltens auf Grund des Ausfalls aus allgemeinen Gründen minimieren, was z. B. auftritt bei:

- Mehrkanalsystemen, die ein gemeinsames Substrat aufweisen,
- Kurzschlüssen zwischen Kanälen von Mehrkanalsystemen. Die Bauelemente in einem gemeinsamen Halbleitersubstrat dürfen nicht für mehr als einen Kanal in einem Mehrkanalsystems verwendet werden.

Mittel für die Einstellung der Schaltabstände dürfen nicht bereitgestellt werden.

PDF der OSS muss in den Aus-Zustand übergehen und verbleiben, wenn sich das festgelegte Objekt außerhalb von S_{ar} befindet.

Bei einem PDF-S und PDF-M, die eine komplexe oder programmierbare Schaltung enthalten, müssen die Anforderungen durch Analyse nachgewiesen werden.

4.4.13 Überwachung von Positionstastern

Wie sind Positionstaster bezüglich einer sicheren Funktion zu überwachen? Die europäischen Maschinenrichtlinien verweisen auf die EN 60204. Diese regelt Vorschriften, denen Sicherheitsschaltkreise genügen müssen. Diese können z. B. als Not-Aus-Einrichtungen, bewegliche oder berührungslose Verdeckungen ausgeführt werden.

Die EN 60204 gilt für Anwendungen von elektrischen und elektronischen Ausrüstungen und Systemen für Maschinen, einschließlich einer Gruppe von Maschinen, die aufeinander abgestimmt zusammenarbeiten. Ausgeschlossen sind übergeordnete Systeme und deren Kommunikation untereinander.

Die EN 60204 gilt weiterhin für Ausrüstungen oder Teile von Ausrüstungen, die mit Nennspannungen bis einschließlich Wechselspannungen von 1000 V oder bis einschließlich Gleichspannungen von 1500 V zwischen den Leitern und mit Nennfrequenzen bis einschließlich 200 Hz betrieben werden. Eine Ausrüstung bzw. deren Teil beginnt an der Netzanschlussstelle der elektrischen Ausrüstung der Maschine.

Die EN 60204 ist eine Grundnorm und soll nicht den technischen Fortschritt begrenzen oder behindern. Sie kann nicht alle Anforderungen (z. B. Schutz, Verriegelung oder Steuerung) berücksichtigen, die in anderen Normen oder Regeln enthalten oder gefordert

Tab. 4.3 Klassifizierung für Sensoren nach dem definierten Verhalten

7. Stelle/1 Zeichen	
Definiertes Verhalten	
D	Zuverlässigkeit durch besonderes Design
T	Mit Prüffähigkeit
S	Einfehlersicher
M	Selbstüberwachung

sind, um Personen vor anderen als elektrischen Gefahren zu schützen. Jede Maschinenart erfordert spezielle Sicherheitsanforderungen für einen ausreichenden Schutz.

Der entsprechende Teil der Norm berücksichtigt in besonderem Maße, jedoch nicht ausschließlich, die elektrische Ausrüstung von Industriemaschinen. Ebenso ist die Norm für die elektrische Ausrüstung von Maschinen für die Montage, Materialhandhabung (z. B. Stetigförderer) und Überwachung anwendbar, wenn diese mit den oben aufgeführten Maschinen einen Verbund bilden.

Bei Einhaltung der Norm sollen die

- Sicherheit für Personen und Sachen,
- Einhaltung der Funktionsfähigkeit,
- Erleichterung der Instandhaltung gewährleistet werden.

Eine höhere Leistungsfähigkeit einer Maschine/Anlage darf nicht auf Kosten dieser Faktoren erzielt werden.

Zur Anwendungsabgrenzung werden allgemeine Anforderungen genannt. Falls Störungen in elektrischen Anlagen einen gefährlichen Zustand verursachen können, müssen je nach der zu erwarteten Risikohöhe geeignete Maßnahmen getroffen werden.

- Zur Verringerung von Risiken werden folgende Maßnahmen durch Verwendung von erprobten Schaltungstechniken empfohlen:
  - Funktionserdung der Steuerstromkreise,
  - Stillsetzen durch Entregung (Kurzschließen) der Motorinduktivität,
  - Verwendung von zwangsläufig öffnenden Schaltgeräten.
- Vorsehen von Redundanz oder Diversität:
  - Redundanz: Bereitstellung von mehr als einem Gerät oder System, um bei einem Fehlverhalten sicherzustellen, dass die Funktion weiterhin gewährleistet ist,
  - Diversität: Ausführung von Sicherheitsstromkreisen nach verschiedenen Funktionsprinzipien.
- Vorsehen von Funktionsprüfung:
  - Prüfen beim Anlaufen der Maschine und/oder nach festgelegten Zeitabständen, ob die Sicherheitskontakte fehlerfrei arbeiten,
  - Einfehlersicherheit: Sicherstellung, dass unterschiedliche Einzelfehler zu keinem gefährlichen Zustand für den Bediener führen können.

5 Optische Sensoren und ihre Anwendungen

Sensoren stellen die Verbindung zwischen dem Material- bzw. Energiefluss und dem Informationsfluss her und bilden damit die Grundlage für die Prozessführung bzw. Produktion.

Der Begriff „Sensor“ wird mit recht unterschiedlicher Bedeutung angewendet. Diese reicht vom Primärelement eines Messaufnehmers bis zu einem Messsystem mit Aufnehmer, Umformer und angepasstem Mikrocontroller, einschließlich Hard- und Software, für die komplexe Messwertverarbeitung. Dieses System übernimmt nicht nur die Signalaufbereitung, sondern oft auch zusätzlich Berechnungen von Hilfsgrößen, logische Verknüpfungen, Selbstüberwachung und Fehlerkorrektur, Nachkalibrierung, statistische Auswertung der Ergebnisse, ihre eigene Dokumentation usw.

Mit dieser unscharfen Definition ist der Begriff „Sensor“ zu einem Schlagwort geworden. Ein so weit gefasster Begriff kann sogar wesentliche Teile des zur Prozesssteuerung und zur Prozessoptimierung notwendigen Prozessmodells mitenthalten.

Nachdem gerade in der industriellen Messtechnik eine Abgrenzung zwischen dem Messaufnehmer und der nachgeschalteten Messwertverarbeitung erforderlich ist, wurde in letzter Zeit vorgeschlagen, zwischen dem Sensorelement oder dem sogenannten Basissensor und dem eigentlichen Sensorsystem zu unterscheiden. Abb. 5.1 zeigt eine Anordnung nach diesem Vorschlag.

In diesem Kapitel liegt der Schwerpunkt auf Messaufnehmern und Sensorelementen, die in der Sicherheitstechnik zu finden sind. Gerade bei Messaufnehmern für die indus-

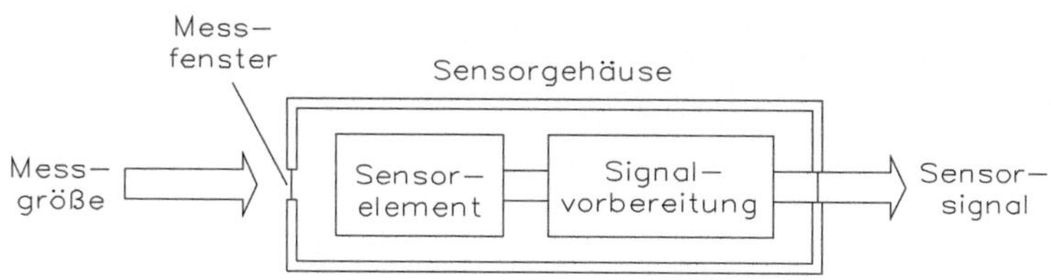

Abb. 5.1 Definition eines Sensors

H. Bernstein, *Sicherheits- und Antriebstechnik*, DOI 10.1007/978-3-658-12934-7_5

trielle Anwendung, im Maschinenbau und in der Verfahrenstechnik werden bei neueren Entwicklungen häufig Mikrocontroller eingesetzt, die nicht nur mathematische Verknüpfungen erlauben, sondern auch eine Fehlerkorrektur, Selbstüberwachung, Nachkalibrierung usw. übernehmen.

5.1 Bedeutung der Sensortechnik

Gemäß den vielen verschiedenen Anwendungen und den jeweiligen Anforderungen wird in der Technik eine Vielzahl recht unterschiedlicher Sensoren benötigt. Diese müssen sowohl zur Erfassung der jeweiligen physikalischen Größe geeignet sein, als auch häufig bestimmten Umweltbedingungen gerecht werden.

Abb. 5.2 zeigt verschiedene, an einen Prozess angeschlossene Sensoren und ihre Koppelung an das Messwerterfassungssystem. In fast allen Industriebereichen wie im Maschinenbau, der Verfahrenstechnik, besonders in der Mess- und Regelungstechnik aber auch in der Konsumgüterindustrie wird in zunehmendem Maße immer leistungsfähigere Elektronik eingesetzt. Nachdem die Mikrocontroller immer preisgünstiger wurden, haben diese auch in zahlreiche Messsysteme Eingang gefunden und es lässt sich eine zunehmende Verlagerung bei der Realisierung der Funktionen von der Hardware auf die Software beobachten.

Das sehr vielgestaltige Gebiet der Sensoren befindet sich in einer starken Entwicklungsphase. Ein Trend geht dabei in Richtung preiswerter Massensensoren für den Konsumgüterbereich, während andererseits in der industriellen Messtechnik die Entwicklung zu hochwertigen Sensoren mit großer Zuverlässigkeit und zahlreichen Zusatzfunktionen

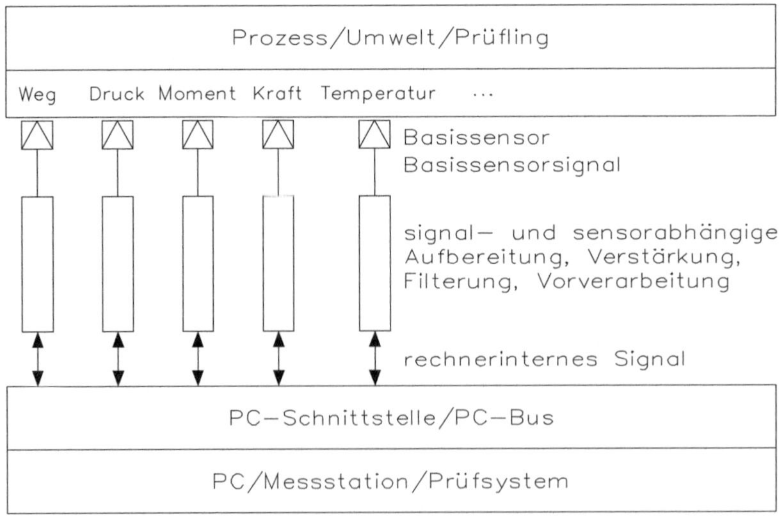

Abb. 5.2 Messwerterfassungssystem mit Sensoren

Abb. 5.3 Konventionelle und intelligente Kopplung zwischen Sensorelement und Messwertverarbeitung

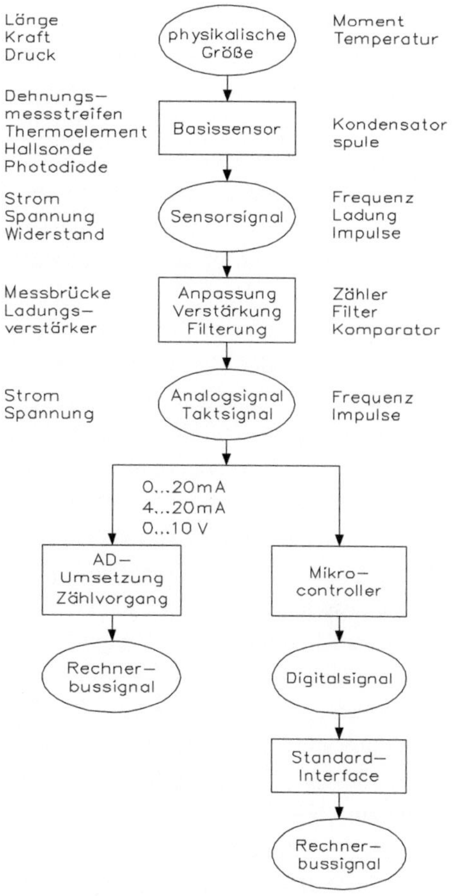

wie Selbstüberwachung und Korrektur von störenden Einflussgrößen geht. Dies führt zu zahlreichen neuen Sensorsystemen mit angepassten oder integrierten Mikrocontrollern. Abb. 5.3 zeigt, wie Intelligenz bis an den Sensor herangebracht werden kann. Dadurch lassen sich nicht nur die Funktionen des Sensorsystems wesentlich erweitern, sondern auch die Messwertverarbeitung mit Hilfe von PCs wird dadurch verbessert.

Nach dem heutigen Stand der digitalen Technik wird die Genauigkeit und Geschwindigkeit der Messwertverarbeitung und die Störsicherheit und Zuverlässigkeit der Messsysteme durch die Eigenschaften der verwendeten Sensoren bestimmt und nicht durch die verarbeitende Elektronik. Die Kosten einer Regelung im industriellen Bereich werden wesentlich durch den Preis der verwendeten Sensoren bestimmt. Verschiedene Anforderungen des Marktes führen zu bestimmten Sensor-Entwicklungslinien.

Im Bereich der Automatisierung von Industrieanlagen geht die Forderung nach leistungsfähigeren Sensoren und Messaufnehmern. Diese sollten nicht nur genauer, sondern auch schneller werden bei gleichzeitiger Erhöhung der Störsicherheit und Zuverlässigkeit.

Neuentwicklungen führen in diesem Bereich nicht nur zu Neukonstruktionen mit verbesserten Werkstoffen, sondern auch zu einer zunehmenden Miniaturisierung der Aufnehmer. Dadurch lassen sich Temperaturprobleme vermindern und die Abschirmung gegen störende Einflussgrößen sowie die dynamischen Eigenschaften verbessern. Technologien, die sich bei der Entwicklung der Mikroelektronik bewährt haben, werden auch zunehmend bei der Sensorherstellung eingesetzt. Diese sind neben der Ätztechnik die Sinter-, Dickschicht-, Dünnfilm- oder die Halbleitertechnologie auf Siliziumbasis. Besonders letztere eignet sich nicht nur für die Miniaturisierung, sondern auch für relativ preisgünstige Massenproduktionsverfahren für große Stückzahlen.

Aus dem Bereich der Konsumgüterindustrie, besonders in der Automobil-, der Haushaltsgeräte- und der Radio-, Video- und Fernsehgeräteindustrie, besteht ein starkes Interesse an äußerst preisgünstigen Sensoren in großen Stückzahlen. Die Preise je Messstelle dürfen dabei jeweils einige Cents bis 3 € nicht überschreiten. Diese Forderungen lassen sich nur durch Massensensoren erreichen, die nach der Halbleitertechnologie, ähnlich der Herstellung integrierter Schaltungen, gefertigt werden. Diese Technik erlaubt auch die monolithische Integration von Verstärkern oder von Kompensationssensoren aus dem gleichen Substrat, wodurch in verschiedenen Fällen die ungünstigen Eigenschaften gegenüber der zu messenden physikalischen Größe ausgeglichen werden können.

Zusätzlich können weitere Signalaufbereitungsschaltungen für die Anpassung an ein digitales Messwerterfassungssystem monolithisch oder nur im gleichen Gehäuse mit dem Sensorelement integriert werden. So sind Schnittstellen nach RS232C oder der direkte Anschluss an verschiedene Bussysteme mit unterschiedlichen Konfigurationen möglich.

Für die Integration von Sensor- und Rechnerchip in einem Gehäuse spricht, dass die Chips einzeln geprüft werden können und erst danach zusammengebaut werden. Der Vorteil gleicher Temperatur und Messwertverarbeitung vor Ort bleibt erhalten.

Für eine Integration auf einem Chip ergibt sich eine größere Zahl von Verfahrensschritten, die nur bei entsprechenden Stückzahlen wirtschaftlich sind. Außerdem hat das Sensorelement eine gröbere Struktur und man spricht in diesem Zusammenhang auch von „Mikromechanik“. Diese Entwicklung könnte zu Anordnungen führen, bei denen ein oder mehrere Sensorelemente monolithisch mit einem Mikrorechner auf einem Chip integriert werden.

Sensorsysteme, bei denen die Kopplung von Messaufnehmern mit moderner Mikroelektronik und aufnehmernaher Signalverarbeitung erfolgt, werden als „intelligente Sensoren“ oder „smart sensors“ bezeichnet.

Eine moderne Entwicklungsrichtung geht dahin, auch einfache Regelungs- und Steuerungsfunktionen von einem intelligenten Sensorsystem mit übernehmen zu lassen und gleichzeitig die Automatisierung der Anlage hierarchisch und dezentral zu realisieren.

Mit der ständigen Verbesserung und der steigenden Verbreitung von automatischen Überwachungs-, Steuerungs- und Regelungssystemen steigt auch der Bedarf an zuverlässigen, wartungsfreien und langzeitstabilen Sensoren für den industriellen Einsatz zur Messung nicht elektrischer Größen. Ebenfalls sind wachsende Stückzahlen für die Anwendung von Sensoren in der Fertigungstechnik und insbesondere bei modernen Werkzeugmaschinen und Industrierobotern zu erwarten. Auch im Bereich der Umweltüberwachung, insbesondere der Luft und des Wassers, werden in Zukunft zahlreiche Sensoren benötigt. Der genaue Bedarf ist dabei sehr stark von der Gesetzgebung in den einzelnen Ländern abhängig.

Im Bereich der Landwirtschaft und bei der Nahrungs- und Genussmittelindustrie wird weiterhin stetig der Bedarf an den Betriebsbedingungen angepassten Sensoren zunehmen.

Bei den sehr preisgünstigen Massensensoren zeichnet sich eine starke Nachfrage bei der Automobil- und Haushaltsgeräteindustrie, im Bereich Heizung, Lüftung, Klima sowie bei Feuerwarn- und Sicherheitssystemen ab. Im Bereich der industriellen Messtechnik geht die Entwicklung zu leistungsfähigeren Sensoren mit besserer Genauigkeit und zahlreichen Zusatzfunktionen. Dies wird durch eine Einbeziehung von Mikroelektronik, insbesondere der Vorverstärkung sowie auch von Mikrocontroller in den Sensoren erreicht. Andererseits besteht auch für die allgemeine Überwachung von Anlagen ein Bedarf nach zuverlässigen Sensoren mittlerer Preislage mit reduzierten Genauigkeitsanforderungen für die Messung und Überwachung von Nebengrößen.

5.1.1 Sensortechnologie

Die hoch spezialisierten und in kleinen oder mittleren Stückzahlen hergestellten Sensoren in der industriellen Messtechnik werden in der Regel manuell oder halbautomatisch hergestellt.

Für die Produktion von billigen Massensensoren kommen Sinter-, Dickschicht-, Dünnfilm- oder Halbleitertechnologie in Betracht. Besonders letztere auf Siliziumbasis bietet zahlreiche Vorteile und Möglichkeiten.

Derartige Sensoren sind mit elektronischen Schaltungen monolithisch integrierbar. So können Verstärkerfunktionen und analoge oder digitale Messwertverarbeitungsschaltungen auf demselben Halbleiter integriert werden. Außerdem lassen sich Halbleitersensoren aufbauen, die abhängig von Temperatur, Druck, optischer und radioaktiver Strahlung, Magnetfeld usw. ihre elektrischen Eigenschaften verändern. Diese sonst in der Mikroelektronik störenden Effekte lassen sich durch gezielte Auslegung von Halbleitersensoren zur elektrischen Messung physikalischer Größen verwenden.

Diese neuen Sensoren werden ein weiteres Vordringen der Mikroelektronik in viele Bereiche unseres täglichen Lebens begünstigen. Durch die Verbindung dieser Sensoren mit einer angepassten Verarbeitungselektronik werden auch starke Impulse für die industrielle Messtechnik ausgegeben. Es gibt eine Reihe einfacher Überwachungsaufgaben, die von preiswerten Massensensoren gelöst werden können. Außerdem gibt es auch die Möglichkeit an neue Sensorelemente einen entsprechend programmierten Mikrocontroller anzuschließen. Dadurch können auch physikalische Größen und Parameter bestimmt werden, die nicht direkt gemessen werden können, sondern aus zahlreichen Einzelmessungen durch spezielle Algorithmen oder mathematische Modelle berechnet werden. Dies stellt eine Erweiterung der klassischen Messtechnik dar, die besonders bei komplexen verfahrenstechnischen Prozessen große Bedeutung erlangen kann. Beispiele hierfür sind die Ermittlung von Korrelations-Parametern aus zeitlichen Veränderungen von gemessenen Signalen oder die Bestimmung und Erkennung von Mustern und Merkmalen aus den von einer Fernsehkamera oder von optischen Sensoren aufgenommenen Signalen.

5.1.2 Messwertvorverarbeitung mit Sensor

Als „intelligente Sensoren" oder „smart sensors" werden Sensoren bezeichnet, bei denen die Messwertvorverarbeitung mit dem Sensor zu einer räumlichen Einheit zusammengefasst ist.

Die hauptsächlichen Vorteile dieses Konzeptes sind die Verbesserung der Messeigenschaften, wie die Steigerung der Messgenauigkeit und die Erhöhung der Zuverlässigkeit. Außerdem erreicht man dadurch eine Verbesserung der Übertragungseigenschaften, ohne einen zentralen PC und die dafür notwendigen Übertragungswege mit diesen Aufgaben zu belasten.

Zu dieser Gruppe gehören auch die optischen, akustischen und taktilen Sensorsysteme, die bei Industrierobotern, aber auch in der automatisierten Fertigungstechnik bei der Herstellung und Qualitätskontrolle wichtige Aufgaben zu erfüllen haben.

Zum Beispiel besteht ein optisches Sensorsystem aus einer Fernsehkamera, dem Bildspeicher, einem Mikrocontroller für Bildauswertung und Mustererkennung sowie der Ausgabeelektronik. Im Ausgangssignal sind die Informationen über die Art des Messobjektes, ob es identifiziert oder nicht identifiziert wurde sowie Messdaten zur Position, den Abmessungen, der Drehlage und Beschaffenheit enthalten.

Weitere wichtige Funktionen intelligenter Sensoren sind die Selbstüberwachung, wobei im einfachsten Fall durch geeignete Testsignale oder Überwachungsschaltungen festgestellt wird, ob der Sensor seine Funktion erfüllt. Störungen werden dadurch sofort erkannt und gemeldet. Wenn mehrere Sensoren für die gleiche Messgröße eingebaut sind, kann der gestörte bzw. defekte Sensor bis zur Reparatur abgeschaltet werden. Durch die Redundanz ist auch in diesem Fall die fehlerfreie Messung möglich.

Wünschenswert wäre darüber hinaus eine Meldung über einen bevorstehenden Ausfall eines Sensors noch bevor dieser defekt geworden ist. Eine derartige Schadensfrüherkennung ist manchmal möglich, z. B. aus einer vergrößerten Drift bestimmter Kennwerte oder aus Veränderungen des Frequenzspektrums. Auch aus Anomalien der Antwort auf einmalige oder periodische Testsignale lässt sich in bestimmten Fällen auf den bevorstehenden Ausfall eines Sensors schließen.

Weitere Aufgaben intelligenter Sensoren bestehen in der Korrektur von Driften und der Linearisierung der Kennlinie sowie bei bestimmten Anwendungen auch im automatischen, periodischen Nachkalibrieren des Sensors. Bei einer durchgeführten Kennlinienkorrektur kommt es nicht mehr auf die Linearität, sondern nur noch auf die Reproduzierbarkeit der jeweiligen Kennlinie des Einzelsensors an. Auch Fertigungsstreuungen der Kennwerte können dadurch ausgeglichen werden. Wenn diese Korrekturen der Kennlinie und der Alterungseffekte über die Software des zugehörigen Mikrocontrollers erfolgen, können die kostenintensiven Abgleichsvorgänge und die hierfür benötigten Bauelemente und Schaltungen entfallen.

Bei Sensoren mit angebautem oder integriertem Mikrocontroller besteht auch die Möglichkeit der Kompensation oder der Korrektur des Einflusses von Störgrößen, beispielsweise durch Verknüpfung mehrerer Messsignale, die durch Störungen unterschiedlich beeinflusst werden. Ein anderes Konzept geht davon aus, die wichtigsten Störgrößen im Sensor getrennt zu messen und ihren Einfluss über ein Sensormodell im Mikrocontroller zu korrigieren. Hier bietet besonders die Halbleitertechnologie für den Aufbau von Sensorsystemen mit „Sensor im Sensor" zahlreiche Möglichkeiten für miniaturisierte und kostengünstige Ausführungen. Zur Eliminierung von Störgrößeneinflüssen können bei der Messwertverarbeitung im Mikrocontroller auch spezielle Filteralgorithmen, Zustands- oder Parameterschätzverfahren, Beobachter- und Diagnosesysteme verwirklicht werden. Ein Sensormodell im Rechner kann auch eine dynamische Korrektur des Zeitverhaltens des Sensors vornehmen.

5.1.3 Hierarchische Prozessautomatisierung

Der Mikrocontroller des Sensors ermöglicht größere Präzision und Genauigkeit der Messung und außerdem eine Reihe weiterer Funktionen wie z. B. Messwertverarbeitung und Selbstüberwachung. Selbstverständlich kann dieser Mikrocontroller auch mathematische Verknüpfungen von mehreren Messwerten vornehmen. Außerdem ist es naheliegend, mit diesem Rechner auch einfache Regelalgorithmen zu realisieren. Dies führt zu einem Sensorsystem mit integrierten Reglern. Gleichzeitig lassen sich damit sehr gut dezentrale hierarchische Automatisierungsstrukturen verwirklichen. Hierbei sorgt ein Sensorsystem mit integrierten Reglern für die Regelung der einzelnen Parameter vor Ort. Abhängig vom jeweiligen Betriebszustand des gesamten Prozesses steuert ein Koordinierungsrechner auf der höchsten Hierarchiestufe mehrere Überwachungsrechner, welche die Steuerung von jeweils größeren Anlagenteilen zentral führen. Von diesen Überwachungsrechnern werden dann auch die optimalen Sollwerte, abhängig vom Betriebszustand des Teilprozesses, für die Regelung vor Ort eingestellt und verändert. Ein derartiges Konzept sorgt dafür, dass bei Ausfällen auf einer höheren Hierarchieebene die Anlage suboptimal weitergefahren wird. Bei einem Ausfall auf der untersten Ebene ist die Störung örtlich eng begrenzt und es kann durch Umschalten bei Vorhandensein einer parallelen Instrumentierung (Redundanz) die Anlage sogar weiterbetrieben werden.

Das sehr vielgestaltige Gebiet der Sensoren befindet sich seit Jahren in einer starken Entwicklungsphase. Entwicklungen gehen einerseits in Richtung billiger Massensensoren für den Konsumgüterbereich. Andererseits geht der Trend in der industriellen Messtechnik zu hochwertigen Sensoren mit großer Zuverlässigkeit und zahlreichen Zusatzfunktionen wie Selbstüberwachung bzw. Korrektur von störenden Einflussgrößen. Dies führt dazu, dass zahlreiche neue Sensoren mit angepassten oder integrierten Mikrorechnern entwickelt werden und zunehmend Verbreitung finden. Dadurch lassen sich nicht nur die Funktionen des Sensorsystems wesentlich erweitern, sondern auch die Messwertverarbeitung und Automatisierung von Prozessen mit Hilfe von PCs werden dadurch verbessert.

Eine Entwicklungsrichtung geht dahin, auch einfache Regelungsfunktionen von einem intelligenten Sensorsystem mit übernehmen zu lassen und gleichzeitig die Automatisierung hierarchisch und dezentral zu realisieren. Außerdem besteht auch ein Bedarf an preisgünstigen Sensoren für mittlere Ansprüche zur Überwachung von Nebengrößen. Gerade auf diesem Gebiet sind auch Impulse von Neuentwicklungen von Massensensoren zu erwarten.

5.2 Optische Sensoren

Zu Beginn des 20. Jahrhunderts erkannte man, dass Licht kein Kontinuum ist, sondern dass es in einzelnen Lichtquanten, den sogenannten Photonen, auftritt. In Halbleitern setzen diese elektrische Ladungsträger frei, d. h. Elektronen und Defektelektronen (Löcher) sind vorhanden. Dieser Effekt bietet die Möglichkeit, die Stärke einfallenden Lichtes elektrisch zu messen, etwa über Spannung, Strom oder Widerstandsänderung. Je nachdem, ob der Prozess der Ladungsfreisetzung durch Licht an der Oberfläche oder im Inneren des Halbleiters stattfindet, unterscheidet man zwischen dem äußeren bzw. inneren photo- bzw. lichtelektrischen Effekt. Man teilt die optoelektronischen Bauelemente in drei Hauptgruppen ein:

- Optisch-elektrische Wandler oder optische Detektoren: Hierzu gehören Photowiderstände und Photodioden in den verschiedenen Ausführungen, ferner Solarzellen, Photozellen, Phototransistoren und Photothyristoren. Dabei unterscheidet man zwischen passiven und aktiven Bauteilen. Bei einem passiven ändert sich durch den Lichteinfall nur der Widerstand und daraus ergibt sich dann entweder eine Strom- oder eine Spannungsänderung. Bei den aktiven Bauelementen wird das erzeugte elektrische Signal intern verstärkt, und am Ausgang entsteht eine wesentlich größere Änderung von Strom oder Spannung. Das menschliche Auge erfasst nur einen kleinen Teil davon – das sichtbare Licht. Optisch-elektrische Wandler sind dagegen auch für nicht sichtbare Strahlung empfindlich.
- Elektrisch-optische Wandler: Lichtsender, die elektrischen Strom in Lichtstrahlung umsetzen, also alle Arten von elektrischen Lampen, Leuchtdioden (LEDs, Light Emitting Diodes), Lasern (Light Amplification by Stimulated Emission of Radiation), Bildröhren, Displays usw. Bei den Lasern sind hier vor allem die Halbleiterlaser (Laserdioden) von Interesse.
- Systeme, die beides enthalten: Hierunter versteht man verschiedene Lichtschranken und Optokoppler. Bei einer Lichtschranke sind Sender und Empfänger über den Lichtstrahl optisch miteinander verbunden. Wird dieser unterbrochen, wird das vom Empfänger registriert und in ein geeignetes Ausgangssignal umgewandelt. Fasst man einen

Lichtsender und einen Lichtempfänger elektrisch voneinander isoliert, aber optisch fest gekoppelt in einem Gehäuse zusammen, dann ergibt sich ein Optokoppler. Hauptaufgabe ist die galvanische Trennung von zwei Stromkreisen.

5.2.1 Eigenschaften und Ausführungsformen

Optische Sensoren nehmen in der Technik eine Sonderstellung ein, da mit ihnen eine rückwirkungsfreie Bestimmung der Messgröße möglich ist, d. h. diese bzw. das Messobjekt wird nicht durch die Messung beeinflusst. Für viele optische Messungen muss man einen Lichtsender (Emitter) und einen Lichtempfänger (Detektor) kombinieren. Hierzu soll zunächst das optische Verhalten dieser Bauelemente behandelt werden.

In der Photometrie wird das Licht nicht nach seiner Energie oder Leistung bewertet, sondern das Helligkeitsempfinden des menschlichen Auges zugrunde gelegt. Diese ist wellenlängenabhängig. Die relative spektrale Empfindlichkeit oder der spektrale Hellempfindlichkeitsgrad V(λ) für das menschliche Auge ist in Abb. 5.4 gezeigt.

Für die Wellenlänge λ in Verbindung mit den Farbtönen ergibt sich Tab. 5.1. Das kurzwellige Licht schließt an den sichtbaren Bereich das ultraviolett (UV) an. Diese Strahlung ruft starke chemische und biologische Wirkungen hervor. Den ebenfalls unsichtbaren Bereich ab 780 nm bezeichnet man infrarot (IR) und es handelt sich um Wärmestrahlung. Das menschliche Auge hat bei der Wellenlänge $\lambda = 555$ nm (grün) seine maximale Empfindlichkeit. Der spektrale Hellempfindlichkeitsgrad ist auf v = 1 festgesetzt.

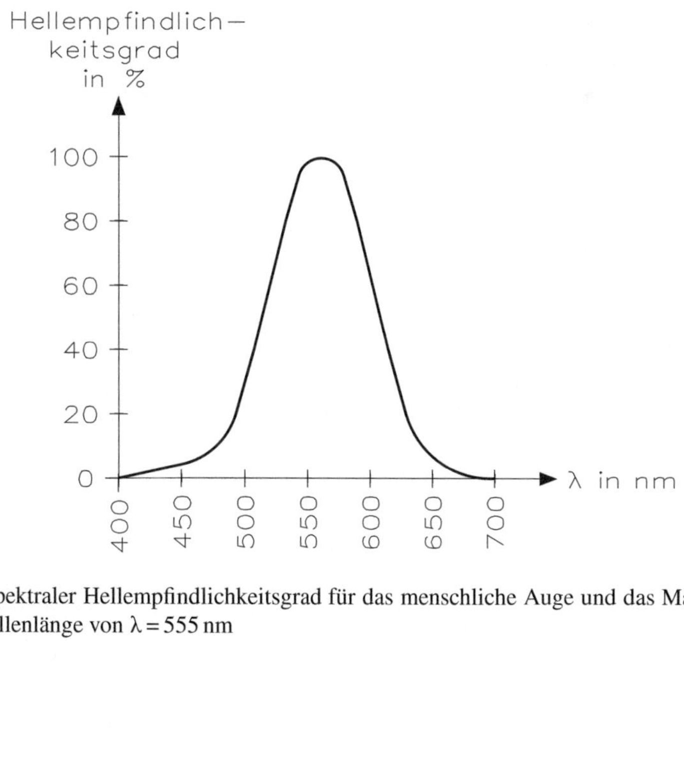

Abb. 5.4 Spektraler Hellempfindlichkeitsgrad für das menschliche Auge und das Maximum liegt bei einer Wellenlänge von $\lambda = 555$ nm

Tab. 5.1 Wellenlänge λ mit dem entsprechenden Farbton

Wellenlänge	Farbton
< 360 nm	Ultraviolett
420 nm	Violett
470 nm	Blau
530 nm	Grün
570 nm	Gelb
610 nm	Rot
> 780 nm	Infrarot

Neben dem spektralen Hellempfindlichkeitsgrad ist die Lichtstärke eine wichtige photometrische Größe. Sie wird in „Candela“ (cd) angegeben; 1 cd ist die Lichtstärke einer Strahlungsquelle, die in einer bestimmten Richtung monochromatisches Licht der Frequenz von 540 THz der Vakuumwellenlänge von 555 nm mit der Strahlstärke 1/683 Steradiant aussendet.

Die Leuchtdichte L ist definiert als Quotient aus der Lichtstärke und der leuchtenden Fläche. Bei einer Leuchtdichte ab etwa 0,75 cd/cm^2 tritt beim menschlichen Auge eine Blendung auf. In Tab. 5.2 sind die Leuchtdichten verschiedener Lichtquellen aufgelistet.

Der Lichtstrom Φ ist definiert als das Produkt von Lichtstärke und durchstrahltem Raumwinkel. Die SI-Einheit des Lichtstroms ist das Lumen (lm). Als spezifische Lichtausstrahlung M bezeichnet man den Quotienten aus Lichtstrom und Strahlerfläche. Die Lichtmenge (Q) definiert das Produkt aus Lichtstrom und Zeit, die „Lumensekunde“ (lms).

Wichtig für den Anwender ist die Beleuchtungsstärke E. Sie bezeichnet den Quotienten aus auftreffendem Lichtstrom und Größe der Empfängerfläche. Die SI-Einheit für die Beleuchtungsstärke ist das Lux (lx). Die Beleuchtungsstärke nimmt mit dem Quadrat der Entfernung ab.

$$\mathrm{E} = \frac{\Phi}{\mathrm{A}} \quad \text{in} \quad \mathrm{lx} = \frac{1\,\mathrm{m}}{\mathrm{m}^2}$$

Tab. 5.2 Lichtdichte von verschiedenen Lichtquellen

Lichtquellen	L in cd/cm^2
Nachthimmel	0,001
Nachthimmel bei Mondschein	0,25
Kerzenlicht	1
Mattierte Wolfram-Lampe	40
Klare Wolfram-Lampe	1000
Tageslicht	5000
Mittagssonne	50.000
Gletschersonne	150.000

Tab. 5.3 Beleuchtungsstärke für einige praktische Anwendungen

Beleuchtungsstärke	E in Lux
Mondlose klare Nacht	0,005
Vollmondnacht	0,2
Beleuchtung in Wohnräumen	100
Beleuchtung in Büros	150
Beleuchtung in Schulen	200
Beleuchtung an Arbeitsplätzen	300
Bedeckter Winterhimmel	500
Bedeckter Sommerhimmel	5000
Sonnenlicht im Winter	20.000
Sonnenlicht im Sommer	100.000

Die Lichtstärke E lässt sich mit Hilfe der Lichtverteilungskurven aus dem Gesamtstrom ermitteln. Tab. 5.3 zeigt die Beleuchtungsstärke für einige Anwendungen.

Als Belichtung H definiert man das Produkt aus Beleuchtungsstärke und Zeit. Die SI-Einheit für die Belichtung ist die Luxsekunde (lxs). Man kennt diese Einheit beim Belichtungsmesser in der Photographie und hier wird aus der Beleuchtungsstärke die erforderliche Belichtungszeit für den Film festgestellt.

5.2.2 Leuchtdioden

Lumineszenz- oder Leuchtdioden (LED) senden durch spontane Rekombinationen in der aktiven Zone eines in Durchlassrichtung betriebenen PN-Übergang eine optische Strahlung aus. Im sichtbaren spektralen Bereich zwischen blau (um 450 nm) und rot (um 650 nm) eignen sich die Materialien von GaN (blau), GaP (grün) und GaAs mit Zusätzen wie Phosphor (P) als GaAsP (rot) zur Herstellung von LEDs (lichtemittierende Diode oder light emitting diodes) in unterschiedlichsten Bauformen für jeden Anwendungszweck von Anzeigeelementen. Den prinzipiellen Aufbau einer LED und ihre Bauformen sind in Abb. 5.5 dargestellt.

Leuchtdioden für den sichtbaren Bereich des Spektrums werden aus GaAsP oder GaP hergestellt. Für alle Farben wird die fortschrittliche Planartechnologie mit abgedeckten PN-Übergängen benutzt, die eine lange Lebensdauer bringt. Die Materialherstellung kennt hingegen zwei verschiedene Technologien:

- Rot ($GaAs_{0,6}\,P_{0,4}$): Hier wird eine N-leitende epitaktische GaAsP-Schicht auf einem einkristallinen GaAs-Substrat abgeschieden. Der Phosphorgehalt wird kontinuierlich mit der Schichtdicke auf 40 % gesteigert.
- Grün, Gelb und Orange: Diese Epitaxieschichten werden in demselben Verfahren hergestellt. Das Substrat ist hier einkristallines GaP, das für die emittierende Strahlung

Abb. 5.5 Prinzipieller Aufbau einer LED und die handelsüblichen Bauformen

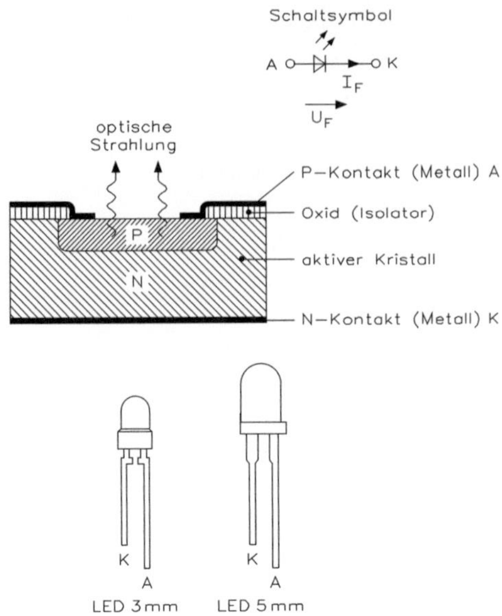

transparent ist. Mit einer reflektierenden Rückseitenmetallisierung lässt sich der Wirkungsgrad verdoppeln, da im Substrat kein Licht absorbiert wird.

Insgesamt stehen für diese Farben drei Materialien zur Verfügung. Allen diesen Technologien ist eine Stickstoffdotierung gemeinsam, die in diesen Materialien die Lichtausbeute enorm steigert. Abb. 5.6 zeigt den Betrieb einer Leuchtdiode mit einem Vorwiderstand R_V. Dieser ist immer notwendig, damit der Strom I_F begrenzt wird.

Die Durchlassspannung U_F ist bei Leuchtdioden weitgehend vom Material abhängig:

GaAs-IR-Dioden: $U_F \approx 1{,}2\,V$
Rote GaAsP-LEDs: $U_F \approx 1{,}6\,V$
Grüne GaP-LEDs: $U_F \approx 1{,}8\,V$
Blaue GaN-LEDs: $U_F \approx 2{,}4\,V$

Abb. 5.6 Betrieb einer Leuchtdiode

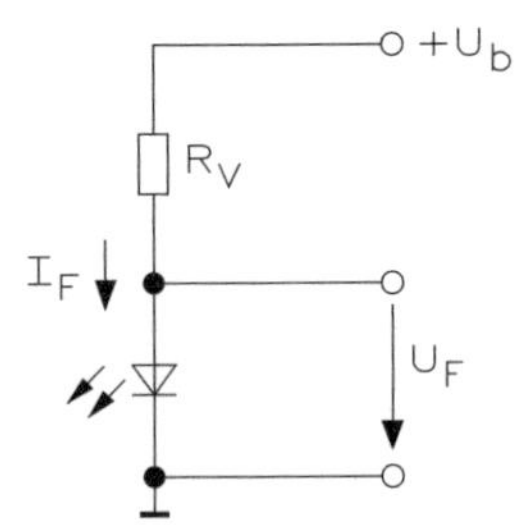

Der Vorwiderstand R_V errechnet sich aus

$$R_V = \frac{U_b - U_F}{I_F}.$$

Der Durchlassstrom I_F wird im Wesentlichen vom Durchmesser der Leuchtdiode bestimmt. Der Emissionswirkungsgrad bei LEDs für den sichtbaren Bereich ist sehr klein, maximal 10 %.

5.2.3 Optokoppler

Ein Optokoppler dient zur galvanischen Trennung und zur logischen Verbindung von Stromkreisen. Als Lichtsender dient eine Infrarot-LED, als Lichtempfänger meist ein Phototransistor. Die Ziele der Entwicklung sind hier:

- hoher Kopplungsfaktor,
- hohe Grenzfrequenz bzw. kurze Ansprechzeit,
- hohe Isolationsspannung,
- fertigungsgerechter Aufbau.

Hinzu können je nach Anwendung noch weitere Forderungen kommen, z. B. bezüglich Linearität, Übertragungsbereich oder Stabilität. Wie bereits erwähnt, ist die Technologie des Optokopplers vor allem eine Aufbau- und Gehäusetechnologie. Sie verwenden heute meist ein hermetisch verschlossenes Kunststoffgehäuse. Auch die Beschaltung der Anschlüsse ist mehr oder weniger von der Anwendung her bestimmt, mit der Einschränkung, dass zum Erreichen von Isolationsspannungen im Kilovoltbereich ein gewisser Mindestabstand zwischen den äußeren Anschlüssen notwendig ist. In Abb. 5.7 ist der Aufbau eines Optokopplers dargestellt.

Ein hoher Kopplungsfaktor setzt die Verwendung von IR-Emittern mit hohem Wirkungsgrad und von Phototransistoren mit hoher Infrarot-Empfindlichkeit voraus. Außerdem muss dafür gesorgt sein, dass das vom Sender emittierte Licht möglichst vollständig

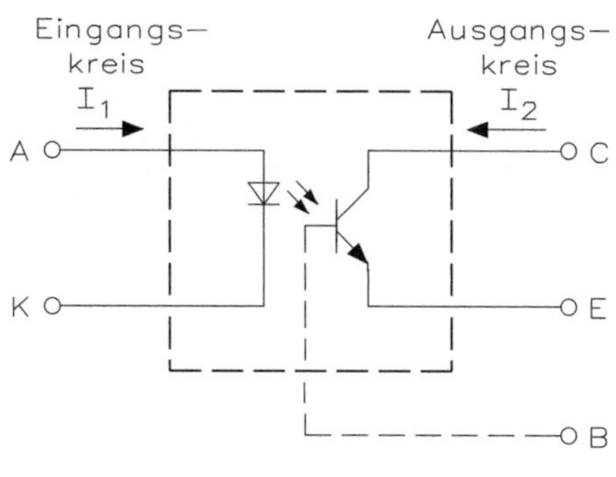

Abb. 5.7 Prinzip eines Optokopplers

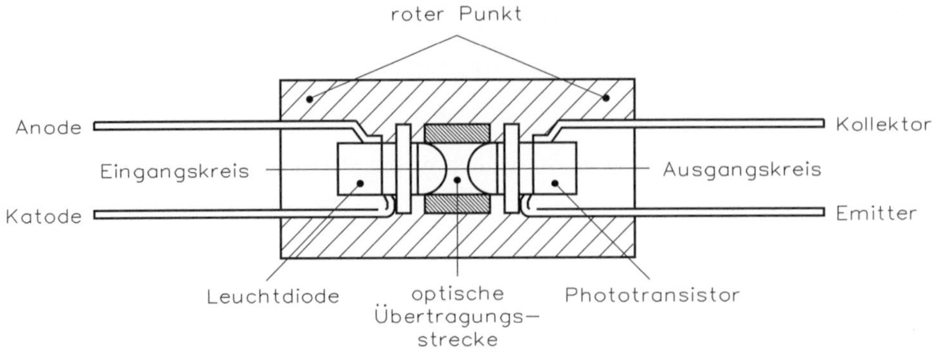

Abb. 5.8 Querschnitt durch einen Optokoppler

auf den Phototransistor fällt. Dies geschieht z. B. durch Anwendung des Lichtleiterprinzips oder durch Bündelung der Strahlen mit linsenförmigen Elementen. So lässt sich die Strahlung auch bei relativ großen Emitter-Empfänger-Abständen fast vollständig sammeln und gleichzeitig neben dem hohen Kopplungsfaktor eine hohe Isolationsspannung gewährleisten. Abb. 5.8 zeigt den Querschnitt durch einen Optokoppler im DIL-Gehäuse.

Beispiel

In welchen Grenzen ändert sich die Ausgangsspannung U_a, wenn bei der in Abb. 5.9 angezeigten Schaltung eines Optokopplers vom Anschlag a zum Anschlag b verstellt wird?

Abb. 5.9 Schaltung zum Betrieb eines Optokopplers

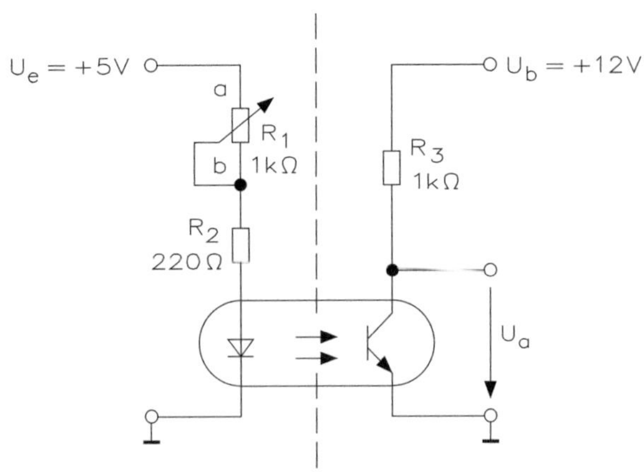

Berechnung der Eingangsströme $I_{F(a)}$ und $I_{F(b)}$:

$$U_F = 1{,}3\,V \text{ (aus dem Datenblatt)},$$
$$I_{F(a)} = \frac{U_e - U_F}{R_2} = \frac{5\,V - 1{,}3\,V}{220\,\Omega} = 16{,}8\,mA,$$
$$I_{F(b)} = \frac{U_e - U_F}{R_1 + R_2} = \frac{5\,V - 1{,}3\,V}{1k\Omega + 220\,\Omega} = 3\,mA.$$

Berechnung der Ausgangsspannung U_a. Der Widerstand R_3 ist mit $1\,k\Omega$ festgelegt worden und es ergeben sich in dem Kennlinienfeld folgende Werte:

$$U_{a(a)} = U_{CE(a)} \approx 2\,V,$$
$$U_{a(b)} = U_{CE(b)} \approx 9\,V,$$
$$I_{C(a)} = \frac{U_b - U_{CE(a)}}{R_3} = \frac{12\,V - 2\,V}{1\,k\Omega} \approx 10\,mA,$$
$$I_{C(b)} = \frac{U_b - U_{CE(b)}}{R_3} = \frac{12\,V - 9\,V}{1\,k\Omega} \approx 1{,}5\,mA,$$
$$V_{I(a)} \approx \frac{I_{C(a)}}{I_{F(a)}} \approx \frac{10\,mA}{16{,}8\,mA} \approx 0{,}6,$$
$$V_{I(b)} \approx \frac{I_{C(b)}}{I_{F(b)}} \approx \frac{1{,}5\,mA}{3\,mA} \approx 0{,}5.$$

Die Werte $V_{I(a)}$ und $V_{I(b)}$ liegen innerhalb des für den einfachen Optokoppler typischen Wertebereichs von $V_{I(typ)} \approx 0{,}25$ bis 0,7.

5.3 Lichtschranken

Seit Jahrzehnten verwendet man Lichtschranken in zahlreichen Industrieanlagen. Immer wenn es darum geht Objekte zu erkennen oder berührungslos abzutasten, setzt man Lichtschranken ein. Die meisten Automatisierungsaufgaben ließen sich ohne Lichtschranken nicht realisieren.

In den letzten Jahren haben die Hersteller viele neue Ideen umgesetzt und die Funktionssicherheit und den Bedienkomfort der Geräte wesentlich erhöht. Die heutigen hochentwickelten Lichtschranken haben außer dem Prinzip nur noch wenig mit den älteren Lichtschranken gemeinsam. Sie weisen außerdem eine deutlich höhere Lebenserwartung auf und sind erschütterungsunempfindlich.

Als optische Sender werden heute statt der Glühlampen nur noch Leuchtdioden verwendet, bei sehr hohen Ansprüchen an die Strahlbündelung auch Laserdioden, entweder im sichtbaren oder im Infrarotbereich. Beide lassen sich im Wechsellichtbetrieb betreiben, dadurch wird das Gesamtsystem unempfindlich gegen Fremdlicht. Der Empfänger registriert nur das Wechsellicht des eigenen Senders.

Tab. 5.4 Übersicht der optoelektronischen Systeme gemäß DIN 44030

Optoelektronische Sensoren		
Einwegsysteme	Reflexionssysteme	Taster-Systeme
Fremdstrahlungsempfänger	Reflexionslichtschranke	Autokollimations-Taster
Sender-Empfänger-getrennte-Lichtschranke	Reflexionslichtgitter	Winkeltaster Lumineszenztaster
Einweglichtgitter Einweglichtvorhang	Reflexionslichtvorhang	Zeilentaster

Praktisch unterscheidet man bei Lichtschranken zwischen den in Tab. 5.4 aufgelisteten Ausführungsformen.

5.3.1 Einweglichtschranken

Bei einer Einweglichtschranke sind Sender und Empfänger räumlich voneinander getrennt. Der Sender wird so ausgerichtet, dass ein möglichst großer Teil seines Lichtes auf den Empfänger fällt. Dieser ist in der Lage, das empfangene Licht eindeutig vom Umgebungslicht zu unterscheiden. Bei Unterbrechung des Lichtstrahls schaltet der Ausgang ein, aus oder um – je nach Ausführung. Abb. 5.10 zeigt den Aufbau einer Einweglichtschranke.

Um einen sicheren Betrieb zu gewährleisten, hat der Sender eine „Abstrahlkeule", die den Empfänger überstrahlt. Äquivalent dazu hat der Empfänger eine „Empfangskeule", die ebenfalls größer gewählt wird. So bleibt selbst bei nicht optimaler Ausrichtung von Sender und Empfänger der Strahlungsfluss immer noch ausreichend. Der aktive Bereich liegt nur innerhalb der Lichtbarriere zwischen Sender und Empfänger, die Abstrahl- bzw. Empfangskeule ist jedoch größer, wie Abb. 5.11 verdeutlicht.

Montiert man vor dem Sender und Empfänger jeweils einen Lichtwellenleiter (Glas- oder Kunststofffaser), dann erhält die Lichtschranke ein „verlängertes Auge". Da die Fasern sehr kleine Abmessungen aufweisen und flexibel sind, lassen sich damit auch an schwierig zugängigen Stellen Lichtschranken realisieren. Zudem sind sie frei von elektrischem Potential. Sie lassen sich daher z. B. auch in explosionsgefährdeten Bereichen und in Hochspannungsanlagen einsetzen. Durch die Wahl entsprechend dünner Fasern können zudem kleinste Objekte erfasst werden.

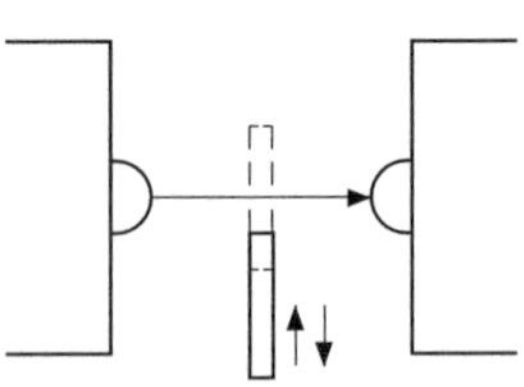

Abb. 5.10 Aufbau einer Einweglichtschranke

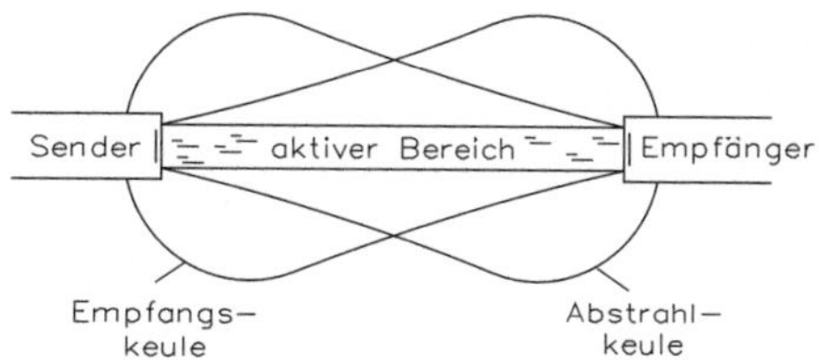

Abb. 5.11 Optische Charakteristik einer Einweglichtschranke

In Tab. 5.4 findet man bei den Einwegsystemen neben der Lichtschranke mit getrennter Anordnung auch die Fremdstrahlungsempfänger, die Einweglichtgitter und den Einweglichtvorhang. Beim Fremdstrahlungsempfänger hat man ein Einwegsystem ohne Sender, hier stellt die Sonne oder eine sowieso vorhandene Lampe den Lichtsender dar. Unterbricht ein Gegenstand den Weg zwischen Sender und Empfänger, so reagiert der Empfänger.

Eine Einweglichtschranke arbeitet im „eindimensionalen" Strahlbereich. Das Aneinanderreihen von mehreren Einweglichtschranken und deren logische Verknüpfung führt zu einem Einweglichtgitter. Damit lassen sich größere Flächen gitterförmig überdecken. Statt der zahlreichen Lichtschranken kann man auch mit nur einer Lichtschranke einen Einweglichtvorhang realisieren. Der Lichtstrahl des Senders wird dazu über zahlreiche Spiegel umgeleitet bevor er den Empfänger erreicht.

Bei den Reflexionslichtschranken sind Sender und Empfänger zu einer Einheit zusammengefasst und an der einen Seite der Lichtstrecke angeordnet. Auf der gegenüberliegenden Seite befindet sich ein Spiegel, wie Abb. 5.12 zeigt. Eine Maßnahme zur Erhöhung der Sicherheit ist der Einbau von Polarisationsfiltern. Das gepulste Licht der Sendediode wird durch eine Linse fokussiert und über ein Polarisationsfilter auf einen Reflektor gerichtet. Ein Teil des reflektierten Lichtes erreicht über ein weiteres Polarisationsfilter den Empfänger. Die Filter sind so ausgewählt und angeordnet, dass nur das durch den Reflektor zurückgeworfene Licht auf den Empfänger gelangt, nicht aber von anderen Objekten im Strahlbereich. Damit vergrößert sich die Reichweite erheblich. Wird der Strahlengang vom Sender über den Reflektor zum Empfänger unterbrochen, schaltet der Ausgang.

Bei der Lichtschranke von Abb. 5.12 sitzen Sende- und Empfangsoptik dicht nebeneinander. In Abb. 5.13 ist die optische Charakteristik dieser Lichtschranke wiedergegeben.

Die Reichweite für eine Reflexionslichtschranke entspricht dem Abstand zwischen Gerät und Reflektor. In der Praxis muss aber zwischen Betriebs- und Grenzreichweite

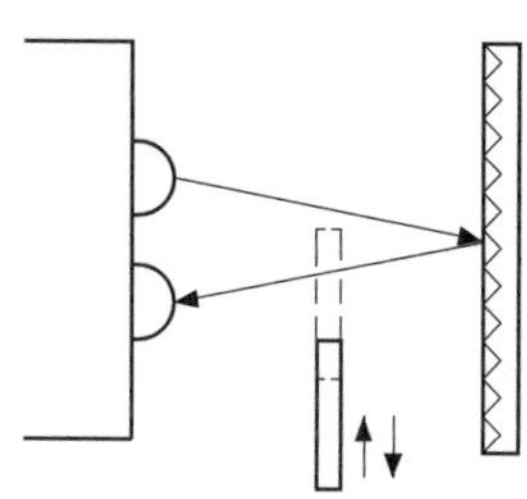

Abb. 5.12 Aufbau einer Reflexionslichtschranke

Abb. 5.13 Optische Charakteristik einer Reflexionslichtschranke

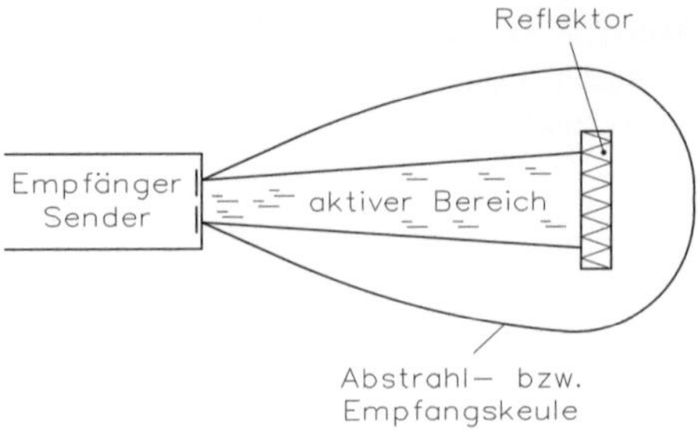

unterschieden werden. Lichtschranken, deren technische Daten diese Trennung nicht aufweisen, sind in der Regel nicht auf Dauer für die angegebenen Reichweiten verwendbar, denn in der Praxis müssen die Verschmutzung der Linsen, die Alterung einiger Bauelemente und auch die nicht optimale Ausrichtung der Anlage berücksichtigt werden. Bei größeren Entfernungen ist statt eines einfachen Planspiegels ein Tripelspiegel sinnvoll, da dieser nicht ausgerichtet werden muss, sondern das Licht immer in dieselbe Richtung zurückwirft, aus der es kommt. Er besteht aus drei rechtwinklig zueinanderstehenden Spiegelflächen (Würfelecke). Abb. 5.14 zeigt die Arbeitsweise eines Tripelspiegels oder Tripelreflektors.

In der Praxis werden solche Tripelspiegel oder Tripelreflektoren nicht aus drei Einzelspiegeln zusammengesetzt, sondern als ganzer transparenter Körper (Glas oder Kunststoff) hergestellt, wobei die Reflexionen als Totalreflexionen stattfinden. Vielfach werden solche Tripelflächen auch aus mehreren kleinen Tripelelementen zusammengesetzt, die dann meist aus Kunststoff gespritzt oder in Folie geprägt werden („Katzenauge“).

Hier trifft das gepulste Licht der Sendediode auf ein Objekt beliebiger Form und Farbe. Daran wird es diffus reflektiert und ein Teil davon gelangt auf den im gleichen Gehäuse befindlichen Lichtempfänger. Bei ausreichender Empfangsstärke schaltet der Ausgang. Die erzielbare Reichweite hängt von der Lichtstärke des Senders, Größe, Farbe und Oberflä-

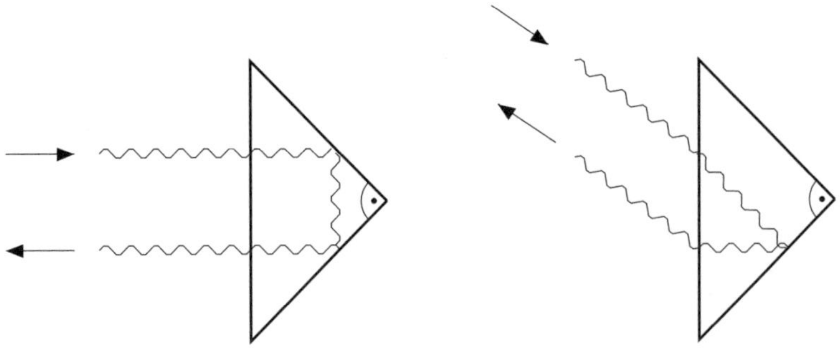

Abb. 5.14 Arbeitsweise eines Tripelspiegels

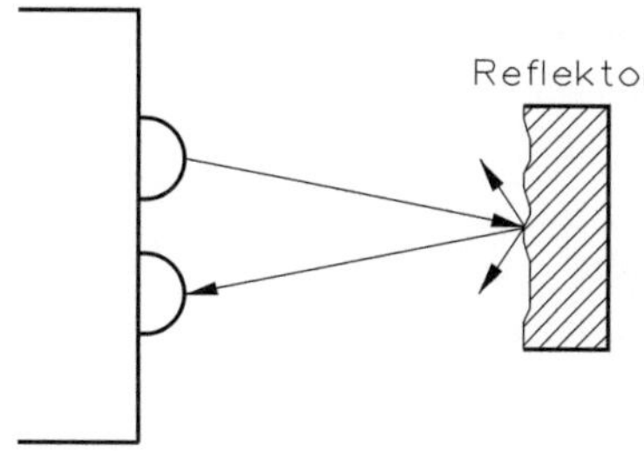

Abb. 5.15 Aufbau eines Reflexionslichttasters

chenbeschaffenheit des Objektes und von der Empfindlichkeit des optischen Empfängers ab. Diese lässt sich mit einem eingebauten Potentiometer in weiten Grenzen verändern und ist so einzustellen, dass der Empfänger bei Anwesenheit eines Objektes sicher anspricht und nach Entfernen wieder abfällt.

Sind in der Umgebung des Objektes reflektierende Flächen vorhanden, kann deren störende Wirkung durch Einsatz eines dafür vorgesehenen Polarisationsfilters reduziert werden. Abb. 5.15 erläutert die Funktionsweise eines Reflexionslichttasters.

Grundsätzlich sind heute Lichtschranken durch die Verwendung von Wechsellicht sehr unempfindlich gegen Fremdlicht. Trotzdem besteht eine obere Grenze für die Intensität externer Strahlung, die man als Fremdlichtgrenze bezeichnet. Gemessen wird diese als Beleuchtungsstärke auf der Lichteintrittsfläche. Sie wird angegeben für Sonnenlicht (unmoduliertes Licht) und für Lampenlicht (mit der doppelten Netzfrequenz moduliertes Licht). Bei Beleuchtungsstärken oberhalb der jeweiligen Fremdlichtgrenze ist ein sicherer Betrieb der Geräte nicht mehr möglich.

Bei einem optischen Näherungsschalter sind Sender und Empfänger im gleichen Gehäuse untergebracht und das zu detektierende Objekt wirkt selbst als Reflektor. Der aktive Bereich in Abb. 5.16 ist die Zone, in welcher der Schalter auf ein Objekt anspricht. Dabei ist die Größe dieses Bereichs sehr stark von Farbe, Oberfläche und Größe des Abtastobjektes abhängig. In Abb. 5.15 und 5.16 sind die Schaltkurven zu dem jeweiligen Näherungsschalter eingezeichnet. Die speziellen Tastweiten für die Reflexionslichttaster werden mit den angegebenen Flächen unter Verwendung von mattweißem Standardpapier erzielt. Für andere Oberflächen sind die in Tab. 5.5 aufgeführten Korrekturfaktoren zu beachten.

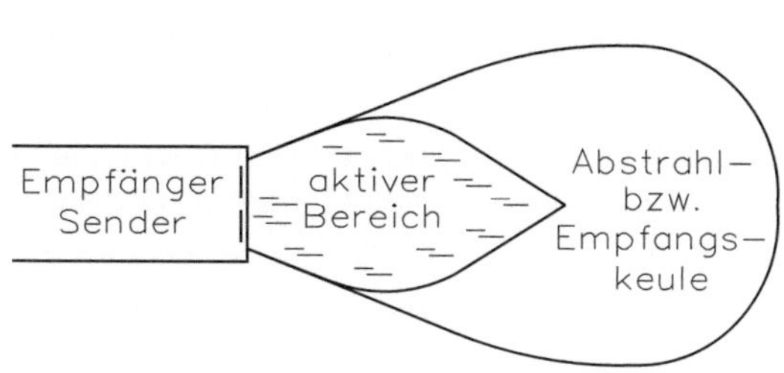

Abb. 5.16 Optische Charakteristik eines Näherungsschalters

Tab. 5.5 Korrekturfaktoren für Reflexionslichttaster

Richtwerte	
Testkarte (Richtwert)	100 %
Weißes Papier	80 %
PVC grau	57 %
Bedruckte Zeitung	60 %
Helles Holz	73 %
Kork	65 %
Weißer Kunststoff	70 %
Schwarzer Kunststoff	22 %
Neopren, schwarz	20 %
Autoreifen	15 %
Aluminiumblech roh	200 %
Aluminiumblech schwarz eloxiert	150 %
Aluminium matt (gebürstet)	120 %
Stahl INOX poliert	230 %

Die Funktionsreserve ist diejenige überschüssige Strahlungsleistung, die auf die Lichteintrittsfläche fällt und vom Lichtempfänger bewertet wird. Durch Verschmutzung, Änderung des Reflektionsfaktors des Objektes und Alterung der Sendediode kann sie im Laufe der Zeit abnehmen, so dass ein sicherer Betrieb nicht mehr gewährleistet ist.

Einige Lichtschranken verwenden deshalb eine zweite LED, die aufleuchtet, wenn höchstens 80 % der verfügbaren Reichweite genutzt wird. Darüber hinaus gibt es Ausführungen, bei denen dieses Signal auf einen der Ausgänge geschaltet ist. So lässt sich rechtzeitig ein nicht mehr genügend betriebssicherer Zustand erkennen.

Abb. 5.17 zeigt eine praktische Sicherheitsanwendung mit Einweglichtschranken. Die Anordnung der Lichtschranken sorgt für den Schutz der Presse. Ohne Unterbrechung kann die Maschine weiterarbeiten und wird außerdem rechts vom Hauptschalter bzw. NOT-AUS-Taster überwacht. Sind die Einweglichtschranken eingeschaltet, arbeitet die Maschine. Wird eine der Einweglichtschranken durch den Gabelstapler unterbrochen oder durch einen Bediener, der die Maschine abschalten muss, kommt die Maschine zum Stillstand.

5.3.2 Arbeitsweise von Einweglichtschranken

Einweglichtschranken bestehen aus einer Lichtquelle S und dem Empfänger E. Das Licht fällt im Empfänger auf ein Photoelement, Photowiderstand und Phototransistor im Empfänger E. Im Normalfall befindet sich kein Objekt O zwischen Sender und Empfänger. Durch Verstärkung befindet sich der Ausgang des Empfängers in Ruhestellung. Wird der Lichtstrahl durch einen Gegenstand unterbrochen, dann reagiert der Verstärker, der Ausgang ist in Arbeitsstellung und irgendein Vorgang kann ausgelöst werden. In Abb. 5.18 ist

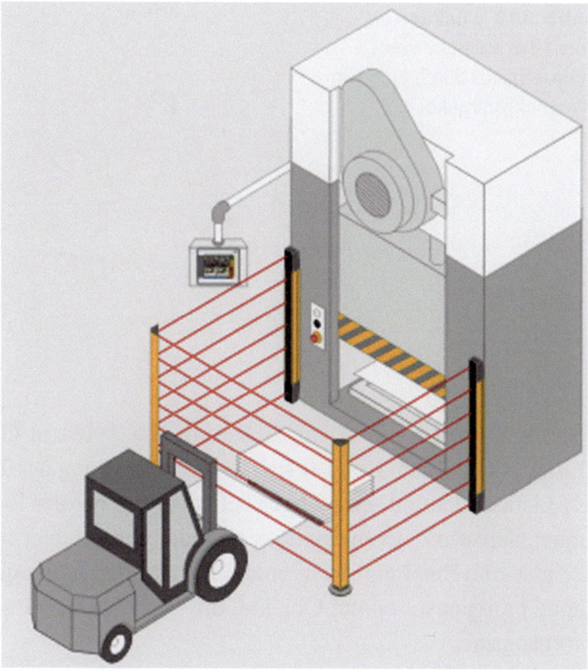

Abb. 5.17 Sicherheitsanwendung mit Einweglichtschranken

schematisch dargestellt, wie mit Hilfe einer solchen Lichtschranke ein Objekt beispielsweise auf einem Fließband erfasst wird.

Lichtschranken dieser Art dienen nicht nur zum Zählen von Gegenständen und zur Berechnung der Geschwindigkeit des Förderbands, sondern, wie bekannt, zum Einschalten von Rolltreppen durch Personen, zum Sichern von Fahrstuhltüren gegen vorzeitiges Schließen, als Diebstahlserkennung und ähnliches. Verwendet man stark infrarotempfindliche Photowiderstände, kann man das sichtbare Licht der Lampe durch tief dunkelrote Filtergläser abdecken. Dadurch arbeitet die Anlage praktisch unsichtbar.

Abb. 5.19 zeigt die Funktion einer Überwachung an einem Förderband. Typischerweise werden Einweglichtschranken zur Überwachung von Produktions- und Verpackungslinien eingesetzt. Ebenso lässt sich die Einweglichtschranke für die Füllstandsmessung in trans-

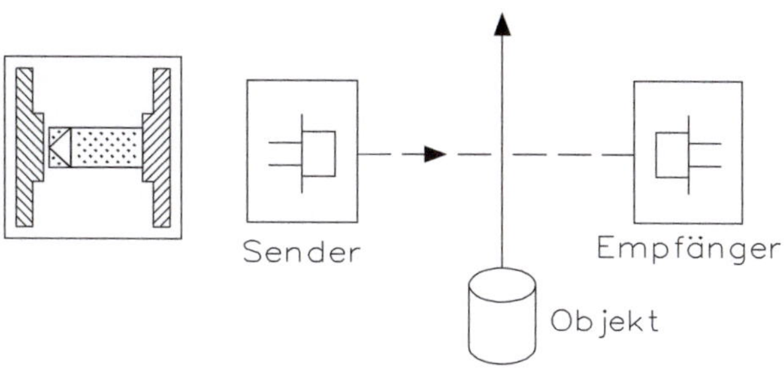

Abb. 5.18 Prinzip der Einweglichtschranke

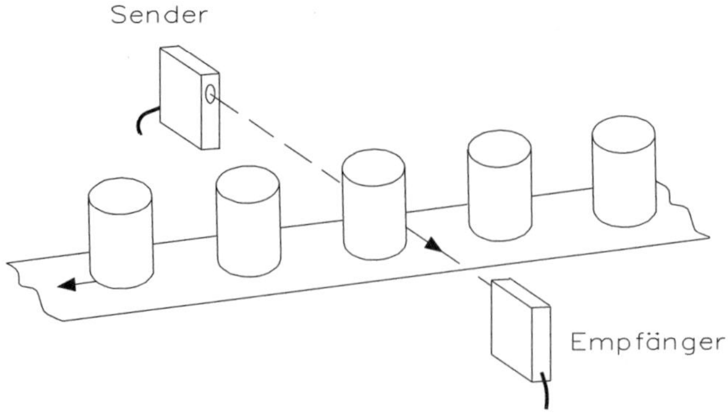

Abb. 5.19 Funktion einer Überwachung eines Förderbands durch eine Einweglichtschranke

parente Behälter, sowie zur Sicherung von Türen in Gefahrenbereichen einsetzen. Die Einweglichtschranke eignet sich auch zur Messung der Trübung in Flüssigkeiten.

Lichtsender und -empfänger befinden sich bei der Einweglichtschranke in zwei separaten Gehäusen, deren Optik zueinander ausgerichtet ist. Das Licht legt den Weg vom Sender zum Empfänger nur einmal zurück. Dadurch ergeben sich große Reichweiten und hohe Funktionsreserven. Objekte, die den Lichtstrahl unterbrechen, lösen einen Schaltvorgang aus.

Die Vorteile einer Einweglichtschranke sind

- zuverlässiger Einsatz auch unter ungünstigen Umgebungsbedingungen,
- gut reproduzierbarer Schaltpunkt,
- problemlose Erkennung von spiegelnden, nicht transparenten Gegenständen.

Bei einfachen Einweglichtschranken arbeitet die Lichtquelle mit einer Leuchtdiode mit konstantem Strom. Setzt man infrarote Leuchtdioden oder Laserdioden ein, arbeitet man mit elektrischen Impulsen im Sender der Einweglichtschranke. Der Empfänger erhält die empfangenen Lichtimpulse von $f = 2\,\text{kHz}$ und wandelt diese in elektrische Signale um. Der Verstärkerschaltkreis mit nachfolgendem Komparator wertet bzw. vergleicht das so

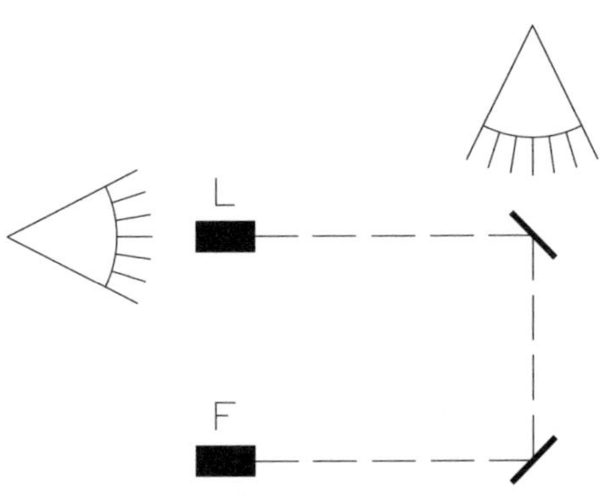

Abb. 5.20 Ausrichten einer Einweglichtschranke

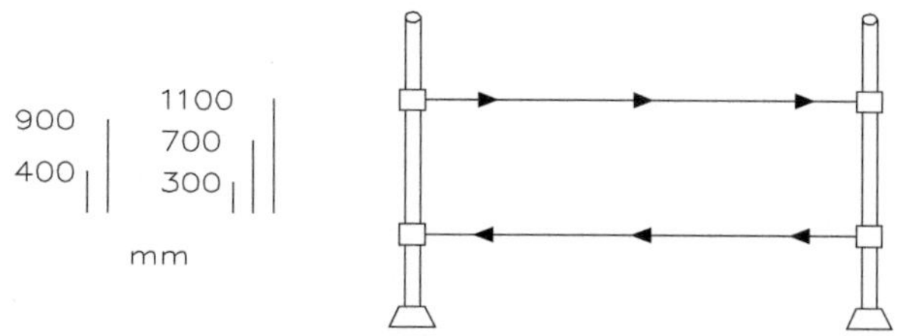

Abb. 5.21 Zwei oder drei Lichtschranken für die Maschinensicherheit

gewonnene Signal mit einer vorgegebenen Schaltschwelle. Die Schaltfunktion der Ausgangsstufe wird ausgelöst, unabhängig davon, ob der Lichtstrahl den Empfänger erreicht oder nicht.

Abb. 5.20 zeigt das Ausrichten einer Einweglichtschranke mit dem Lichtsender L, zwei Spiegeln und dem Lichtempfänger. Zum Ausrichten der Lichtschranke schaut man vom Sender aus. In der Linse erkennt man ein starkes, rotes Licht. Wenn dieses Licht vom Empfänger gesehen wird, ist die Lichtschranke grundsätzlich ausgerichtet. Die LED am Empfänger leuchtet, wenn der Empfänger auf den Sender ausgerichtet ist. Durch auf/ab- und links/rechts-Bewegen des Senders findet man die bestmögliche Ausrichtung. Bei senkrechter Montage sollte der Empfänger über dem Sender angebracht werden, da dies die Ausrichtung erleichtert und das Risiko von Fremdlichtstörungen minimiert. In außergewöhnlichen Umgebungen kann diese Fremdlichtstörung durch eine Justierung am Empfänger eingestellt werden.

Wie Abb. 5.21 zeigt, sind für die Maschinensicherheit zwei oder drei Lichtschranken erforderlich. Das Grundprinzip ist, dass gefährliche Maschinenbewegungen gestoppt werden müssen, bevor eine Person den Gefahrenbereich erreichen kann, der mindestens 850 mm von den Lichtstrahlen entfernt sein muss. Beim Bestimmen des richtigen Sicherheitsabstandes müssen die Nachlaufzeit der Maschine und die Risikostufe berücksichtigt werden.

5.3.3 Gabellichtschranken

Sender und Empfänger der Gabellichtschranken sind in einem Gehäuse untergebracht und es entfällt die aufwendige Montage und Justierung. Bereits in der Konstruktion kommt ein wesentlicher Vorteil zum Tragen, denn die mechanische Achse zwischen Sender und Empfänger entspricht der optischen Achse. Diese lässt sich wie eine Linie direkt in die Anwendung hineinkonstruieren. Abb. 5.22 zeigt eine Gabellichtschranke.

Bereits beim Aufbau und der Montage der Maschinen überzeugen Gabellichtschranken vor allem durch das einfache Ausrichten zum Objekt und ihr robustes Metallgehäuse. Der Anwender benötigt nur einen einzigen elektrischen Anschluss und lediglich eine Kabelverbindung. Das spart zusätzlich Kosten und Aufwand.

Viele Gabellichtschranken gibt es mit Rotlicht genauso wie mit Infrarot- oder Laserlicht. Darüber hinaus sind Varianten mit Pin-Point-LED erhältlich. Diese weisen im

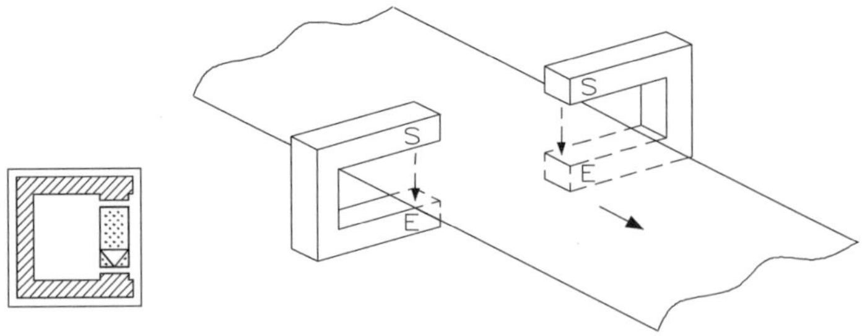

Abb. 5.22 Gabellichtschranke

Vergleich zur normalen Rotlicht-LED einen sehr kleinen, präzisen Lichtfleck auf, der auch bei großen Gabelweiten noch gut sichtbar ist. Dadurch wird das Ausrichten zum Objekt erheblich erleichtert.

Gabel- und Winkellichtschranken sind vor allem in der Montage- und Handhabungstechnik zu Hause, durch einige Spezialvarianten ist das Einsatzgebiet aber fast grenzenlos. Varianten zur Erkennung von transparenten Objekten haben ihre Stärke bei der Erkennung von Folien, Gläsern oder Flaschen. Schnell und einfach montiert und ohne die Gefahr einer Dejustage, stehen sie für eine einfache und schnelle Inbetriebnahme mit hoher Zuverlässigkeit.

Die Ausführungen zur Detektion wasserhaltiger Flüssigkeiten erkennen Füllstände in Flaschen ebenso zuverlässig wie Luftblasen in Schläuchen oder transparenten Röhrchen. Gerade bei sehr kleinen Behältnissen, wo andere Sensorprinzipien an ihre Grenzen stoßen, bieten diese Sensoren eine zuverlässige und robuste Lösung.

Es gibt in der Praxis noch analoge Gabellichtschranken mit einem leistungsstarken Lichtband. Diese erfassen Objektpositionen z. B. von Bahnkanten nicht nur absolut sicher, sondern auch ganz exakt. Mit Nachregeln und Positionieren wird die Handhabung einfach, d. h. die integrierten Luftspüldüsen sorgen dafür, dass sich kein Schmutz ablagern kann.

Es ergibt sich eine hohe Prozesssicherheit, da Sender und Empfänger fest aufeinander ausgerichtet sind, denn es ergibt sich ein Zeitgewinn durch einfache Montage und Inbetriebnahme. Die Justage aus vier verschiedenen Serien entfällt und das Optimale wird einfach ausgewählt, z. B. je nach Lichtart ideal zur Objekterkennung bzw. -positionierung, Kleinstteildetektion oder verschmutzte Umgebungen zusätzliche Sondervarianten für neue Lösungen, z. B. zur Transparenterkennung, Wasserdetektion oder Bahnkantensteuerung.

Zur Drehzahl- und inkrementalen Drehwinkelerfassung dient eine miniaturisierte Bauform: Bei der sogenannten Gabellichtschranke handelt es sich um eine Einweglichtschranke bei der optischer Sender und Empfänger nur wenige mm Abstand haben und sich in einem gemeinsamen Gehäuse befinden. Zusätzliche Linsen und Blenden optimieren den Strahlengang und verbessern so die Auflösung. Durch den Schlitz läuft eine Scheibe mit lichtdurchlässigen und lichtundurchlässigen Segmenten (Abb. 5.23). Eine Variante gibt Abb. 5.24 wieder: Hier zeigen Sender und Empfänger nicht aufeinander, sondern in dieselbe Richtung. Die Scheibe besteht aus reflektierenden und schwarzen Segmenten.

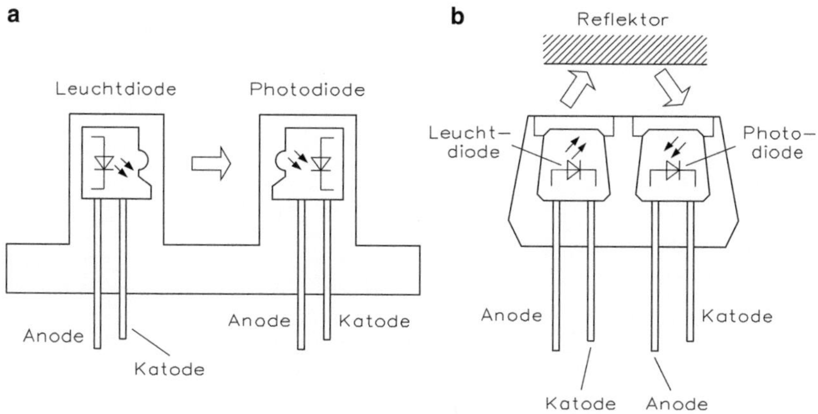

Abb. 5.23 Prinzipieller Aufbau von transmissiven (**a**) und reflektiven (**b**) Gabellichtschranken

Bei Drehung der Scheibe ändert sich der auf den Empfänger auftreffende Lichtstrom periodisch. Daraus resultiert ein elektrisches Wechselsignal, das verstärkt und mittels eines Schmitt-Triggers zu einem digital auswertbaren Rechtecksignal geformt wird. Abb. 5.24 zeigt das Prinzip der Gabellichtschranke mit der Auswerteelektronik.

Die Frequenz des Signals ist proportional zur Drehzahl. Durch Zählen der Impulse pro Zeiteinheit erhält man einen Drehzahlsensor (Abb. 5.25). Sein Messbereich ist im Prinzip nur durch die Reaktionsgeschwindigkeit der Photodiode begrenzt.

Eine solche Anordnung mit nur einer Lichtschranke liefert noch keine Information über die Drehrichtung. Eine Richtungsänderung wird nicht erkannt und führt unmittelbar zu fehlerhaften Ergebnissen. Abhilfe schafft hier die zweikanalige Lichtabtastung gemäß Abb. 5.26 mit zwei Empfängern E1 und E2, einem Raster R und einem Sender S mit möglichst parallelem Lichtstrom P in Richtung der Empfänger. Für eine einwandfreie Funktion ist die Einhaltung gewisser geometrischer Relationen notwendig.

Abb. 5.24 Drehzahlmessung mit einer Gabellichtschranke

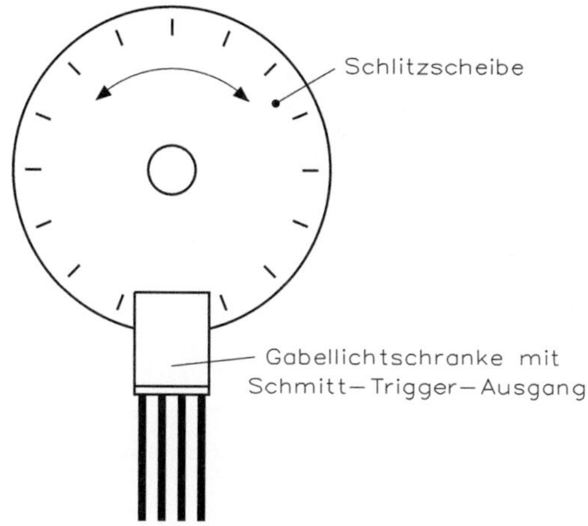

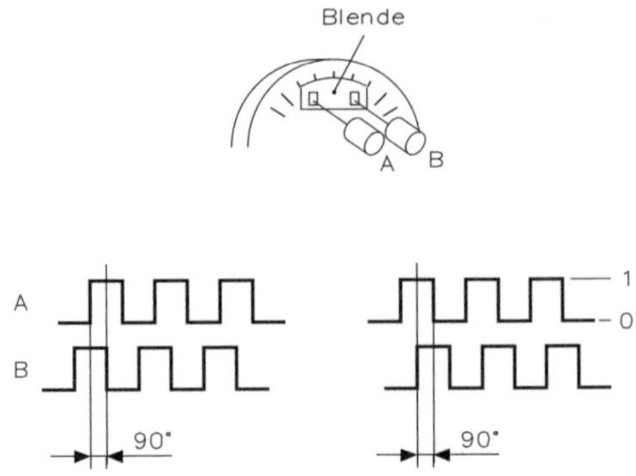

Abb. 5.25 Aufbau eines zweikanaligen Drehgebers mit Impulsdiagramm für die Erkennung der Drehrichtung

Die Drehrichtung ergibt sich aus der Phasenverschiebung zwischen den beiden Ausgangssignalen. Man wählt das Verhältnis von Segmentabstand auf der Scheibe zum Abstand der Photodioden zweckmäßigerweise so, dass die Phasenverschiebung zwischen beiden Signalen gerade 90° beträgt. In Abb. 5.26 ist ein derartiger zweikanaliger Drehgeber dargestellt. Hat hier bei einer steigenden Flanke im Kanal A der Kanal B bereits ein 1-Signal, dreht sich die Achse im Uhrzeigersinn; hat dagegen bei steigender Flanke im Kanal A der Kanal ein 0-Signal, dreht sich die Achse gegen den Uhrzeigersinn.

Die Breite jedes der beiden gleichartigen, lichtempfindlichen Elemente El und E2 ist mit B bezeichnet. Der Abstand zwischen den beiden mit A; das lichtdurchlässige Segment des Abtasters hat die Breite U und das durchlässige die Breite D. Eine zuverlässige Richtungserkennung bei paralleler Lichtabgabe basiert nun auf der Phasenverschiebung φ der beiden nach dem Gabellichtschranken-Prinzip einzeln aufbereiteten Signale Q_A und Q_B in Abb. 5.27. Diese muss lediglich der Relation

$$0 < \varphi < \pi$$

genügen, was durch die folgende Geometriebedingung gewährleistet wird:

$$A + B < U, D.$$

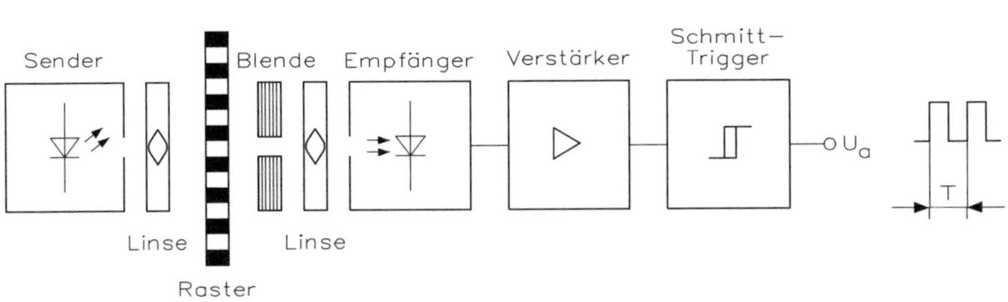

Abb. 5.26 Prinzip der Gabellichtschranke mit der nachgeschalteten Auswerteelektronik

Die Weiterverarbeitung der so gewonnenen Abtastfolgen geschah bisher meist aufwendig durch Logikbausteine oder durch die Peripherieschaltungen eines Mikroprozessors oder Mikrocontrollers. Das Problem besteht dabei stets darin, vor dem jeweiligen Zählimpuls über eine gesicherte Richtungsinformation zu verfügen und Impulsfehler auszuschließen.

Seit 1990 sind Gabellichtschranken (Abb. 5.27) erhältlich, die dieses Problem direkt durch eine interne Logik lösen können. In diesen Bausteinen befindet sich eine integrierte Auswertelogik zur Richtungserkennung. Der mechanische Aufbau ist mit der herkömmlichen Lichtschranke identisch, jedoch wurde die interne Logik erheblich verbessert. Als Sender dient eine GaAlAs-LED, deren Lichtstrom mit Hilfe einer angespitzten Linse quasiparallel auf den Empfänger gelenkt wird.

Fehler durch alterungsbedingt unterschiedliche Änderung der Lichtabgabe, wie sie bei Gabellichtschranken mit zwei Sendern auftreten können, sind dadurch ausgeschlossen. Die in einem weiten Aussteuerungsbereich betreibbaren Empfänger mit Tageslicht-Sperrfilter machen eine Nachregelung der Sender entbehrlich. Die Empfangsgruppe besteht aus zwei schmalen, dicht nebeneinanderliegenden Photodioden, die für einen gewissen Toleranzbereich beliebige Rasterteilungen bis herab zu 0,85 mm (1/30-Zoll) ermöglichen.

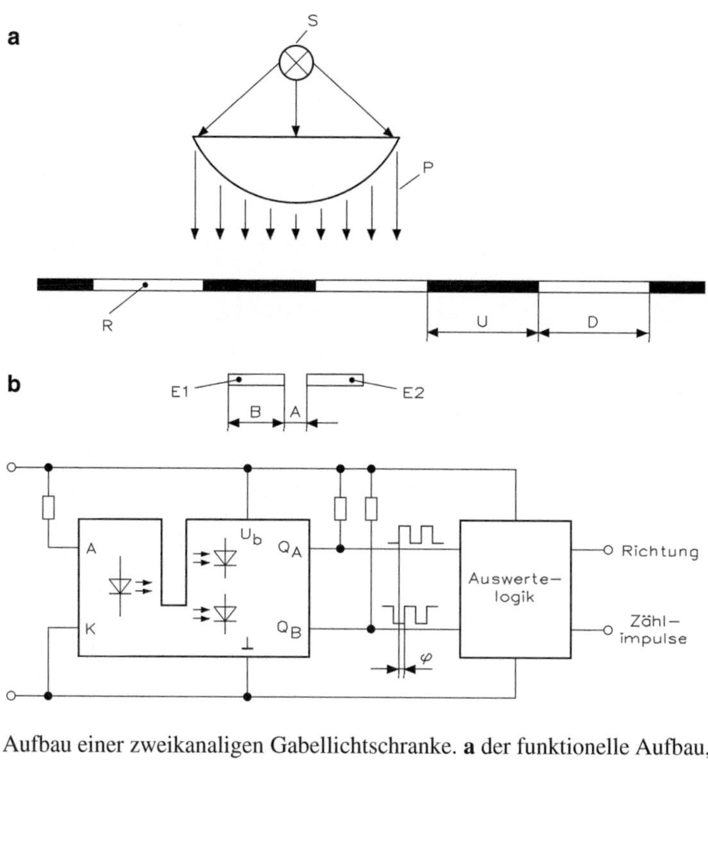

Abb. 5.27 Aufbau einer zweikanaligen Gabellichtschranke. **a** der funktionelle Aufbau, **b** der elektrische Teil

Neben den Photodioden enthalten diese Gabellichtschranken eine integrierte Empfängerschaltung mit allen notwendigen Signalaufbereitungskomponenten. Die Logik zur Generierung der Signale für Richtung und Inkrement ist so ausgelegt, dass die Richtungsinformation in jedem Fall zuverlässig vor dem Zählimpuls (etwa 1 µs) ausgegeben wird. Die Breite der Zählimpulse ist unabhängig von der Hell-Dunkel-Wechselfrequenz und beträgt typisch 10 µs. Lichtschrankenbedingte Zählfehler, z. B. bei Richtungswechsel oder Pendelbewegungen, sind ausgeschlossen, solange sie die Rasterteilung von 0,85 mm nicht unterschreiten und auch die empfohlene geometrische Anordnung eingehalten wird.

5.3.4 Lichtgitter

Besonders in Sicherheitsanwendungen geht es häufig darum, eine größere Fläche zu überwachen. Dies lässt sich am einfachsten durch die parallele Anordnung von mehreren Einweglichtschranken erreichen. Alle Sender sind bei einem solchen Lichtgitter in einem einzigen Gehäuse zusammengefasst, ebenso alle Empfänger, deren Schaltausgänge logisch verknüpft werden. Das reduziert den Installationsaufwand im Vergleich zu einer entsprechenden Anzahl einzelner Einweglichtschranken. Die Abstände zwischen den Einzelstrahlen des Gitters werden anwendungsspezifisch gewählt. Abb. 5.28 zeigt die Schaltsymbole für das Lichtgitter (links) und der Rahmenlichtschranken.

Rahmenlichtschranken eignen sich zum Befüllen und Zählen von Objekten bei Zufuhreinrichtungen. Im Unterschied zu Standard-Gabellichtschranken steht ein ganzes Feld zur Objekterkennung mit einer maximalen Ansprechgeschwindigkeit von 100 ms und einer minimalen Objektgröße von 1 mm zur Verfügung. Rahmenlichtschranken sind in vier Baugrößen mit einem aktiven Bereich von 34 mm × 50 bis 142 mm × 150 mm erhältlich. Mittels Verwendung der dynamischen Betriebsarten werden nur sich bewegende Objekte erkannt.

Berührungslos wirkende Schutzeinrichtungen (BWS) wie Lichtgitter oder Lichtschranken erkennen einen Menschen oder ein Körperteil des Menschen bei Annäherung an eine Gefahrenstelle im Maschinenumfeld. Über eine nachfolgende Steuerung kann so rechtzeitig in einen sicheren Zustand geschaltet werden. BWS können ihrer Funktion aber nur dann entsprechen, wenn sie ordnungsgemäß montiert und installiert sind – und dies auch kontrolliert wird. Abb. 5.29 zeigt das Prinzip von zwei unterschiedlichen Lichtgittern.

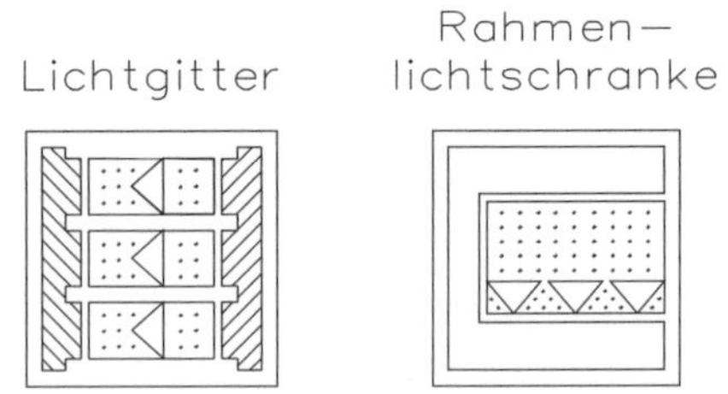

Abb. 5.28 Schaltsymbole für Lichtgitter und Rahmenlichtschranke

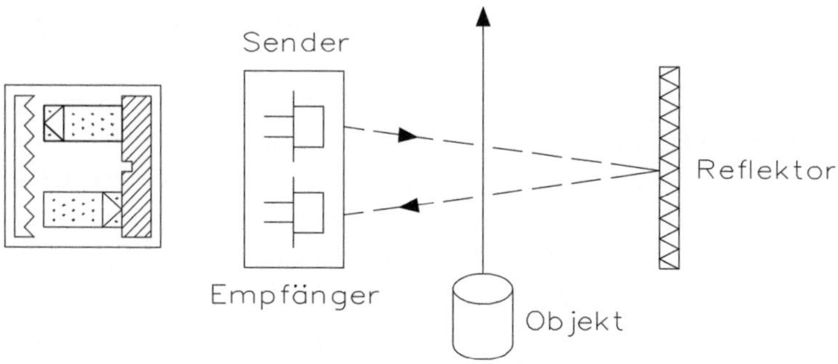

Abb. 5.29 Prinzip von zwei unterschiedlichen Lichtgittern

Um berührungslos wirkende Schutzeinrichtungen ordnungsgemäß zu montieren und zu installieren, geben diverse Normen und Richtlinien den Weg vor. Eine zentrale Rolle spielt dabei die EN ISO 13855. Hier wird unter anderem der Sicherheitsabstand S definiert, um bei einer möglichen Gefährdung schnell genug abschalten zu können. Aber auch die Betriebssicherheitsverordnung ist zu beachten, wenn es um die regelmäßige Kontrolle der Schutzeinrichtungen und den Erhalt der Funktionsfähigkeit geht. Denn selbst nach sorgfältiger Auslegung einer Schutzeinrichtung müssen eventuelle Umgehungsmöglichkeiten berücksichtigt werden. Jede Art von Herumreichen um das Detektionsfeld einer Schutzeinrichtung muss ausgeschlossen sein. Da das Verdecken eventueller Lücken neben dem Detektionsfeld und einem angrenzenden Schutzzaun nicht immer möglich ist, sind auch hier Sicherheitsabstände zwischen Mensch und Gefahrenstelle einzuhalten. Die Berechnung dieser Abstände ähnelt sehr stark denjenigen der Sicherheitsabstände, die für das Erreichen von Gefahrenstellen durch ein Detektionsfeld gelten. Diesen wichtigen Unterschied gilt es besonders zu beachten.

In der Praxis kann es z. B. vorkommen, dass eine Person über ein vertikal aufgestelltes Lichtgitter, das in Anlehnung an ein Geländer nur 1100 mm hoch ist, hinweggreifen kann ohne das Detektionsfeld zu unterbrechen. Deshalb sind Mindestabstände zwischen Gefahrenstelle und Lichtvorhang nötig. Diese Mindestabstände setzen sich aus zwei Teilen zusammen:

- der Schreit- bzw. Greifgeschwindigkeit multipliziert mit der Reaktionszeit des Systems,
- einem Zuschlag, der von der Höhe des Gefahrenortes und der Höhe der Schutzeinrichtung abhängt. Dieser Zuschlag kann bis zu 1200 mm betragen.

Wenn Platznot herrscht, lohnt es sich deshalb, eine feste Abdeckung aller Umgehungsmöglichkeiten technisch zu berücksichtigen bzw. zu realisieren. Zu beachten ist zudem, der Wiederanlauf einer Maschine nach Auslösen einer Schutzeinrichtung darf nicht automatisch nach Verlassen des Schutzfeldes erfolgen, sondern nur nach Quittierung an einem Befehlsgerät außerhalb des Gefahrenbereiches und mit Sichtkontakt auf diesen. Auch neben der offensichtlichen Gefahrenstellenabsicherung ist zusätzlich die Möglichkeit des Hintertretens zu berücksichtigen.

Ziel ist es also, den Schutz von Mensch und Maschine sicherzustellen und gleichzeitig eine hohe Produktivität zu erreichen. Folgt also eine Unterbrechung der Lichtstrahlen des Lichtgitters, gleich aus welcher Richtung, kommt es zu einem sofortigen und kompletten Stillsetzen der Maschine, was zu Lasten der Produktivität geht. Flexible Lichtschranken bieten hier den Vorteil, dass sich Umgebungen und Produktionsabläufe auch im Nachhinein immer wieder an aktuelle Anforderungen anpassen lassen. Gefragt sind also Lichtgitter, die nicht mehr nur eine Sicherheitsfunktion, sondern – je nach Anforderung – mit ein und derselben Lichtschranke jede funktionale Disziplin wie „Muting" oder „Blanking" mit Kaskadierung abdecken.

Für Anwendungen, die entweder hohe Schutzfelder oder einen Hintertretschutz erfordern, bieten Lichtschranken durch Kaskadierung die passende Lösung. Die übereinander angeordneten und in Reihe geschalteten Lichtgitter reduzieren nicht nur den Aufwand für die Verdrahtung, sondern arbeiten auch mit durchgängigen Einzelstrahlen, die die sogenannten Totzonen komplett ausschließen. Damit lassen sich Lichtschranken näher an die Anwendungen montieren, so dass Platz gespart wird.

Eine weitere Option ist die Überbrückung eines unterbrochenen Schutzfeldes per Muting. Dieses wird benötigt, wenn nach einem Verarbeitungsprozess ein Produkt die Maschine verlässt und hier ein zum Teil offener Bereich existiert, also ganz allgemein Material zu- und abgeführt wird. Es kann je nach Anwendung ganz einfach L-Muting, T-Muting und X-Muting gewählt werden. Bei Verwendung des X-Muting kann Material beidseitig das Schutzfeld durchbrechen und man benötigt nur zwei Sensoren. Soll das Material nur in eine Richtung transportiert werden, ist ein Lichtgitter in L-Version anzubringen. Bei der T-Version wird Material nur in eine Richtung transportiert. Bei der L-Version wird Material dagegen in beide Richtungen befördert.

Üblicherweise weisen Lichtgitter durch die Annäherungsgeschwindigkeit und den Nachlauf der Maschine einen gewissen Abstand zur Gefahrenstelle auf. Doch selbst wenn geeignete Positionen gefunden sind kann es sein, dass Teile der Maschine noch in das Schutzfeld des Lichtgitters hineinragen. Deshalb ist es notwendig, dass einzelne Lichtstrahlen abgeschaltet bzw. ihre Zustände ignoriert werden. In diesem Fall spricht man von einem „Fixed Blanking". Eine solche Blockierung des Schutzfeldes ist dauerhaft und sie bewegt sich nicht. Wird das entsprechende Maschinenteil entfernt, meldet das Lichtgitter, dass an dieser Stelle nun ein Zugriff in die Gefahrenzone möglich ist.

Überträgt man dieses Verhalten auf sich bewegende Objekte, die sich also im Schutzfeld variabel positionieren lassen, spricht man von „Floating Blanking". Je nach Konfiguration ist es sogar möglich, dass das Objekt teilweise oder komplett das Schutzfeld verlässt. Über diese Funktionalität werden dann etwa Objekte auf einem Förderband, die nacheinander das Schutzfeld des Lichtgitters kreuzen, als in Ordnung definiert und können passieren, ohne dass das Lichtgitter auslöst.

Da BWS sensible Systeme sind, müssen sie in geeigneten Intervallen auch kontrolliert werden. Inspektionen machen Sinn, bevor BWS erstmalig in Betrieb genommen werden, nach Umbauten oder größeren Veränderungen und jeder Montage an einem neuen Standort sowie in Situationen, in denen bedingt durch Abnutzung gefährliche Situationen verursacht werden können.

Der Maschinenbetreiber muss dazu eine fachkundige Person bestimmen, die folgende Entscheidungen treffen soll: Bestimmung des Inspektionsumfangs auf der Grundlage von Wissen und Erfahrung sowie was muss inspiziert werden, um Schäden oder Fehler durch Abnutzung erkennen zu können? Zudem muss diese Person klären können, ob während der Inspektion zusätzliche Tests erforderlich sind, um zu prüfen, ob die Geräte sicher bzw. strukturell fehlerfrei arbeiten. Auf dieser Grundlage wird die Inspektionshäufigkeit empfohlen.

5.3.5 Reflexionslichtschranke

Die Reflexionslichtschranke enthält Sender und Empfänger in einem Gehäuse. Das Licht des Senders wird von einem Reflektor zum Empfänger zurückgestrahlt. Bei Unterbrechung des Lichtstrahls wird die Schaltfunktion ausgelöst. Abb. 5.30 zeigt die Arbeitsweise einer Reflexionslichtschranke.

Das für Reflexionssysteme typische Problem ist, dass glänzende und spiegelnde Objekte nicht zuverlässig erkannt werden und der Nachteil lässt sich durch die Verwendung

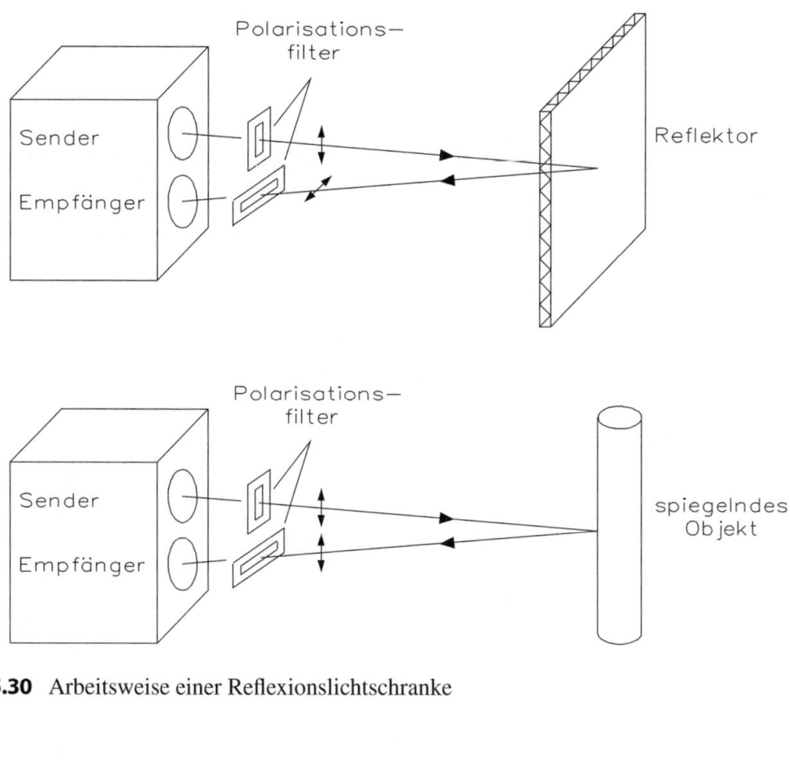

Abb. 5.30 Arbeitsweise einer Reflexionslichtschranke

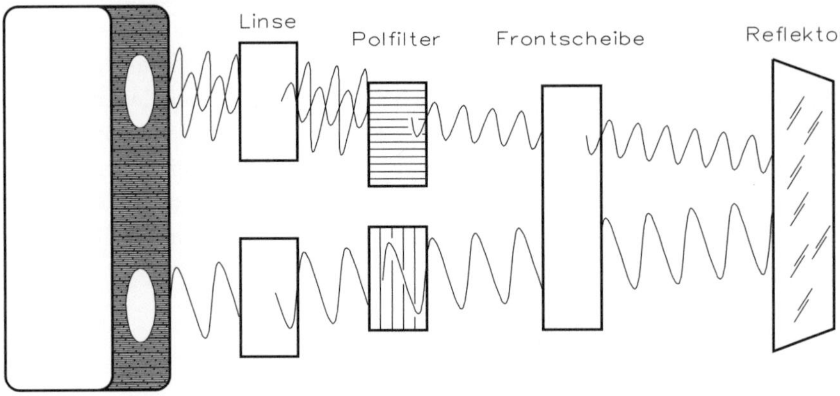

Abb. 5.31 Reflexionslichtschranken mit Polarisationsfilter

eines Polarisationsfilters beheben. Dabei werden vor Sender und Empfänger der Lichtschranke linear polarisierende Filter angebracht, deren Polarisationsebenen senkrecht aufeinander stehen, wie Abb. 5.31 zeigt. Diese Filter legen zwei um 90° zueinander versetzte Polarisationsebenen fest. Auf diese Weise erreichen den Empfänger nur Lichtstrahlen vom Tripel-Reflektor, da dieser die Polarisationsebene des Lichtes so verändert, dass es den Filter vor dem Empfänger ungehindert passieren kann.

Eigenschaften:

- Erkennt undurchsichtige Objekte auch mit glänzenden und spiegelnden Oberflächen.
- Klarglaserkennung ist mit speziellen Sensoren möglich.
- Geringer Installationsaufwand, da der Elektronikanschluss nur auf der Lichtschrankenseite erforderlich ist.

Hochglänzende Objekte wie Glasflächen oder spiegelnde Metallteile können von Standard-Reflexionslichtschranken leicht übersehen werden. Die Objekte unterbrechen zwar den Lichtweg zum Reflektor, werfen aber oft selbst das Sendelicht zum Empfänger zurück, so dass dieser genauso Licht empfängt wie bei einem ununterbrochenen Lichtstrahl. Arbeiten Reflexionslichtschranken dagegen mit polarisiertem Licht, wie Abb. 5.32 zeigt, werden diese Probleme vermieden.

Natürliches Licht ist unpolarisiert und es bevorzugt keine bestimmte Schwingungsebene. Schickt man es durch ein Polarisationsfilter, so lässt dieses nur den Schwingungsanteil einer bestimmten Polarisationsebene passieren und danach schwingt das Licht nur auf einer Ebene. Mit einem zweiten Polarisationsfilter lässt sich dieses polarisierte Licht stufenlos in seiner Intensität variieren. Weisen beide Filter die Polarisationsebenen in gleicher

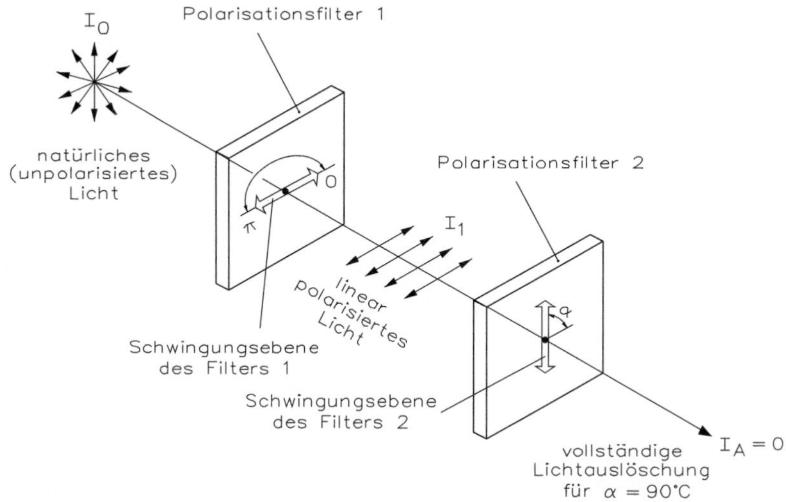

Abb. 5.32 Mit zwei Polarisationsfiltern lässt sich die Intensität von polarisiertem Licht stufenlos variieren. Wenn die Polarisationsebene des zweiten Filters senkrecht zur ersten steht, kann kein Licht mehr passieren

Richtung auf, so kann alles Licht passieren. Verdreht man jedoch das eine Filter, so reduziert sich die Intensität des durchgelassenen Lichtes. Bei einem Verdrehungswinkel von 90° passiert kein Licht mehr die Schranke.

In der Praxis rüstet der Lichtschranken-Hersteller seinen Sender und Empfänger der Reflexionslichtschranken mit je einem Polarisationsfilter aus, das in die Optik integriert ist. Die Polarisationsebenen dieser beiden Filter stehen senkrecht zueinander. Wird das linear polarisierte Licht von einem spiegelnden Gegenstand zurückgeworfen, so ist der Empfänger dafür „blind", weil in diesem Fall die ursprüngliche Polarisationsebene des Sendelichtes erhalten bleibt. Der Reflektor hingegen depolarisiert das Licht, es hat jetzt eine Komponente mit um 90° gedrehter Polarisationsebene. Der Empfänger erkennt nur dieses Licht vom Reflektor, und dieser lässt sich nicht durch das falsche Reflexionslicht täuschen.

Für den speziellen Einsatzfall der Klarglaserkennung werden Reflexionslichtschranken mit reduzierter Funktionsreserve eingesetzt. Die bewirkt eine erhöhte Schaltempfindlichkeit bei nur geringfügiger Absorption durch das Glas. Abb. 5.33 zeigt die Symbole für eine Reflexionslichtschranke für den Einsatzfall bei der Klarglaserkennung, Reflexionslichtschranken mit Vordergrundausblendung und einer Flächenlichtschranke.

Die Lichtschranken mit Vordergrundausblendung ignorieren alle Signale von Reflektoren und hochglänzenden, spiegelnden Objekten, die sich näher am Sensor befinden als eine voreingestellte Mindestreichweite.

Eine Flächenlichtschranke enthält mehrere Sender und Empfänger in einem Gehäuse und bildet über die jeweilige Reichweite mit einem gegenüberliegenden Reflektor ein

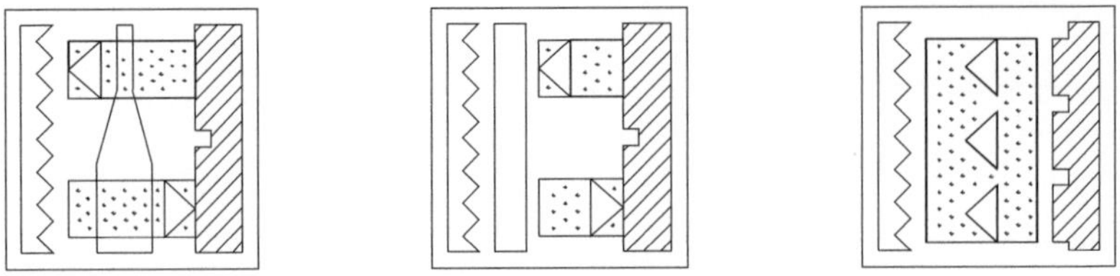

Abb. 5.33 Symbole für eine Reflexionslichtschranke für den Einsatzfall bei der Klarglaserkennung (*links*), Reflexionslichtschranken mit Vordergrundausblendung (*Mitte*) und einer Flächenlichtschranke (*rechts*)

durchgehendes breites bzw. hohes Detektionsfeld. Bei Unterbrechung der Lichtstrahlen innerhalb des Erfassungsbereiches durch ein Objekt wird die Schaltfunktion ausgelöst. Diese Lichtschranken eignen sich somit für eine zuverlässige und lückenlose Objekterkennung unabhängig von der Objektform, -oberfläche und -position ohne Fehlschaltungen. Bei Änderungen der Objektform oder Lage müssen die Sensoren nicht neu ausgerichtet werden.

5.3.6 Reflexionslichttaster

Der Reflexionslichttaster ist im Prinzip wie eine Reflexionslichtschranke aufgebaut. Er besitzt jedoch keinen Reflektor, sondern das vom erfassten Objekt reflektierte Licht wird vom Empfänger ausgewertet. Abb. 5.34 zeigt das Funktionsprinzip und Symbol des Reflexionslichttasters.

Aufgrund der diffusen Reflexion (Remission) durch das Objekt reduziert sich die Reichweite des Lichttasters im Vergleich zur Reflexionslichtschranke. Man spricht hier von der Tastweite. Darunter versteht man den maximalen Abstand vom Sender, in dem ein Objekt noch zuverlässig erkannt wird. Abb. 5.35 zeigt die Arbeitsweise des Reflexionslichttasters, und mit dem Empfindlichkeitseinsteller wird die Lichtschranke abgeglichen.

Reflexionslichttaster mit Hintergrundausblendung wurden entwickelt, um eine definierte Tastweite bei beliebigen Objekten zu erreichen, unabhängig von deren Helligkeit,

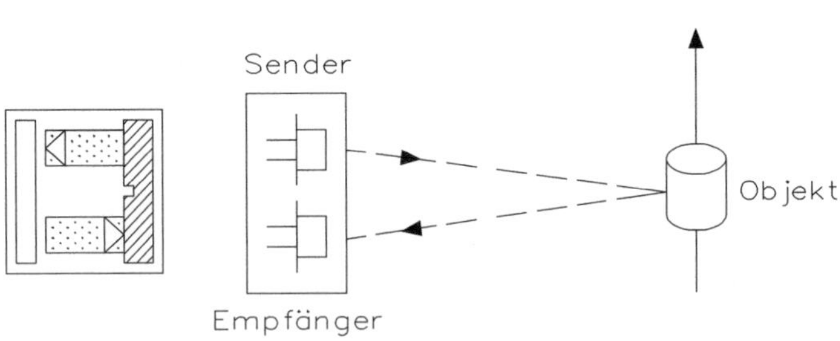

Abb. 5.34 Funktionsprinzip des Reflexionslichttasters

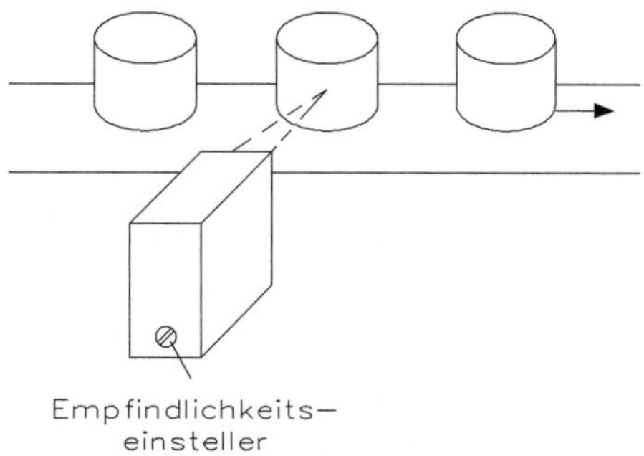

Abb. 5.35 Arbeitsweise des Reflexionslichttasters

Farbe und sonstiger Beschaffenheit sowie der Helligkeit des Hintergrunds. Abb. 5.36 zeigt das Funktionsprinzip eines Reflexionslichttasters mit Hintergrundausblendung. Das vom Sender ausgestrahlte Licht fällt, von der Optik gebündelt, auf das Objekt. Befindet sich das Objekt innerhalb des Tastbereichs, wird ein Teil des reflektierten Lichtes von der Empfängerlinse gebündelt, auf dem Nahelement des Empfängers (N) abgebildet und der Taster gibt das Signal „eingeschaltet" aus.

Mit zunehmendem Abstand des Objektes wandert dieser Lichtfleck in Richtung des Fernelements (F). An der Tastbereichsgrenze liegt jeweils die Hälfte des Lichtflecks auf dem Nah- und Fernelement und der Taster meldet „aus". Entfernt sich das Objekt weiter, fällt das Licht nur noch auf das Fernelement, der Taster signalisiert weiterhin „aus".

Die Eigenschaften sind

- nahezu konstante Tastweite auf diffus reflektierende Materialien mit stark unterschiedlichen Remissionsgraden,
- dunkle Objekte vor hellem Hintergrund werden sicher erfasst, unempfindlich gegenüber Störreflexionen von Objekten außerhalb des eingestellten Tastbereichs,

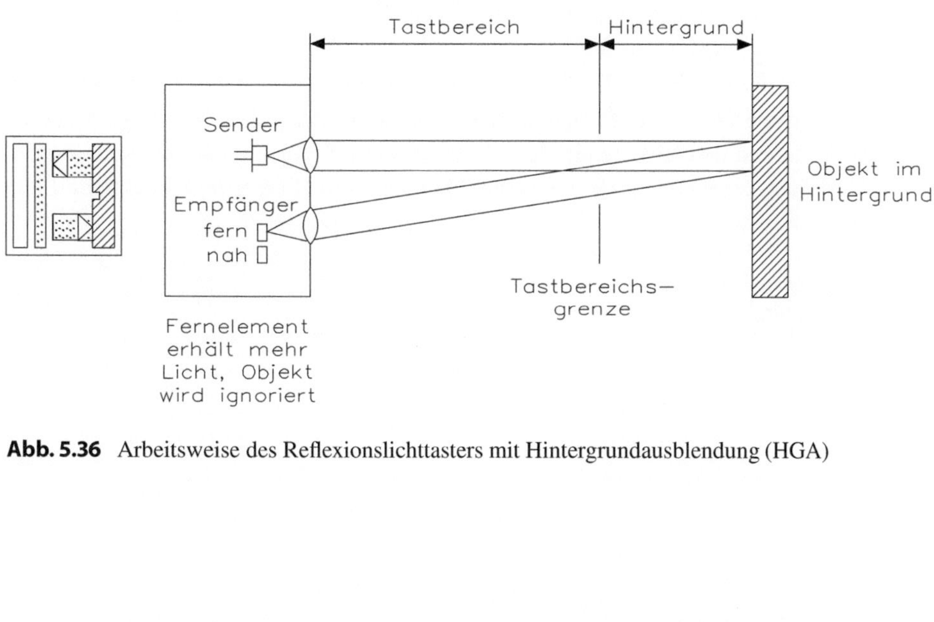

Abb. 5.36 Arbeitsweise des Reflexionslichttasters mit Hintergrundausblendung (HGA)

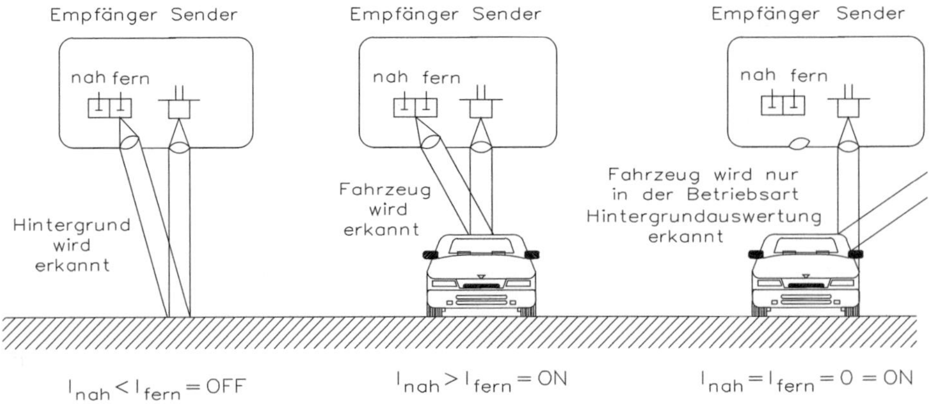

Abb. 5.37 Reflexionslichttaster mit Hintergrundunterdrückung (HGU)

- hohe Funktionsreserve,
- geringer Montageaufwand, da der Sensor aus einer Einheit besteht und kein Reflektor erforderlich ist.

Analog zur Hintergrundausblendung gibt es auch das Prinzip der Vordergrundausblendung. Solche Lichttaster ignorieren alle Objekte, die sich näher am Sensor befinden als eine voreingestellte Mindesttastweite. Abb. 5.37 zeigt einen Reflexionslichttaster mit Hintergrundunterdrückung.

Reflexionslichttaster mit Hintergrundunterdrückung arbeiten ähnlich wie Reflexionslichttaster mit Hintergrundausblendung, ist jedoch größer als der Abstand zwischen Objekt und Hintergrund. Durch dieses Zugeständnis an die Trennschärfe ist es möglich, diese Geräte mit einem sehr attraktiven Kosten-/Nutzen-Verhältnis anzubieten. Sie sind die erste Wahl, wo trotz hohem Kostendruck in der Anwendung nicht auf die Ausblendung eines vorhandenen Hintergrunds verzichtet werden kann. Abb. 5.38 zeigt einen Reflexionslichttaster mit Hintergrundauswertung.

Außer der Hintergrundausblendung wird für bestimmte Anwendungsfälle auch ein in gewissem Sinne umgekehrtes Prinzip angewendet, die Hintergrundauswertung. Während das eine Verfahren den Hintergrund ignoriert und nur auf Objekte innerhalb des Tastbereichs anspricht, wertet das andere ausschließlich das vom Hintergrund reflektierte Licht

Abb. 5.38 Reflexionslichttaster mit Hintergrundauswertung (HW)

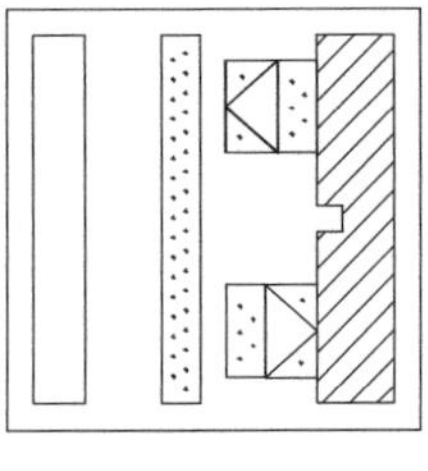

aus und nicht das Objekt, sondern der Hintergrund ist die Referenz. Unterbricht ein Objekt den Lichtweg zum Hintergrund, schaltet der Taster. Dies ist unabhängig davon, ob das reflektierte Licht den Empfänger wieder erreicht und damit ein vor dem Hintergrund erkanntes Objekt signalisiert oder nicht, etwa bei spiegelnden Objekten.

Den Hintergrund auswertende Taster weisen keinen Blindbereich auf und sind zur Erfassung schwieriger, sind diese für stark spiegelnde Objekte geeignet. Außerdem sind sie im Unterschied zu Systemen mit Hintergrundausblendung testbar und lassen sich selbstüberwachend ausführen.

Die typische Eigenschaft des Standard-Reflexionslichttasters, sensibel auf die Oberflächenbeschaffenheit des Tastguts zu reagieren, macht man sich beim Druckmarkentaster und beim Farbsensor zunutze. Abb. 5.39 zeigt das Symbol für einen Reflexionslichttaster.

Die Druckmarken- oder Kontrasttaster wertet die Helligkeitsunterschiede zwischen dem Tastgut und der darauf angebrachten Markierung aus. Dabei muss die Farbe des Sendelichtes oder die Farbe der Druckmarken so gewählt werden, dass sich ein möglichst großer Kontrast ergibt. Der Taster ist nach dem Autokollimationsprinzip aufgebaut, d. h. Sender und Empfänger befinden sich auf einer gemeinsamen optischen Achse (einäugiges System).

Während ein Standard-Druckmarkentaster nur die Helligkeitsunterschiede in einem bestimmten, durch die Lichtfarbe des Senders vorgegebenen Spektralbereich auswertet, zerlegt der Farbsensor das vom Objekt remittierte Licht in mehrere Teilspektren und liefert für jedes dieser Teilspektren einen Intensitätswert. Die Verteilung dieser Werte spiegelt die spektralen Eigenschaften und damit die Farbe des Tastguts wider.

Die bekannten Visolux-Farbsensoren arbeiten nach dem Dreibereichsverfahren. Dabei unterscheidet man zwischen dem aktiven und passiven Dreibereichsverfahren.

- Aktives Dreibereichsverfahren: Das Tastgut wird mit den drei Senderfarben (rot, grün, blau) sequenziell bestrahlt. Die Menge des reflektierten Lichtes wird für jede Farbe einzeln gemessen. Aus den drei Werten, die man auf diese Weise erhält, wird die Farbe des Tastobjektes eindeutig bestimmt.
- Passives Dreibereichsverfahren: Das Tastgut wird mit weißem Senderlicht bestrahlt. Lichtquelle ist beispielsweise eine weiße LED. Danach werden die roten, grünen und blauen Anteile des reflektierten Lichtes herausgefiltert und jeweils die Lichtmenge bestimmt. Dazu werden drei Empfänger verwendet. So wird die Farbe des Tastobjektes bestimmt.

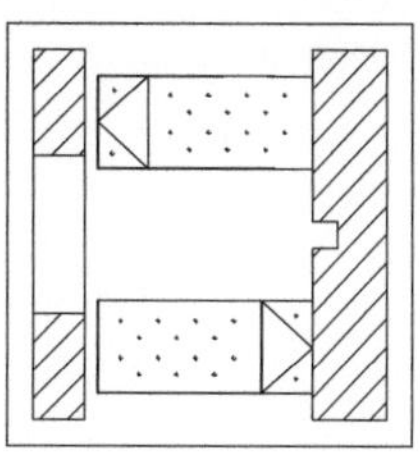

Abb. 5.39 Symbol einer Sonderausführung für Reflexionslichttaster

5.3.7 Lichtleitersysteme

Die optischen Eigenschaften einer Lichtschranke mit Lichtleiter entsprechen je nach Bauform denen einer Einweglichtschranke oder denen eines Reflexionslichttasters. Einwegsysteme verfügen über je einen Lichtleiter für Sender und Empfänger, bei Reflexionssystemen wird das Licht in einem einzigen Lichtleiter über separate Sende- und Empfangsfasern geführt. Abb. 5.40 zeigt das Symbol eines Lichtleitersystems.

Sender und Empfänger sind in einem Gehäuse angeordnet. Der optisch aktive Bereich wird über flexible Lichtleiter aus Glas- oder Kunststofffasern vom Gerät weg zur Abtaststelle geführt. Aufgrund ihrer kleinen optisch aktiven Flächen eignen sich Lichtleitersysteme auch für das Erkennen kleiner Details in der Nahanwendung. Hierfür gibt es auch spezielle Lichtleiter mit koaxialer oder gemischter Faseranordnung und kleinen Faserdurchmessern (Kunststofffasern: wenige 100 µm, Glasfasern: typischerweise 50 µm).

Bedingt durch den großen Öffnungswinkel am Lichtaustritt des Lichtleiters (ca. 70°) erzielt man mit Lichtleitern grundsätzlich kürzere Reich- oder Tastweiten als mit Standard-Lichtschranken oder -Lichttastern, und diese lassen sich ggf. mit geeigneten Optikaufsätzen erhöhen.

Bei der Wahl des passenden Lichtleiters steht der Anwender unter anderem vor der Entscheidung Kunststoff- oder Glasfaserlichtleiter zu wählen. Die Eigenschaften dieser beiden Materialien sollen hier kurz erklärt werden.

Kunststofflichtleiter bestehen aus einer einzigen Faser, die von einem Mantel aus PVC umschlossen wird. Das geringe Gewicht und die hohe Biegeflexibilität des Lichtleitermaterials ermöglichen den Einsatz z. B. an stark bewegten Maschinenteilen. Von besonderem Vorteil ist die individuelle Konfektionierung der Fasern. Die Standardlänge beträgt 2 m. Mit Hilfe eines Cutters kann der Lichtleiter leicht auf jede Anwendung benötigte Länge gekürzt werden. Zwei verschiedene Faserdurchmesser und viele unterschiedliche Kopfstücke stehen zur Auswahl.

Glasfaserlichtleiter bestehen aus vielen einzelnen Fasern mit einem Durchmesser von jeweils ca. 50 µm. Je nach Anwendungsfall kann ein Mantel aus den Materialien Edelstahl, PVC, Metall-Silikon oder Silikon gewählt werden. Auf Grund der geringen optischen Dämpfung der Glasfaser im Vergleich zur Kunststofffaser sind hiermit größere Tast- und Reichweiten möglich. Die robuste mechanische Ausführung der Edelstahl-Ummantelung erlaubt den Einsatz bei hohen Temperaturen bis zu 300 °C. Bei der Auswahl an Kopf-

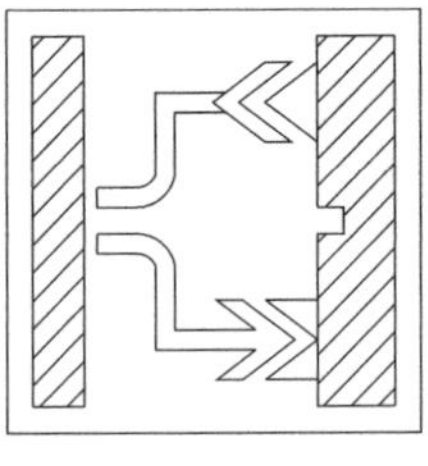

Abb. 5.40 Symbol eines Lichtleitersystems

stücken, jeweils kombinierbar mit den entsprechenden Mantelmaterialien, findet man für jeden Anwendungsfall die richtige Lösung.

5.3.8 Entfernungsmessgeräte und Distanzsensoren

Die Laufzeit eines Lichtbündels über die Strecke Sender-Objekt-Empfänger ist ein Maß für die Distanz zum Objekt und man spricht von „Pulse Ranging Technology“ (PRT). Die „Pulse Ranging Technology“ stellt eine direkte Methode zur Entfernungsmessung und Distanzmessung dar. Die Entfernung wird dabei aus der Zeitspanne Δt zwischen gesendetem und reflektiertem Lichtimpuls ermittelt. Abb. 5.41 zeigt die Arbeitsweise von Entfernungsmessgeräten.

Der Sender erzeugt eine Folge sehr kurzer Laserpulse. Diese breiten sich mit Lichtgeschwindigkeit aus und reflektieren zu einem bestimmten Zeitpunkt nach dem Senden an einem Objekt oder Retroreflektor. Nach abermaligem Durchlaufen der optischen Strecke werden die reflektierten Lichtpulse vom Empfänger registriert. Die nachfolgende Zeitmesseinheit liefert zusammen mit einem Mikrocontroller ein der gemessenen Distanz proportionales Ausgangssignal.

5.3.9 Datenlichtschranken

Datenlichtschranken dienen der kabellosen Übertragung von Informationen von einem Punkt A zu Punkt B. Dabei ist üblicherweise eine der beiden Datenlichtschranken in

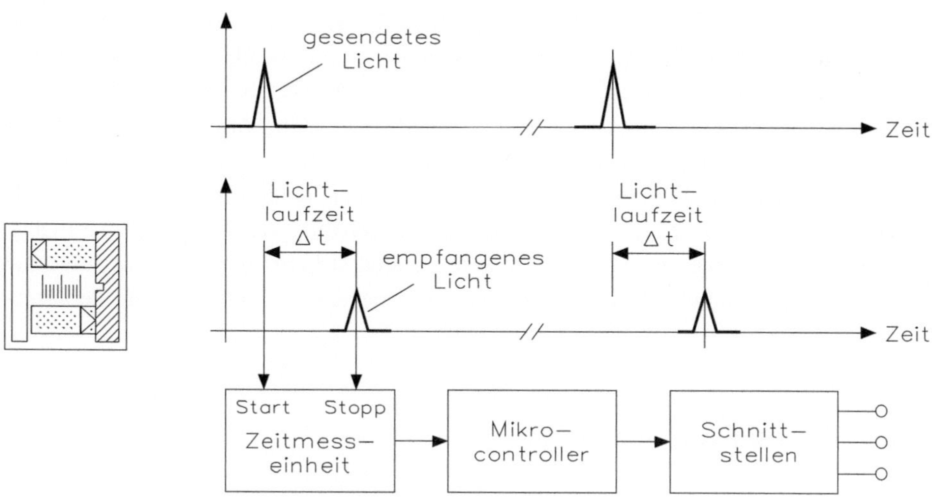

Abb. 5.41 Arbeitsweise von Entfernungsmessgeräten

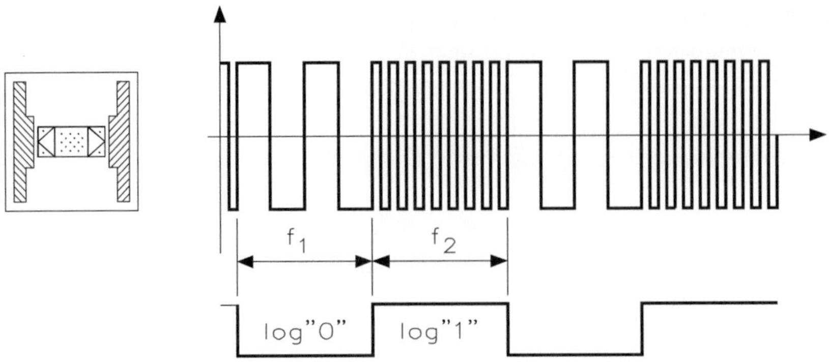

Abb. 5.42 Funktionsweise von Datenlichtschranken

axialer Richtung beweglich. Zur Übertragung über die optische Strecke wird das FSK-Verfahren (Frequency Shift Keying) genutzt, d. h. die Bitinformation wird in der Trägerfrequenz codiert.

Der Empfänger filtert nun mittels sehr schmalbandig ausgelegter Schaltungen die Frequenzen f_1 und f_2 aus dem empfangenen Signal und wandelt diese in eine Bitfolge um. Somit wird vermieden, dass überlagerte Störsignale, hervorgerufen z. B. durch Lichtblitze von Leuchtstoffröhren, die übertragene Information verfälschen. Des weiteren ist das Verfahren recht unempfindlich gegen schwankende Signalpegel (Amplitude). Abb. 5.42 zeigt die Funktionsweise von Datenlichtschranken.

Die Datenlichtschranken mit unterschiedlichen Schnittstellentypen:

- Parallele Datenübertragung: Eine Datenlichtschranke kann acht Bit bidirektional übertragen. Dazu werden die anliegenden Signale im Gerät in eine serielle Bitfolge umgewandelt. Im Empfänger werden die Daten wieder an die parallelen Ausgänge gelegt. Zur Übertragung der Binärsignale wird die störsichere FSK-Modulation genutzt.
- Serielle Datenübertragung (RS 232C): Die seriellen Datenlichtschranken nutzen das FSK-Verfahren. Die an der Schnittstelle anliegenden Daten werden protokollfrei übertragen und dann im Empfänger wieder an der seriellen Schnittstelle ausgegeben. Viele Geräte mit serieller Schnittstelle sind auch als Version mit rotem Senderlicht verfügbar. Diese werden immer dann eingesetzt, wenn parallele Übertragungsstrecken aufgebaut und eine gegenseitige Beeinflussung mit der benachbarten infraroten Strecke ausgeschlossen werden soll.

5.3.10 Triangulationsverfahren

Je schneller heutige Produktionsanlagen arbeiten und je höher die Anforderungen an die Produktionsqualität steigen, umso weniger ist das menschliche Auge noch dazu in der

Lage die Objekte zu prüfen, d. h. es ist viel zu langsam und ungenau. Abmessungen, Konturen oder Profile der Objekte werden deshalb optisch erfasst, geprüft und verglichen. Die automatische Vermessung findet man in der Qualitätssicherung und -kontrolle.

Optische Verfahren bieten dabei gegenüber mechanischen Lösungen etliche Vorteile. Sie arbeiten berührungslos, also ohne mechanischen Verschleiß. Die Genauigkeit bleibt dadurch über die gesamte Lebensdauer konstant. Beim berührungslosen Vermessen mit LED- oder Laserlicht spielt außerdem die Oberflächenreflexion in weiten Bereichen eine untergeordnete Rolle. Die Oberfläche darf klebrig, berührungsempfindlich oder leicht verformbar sein.

Für praktische Bedeutung setzt man optische Distanzsensoren ein. Im Gegensatz zu mechanischen Lösungen können sie den Bewegungsabläufen trägheitslos folgen. Auch die Kamerasysteme sind in vielen Fällen überlegen und diese erkennen zwar sehr gut Umrisse, nicht aber Erhebungen oder Vertiefungen in der Aufsichtrichtung.

Optoelektronische Distanzsensoren arbeiten teils mit LEDs, teils mit Laserdioden. Sie verwenden meist das Triangulationsverfahren, das Abb. 5.43 erläutert. Ein Lichtpunkt wird mit Hilfe der Senderoptik auf das Messobjekt projiziert und dessen Oberfläche reflektiert einen Teil des Sendelichtes diffus zum Sensor. Die Empfängeroptik bildet diesen Fleck auf einem hochauflösenden PSD-Element (Position Sensitive Detector) ab. Aus dem Auftreffpunkt des Objektes auf dem Element lässt sich auch die Entfernung des Messobjektes ermitteln. Das PSD-Element ist im Prinzip eine Photodiode mit zwei Stromausgängen.

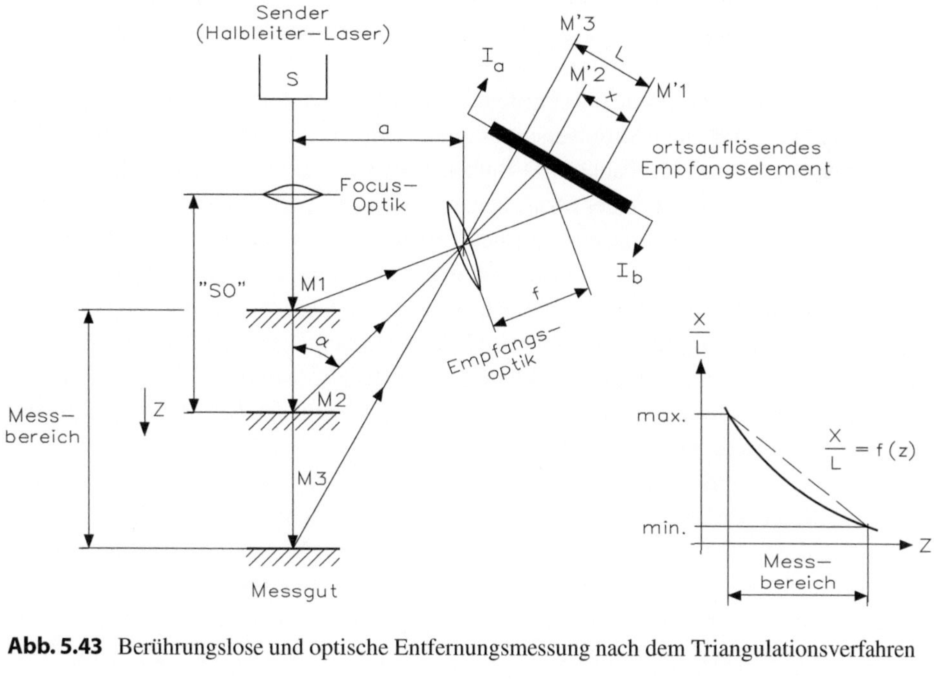

Abb. 5.43 Berührungslose und optische Entfernungsmessung nach dem Triangulationsverfahren

Das Verhältnis der beiden Ströme zueinander hängt von der Lage des auftreffenden Lichtpunktes ab. Die Steuerelektronik erzeugt daraus ein entfernungsproportionales analoges Signal. Da die Lichtposition und nicht die Lichtintensität zur Entfernungsmessung benutzt wird, ist das Verfahren weitgehend unabhängig von den Reflexionseigenschaften der Objektoberfläche. Auch Objekte mit geringem Reflexionsvermögen (mind. 10 %) lassen sich sicher messen. Ein interner Intensitätsregler passt die Leistung der Sendequelle automatisch an das jeweilige Reflexionsvermögen an.

Distanzsensoren mit einer Laserdiode als Sendequelle lassen sich für zahlreiche Anwendungen nutzen, bei denen große Genauigkeit und Schnelligkeit gefordert sind. Ein Hersteller hat beispielsweise einen Typ entwickelt, der mit vier unterschiedlichen Optiken die Messbereiche von 2 bis 100 mm abdeckt. Die Auflösung liegt bei 0,05 % des Messbereichs und die maximale Messfolgefrequenz beträgt 10 kHz. Bei einem Temperaturkoeffizienten von 0,01 %/K dürfte die Temperaturdrift des Messwertes normalerweise unter der thermischen Längenänderung des Messobjektes liegen. Im Interesse der Genauigkeit und Reproduzierbarkeit muss man jedoch die Betriebstemperatur innerhalb des zulässigen Bereichs zwischen 5 und 40 °C konstant halten. Damit ist das Messsystem für eine Vielzahl unterschiedlicher Anwendungen in Industrie und Forschung für Dicke- oder Schichtmessungen und Profilabtastungen bei Kunststoffen, Blechen, Holz oder Textilien bestens geeignet.

Ein weiteres wichtiges Einsatzgebiet für diese genauen Messsysteme ist die Automobilfertigung. Der Laser-Distanzsensor eignet sich für Unwuchtmessungen ebenso wie für Schwingungsmessungen oder Maschinenüberwachungen. Weitere Anwendungsmöglichkeiten sind u. a. dynamische Spurspielmessungen bei Bahnen, die Huberfassung von dynamischen, mechanischen Vorgängen oder das Zählen von Objekten mit variablen Transporthöhen.

Ein typisches Laser-Distanzmesssystem besteht nur aus dem Sensor in „Zigarettenschachtelgröße“ und einer Stromversorgung, die sich bis zu 10 m vom Sensor entfernt installieren lässt. Eine eingebaute LED-Balkenanzeige in der Stromversorgung gibt Auskunft über die jeweilige Lage des Messobjektes und dient als Ausrichthilfe. Am Ausgang gibt der Sensor ein entfernungsproportionales Stromsignal zwischen 4 bis 20 mA ab. Als Option sind Messadapter zur Ausgangsspannungsanpassung mit Tiefpassfiltern, Offsetfunktion zum Verschieben des Messbereichs und zur Nullpunkteinstellung erhältlich.

Wenn man die hohe Auflösung, Genauigkeit und Geschwindigkeit der Laser-Distanzsensoren nicht benötigt, gibt es hierzu eine preiswerte Alternative mit dem LED-Sendeelement, das ebenfalls nach dem Triangulationsverfahren arbeitet. Die Messfolgefrequenz des Gerätes liegt aber nur bei 100 Hz.

Bei einer hochreflektierenden Oberfläche ist nach Abb. 5.44 auch das Messprinzip möglich. Dieser Variante der Triangulation liegt die Tatsache zugrunde, dass in einem gleichschenkligen Dreieck bei gegebener Basis b und dem Winkel f zwischen Basis und Schenkel auch die Dreieckshöhe eindeutig bestimmt ist. Ein solches gleichschenkliges Dreieck entsteht, indem ein Lichtstrahl der LED gegen die reflektierende Oberfläche (nicht im Lot zu dieser) gerichtet wird, von dort gemäß der Gesetzmäßigkeit „Einfallswinkel

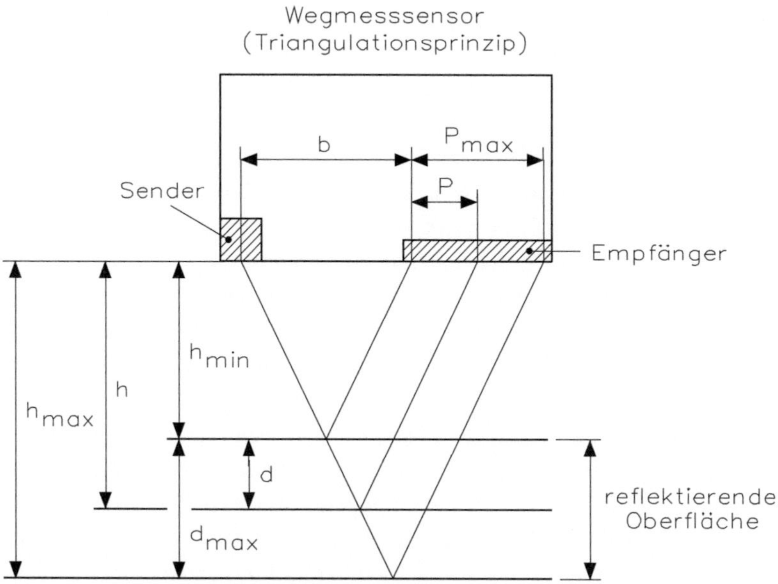

Abb. 5.44 Wegmessung nach dem Triangulationsverfahren

gleich Ausfallswinkel“ zurückgeworfen und anschließend auf den Empfänger fällt. Die Verbindung Sender-Empfänger bildet die Dreiecksbasis b, der Lichtstrahl vor und nach der Reflexion je einen Schenkel. Die Dreieckshöhe h (von der Basis ausgehend) gibt nun die gewünschte Entfernung wieder.

Verändert man den Abstand zur reflektierenden Oberfläche, so ändert sich damit auch die Basis und die Höhe im Dreieck, d. h. die Entfernung. Um aus der jeweiligen Basis die Höhe zu bestimmen, berücksichtigt man, dass bei variierendem Abstand ähnliche Dreiecke entstehen, die alle die Bedingung

$$\frac{h}{b} = c = \text{konstant}$$

erfüllen, wobei das konstante Verhältnis c zwischen Höhe und Basis nur vom Abstrahlwinkel φ abhängt und den Wert

$$c = \frac{\tan \varphi}{b}$$

annimmt. Die trigonometrische Beziehung taucht in den praktischen Berechnungen jedoch nicht mehr auf, da die Proportionalität zwischen b und h hinreichend für die Beziehung

$$d = c \cdot p$$

ist, d. h. der Messbereich (0 bis p_{max}) des Empfängers lässt sich linear auf den Entfernungsmessbereich (0 bis d_{max} bzw. h_{min} bis h_{max}) übertragen. Damit überträgt sich auch das Auflösungsvermögen des Empfängers direkt auf das Auflösungsvermögen der Entfernungsmessung selbst. Die Auflösung wird mit < 1 ‰ spezifiziert.

Für bereichsvariable Messungen kann der Abstrahlwinkel φ geeignet gewählt und die Konstante c entweder durch Referenzmessungen oder bei hinreichend genau gegebenem Winkel φ errechnet werden. Ist dagegen im voraus bekannt, in welchem Bereich die Entfernungen gemessen werden sollen, so ist es vorteilhaft, Sender und Empfänger zu einer Einheit zusammenzufassen. Die heutigen Distanzsensoren sind in einem kompakten Gehäuse untergebracht und eignen sich bei einem Abstrahlwinkel φ von 70° für Messungen im Nahbereich (50 bis 70 mm). Die Anwendungen beschränken sich dabei keinesfalls auf die reine Entfernungsmessung, sondern gestatten auch die Aufzeichnung der Bewegung eines Objektes, speziell von Schwingungen. Die Schwingungsmessung mit einem optischen Distanzsensor zeigt Abb. 5.45.

Der innere Aufbau eines optischen Distanz- bzw. Wegmesssensors ist Abb. 5.45 zu entnehmen. Als Lichtsender dient ein Infrarot-Halbleiterlaser mit einer Lichtleistung von 1,5 bis 2 mW und als positionssensitiver Empfänger. Ein PSD-Element, das mit sehr hoher Genauigkeit die Auftreffposition des Lichtpunktes erfasst. Das erzeugte Analogsignal wird in einer Auswerteeinheit zunächst aufbereitet und mit einem AD-Wandler digitalisiert.

In der weiteren Verarbeitung wird aus den gemessenen Werten die eigentliche Entfernung errechnet. Je nach konkret vorliegender Aufgabe lassen sich die Werte dann zu anderen Systemkomponenten weiterleiten. Eine dynamische Aufzeichnung der Entfernungsdaten mit einer vorgebbaren Abtastfrequenz (Grenzfrequenz 50 kHz) ermöglicht es, die Bewegung über ein bestimmtes Zeitintervall zu erfassen. Falls es sich dabei um Bewegungen handelt, die ein gewisses periodisches Verhalten zeigen, bietet sich eine

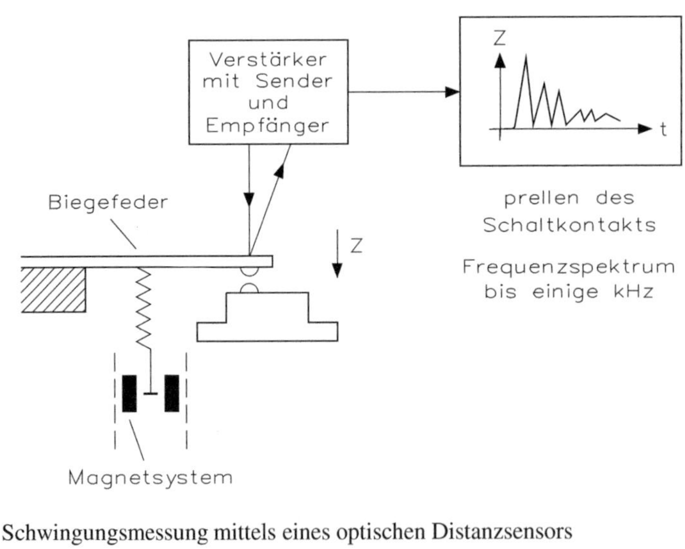

Abb. 5.45 Schwingungsmessung mittels eines optischen Distanzsensors

anschließende grafische Darstellung sowie FFT-Analyse an, die Aufschluss über die beteiligten Frequenzen gibt.

Kontrastsensoren werden oftmals auch als Druckmarkenleser bezeichnet, da diese Geräte am häufigsten zur Erfassung von Druckmarken in Verpackungsmaschinen eingesetzt werden. Diese Art von Sensoren zeichnen sich durch eine aufwendige Optik und eine sehr hohe Schaltfrequenz aus. Außerdem sind die Senderfarben von größter Bedeutung um eine sichere Erfassung zu garantieren (Rot und Grün umschaltbar oder Weiß, bei Spezialanwendungen werden auch noch Glühlampen verwendet). Bei der Erfassung von Druckmarken muss der Kontrastunterschied von blassen Druckmarken auf weißem Papier zu erkennen sein. Dabei ist es wichtig für die unterschiedlichsten Farbmarken auf den unterschiedlichsten Oberflächen die richtige Farbe des Senders zu wählen. Tab. 5.6 gibt eine Übersicht von farbigen Marken auf weißem Untergrund.

Kontrastsensoren arbeiten nach dem Tasterprinzip. Die Oberfläche der zu erfassenden Marke wird über den Sender und eine Linsenkombination beleuchtet. Das Empfangssignal ist proportional zur Intensität des reflektierten Lichtes und steht in Abhängigkeit der eingestellten Schaltschwelle am Ausgang zur Verfügung. Versionen mit manueller oder automatischer Kontrasteinstellung sind erhältlich. Für die Anwendung bei beengten Platzverhältnissen bieten Versionen mit Lichtleiteradaption die optimale Lösung.

Diese Sensoren erlauben es heute in der Optosensorik die Farben mit hoher Geschwindigkeit zu erkennen und zu bestimmen. Damit ist die Farbe ein weiteres Sortier- und Überwachungskriterium in der automatischen Identifizierung geworden, d. h. es können in automatischen Abläufen (in Verpackungsmaschinen und in automatischen Transportanlagen) Teile über die Farbe bestimmt und die Maschine entsprechend gesteuert werden. Die Farbe eines beleuchteten Gegenstandes ist abhängig von der Farbe der Beleuchtung, von der Reflexion und von der Absorption des Gegenstandes. Die industriellen Farbsensoren arbeiten nicht nach dem absoluten Messverfahren, sondern nach einem vergleichenden Verfahren, bei dem ein Referenzwert vorgegeben ist. Ein Farbsensor arbeitet nach dem

Tab. 5.6 Übersicht von farbigen Marken auf weißem Untergrund

Farbe der Marke	Rote LED	Grüne LED	Weiße LED
Rot	–	Durchschnittlich	Durchschnittlich
Orange	Gering	Durchschnittlich	Durchschnittlich
Gelb	Gering	Gering	Durchschnittlich
Grün	Hoch	–	Durchschnittlich
Blau	Hoch	Durchschnittlich	Hoch
Violett	Durchschnittlich	Hoch	Hoch
Braun	Gering	Durchschnittlich	Hoch
Schwarz	Hoch	Hoch	Hoch
Grau	Durchschnittlich	Durchschnittlich	Durchschnittlich
Weiß			Möglich
Kontrast	bei	weißem	Untergrund

Tasterprinzip, wobei die Oberfläche des Gegenstandes mit Licht, generiert von drei LEDs mit Rot (R) Grün (G) Blau (B), beleuchtet wird. Das empfangene Licht wird in seine Einzelbestandteile zerlegt und mit vorgegebenen Werten verglichen. Die Einstellung des Referenzwertes erfolgt über Teach-In.

Lasersensoren sind mit einem Laser (Light Amplification by Emission of Radiation) als Sendequelle ausgestattet und ermöglichen die Erfassung von sehr kleinen Objekten, selbst bei sehr großen Distanzen. Die Strahlleistung wird dabei entsprechend der EN 60825-1 in Laserklasse 1 und Laserklasse 2 unterteilt. Geräte mit Laserklasse 1 gelten hierbei für das menschliche Augenlicht als unbedenklich und es bedarf keinerlei Sicherheitsvorkehrungen. Hingegen müssen bei Geräten mit der Laserklasse 2 entsprechende Maßnahmen getroffen werden, damit der direkte Blickkontakt ausgeschlossen wird.

5.3.11 True Color Farbsensoren

Farbsensoren detektieren Objekt- oder Lichtfarben, die der Sensor vorher erfasst, und lernt dann die einzelnen Farben (Teach-In) aus 31 Farben. Um eine bestmögliche Anpassung an verschiedene Inspektionsaufgaben zu garantieren, steht eine breite Palette unterschiedlicher Sensortypen zur Auswahl. Die Farbsensoren arbeiten nach dem drei Farbenbereichsverfahren, d. h. das empfangene Licht wird für die weitere Verarbeitung in die Farben rot, grün und blau unterteilt. Als Lichtquelle dienen während der Inspektion getaktete Weißlicht-LEDs bzw. UV-LEDs bei den Lumineszenz-Sensoren. Je nach den Erfordernissen der Anwendung kommen Sensoren mit verschiedenen Lichtfleckdurchmessern, mit fokussiertem oder diffusem Licht zum Einsatz. Durch die Modulation der Lichtquelle wird eine hohe Unabhängigkeit vom Umgebungslicht erreicht. Farbsensoren mit Polfilter eliminieren den Glanz von Objekten und können so die Farbe von hochglänzenden Objekten erkennen. Im Gegensatz dazu wird bei Farbsensoren mit spezieller Glanzerkennung neben der Farbkontrolle eine zusätzliche Glanzkontrolle am Objekt vorgenommen. Damit ist es möglich, Objekte mit gleicher Farbe aber unterschiedlichen Glanzmerkmalen zu unterscheiden.

Abb. 5.46 zeigt die Arbeitsweise von True Color Farbsensoren.

Neben vielen Vorteilen weisen Leuchtdioden auch diverse technische Nachteile auf. Um diese zu kompensieren (Temperatur- und Alterungsdrifterscheinungen) ist eine LED-Lichtregelung mit genauer Farbmessung erforderlich. Im Weißlichtbereich kann mittels anwendungsspezifischer Kalibration eine exakte Steuerung von beispielsweise 6500 K, 4500 K und 2700 K ermöglicht und somit Negativeffekte von LEDs beseitigt werden.

Es ist bekannt, dass LEDs über die Temperatur einer Wellenlängenverschiebung und Intensitätsänderung unterliegen. Letztere wird zusätzlich durch Alterung verstärkt. In hochwertigen Anwendungen, wie medizinischen Leuchten, Maschinenleuchten oder Flugzeugbeleuchtungen, ist aber eine stabile Lichtfarbe über die Lebensdauer einer LED-Leuchte für deren Einsatz Voraussetzung. Dies erfordert eine genaue Regelung des LED-Systems und Abb. 5.47 zeigt einen LED-Regelkreis.

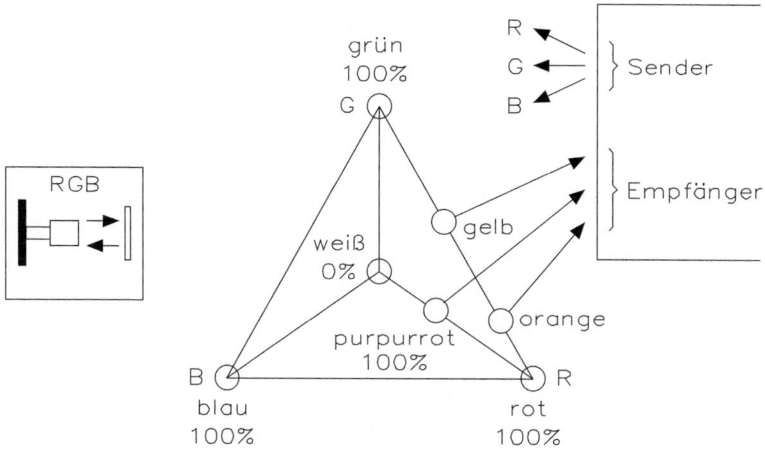

Abb. 5.46 Arbeitsweise von True Color Farbsensoren

Um ein LED-System regeln zu können, wird eine präzise und schnelle Messung des aktuellen Farbortes vorausgesetzt. Für diese Zwecke ist die Verwendung eines True Color Farbsensors (TCS) notwendig. Entgegen eines Spektrometers liefert der TCS drei ADC-Werte (Analog-Digital-Conversion), aus denen der Farbort ermittelt werden kann. Für die Regelung bedeutet dies, dass nicht das gesamte Spektrum vorliegt, sondern direkt von dem Farbort auf die LED-Belegung geschlossen werden muss. Somit ist es nötig bei einem LED-System mit mehr als drei verschiedenen LEDs von drei Eingabewerten

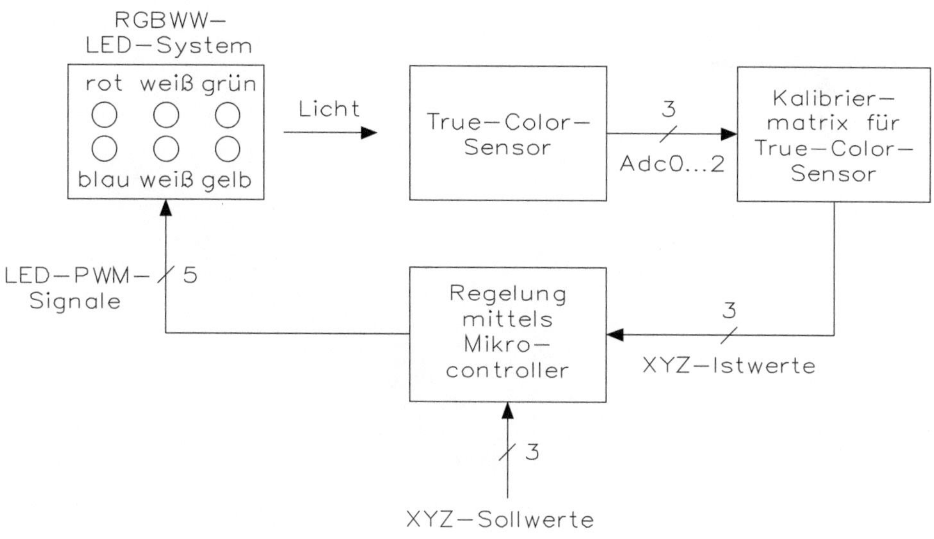

Abb. 5.47 LED-Regelkreis

(XYZ) auf mehr als drei Stellgrößen (für jede LED eine PWM-Belegung (Pulse-Width Molulation) zu schließen. Daraus lässt sich der Farbort bestimmen. Die Eigenschaften des Lichtes können sich je nach Belegung stark unterscheiden, obwohl der resultierende Farbort identisch ist.

In der Praxis bedeutet dies, dass zwei LED-Leuchten zwar die identische Lichtfarbe verwenden, aber die beleuchtete Umgebung unterschiedlich wahrgenommen wird.

Ziel der Entwicklung war es, für verschiedene LED-Regelsysteme, die aus n-farbigen LED-Leuchten ($n > 3$), True Color Farbsensor und Regelalgorithmus bestehen, die genaue Farbortwiedergabe zu ermitteln. Dabei werden die Nebenbedingungen berücksichtigt. Der Farbwiedergabeindex ist eine mögliche Nebenbedingung, d. h., der Regelalgorithmus ist so zu optimieren, dass dieser die LED-Belegung eines Farbortes mit einem möglichst hohen Farbwiedergabeindex berechnet.

Ziel der Kalibrierung ist die Optimierung der Absolutgenauigkeit des True Color Farbsensors. Um eine sehr gute Regelung zu ermöglichen ist es notwendig, dass der Farbsensor in der gewünschten zu regelnden Farbe eine Genauigkeit von 0,003 $\Delta u' \cdot v'$ erreicht. Ziel dieser Untersuchung ist die Ausregelung der Farbtemperaturen 2700, 4500 und 6500 K mit maximaler Genauigkeit.

Zuerst wird eine Ermittlung der Farborte mit passender LED-Belegung vorgenommen. Es ist vorgesehen das LED-System auf 2700, 4500 und 6500 K zu optimieren. In einem ersten Schritt müssen in einem Radius von 0,005 µm die drei Farbtemperaturen weitere $L \cdot u' \cdot v'$-Farbkombinationen erzeugt werden, die später für die Optimierung der Kalibrierung benötigt werden. Wählt man die Schrittweite von 0,0012, so ergeben sich für jede Farbtemperatur etwa 110 Farbpunkte. Die Helligkeit wird dabei konstant gehalten und Abb. 5.48 zeigt die Verteilung der Messpunkte.

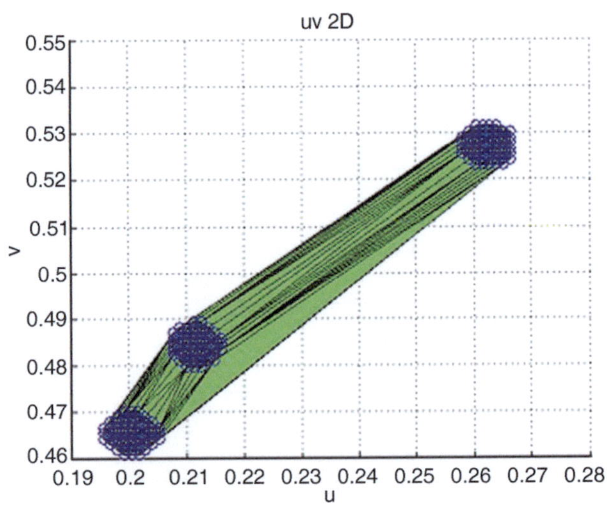

Abb. 5.48 Farborte für 2700, 4500 und 6500 K

Als Quelle für die notwendigen Messdaten dient ein Messplatz bestehend aus sechs verschiedenen LEDs, jeweils eine rote R, grüne G, blaue B, warmweiße wW, kaltweiße cW und amber A LED (kombiniert RGBwWcWA). Die LEDs werden unabhängig voneinander mittels einer PWM angesteuert. Der True Color Farbsensor (TCS) ist für die LED-Regelung vorgesehen. Zusätzlich wird eine Temperaturregelung zum Kühlen oder zum Beheizen der LED-Platine eingesetzt.

Um mit dem Messplatz real gemessene Werte für die 332 Farborte zu generieren ist es notwendig, die passenden LED-Belegungen zu berechnen. Als Grundlage für die Berechnung dienen die sechs LED-Spektren, gemessen bei 20 °C (Abb. 5.49). Mit dem folgenden Verfahren kann trotz des unbestimmten Systems für jeden Farbort eine CRI-optimierte PWM-Belegung ermittelt werden.

- Schritt 1: Das zu bestimmende System wird auf mehrere bestimmte Systeme zurückgeführt indem geprüft wird, welche Subfarbe, bestehend aus jeweils drei LEDs, den vorgegebenen Farbort beinhaltet. Anschließend wird für jede betroffene Subfarbe mittels einer linearen Transformation die PWM-Belegung ermittelt.
- Schritt 2 (Optimierung): Ziel des Optimierungsverfahrens ist es, die verschiedenen PWM-Belegungen aus Schritt 1 so zu einer PWM-Belegung zusammenzusetzen, dass sich ein möglichst hoher Farbwiedergabeindex ergibt.
- Schritt 3: Um die Ungenauigkeiten der zusammengesetzten PWM-Belegung sowie deren Grenzen (8-Bit-Auflösung des AD-Wandlers) zwischen 0 und 255 zu bereinigen, wird anschließend ein Regelkreis nachgeschaltet. Hierbei fließt die PWM-Belegung als Startbelegung ein und es wird mit drei ausgewählten LEDs nachgeregelt bis das Delta zum Zielfarbort kleiner 0,003 ist.

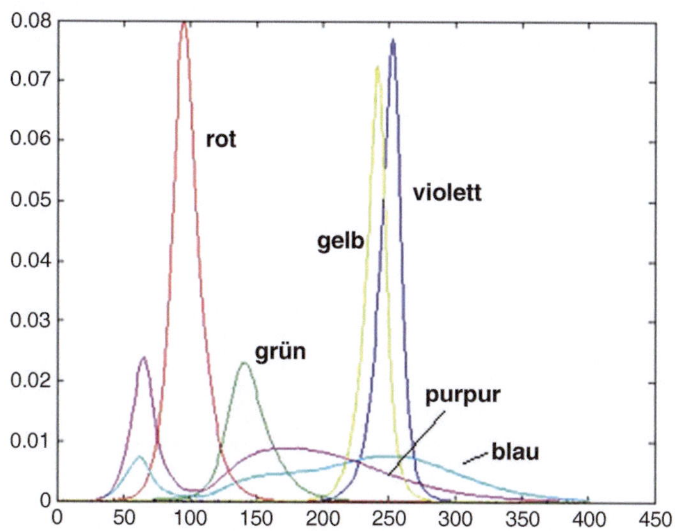

Abb. 5.49 Spektren der LEDs des verwendeten Messplatzes

Die ermittelten PWM-Belegungen dienen als Eingabe für den Messplatz. Ziel der Optimierung ist es eine Kalibriermatrix für den TCS zu finden, die im Umkreis der drei Farbtemperaturen 2700, 4500 und 6500 K eine Farbgenauigkeit von 0,003 $\Delta u' \cdot v'$ erreicht. Damit auch die temperaturbedingte Wellenlängenverschiebung und Intensitätsänderung von LEDs gemessen werden kann, werden die oben bestimmten PWM-Belegungen auch bei mehreren Temperaturen vermessen. Über die eingebaute Temperaturregelung ergibt sich die Messung des Messplatzes zwischen 20 und 80 °C.

Die Ergebnisse der Messungen sind sieben Messreihen von 20 bis 80 °C in Schritten von 10 °C, denen jeweils für jeden der 332 Farborte drei ADC-Werte des True Color Farbsensors und das Referenzspektrum, gemessen mit einem Spektrometer, vorliegen.

In Abb. 5.50 sind die Messwerte des Spektrometers bei 20 und 80 °C gegenübergestellt. Obwohl die vorgegebenen Farborte jeweils die gleichen sind, wird eine deutliche Farbortverschiebung sichtbar. Abhängig von der Betriebstemperatur und der LED-Belegung findet eine Farbortverschiebung von bis zu 0,038 $\Delta u' \cdot v'$ statt. Um diese für das menschliche Auge sichtbare Farbortverschiebung durch eine aktive Regelung auszugleichen ist es notwendig, dass der True Color Farbsensor in den Messbereichen eine hohe Absolutgenauigkeit erreicht ($\Delta u' \cdot v' < 0{,}003$). Aus diesem Grund findet auf Grundlage der gemessenen Referenzspektren und der ADC-Werte des TCS eine optimierte Kalibrierung des Farbsensors statt.

Als Kalibriermethode wird eine polynominelle Regression 1. Grades mit Hilfe der Pseudoinversen nach der Gleichung verwendet. Die Werte werden mit einem Referenzspektrometer und mit einem True Color Sensor gemessen, wobei h der Anzahl an Kalibrierziel (Primärfarben) entspricht. Bei der vorliegenden Kombination RGBwWcWA ist h = 6. Die Primärfarben werden zeitgleich mit dem Referenzspektrometer und dem Dreibereichssensor bei einer PWM von dem Tastverhältnis von 100 % gemessen. Es empfiehlt sich dabei die Kalibrierung bei einer mittleren Temperatur des gesamten Temperaturbereichs durchzuführen. Bei dem verwendeten Messplatz ist die mittlere Temperatur 50 °C

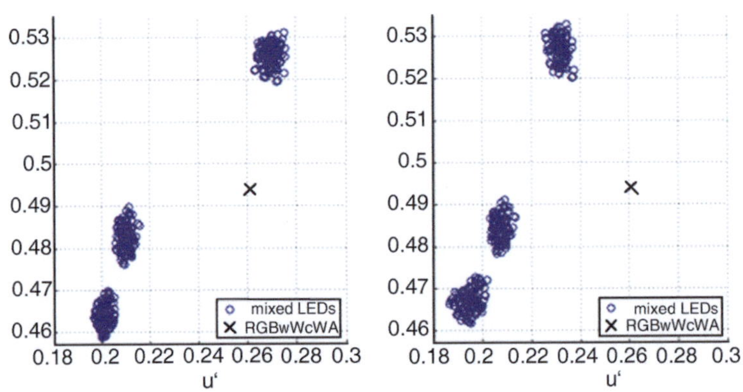

Abb. 5.50 Optimierungsverfahren bei 20 °C (*rechts*) und bei 80 °C

in einem Bereich von 20 bis 80 °C.

$$K = \left(\theta_h \cdot \sigma_h^T\right) \cdot \left(\sigma_h \cdot \sigma_h^T\right)^{-1}$$

$$\theta_h = \begin{pmatrix} X_1 \ldots X_h \\ Y_1 \ldots Y_h \\ Z_1 \ldots Z_h \end{pmatrix} \qquad \sigma_h = \begin{pmatrix} \tilde{X}_1 \ldots \tilde{X}_h \\ \tilde{Y}_1 \ldots \tilde{Y}_h \\ \tilde{Z}_1 \ldots \tilde{Z}_h \end{pmatrix}$$

Zur Optimierung der Kalibriermethode wird ein zusätzliches ß als Wichtungsfaktor für jede Primärfarbe hinzugefügt. Dieses ß wird mit dem Verfahren „simulierte Abkühlung“ SA (Simulated Annealing) bestimmt. Dieses Verfahren zur nicht linearen Optimierung beruht auf einer stochastischen Suche nach dem globalen Minimum und beruht auf der simulierten Abkühlung eines Materials. Bei hoher Temperatur unterliegen die Atome einer starken Bewegung und ordnen sich bei langsamer Abkühlung zu einer geordneten Kristallstruktur an, welche einen minimalen Energiezustand aufweist und somit am stabilsten für das Material ist. Ist die anfängliche Temperatur nicht hoch genug oder kühlt das Material zu schnell aus, ordnen sich die Atome in einem lokalen Minimum des Energiezustandes an. Es gilt somit eine geeignete Anfangstemperatur und Temperaturabnahme zu finden, um in endlicher Zeit mit hoher Wahrscheinlichkeit das globale Minimum zu finden. Die simulierte Abkühlung ist auf die vorliegende Anwendung bezogen verwendbar. Dabei unterliegen die Wichtungsfaktoren ß einer zufälligen Bewegung zwischen 0 und 1, nach deren Kalibrierung das minimale $\Delta u' \cdot v'$ ermittelt wird. Mit zunehmender Anzahl an Iterationen verlangsamt sich die zufällige Bewegung und die Wichtungsfaktoren ordnen sich in einem lokalen Minimum an.

Zur Optimierung werden aus über 100 Mischfarben nur 20 Mischfarben selektiert, so dass diese selektierten Mischfarben möglichst gleich verteilt um die jeweilige Farbtemperatur liegen. Abb. 5.51 zeigt diese Selektion für die Farbtemperatur 2700 K. Von diesen

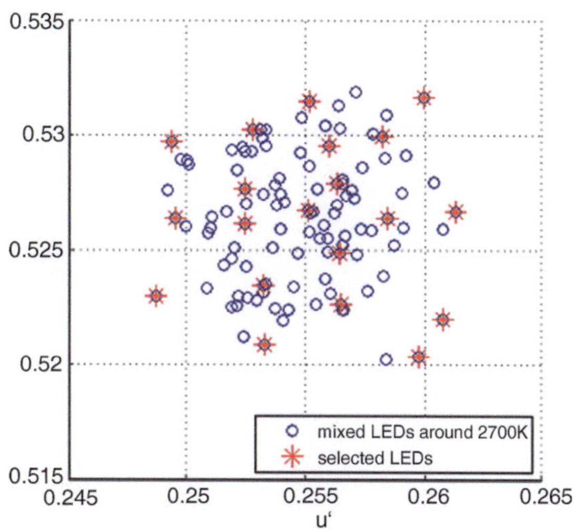

Abb. 5.51 Selektion von 20 Mischfarben für 2700 K, sie dienen der Optimierung

20 Mischfarben wird nur der maximale Fehler $\Delta u' \cdot v'$ mittels „Simulated Annealing“ minimiert.

Als Prüfling, ob die Optimierung erfolgreich ist, wird die optimierte Kalibrierung auf alle 110 Mischfarben angewandt. Darunter sind also etwa 90 Mischfarben, die während der Optimierung nicht verwendet wurden.

5.3.12 Laserscanner

Die Entfernungsmessung basiert bei Laserscannern auf der Messung der Lichtlaufzeit (time of flight). Es soll das Grundprinzip des Laserscanners erklärt werden.

Abb. 5.52 zeigt eine schematische Darstellung der Funktionsweise eines Laserentfernungssensors. Eine Messung beginnt, indem eine Laserdiode einen Lichtimpuls aussendet. Dieser Lichtimpuls wird über ein Prisma und einen rotierenden Spiegel gezielt abgelenkt und in die Umgebung abgestrahlt. Trifft das Laserlicht auf ein Objekt, so wird es von der Objektoberfläche gestreut und reflektiert. Dabei wird ein Teil des Lichtes auch in Richtung des Sensors zurückgeworfen. Dieses Signal wird wiederum über den Spiegel reflektiert und durch ein halbdurchlässiges Prisma vom Empfänger gemessen. Sobald ein fester Schwellwert (z. B. 10 % der Ausgangsenergie) erreicht ist, wird die Messung beendet. Ein hochauflösender Zeitgeber bestimmt die Signallaufzeit zwischen dem Aussenden des Lichtimpulses und dem Registrieren des Echos. Aus der gemessenen Zeit Δt ergibt sich zusammen mit der konstanten Lichtgeschwindigkeit c und der Brechzahl η des Mediums der Entfernungsmesswert ρ zu:

$$\rho = \frac{c \cdot \Delta t}{2 \cdot \eta}.$$

Dabei wird bereits der Faktor 0,5 berücksichtigt, da das Licht die Entfernung doppelt zurückgelegt hat. Ein Spezialfall liegt vor, wenn der Laserstrahl auf kein Objekt trifft.

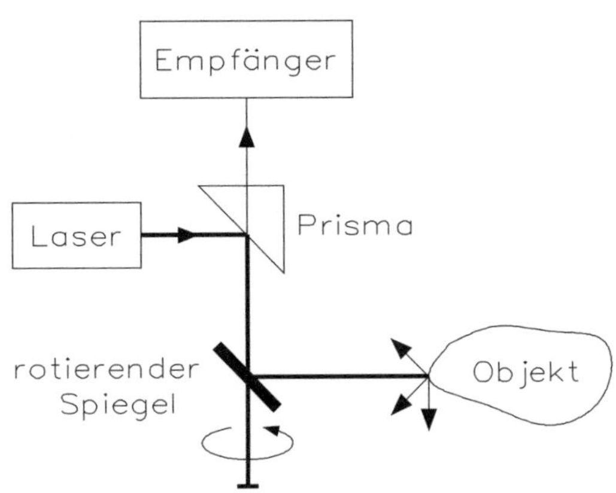

Abb. 5.52 Funktionsprinzip des Laserscanners

In diesem Fall kann vom Sensor kein Echo des ausgesendeten Impulses erfasst werden. Stattdessen wird die Messung nach einer fest definierten Zeit t_{max} abgebrochen und ein Entfernungsmesswert ρ_∞ ausgegeben.

Durch den rotierenden Spiegel wird der Laserstrahl bei aufeinanderfolgenden Messungen so abgelenkt, dass eine zweidimensionale Ebene abgedeckt wird. Je nach Bauart des Sensors lässt sich ein Sichtfeld bis zu 360° realisieren. Der Spiegel rotiert mit einer konstanten Frequenz von 75 Hz, welche die Abtastgeschwindigkeit der Ebene vorgibt. Für jede einzelne Messung innerhalb drei Ebenen spielt die Spiegelrotation dagegen aufgrund der sehr geringen Lichtlaufzeit keine Rolle.

Bei einem Mehrebenen-Laserscanner (multi-layer scanner) erfolgt die Datenerfassung nicht nur in einer, sondern in mehreren Ebenen, wie Abb. 5.53 zeigt. Technisch wird dies durch eine Vervielfachung von Sender und Empfänger im Sensor erreicht. Die Laserdioden sind dabei so angeordnet, dass die Ebenen nicht parallel verlaufen, sondern einen vertikalen Öffnungswinkel aufweisen. Man kann auch einen Mehrebenen-Laserscanner durch mehrere (virtuelle) Laserscanner mit je einer Ebene realisieren. Diese virtuellen Laserscanner befinden sich am gleichen Ort, weisen jedoch unterschiedliche Ausrichtungen auf. Hier werden nur die Laserscanner mit einer Ebene erklärt. Bei Mehrebenen-Sensoren sind die Ebenen unabhängig voneinander zu betrachten.

Aktuelle Lasersensoren liefern neben den Entfernungsdaten auch Messwerte zur Remission. Diese ergeben sich direkt aus dem Anteil der von der Objektoberfläche zurückgestrahlten Energie, was sowohl vom Material als auch von der Oberflächeneigenschaft abhängt. Ergebnisse einer Messreihe von den Herstellern zeigen, dass zur Aufnahme von 3D-Remissionsdaten die Remission außer von der Materialbeschaffenheit auch von der Entfernung und vom Betrachtungswinkel des Objektes abhängt. Dadurch wird eine absolute Bewertung der Messwerte bzw. ein Vergleich von mehreren Messungen stark erschwert. Im Gegensatz dazu zeigen die Untersuchungen bei den Herstellern, dass die Entfernungsmessung von Lasersensoren weitgehend unabhängig von den Oberflächeneigenschaften (Farbe, Remission usw.) ist.

Ein Scanpunkt lässt sich innerhalb der Scanebene sowohl in Polarkoordinaten mit der gemessenen Entfernung ρ_i und dem Aufnahmewinkel ϕ_i, als auch in kartesischen Koordinaten beschreiben, wobei κ_i jeweils die gemessene Remission bezeichnet. Abb. 5.54 zeigt die Lage des zugehörigen Sensorkoordinatensystems S. Die x-Achse zeigt in Blickrichtung des Sensors und die y-Achse entsprechend der rechten Handregel in der Scanebene nach links. Der Koordinatenursprung liegt im Drehpunkt des Laserspiegels und damit im Nullpunkt der Entfernungsmessung. Der Nullpunkt für die Winkel in Polarkoordinaten befindet sich auf der x-Achse. Daraus erhält man für die Umrechnung der beiden Darstel-

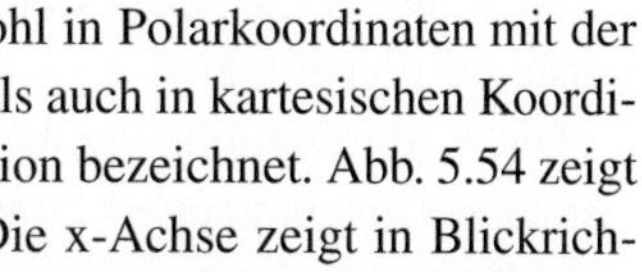

Abb. 5.53 Mehrebenen-Laserscanner mit drei Scannerebenen

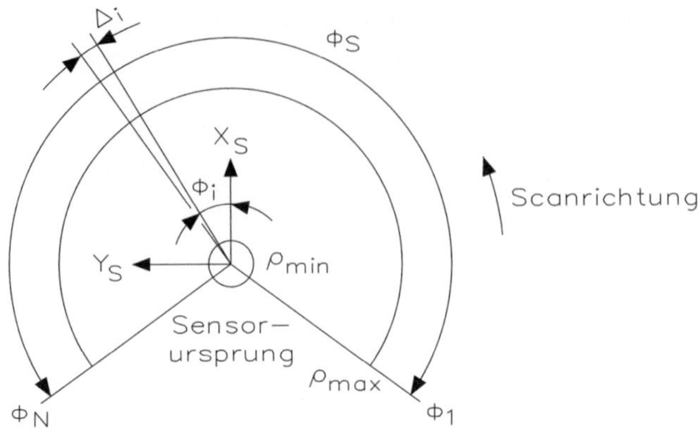

Abb. 5.54 Systematik eines Laserscanners

lungsformen den Zusammenhang

$$x_1 = \rho_1 \cdot \cos \phi_i \qquad y_1 = \rho_1 \cdot \sin \phi_i.$$

Der Öffnungswinkel Φ_S der Aufnahme ergibt sich aus der Differenz

$$x_1 = \rho_1 \cdot \cos \phi_i,$$
$$\Phi_S = \phi_N - \phi_1.$$

Der Sensor nimmt die Daten im mathematisch positiven Drehsinn auf, d. h. beginnend beim Startwinkel ϕ_1 werden n-Messungen durchgeführt, bis der Endwinkel ϕ_N erreicht wird. Bei einem symmetrischen Sichtbereich des Sensors (also $\phi_1 = -\phi_N$) entspricht die Blickrichtung genau der Winkelhalbierenden des Öffnungswinkels Φ_S, so dass gilt

$$\phi_1 = -\frac{\Phi_S}{2} \qquad \phi_N = +\frac{\Phi_S}{2}.$$

Innerhalb eines Scans sind die Scanpunkte entsprechend ihres Aufnahmewinkels ϕ_1 aufsteigend geordnet.

Die Auflösung eines Laserscanners wird von mehreren sensorspezifischen Charakteristika zusammengefasst. Zunächst unterscheidet man grundsätzlich zwischen der Winkelauflösung und der Entfernungsauflösung. Weitere wesentliche Eigenschaften sind die minimale und maximale Reichweite des Sensors sowie die Eigenschaften des Laserstrahls.

Die Winkelauflösung leitet sich aus der Winkeldifferenz Δ_i zwischen zwei benachbarten Messpunkten S_i und S_{i+1} ab

$$\Delta_i = \phi_{i+1} - \phi_i.$$

Laserscanner erlauben eine variable Winkelauflösung. So kann die Winkeldifferenz in Abhängigkeit vom Aufnahmewinkel variiert werden, siehe Abb. 5.55a. Die Winkelfunktion Ψ stellt daher einen allgemein gültigen Zusammenhang zwischen dem Index i und dem zugehörigen Aufnahmewinkel ϕ_1 her.

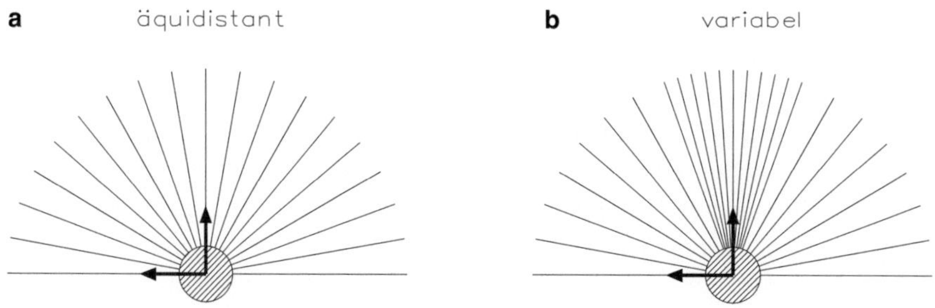

Abb. 5.55 Auflösung von Laserscanner mit äquidistantem (**a**) und variablem Winkel (**b**)

Weit verbreitet sind Laserscanner mit konstanter (äquidistanter) Winkelauflösung $\Delta_i = \Delta_S$, wie Abb. 5.55a zeigt. Bei derartigen Scannern ergibt sich ein direkter Zusammenhang zwischen der Anzahl N, der Scanpunkte eines Scans sowie dem Öffnungswinkel Φ_S und der Winkelauflösung Δ_S. Darüber hinaus korrespondiert der Index i eines Messpunktes direkt mit seinem Aufnahmewinkel ϕ_i.

Die Entfernungsauflösung λ oder auch die Tiefenauflösung bezeichnet die minimale Differenz zwischen zwei aufeinanderfolgenden Einzelmessungen, die vom Sensor detektiert werden kann und ungleich Null ist. Bei Laserscannern wird diese Größe wesentlich von der Auflösung der internen Zeitgeber (Uhrenfunktion) für die Lichtlaufzeitmessung und den Eigenschaften des Empfängers der Pulsdetektion bestimmt. Die Auslegung dieser Komponenten beeinflusst zudem auch die minimale Reichweite ρ_{min} und die maximale Reichweite ρ_{max} des Lasersensors. Diese Werte geben die obere und untere Grenze für den Entfernungsmesswert ρ_i eines Scanpunktes an. Es ist momentan kein Laserscanner auf dem Markt, der Messwinkel abhängig ihrer Entfernungsauflösung bzw. in ihrer minimalen und maximalen Reichweite variiert.

Neben der Entfernungsauflösung beeinflusst das Messwertrauschen wesentlich die Qualität der Entfernungsmessung mit einem Laserscanner. Man unterscheidet dabei zwischen „zufälligen" und „systematischen" Messfehlern. Zufällige bzw. statistische Messfehler verfälschen das Messergebnis unsystematisch, d. h. Betrag und Vorzeichen streuen selbst bei aufeinanderfolgenden Messungen unter unveränderlichen Randbedingungen. Der Mittelwert dieser Streuung ist immer Null, so dass sich der zufällige Messfehler durch Mittelung von mehreren Messungen reduzieren lässt. Zusätzlich kann man das Ausmaß der Streuung durch den Standardfehler σ_S abschätzen, welcher die Standardabweichung $1 \cdot \sigma$ vom korrekten Messwert angibt. Im Gegensatz zu statistischen Fehlern lassen sich die Ursachen von systematischen Fehlern identifizieren. Hier beeinflussen Eigenschaften des Sensors bzw. des Messaufbaus die Genauigkeit der Messung. Als Beispiel sei die Situation eines Mixed Pixel genannt, bei der die Wiederholung einer Messung den exakt gleichen fehlerhaften Messwert liefert. Generell lassen sich systematische Abweichungen bei wiederholten Messungen reproduzieren und durch Kalibration ausgleichen. Da eine Kalibrierung im Extremfall aber für jede Messsituation erfolgen müsste, gibt man stattdessen den systematischen Fehler als Abschätzung der zu erwartenden systematischen Abweichung für einen Sensor an.

In der Praxis wird die Abtastung durch einen Laserscanner immer als punktförmig angenommen. Tatsächlich hat der Laserstrahl eines Laserscanners jedoch einen wesentlich größeren Querschnitt als der Strahl eines Laserpointers. Die Abtastung der Umgebung erfolgt somit nicht punktweise, sondern es wird immer ein kleiner Teilbereich beleuchtet. Der Querschnitt des Laserstrahls wird beim Auftreffen auf ein Objekt auch als Laserspot bezeichnet. Durch die räumliche Ausdehnung des Laserstrahls lässt sich erreichen, dass kleine und schmale Objekte nicht übersehen werden, falls sie genau zwischen zwei Messwinkeln liegen. Umgekehrt bedeutet dies aber auch, dass der vom Laser ermittelte Entfernungswert nur einen Durchschnittswert über die gesamte beleuchtete Fläche repräsentiert und dies kann zu technischen Problemen führen.

Abb. 5.56 zeigt den Spotdurchmesser und Spotabstand eines Laserscanners. Den Durchmesser d_{Spot} des Laserstrahls kann man durch die entfernungsabhängige Formel definieren:

$$d_{Spot}(\rho) = d_0 + \rho \cdot \arctan(\vartheta_{Spot}).$$

Dabei zeichnet d_0 den Durchmesser auf dem Spiegel (im Nullpunkt der Entfernungsmessung) und ϑ_{Spot} die Divergenz des Laserstrahls. Der Spotabstand a_{Spot} des Laserscanners bezieht sich auf den Mittelpunktabstand von zwei aufeinanderfolgenden Messungen und ist von der Messentfernung ρ und der Winkeldifferenz Δ_i abhängig.

Wenn $a_{Spot} < d_{Spot}$ gilt, dann überlappen sich zwei angrenzende Messungen. Dies ist beispielsweise bei Sicherheitsanwendungen sinnvoll. Umgekehrt entstehen Lücken in der Abtastung, wenn $a_{Spot} > d_{Spot}$ ist. Typischerweise werden die Größen d_0 und d_{Spot} so gewählt, dass bei maximaler Winkelauflösung Δ_S des Scanners der Fall $a_{Spot} \approx d_{Spot}$ eintritt. Hier berühren sich zwei angrenzende Messungen und die Scanebene wird lückenlos abgetastet. Abb. 5.56 zeigt diese Zusammenhänge.

Ob ein Objekt vom Laserscanner detektiert wird ist davon abhängig, ob genügend Energie zum Sensor reflektiert wird. Erst wenn ein bestimmter Prozentsatz (z. B. 10 %) der mit dem Laserstrahl ausgesendeten Energie vom Sensor wieder erfasst wurde, erfolgt eine Entfernungsmessung. Die Remissionsenergie ist wiederum abhängig davon, ob der Laser-

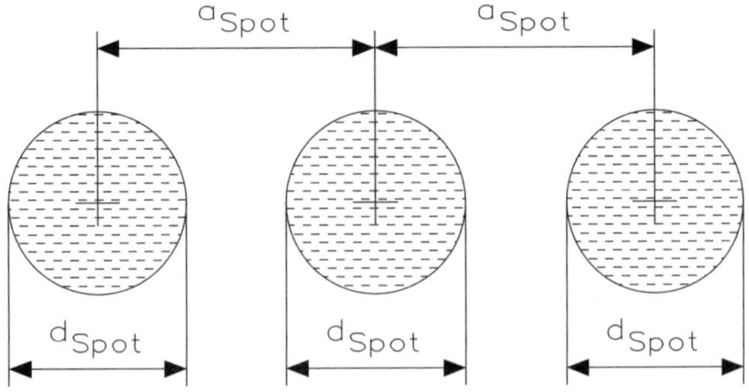

Abb. 5.56 Spotdurchmesser und Spotabstand eines Laserscanners

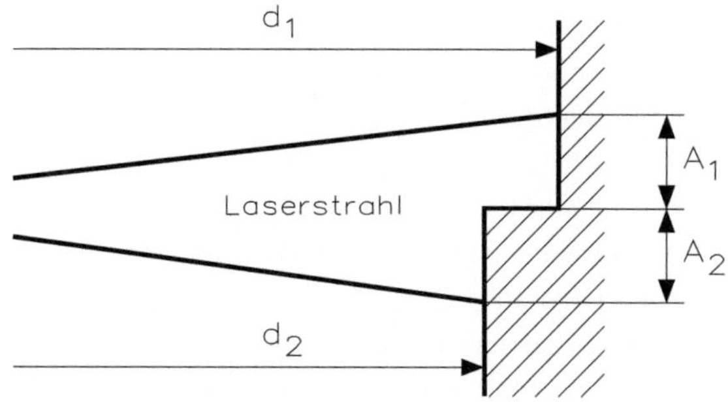

Abb. 5.57 Entstehung eines Mixed Pixels (Kantentreffer)

spot vollständig oder nur teilweise auf das Objekt trifft und wie gut die Objektoberfläche das Laserlicht reflektiert. So sind spiegelnde schwarze Objekte schwerer zu detektieren als matte Weiße.

Ein prinzipbedingtes Problem von Laserscannern betrifft die Behandlung des Kantentreffers, der sogenannte Mixed Pixel. Abb. 5.57 zeigt eine typische Situation, in der ein Mixed Pixel auftritt: Der Laserstrahl trifft auf eine Objektkante und wird dadurch von zwei Flächen mit unterschiedlichen Entfernungswerten (d_1 und d_2) reflektiert. Der Sensor ermittelt pro ausgesandtem Lichtimpuls jedoch genau einen Entfernungswert entsprechend der gemessenen Lichtlaufzeit bis zum Erreichen eines Energieschwellwertes. Diese Berechnung hängt jedoch vom Verhältnis der bestrahlten Flächen (A_1 und A_2), den jeweiligen Oberflächeneigenschaften und individuellen Eigenschaften des Sensors ab.

In der Praxis sind diese Parameter unter schwierigen Bedingungen zu ermitteln, so dass man Mixed Pixels nur indirekt anhand von Messungen, z. B. am Übergang vom zwei Flächen, detektieren kann. Die Problematik betrifft zudem nicht nur Kanten von Flächen, sondern zusätzlich auch schmale Objekte, deren Breite kleiner als der Spotdurchmesser ist.

Ausgehend von den Eigenschaften lassen sich die wichtigsten Parameter zusammenfassen:

$D_{Spot}(\rho)$	Spotgröße
$a_{Spot}(\rho, i)$	Spotabstand
$\psi(i)$	Winkelfunktion
λ	Tiefenauflösung
σ	statistischer Fehler
ε	systematischer Fehler
ρ_{min}	Minimalreichweite
ρ_{max}	Maximalreichweite

Für einen spezifischen Sensor lassen sich die einzelnen Parameter aus dem Datenblatt des Herstellers ermitteln.

Als Merkmale eines Laserscans bezeichnet man eindeutige Muster, die sich analytisch aus den Rohdaten extrahieren lassen, innerhalb eines gewissen Sichtbereichs stabil sind und zur Identifikation eines Objektes herangezogen werden können.

- Kanten werden als Unstetigkeit in einem Oberflächenmerkmal definiert. Sie markieren meist die Grenzen eines Objektes bzw. die Grenzen von zusammenhängenden Flächen eines Objektes.
- Liniensegmente werden durch eine Anzahl von Messpunkten gebildet, die auf einer Geraden liegen. Liniensegmente entstehen durch den Schnitt der Laserebene mit einer Objektfläche.
- Reflektoren sind Messpunkte, die sich durch eine besonders große Reflektivität auszeichnen. Sie sind Objekten bzw. Oberflächen zugeordnet, die das vom Laser ausgesandte Signal deutlich stärker als natürliche Oberflächen reflektieren.

Bei der Detektion von Kanten unterscheidet man, abhängig vom verwendeten Oberflächenmerkmal, zwischen verschiedenen Kantentypen:

- Sprungkanten werden durch Diskontinuitäten in den Tiefenwerten definiert. Diese treten beim Übergang von einer Objektfläche auf den Hintergrund oder von einer Objektfläche auf eine andere, nicht angrenzende Objektfläche auf.
- Schnittkanten sind durch Diskontinuitäten in den Normalvektoren gekennzeichnet. Sie treten am Übergang zweier aneinandergrenzender Objektflächen auf. Ist eine dieser beiden Flächen für den Sensor nicht sichtbar, so wird anstelle einer Schnittkante eine Sprungkante detektiert.
- Glatte Kanten werden durch Diskontinuitäten in der Flächenkrümmung gebildet. Sie beschreiben eine unstetige Änderung der Objektoberfläche, ohne dass dabei eine Sprungkante oder Schnittkante auftritt. Kanten sind mit der begrenzten Auflösung aktueller Laserscanner nur schwer stabil zu detektieren und daher wird momentan auf ihre Nutzung verzichtet.

Eine weitere Eigenschaft von Lasersensoren ist, dass sie neben der Entfernungsmessung indirekt auch Aussagen über die freien Bereiche der Umgebung durchführen können.

Der Freiraum beschreibt den Bereich zwischen Lasersensor und gemessenem Objekt. Dieser kann grundsätzlich als frei angenommen werden. Die einzige Ausnahme bilden schmale Objekte, die in größerer Entfernung vom Lasersensor „übersehen“ werden können.

Die Verfahren konzentrieren sich zumeist auf die Verwendung eines speziellen Merkmals. Das volle Potential der verfügbaren Merkmale wird dabei nicht genutzt. Im Gegensatz dazu werden alle Merkmalstypen, d. h. Sprungkanten, Liniensegmente, Schnittkanten, Freiräume und Reflektoren, für die Objektdetektion betrachtet. Auf die Nutzung von Oberflächeneigenschaften der Objekte (z. B. Remissionswerte) wird aufgrund der genannten Probleme verzichtet.

Eine Sprungkante beschreibt in einem Tiefenbild eine nicht direkt angrenzende Fläche. Letztere kann zum selben Objekt, zu einem anderen Objekt der Szene oder dem Hintergrund gehören. Der Begriff „Kante“ leitet sich von der räumlichen Ausdehnung der erzeugenden Fläche innerhalb eines 3D-Tiefenbildes ab. Die Sprungkante verläuft dabei entlang des Randes der begrenzenden Objektfläche. Innerhalb eines 2D-Laserscans ist eine Sprungkante durch die sprunghafte Änderung zwischen zwei Messwerten gekennzeichnet. Es ergibt sich eine punktweise Beschreibung, die sich aus der Position des Sprungs und der Sprungtiefe zusammensetzt. Abb. 5.58 zeigt eine Sprungkante und ein Liniensegment.

Sprungkanten werden direkt aus den sequentiellen Daten eines geordneten 2D-Laserscans extrahiert. Dazu wird jeweils die Differenz der Entfernungsmessung für zwei aufeinanderfolgende Scanpunkte S_j und S_{j+1} bestimmt und mit einem frei wählbaren, aber konstanten Grenzwert G_{min} verglichen:

$$|\rho_{j+1} - \rho_j| > G_{min}.$$

Ist diese Bedingung erfüllt, so liegt zwischen den beiden betrachteten Messpunkten eine Sprungkante.

Die Genauigkeit der Positionsschätzung hängt daher wesentlich von der Winkelauflösung des Laserscans und der Entfernungsauflösung λ des Lasersensors ab.

In Abhängigkeit von Vorzeichen von τ kann zwischen zwei Typen von Sprungkanten unterschieden werden:

$\tau^G > 0$ positive Sprungkante
$\tau^G < 0$ negative Sprungkante

Ein Spezialfall tritt auf, falls $\rho_j = \rho_\infty$ oder $\rho_{j+1} = p_\infty$ gilt. In diesem Fall handelt es sich um eine Sprungkante auf den vom Laserscanner nicht erfassten Hintergrund der Szene.

Ein Liniensegment ist mathematisch betrachtet eine Strecke bzw. ein Teilstück einer Geraden. Es wird durch den Verbindungsvektor von einem Startpunkt zu einem Endpunkt charakterisiert, wie Abb. 5.58 zeigt.

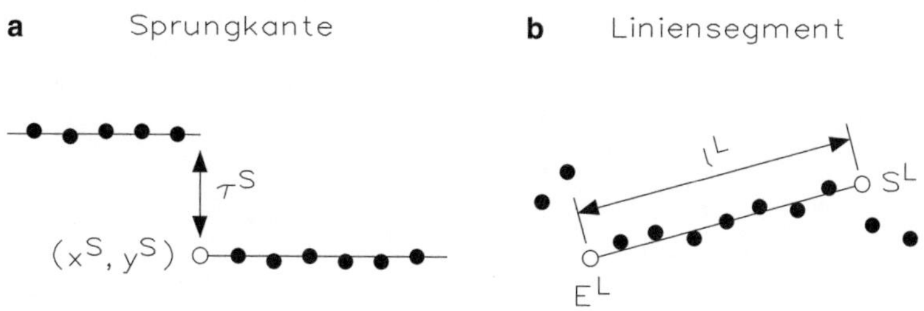

Abb. 5.58 Sprungkante (**a**) und Liniensegment (**b**)

Darüber hinaus wird der Betrachtungswinkel als der Mittelwert der Einfallswinkel des Laserstrahls über alle zur Linie gehörenden Scanpunkte definiert. Dieser entspricht dem Winkel zwischen dem Liniensegment der Verbindungslinie vom Linienmittelpunkt zum Sensorsprung.

Liniensegmente werden aus einer Menge von Scanpunkten ermittelt (Abb. 5.58). In diesem Buch wird der „Polyline Segmentation Algorithmus“ (PSA) verwendet. Es handelt sich um eine Variante eines Inkremental-Algorithmus, der die Ordnung der Messwerte innerhalb eines Laserscans ausnutzt und sich durch seine hohe Extraktionsgeschwindigkeit sowie eine geringe Fehlerquote hinsichtlich falscher Linien auszeichnet. Bei der Extraktion wird, ausgehend von einem Startpunkt, ein potentielles Liniensegment so lange um zusätzliche Scanpunkte erweitert, bis die mittlere Abweichung aller Punkte zur appoxierten Linie einen Grenzwert überschreitet und ein neues Liniensegment begonnen wird. Man erhält den Startpunkt und den Endpunkt des Liniensegments im Sensorkoordinatensystem. Dies entspricht auch der Feststellung, dass ein Liniensegment immer durch Sprungkanten und/oder Schnittkanten begrenzt wird.

Die Eigenschaften eines extrahierten Liniensegments werden wesentlich durch die Anzahl der auf dem Segment liegenden Scanpunkte bestimmt. Die Algorithmen zur Linienextraktion berechnen eine lineare Regression, wodurch der Messfehler für die einzelnen Scanpunkte gemittelt wird. Die Genauigkeit der Orientierungsschätzung eines Liniensegmentes hängt von der Tiefenauflösung des Laserscanners und von der Linienlänge ab. Abb. 5.59 zeigt reale und virtuelle Schnittkanten.

In der Computergrafik wird eine Kante zwischen zwei aneinandergrenzenden Flächen als Schnittkante bezeichnet. Bezogen auf einen Laserscan bezeichnet sie den Schnittpunkt zweier aneinandergrenzender Liniensegmente. Verallgemeinert man diese Definition, so lassen sich alle Schnitte von benachbarten Liniensegmenten als Schnittkanten auffassen. Die Liniensegmente müssen notwendigerweise dabei nicht aneinandergrenzen, sondern nur in einem festen räumlichen Abstand zueinander stehen. Man unterscheidet dann zwischen realen Schnittkanten und virtuellen Schnittkanten. Bei ersteren berühren sich zwei Objektflächen physikalisch und bilden eine Kante, bei letzteren bilden nur die virtuellen Verlängerungen von einer oder beiden Objektflächen einen Schnitt. Abb. 5.59

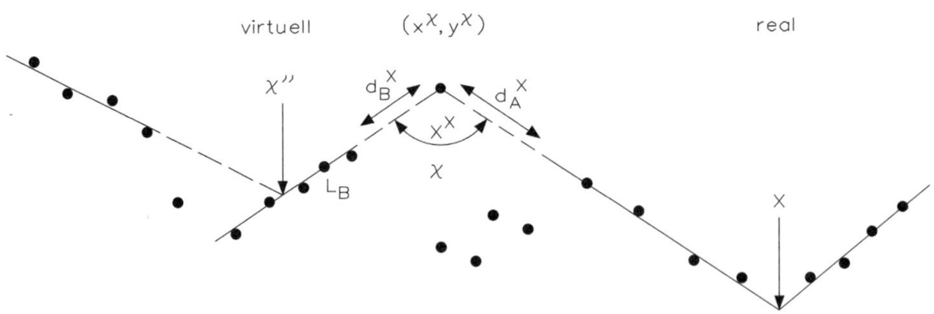

Abb. 5.59 Reale und virtuelle Schnittkanten

zeigt Beispiele für eine reale Schnittkante und zwei virtuelle Schnittkanten. Als Merkmal wird eine verallgemeinerte Schnittkante durch ein 5-Tupel vollständig beschrieben. Dieser beinhaltet die kartesischen Koordinaten des Schnittpunktes, den Schnittwinkel sowie die Schnittentfernungen, d. h. die Distanzen vom Schnittpunkt zu den erzeugenden Liniensegmenten, wie Abb. 5.59 zeigt.

Die Extraktion von Schnittkanten baut auf den Ergebnissen der Extraktion von Liniensegmenten auf. Entsprechend der Definition können Schnittkanten zwischen beliebigen Paaren von beieinander liegenden Liniensegmenten gebildet werden. Um die Anzahl der extrahierten Schnittkanten zu begrenzen, müssen die Nebenbedingungen bei der Paarbildung berücksichtigt werden:

1. Alle für die Paarbildung berücksichtigten Liniensegmente müssen eine Mindestanzahl an Scanpunkten aufweisen.
2. Die Schnittentfernungen vom Schnittpunkt zu den erzeugenden Liniensegmenten dürfen jeweils den maximalen Wert betragen.
3. Der Schnittwinkel muss im Intervall zwischen dem minimalen und maximalen Wert liegen.

Nur wenn alle Nebenbedingungen erfüllt sind, wird eine Schnittkante erzeugt. Die Bedingungen berücksichtigen, dass die Genauigkeit der Positionsschätzungen einer extrahierten Schnittkante wesentlich von der Orientierungsschätzung der erzeugenden Liniensegmente abhängt. Mit zunehmender Schnittentfernung und bei spitzem Schnittwinkel verschlechtert sich die Qualität der Schätzung deutlich.

Ein Freiraum ist ein zweidimensionaler Bereich in einem Laserscan, der vollständig frei von Objekten ist. Er ist gekennzeichnet durch seinen Schwerpunkt und seinen Umriss.

Der Umriss stellt dabei eine mathematische Beschreibung der räumlichen Begrenzung des Freiraums relativ zu seinem Schwerpunkt dar. Es wird dazu eine polygonale Darstellungsform verwendet. Dabei beschreibt P_i einen Eckpunkt und L_i eine einzelne Linie des Polygonzuges.

Grundsätzlich wird zwischen einem expliziten und einem impliziten definierten Freiraum unterschieden, wie Abb. 5.60 zeigt. Der explizite Freiraum beschreibt Flächen, deren Form und Größe explizit vorgegeben sind (z. B. eine Türdurchfahrt). Demgegenüber beschreibt der implizite Freiraum alle Flächen, die durch den Sensor frei vom Objekt vermessen wurden.

Bei maximaler Auflösung haben Laserscanner die Eigenschaften, den Sichtbereich lückenfrei abzutasten. Werden also in einem bestimmten Bereich keine Objekte detektiert, kann man davon ausgehen, dass dieser Bereich vollständig frei ist. Aus dieser Überlegung folgt, dass sich der gesamte Laserscan als Definition eines impliziten Freiraums im Bereich vor dem Laserscanner auffassen lässt. Eine weitergehende Freiraumextraktion ist damit nicht nötig. Normalerweise wird aber nicht der gesamte implizite Freiraum als Merkmal verwendet, sondern vielmehr nur der explizit definierte Freiraum anhand des impliziten Freiraums überprüft.

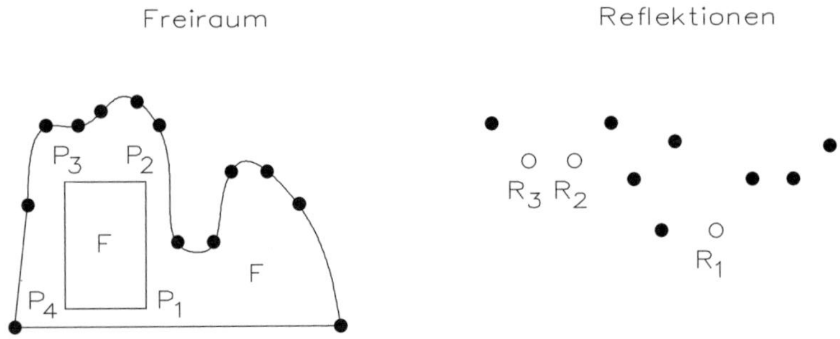

Abb. 5.60 Aufbau des Freiraums und Reflektionen

5.4 Barcode

Zu den größten Problemen moderner Industrie- und Handelsbetriebe zählen Planung und Ausführung einer gut funktionierenden Förder- und Lagertechnik. Dem Kostendruck speziell in diesem Bereich wurde begegnet durch den Einsatz von

- neuen Transportsystemen,
- Computern bei der Materialflussverfolgung und -auswertung.

Zum konsequenten Einsatz des Computers in der Materialflussverfolgung in allen Phasen des Transportverlaufs ist es unumgänglich das einzelne Fördergut (Paket, Palette, Container, Gitterbox) direkt zu identifizieren.

Durch den technischen Fortschritt in der Optoelektronik ist es heute möglich, die direkt auf dem Fördergut angebrachten Daten automatisch zu lesen und einem Computer über eine normierte Schnittstelle zur Verfügung zu stellen.

Diese Daten lassen sich als Strichcode auf Verpackungen, Lieferscheinen, Lagerkarteikarten, Flugscheinen, Ausweisen, Etiketten usw. drucken.

Im Stillstand können die strichcodierten Daten mittels eines Lesestiftes von Hand eingelesen und dem Computer zur Verfügung gestellt werden. Wo dies nicht sinnvoll ist – bei Förderanlagen mit beweglichen Gütern etwa – können die Daten auch mittels Laserscannern oder CCD-Kameras aus einer bestimmten Distanz erfasst werden.

Die automatische Ablesung der gedruckten Daten bietet dem Anwender vielfältige Möglichkeiten:

- Erstellung der kompletten Dokumentation im Lager- und Versandwesen (Lieferschein, Laufzettel, Rechnung usw.),
- automatische Steuerung der gesamten Transport- und Lagersysteme,
- permanente Inventur und damit ständig zur Verfügung stehende Produktions- und Warenbestandsdaten als Entscheidungsbasis für das Management.

Der Einsatz im Handel ist die Erfassung des EAN-Codes an der Kasse im Supermarkt (POS = Point of sale). Dem Inhalt des EAN-Codes wird über die Rechner oder Kasse der Preis zugewiesen und der Verkauf registriert. In diesem Bereich wird ein Kassenscanner eingesetzt. Im Baumarkt kann aus Handhabungsgründen auch ein Handlesegerät wie Lesestift, CCD-Handleser oder Handscanner zum Einsatz kommen.

Die Handlesegeräte im Kleinteilelager für elektronische Bauelemente dienen dem Zu- und Abgang der Ware und der gesamte Warenbestand wird über den Computer abgewickelt. Die Eingabe der Artikelnummern erfolgt über Strichcodes und Lesestifte.

Ausweise und Dauerkarten mit Strichcodes werden über Schlitzleser erfasst. Damit können Zugriffe zu Computern, Zugänge zu Bibliotheken, Kuranstalten, Skiliften, militärischen Bereichen usw. freigegeben und registriert werden.

An der Förderstrecke in der Materialflussverfolgung und -auswertung werden Strichcodes, die z. B. auf dem Karton aufgedruckt sind, erfasst (Abstand 200 bis 2800 mm) und an das übergeordnete System zur Weiterverarbeitung übertragen.

5.4.1 OCR-System

Das OCR-System (Optical Character Recognition) beruht auf der Erfassung und Erkennung der geläufigen lateinischen Schriftzeichen, die jedoch standardisiert und damit maschinenlesbar dargestellt sein müssen. Der Vorteil dieses Systems liegt darin, dass die Daten nicht chiffriert werden müssen, sondern im Klartext erhalten bleiben.

Erhebliche Nachteile ergeben sich jedoch aus den sehr aufwendigen Lese- und Decodiergeräten sowie den hohen Anforderungen an die Druckqualität. Hinzu kommen hohe Fehlerquoten: Ausführliche Untersuchungen in der Supermarkt-Anwendung ergaben Nichtlesungen von 30 % im 1. Versuch und Falschlesungen von mehr als 1 %.

Ähnlich aufwendig und daher nur mit erheblichem technischen und finanziellen Aufwand zu realisieren ist das magnetische System. Muss der Code in großen Stückzahlen eingesetzt werden, ist die Grenze der Wirtschaftlichkeit schnell überschritten. Hinzu kommt eine hohe Störanfälligkeit.

Der Strichcode andererseits ist relativ leicht zu erstellen und mit vergleichsweise einfachen Geräten zu lesen und zu decodieren. Der Code lässt sich auf alle Waren direkt drucken (Tuben, Kartons, Flaschen, Dosen, Karten usw.) oder auch nachträglich als Etikett aufbringen.

So hat sich im Lebensmittelbereich der EAN-Code (Europäische Artikelnummer, European Article Number) mittlerweile europaweit durchgesetzt und der Codabar ist aus dem medizinisch-klinischen Bereich nicht mehr wegzudenken. Code 2/5 interleaved, Code 128 und Code 39 werden heute in allen Industriebereichen verwendet.

Die meisten üblichen Codes basieren auf einem Binärprinzip mit einer Anzahl von schmalen und breiten Strichen/Lücken. Die Sequenz dieser schmalen und breiten Striche bzw. Lücken ergibt eine bestimmte numerische oder sogar alphanumerische Aussage. Die Ablesung geschieht optisch mit einem Scanner. Durch die unterschiedliche Reflexion der schwarzen Striche und weißen Lücken entsteht im optischen Empfänger ein Impulszug, der dieser Sequenz an Strichen und Lücken entspricht. Eine elektronische Auswertung (Decodierung) interpretiert dann diesen Impulszug als Daten.

Die Codegröße wird grundsätzlich durch die Parameter der Systemanwendung bestimmt, z. B. die Art der darzustellenden Zeichen (numerisch, alphanumerisch), durch die Anzahl der Zeichen, den vorhandenen Platz, die Möglichkeiten des Drucks usw.

All diese verschiedenen Faktoren ließen im Laufe der Zeit für verschiedene Anwendungen eine Vielzahl von Strichcodes entstehen, die alle ihre Berechtigung haben bzw. hatten. Einige der gebräuchlichsten Strichcodes einschließlich der Wahrheitstabelle sind in Abb. 5.61 gezeigt.

Es gibt verschiedene übliche Ausdrücke die helfen, Strichcodefeld und einen Strichcode besser zu verstehen:

- Strich: Das dunkle Element eines Strichcodes.
- Lücke: Das helle Element zwischen zwei Strichen eines Strichcodes.
- Trennlücke: Die Lücke zwischen dem letzten Strich eines Zeichens und dem ersten Strich des nächsten Zeichens eines diskreten Strichcodes.
- Element: Ausdruck, um einen Strich oder eine Lücke zu beschreiben.
- Modul: Das schmalste Element in einem Strichcode wird als Modul bezeichnet. Breite Striche oder Lücken werden als ein Mehrfaches des Moduls erkannt und berechnet.
- Modulbreite X: Gibt die Breite des schmalsten Elements an, z. B.: X = 0,33 mm.
- Ruhezone: Die helle Zone vor und hinter der Strichcodierung. Die Ruhezone R ist notwendig, um die Leseeinrichtung auf die Strichcodierung einzustellen. Minimum ist 10 × Modulbreite X, jedoch mindestens 2,5 mm. Bei Scanneranwendungen mit einem großen Tiefenschärfebereich muss die Ruhezone größer gewählt werden. Hier gilt R = 15 × Modulbreite X, jedoch mindestens 6,5 mm.
- Strichcodefeld: Das Strichcodefeld besteht aus einer Strichcodierung, zwei hellen Ruhezonen und einer Klarschriftzeile. Die Strichcodierung enthält die verschlüsselte Information, bestehend aus eingefärbten Strichen und nicht eingefärbten Lücken. Die Ruhezone befindet sich vor und hinter der Strichcodierung und dient zur Abgrenzung des zu identifizierenden Objektes. Die Klarschriftzeile befindet sich unter der Strichcodierung und stellt die gesamte verschlüsselte Information in lesbarer Schrift dar.
- Start-/Stoppzeichen: Jeder Strichcode beginnt mit einem Startzeichen und endet mit einem Stoppzeichen. Damit ist im Normalfall die Lesbarkeit in zwei Richtungen und Erkennung der Strichcodeart möglich.
- Selbstüberprüfender Strichcode: Ein Strichcode, der eine Überprüfung jedes Zeichens zulässt, entsprechend eines vorgegebenen Algorithmus. Selbstüberprüfende Strichcodes sind eigensicher, d. h. dass eine Veränderung eines Zeichens als Fehler erkannt wird und dadurch zu einer Nichtlesung führt. Zwei zugleich auftretende gegensätzliche Veränderungen innerhalb eines Zeichens und einer Abtastlinie können zu einer Falschlesung aufgrund von Substitution führen. Durch Einsatz einer Prüfziffer kann der Substitutionsfehler erkannt werden.

Abb. 5.61 Verschiedene Strichcodes

- Diskreter Code: Strichcode, bei dem jedes Zeichen mit einem Strich beginnt und mit einem Strich endet. Die Trennlücke zählt nicht zum Strichcode.
- Prüfziffer: Zur Erhöhung der sicheren Lesung kann zusätzlich zu den Nutzzeichen eines Strichcodes eine Prüfziffer angefügt werden. Einige Strichcodearten schreiben eine Prüfziffer bindend vor.
- Substitutionsfehler: Ein Zeichen wird durch ein anderes gültiges Zeichen ersetzt. Dieser Substitutionsfehler kann nur durch den Einsatz einer Prüfziffer nahezu ausgeschlossen werden.
- Nichtlesung: Der Decoder ist nicht in der Lage die gelesene Information zu decodieren.
- Fortlaufender Strichcode: Ein Strichcode, bei dem die Trennlücke ein Bestandteil des Codes ist.
- Falschlesung: Die decodierte Information ist nicht gleich dem Inhalt des gedruckten Strichcodes.
- Erstleserate: Anzahl der korrekten Lesungen beim ersten Leseversuch, geteilt durch die Anzahl der Leseversuche.
- Zweitleserate: Anzahl der korrekten Lesungen bei zwei oder mehreren Leseversuchen, geteilt durch die Anzahl der Leseversuche.
- Fotosatzcode: Strichcodes lassen sich in allen Größen und Dichten im Fotosatz herstellen.
- Code mit großer Dichte (high density): Sehr enger, im Fotosatz oder mit Thermotransferdrucker erstellter Strichcode von $0{,}19\,\text{mm} < X \leq 0{,}24\,\text{mm}$.
- Code mit Strichcode mittlerer Dichte (medium density): Strichcode gedruckt mit Matrix-, Thermo- und Thermotransferdrucker von $0{,}24\,\text{mm} < X \leq 0{,}30\,\text{mm}$.
- Code mit Strichcode niedriger Dichte (low density): Strichcode gedruckt mit Matrix-, Thermo-, Thermotransfer- und Ink-Jet-Drucker von $0{,}30\,\text{mm} < X \leq 050\,\text{mm}$

5.4.2 Strichcode-Typen

Es entstanden verschiedene Strichcode-Typen entsprechend den gestellten Anforderungen. Die Übersicht soll helfen, abhängig von der Anwendung, von der Druckmethode und von der Ablesemethode einen Strichcode zu finden, der den oft gegensätzlichen Anforderungen entspricht wie:

- große Drucktoleranz,
- große Decodiertoleranz,
- High Density-Code,
- gleiche Breite der Charakter,
- Selbstüberprüfung,
- gleiche Anzahl der Striche für alle Charakter.

Je besser die Druckqualität und je größer der Kontrast, desto sicherer wird der Strichcode erkannt.

Damit eine Strichcodierung überhaupt vom Lesesystem (Lesestift, Scanner) erfasst werden kann, ist ein Mindestkontrast zwischen Strichen und Lücken erforderlich. Der Kontrast ist eine dimensionslose Größe und nach DIN 66236 durch die Gleichung für die Druckkontrastzahl PCS (print contrast signal) definiert:

$$\mathrm{PCS} = \frac{\text{Reflexion Hintergrund} - \text{Reflexion Striche}}{\text{Reflexion Hintergrund}} \cdot 100\,\% > 70\,\%.$$

Um eine Lesung sicher zu gewährleisten, sollte der PCS > 70 % sein. Beträgt z. B. die Reflexion des Hintergrunds 65 %, so muss die Reflexion der Striche 19 % sein, um eine minimale Druckkontrastzahl PCS von 70 % zu erreichen. Als Richtwert sollte gelten, dass die minimale Reflexion des Hintergrunds das Vierfache der Reflexion der Striche beträgt. Bei einem frischen (neuen) Farbband liegt der Reflexionsfaktor von gedruckten Zeichen im Bereich von 4 bis 15 %. Die Reflexionsfaktoren sind abhängig von der Wellenlänge des abtastenden Lichtes. Werden Lichtquellen sowohl im 630 nm als auch im 900 nm eingesetzt, müssen die Reflexionswerte auf ausreichenden Kontrast hin in allen Bereichen überprüft werden. Manche Druckfarben sind im IR-Bereich nicht deckend. Für diese Leseart sollte Farbe auf Carbonbasis Verwendung finden. Für Matrix-Drucker werden Carbon-Bänder empfohlen. Die Farben müssen gut aufeinander abgestimmt sein, um ausreichenden Kontrast zu erzielen. Schwarz-Weiß-Muster sind aus Gründen besserer Lesbarkeit immer vorzuziehen.

Voraussetzung sind Lesestift, Abstandsleser, Handscanner im IR-Bereich (900 nm), dass die Druckfarbe der Striche im IR-Bereich deckend (bei verschiedenen Farbbändern ist dies nicht gegeben) und der Untergrund weiß ist.

Für den Kontrast sind Geräte mit Rotlichtbeleuchtung für Lesestift, Abstandsleser, Handscanner, Laserscanner im Rot-Bereich (632 nm), Laserdioden-Scanner (670 nm) geeignet. Voraussetzung dabei ist, dass die Druckfarbe der Striche schwarz, dunkelgrün oder dunkelblau ist und der Untergrund weiß, beige, gelb, orange oder rot (Pastelltöne) gehalten wird. Den besten Kontrast erhält man jedoch mit weißem Untergrund und schwarzem Strichcode.

Für den Kontrast der Geräte mit Blaulichtbeleuchtung gelten spezielle Farbkombinationen, z. B. rote Strichcodes auf hellem Untergrund (nicht auf rot oder rosa). Voraussetzung dafür ist die Verwendung einer CCD-Kamera sowie eine Blaulichtbeleuchtung (Leuchtstofflampe).

Wichtig für den Druck des Strichcodes sind die Breite der Striche und Lücken. Das Verhältnis von schmalem zu dickem Strich (bzw. schmaler zu breiter Lücke) liegt normalerweise im Bereich von 1 : 2 bis 1 : 3, je nach Anwendung und Druckertyp. Durch dieses Verhältnis ist schon eine recht große Ablesesicherheit gegeben. Die meisten Strichcodes verwenden jedoch zusätzlich noch eine Selbstüberprüfung. Ist die Anzahl der dünnen und dicken Striche pro Ziffer beispielsweise gleich, so ist eine Überprüfung der Anzahl der Striche möglich.

Abb. 5.62 Prüfziffernberechnung bei dem Strichcode EAN/UPC

4022

Eine weitere zusätzliche Sicherheit der Ablesung kann man durch die Verwendung einer Prüfziffer erreichen.

Bei numerischen Strichcodes sollte diese Prüfziffer immer verwendet werden und beim Druck des Strichcodes kommt es vor, dass in den dunklen Strichen von der Farbe nicht ganz gedeckte Stellen eingeschlossen oder in den Zwischenräumen kleine Punkte gedruckt sind.

Die Lesestifte können diese Fehler je nach Größe der verwendeten Lochblende überbrücken. Die Verwendung von einer maximalen Punktgröße mit einem Durchmesser von 0,06 mm bei einer Lochblende mit 0,15 mm oder die maximale Punktgröße mit einem Durchmesser von 0,1 mm bei einer Lochblende mit 0,35 mm.

Die Prüfziffer (PZ) wird durch eine zusätzliche Ziffer unmittelbar vor dem Stopp-Zeichen des Strichcodes dargestellt. Die Prüfziffer wird zusammen mit dem Strichcode gelesen. Stimmt diese gelesene Prüfziffer nicht mit der vom Decoder errechneten Prüfziffer überein, wird der Strichcode nicht übertragen. Beispiel einer Berechnung, gültig für Strichcodes der 2/5-Familie und EAN/UPC nach Modulo 10 mit der Gewichtung 3. Die Gewichtungsfaktoren 3, 1, 3, 1 … werden mit 3 beginnend von rechts nach links unter der Nutzziffernfolge verteilt.

Abb. 5.62 zeigt eine Prüfziffernberechnung bei dem Strichcode EAN/UPC:

Klartext:	4 0 2 2
Prüfziffer:	2
Nutzziffernfolge:	4 0 2
Gewichtungsfaktoren:	3 1 3
Einzelprodukte:	12 0 6
Summe Einzelprodukte:	$12 + 0 + 6 = 18$
Modulo 10:	18 Mod. $10 = 8$ ($18 / 10 = 1$ Rest 8)
Differenz zu 10 ergibt die Prüfziffer:	$10 - 8 = 2$
Prüfziffer:	2

Bei anderen Strichcodetypen sind gemäß deren Spezifikationen die jeweiligen Prüfziffernberechnungen zu verwenden.

5.4.3 Code-Qualität und Druckverfahren

Je besser die Druckqualität, desto einfacher und sicherer wird die Ablesbarkeit des Strichcodes und die Erstleserate und desto geringer ist die Gefahr der Falschlesung durch Substitution einer anderen Strich-Lücken-Sequenz.

Die Beispiele von Abb. 5.63 zeigen bei 20 bis 50facher Vergrößerung, dass sich der tatsächlich gedruckte Strichcode (Offsetdruck oder mit Matrix-Drucker) sehr viel schlechter darstellt als ein Fotocode, d. h. dass die Lesegeräte diese Druckunzulänglichkeiten mit verarbeiten müssen.

Um den Druck mit all seinen schwierigen Toleranzverhältnissen zu überprüfen, gibt es Geräte auf dem Markt, die eine Aussage über die Lesbarkeit durchführen. Komplexere Geräte gehen soweit, die einzelnen Striche in der Breite zu vermessen und über einen Bildschirm als Grafik auszugeben.

Für Einsatzfälle, bei denen Strichcodes auf anderen Materialien als auf Papier oder Kunststoff gedruckt werden müssen, gibt es Verfahren, den Strichcode über Laser-Graviermaschinen aufzubringen.

Das Basismaterial ist entweder ein eloxiertes Alu-Schild oder ein Kunststoffschild in Sandwichaufbau. Der Laserstrahl brennt entweder die Eloxalschicht oder die erste Kunststoffschicht weg, entsprechend dem vorgegebenen Strichcode. Selbstverständlich können mit dem gleichen Verfahren auch Klarschriften einschließlich des Firmenzeichens eingraviert werden.

Für Anwendungen bei hohen Temperaturen (bis 1000 °C) werden Metallschilder mit ausgestanztem Strichcode verwendet. Diese Applikation sollte hinsichtlich der Lesetechnik präzise untersucht werden.

Weitere Möglichkeiten, den Strichcode direkt auf dem Objekt (Kartons, Metallgehäuse aus Blech, Grau- und Aluguss, Werkzeuge, verchromte spiegelnde Oberflächen, Silicon-Wafer) anzubringen, sind Tintenstrahldrucker, Laser-Gravur und Ätzverfahren. Abb. 5.64 zeigt die Kriterien zur Strichcode-Auswahl.

Längenvergleich von unterschiedlichen Strichcodetypen bei gleichem Informationsinhalt und gleicher Modulbreite X ist in Abb. 5.65 gezeigt.

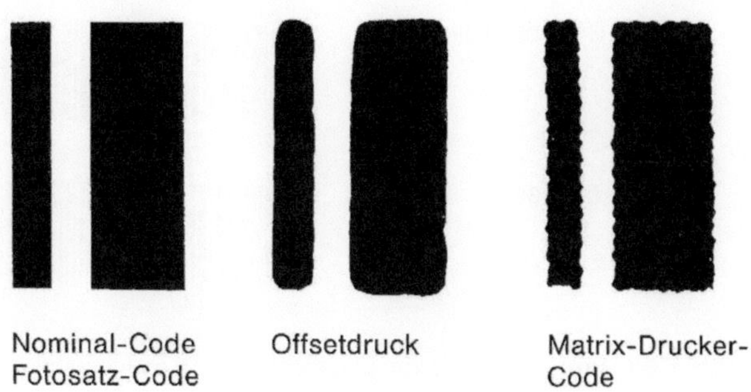

Abb. 5.63 Code-Qualität

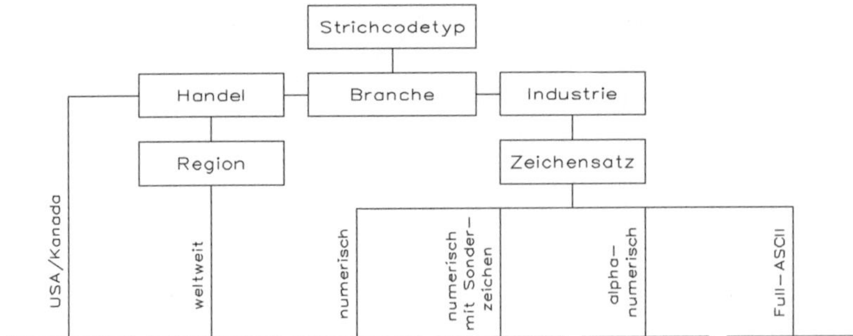

	UPC A UPC E	EAN 8 EAN 13	Code 2/5-Familie	Codabar	Code 39	Code 128
Zeichenvorrat	10 Ziffern	10 Ziffern	10 Ziffern	16 (Ziffern und Sonderzeichen)	43 (Ziffern Großbuchstaben und Sonderzeichen)	128 ASCII
Selbstüberprüfung	ja	ja	ja	ja	ja	ja
variable Zeichenlänge	nein (6, 12)	nein (8, 13)	ja/nein, da 2/5 interleaved geradzahlig	ja	ja	ja
Anwendungsbeispiel	Handel (POS)	Handel (POS)	Fördertechnik	Gesundheitswesen Fotolabor	Industrie allg. insbesonders Elektronik und Pharma	medizinisch pharmazeutische Technik
Seitenzahl	–	30	18	22	24	26

Abb. 5.64 Kriterien zur Strichcode-Auswahl

Abb. 5.65 Informationsdichte unterschiedlicher Strichcodes

Tab. 5.7 zeigt den Aufbau des Codes 2/5 5

Codetabelle	Zeichen	S1	S2	S3	S4	S5
	1	1	0	0	0	1
	2	0	1	0	0	1
	3	1	1	0	0	0
	4	0	0	1	0	1
	5	1	0	1	0	0
	6	0	1	1	0	0
	7	0	0	0	1	1
	8	1	0	0	1	0
	9	0	1	0	1	0
	0	0	0	1	1	0
	Start	1	1	0		
	Stopp	1	0	1		

S1 bis S5 = Strich 1 bis 5,
1 = breiter Strich,
0 = schmaler Strich

Bei den Strichcode-Spezifikationen für den numerischen Code 2/5 5 lassen sich Werte von 0 bis 9 darstellen. Dieser Code ist aufgebaut aus zwei breiten und drei schmalen Strichen. Für das Druckverhältnis gilt V = 1 : 2 bis 1 : 3. Die Lücken beinhalten keine Information.

Vorteil: Der Code 2/5 5 besteht nur aus Strichen, in den Lücken ist keine Information. Große Drucktoleranz (±15 %) ist deshalb auch mit den einfachsten Druckverfahren herstellbar.

Nachteil: Kleine Informationsdichte, z. B. 4,2 mm/Ziffer bei einer Modulbreite X = 0,3 mm und Verhältnis V = 1 : 3.

Herstellbar im Offset-, Buch-, Tief-, Flexodruckverfahren, Nummerierungs-Druckverfahren, computergesteuerten Druckverfahren und Fotosatz. Tab. 5.7 zeigt den Aufbau des Codes 2/5 5.

Abb. 5.66 zeigt Codebeispiele für den Strichcode 2/5 5.

Bei Strichcode-Spezifikationen für den numerischen Code 2/5 interleaved lassen sich Werte von 0 bis 9 darstellen. Dieser Code ist aufgebaut aus zwei breiten und drei schmalen Strichen bzw. zwei breiten und drei schmalen Lücken. Für das Druckverhältnis V gilt für das schmale Element dividiert durch das breite Element mit V = 1 : 2 bis 1 : 3. Ist das schmale Element kleiner als 0,5 mm, dann gilt für das schmale Element dividiert durch das breite Element mit V ≥ 1 : 2,25, bis max. V = 1 : 3. Die erste Ziffer wird dargestellt mit fünf Strichen und die zweiten Ziffer mit den unmittelbar den Strichen der ersten Ziffer folgenden Lücken.

Vorteil: Hohe Informationsdichte, z. B. 2,7 mm/Ziffer bei einer Modulbreite X = 0,3 mm und Verhältnis V = 1 : 3. Selbstüberprüfbar.

Nachteil: Alle Lücken tragen Informationen, deshalb kleinere Toleranz ±10 %.

Codebeispiel: 2/5 5 Striche Industrie

Abb. 5.66 Codebeispiele für den Strichcode 2/5 5

Herstellbar im Offset-, Buch-, Tief-, Flexodruckverfahren, computergesteuerten Druckverfahren, Fotosatz, Strich/Lücke.

Tab. 5.8 zeigt den Aufbau des Codes 2/5 interleaved.

Abb. 5.67 zeigt Codebeispiele für den Strichcode 2/5 interleaved.

Bei den Strichcode-Spezifikationen für den numerischen Code „Codabar" mit sechs zusätzlichen Sonderzeichen lassen sich Werte von 0 bis 9, –, $, :, /, ., + darstellen. Jedes Zeichen besteht aus sieben Elementen (vier Strichen und drei Lücken). Dabei werden entweder zwei oder drei breite und vier oder fünf schmale Elemente zur Darstellung des Codes verwendet. Die Lücken zwischen den Zeichen beinhalten keine Informationen.

Für das Druckverhältnis V gilt schmales Element dividiert durch das breite Element, $V \geq 1:2{,}25$ bis maximal $V = 1:3$.

Vorteil: Außer Zahlen von 0 bis 9 lassen sich noch sechs Sonderzeichen darstellen. Keine Information in der Lücke zwischen den Zeichen.

Nachteil: Niedrige Informationsdichte, z. B. 5,5 mm/Ziffer bei einer Modulbreite $X = 0{,}3$ mm und Verhältnis $V = 1:3$.

Tab. 5.8 Aufbau des Codes 2/5 interleaved

Codetabelle	Zeichen	S1	S2	S3	S4	S5
	1	1	0	0	0	1
	2	0	1	0	0	1
	3	1	1	0	0	0
	4	0	0	1	0	1
	5	1	0	1	0	0
	6	0	1	1	0	0
	7	0	0	0	1	1
	8	1	0	0	1	0
	9	0	1	0	1	0
	0	0	0	1	1	0
	Start	0	0			
	Stopp	1	0			

S1 bis S5 = Strich/Lücke 1 bis 5,
1 = breiter Strich/Lücke,
0 = schmaler Strich/Lücke

Herstellbar im Offset-, Buch-, Tief-, Flexodruckverfahren, Nummerierungs-Druckverfahren, computergesteuerten Druckverfahren, Fotosatz.

Tab. 5.9 zeigt den Aufbau von Codabar.

Abb. 5.68 zeigt Codebeispiele für den Strichcode „Codabar“.

Abb. 5.67 Codebeispiele für den Strichcode 2/5 interleaved

Tab. 5.9 Aufbau des Strichcodes „Codabar“

Codetabelle	Zeichen	S1	L2	S2	L2	S3	L3	S4
	1	0	0	0	0	1	1	0
	2	0	0	0	1	0	0	1
	3	1	1	0	0	0	0	0
	4	0	0	1	0	0	1	0
	5	1	0	0	0	0	1	0
	6	0	1	0	0	0	0	1
	7	0	1	0	0	1	0	0
	8	0	1	1	0	0	0	0
	9	1	0	0	1	0	0	0
	0	0	0	0	0	0	1	1
	–	0	0	0	1	1	0	0
	$	0	0	1	1	0	0	0
	:	1	0	0	0	1	0	1
	/	1	0	1	0	0	0	1
	.	1	0	1	0	1	0	0
	+	0	0	1	0	1	0	1
	A	0	0	1	1	0	1	0
	B	0	1	0	1	0	0	1
	C	0	0	0	1	0	1	1
	D	0	0	0	1	1	1	0

S1 bis S4 = Strich 1 bis 4, L1 bis L3 = Lücke 1 bis 3,
1 = breiter Strich/breite Lücke, 0 = schmaler Strich/schmale Lücke

Abb. 5.68 Codebeispiele für den Strichcode „Codabar“

Die Strichcode-Spezifikationen für den alphanumerischen Code 39 bestehen aus Zahlen von 0 bis 9, 26 Buchstaben und sieben Sonderzeichen. Jedes Zeichen besteht aus neun Elementen (fünf Strichen und vier Lücken). Drei der Elemente sind breit und sechs schmal, mit Ausnahme der Darstellung der Sonderzeichen. Die Lücken zwischen den Zeichen beinhalten keine Informationen.

Für das Druckverhältnis V gilt schmales Element dividiert durch das breite Element $V = 1:2$ bis $1:3$. Ist das schmale Element kleiner als 0,5 mm, dann gilt schmales Element dividiert durch das breite Element $V \geq 1:2{,}25$, bis maximal $V = 1:3$.

Vorteil: Alphanumerische Darstellung.

Nachteil: Niedrige Informationsdichte, z. B. 4,8 mm/Ziffer bei einer Modulbreite $X = 0{,}3$ mm und Verhältnis $V = 1:3$.

Herstellbar im Offset-, Buch-, Tief-, Flexodruckverfahren, computergesteuerten Druckverfahren, Fotosatz.

Tab. 5.10 zeigt den Aufbau des Codes 39.

Abb. 5.69 zeigt Codebeispiele für den Strichcode 39.

Die Strichcode-Spezifikationen für den Code 128 ermöglichen es ohne Zeichenkombinationen den vollen ASCII-Zeichensatz darzustellen. Jedoch darf nicht angenommen werden, dass der Code 128 mit seinem Zeichensatz den vollen ASCII-Zeichensatz direkt darstellen kann. Es wird zwischen drei Zeichensätzen A, B und C unterschieden, die je nach Problemstellung zu verwenden sind. Ebenso ist auch eine Vermischung dieser Zeichensätze möglich.

Abb. 5.69 Codebeispiele für den Strichcode 39

Codebeispiel: Code 39

ABCDEF

ABCDE

ABCD

ABC

AB

A

ABC

AB

A

Tab. 5.10 Aufbau des Codes 39

Codetabelle	Zeichen	S1	L1	S2	L2	S3	L3	S4	L4	S5
	1	1	0	0	1	0	0	0	0	1
	2	0	0	1	1	0	0	0	0	1
	3	1	0	1	1	0	0	0	0	0
	4	0	0	0	1	1	0	0	0	1
	5	1	0	0	1	1	0	0	0	0
	6	0	0	1	1	1	0	0	0	0
	7	0	0	0	1	0	0	1	0	1
	8	1	0	0	1	0	0	1	0	0
	9	0	0	1	1	0	0	1	0	0
	0	0	0	0	1	1	0	1	0	0
	A	1	0	0	0	0	1	0	0	1
	B	0	0	1	0	0	1	0	0	1
	C	1	0	1	0	0	1	0	0	0
	D	0	0	0	0	1	1	0	0	1
	E	1	0	0	0	1	1	0	0	0
	F	0	0	1	0	1	1	0	0	0
	G	0	0	0	0	0	1	1	0	1
	H	1	0	0	0	0	1	1	0	0
	I	0	0	1	0	0	1	1	0	0
	J	0	0	0	0	1	1	1	0	0
	$	0	1	0	1	0	1	0	0	0
	/	1	1	0	1	0	0	0	1	0
	K	1	0	0	0	0	0	0	1	1
	L	0	0	1	0	0	0	0	1	1
	M	1	0	1	0	0	0	0	1	0
	N	0	0	0	0	1	0	0	1	1
	O	1	0	0	0	1	0	0	1	0
	P	0	0	1	0	1	0	0	1	0
	Q	0	0	0	0	0	0	1	1	1
	R	1	0	0	0	0	0	1	1	0
	S	0	0	1	0	0	0	1	1	0
	T	0	0	0	0	1	0	1	1	0
	U	1	1	0	0	0	0	0	0	1
	V	0	1	1	0	0	0	0	0	1
	W	1	1	1	0	0	0	0	0	0
	X	0	1	0	0	1	0	0	0	1
	Y	1	1	0	0	1	0	0	0	0
	Z	0	1	1	0	1	0	0	0	0
	–	0	1	0	0	0	0	1	0	1
	.	1	1	0	0	0	0	1	0	0

Tab. 5.10 (Fortsetzung)

Codetabelle	Zeichen	S1	L1	S2	L2	S3	L3	S4	L4	S5
	Space	0	1	1	0	0	0	1	0	0
	Start/Stopp	0	1	0	0	1	0	1	0	0
	+	0	1	0	0	0	1	0	1	0
	%	0	0	0	1	0	1	0	1	0

1 = breiter Strich/breite Lücke,
0 = schmaler Strich/schmale Lücke

Um den vollen ASCII-Zeichensatz darstellen zu können, benötigt man das Startzeichen A oder B in Verbindung mit einem Sonderzeichen des Codes 128. Jedes Zeichen besteht aus elf Modulen, aufgeteilt in drei Striche und drei Lücken. Die Striche bestehen immer aus einer geradzahligen Anzahl von Modulen (gerade Parität) und die Lücken aus einer ungeradzahligen Anzahl von Modulen. Das Stopp-Zeichen ist die Ausnahme und besitzt 13 Module, bestehend aus elf Modulen und einem Begrenzungsstrich mit zwei Modulen.

Vorteil: Voller ASCII-Zeichensatz und hohe Informationsdichte.

Nachteil: Kleine Toleranz, Vierbreiten-Code, ASCII-Zeichensatz nicht vollständig mit einem Zeichensatz darstellbar.

Herstellbar im Offset-, Buch-, Tief-, Flexodruckverfahren, Thermotransferdruck, Fotosatz.

Der EAN-128 ist der Logistikcode für den Handel und entspricht dem Code 128, jedoch wird als Startzeichen die Kombination von Start A, Start B oder Start C mit dem Zeichen FNC 1 verwendet → doppeltes Startzeichen!

Die Strichcode-Spezifikation für den EAN-Code (European Article Number) ist ein numerischer Code, darstellbar von 0 bis 9. Jedes Zeichen besteht aus elf Elementen. Alle Striche und Lücken tragen Information. Es können nur acht oder 13 Zeichen zusammen dargestellt werden.

Vorteil: Hohe Informationsdichte in zehn verschiedenen Größen.

Nachteil: Sehr kleine Toleranzen.

Herstellbar im Offset-, Buch-, Tiefdruck, Laser-Druckverfahren, Thermodruck ab einer bestimmten Größe, Fotosatz.

Abb. 5.70 zeigt den Aufbau des Strichcodes 128.

Für eine schnelle und sichere Datenerfassung sollte bei der Auswahl des Strichcodes grundsätzlich folgendes beachtet werden, um eine möglichst hohe Verfügbarkeit des Komplettsystems zu gewährleisten:

1. Möglichst einen kurzen Strichcode verwenden (bei vier bis zehn Ziffern z. B. Code 39, bei acht bis 20 Ziffern z. B. Code 2/5 interleaved).

Codebeispiel: Code 128

Code128 12345

Code12 1234

Code1 123

Code 12

Cod 1

Co

C

Abb. 5.70 Aufbau des Strichcodes 128

2. Möglichst einfache Strichcodes verwenden, insbesondere bei Steuerungszwecken (2/5-Familie, Code 39, Strichcodes mit nur zwei verschiedenen Lücken- und Strichbreiten).
3. Geeignete Drucktechniken wählen.
4. Die Modulbreite muss auf das Auflösungsvermögen des Lesegerätes angepasst werden (z. B. bei Verschmutzungsgefahr, maximale Leseentfernung).

Abb. 5.71 zeigt den Aufbau eines EAN-Codes für die 13-stellige Strichcode-Markierung der Artikelauszeichnung im Konsumgüterbereich und dient für die maschinelle Erfassung mit Scanner an Datenkassen. EAN wird in Europa, USA und Japan eingesetzt.

Die Informationsdichte von Strichcodes wird im englischen Sprachraum in der Einheit cpi (characters pro inch = Anzahl der darstellbaren Zeichen pro inch) angegeben. In Deutschland wird die Dichte in „Platzbedarf pro Zeichen", also in Millimeter/Zeichen ausgedrückt. Um bei beengten Platzverhältnissen auf dem Strichcodefeld einen Strichcode unterzubringen, ist eine hohe Dichte (d. h. möglichst viel Informationen (Zeichen) pro Längeneinheit) notwendig. Wird aus einer größeren Entfernung gelesen, ist es günstiger einen Strichcode mit geringer Dichte zu verwenden. Nach der jeweiligen Modulbreite X wird zwischen mehreren Arten unterschieden:

1. Ultra high density-Code $X < 0{,}19\,\text{mm}$
2. High density-Code $0{,}19\,\text{mm} < X \leq 0{,}24\,\text{mm}$
3. Medium density-Code $0{,}24\,\text{mm} < X \leq 0{,}30\,\text{mm}$
4. Low density-Code $0{,}30\,\text{mm} < X \leq 0{,}50\,\text{mm}$
5. Einsatz bei großen Entfernungen $X > 0{,}50\,\text{mm}$

Abb. 5.71 Aufbau eines EAN-Codes

Bei der Auswahl des richtigen Lesegerätes spielt die optische Auflösung eine wichtige Rolle. Sie muss auf die Modulbreite X, das schmalste Element im Strichcode, abgestimmt sein.

5.4.4 Strichcodeauswahl

Bei Lesestiften, Abstandslesern und Schlitzlesern beträgt die optische Auflösung, bezogen auf den Normabstand, z. B. 0,15 mm, 0,25 mm oder 0,38 mm.

Bei einem CCD-Handleser gibt die Geometrie der Optik und die Größe der CCD-Zeile die optische Auflösung an. Der CCD-Handleser löst z. B. noch 0,15 mm auf. Anders verhält es sich bei einem Handscanner, dessen Auflösung mit dem Leseabstand variiert (0,15 bis > 0,5 mm).

Abb. 5.72 zeigt den Zusammenhang zwischen Auflösung, Lesefeld und Modulbreite X eines Laserscanners. Diese Analogie ist grundsätzlich auf jedes Lesegerät anwendbar.

Der Lesestift hat als rote Lichtquelle (660 nm) und einen IR-Sender (900 nm). Beide werden mit Berührung über das Papier geführt.

Die Oberfläche des Strichcodefeldes wird diffus durch LEDs beleuchtet. Das reflektierte Licht gelangt über ein aufwendiges optisches System (LEDs, Linsen, Lochblenden) auf den Phototransistor. Das System löst bei Überstreichung des Strichcodes die Striche und Lücken optisch auf und wandelt sie in einen elektrischen Impulszug um. Dieser Impulszug steht am Ausgang digital zur Verfügung. Ein angeschlossener Decoder wertet

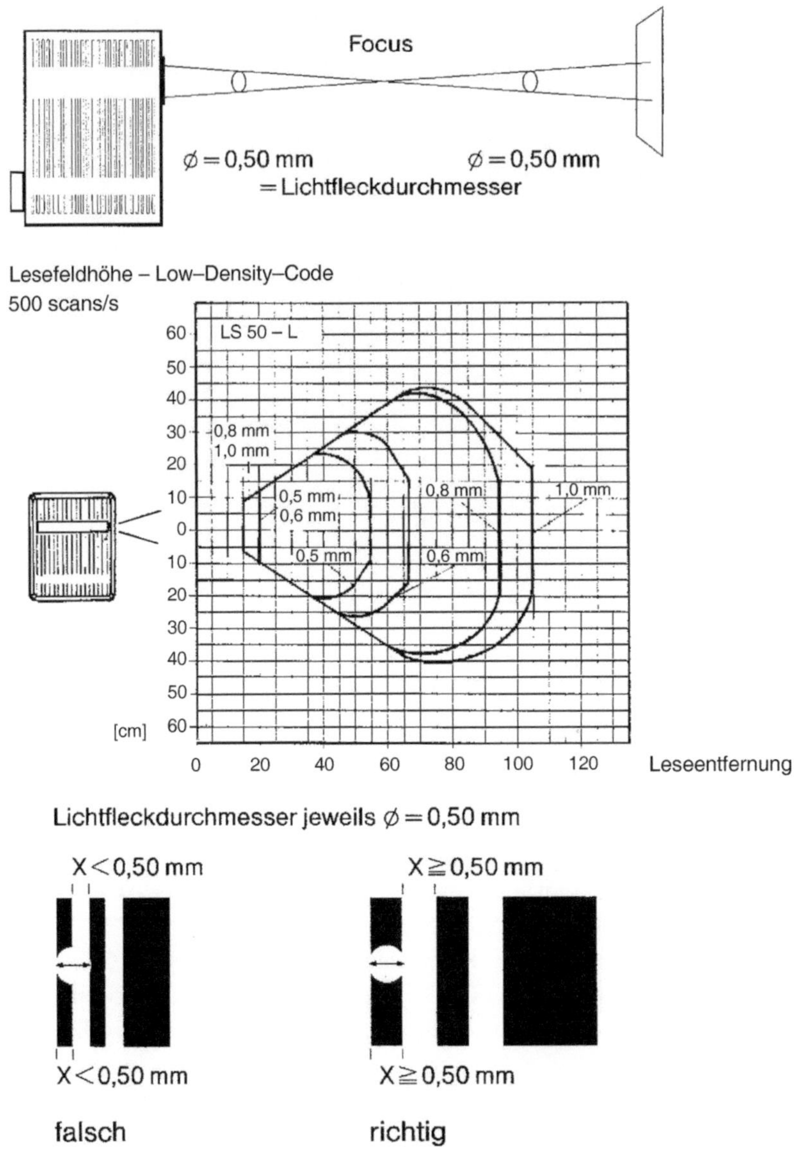

Abb. 5.72 Zusammenhang zwischen Auflösung, Lesefeld und Modulbreite X eines Laserscanners

den Impulszug aus und gibt die Information über eine Schnittstelle aus (RS 232, RS 422, RS 485, 20 mA, Tastaturemulation). Abb. 5.73 zeigt den internen Aufbau eines Lesestifts.

Die Lesegeschwindigkeit beträgt bei nominaler Auflösung zwischen 5 und 250 cm/s. Abb. 5.74 zeigt den Lesewinkel und die Leserichtung eines Lesestifts.

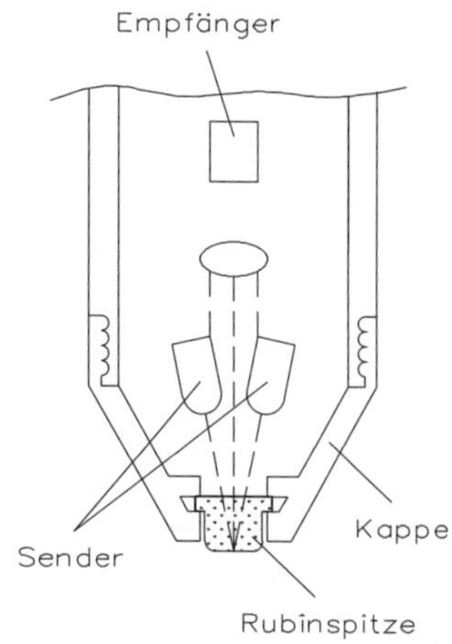

Abb. 5.73 Aufbau eines Lesestifts

Der CCD-Handleser ist wie eine Strichcode-Kamera mit einer CCD-Zeile aufgebaut. Daher muss der Strichcode beleuchtet werden, damit er mit genügend Kontrast auf der CCD-Zeile abgebildet werden kann. Hieraus resultieren der feste Leseabstand, die Tiefenschärfe und die mögliche Winkellage. Die Handleser verfügen über einen integrierten Decoder und eine Vielzahl möglicher Schnittstellen (RS 232, OCIA, OCR, Kassenschnittstelle, Tastatur- und Lesestiftemulation). Abb. 5.75 zeigt die Einsatzbedingungen für einen Handleser.

Der Handscanner ist vom Leseprinzip des Laserscanners abgeleitet. Eine eingebaute Laserdiode erzeugt den Laserstrahl, der über einen Schwingspiegel abgelenkt wird. In der Leseebene entsteht ein wandernder Lichtfleck, der den Strichcode abtastet. Der Handscanner erlaubt ein leichtes Erfassen des Strichcodes auf große Distanz (< 700 mm) bei großer Tiefenschärfe und extremen Winkellagen. Er verfügt über eine hohe Decoderleistung und ist mit verschiedenen Schnittstellen erhältlich (RS 232, OCIA, OCR, Kassenschnittstelle, Lesestift- und Tastaturemulation). Abb. 5.76 zeigt das Funktionsprinzip einer CCD-Zeilen-Kamera.

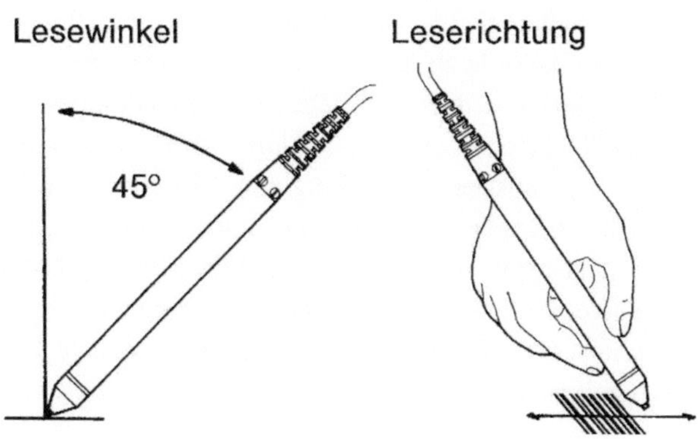

Abb. 5.74 Lesewinkel und Leserichtung eines Lesestifts

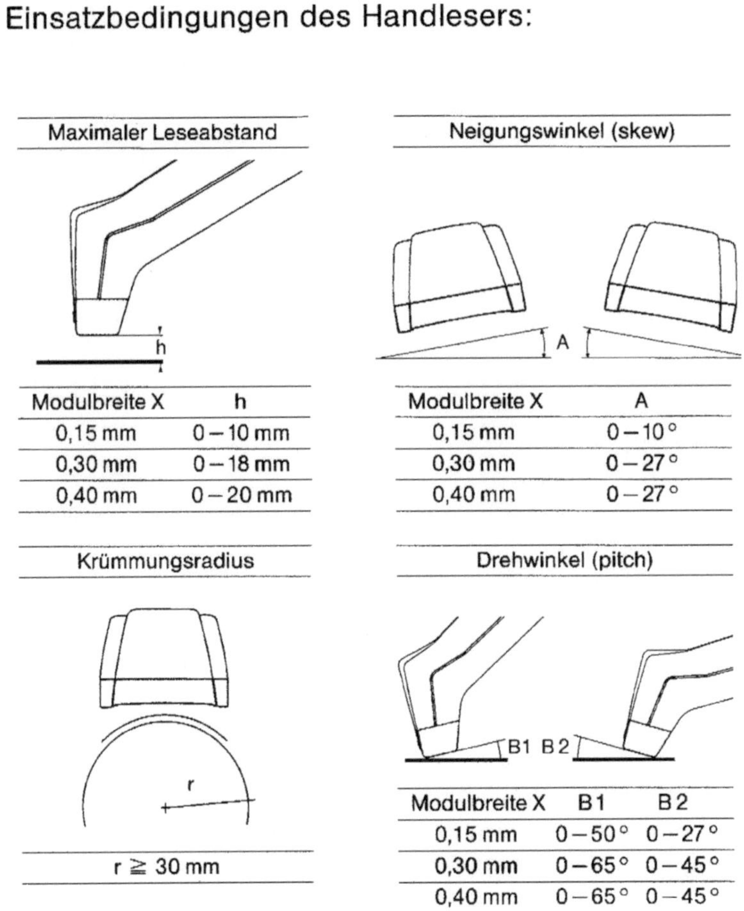

Maximaler Leseabstand

Modulbreite X	h
0,15 mm	0 – 10 mm
0,30 mm	0 – 18 mm
0,40 mm	0 – 20 mm

Neigungswinkel (skew)

Modulbreite X	A
0,15 mm	0 – 10°
0,30 mm	0 – 27°
0,40 mm	0 – 27°

Krümmungsradius

r ≧ 30 mm

Drehwinkel (pitch)

Modulbreite X	B1	B2
0,15 mm	0 – 50°	0 – 27°
0,30 mm	0 – 65°	0 – 45°
0,40 mm	0 – 65°	0 – 45°

Abb. 5.75 Einsatzbedingungen für einen Handleser

Eine CCD-Zeilen-Kamera besteht aus den beiden optischen Komponenten CCD-Zeile (1) und Objektiv (2). Das Objektiv bildet einen linienförmigen Bereich des Strichcodes auf die CCD-Zeile ab. Eine CCD-Zeile besteht aus vielen einzelnen Photodioden, die in einer Zeile angeordnet sind. Jede dieser Photodioden entspricht einem Bildpunkt (Pixel). Die Helligkeit eines einzelnen Bildpunktes kann elektronisch ausgewertet werden.

Bei der optischen Abbildung eines Strichcodes (3) auf die CCD-Zeile (1) belichtet ein helles Element des Strichcodes mehrere nebeneinanderliegende Bildpunkte. Dunkle Elemente entsprechen einem unbelichteten Bildpunkt. Eine breite Lücke entspricht vielen belichteten Bildpunkten, während ein schmaler Strich wenigen unbelichteten Bildpunkten entspricht. Durch Auszählen der Bildpunkte entsteht ein getreues Abbild des Strichcodes, das durch die Decodierlogik ausgewertet werden kann.

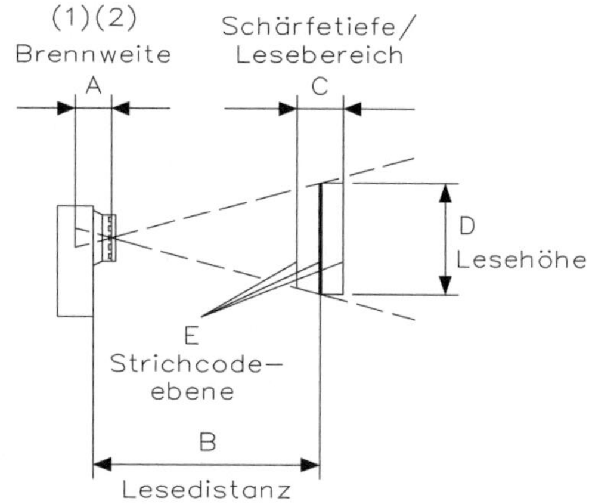

Abb. 5.76 Funktionsprinzip einer CCD-Zeilen-Kamera

Damit die CCD-Zeilen-Kamera einen Strichcode erfassen kann, muss dieser mit einer geeigneten externen Beleuchtung ausgeleuchtet werden.

5.4.5 Laserscanner

Ein Laser (1) erzeugt einen scharf gebündelten Lichtstrahl, der auf ein rotierendes Polygonrad (2), das aus mehreren Spiegelelementen besteht, auftrifft. Durch die Drehbewegung des Polygonrades und die Reflexion an den einzelnen Spiegelelementen wird der Laserstrahl stets in eine Ebene abgelenkt. Abb. 5.77 zeigt den Aufbau eines Laserscanners.

In der Leseebene entsteht dadurch ein ständig wandernder Lichtpunkt. Befindet sich ein Strichcode in der Leseebene, werden die Striche und Lücken vom wandernden Lichtpunkt überstrichen. Die Reflexion an den dunklen Strichen ist geringer als an den hellen Lücken.

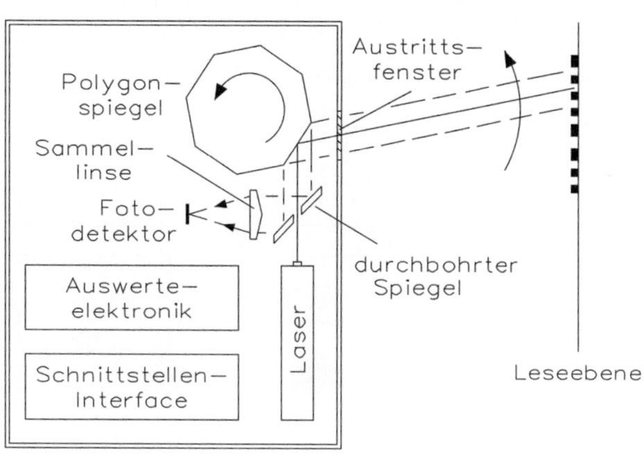

Abb. 5.77 Aufbau eines Laserscanners

Abb. 5.78 Wirkungsweise eines Einstrahlscanners

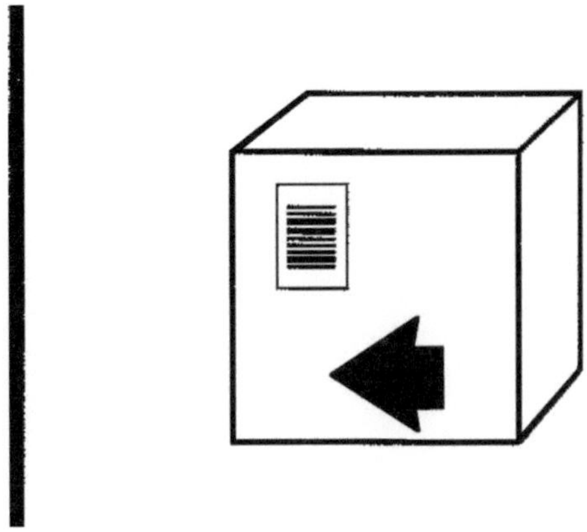

Aufgrund dieser Tatsache lässt sich der Strichcode im Lesegerät elektrisch abbilden. Ein Teil des auf dem Strichcode reflektierten Lichtes gelangt durch das Austrittsfenster zurück auf das Polygonrad. Von dort trifft es auf einen durchbohrten Spiegel und wird auf eine Sammellinse reflektiert, die das Licht auf einen Fotodetektor fokussiert. Hier wird die Intensität des reflektierten Lichtes in einen elektrischen Impulszug umgewandelt, verstärkt und digitalisiert. Ein nachfolgender Decoder entschlüsselt die abgelegten Daten und führt diese durch ein eingebautes Schnittstelleninterface dem übergeordneten Rechner zu.

Für die Erfassung eines Strichcodes gibt es mehrere Verfahren:

- Einstrahlscanner
  Bei der waagerechten Anordnung der Striche (Leiteranordnung) und dem senkrecht orientierten Laserstrahl (Abb. 5.78) wird der Strichcode durch die Förderbewegung an verschiedenen Stellen erfasst (flächige Abtastung). Vorteil dabei ist, dass der Strichcode in der Höhe nicht genau platziert werden muss und innerhalb der Strahlhöhe überall erfasst wird (Standardanwendung).
- Einstrahlscanner mit T-Code (oversquared)
  Bei dieser Anordnung von Abb. 5.79 können die Strichcodes in der kompletten Strahlhöhe des Scanners ohne Ausrichtung gelesen werden.

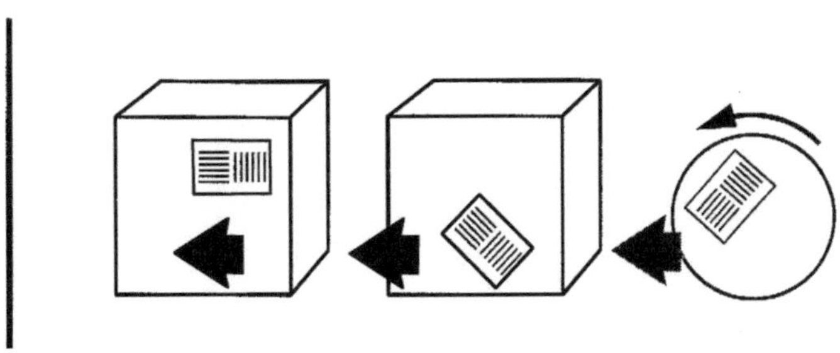

Abb. 5.79 Wirkungsweise eines Einstrahlscanners mit T-Code

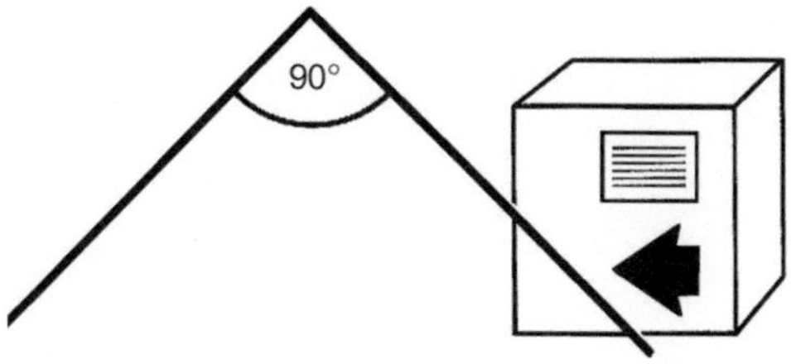

Abb. 5.80 Wirkungsweise von zwei Einstrahlscannern unter 90°

Der Strichcode wird zweimal (T-Code) unter 90° gedruckt. Voraussetzung ist dabei, dass die Strichcodehöhe (Strichlänge) größer als die Strichcodebreite sein muss. Vorteil dabei ist die hohe Transportgeschwindigkeit und der geringe Paketabstand. Dafür benötigt man aber mehr Platz für den T-Code. Um nicht ein übergroßes Etikett verwenden zu müssen, gibt es auch die Variante des T-Codes „undersquared". Hierbei werden zwei Standardcodes, die nicht überquadratisch sind, gedruckt. Zur Lesung dieses T-Codes benötigt man aber Decoder mit einer speziellen Software.

- Zwei Einstrahlscanner unter 90°
  Bei einem überquadratischen (oversquared) Strichcode und zwei unter 90° angeordneten Scannern kann der Strichcode ohne Ausrichtung gelesen werden. Abb. 5.80 zeigt die Wirkungsweise von zwei Einstrahlscannern unter 90°. Diese Anordnung bedingt jedoch einen großen Abstand zwischen den einzelnen Paketen.
- Mehrstrahlscanner oder Rasterscanner
  Bei senkrechter Anordnung in Abb. 5.81 der Striche (Lattenzaunanordnung) wird durch die verschiedenen Höhen der Laserstrahlen der Strichcode an verschiedenen Stellen gelesen.
  Nachteilig ist hier, dass der Strichcode präzise am Scanner vorbeigeführt werden muss, wobei mindestens ein Abtaststrahlen im Strichcode liegen müssen (Optimum: alle Abtaststrahlen im Strichcode).
- Fächer- oder Schwingspiegelscanner
  Bei senkrechter Anordnung der Codestriche kann durch einen Fächerscanner die gesamte Fläche des Förderguts erfasst werden, wie Abb. 5.82 zeigt. Hier wird mittels Schwingspiegel auf einem Einstrahlscanner der Strichcode gelesen. Dabei sind die Abstände der einzelnen Strahlen abhängig von der Ablenkgeschwindigkeit und der Amplitude des Schwingspiegels. Vorteil hierbei ist, dass mehrere Strichcodes (z. B.

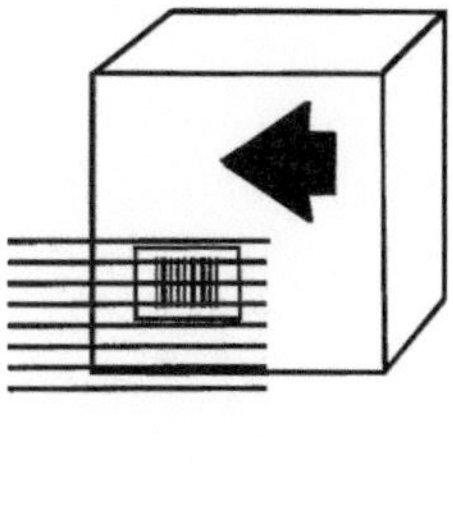

Abb. 5.81 Wirkungsweise eines Mehrstrahlscanners oder Rasterscanners

Abb. 5.82 Wirkungsweise eines Fächer- oder Schwingspiegelscanners

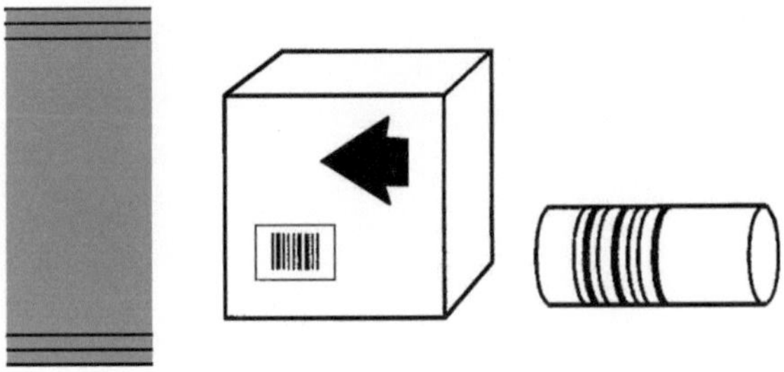

Abb. 5.83 Wirkungsweise eines omnidirektionalen Scanners oder Rasterscanners

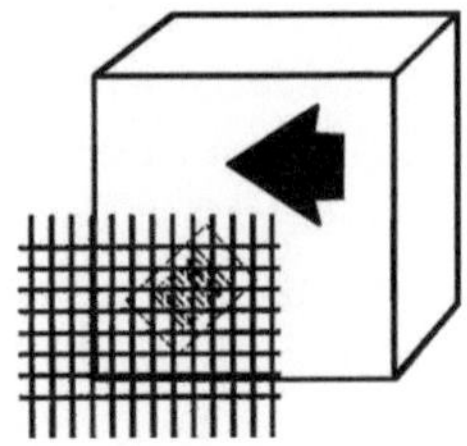

Odette-Warenanhänger) erfasst werden können. Die Strichcodes müssen aber eindeutig unterschieden werden können.

- Omnidirektionaler Scanner
  Mit einem Scanner, der ein komplettes Gitter an Strahlen projiziert, können alle Strichcodes, die mindestens quadratischen Aufbau (Strichlänge $\geq$ Strichcodebreite) haben, omnidirektional erfasst werden. Abb. 5.83 zeigt die Wirkungsweise eines Mehrstrahlscanners oder Rasterscanners. Die Einsatzmöglichkeiten sind aber durch den hohen technischen Aufwand begrenzt.

6 Sensoren und ihre sicherheitsrelevanten Anwendungen

Im Vergleich zu mechanischen Schaltern bieten induktive und kapazitive Näherungsschalter sowie optoelektronische Sensoren nahezu ideale Voraussetzungen für ihre sicherheitsrelevanten Anwendungen: Sie arbeiten berührungslos, verschleißfrei, weisen hohe Schaltfrequenzen und eine hohe Schaltgenauigkeit auf. Die Sensoren sind gut geschützt gegen Vibration, Staub und Feuchtigkeit. Für den industriellen Einsatz, etwa in der Automation, sind sie deshalb unentbehrlich.

Berührungslose Näherungsschalter arbeiten sehr oft nach dem Induktionsprinzip – zumindest dann, wenn der Sensor verschiedene Metalle erfassen soll. Induktive Näherungsschalter basieren auf dem Effekt der Güteänderung eines Schwingkreises: Diese Sensoren erzeugen an ihrer aktiven Fläche ein hochfrequentes Wechselfeld. Gelangen metallische Objekte in dieses Feld, so entstehen im Metall Wirbelströme, die dem LC-Schwingkreis des Näherungsschalters Energie entziehen. Dadurch sinkt die Amplitude des Schwingkreises gegenüber der größeren Schwingungsamplitude ohne Objekt vor der aktiven Fläche und es wird ein Schaltsignal ausgelöst. Induktive Sensoren erkennen alle Metalle, unabhängig davon, ob die Objekte sich bewegen oder nicht. Entscheidend für die Auslösung ist, dass das Objekt tief genug in das Feld des Sensors eindringt. Dieser Schaltabstand wird mit einer Messplatte aus ST 37 Stahl ermittelt. Soll der Sensor in der jeweiligen Anwendung andere Metalle detektieren, muss man einen Korrekturfaktor berücksichtigen. Die Feldstärke ist so ausgelegt, dass im detektierten Gegenstand keine messbare Erwärmung eintritt und auch keine magnetische Beeinflussung hervorgerufen wird. Aufgrund ihrer hohen Betriebsreserve sind induktive Sensoren unempfindlich gegen Ablagerungen auf der aktiven Fläche. Zu den typischen Anwendungen zählen die Positionskontrolle an automatischen Transport- und Förderanlagen oder die Überwachung von Elevatoren (Förderanlagen von Getreide, Sand, Schotter, Pakete usw.).

Über der aktiven Fläche eines kapazitiven Näherungsschalters erzeugt ein RC-Schwingkreis mit aktiver Elektrode und Masseelektrode ein elektrostatisches Streufeld, das gleichzeitig die aktive Zone des Sensors ist. Dringt ein Gegenstand in das Feld ein, so verändert sich die Kapazität des Schwingkreises: Anders als beim induktiven Sensor

H. Bernstein, *Sicherheits- und Antriebstechnik*, DOI 10.1007/978-3-658-12934-7_6

wird die Schwingungsamplitude beim kapazitiven Typ größer, wenn sich ein Gegenstand im Feld befindet. Wie groß diese Änderung ausfällt, hängt vom Abstand des Objekts zur aktiven Fläche und von der Dielektrizitätskonstante des Mediums ab. Erfasst werden auch nicht metallische Materialien, wie beispielsweise Glas, Kunststoff oder Wasser. Deshalb sind kapazitive Sensoren mit einer Kompensationselektrode versehen, die Feuchtigkeit (z. B. durch Betauung) auf der aktiven Fläche verhindert oder kompensiert, so dass keine ungewollten Schaltvorgänge auftreten. Der Schaltabstand des Sensors wird mit einer geerdeten Stahlplatte ermittelt.

Wie beim induktiven Typ müssen bei der Detektion anderer Materialien Korrekturfaktoren berücksichtigt werden. Mittels Einstellpotentiometer lässt sich die Empfindlichkeit (und damit der Schaltabstand) reduzieren, so dass beispielsweise bei Füllstandsmessungen nicht mehr die Kunststoffwand eines Behälters detektiert wird, sondern das Wasser dahinter. Zur hohen Betriebssicherheit induktiver und kapazitiver Sensoren tragen Schutzmaßnahmen gegen das Eindringen von Wasser oder Vorsorge gegen Temperaturveränderungen ebenso bei, wie die mechanische Konstruktion des Sensors und die Materialauswahl.

Akustische Sensoren dienen hauptsächlich dazu, Schwingungen oder Wellen in elektrische Signale umzuwandeln. Deshalb spricht man auch von Schallwandlern oder Schallumformern. In der Mehrzahl der Anwendungen arbeiten solche Sensoren im Ultraschallbereich oberhalb des vom Menschen hörbaren Frequenzspektrums von 15 bis 25 kHz.

Dieser Schwerpunkt in den Ultraschallfrequenzen erklärt sich aus deren Unempfindlichkeit: Ultraschall wird durch Nebel oder Schmutz – also durch materielle Hindernisse – nur unwesentlich beeinflusst. Zur messtechnischen Anwendung gehören in der Regel jeweils ein Sender und ein Empfänger. Allerdings gibt es Sensorausführungen, bei denen der Sender nach dem Abstrahlen der Wellen zum Empfänger umgeschaltet wird. Oftmals begegnet man Ultraschallsendern und -empfängern als separate Einheiten in einem Gehäuse. Man spricht dann von Einkopfsystemen. Diese Konstruktion hat gegenüber den Zweikopfsystemen mit räumlich getrenntem Sender und Empfänger den Nachteil, dass nach dem Senden eines Impulses das Ausschwingen des Senders abgewartet werden muss, um kein verfälschtes Messergebnis zu erhalten. Um diesen Nachteil zu umgehen, definiert man bei Einkopfsystemen einen Mindestabstand zum Messobjekt, so dass die längeren Laufzeiten der Wellen die Senderausschwingzeit ausgleichen.

Zur Erzeugung von Ultraschallwellen werden vorwiegend piezokeramische oder elektrostatische Wandler benutzt. Bei den piezokeramischen Wandlern unterscheidet man zwischen Membranschwingern und Biegeschwingern. Bei ersteren wird durch den Piezoeffekt eine elastische Metallmembran auf Eigenresonanz erregt. Bei den Biegeschwingern legt man eine Spannung an ein Piezoscheibchen, wodurch sich dieses Scheibchen samt einem daran angeklebten Metallplättchen mechanisch verbiegt und dabei Schallwellen aussendet. Der so erzeugte Ultraschall liegt üblicherweise im Bereich von etwa 40 kHz. Wesentlich höhere Frequenzen erzeugen elektrostatische Wandler. Sie bestehen aus einer Metallplatte und einer metallbeschichteten Kunststofffolie. Diese Komponenten sind als Kondensator angeordnet. Platte und Folie werden mittels Gleichspannung vorgespannt. Dadurch wirken Anziehungskräfte zwischen ihnen und beide Komponenten nähern sich einander an. Zur Schallerzeugung wird der Gleichspannung eine Wechselspannung überlagert. Mit diesem Verfahren lassen sich Frequenzen in der Größenordnung von bis zu 500 kHz realisieren.

Als Empfänger des ausgesandten Ultraschalls dienen Mikrofone oder Schallwandler, die sich – abhängig von ihren Anwendungen – in verschiedenen Parametern unterscheiden: Wesentliche Merkmale sind die Empfindlichkeit, der Übertragungsbereich, der Frequenzgang, die Abstrahlcharakteristik und die Impedanz. In dem für die Sensorik wichtigen Ultraschallbereich kommen entweder Kondensatormikrofone oder Piezowandler zum Einsatz. Prinzipiell erfolgen Ultraschallmessungen durch Auswertung der Laufzeitunterschiede zwischen hin- und rücklaufender Welle. Dabei gilt es zu beachten, dass sich Schallwellen nur in materiellen Medien ausbreiten können und am besten von harten Materialien wie Stahl oder Beton reflektiert werden. Außerdem muss man bedenken, dass sich Schall in verschiedenen Medien mit unterschiedlicher Geschwindigkeit ausbreitet. Die Art der Ausbreitung ist abhängig von den elastischen Eigenschaften des Mediums.

Im hörbaren Frequenzbereich bedient man sich der Schallwandler, um beispielsweise Räume zu überwachen („Babywächter"-Anwendung). Ultraschallsensoren bzw. -wandler verwendet man zur Bestimmung der Dicke undurchdringlicher Medien, wie z. B. Stahlplatten, zur Abstandsmessung, etwa um Meerestiefen zu bestimmen, oder für Einparksysteme im Auto. Auch die Detektion ausströmender Gase oder Koronaentladungen, die Schwingungen im Ultraschallband erzeugen, ist möglich. Für Fernsteuerungssysteme, wie Fernbedienungen in der Konsumelektronik, in Datenübertragungssystemen oder der modernen medizinischen Diagnostik macht man sich Ultraschallwandler ebenfalls zunutze. Nach dem bereits erwähnten Prinzip der unterschiedlichen Ausbreitungsgeschwindigkeit des Schalls in verschiedenen Medien kann man mit Ultraschallsensoren auch die Konzentration einer Lösung messen.

Die Unterscheidung zwischen Gas- und Feuchtesensor ist eine physikalische Differenzierung zwischen Gas und (organischen) Dämpfen, als dass sich darin Unterschiede in der Funktionsweise widerspiegeln würden: Beide „Spürnasen" gehören zu den resistiven Sensoren, deren Ausgangssignal sich linear mit dem elektrischen Widerstand der Sensorfläche ändert. Wegen dieser engen Verwandtschaft werden Sensoren für Gas und Feuchte gemeinsam behandelt.

Der Anteil bestimmter Gase lässt sich mit Halbleitersensoren überwachen: Je nach Einsatzzweck sprechen sie entweder auf brennbare Gase wie (Iso-)Butan, Methan, Äthanol, Wasserstoff, Natur- und Stadtgas an, reagieren auf stickende Gase wie Kohlenmonoxid oder Stickoxide oder zeigen Luftverunreinigungen durch feine Partikel an, wie sie etwa in Zigarettenrauch enthalten sind. Im letzten Fall reagieren gängige Sensoren bereits auf Größenordnungen ab < 100 ppm.

Halbleiter-Gassensoren benötigen eine kleine Versorgungsspannung und haben eine Stromaufnahme, die typischerweise zwischen 5 bis 20 mA liegt. Mit einer Energiezufuhr von $P = 0{,}1$ W wird in der eigentlichen Sensorpille ein Platindraht erhitzt, der wiederum die poröse Keramik auf ihre Betriebstemperatur von rund 300 °C bringt. Häufig verwendete keramische Materialien sind Eisenoxid, Zinnoxid und Zinkoxid, die bei dieser Temperatur in der Gegenwart von spezifischen Gasen ihren elektrischen Widerstand ändern. Sie reagieren wahlweise auf ein ganzes Spektrum brennbarer Gase, können aber auch gezielt auf einzelne Gase abgestimmt sein. Solche Sensoren reagieren dann nicht auf Veränderungen beim Volumenanteil anderer Gase. In der porösen Keramikpille des Gassensors dient ein zweiter Draht als Gegenelektrode zum Platinheizdraht. Mit der Anwesenheit von entsprechenden Gasen sinkt der Widerstand der hochohmigen Sensorkeramik bei einem Volumenprozent Gas um etwa eine Größenordnung, bei einem Isobutan-Sensor beispielsweise von rund $10^4\,\Omega$ auf etwa $10^3\,\Omega$. Betrieben werden solche Keramiksensoren mit Wechselstrom, um Polarisationserscheinungen zu unterbinden.

Um den Anteil von Wasserdampf in der Umgebungsluft zu messen, kommen resistive Sensoren zum Einsatz, die entweder eine Sensoroberfläche oder ebenfalls eine poröse Keramikstruktur aufweisen. Hochohmige, halbleitende Schichten aus Chromdioxid und Eisenoxid adsorbieren beim Messvorgang Wassermoleküle, wodurch sich die elektrische Leitfähigkeit im Oxidfilm messbar erhöht. Die Veränderung ist deutlich größer als bei den erwähnten Gassensoren: Hochohmige Halbleiter-Feuchtesensoren zeigen Kennlinien, die beispielsweise von $10^{14}\,\Omega$ bei trockener Umgebung auf $10^{11}\,\Omega$ in feuchter Umgebung abfallen. Diese Sensoren eignen sich nur für Messbereiche bis zu 50 % relativer Luftfeuchte.

Hygrometer arbeiten teilweise auch mit Salzsensoren, in denen die jeweilige Luftfeuchte die elektrische Leitfähigkeit verändert. Um Elektrolyse und Polarisation zu verhindern, müssen auch diese Sensoren mit Wechselspannung betrieben werden. Heute sind Salzsensoren auf dem Rückzug. An ihre Stelle treten organische Hygrometer-Sensoren, bei denen die Oberfläche aus einer hygroskopischen Beschichtung auf einem Polymerisat besteht. Durch Anlagerung von Wassermolekülen vergrößert sich die Beweglichkeit der Ionen in der Oberfläche und der Widerstand des Films sinkt bei einem Messbereich von 10 … 100 % relativer Feuchte von $10^7\,\Omega$ deutlich bis auf $10^5\,\Omega$. Wie bei Gas- und Feuchtesensoren insgesamt, ist auch bei diesen organischen Sensoren die Reaktionsträgheit (Ansprechzeit) relativ groß. Das gilt insbesondere für die Desorption der einmal angelagerten Wassermoleküle. Zeitkonstanten bis zu 30 s sind hier realistisch. Typisch für organische Sensoren – und auch für viele andere Feuchtesensoren – ist außerdem in der idealen Kennlinie eine gewisse Hysterese.

Keramische Feuchtesensoren bestehen aus einem porösen Keramikscheibchen, das im trockenen Zustand hochohmig ist. An den beiden Seiten des Scheibchens (z. B. aus Magnesiumchromat) liegen zwei Elektroden an, von denen eine für Wassermoleküle permeabel ist. Die verwendete Keramik macht diese Feuchtesensoren robust, zumal unter Umständen ein integriertes Heizelement dazu dient, Schmutzreste in gewissen Zeitabständen aus der Keramik herauszudampfen. Wunder an Genauigkeit darf man wegen der Struktur der Keramik allerdings nicht erwarten: Die Hysterese liegt beim Doppelten des Wertes für organische Sensoren und die Toleranz ist ebenfalls verhältnismäßig groß.

Bestimmte Halbleiterkeramiken lassen sich je nach Materialzusammensetzung in der Thermometrie nutzen, weil sich der Widerstand der Keramik in Abhängigkeit von der Temperatur ändert. Verglichen mit Platin-Widerstandsthermometern beispielsweise liegt der Temperaturkoeffizient von Thermistoren um mindestens eine Größenordnung höher.

Thermistoren und Posistoren gehören zu den nicht linearen Widerständen. Ihr Spannungs-Strom-Verhältnis gehorcht dem ohmschen Gesetz nur für den jeweiligen Arbeitspunkt. Entsprechend dem Vorzeichen ihres Temperaturkoeffizienten werden sie üblicherweise auch benannt: NTCs (Negative Temperature Coefficient) oder Heißleiter mit fallendem Widerstand bei steigender Temperatur und PTCs (Positive Temperature Coefficient) oder Kaltleiter mit steigendem Widerstand bei steigender Temperatur.

Heißleiter oder NTC-Thermistoren sind resistive Sensoren, deren Leitfähigkeit mit steigender Temperatur zunimmt. Ihre für den Widerstand negativen Temperaturkoeffizienten sind mit −2 und −6 %/K zehnmal größer als die von Metallen. Die Temperaturabhängigkeit des elektrisch nicht belasteten Heißleiters beschreibt die Formel:

$$R_T = R_N \cdot e^{B(I/T - I/T_N)}.$$

B stellt dabei die Materialkonstante des Heißleiters dar.

Beim Durchfluss eines elektrischen Stroms erwärmt sich der Heißleiter aufgrund der elektrischen Verluste. Diese Eigenerwärmung ist aber nicht nur von der Zufuhr elektrischer Leistung abhängig, sondern auch von der Bauform des NTC, dem thermischen Leitwert und dem umgebenden Medium. Die physikalischen Eigenschaften bestimmen auch die praktischen Einsatzmöglichkeiten. Sie lassen sich einteilen nach:

- Ausnutzung der Umgebungstemperatur: Bei solchen Anwendungen wird die Eigenerwärmung vernachlässigt, und der NTC dient in erster Linie zur Temperaturmessung und -kompensation. Anwendungen finden sich in der Haushaltselektronik, im Auto sowie in der Heiz- und Klimatechnik. Typische Beispiele für die Temperaturkompensation sind die Stabilisierung des Arbeitspunktes von Transistorschaltungen und die Helligkeitsregelung von LCD-Anzeigen.
- Ausnutzung des nicht linearen Spannungs-Strom-Verhaltens: Hier nutzt man die Eigenerwärmung des NTC, beispielsweise für Einschaltstrombegrenzungen, wobei der Heißleiter immer in Reihe liegt und die maximale Belastbarkeit und die Impulsbelastung des NTC berücksichtigt werden müssen. Anwendungen gibt es unter anderem bei Leuchtstoff- und Halogenlampen zur Einschaltstrombegrenzung, für die Drehzahlstabilisierung von Küchenmaschinen und den Sanftanlauf von Motoren.
- Ausnutzung des Wärmeleitwertes auf die Spannungs-Strom-Kennlinie: Das Umgebungsmedium beeinflusst die Temperatur eines NTC. So erhöht sich der Wärmeleitwert beim Eintauchen eines Heißleiters in eine Flüssigkeit, die NTC-Temperatur sinkt und die am Heißleiter anliegende Spannung steigt. Diese Auswirkung lässt sich zur Messung von Flüssigkeitspegeln, Strömungsgeschwindigkeiten von Gasen (Kühleffekt und damit Widerstandserhöhung) und Unterdruck (Vakuum erhöht die NTC-Temperatur und senkt den Widerstand) nutzen.
- Zeitliches Verhalten bei Erwärmung oder Abkühlung: Dies wird für die Relais-Anzugsverzögerung (NTC in Reihe zur Spule) und -Abfallverzögerung (NTC parallel zur Spule, Vorwiderstand nötig) verwendet.

Bei PTC-Widerständen (Kaltleiter) oder Posistoren steigt der Widerstand des Bauteils nahezu sprunghaft an, wenn die Bezugstemperatur erreicht wird. Die positiven Temperaturkoeffizienten liegen bei 5 %/K bis zu 50 %/K. Die Ursache liegt im Gefüge der polykristallinen Keramik auf der Basis von Bariumtitanat, d. h. bei tiefen Temperaturen sind die Potentialschwellen der Korngrenzen nicht ausgebildet und erlauben deshalb einen freien Elektronenfluss. Oberhalb der Curie-Temperatur nehmen Dielektrizitätskonstante und Polarisation stark ab. Damit steigen Potentialschwellen und Widerstand stark an. Der hohe positive Temperaturkoeffizient der PTCs tritt nur in einer schmalen Temperaturspanne von 50 bis 100 K Breite um den Curie-Punkt auf. Ober- und unterhalb dieser Bandbreite verhalten sich PTC-Widerstände weitgehend wie NTC-Widerstände. PTC-Einsatzmöglichkeiten kann man danach unterteilen, ob der Kaltleiter „direkt" durch den Stromfluss beheizt wird oder „indirekt" durch Wärmezufuhr aus der Umgebung. Häufige „direkt" beheizte Anwendungen sind:

- Sicherung: PTCs dienen als Überstrom- bzw. Überlastschutz und als Sicherung bei der Überschreitung vorwählbarer Temperaturen. Sie erholen sich nach der Auslösung und werden in Messgeräten, Haushaltsgeräten, beim Lüfterschutz und zur Katodenvorheizung in Energiesparlampen verwendet.
- Schaltverzögerung: Mittels in Reihe geschalteter PTCs erreicht man ein verzögertes Abschalten bei hohen Schalthäufigkeiten, wie z. B. die Steuerung der Anlaufhilfsphase bei Wechselstrommotoren oder Relaisverzögerungen.
- Heizer: Im niederohmigen Bereich der R/T-Kennlinie betriebene PTCs können hohe „Heizleistungen" erreichen und werden direkt zur Beheizung von Flüssigkeiten (Ölvorwärmung) und in Heizsystemen im Auto (z. B. zur Saugvorwärmung oder Spiegelheizung) verwendet.
- Niveaufühler: Äußere Abkühlbedingungen ändern die Leistungsaufnahme des PTC. Diesen Effekt nutzt man beispielsweise zur Überlaufsicherung von Tanks, für Grenzwertgeber und Lecksensoren.

„Indirekt" geheizte Sensorkaltleiter verwendet man in der Mess- und Regelungstechnik zur Temperaturmessung und als Grenztemperaturfühler im Motorschutz, wo PTCs die Wicklungstemperatur überwachen. Bei solchen Anwendungen muss die Eigenerwärmung des Kaltleiters und der Varistoreffekt (Spannungsabhängigkeit, Abbau der Potentialschwellen bei hohen Feldstärken) ausgeschlossen werden.

Hallsensoren zählen zu den populären Bauelementen für potentialfreie bzw. prellfreie Schaltlösungen. Hallsensoren finden sich außerdem zunehmend häufig in Messgeräten, wie Strom- und Erdungsmesszangen sowie Zangen-Multimetern, weil sie schnelle Messungen ohne Shunt erlauben. Das Produktspektrum reicht vom kleinen IC-Schalter bis zum Stromwandler, der eigentlich halb Messinstrument und halb Sensor ist.

Bereits seit 1879 weiß man, dass an einem stromdurchflossenen Leiter eine Spannung entsteht, wenn sich dieser Leiter in einem Magnetfeld befindet, das senkrecht sowohl zur Stromrichtung im Leiter als auch zum Abgriff der entstandenen Hallspannung steht. Edwin Herbert Hall, der diese Auswirkung der Lorentz-Kraft beobachtete, entdeckte damit einen Effekt, der erst ein Jahrhundert später seine Nutzanwendung fand. Während Metalle nämlich wegen ihrer hohen Dichte an Ladungsträgern nur eine sehr geringe Hallspannung U_H erzeugen, hat die Halbleitertechnologie den lange bekannten Effekt für die Sensor- und Messtechnik erschlossen: Durch kontrollierte Ionenimplantation lassen sich Hallplättchen herstellen, die eine ausreichend starke Spannung für den praktischen Einsatz liefern. Der Grundaufbau eines Hallgenerators beinhaltet typischerweise ein Hallplättchen mit rechteckigen Abmessungen. Dabei erfolgt der beidseitige Abgriff von U_H in der Mitte der längeren Seiten des Plättchens quer zur Flussrichtung des Längsstroms, um mögliche Störeinflüsse durch die Stromelektroden an den schmalen Enden des Plättchens auszuschließen.

Die Hallspannung wird nach folgender Gleichung berechnet:

$$U_H = \frac{I \cdot B}{e \cdot n \cdot d}.$$

Dabei ist:

I = Längsstrom,
B = magnetische Flussdichte,
E = Elementarladung,
n = Ladungsträger-Konzentration,
d = Dicke des Plättchens.

Voraussetzung für die Entstehung von U_H ist ein Magnetfeld, das auf den Leiter einwirkt und so den Stromverlauf verändert. Unter dem Einfluss des Magnetfelds fließen die Elektronen nicht mehr parallel, und damit liegen auch die zur Stromrichtung senkrechten Äquipotentiallinien nicht mehr senkrecht zum Leiter. So bildet sich an entgegengesetzten Punkten des Leiters eine Spannung. Dreht man das Magnetfeld um 180°, so erzeugt man die entgegengesetzte Spannung. Der Effekt ist stark richtungsabhängig und punktsymmetrisch. Die Hallausgangsleistung steigt linear mit dem Strom und dem Magnetfeld an und nimmt mit der vom Magnetfeld durchsetzten Leiterdicke ab:

$$U_H = \frac{R_n \cdot I \cdot B}{d}.$$

Hierbei ist R_H genaugenommen der Kehrwert der Anzahl freier Ladungsträger oder:

$$R_H = \frac{V}{n \cdot e_0}.$$

Um Hallsensoren auf bestimmte Anforderungen abzustimmen, verändert man die Geometrie der Plättchen. In Kreuzform beispielsweise sind die Sensoren nur wenig empfindlich bei kleiner Aussteuerung. Wegen des kleinen Innenwiderstands weist diese Bauform eine hohe Induktionsempfindlichkeit auf. Anders die sogenannte Schmetterlingsform: Hier ist der Hall-seitige Innenwiderstand hoch, dafür aber auch die Empfindlichkeit im Bereich der Verjüngung im Mittelteil des Plättchens. Hall-Effekt-Gleichstromwandler für Prozesssteuerungen nach Industrienorm etwa liefern einen Ausgangsstrom von 4 bis 20 mA (Stromschnittstelle).

In der Praxis finden die Halbleitermaterialien InSb, InAs und GaAs Verwendung. Letzteres hat dabei den großen Vorteil, dass es Temperaturen bis zu 200 °C verträgt, während Indiumantimonid und Indiumarsenid relativ große Temperaturkoeffizienten aufweisen. Hallsensoren reagieren auf Felder zwischen etwa 10 mT und wenigen Tesla. Von ihrer Ausführung, beispielsweise als Schalter-IC, Flügelschalter, Positionssensor oder Stromwandler, hängt es ab, ob sie Drehzahlen überwachen, Zählvorgänge unterstützen, Positionen erfassen oder auch Ströme messen. Hallsensoren stehen sowohl in unipolarer als auch in bipolarer Ausführung zur Verfügung. Bei den bipolaren Typen bleibt U_H erhalten, bis das Magnetfeld umgepolt wird. Wenn kleine Feldänderungen gemessen werden sollen, kommen Differenz-Hallsensoren zum Einsatz.

Auch elektrische Widerstände lassen sich mittels Halleffekt messen. Dazu baut man auf Feldplatten dünne ferromagnetische Schichten auf. Im Ruhezustand „laufen“ die Elektronen in der Feldplatte auf den kürzestmöglichen Strombahnen. Durch Anlegen eines Magnetfelds werden die Elektronen mittels der geometrischen Struktur der Feldplatte von ihrer ursprünglichen Flussrichtung abgelenkt. Dadurch ändert sich der rein ohmsche Widerstand des Sensors und wird messbar. Um den Effekt zu verstärken, schaltet man mehrere Elemente in Reihe. Die Richtung des Magnetfelds lässt sich mit Feldplatten allerdings nicht bestimmen.

Magnetoresistive Sensoren sind bei geringen Feldgrößen nicht empfindlich genug, um diese in der Sensorik zu verwenden. Magnetoresistive Sensoren aus weichmagnetischem Werkstoff (Permalloy, 80 % Fe, 20 % Ni) dagegen weisen auch bei kleinen Feldern die nötige Empfindlichkeit auf. Anders als bei Feldplatten ändern sie ihren Widerstand in Abhängigkeit vom angelegten Magnetfeld und der Wirkrichtung des Felds: Senkrecht zum Stromfluss in der Ebene des Dünnfilmsensors ist der Effekt am stärksten. Solche magnetoresistiven Sensoren gibt es nur als Vollbrücke. Sie liefern eine zur Feldstärke proportionale Ausgangsspannung, sind empfindlicher als einfache Aufbauten und weitgehend temperatur-kompensiert. Um den fertigungstechnisch derzeit nicht vermeidbaren Fehler gegenüber der idealen, symmetrischen Kurvenform auszugleichen, werden alle systematischen Offsetfehler der Brücke durch eine (integrierte) Standardbeschaltung kompensiert. Sie liefert innerhalb eines Messzyklus zwei Werte, deren Fehler einmal zum Messergebnis addiert und einmal davon subtrahiert werden, so dass man daraufhin durch Integration zum genauen Wert gelangt. Übrigens: Da magnetoresistive Sensoren nicht die magnetische Flussdichte messen sondern die Feldstärke, wird ihr Messbereich in A/m angegeben, nicht in Tesla.

Alle physikalischen Einflüsse, die eine elastische Formänderung herbeiführen können, lassen sich mit der Dehnungsmesstechnik erfassen. Zu den typischen Messgrößen gehören Kraftwirkungen, wegbedingte Formänderungen, Temperatureinflüsse, Schwingungserscheinungen und andere. Als Messwertaufnehmer dient der sogenannte Dehnungsmessstreifen (DMS).

Dehnungssensoren sind nicht nur vielseitig einsetzbar, sie erfüllen auch eine Reihe von Anforderungen an Sensoren: Sie vertragen eine hohe Zahl an Lastwechseln, haben nur eine unbedeutende Hysterese, weisen kaum eigene Masse auf und keinerlei bewegte Bestandteile, sind wenig temperatursensibel, messen eindeutig lokal und liefern lineare Werte. DMS gehören zu den resistiven Sensoren, d. h. sie arbeiten nach dem Gesetz der Widerstandsänderung eines gedehnten Drahtes:

$$R = \frac{\rho \cdot l}{A}.$$

Dabei ist:

ρ = spezifischer Widerstand,
l = Länge
A = Querschnitt.

Unter der Annahme, dass keine Volumenänderung eintritt und der Widerstand konstant ist, ergibt sich folgende Berechnungsformel für die Widerstandsänderung:

$$\frac{\Delta R}{R} = 2 \cdot \frac{\Delta l}{l} = 2 \cdot \varepsilon.$$

Daraus ergibt sich ein festes Verhältnis von 2. Bei einer genaueren Betrachtung ergeben sich andere Faktoren, weil sich der spezifische Widerstand mit der Dehnung ändert. Die K-Faktoren geben das Verhältnis der Widerstandsänderung zur Längenänderung für verschiedene Materialien an. Typische K-Faktoren sind Werte von 2,1 für Konstantan, 2,2 für Nichrome und 3,3 für Isoelastic. Dabei wird der K-Faktor bei der Herstellung für jedes Fertigungslos ermittelt und auf der Packung angegeben.

Dehnungsmessstreifen arbeiten nach einem einfachen Prinzip: Belastet man einen Stab mit der Länge l und dem Querschnitt A mit einer Längskraft F, so dehnt sich der Stab um Δl. Dabei sind die Dehnung

$$\varepsilon = \frac{\Delta l}{l}$$

und die mechanische Spannung

$$\delta = \frac{F}{A}.$$

Solange sich die Dehnung im Elastizitätsbereich des DMS-Werkstoffs bewegt, besteht folgende Proportionalität:

$$\delta = \varepsilon \cdot E.$$

Typische Werte für das Elastizitätsmodul E sind

$$E_{Stahl} = 21 \cdot 10^4\,\mathrm{N/mm^2} \text{ und } E_{Al} = 7 \cdot 10^4\,\mathrm{N/mm^2}.$$

Wird der Bereich der Elastizität überschritten, findet eine plastische bzw. bleibende Dehnung statt oder das Material bricht.

Dehnungsmessstreifen bestehen aus einem Messgitter, das aus 0,018 bis 0,025 mm dünnem Widerstandsdraht mäanderförmig gewickelt oder aus dünner Folie herausgeätzt wird und mit zwei Anschlüssen versehen ist. Als Träger dient Kunststofffolie. Auf der zu untersuchenden Oberfläche werden DMS mit Hilfe geeigneter Kleber befestigt. Die verwendeten Klebstoffe müssen temperaturstabil und isolationsfest sein. Außerdem müssen sie ein mindestens ebenso gutes Dehnverhalten aufweisen wie der Messstreifen selbst.

Um die sehr kleine Widerstandsänderung eines DMS zu erfassen, wird eine Brückenschaltung verwendet, in der ein bis vier Brückenwiderstände DMS sein können. Um das Messverfahren zu vereinfachen, sollten die Brückenwiderstände den gleichen Nennwiderstand haben wie die verwendeten DMS.

Betrachtet man nun eine kleine Weg- und damit eine kleine Widerstandsänderung. Vernachlässigt man ΔR, so ergibt sich als erste Näherung:

$$\frac{U_a}{U_0} = \frac{1}{4} \cdot \frac{\Delta R}{R}.$$

Obwohl DMS an den Temperaturkoeffizienten des zu messenden Materials angepasst sind, können Temperatureinflüsse nicht vernachlässigt werden. Zur Kompensation setzt man einen zweiten DMS der gleichen Temperaturänderung aus wie sie auf den ersten wirkt. Der kompensierende DMS wird anstelle von R_2 eingesetzt und kann entweder passiv sein, also keine Dehnung erfahren, oder so angebracht werden, dass er die entgegengesetzte Dehnung erfährt (Halbbrücke). Mit $R_1 = R + \Delta R$ und $R_2 = R - \Delta R$ sowie $R_3 = R_4 = R$ folgt:

$$\frac{U_a}{U_0} = \frac{R \cdot (R - \Delta R) - R \cdot (R - \Delta R)}{2R \cdot 2R} = -\frac{2R - \Delta R}{4R^2},$$

$$\frac{U_a}{U_0} = -\frac{1}{2} \cdot \frac{\Delta R}{R}.$$

In der Halbbrücke ergibt sich also die doppelte Empfindlichkeit der Viertelbrücke. Es ist unnötig, Teile der Formel zur Linearisierung zu vernachlässigen. Man kann die Empfindlichkeit noch einmal verdoppeln, indem man die Halbbrücke zur Vollbrücke erweitert. Dazu sind die Widerstände entsprechend gegeneinander zu schalten, so dass sich ihre Widerstandsänderung verdoppelt.

Die klassischen Draht-Dehnungsmessstreifen, mit denen sich mittelbar auch Drücke und Differenzdrücke messen lassen, werden langsam aber sicher von Dehnungssensoren in Folientechnik, Aufdampftechnik und von Halbleiterwiderständen verdrängt. Letztere haben neben ihren geringen Abmessungen den Vorteil, dass ihr Proportionalitätsfaktor k, der den Zusammenhang zwischen relativer Widerstandsänderung $\Delta R/R$ und relativer Dehnung $\Delta L/L$ beschreibt, bei Werten um 100 liegt, was viel genauere Messungen erlaubt. Zum Vergleich: k beträgt bei Metallen etwa 2.

Weil sich bei Dehnungsmessstreifen (DMS) aus Halbleitermaterial hauptsächlich der Widerstand – weniger stark Länge und Querschnitt des Sensors – ändert, spricht man hier auch von Piezowiderständen. In neuen piezoresistiven Drucksensoren sorgt ein Siliziumchip mit runder oder quadratischer Druckmembran für eine deutlich erhöhte Messgenauigkeit. Ursache dafür ist der wesentlich höhere k-Faktor des Siliziums. Die eigentliche Siliziummembran in neuen Drucksensoren hat unter Umständen nur noch eine Fläche von 1,7 mm · 1,7 mm. In dieser Membran befinden sich vier ionenimplantierte Piezowiderstände, die paarweise radial und tangential angeordnet und zu einer wheatstoneschen Brücke geschaltet sind. Sobald Druck auf die Membran einwirkt, biegt sie sich durch (Dehnung) und die Piezowiderstände werden entsprechend verformt. Daraus resultiert die typische lineare und druckproportionale Widerstandsänderung ΔR, die zu den Widerstandswerten $R + \Delta R$ sowie $R - \Delta R$ und somit zu einer Verstimmung der Vollbrücke führt. An der Brückendiagonale entsteht für eine Betriebsspannung von 10 V z. B. eine Ausgangsspannung von 0 ... 330 mV. Bei dieser hohen Empfindlichkeit wird meist kein zusätzlicher Verstärker mehr gebraucht. Die genannten Sensoren der Serien 24PC erfassen Druckbereiche von 0 bis 35 mbar, 0 bis 69 mbar, 0 bis 345 mbar, 0 bis 1 bar und 0 bis 2 bar. Der hohe Rauschabstand schützt die Sensoren vor möglichen elektrostatischen und elektromagnetischen Störsignalen. Aufgrund der sehr geringen Masse der Siliziummembran arbeiten piezoresistive Drucksensoren lageunabhängig. Außerdem weisen sie eine extrem hohe Resonanzfrequenz und eine sehr kurze Ansprechzeit aus.

Piezoresistive Drucksensoren, wie die beschriebenen, besitzen bei Druckgleichheit auf beiden Seiten der Membran eine sogenannte Nullpunkt-Offsetspannung, die sich bei Bedarf auf einfache Art auf Null einstellen lässt. Je nach Polarität der Offsetspannung erfolgt der Nullabgleich am Potentiometer. Bei einheitlicher Polarität der Offsetspannung kann auf das unbenutzte Potentiometer verzichtet werden. Das in die Messdiagonale geschaltete Potentiometer ermöglicht es, die Messempfindlichkeit auf einen Sollwert herabzusetzen. Da die Nullpunkteinstellung auch die Messempfindlichkeit beeinflusst aber nicht umgekehrt, muss die Empfindlichkeit zuletzt eingestellt werden. Sollte der Messbereich des Drucksensors nicht ausreichen, empfiehlt sich der Einsatz eines Verstärkers mit Störspannungsunterdrückung. Wählt man $R_1 = R_3$, lässt sich die Ausgangsspannung U_a mit Hilfe des Potentiometers einstellen und es gilt: $U_0 = U_0\,(1 + 2\,R_1/R_2)$.

Zu den etablierten Einsatzgebieten für piezoresistive Drucksensoren gehören vor allem die Kfz-Elektronik mit Zündzeitpunktsteuerungen und Benzin/Luft-Gemischreglern, aber auch elektronische Personenwaagen, die Geschwindigkeits- und Durchflussmessung, Klär-, Kühl- und Klimaanlagen, Variometer, HiFi-Elektronik, Magnetband-Schlaufenregelung, Filteranlagen sowie Werkzeug-, Verpackungs- und Getränkeabfüllmaschinen. Mit ihrer geringen Baugröße, hohen Genauigkeit und ihren niedrigen Fertigungskosten erfüllen piezoresistive Drucksensoren erstmals auch die Voraussetzungen für den Masseneinsatz in der Hausgeräte- und Medizintechnik. In Staubsaugern messen sie beispielsweise den für die Saugleistung wichtigen Unterdruck. Bei sich füllendem Staubbeutel lässt dieser Unterdruck nach und eine entsprechende Leuchtanzeige macht den Bediener darauf aufmerksam, dass der Beutel gewechselt werden muss. In Geschirrspülmaschinen kann der anfällige Niedrigpegel-Druckschalter, der die Wasser-Entleerungspumpe abschaltet, durch einen kostengünstigeren Drucksensor ersetzt werden. In Waschautomaten kann der Sensor den Wasserfüllstand im Bottich überwachen, wo er verschiedenen Bleich- und Waschmitteln sowie Weichmachern ausgesetzt ist.

In der Medizintechnik eignen sich piezoresistive Drucksensoren beispielsweise für Beatmungsgeräte, in denen sie auch schwache Atemversuche des Patienten erkennen und durch Aktivierung eines Generators mit aktiver Luftzufuhr unterstützen. Für solche Anwendungen eignen sich bidirektionale Niederdrucksensoren besonders gut. In Blutdruckmessgeräten können Ausführungen für 0 bis 345 mbar (für den Bereich von 0 bis 300 mm Quecksilber) eingesetzt werden. Früher waren zur Montage von piezoresistiven Drucksensoren relativ zeitaufwendige Fertigungsschritte, wie das Bonden von Golddrähten, Lötarbeiten, das Verkleben und Vergießen erforderlich. Dadurch wurden diese Sensoren für die Stückzahl oft zu teuer. Inzwischen gibt es auch ausgesprochen praktische Konstruktionen, die ausschließlich auf Schnappmontage bzw. dem einfachen Einsetzen von Bauteilen beruhen. Der Entwickler hat bei diesen Sensoren den zusätzlichen Vorteil, dass er unter medienverträglichen Dichtungen wählen und damit den Sensor auf seine Anwendung abstimmen kann.

Die Grundlage der elektrischen Temperaturmessung mittels Thermoelement bildet ein physikalischer Wandlungseffekt: Wird in einem Stromkreis aus zwei verschiedenen Metallen die Kontaktstelle der Metalle unterschiedlichen Temperaturen ausgesetzt, so tritt eine Thermospannung auf. Dieser Effekt wurde 1821 von Seebeck[1] entdeckt und nach ihm benannt.

Erzeugt wird die Spannung im Thermoelement durch die unterschiedlichen Bindungsenergien der Valenzelektronen in den verschiedenen Metallen, durch Diffusion von Ladungsträgern in Richtung des Temperaturgefälles sowie der Temperaturabhängigkeit der Ladungsträgerkonzentration. Grundsätzlich kann man mit Thermoelementen nur eine Spannung messen, die proportional zu einer Temperaturdifferenz ist. Um absolute Temperaturen messen zu können, braucht man also eine zweite Verbindungsstelle mit bekannter Temperatur als Referenzpunkt. Thermoelemente liefern ein nicht lineares Signal und weisen eine gewisse Grenzabweichung auf. Bis zur maximalen Temperatur ist sie im Auslieferungszustand des Elements in drei Toleranzklassen definiert. Man kann die Elemente jedoch in einem größeren Bereich verwenden, in dem nur noch die Thermospannung geformt ist.

Zur Verstärkung der Thermospannung existieren monolithische Verstärker mit Eispunkt-Referenzstelle (Cold Junction Compensation), wie z. B. der Baustein AD595 von Analog Devices. Seine Referenzstelle simuliert eine Temperatur von 0 °C. Die Eingangsspannung des Elements wird im Baustein von 40 µV/C bis 44 µV/C auf 10 mV/C verstärkt. Gleichzeitig wird die Nichtlinearität des Signals kompensiert. Der AD595 ist für Thermo-

[1] Zwei unterschiedliche Metalle die verlötet oder verschweißt sind, bilden einen Stromkreis. Bei einer höherer Temperatur ergibt sich eine Thermospannung. Dieser Wert ist der thermoelektrische Effekt oder der Seebeck-Effekt.

elemente vom Typ K abgeglichen, kann aber durch Außenbeschaltung mit Widerständen für andere Element-Typen kalibriert werden. Der Messbereich hängt von der Höhe der Versorgungsspannung ab und kann mit einer bipolaren Versorgungsspannung auf negative Temperaturen erweitert werden. Durch ein entsprechendes Layout sollte man dafür sorgen, dass die Anschlussstellen des Thermoelements die gleiche Temperatur aufweisen wie der AD595, damit die interne Referenz exakt arbeitet. Weitere Optionen des Bausteins ist ein Alarmausgang, der einen Bruch des Thermoelements signalisiert sowie die Möglichkeit des Betriebs als Sollwert-Controller über einen entsprechenden Eingang.

Bei der Auswahl eines Thermoelements spielt dessen Langzeitverhalten eine wichtige Rolle: Wird das Element in der Nähe seines Schmelzpunktes betrieben, können leicht Fremdatome aus der Umgebung oder dem Schutzrohr in das Metall diffundieren und damit die definierte Thermospannung herabsetzen. Elemente aus unedlen Metallen sind wegen ihrer Oxidierbarkeit bei Temperaturen über 800 °C nicht ungeschützt einsetzbar. Platinhaltige Thermoelemente sind hier vorzuziehen. Um die Alterung eines Elements zu kontrollieren, ist es empfehlenswert, seine Ausgangssignale regelmäßig mit denen eines neuen Elements zu vergleichen.

Zum Anschluss von Thermoelementen notwendige Ausgleichsleitungen sind ebenso geformt wie die Elemente selbst und bestehen aus den gleichen Materialien, die in eingeschränkten Temperaturbereichen gleiche thermoelektrische Eigenschaften aufweisen. Möchte man eine Ausgleichsleitung mit einem anderen Leitermaterial verlängern, muss man unbedingt darauf achten, dass beide Klemmen die gleiche Temperatur aufweisen, denn jeder Übergang zwischen zwei Metallen bildet ein Thermoelement. Eine weitere Fehlerquelle ist die Einschleifung von Störungen und Fremdspannungen bei der Messung. Ist das Element z. B. leitend mit dem Schutzrohr verbunden, kann dieses als Antenne wirken. Setzt man mehrere Elemente ein, sollten diese und ihre Verstärker galvanisch getrennt sein, um Stromschleifen zu vermeiden. Gerade bei sehr hohen Temperaturen besteht die Gefahr, dass durch die mit der Temperatur steigende Leitfähigkeit der Isolationskeramik z. B. die Netzspannung von Heizgeräten eingeschleift wird.

Mit einem mV-Meter lassen sich Anzeigeinstrumente für Thermoelemente einfach prüfen: Man simuliert dazu die Thermospannung eines Elements entsprechend der Temperatur, die in der Referenztabelle für diese Spannung angegeben ist. Der Bruch eines Thermoelements, die Eigenwiderstände in der Größe von 0,05 bis 2,5 Ω aufweisen, lässt sich daran ablesen, dass das Instrument die Raumtemperatur anzeigt. Bei einem Kurzschluss im Element wird die Temperatur der neuen Messstelle angezeigt.

Bei einem Widerstandsthermometer behindern mit der steigenden Temperatur die stärker schwingenden Gitteratome von Metallen die elektrische Leitfähigkeit (positiver Temperaturkoeffizient). Diesen Effekt macht man sich in der Thermometrie zunutze. Wegen seiner chemischen Beständigkeit und guten Reproduzierbarkeit der elektrischen Eigenschaften hat sich Platin als Widerstandsmaterial durchgesetzt. In einer Norm sind der Grundwert des Widerstands bei einer bestimmten Temperatur, die Temperaturabhängigkeit sowie die zulässigen Grenzabweichungen in zwei Toleranzklassen festgelegt:

Klasse A: $t = \pm(0{,}15 + 0{,}002 \cdot \vartheta)$,
Klasse B: $t = \pm(0{,}30 + 0{,}005 \cdot \vartheta)$.

Für die Klasse A gilt nur der Temperaturbereich zwischen −200 und 650 °C bei Drei- und Vierleiteranschluss. Die Klasse B ist für den Bereich von −200 bis 850 °C definiert.

Bei einem Platinsensor mit einem Nennwiderstand von 100 Ω bei 0 °C spricht man von einem Pt100-Element. Die ungefähre Widerstandsänderung von Pt-Sensoren beträgt für:

Pt100 0,4 Ω/K,
Pt500 2,0 Ω/K,
Pt1000 4,0 Ω/K.

Das Langzeitverhalten von Platinsensoren hängt wesentlich von der Zahl der Temperaturwechsel ab, denen sie ausgesetzt sind. Das gilt insbesondere bei einer starken mechanischen Kopplung mit einem Trägermaterial (z. B. Glasmantel), da durch unterschiedliche Ausdehnungskoeffizienten Veränderungen in der Gitterstruktur des Metalls auftreten können. Beim Einsatz von Widerstandsthermometern ist immer deren Übergangsfunktion zu beachten. Sie gibt Auskunft über die verzögerte Reaktion des Sensors auf Temperaturänderungen. Diese Nachlaufabweichung ist abhängig von der Wärmekapazität und dem Wärmewiderstand des Fühlers. Ebenso sind Fehler zu beachten, die durch die Wärmeableitung des Fühlers oder an Befestigungselementen entstehen können. Abhilfe können konstruktive Maßnahmen wie Wärmeisolation, ausreichende Eintauchtiefe in ein Medium oder eine verbesserte thermische Kopplung schaffen. Präzisionsmessungen im Bereich < 1 mK sind nur mit relativ dicken Widerstandsdrähten (250 μm) durchzuführen. Die Nennwerte dieser Drähte liegen bei 10 oder 25 Ω, damit nicht zu große Massen erwärmt werden müssen. Da beim Widerstandsthermometer der Spannungsfall bei einem konstanten Messstrom erfasst wird, muss man darauf achten, dass der Sensor sich nicht durch den Messstrom erwärmt. Deshalb wird allgemein ein Strom von 1 mA empfohlen.

Um Auswertungen ohne Einflüsse des Anschlussleitungswiderstands zu ermöglichen, gibt es mehrere Strategien: Bei der Zweileitertechnik ist die Elektronik der Temperaturanzeige auf die Kompensation eines Leitungswiderstands von 10 Ω ausgelegt. Dieser Wert wird durch Einfügen eines zusätzlichen Widerstands in die Leitung und anschließende Einstellung erreicht: Zum Abgleichen wird der Sensor durch einen Widerstand mit entsprechendem Nennwert ersetzt und der Widerstand in der Leitung so lange verändert, bis die Anzeige auf 0 °C steht. Weniger aufwendig ist die Dreileitertechnik, bei der zwei Messkreise aufgebaut werden, wobei einer als Referenz zur Kompensation des Leitungswiderstands dient. In der Vierleitertechnik sind Leitungen für Speisestrom und Messleitungen getrennt. Bei einem hochohmigen Innenwiderstand der Messelektronik ist der Spannungsfall in den Messleitungen vernachlässigbar.

Um den Einsatz mehradriger Kabel zu umgehen, kann man einen Zweileiter-Messumformer einsetzen, der ein normiertes Ausgangssignal von 4 bis 20 mA liefert. Er sollte möglichst nahe am Temperatursensor angebracht werden, um so eine hohe Störsicherheit des Signals zu gewährleisten.

Positive oder negative Beschleunigungen können entscheidend wichtige Auslösesignale in Schaltungen sein. Das bekannteste Beispiel dafür liefern Sicherheitsanwendungen wie die Airbag-Auslösung beim Crash. Alle heute in Serie hergestellten Sensoren erfassen Biegung, Positionsveränderung oder Deformation einer Testmasse. Die einwirkende Beschleunigungskraft g lässt sich an der Auswirkung auf die Testmasse bzw. Kristalle proportional ablesen.

Beschleunigungsmessung ist ein Anwendungsfeld der klassischen Mechanik. Zum Messvorgang gehört die Wandlung einer mechanischen Kraft in ein elektrisches Signal. Als Verfahren mit guter Genauigkeit, Stabilität und kleinem Temperaturkoeffizienten gilt die kapazitive Wandlung. Sie baut entweder auf einem Differential-Kondensator oder einem Kondensator-Pärchen auf, d. h. zwei fest montierten Elektroden in Flucht zur erwarteten Richtung der Beschleunigung steht die Testmasse als dritte Elektrode gegenüber. Maß für die Beschleunigung ist der Grad der Auslenkung der trägen Masse. Gegenüber der Bauweise mit einem mechanischen Biegebalken mit mechanischer Rückstellkraft hat diese Anordnung den Vorteil, dass es keine Ungenauigkeiten der „Feder" des Biegebalkens mehr gibt. Nutzt man die Kondensatoren, um eine elektrostatische Rückstellkraft zu gewinnen, so reduziert sich diese Auslenkung fast auf Null. Die Präzision der Abtastung hängt wesentlich von der mikromechanischen Präzision der Luftspalte von den beiden Kondensatoren ab. Ihre Breite liegt im Tausendstelmillimeterbereich.

Das zweite gängige Verfahren zur Beschleunigungsmessung beruht auf einer Eigenschaft mancher Kristalle, an deren Grenzflächen sich bei der Deformation elektrische Ladungen bilden. Kristalle mit polaren Achsen und ohne Symmetriezentrum sind dafür bekannt: Quarz, ferroelektrische Keramiken (Titanate), Cadmiumoxid, Zinkoxid und andere. Ein technischer Vorteil des Piezoeffekts ist, dass er bei unterschiedlichsten Beanspruchungen auftritt. Druck, Zug, Biegung oder Scherung lösen ihn gleichermaßen aus, so dass sich Piezosensoren sehr vielseitig einsetzen lassen. Im Falle von Quarz kommt neben der mechanischen Stabilität noch eine große Temperaturfestigkeit zu den Vorteilen hinzu, denn piezoresistive Quarzsensoren arbeiten bei Temperaturen bis zu 200 °C.

Auch die piezoresistive Wandlung basiert auf einer beweglichen Masse. Wird der klassische Biegebalken in Form einer Blattfeder in Verbindung mit einem festen Rahmen verwendet, dann sind die dehnungs- oder stauchungsempfindlichen Piezoelemente in den Biegebalken eingebettet. Die Messung geschieht parallel zur Sensorgrundfläche.

Für mehrdimensionale Abtastungen eignen sich entweder Konstruktionen mit mehreren Blattfedern oder solche, bei denen mehrere Piezowandler um einen gemeinsamen Kern angeordnet sind und jeweils von einer eigenen Testmasse gegen diesen Kern – oder von ihm weg – beschleunigt werden. In diesem Fall verläuft die Messrichtung senkrecht zur Sensorgrundfläche. Piezoresistive Beschleunigungssensoren können sehr kompakt aufgebaut werden. Sie benötigt Siliziumflächen von teilweise nur 10 mm^2. Auch wenn es deutlich größere kapazitive Wandler gibt, kann man nicht mehr grundsätzlich davon ausgehen, dass die Piezobauweise stets kompakter ist. Allerdings sind kapazitive g-Sensoren normalerweise für die Messung in einer Richtung ausgelegt.

Will man Beschleunigung in mehreren Richtungen zugleich erfassen, müssen mehrere kapazitive Sensoren in unterschiedlicher Lage kombiniert werden. Hier kommt die oben beschriebene Bauform des mehrdimensional abtastenden Piezowandlers vorteilhaft zum Tragen.

Üblicherweise wird in g-Sensoren Silizium als Sensormaterial verwendet. Die eingangs erwähnte mechanisch-elektrische Wandlung findet sich auch im Aufbau wieder. Fast durchweg sind Beschleunigungssensoren hybrid aufgebaut. Sie verfügen über je einen Chip für die Mikromechanik und einen für die Mikroelektronik. Man erhält meist ein analoges Ausgangssignal, das entweder der Frequenz entspricht oder pulsbreitenmoduliert ist. In den typischen Stückzahlenanwendungen für g-Sensoren werden Kräfte in Messbereichen zwischen 1 und 100 g erfasst.

Fast alle Anwendungen dienen entweder der Qualitätssicherung oder der Sicherheit von Personen. Neben der Airbag-Auslösung gibt es weitere Anwendungen im Fahrzeug. Innerhalb von Antiblockiersystemen (ABS) wird die Radbeschleunigung gemessen, um den Bremsvorgang im Bereich mit der maximalen Verzögerung, kurz vor dem Blockieren des Rades, zu regeln. Auch Klopfwarn-Sensoren dienen dazu einen technisch erwünschten Betriebsgrenzbereich zu nutzen. In besonders sparsamen Motoren hält man die Zylindersysteme knapp unterhalb des Klopfbereiches, weil der Kraftstoffverbrauch hier besonders niedrig ist. Der Anstieg in den Klopfbereich muss gleichzeitig zuverlässig verhindert werden, weil sonst die Lebenserwartung des Motors sinkt. Unfalldatenspeicher mit Beschleunigungssensoren wiederum helfen dabei, den Ablauf eines Crashs zu rekonstruieren.

6.1 Induktive Näherungsschalter

Um die Arbeitsweise eines induktiven Näherungsschalters verstehen zu können, muss man zuerst verschiedene Magnetsysteme betrachten.

6.1.1 Magnetsysteme

Magnetsysteme bieten durch Magnetfeldkonzentration entscheidende Kosten und Platzvorteile. Sie finden ihren Einsatz z. B. in Permanentmagnetmotoren, in Wirbelstrombremsen und in Haftmagnetsystemen. Anhand des letztgenannten Einsatzgebietes sollen exemplarisch die Vorteile gezeigt werden. Abb. 6.1 zeigt den Vergleich bei identischem Magnetvolumen.

Ein Permanentmagnet hat ein weitstreuendes Magnetfeld. Durch Anlegen von z. B. zwei Fe-Metall-Polschuhen werden die Feldlinien dem Brennglaseffekt ähnlich konzentriert und umgelenkt. Hieraus ergibt sich, bei direktem Kontakt zu einem Gegenstück, eine Haftkraftsteigerung um den Faktor 18, zwangsläufig wird aber der Wirkungsbereich

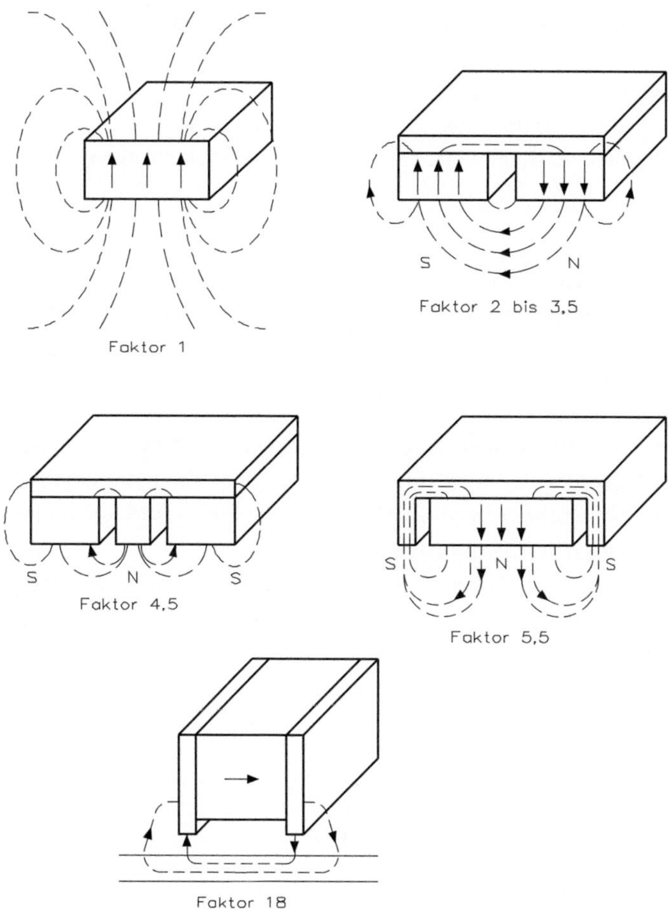

Abb. 6.1 Vergleich bei identischem Magnetvolumen mit den Faktoren

eingeengt. Haftmagnetsysteme bestehen somit aus einem oder mehreren Permanentmagneten, in Verbindung mit einem oder mehreren Polschuhen. Ein Gegenstück schließt den magnetischen Kreis.

In Abb. 6.1 ist ein Überblick über Magnetsysteme mit zugehörigem Feldlinienverlauf gezeigt, sowie der Haftkraftsteigerung bei direktem Kontakt zu einem Gegenstück. Zu beachten ist die Dimensionierung der eingesetzten Fe-Metalle (Polschuhe, Gegenstück). Nur bei entsprechender Auslegung ist die volle Nutzung der zu erzielenden Haftkraft möglich.

Die Erfüllung der geforderten Haftkraft ist primäre Voraussetzung in Richtung weiterer Überlegungen. Durch theoretische Berechnungen, Erfahrungswerte sowie die Bestimmung über Referenzmuster können benötigte Kräfte festgelegt werden. Sicherheitszuschläge sollte man berücksichtigen.

Die Einflussfaktoren für die Haftkraft eines Magnetsystems sind:

- das eingesetzte Magnetvolumen,
- das Leistungspotential des Magnetwerkstoffs (Indikator $(B \cdot H)$),
- die konzeptionelle Auslegung des Systems (Magnetsystemformen).

Zu beachten ist:

- die Materialwahl von Polschuh und Gegenstück,
- die Verwendung von Stahl des Typs St 37 oder ähnlich unverzinkte Werkstoffe. Edelstahl des Typs 1.400 ermöglicht hohe Beständigkeit gegen Korrosion, führt jedoch zu Haftkraftverlusten.

Dimensionierung der Polschuhe und des Gegenstücks: Nur bei ausreichender Auslegung der Materialabmessung wird ein Optimum erreicht. Zu dünne oder zu dicke Polplatten und Gegenstücke führen zu Verlusten. Abb. 6.2 zeigt den Magnetlinienverlauf durch das Gegenstück ideal (links) oder zu dünn.

Hinweis: Dicke der Polschuhe des gelieferten Magnetsystems = Gegenstückdicke. Man prüfe selbst die Sättigung des Gegenstücks, z. B. Büroklammer auf der Rückseite, wenn sie nicht haften.

Bedingt durch Magnetwerkstoff und Gehäusematerialien bestehen, soweit nicht anders vermerkt, folgende Beschränkungen:

- Kunststoffgehäuse max. +60 °C,
- Metallgehäuse max. +100 °C,
- mit NdFeB max. +80 °C,
- mit Hartferrit – Sm/Co maximal +200 °C,
- mit Alnico max. +250 bis +400 °C.

Man beachte den Temperaturkoeffizienten des Magnetmaterials. So verlieren z. B. Systeme mit Hartferrit-Magneten pro +1 °C von 0,2 bis 0,3 % (ausgehend von +20 °C) ihre

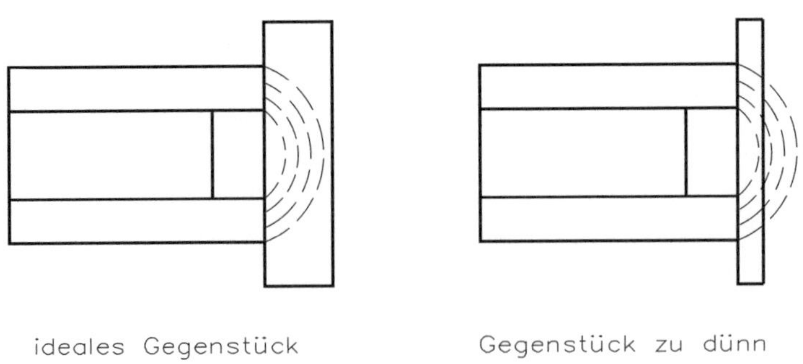

Abb. 6.2 Verhalten vom idealen oder zu dünnem Gegenstück

Haftkraft. Bei Erkalten des Magneten kehrt die ursprüngliche Haftkraft, evtl. mit geringen Verlusten, zurück. Die maximale Arbeitstemperatur darf nicht überschritten werden. Bei Minustemperaturen steigt die Haftkraft zuerst mit dem %-Wert des Temperaturkoeffizienten an, irreversible Verluste für Hartferrit-Systeme treten bei Temperaturen um ca. −20 °C auf, bei Selten-Erden-Magneten ist das nicht der Fall.

Unter normalen Raumbedingungen bestehen, hinsichtlich der Korrosion, keine Bedenken. Für Außenanwendungen, im Nassbereich und für spezielle Anwendungsgebiete ist eine Rückfrage beim Hersteller unumgänglich.

Haftkraftwerte werden bei zentrischem Abzug im Winkel von 90° gemessen. Scherkraftwerte hängen von der Oberflächenrauigkeit des Magnetsystems (zu beachten sind gummierte Magnetsysteme) und des Gegenstücks ab. Die Schiebehemmung liegt bei dem benannten Haftkraftwert.

Magnet und Polschuhe müssen plan mit vollem Kontakt auf dem Gegenstück aufliegen. Ein Luftspalt (z. B. Lacke, Verunreinigungen) zwischen Polschuhen und Gegenstücken verringert die Haftkraft. Oberflächenrauigkeiten führen zu Verlusten. Magnetsysteme mit hoher Feldkonzentration und geringem Polabstand reagieren empfindlich auf Luftspalte. Bei gleicher Haftkraft ergeben sich subjektiv unterschiedliche Haftkrafteindrücke, Magnetsysteme mit großem Polabstand wirken stärker. Eine Begrenzung der Funktionsfähigkeit erfolgt vorwiegend über mechanische (Beschädigung), chemische (z. B. Korrosion) und Temperatureinflüsse. Die einmal erzielte Haftkraft unterliegt nur geringen Abschwächungen über die Zeit.

Die nachfolgende Betrachtung bezieht sich ausschließlich auf magnetfeldsensible Sensoren mit Permanentmagnetansteuerung. Den Hauptabsatz in großen Stückzahlen finden diese Sensoren in:

- Kraftfahrzeugen,
- Elektrowerkzeugen,
- Elektrohaushaltsgeräten,
- Mess-, Regel- und Prüfgeräten,
- Maschinen und Anlagen,
- Drehzahlkontrollen an Elektromotoren.

Der Einsatz von Reed-Relais (Abb. 6.3) besteht aus einem geschlossenen Glaskolben und es befinden sich zwei bewegliche Fe-Metalllippen, die durch ein Magnetfeld den Kontakt schließen oder offen sind. Hieraus ergibt sich eine Schalterfunktion für den elektrischen Kontakt. Vorteilhaft ist die hohe Belastbarkeit (bis zu 1 A), die zur direkten Versorgung nachgeschalteter Funktionen genutzt werden kann. Bedingt durch den Aufbau sind Schutzgaskontakte empfindlich gegenüber mechanischen Stößen. Die Trägheit des Systems schränkt den Einsatz bei hohen Schaltfrequenzen ein.

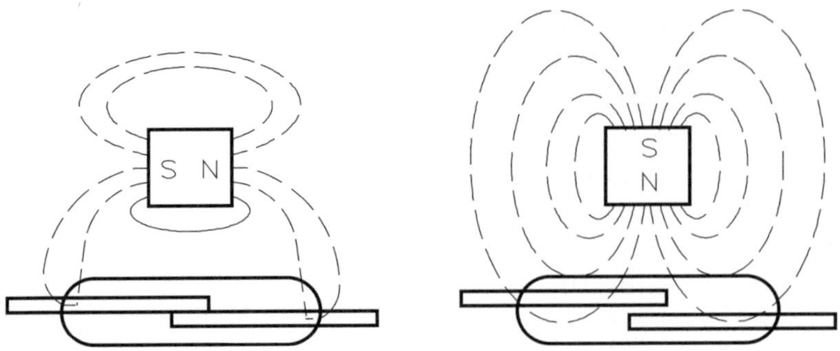

Abb. 6.3 Aufbau und Wirkungsweise eines Reed-Relais

Zur Ansteuerung von magnetsensitiven Sensoren werden eingesetzt:

- Magnetwerkstoffe (Block, Scheiben, Ringe, Rotoren, Bänder),
- Magnetsysteme (Werkstoff plus Polplatten). Die Magnetisierung erfolgt wahlweise axial, multipolar auf den Außen- oder Innendurchmesser, multipolar sektorenförmig auf der Stirnfläche und quer zur Laufrichtung eines Bandes (multipolar).

6.1.2 Wirkungsweise induktiver Näherungsschalter

Induktive Sensoren, die man auch als induktive Näherungsschalter bezeichnet, reagieren auf Objekte aus eisenhaltigen Metallen. Aus diesem Grund werden sie meist eingesetzt um elektrisch und magnetisch leitfähige Objekte zu detektieren. Diese können aber auch hervorragend zur Abstandsmessung dienen. Bei dieser Art von Sensoren wird am Sensorkopf ein Magnetfeld erzeugt, das durch eintretende eisenhaltige oder nicht eisenhaltige Metalle beeinflusst wird. Diese Magnetfeldveränderung erkennt der Sensor, kann somit die Anwesenheit eines Objektes bzw. dessen Abstand innerhalb des Ansprechbereiches melden und somit ein zum Objektabstand proportionales analoges Signal ausgeben. Abstandssensoren können zusätzlich über programmierbare Schaltschwellen verfügen und sind daher als Näherungsschalter verwendbar. Induktive Sensoren arbeiten berührungslos, kontaktlos und rückwirkungsfrei.

Bei einem induktiven Sensor erzeugt eine Magnetspule ein hochfrequentes magnetisches Wechselfeld. Ein Objekt aus magnetisch oder elektrisch leitendem Material deformiert das Magnetfeld. Diese Deformation bewirkt eine Veränderung der Impedanz der Magnetspule. Die Änderung der Impedanz wird durch induzierte Wirbelströme im Objekt hervorgerufen, die dem Magnetfeld entgegenwirken. Die abstandsabhängige Impedanzänderung wird elektronisch in ein Schaltsignal umgewandelt.

Ein induktiver Sensor von Abb. 6.4 besteht im Wesentlichen aus fünf Funktionselementen: Spule, Ferritkern, Oszillator, das ein selbstschwingendes System (harmonischer

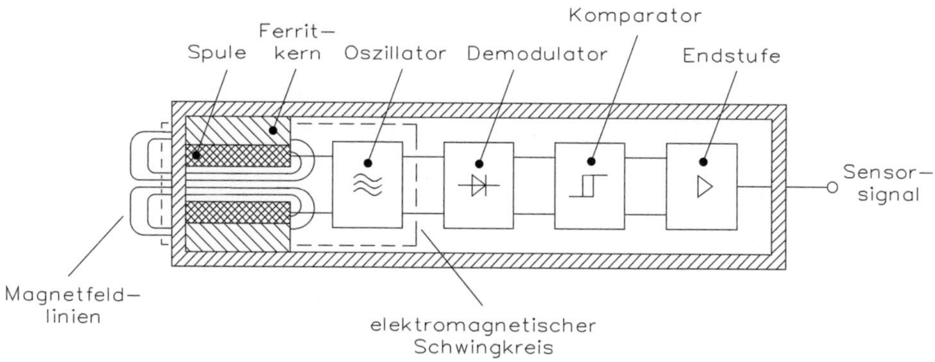

Abb. 6.4 Prinzipschaltung des induktiven Näherungsschalters

Oszillator) ist, Auswerteeinheit (Komparator), der unterschiedliche Stromwerte miteinander vergleicht und die Ausgabeeinheit (Endstufe), die als Verstärker dient und am Ende das elektrische Signal ausgibt.

Wird an den Oszillator eine Spannung angelegt, beginnt dieser zu schwingen. Dabei nimmt er einen bestimmten Strom auf und es entsteht ein hochfrequentes Magnetfeld an der Kopfseite des Sensors. Wenn nun das metallische Objekt an dieses Magnetfeld genähert wird, wird im Objekt ein Wirbelstrom induziert, der dem hochfrequenten Magnetfeld entgegenwirkt und ihm Energie entzieht. Dies hat zur Folge, dass der Oszillator bedämpft, die Schwingungsamplitude wird kleiner und es ändert sich die Stromaufnahme. Der Komparator vergleicht die unterschiedlichen Stromwerte und übergibt diese an die Endstufe, der entsprechend des Abstandes s zum Metallobjekt proportional ein elektrisches Ausgangssignal liefert. Wird das elektrisch leitende Objekt wieder entfernt, fängt der Oszillator an zu schwingen.

6.1.3 Arbeitsweise induktiver Näherungsschalter

Induktive Näherungssensoren sind elektronische Systeme zur Erfassung metallischer Objekte. Durch den berührungslosen Betrieb und die Abwesenheit beweglicher Teile unterliegen induktive Näherungssensoren bei korrekter Installation keinen mechanischen Schäden oder Verschleißerscheinungen. Darüber hinaus funktionieren diese sehr zuverlässig in schmutzigen Umgebungen, wobei sie auch bei Schmutzablagerung aus Staub, Fett, Öl, Ruß auf der Schaltfläche unbeeinträchtigt bleiben. Dies macht die induktive Technologie zur idealen Lösung für den industriellen Einsatz in Anwendungen mit stark beanspruchenden Betriebsbedingungen.

Die Funktion eines induktiven Näherungssensors basiert auf dem ECKO-Prinzip (Eddy Current Killed Oscillator/wirbelstromgedämpfter Oszillator). Induktive Näherungssensoren erzeugen ein elektromagnetisches Feld. Dringt ein metallisches Objekt in dieses Feld ein, werden in dem Metallobjekt Wirbelströme induziert. Die Wirbelströme entziehen dem elektromagnetischen Feld Energie, wodurch in dem Oszillatorschaltkreis ein Energieverlust und dadurch bedingt eine kleinere Schwingungsamplitude auftritt. Der Triggerschaltkreis erkennt die Veränderung und erzeugt ein Signal, um den Signalausgang EIN oder AUS zu schalten. Verlässt das Objekt das elektromagnetische Feld, regeneriert sich der Oszillator und der Sensor kehrt in seinen normalen Zustand zurück. Abb. 6.5 zeigt die Betriebsweise eines induktiven Näherungssensors.

Induktive Näherungssensoren erfassen eisenhaltige und nicht eisenhaltige Metalle. Sie werden häufig zur Erfassung der Position metallischer Objekte bei der automatisierten Bearbeitung, zur Erfassung metallischer Teile in der automatischen Montage und zur Anwesenheitsprüfung für Metallbehälter bei der automatisierten Verpackung von Lebensmitteln und Getränken eingesetzt.

Die Spulen- und Ferritkernbaugruppe erzeugt aus der vom Oszillator gelieferten Energie ein elektromagnetisches Feld. Der Oszillator versorgt die Spulen- und Ferritkernbaugruppe mit elektrischer Energie. Der Triggerschaltkreis erfasst Veränderungen der Schwingungsamplitude. Veränderungen treten auf, wenn ein metallisches Objekt in das von der Sensorschaltfläche abgestrahlte elektromagnetische Feld eindringt oder dieses verlässt. Wird in dem elektromagnetischen Feld eine hinreichend große Veränderung erfasst, liefert der Halbleiterausgang ein elektrisches Signal für den Anschluss an eine SPS oder sonstige Maschinenlogik. Dieses Signal zeigt die Anwesenheit oder Abwesenheit eines metallischen Objektes im Erfassungsbereich an.

Alle induktiven Näherungssensoren sind bezüglich ihrer Konstruktion für eine bündige oder nicht bündige Montage ausgelegt und klassifizierbar.

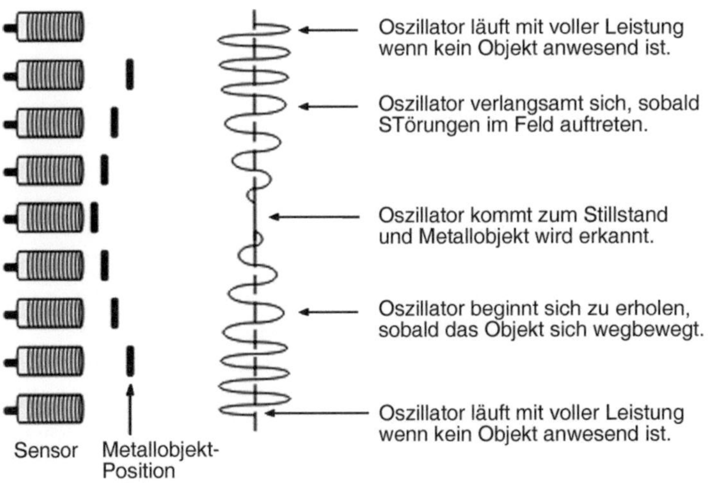

Abb. 6.5 Betriebsweise eines induktiven Näherungssensors

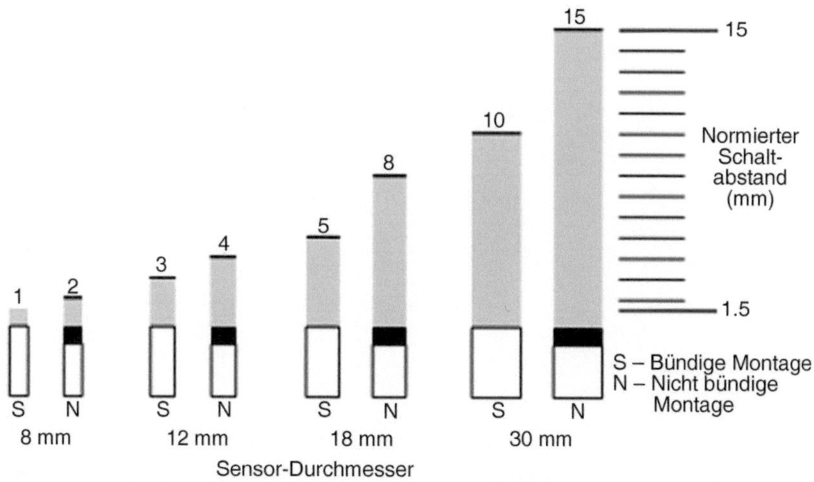

Abb. 6.6 Montage von bündigen und nicht bündigen induktiven Näherungssensoren

Der Schaltabstand eines induktiven Näherungssensors ist vom Durchmesser der Sensorspule und der Konstruktion bei einer bündigen oder nicht bündigen Montage in Abb. 6.6 abhängig. Neue Konfigurationen für induktive Näherungssensoren ermöglichen erweiterte Schaltabstände.

Sensoren für bündige Montage verfügen über einen Abschirmring, der die Kern-/Spulenbaugruppe umgibt. Dadurch wird das elektromagnetische Feld in Richtung der aktiven Schaltfläche konzentriert. Bei Sensoren mit Metallgehäusen bietet häufig das Gehäuse selbst die Abschirmung.

Die Konstruktion für bündige Montage (Abb. 6.7) ermöglicht den flachen Einbau des Sensors in umgebendes Metall, ohne dass Fehlauslösungen verursacht werden. Abb. 6.8 zeigt die Montage zweier bündiger Näherungssensoren.

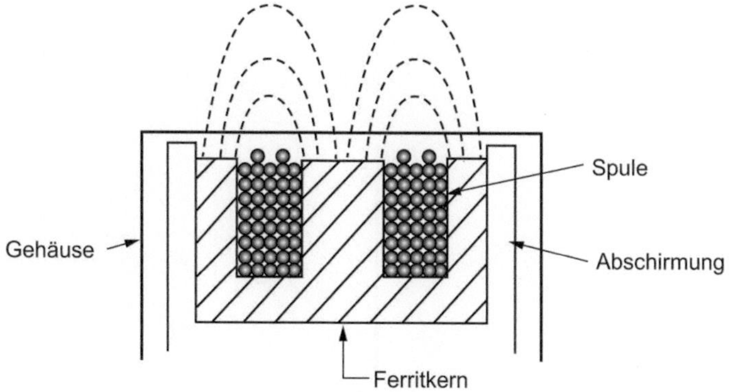

Abb. 6.7 Montage eines bündigen induktiven Näherungssensors

Abb. 6.8 Montage zweier bündiger Näherungssensoren

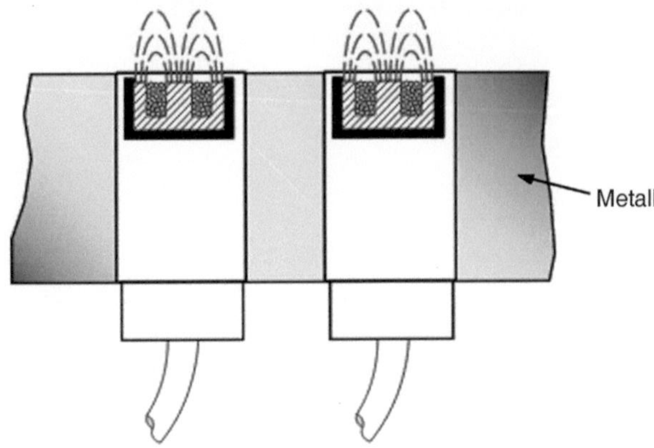

Sensoren für nicht bündige Montage verwenden kein die Kern-/Spulebaugruppe umgebendes Metallband. Daher ist das von einem Sensor für nicht bündige Montage erzeugte elektromagnetische Feld nicht so stark in Richtung der Schaltfläche konzentriert wie das eines Sensors für bündige Montage. Dies erlaubt Sensoren für nicht bündige Montage empfindlicher hinsichtlich der umgebenden Metalle. Die nicht bündige Montage ermöglicht einen um mehr als 50 % größeren Schaltabstand als bei gleich großen Sensoren mit bündiger Montage. Wegen der größeren Reichweite können kritische Objekte mit Sensoren für nicht bündige Montage möglicherweise einfacher erfasst werden. Abb. 6.9 zeigt die Montage einer nicht bündigen Spulen- und Kernbaugruppe.

Sensoren für nicht bündige Montage dürfen nicht bündig in eine Metallfläche montiert werden. Um Fehlauslösungen zu vermeiden, erfordern Sensoren für nicht bündige Montage eine die Schaltfläche umgebende metallfreie Zone. Abb. 6.10 zeigt die Montage eines nicht bündigen Näherungssensors in einer metallfreien Zone.

Abb. 6.9 Montage einer nicht bündigen Spulen- und Kernbaugruppe

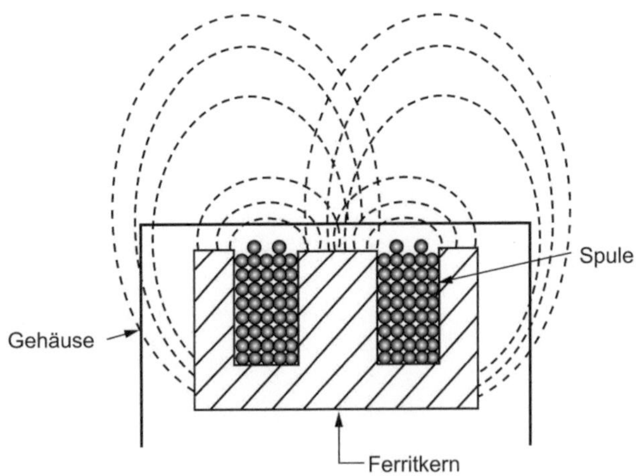

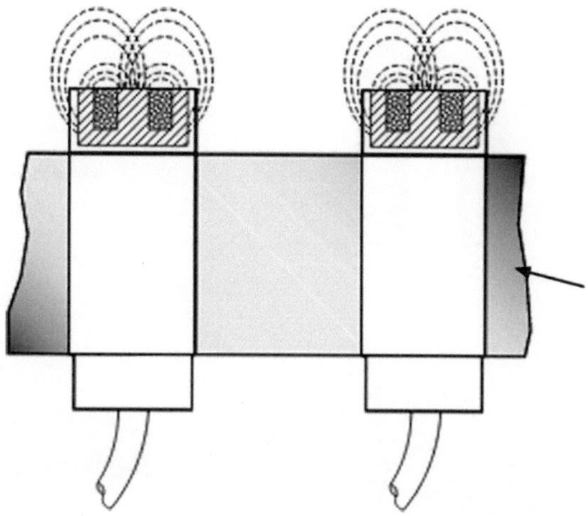

Abb. 6.10 Montage eines nicht bündigen Näherungssensors mit einer metallfreien Zone

Der Durchmesser der Sensorspule bestimmt den Abstand zwischen Sensoren. Sensoren für nicht bündige Montage erfordern einen größeren Abstand als solche für bündige Montage, da die Erfassungsbereiche seitlich weiter aus der Schaltfläche reichen und bei Überlappungen Fehlauslösungen bewirken. Abb. 6.11 zeigt den Abstand von Näherungssensoren mit nicht bündiger Montage.

Die Abstandsanforderungen können für verschiedene Sensoren variieren. Sensoren für bündige Montage benötigen jedoch im Allgemeinen einen Abstand von einem Durchmesser der Schaltfläche zwischen benachbarten Sensoren und zwei Durchmessern der Schaltfläche für Sensoren, die mit gegenüberliegenden Schaltflächen montiert sind. Abb. 6.12 zeigt die Richtwerte für den Abstand benachbarter und gegenüberliegend angeordneter Sensoren für bündige Montage.

Sensoren mit nicht bündigen Montage erfordern im Allgemeinen einen Abstand von drei Durchmessern der Schaltfläche zwischen benachbarten Sensoren und vier Durchmessern der Schaltfläche bei Montage mit gegenüberliegenden Schaltflächen. Abb. 6.13 zeigt die Richtwerte für den Abstand benachbarter und gegenüberliegend angeordneter Sensoren für bündige Montage.

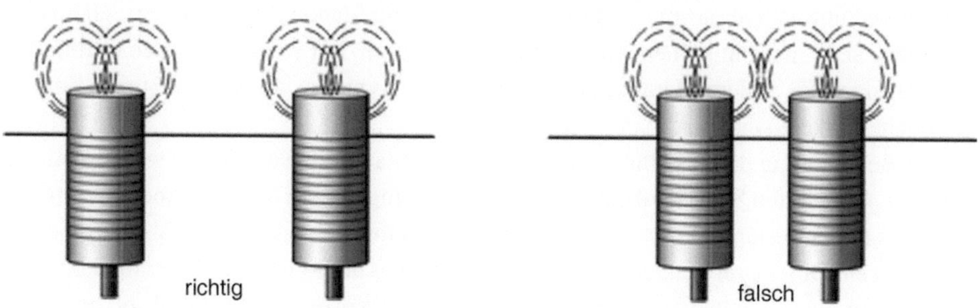

Abb. 6.11 Abstand eines Näherungssensors für nicht bündige Montage

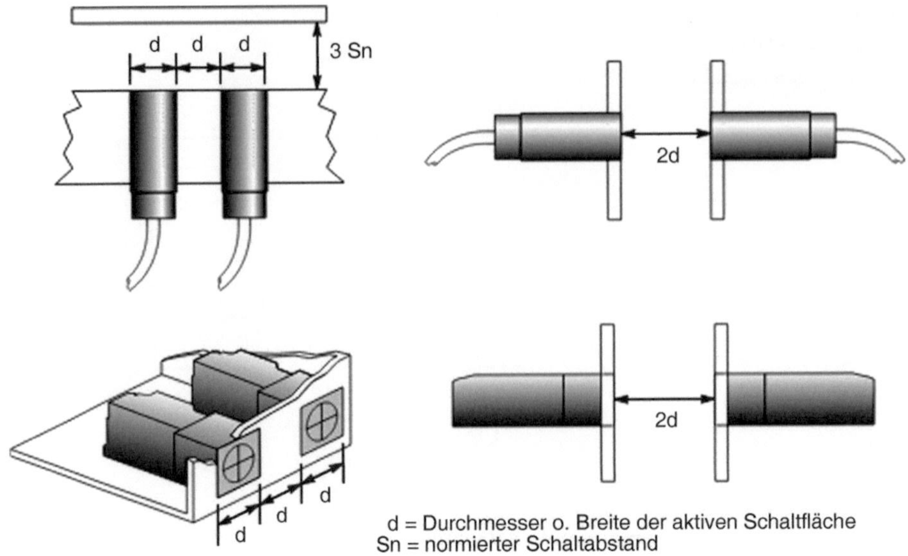

Abb. 6.12 Richtwerte für den Abstand gegenüberliegend angeordneter Sensoren für bündige Montage

Der Schaltabstand eines induktiven Näherungssensors variiert für jedes Objekt und jede Anwendung. Die Fähigkeit eines Sensors, ein Objekt zu erfassen, wird durch das Material des Metallobjektes, dessen Größe sowie dessen Gestalt bestimmt.

Der normierte Schaltabstand (Sn) des Sensors ist eine typische Spezifikation für den Abstand, bei dem ein sich der Schaltfläche näherndes Standardobjekt die Änderung des Ausgangssignals bewirkt. Ein Standardobjekt ist definiert als ein quadratisches Teil aus unlegiertem Weichstahl mit 1 mm Dicke und Seitenlängen, die dem Durchmesser der Schaltfläche oder aber dem 3-fachen Wert des Schaltabstands entsprechen, je nachdem welcher Wert größer ist. Abb. 6.14 zeigt Standardobjekt für induktive Näherungssensoren.

Der normierte Schaltabstand für ein Standardobjekt aus weichem, unlegiertem Stahl wird als Referenzpunkt verwendet. In typischen Anwendungen wird der Schaltabstand nicht nur von der Zusammensetzung des Objektes sondern auch durch dessen Größe und Gestalt beeinflusst. Der normierte Schaltabstand für ein Standardobjekt aus weichem, unlegiertem Stahl muss mit einem Korrekturfaktor multipliziert werden, um den normierten Schaltabstand für andere Metallarten zu bestimmen. Typische Korrekturfaktoren für verschiedene Metalle sind in Abb. 6.15 angegeben.

Zur Bestimmung des Schaltabstandes für andere Materialien als dem standardmäßigen weichen, unlegierten Stahl wird ein Korrekturfaktor eingesetzt. Die Zusammensetzung des Objektes hat eine starke Auswirkung auf den Schaltabstand induktiver Näherungssensoren. Falls ein Objekt verwendet wird, das aus einem der aufgelisteten Materialien besteht, so muss der Nennschaltabstand mit dem angegebenen Korrekturfaktor multipliziert wer-

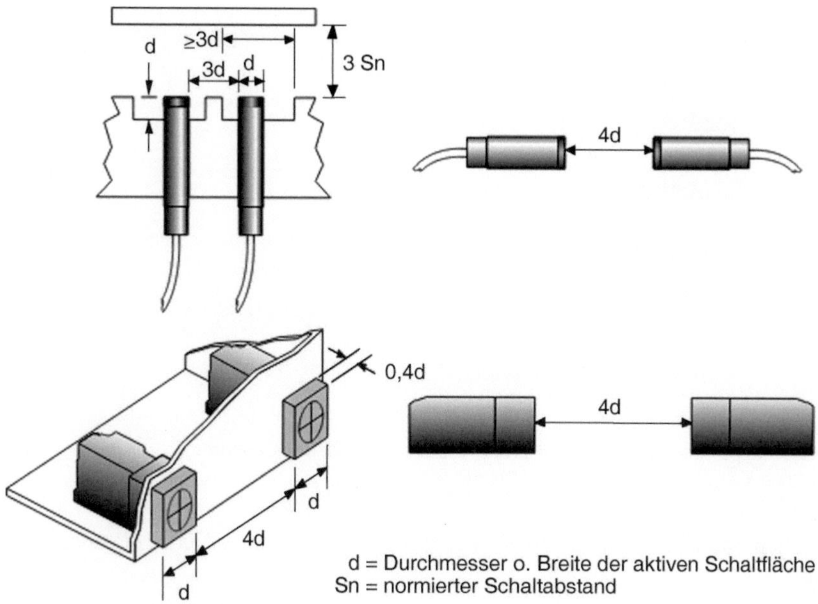

Abb. 6.13 Richtwerte für den Abstand benachbarter und gegenüberliegend angeordneter Sensoren für bündige Montage

den, um den Nennschaltabstand für das betreffende Objekt zu bestimmen. Zu beachten ist hierbei, dass nicht eisen-selektive Sensoren Stahl oder eisenhaltige Edelstähle nicht erfassen. Ebenso werden eisen-selektive Sensoren keine nichteisenhaltigen Metalle erfassen.

Tab. 6.1 zeigt die Korrekturfaktoren für die allgemein gültigen Richtwerte. Gegebenenfalls ist das Datenblatt des Sensors zu beachten, der zum Einsatz kommen soll. Übliche

Abb. 6.14 Standardobjekt für induktive Näherungssensoren

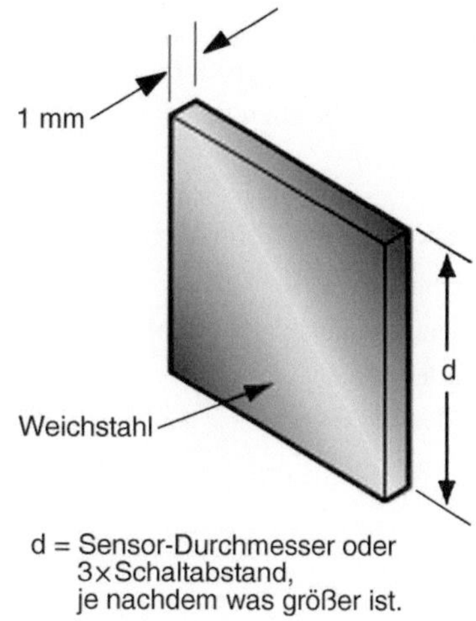

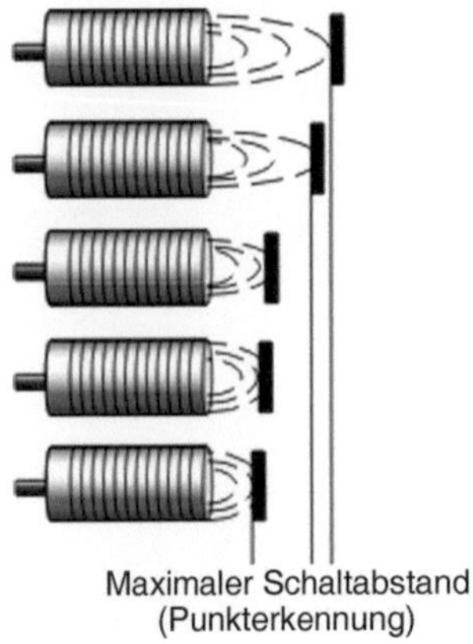

Abb. 6.15 Typische Korrekturfaktoren für induktive Näherungssensoren

Materialien und ihre spezifischen Korrekturfaktoren werden auf jedem Produktdatenblatt aufgelistet.

Es gilt: Nennschaltabstand · Korrekturfaktor = Schaltabstand.

Auch die Größe und die Gestalt des Objektes müssen bei der Auswahl eines induktiven Näherungssensors berücksichtigt werden. Die folgenden Punkte dienen zur Verwendung als allgemeine Richtlinien, wenn Korrekturen aufgrund der Objektgröße und -gestalt angewendet werden.

- flache Objekte eignen sich besser,
- runde Objekte können möglicherweise den Schaltabstand reduzieren,
- nicht eisenhaltige Materialien reduzieren normalerweise den Schaltabstand für allmetall-selektive Sensoren,
- Objekte, die kleiner sind als die Schaltfläche, reduzieren typischerweise den Schaltabstand,
- Objekte, die größer sind als die Schaltfläche, können den Schaltabstand vergrößern,
- Folien können den Schaltabstand vergrößern.

Tab. 6.1 Korrekturfaktoren für induktive Näherungssensoren

Objektmaterial	Angenäherter Korrekturfaktor
Weicher, unlegierter Stahl	1,0
Edelstahl	0,85
Messing	0,50
Aluminium	0,45
Kupfer	0,40

Der normierte Schaltabstand berücksichtigt nicht die Herstellungstoleranzen oder Variationen, die sich aufgrund externer Bedingungen, wie z. B. Spannung oder Temperatur, ergeben können. Nimmt man diese Faktoren hinzu, kann der tatsächliche Schaltabstand eines bestimmten Sensors um bis zu ca. ±20 % von dem normierten Schaltabstand abweichen.

6.1.4 Einsatzorte induktiver Näherungsschalter

Allmetall-selektive Sensoren oder standardmäßige induktive Näherungssensoren erfassen jedes beliebige Metall, das vor der Sensorschaltfläche platziert wird. Ein eisen-selektiver Sensor (beliebiges Metall, das auch Eisen enthält) ignoriert Messing, Aluminium und Kupfer, während ein nicht eisen-selektiver Sensor (beliebiges Metall, das kein Eisen enthält) Stahl und eisenartige Edelstähle ignoriert.

Eisen-selektive und nicht eisen-selektive Sensoren lassen sich sehr effektiv in Anwendungen einsetzen, in denen der Sensor ein Metall erfassen muss, während ein anderes ignoriert werden soll. Wenn z. B. ein Aluminiumteil maschinell bearbeitet wird, kann ein eisen-selektiver Sensor eingesetzt werden, um das Schneidwerkzeug aus gehärtetem Stahl zu erfassen, während der Aluminiumblock und die Aluminiumspäne, die bei der Bearbeitung anfallen, ignoriert werden.

Nicht eisen-selektive Sensoren ermöglichen für nicht eisenhaltige Materialien außerdem einen um bis zu 400 % größeren Schaltabstand als allmetall-selektive (Standard-) Ausführungen. Korrekturfaktoren gibt es hierbei nicht. Alle nicht eisenhaltigen Metalle werden mit dem vollen normierten Schaltabstand erfasst.

Die zu erfassenden Objekte können sich dem Näherungssensor entweder quer zur aktiven Schaltfläche (Referenzachse) nähern oder sich direkt in Richtung der Schaltfläche oder von ihr wegbewegen.

Bei den meisten Anwendungen wird die Zuverlässigkeit des Sensors erhöht, wenn sich das Objekt durch den Bereich vor der aktiven Schaltfläche bewegt. Dies ergibt sich aus dem besser kontrollierbaren Abstand zwischen Schaltfläche und Objekt. Bei Verwendung dieser Sensorbetriebsart sollten als kritische Überlegung die Schaltfrequenz bzw. Ansprechgeschwindigkeit betrachtet werden. Unter der Schaltfrequenz versteht man die Zeit, die benötigt wird, um den Zustand des Ausgangs von normalem auf geänderten Zustand zu bringen.

Die Schaltfrequenz ist die maximale Geschwindigkeit, bei der ein Sensor noch diskrete einzelne Impulse liefert, wenn das Objekt in den Erfassungsbereich eindringt und diesen wieder verlässt. Der Wert ist stets abhängig von der Größe des Objektes, dem Abstand der Schaltfläche und der Geschwindigkeit des Objektes. Die Schaltfrequenz entspricht der Anzahl der Schaltvorgänge pro Sekunde. Die Spezifikation der Messmethode zur Bestimmung der Bemessungsschaltfrequenz mit Standardobjekten basiert auf DIN IEC 60947-5-2. Veränderungen hinsichtlich der Objektgröße und des Materials beeinflussen die tatsächliche Schaltfrequenz. Abb. 6.16 zeigt die Ermittlung der Schaltfrequenz.

Abb. 6.16 Ermittlung der Schaltfrequenz

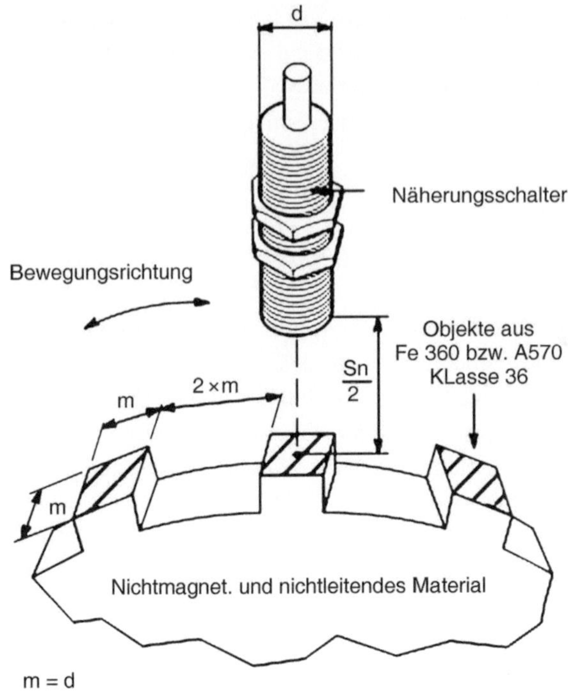

Nähert sich ein Objekt einem Näherungssensor direkt auf die Schaltfläche zu, so kann die Zuverlässigkeit der Anwendung durch Berücksichtigung der Hystereseeffekte erhöht werden. Zu beachten ist, dass auch die Schaltfrequenz bei direkter Annäherung des Objektes berücksichtigt werden sollte.

Die Differenz zwischen Einschaltpunkt und Ausschaltpunkt bezeichnet man auch als Hysterese oder Differentialstrecke. Die nach dem Einschalten zum Ausschalten erforderliche Verschiebung des Objektes muss bei der Festlegung der Objektbereiche und Sensorpositionierungen berücksichtigt werden. Die Hysterese ist erforderlich, um ein Prellen (schnelles Ein- und Wiederausschalten) der Kontakte zu verhindern, falls der Sensor und/oder das Objekt mechanischen Stößen oder instabilen Schwingungen ausgesetzt ist. Schwingungsamplituden müssen kleiner als das Hystereseband sein, um Prelleffekte zu verhindern. Abb. 6.17 zeigt die Ermittlung der Hysterese.

Bei bestimmten Anweisungen, wie beispielsweise dem Schweißen, Löten, dem induktiven Beheizen usw., wirken starke elektromagnetische Felder. Die Schaltkreise von Näherungssensoren können dahingehend abgewandelt werden, dass eine höhere Widerstandsfähigkeit gegen die Einflüsse dieser elektromagnetischen Felder erreicht wird. Nachfolgend werden einige Überlegungen zur Montage aufgezeigt, die bei solchen Anwendungen zu berücksichtigen sind.

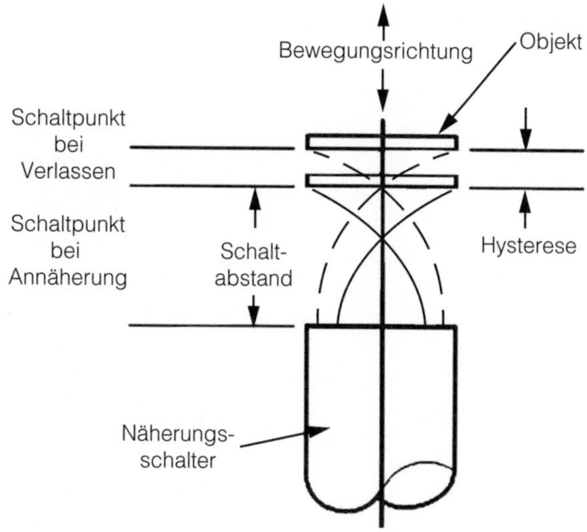

Abb. 6.17 Ermittlung der Hysterese

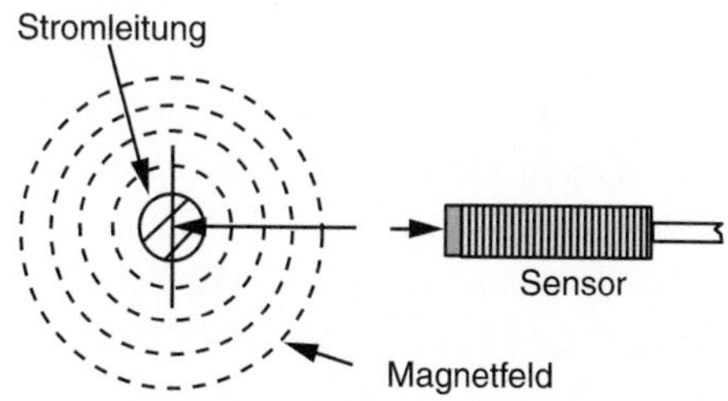

Abb. 6.18 Befestigung senkrecht zur Achse des elektromagnetischen Feldes

Der zuverlässige Betrieb ist abhängig von der Stärke des Magnetfeldes und dem Abstand zwischen der Stromleitung und dem Sensor. Abb. 6.18 zeigt die Befestigung senkrecht zur Achse des elektromagnetischen Feldes.

Für den Abstand zur Stromleitung verwendet man das Diagramm von Abb. 6.19, um die Abstandsanforderungen zwischen Stromleitung und Näherungssensor zu bestimmen. In der senkrechten Achse kann die Stärke des schweißfelderzeugenden Stroms abgelesen werden. Der Minimumabstand, der zwischen dem Sensor und dem Schweißfeldstrom eingehalten werden muss, wird in der horizontalen Achse r angegeben. Zur Verbesserung der Zuverlässigkeit des Sensors wählen Sie einen Abstand aus, der in der sicheren Zone liegt.

6.1.5 Anschlusstechniken

Diese Gleichspannungsnäherungsschalter in Zweidrahtausführung DZ weisen die Besonderheit auf, dass man diese wie mechanische Positionsschalter in einen Stromkreis einfügen kann. Sie verfügen über einen Oszillator, eine Auswerteeinheit, eine Ausgangsstufe und zwei Anschlussdrähte. Durch eine interne Diodenschaltung im Eingang ist der Schal-

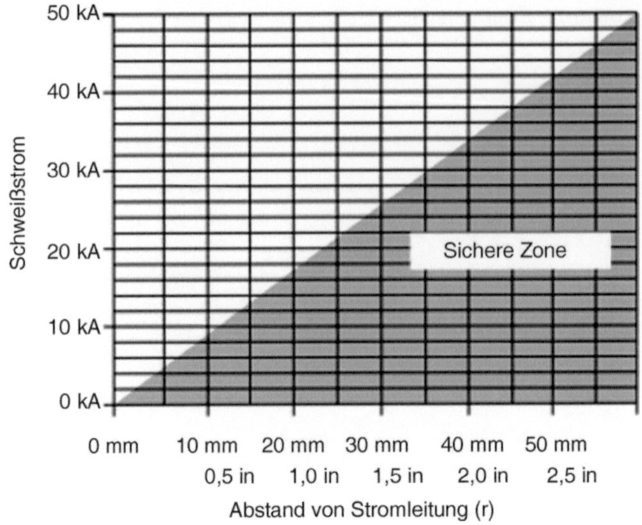

Abb. 6.19 Abstand von einer Stromleitung

ter in beliebiger Polarität anschließbar. Der Sensor wird in Reihe mit der Last betrieben. Aus diesem Grund weist der Sensor im offenen Zustand einen Reststrom und im geschlossenen Zustand einen Spannungsfall auf. Beim Anschluss von Relais oder elektronischen Steuerungen sind diese Einschränkungen zu beachten. Sie sind in den Ausführungen Schließer (-DZS), Öffner (-DZÖ) und Schließer/Öffner umschaltbar (-DZU) erhältlich. Abb. 6.20 zeigt das Anschlussschema.

Bei Drei- und Vierdraht-Sensoren verwendet man zwei Anschlüsse für die Betriebsspannung und einen oder zwei Anschlüsse für das Ausgangssignal. Sie werden gefertigt

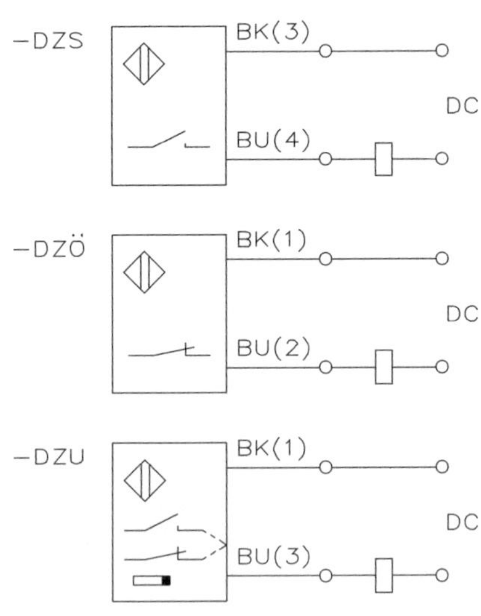

Abb. 6.20 Anschlussschema der Gleichspannungsnäherungsschalter in Zweidrahtausführung

als Schließer oder Öffner und als Vierdrahtschalter mit antivalentem Ausgang, d. h. einem Öffner und einem Schließer. Diese Ausführungen sind geschützt gegen Kurzschluss, Überlast und sind absolut verpolungssicher. Sie enthalten Schutzbeschaltungen zur Unterdrückung von Ein- und Ausschaltimpulsen und sind gegen Zerstörung durch das Auftreten von induktiven Spannungsspitzen induktiver Lasten geschützt. Abb. 6.21 zeigt das Anschlussschema.

Bei der Auswahl der Sensoren muss auf die Schaltungsart geachtet werden:

- PNP – Ausgänge schalten die positive Spannung auf die Last,
- NPN – Ausgänge schalten die negative Spannung auf die Last.

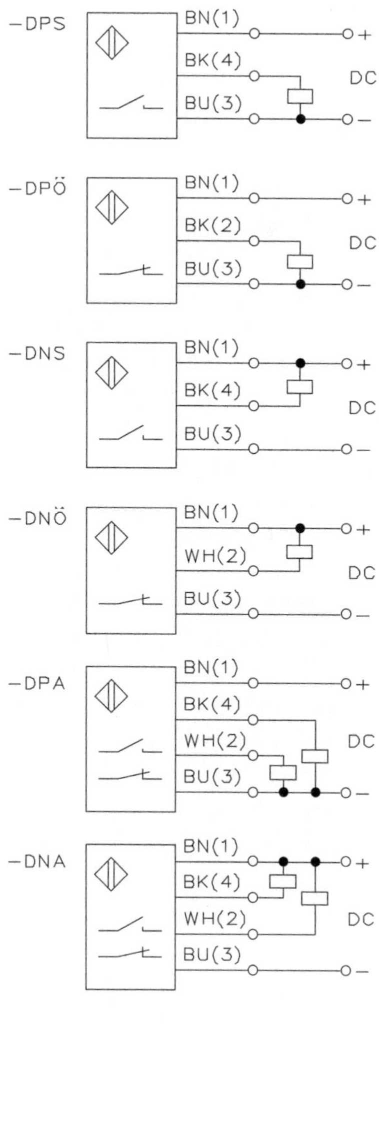

Abb. 6.21 Anschlussschema der Gleichspannungsnäherungsschalter in Drei- und Vierdrahtausführung

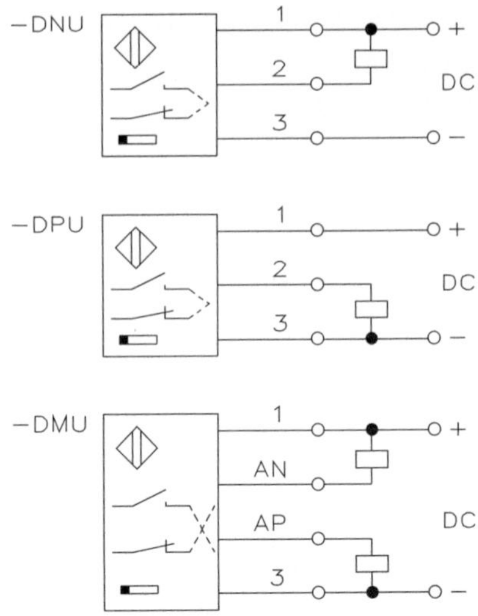

Abb. 6.22 Anschlussschema der Gleichspannungsnäherungsschalter in Drei- und Vierdrahtausführung mit PNP- und NPN-Ausgängen

Einige Sensoren können mit Mikroschaltern programmiert werden. Es ist die Ausgangsfunktion Schließer oder Öffner einstellbar. Weitere Funktionen, wie z. B. PNP- oder NPN-Ausgang, verdrahtungsprogrammiert, sind lieferbar. Abb. 6.22 zeigt das Anschlussschema.

Man erhält auch Wechselspannungsschalter in Zwei- oder Dreidrahtausführung.

Die Grundausführung ist der Zweidrahtsensor, der neben dem Oszillator und der Auswerteeinheit einen Thyristor-Ausgangsverstärker beinhaltet. Den Zweidrahtschalter gibt es als Schließer oder Öffner. In der programmierbaren Version kann mit einem Mikroschalter die Schließer- oder Öffnerfunktion gewählt werden. Der Sensor wird in Reihe mit der Last betrieben. Aus diesem Grund weist der Sensor im offenen Zustand einen Reststrom und im geschlossenen Zustand einen Spannungsfall auf. Der Reststrom ist beim Schalten von sehr hochohmigen Eingängen zu beachten. Der Spannungsfall ist im Kleinspannungsbereich zu beachten. Bei Wechselspannungsschaltern mit drei Anschlussdrähten wird die Betriebsspannung über getrennte Anschlüsse zum Sensor geführt. Hier kann der geringe Reststrom (Leckstrom) und der Spannungsfall von ca. 2 V vernachlässigt werden. Abb. 6.23 zeigt das Anschlussschema.

Der Gleichspannungsnäherungsschalter nach DIN 19234 (NAMUR) ist ein Zweidrahtschalter. Er besteht im Wesentlichen aus dem Oszillator. Die zweiadrige Zuleitung des Sensors wird mit dem Steuereingang eines Schaltverstärkers verbunden. Der Schaltverstärker enthält eine Gleichstromquelle zur Speisung des Steuerstromkreises und wird durch den veränderlichen Innenwiderstand des Wegfühlers gesteuert. Der Sensor nach DIN 19234 benötigt nur wenige Bauteile und erreicht dadurch eine sehr hohe Betriebssicherheit. In Verbindung mit dem nachgeschalteten Schaltverstärker ist eine Überwachung auf Leitungsbruch der Kabelverbindung zum Sensor möglich. Durch den niederohmigen Eingang des Sensors ist er unempfindlich gegen induktive und kapazitive Einstreuungen

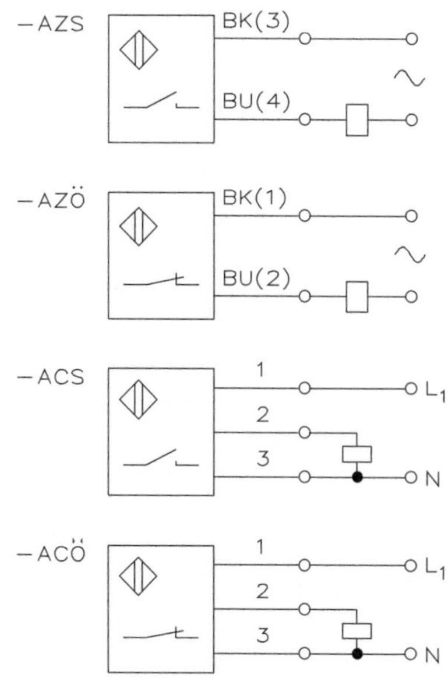

Abb. 6.23 Anschlussschema der Wechselspannungsschalter in Zwei- und Dreidrahtausführung

auf der Verbindungsleitung. Die elektrischen Kennwerte sind in der DIN 19234 bzw. in den Richtlinien der Normenarbeitsgemeinschaft Mess- und Regelungstechnik in der chemischen Industrie (NAMUR) festgelegt. NAMUR-Sensoren gemäß DIN 19234 dürfen im Ex-Bereich eingesetzt werden, wenn sie mit einem zugelassenen Trennschaltverstärker mit einem eigensicheren Steuerstromkreis betrieben werden. Abb. 6.24 zeigt das Anschlussschema.

Bei der Schließerfunktion ist der Ausgang durchgesteuert, wenn das Objekt erfasst wird und gesperrt, wenn das Objekt nicht erfasst wird.

Bei der Öffnerfunktion ist der Ausgang gesperrt, wenn das Objekt erfasst wird und durchgesteuert, wenn das Objekt nicht erfasst wird.

Bei der antivalenten Funktion hat der Ausgang eine Schließer- und eine Öffnerfunktion. Die antivalente Funktion entspricht einem Wechselschalter.

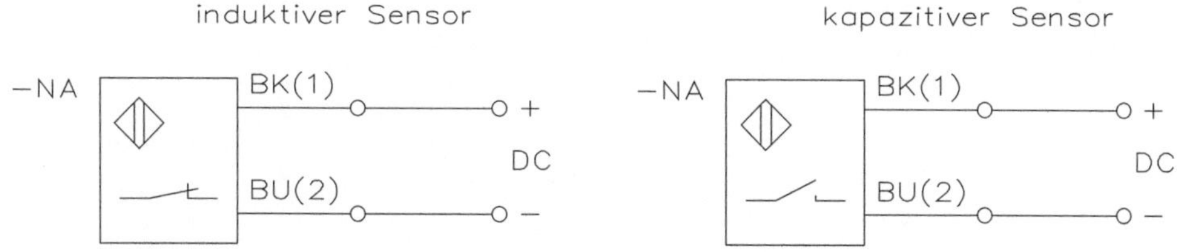

Abb. 6.24 Anschlussschema der Gleichspannungsnäherungsschalter für einen induktiven und einen kapazitiven Sensor

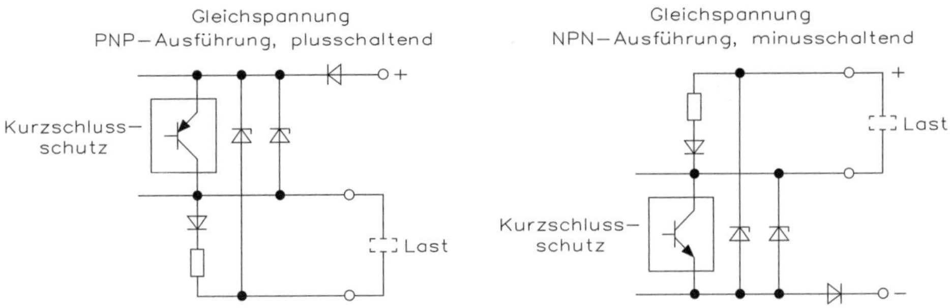

Abb. 6.25 Gleichspannungsausgang in PNP-Ausführung plusschaltend und in NPN-Ausführung minusschaltend

Der induktive Sensor nach DIN 19 234 (NAMUR) ist ein Zweidrahtschalter, wie Abb. 6.25 zeigt. Er besteht im Wesentlichen aus dem Oszillator. Der Sensor nach DIN 19 234 hat keine Auswerteeinheit und keinen Schaltverstärker wie bei den Gleichspannungsnäherungsschaltern. Die Auswerteeinheit und die Ausgangsstufe befinden sich in dem Trennschaltverstärker. An dem Trennschaltversärker ist der Sensor mit zwei Leitungen angeschlossen und bilden gemeinsam den Steuerstromkreis. Der Trennschaltverstärker liefert die Versorgungsspannung für den Sensor und wertet die unterschiedlichen Ströme des Sensors im bedämpften und nicht bedämpften Zustand aus. Die elektrischen Kennwerte sind in DIN 19 234 bzw. in den Richtlinien der Normenarbeitsgemeinschaft Mess- und Regelungstechnik in der chemischen Industrie (NAMUR) festgelegt. Im nicht bedämpften leitenden Zustand beträgt der Strom > 2,1 mA. Im bedämpften gesperrten Zustand beträgt der Strom < 1,2 mA. Die Abhängigkeit des Ausgangssignals vom Abstand des beeinflussenden Objektes ist aus der Kennlinie des Sensors ersichtlich.

In der DIN 19234 sind Werte festgelegt zum sicheren Zusammenwirken zwischen Sensor und Verstärker. Abb. 6.26 zeigt die stetige Strom/Weg-Kennlinie für diesen Sensor.

Die nicht stetige Kennlinie weist im Bereich ΔI eine unendliche Steigung auf.

Abb. 6.26 Stetige Strom/Weg-Kennlinie für diesen induktiven Sensor nach DIN 19 234 (NAMUR)

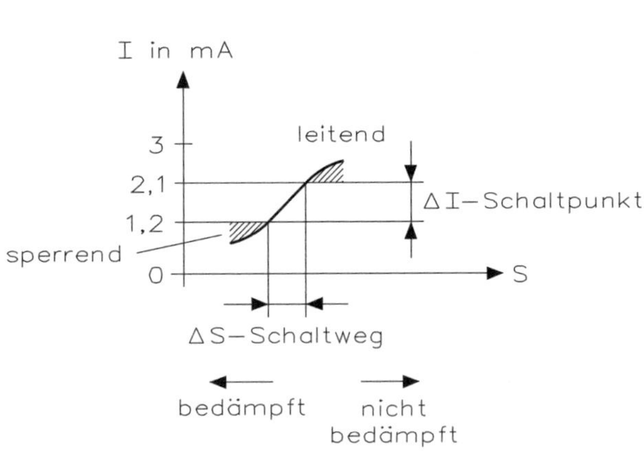

6.2 Kapazitive Näherungsschalter

Die kapazitive Erfassung von Objekten ist eine berührungslose Technologie zur Erfassung metallischer, nicht metallischer, fester und flüssiger Materialien. Aufgrund ihrer Leistungsmerkmale und Kosten eignen sie sich im Vergleich zu induktiven Näherungssensoren am besten zur Erfassung nicht metallischer Objekte. Für die meisten Anwendungen mit Metallobjekten werden induktive Näherungssensoren bevorzugt, weil diese sowohl zuverlässig sind als auch die kostengünstigere Technologie darstellen.

Kapazitive Näherungssensoren sind im Hinblick auf Größe, Gestalt und Funktionsweise mit induktiven Näherungssensoren vergleichbar. Anders als induktive Näherungssensoren, die zur Erfassung von Objekten induzierte Magnetfelder nutzen, reagieren kapazitive Näherungssensoren auf Änderungen in einem elektrostatischen Feld. Der hinter der Schaltfläche angeordnete Messfühler ist eine Kondensatorplatte. Wird der Sensor mit Strom versorgt, so wird ein elektrostatisches Feld erzeugt, das auf Kapazitätsänderungen reagiert, die durch ein Objekt verursacht werden. Ist das Objekt außerhalb des elektrostatischen Feldes, so ist der Oszillator nicht aktiv. Nähert sich das Objekt, so tritt eine kapazitive Kopplung zwischen Objekt und kapazitivem Fühler auf. Sobald die Kapazität einen bestimmten Grenzwert überschreitet, wird der Oszillator aktiviert, der den Ausgangskreis zum Schaltwechsel zwischen „EIN“ und „AUS“ triggert. Die Betriebsweise eines kapazitiven Näherungssensors ist vergleichbar mit einem induktiven und es gilt Abb. 6.27.

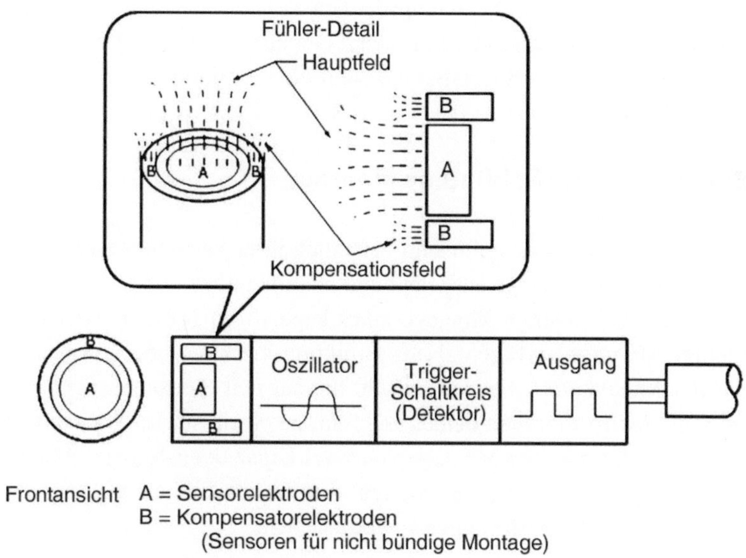

Abb. 6.27 Aufbau eines kapazitiven Näherungsschalters

Die Fähigkeit des Sensors, ein Objekt zu erfassen, wird bestimmt durch die Objektgröße, die Dielektrizitätskonstante und den Abstand vom Messfühler. Die Dielektrizitätskonstante ist eine Materialeigenschaft. Jeder Stoff hat eine Dielektrizitätskonstante. Materialien mit großer Dielektrizitätskonstante sind einfacher zu erfassen als solche mit kleinen Werten. Je größer ein Objekt und dessen Dielektrizitätskonstante ist, umso stärker ist die kapazitive Kopplung zwischen Objekt und Messfühler. Je kürzer der Abstand zwischen Objekt und Messfühler, umso stärker ist die kapazitive Kopplung.

6.2.1 Aufbau eines kapazitiven Näherungsschalters

Der Sensor besteht aus fünf Basiskomponenten: dem kapazitiven Messfühler bzw. Platte, Oszillator, Signalpegelabtaster, Halbleiterelement als Schaltausgang und einem Potentiometer zur Justierung. Abb. 6.27 zeigt den Aufbau eines kapazitiven Näherungsschalters.

Der kapazitive Messfühler strahlt ein elektrostatisches Feld ab, das die kapazitive Kopplung zwischen dem Messfühler und dem in das Feld eintretenden Objekt erzeugt. Der Oszillator versorgt den kapazitiven Messfühler mit elektrischer Energie und der Triggerschaltkreis erfasst Veränderungen der Schwingungsamplitude. Veränderungen treten auf, wenn ein Objekt in das vom Sensor abgestrahlte elektrostatische Feld eindringt oder dieses verlässt. Wird im elektrostatischen Feld eine hinreichend große Veränderung erfasst, erzeugt der Halbleiterausgang ein Signal, das über eine Schnittstelle z. B. an eine SPS weitergegeben wird und dort verarbeitet werden kann. Das Signal zeigt die Anwesenheit eines Objektes im Erfassungsbereich an.

Ein Drehen an dem Potentiometer im Uhrzeigersinn erhöht die Empfindlichkeit und ein Drehen entgegen dem Uhrzeigersinn reduziert die Empfindlichkeit.

6.2.2 Bündige und nicht bündige Montage

Alle kapazitiven Näherungssensoren sind bezüglich ihrer Konstruktion für eine bündige oder eine nicht bündige Montage ausgelegt und klassifizierbar.

Abb. 6.28 zeigt die bündige Montage eines kapazitiven Näherungsschalters. Sensoren für bündige Montage verfügen als Konstruktionsmerkmal über ein den Messfühler umschließendes Metallband. Dies vereinfacht die auf den Sensor bezogene frontseitige Ausrichtung des elektrostatischen Feldes und führt zu einem stärker konzentrierten Feld.

Abb. 6.29 zeigt die bündige Montage von zwei kapazitiven Näherungsschaltern. Die Konstruktion für bündige Montage ermöglicht den flachen Einbau des Sensors in umgebendes Material, ohne Fehlauslösungen zu verursachen.

Kapazitive Näherungssensoren für bündige Montage eignen sich aufgrund ihrer stark konzentrierten elektrostatischen Felder optimal zur Erfassung von Materialien mit kleiner Dielektrizitätskonstante (schwierige Erfassung). Sie erkennen Objekte, die Sensoren für nicht bündige Montage nicht erkennen.

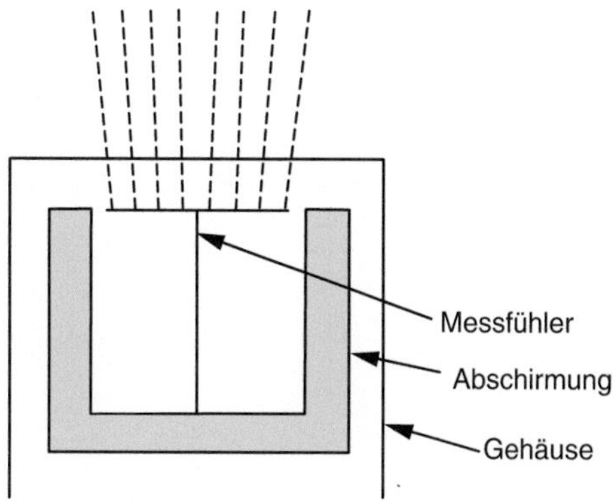

Abb. 6.28 Bündige Montage eines kapazitiven Näherungsschalters

Sensoren für nicht bündige Montage verwenden kein den Messfühler umschließendes Metallband und haben daher ein schwächer konzentriertes elektrostatisches Feld. Viele Sensoren für nicht bündige Montage nutzen Kompensationsfühler, die eine höhere Stabilität des Sensors gewährleisten.

Abb. 6.30 zeigt eine nicht bündige Montage eines kapazitiven Näherungsschalters. Kapazitive Sensoren für nicht bündige Montage sind auch hinsichtlich des Einsatzes von Kunststoffsensoren, einem für Anwendungen zur Füllstandüberwachung von Flüssigkeiten entwickelten Zubehörteil, besser geeignet als die Ausführungen für bündige Montage. Die Aufnahme wird durch eine Öffnung in einen Tank montiert und der Sensor wird in die Aufnahme gesetzt. Der Sensor erfasst die im Tank enthaltene Flüssigkeit durch die Wand der Sensoraufnahme. Abb. 6.31 zeigt die nicht bündige Montage von zwei kapazitiven Näherungsschaltern.

Das elektrostatische Feld eines Sensors für nicht bündige Montage ist weniger stark konzentriert als das eines Sensors für bündige Montage. Dadurch eignen sich diese Sensoren besonders gut zur Erfassung von Materialien mit großer Dielektrizitätskonstante (einfache Erfassung) oder zur Unterscheidung zwischen Materialien mit großen und kleinen Konstanten. Für bestimmte Objektmaterialien weisen kapazitive Näherungssensoren für nicht bündige Montage größere Schaltabstände auf als Versionen für bündige Montage.

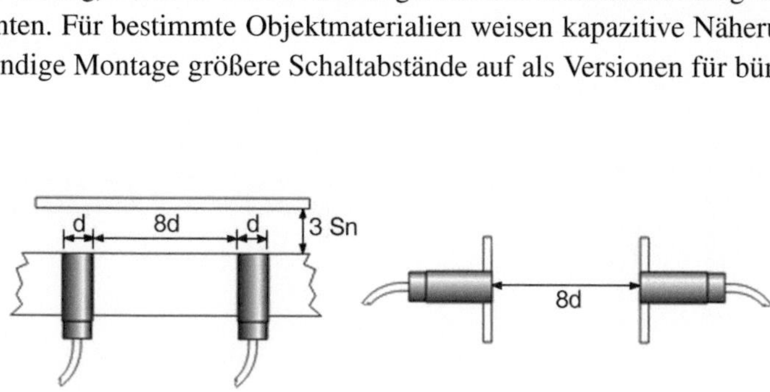

Abb. 6.29 Bündige Montage von zwei kapazitiven Näherungsschaltern

Abb. 6.30 Nicht bündige Montage eines kapazitiven Näherungsschalters

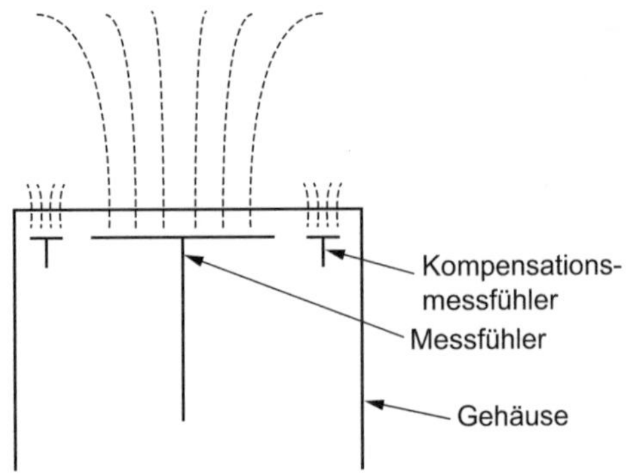

Die Ausführungen für nicht bündige Montage sind mit einem Kompensationsfühler ausgestattet, der es dem Sensor ermöglicht Nebel, Staub, kleinere Verunreinigungen und feine Öltropfen oder Wassertropfen, die sich auf dem Sensor ansammeln, zu ignorieren. Der Kompensationsfühler macht den Sensor außerdem beständig gegen Schwankungen der Luftfeuchtigkeit.

Wie bei induktiven Näherungssensoren ist auch das Standardobjekt für kapazitive Näherungssensoren ein quadratisches Stück aus unlegiertem Weichstahl mit einer Dicke von 1 mm und Seitenlängen, die dem Durchmesser der Schaltfläche oder aber dem 3-fachen Wert des Schaltabstandes entsprechen, je nachdem welcher Wert größer ist. Das Objekt wird gemäß IEC-Prüfnormen geerdet. Dennoch braucht ein Objekt in einer typischen Anwendung nicht geerdet zu werden, um eine zuverlässige Erfassung zu gewährleisten.

Materialien mit größeren Werten für die Dielektrizitätskonstante sind einfacher zu erfassen als solche mit kleineren Werten, z. B. Wasser und Luft stellen dielektrische Ex-

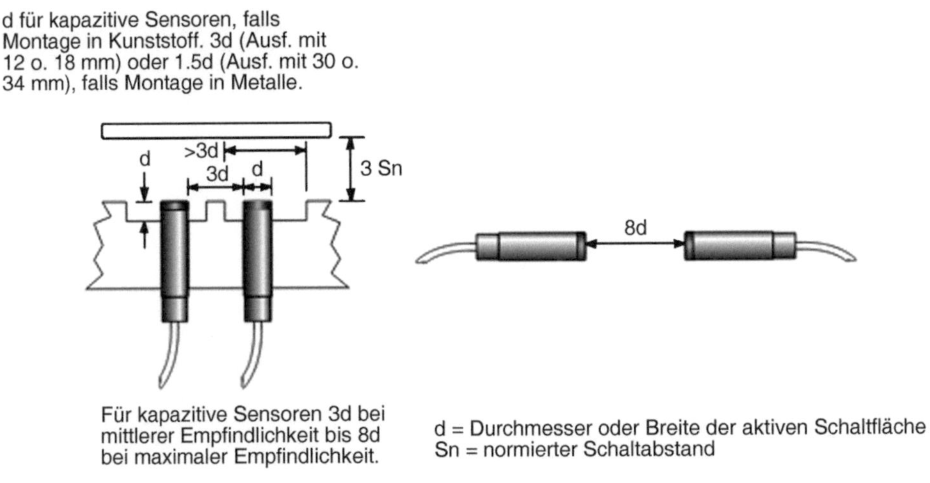

Abb. 6.31 Nicht bündige Montage von zwei kapazitiven Näherungsschaltern

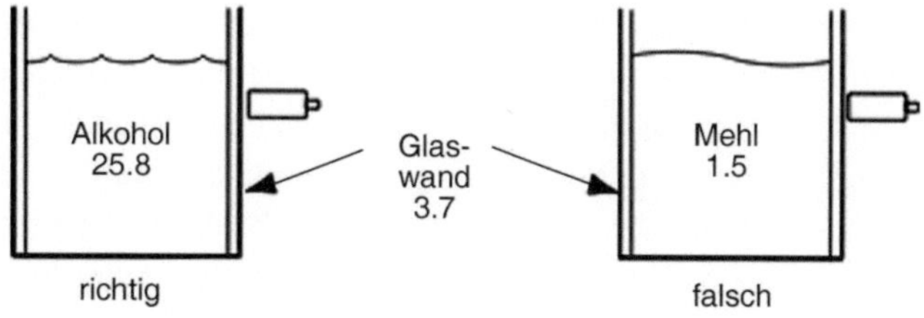

Abb. 6.32 Kapazitive Erkennung an einem Tank

tremfälle dar. Ein kapazitiver Näherungssensor würde sehr empfindlich auf Wasser mit einer Dielektrizitätskonstante von 80 ansprechen, wodurch er sich ideal für Füllstandsmessungen eignet. Der gleiche Sensor würde jedoch nicht empfindlich auf Luft mit einer Dielektrizitätskonstante von 1 ansprechen. Andere Objekte, die in den Empfindlichkeitsbereich fallen würden, wären etwa feuchtes Holz mit einer Dielektrizitätskonstante zwischen 10 und 30 sowie trockenes Holz mit einer Konstante zwischen 2 und 6.

Materialien mit großer Dielektrizitätskonstante können durch die Wände eines Containers erkannt werden, wenn diese aus Materialien mit kleinerer Dielektrizitätskonstante bestehen. Als Beispiel sei die Erkennung von Alkohol oder Mehl durch eine Glaswand hindurch genannt. Alkohol wird durch die Glaswand hindurch erkannt, Mehl jedoch nicht. Abb. 6.32 zeigt eine richtige und eine falsche Anordnung eines kapazitiven Sensors an einem Tank.

Grundsätzlich sollte jede Anwendung zuerst erprobt werden. Die Liste mit Dielektrizitätskonstanten wurde vorbereitet, um bei der Prüfung auf Machbarkeit einer Anwendung zu helfen. Die aufgelisteten Werte können je nach Größe und Dichte des Objektmaterials schwanken.

Jedes beliebige Material, das in das elektrostatische Feld eines kapazitiven Näherungssensors eindringt, kann ein Ausgangssignal auslösen. Dies schließt auch Dunst, Staub oder sonstige Verunreinigungen auf der Schaltfläche des Sensors ein. Abb. 6.33 zeigt ein Kompensationsfeld und Betrieb eines kapazitiven Näherungssensors.

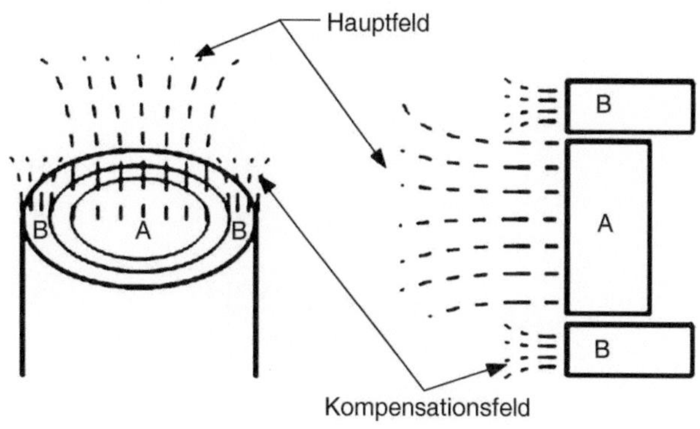

Abb. 6.33 Kompensationsfeld und Betrieb eines kapazitiven Näherungssensors

Der Einsatz von Kompensationselektroden innerhalb des Messfühlers unterstützt die Stabilität eines Sensors für nicht bündige Montage. Das Kompensationsfeld hat außerhalb des Sensors keine große Ausdehnung. Wenn das Objekt in den Erfassungsbereich eindringt, bleibt das Kompensationsfeld unverändert. Befinden sich Verunreinigungen direkt auf der Schaltfläche des Sensors, so sind beide Felder betroffen (Sensor und Kompensation). Der Sensor erkennt diese Kapazitätsänderung nicht und erzeugt folglich kein Ausgangssignal, da sich die Kapazität des Sensors im gleichen Verhältnis erhöht hat wie die Kapazität der Kompensationselektroden.

6.3 Ultraschallnäherungssensoren

Ultraschallnäherungssensoren senden einen Schallimpuls aus, der von Objekten, die in das Wellenfeld eindringen, reflektiert wird. Der reflektierte Schall bzw. das Echo wird dann von dem Sensor empfangen. Durch Erkennung des Schalls wird ein analoges oder digitales Ausgangssignal erzeugt, das von einem Betätiger, Mikrocontroller oder PC weiterverarbeitet werden kann. Das Ausgangssignal kann analog oder digital sein.

Abb. 6.34 zeigt Schallwellen, die von festen und flüssigen Werkstoffen reflektiert werden. Die Ultraschall-Technologie basiert auf dem Prinzip, dass Schall eine relativ konstante Geschwindigkeit hat. Die Zeit, die der Strahl eines Ultraschallsensors benötigt, um ein Objekt zu treffen und wieder zurückzukehren, ist direkt proportional zu dem Abstand des Objektes. Folglich werden Ultraschallsensoren häufig in Applikationen zur Abstandsmessung eingesetzt, z. B. zur Füllstandsmessung.

Ultraschallsensoren sind in der Lage, die meisten Objekte zu erkennen – metallische oder nicht metallische, durchsichtige oder undurchsichtige, flüssige, feste oder kornförmige Objekte, die über ein ausreichendes akustisches Reflexionsvermögen verfügen. Ein weiterer Vorteil von Ultraschallsensoren ist ihre, im Vergleich zu optoelektronischen Sensoren, geringere Empfindlichkeit hinsichtlich kondensierender Feuchtigkeit. Ein Nachteil

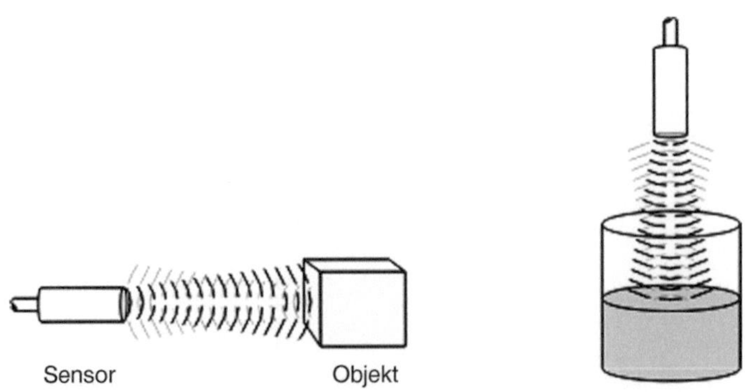

Abb. 6.34 Festige und flüssige Werkstoffe reflektieren die Schallwellen

für Ultraschallsensoren ist, dass sich schallabsorbierende Materialien, wie z. B. Tuch, Weichgummi, Mehl und Schaum, ungünstig als zu erkennende Objekte eignen.

6.3.1 Basiskomponenten

Ultraschallnäherungssensoren verfügen über vier Basiskomponenten, Transducer/Empfänger, Komparator, Detektorkreis und Halbleiterausgang. Abb. 6.35 zeigt die Basiskomponenten.

Der Ultraschall-Transducer pulsiert, wobei Schallwellen von der Stirnseite des Sensors abgestrahlt werden. Der Transducer empfängt auch die Echos der Wellen, die von einem Objekt reflektiert werden. Wenn der Sensor das reflektierte Echo empfängt, berechnet der Komparator den Abstand durch Vergleichen des Sende-Empfangszeitfensters mit der Schallgeschwindigkeit. Der Halbleiterausgang erzeugt ein elektrisches Signal, das über eine Schnittstelle, z. B. an eine SPS, weitergegeben und sich dort verarbeiten lässt. Das Signal von digitalen Sensoren zeigt die Anwesenheit oder Abwesenheit eines Objektes im Erfassungsbereich an. Das Signal von analogen Sensoren zeigt den Abstand zu einem Objekt im Erfassungsbereich an.

Im Allgemeinen arbeiten die in der Industrie eingesetzten Ultraschallsensoren mit Frequenzen zwischen 2 und 50 kHz. Medizinische Ultraschallgeräte arbeiten mit 5 MHz oder mehr. Die Abtastfrequenz ist umgekehrt proportional zum Schaltabstand. Während eine 50-Hz-Schallwelle möglicherweise bis zu 10 m oder weiter nutzbar sein kann, ist eine 200-kHz-Schallwelle auf maximale Schaltabstände von etwa 1 m begrenzt.

Die Erfassungsreichweite eines Ultraschallnäherungssensors entspricht dem Bereich zwischen dem minimalen und maximalen Schaltabstand. Abb. 6.36 zeigt den Schaltabstand eines Ultraschallnäherungssensors.

Ultraschallnäherungssensoren weisen in der Nähe der Schaltfläche des Sensors einen kleinen, nicht nutzbaren Bereich auf. Wenn der Ultraschallstrahl den Sensor verlässt, auf ein Objekt trifft und zurückkehrt, bevor der Sensor die Aussendung abgeschlossen hat, ist der Sensor nicht in der Lage, das Echo korrekt zu empfangen. Diesen nicht nutzbaren Bereich bezeichnet man auch die blinde Zone.

Die äußere Grenze der blinden Zone stellt den Mindestschaltabstand dar, in dem ein Objekt vom Sensor entfernt sein darf, ohne dass Echos reflektiert werden, die vom Sensor ignoriert oder fehlinterpretiert werden.

Größe und Material des Objektes bestimmen den maximalen Schaltabstand, bei dem ein Objekt noch vom Sensor erkannt wird. Je schwieriger ein Objekt zu erkennen ist, umso kürzer ist möglicherweise der maximale Schaltabstand.

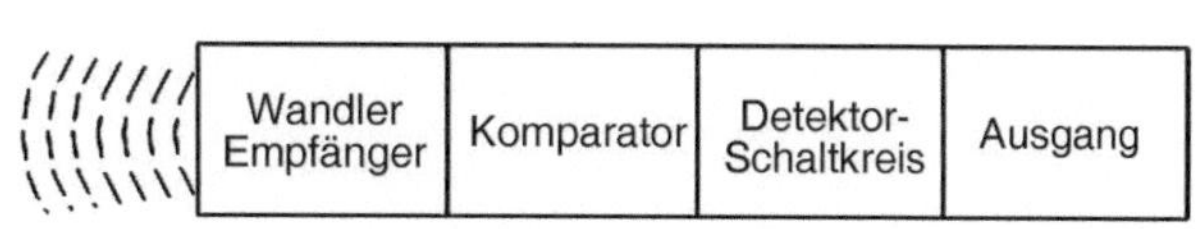

Abb. 6.35 Basiskomponenten von Ultraschallsensoren

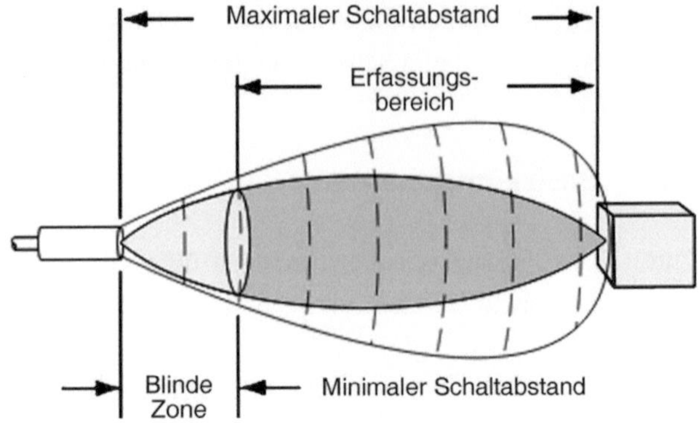

Abb. 6.36 Schaltabstand eines Ultraschallnäherungssensors

Materialien, die Schall absorbieren, Schaum, Baumwolle, Gummi usw., sind schwieriger zu erkennen als akustisch reflektierende Materialien wie Stahl, Kunststoff oder Glas. Falls solche Objekte überhaupt erkannt werden, können die schallabsorbierenden Materialien den maximalen Schaltabstand begrenzen. Abb. 6.37 zeigt den Erfassungsbereich bei maximaler Empfindlichkeit.

Wenn der Transducer vibriert, sendet er Ultraschallimpulse aus, die sich in einem kegelförmigen Strahl fortpflanzen. Der Kegel kann normalerweise über ein Potentiometer justiert werden, um den Erfassungsbereich zu verbreitern oder zu verlängern. Abb. 6.38 zeigt einen effektiven Strahl eines Ultraschallnäherungssensors.

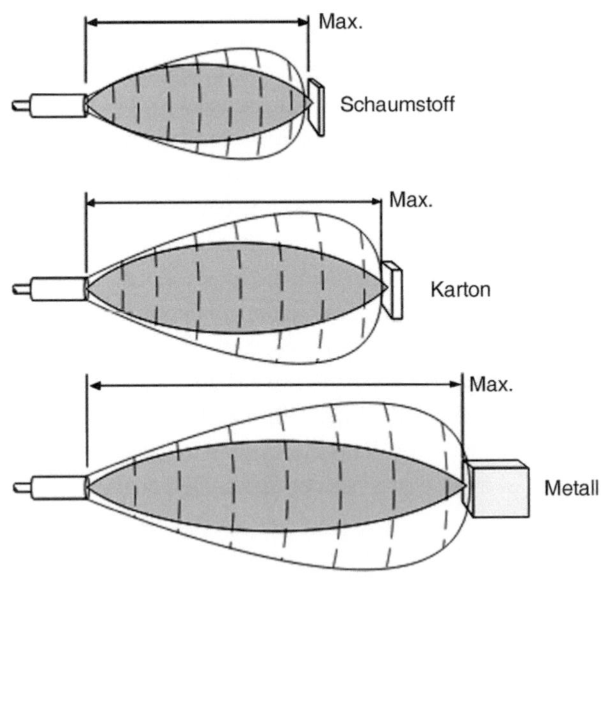

Abb. 6.37 Erfassungsbereich bei maximaler Empfindlichkeit

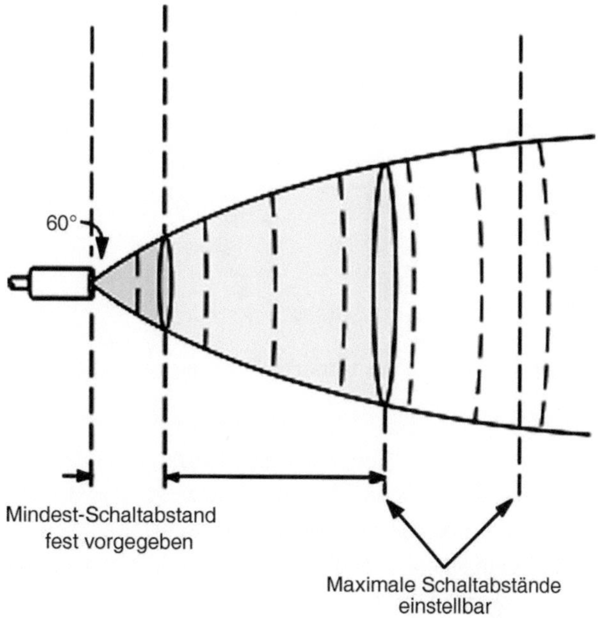

Abb. 6.38 Effektiver Strahl eines Ultraschallnäherungssensors

Hersteller geben Richtlinien zu den Empfindlichkeitseigenschaften ihrer Sensoren an. Dennoch sollte für jede Applikation eine Versuchsphase zur Bestimmung des maximalen Schaltabstandes vorgesehen werden.

6.3.2 Funktion der Hintergrundausblendung

Einige analoge Ausführungen bieten eine Funktion zur Hintergrundausblendung, die es dem Sensor erlaubt, alle Objekte jenseits eines spezifizierten Abstandes zu ignorieren. Dieser Abstand wird vom Anwender bei der Installation über ein Potentiometer eingestellt.

Innerhalb des Erfassungsbereiches befindliche nicht zu erfassende Objekte können vor dem Sensor versteckt werden, indem sie mit schallabsorbierendem Material überdeckt oder so positioniert sind, dass ihre Echos vom Sensor weg reflektiert werden.

Der Abstand zwischen Sensoren wird durch deren Strahlwinkel bestimmt. Die Sensoren müssen so angeordnet werden, dass sie sich nicht gegenseitig stören. Die mögliche Interferenz wird auch als „Übersprechen" bezeichnet. Abb. 6.39 zeigt den richtigen und falschen Abstand von Ultraschallnäherungssensoren.

Werden mehrere Ultraschallsensoren eingesetzt, so sind die Abstände nach Abb. 6.40 einzuhalten.

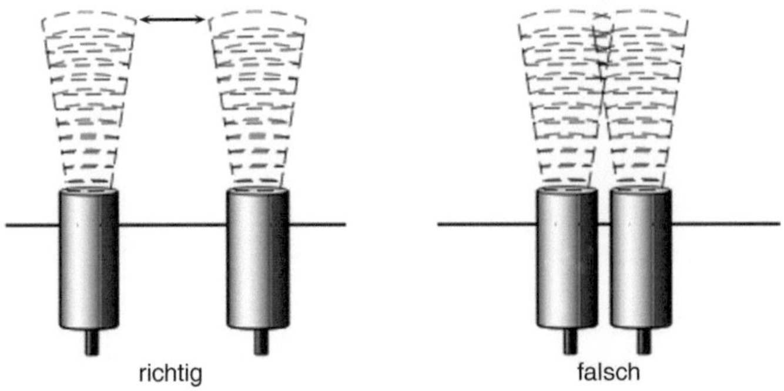

Abb. 6.39 Abstand von Ultraschallnäherungssensoren

Man richtet den Sensor auf das Objekt aus, dann dreht man das Potentiometer bis die Leuchtdiode aufleuchtet und damit anzeigt, dass das Objekt anwesend ist. Man stellt danach den Winkel des Sensors ein, um die Helligkeit der Leuchtdiode zu maximieren.

Falls ein analoger Sensor auch hinter dem gewünschten Objekt befindliche Objekte erfasst, dreht man das Potentiometer, um die Objekte im Hintergrund auszublenden, jedoch nicht so weit, dass der Sensor das gewünschte Objekt nicht mehr erfassen kann.

Um den Schaltabstand eines diskreten Sensors einzustellen, stellt man das Potentiometer so ein, dass die Leuchtdiode abschaltet, während das Objekt nicht anwesend ist. Danach platziert man das Objekt wieder und dreht langsam das Potentiometer, bis die Leuchtdiode wieder einschaltet. Dieser Einstellvorgang ist nicht zutreffend für Ultraschallsensoren, wenn eine Einweg-Lichtschranken-Ausführung verwendet wird.

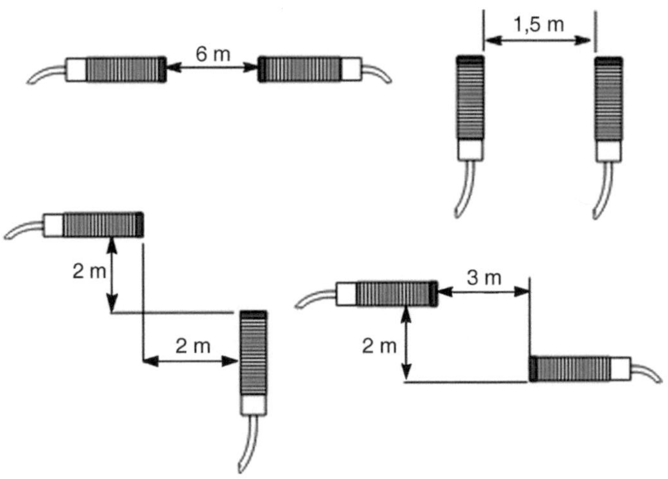

Abb. 6.40 Richtlinien zur Montage von mehreren Ultraschallnäherungssensoren

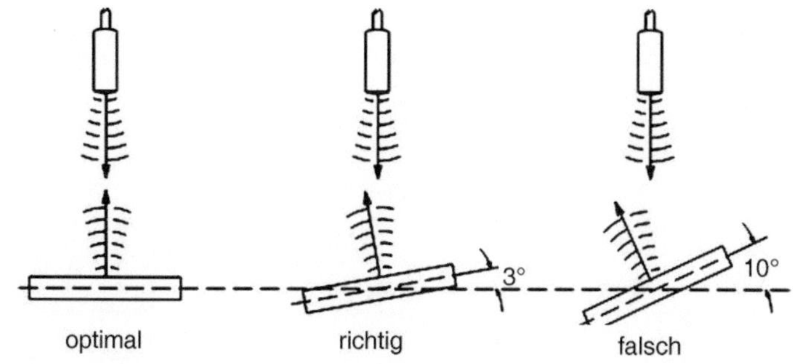

Abb. 6.41 Ausrichtung von Ultraschallnäherungssensoren

Generell werden Ultraschallnäherungssensoren weniger stark von den Oberflächeneigenschaften eines Objektes beeinflusst als optoelektronische Lichttaster. Ultraschallnäherungssensoren erfordern jedoch, dass die Stirnfläche des Gehäuses innerhalb einer maximalen Abweichung von 3° parallel zu den glatten und flachen Objekten liegt. Abb. 6.41 zeigt die Ausrichtung von Ultraschallnäherungssensoren.

Der Annäherungswinkel ist weniger kritisch, wenn die schallstreuenden Oberflächen unregelmäßig geformter Objekte erfasst werden, wie Abb. 6.42 zeigt.

Abb. 6.42 Erfassung von grobkörnigen Objekten mittels Ultraschallnäherungssensoren

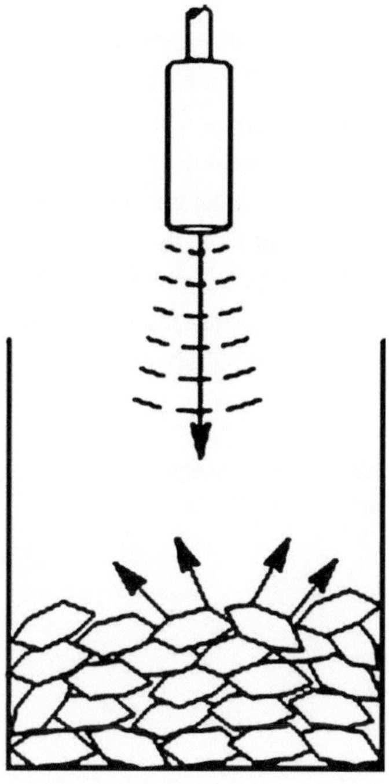

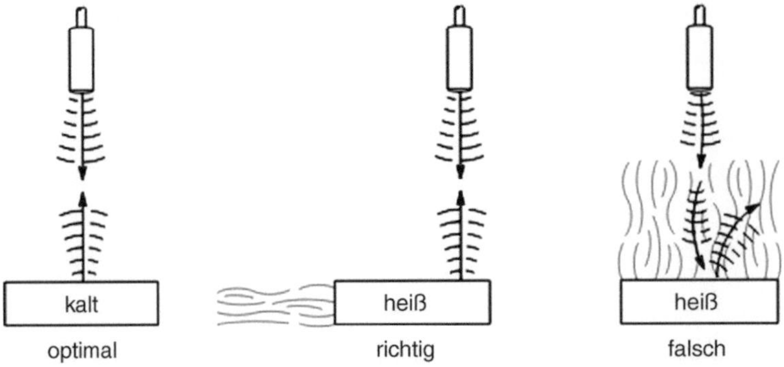

Abb. 6.43 Erfassung von Temperaturen eines Objektes mittels Ultraschallnäherungssensoren

Die Oberflächentemperatur eines Objektes kann ebenfalls die Erfassungsreichweite beeinflussen. Die abgestrahlte Hitze von Objekten mit hoher Temperatur streut den Schallstrahl, was zu einem verkürzten Schaltabstand und fehlerhaften Anzeigen führt, wie Abb. 6.43 zeigt.

Je kleiner das Objekt, umso schwieriger ist der Einsatz eines Ultraschallnäherungssensors. Abb. 6.44 zeigt den Abstand zwischen Sensor und Objekt.

Je weiter ein Objekt von dem Sensor entfernt ist, desto länger dauert es für den Sensor, das Echo zu empfangen.

Ultraschallsensoren verfügen über eine Geräuschunterdrückungsschaltung, die es ihnen erlaubt, auch in geräuschintensiven Umgebungen zuverlässig zu funktionieren.

Änderungen des normalen Luftdrucks weisen nur wenig Einfluss auf die Genauigkeit der Messung auf. Ultraschallsensoren sind jedoch nicht für den Einsatz in Umgebungen mit hohem oder niedrigem Luftdruck vorgesehen, da extreme Druckwerte Schäden am Transducer bzw. der Sensorschaltfläche verursachen können.

Die Schallgeschwindigkeit in der Luft ist temperaturabhängig. Eine Erhöhung der Temperatur führt zu einer Reduzierung der Schallgeschwindigkeit und damit zu einer Erhöhung des Schaltabstandes.

Abb. 6.44 Abstand zwischen Sensor und Objekt

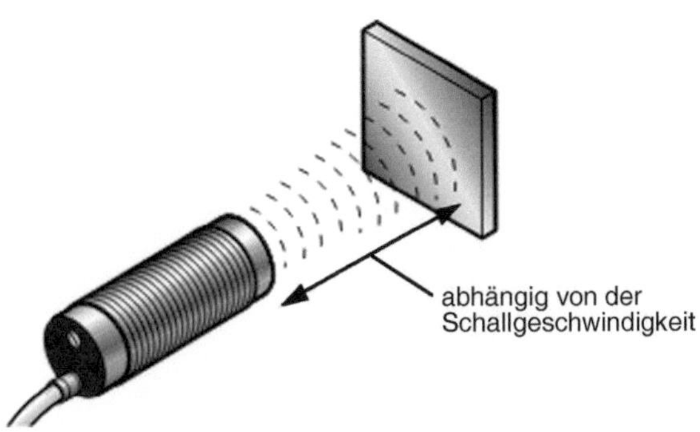

Luftströmungen, Turbulenz und Schichten mit unterschiedlichen Dichten verursachen eine Brechung der Schallwellen. Ein Echo kann möglicherweise gedämpft oder so stark umgeleitet werden, dass es überhaupt nicht mehr empfangen wird. Schaltabstand, Genauigkeit und Stabilität können sich unter solchen Bedingungen verschlechtern.

Bei nassen Applikationen sollte der Sensor so montiert werden, dass stehendes Wasser oder andere Stoffe nicht auf der Sensorschaltfläche verbleiben. Generell muss zur Erhaltung eines zuverlässigen Betriebs sichergestellt werden, dass die Sensorschaltfläche vor einer Ausbildung fester oder flüssiger Ablagerungen bewahrt wird. Darüber hinaus können auch aggressive Säure oder alkalische Umgebungsbedingungen die Schaltfläche des Sensors beschädigen.

6.3.3 Definitionen des Ultraschallnäherungssensors

Ein Ultraschallnäherungssensor muss ein wahlweises Senden und Empfangen der Schallwellen zulassen. Der Wandler sendet eine bestimmte Anzahl Schallwellen aus, die vom zu erfassenden Objekt reflektiert werden. Nach dem Aussenden der Pulse wird der Ultraschallsensor auf Empfangsbetrieb umgeschaltet. Die Zeit bis zum Eintreffen eines möglichen Echos ist proportional zum Abstand des Objektes vom Näherungsschalter.

Eine Objekterkennung ist nur innerhalb des Erfassungsbereiches möglich. Der jeweilige Schaltabstand kann vom Anwender mit einem Potentiometer stufenlos eingestellt werden. Wird ein Objekt innerhalb des eingestellten Abstandes erkannt, ändert sich der Schaltzustand des Sensors. Über den Schaltzustand der Ausgangsstufe informiert eine eingebaute LED.

Beim Ultraschallsensor mit analogem Ausgangssignal ist der abgegebene Strom bzw. die abgegebene Spannung proportional zum Abstand des zu erfassenden Objektes.

Mit dem eingebauten Potentiometer kann der Anwender die Steilheit der Ausgangskurve verändern und so die für seine Anwendung erforderliche Auflösung selbst definieren. Wird für die Ausgabe intern ein D/A-Wandler eingesetzt, ändert sich der Ausgangsstrom oder die Ausgangsspannung stufenförmig. Bei Anwendungen mit langen Zuleitungen oder großer Störeinstrahlung empfiehlt sich die Verwendung des Ultraschallsensors mit analogem Stromausgang. Abb. 6.45 zeigt die Strom- und Spannungsverhältnisse beim analogen Strom- und Spannungsausgang.

Abb. 6.46 zeigt die Definitionen eines Ultraschallnäherungssensors. Es ergeben sich folgende Definitionen:

- Blindbereich (St): Innerhalb des Blindbereichs ist keine reproduzierbare Objekterkennung möglich. Sind Gegenstände innerhalb des Blindbereichs, führt dies zu Fehlfunktionen des Sensors.
- Erfassungsbereich Sd: Objekte innerhalb des Erfassungsbereichs Sd werden bis zum eingestellten Erfassungsbereichs-Endwert Sde erfasst.

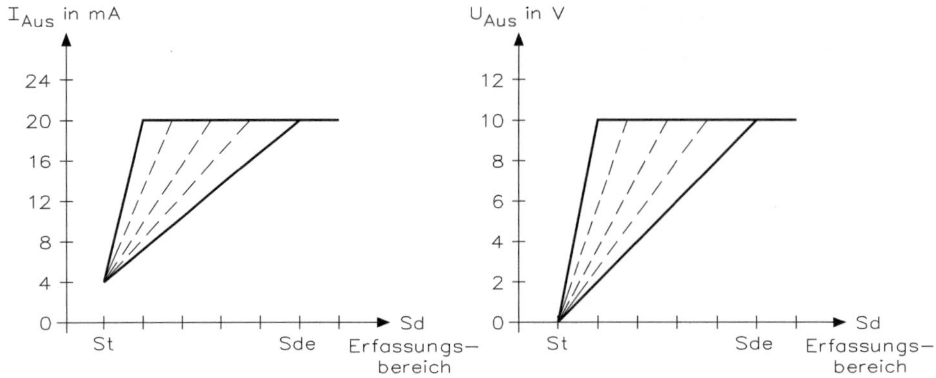

Abb. 6.45 Strom- und Spannungsverhältnisse beim analogen Strom- und Spannungsausgang

- Erfassungsbereichs-Endwert Sde: Der Erfassungsbereichs-Endwert Sde lässt sich vom Anwender über ein eingebautes Potentiometer stufenlos einstellen.
- Objektdistanz So: Die Objektdistanz So entspricht dem Abstand von der Sensorfrontseite zum jeweiligen Objekt.
- Hysterese: Nach erfolgter Objekterkennung wird der Erfassungsbereich Sd bei allen Näherungsschaltern in axialer Richtung um die Hysterese verlängert.
- Reproduzierbarkeit: Abweichungen zweier folgenden Messungen auf ein definiertes Objekt unter identischen Bedingungen werden als Reproduzierbarkeit bezeichnet.
- Schallkeule: Der Winkel α definiert die räumliche Ausdehnung der kegelförmigen Schallkeule. Zur Ermittlung des Durchmessers der durch die Schallkeule abgedeckten

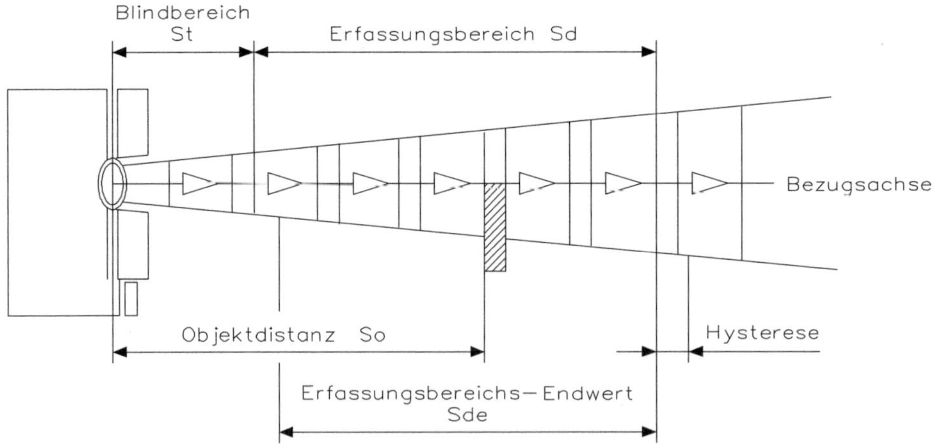

Abb. 6.46 Definitionen eines Ultraschallnäherungssensors

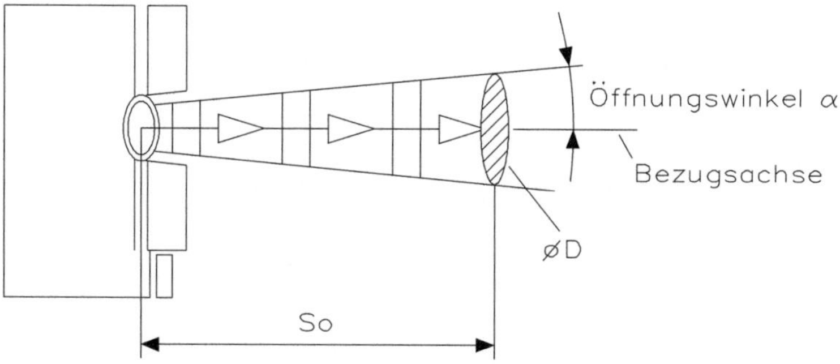

Abb. 6.47 Schallkeule eines Ultraschallnäherungssensors

Fläche, gilt näherungsweise:

$$\varnothing \mathrm{D} = 2 \cdot \tan\alpha \cdot \mathrm{So}.$$

Abb. 6.47 zeigt die Schallkeule.

- Linearität: Linearitätsabweichungen werden hauptsächlich durch sensorinterne Messungenauigkeiten und Änderungen der Umgebungstemperatur verursacht. Die Angaben über Auflösung, Temperaturdrift und Reproduzierbarkeit spezifizieren den Linearitätsfehler.
- Auflösung: Kleinste Positionsänderung des Objektes, die am Ausgang des Sensors eine Spannungs- oder Stromänderung verursacht.
- Minimaler Lastwiderstand: Beim analogen Sensor mit Stromausgang ist der Spannungsfall über den Lastwiderstand proportional zum Ausgangsstrom. Um eine einwandfreie Funktion der Ausgangsstufe zu gewährleisten, darf der Spannungsfall über den Lastwiderstand maximal $U_b = -5{,}5\,\mathrm{V}$ betragen.

Schallwellen werden an harten Oberflächen gut reflektiert. Die zu erfassenden Objekte können fest, flüssig, körnig oder pulverförmig sein. Durchsichtige und andere optisch schwer erfassbare Objekte werden mit Ultraschallsensor eindeutig erkannt.

Alle Angaben beziehen sich auf ein quadratisches, ebenes Objekt mit 30 mm Kantenlänge (Sde > 1000 mm : 100 × 100 mm), das senkrecht zur Bezugsachse des Sensors steht.

Um eine sichere Objekterkennung zu gewährleisten, muss das reflektierte Signal genügend groß sein. Die Stärke des reflektierten Signals ist auch von der Größe des Objektes abhängig. Beim definierten Normobjekt kann der Erfassungsbereich Sd voll ausgenutzt werden.

Schallabsorbierende Objekte und Medien mit rauen Oberflächen reflektieren den Schall diffus und reduzieren damit den Erfassungsbereich der Ultraschallsensoren.

Der Erfassungsbereich Sd kann voll ausgenutzt werden, wenn die maximale Rauigkeit der Objektoberfläche 0,2 mm nicht übersteigt.

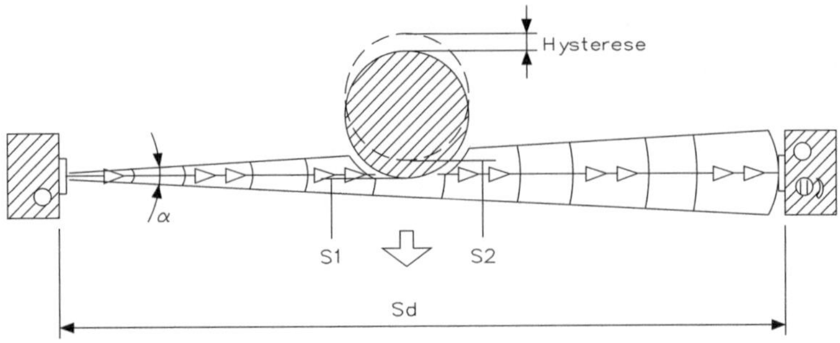

Abb. 6.48 Definitionen einer Ultraschallschranke

6.3.4 Ultraschallschranke

Bei der Ultraschallschranke sind Sender und Empfänger in zwei separaten Gehäusen untergebracht. Der Sender gibt kontinuierliche Schallwellen ab, die über die Luft zum Empfänger gelangen. Unterbricht ein Objekt die Schallwellen, so schaltet der Empfänger die Ausgangsstufe durch. Mit dem im Empfänger eingebauten Potentiometer kann der Anwender die erforderliche Verstärkung des Eingangssignals genau auf die zu erkennenden Objekte abstimmen. Der Ausgangszustand und die empfangene Signalstärke werden mit einer LED angezeigt. Abb. 6.48 zeigt die Definitionen einer Ultraschallschranke.

- Hysterese: Die Hysterese ist die Differenz zwischen Einschaltpunkt S1 und Ausschaltpunkt S2. Durchbricht ein Messobjekt den Schallkegel, ist für ein klares Zurücksetzen des Ausgangssignals ein um ca. 7 % höherer Signalpegel notwendig. Dicht aufeinanderfolgende Gegenstände werden so eindeutig erkannt.
- Öffnungswinkel: Der Öffnungswinkel α definiert die räumliche Ausdehnung der vom Sender der Ultraschallschranke abgegebenen kegelförmigen Schallkeule.
- Reproduzierbarkeit: Durch den engen Öffnungswinkel der Schallkeule des Ultraschallsenders ist die Wiederholgenauigkeit im Schaltpunkt S1, von zwei sich folgenden Objekten unter identischen Bedingungen, besser als 3 mm.

6.3.5 Ultraschallschranke in synchroner Betriebsart

Bei diesem Betriebsmodus wird der Schall zeitlich koordiniert ausgesendet. Der verbleibende Sicherheitsabstand von Sensor zu Sensor ist daher nur noch vom Erfassungsbereich abhängig. Um den Sicherheitsabstand zu ermitteln, kann grundsätzlich der größere Erfassungsbereich verdoppelt werden. Die Anzahl der Sensoren ist im Synchronmodus nicht limitiert und wird die Synchronisation nicht verwendet, so ist der Anschlussdraht „Control“ mit $+U_b$ zu verbinden. Abb. 6.49 zeigt die Funktionen von Ultraschallschranken in synchroner Betriebsart.

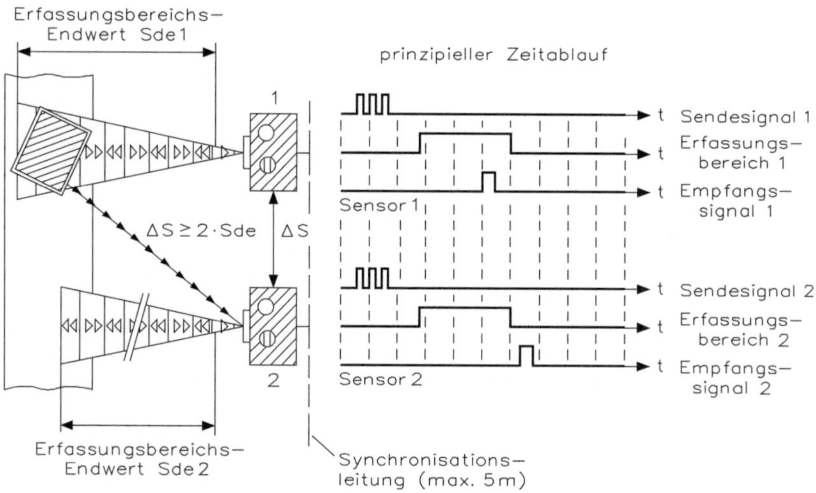

Abb. 6.49 Ultraschallschranken in der synchronen Betriebsart

Diese synchrone Betriebsart ermöglicht es, zwei Sensoren ohne Abstand nebeneinander zu montieren, weil sie wechselweise arbeiten. Die angegebenen Ansprech- und Abfallzeiten der entsprechenden Typen nehmen auf etwa den doppelten Wert zu. Wird der Sensor als Einzelgerät betrieben, so ist der Anschlussdraht „Control" mit GND zu verbinden.

Aktiviert werden Synchronisation und Multiplexbetrieb durch das Verbinden eines vierten Anschlussdrahtes (Control) untereinander. Die Anzahl der beteiligten Sensoren ist nur im Multiplexbetrieb auf 2 beschränkt. Die Verbindungsleitungen zwischen den beteiligten Sensoren sollte 5 m nicht übersteigen.

6.3.6 Elektronik eines Ultraschallnäherungssensors

Durch die Kombination zweier Piezotransduktoren mit einer entsprechenden Sende- und Empfangselektronik lassen sich mittels der Ultraschalltechnik berührungslos Objekte erkennen und Entfernungen bis zu einigen Metern erfassen. Auch Fledermäuse stellen nach diesem Prinzip Entfernungen fest.

Induktive und kapazitive Sensoren sind für die Objekterkennung bis zu 200 mm Abstand zwischen Gegenstand und Sensorsystem bestens geeignet. Die sichere Erkennung eines Objektes ist jedoch auch häufig von dessen Materialbeschaffenheit abhängig. Optische Sensoren sind zwar für größere Reichweiten geeignet, aber die Zuverlässigkeit nimmt bei staubiger und rauchiger Atmosphäre stark ab. Außerdem kann es Probleme bei Fremdlicht und bei ungeeigneter Form bzw. Farbe des Objektes ergeben. Diese Nachteile treten bei Ultraschallsensoren kaum auf.

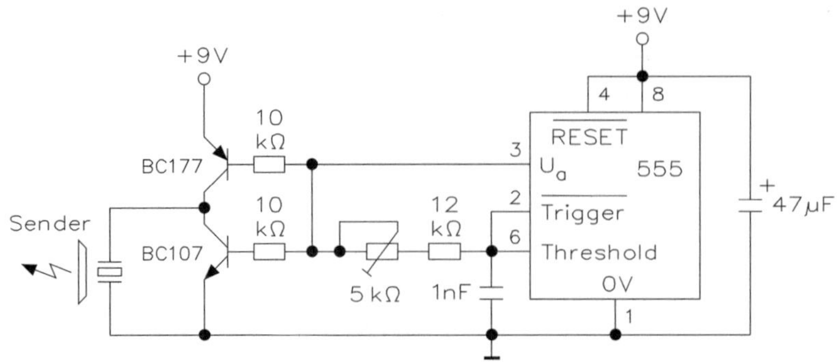

Abb. 6.50 Sender des Ultraschallsensors für die Erkennung von Objekten

Bei der Schaltung von Abb. 6.50 für die Objekterkennung mit Ultraschallsensoren ist keine Synchronisation zwischen Sender und Empfänger erforderlich. Der Sender gibt eine kontinuierliche Frequenz ab, die je nach Lage des Objektes eine Reflexion ergibt oder nicht. Dabei erkennt der Ultraschallsensor eine Glasplatte ebenso sicher wie eine Person, Flüssigkeits- oder Granulatoberflächen an. Die Form oder die Farbe eines Objektes, wie auch die anderen Umgebungsbedingungen, verfälschen die Erkennung nicht.

Bei der Erfassung einer Entfernung mit Ultraschallsensoren muss dagegen ein proportionaler Zusammenhang zwischen der Laufzeit des Ultraschallimpulses und der Laufstrecke vorhanden sein. Sendet der Sender einen Ton aus, erfolgt die Triggerung des Senders. Die Ausbreitungsgeschwindigkeit in der Luft und bei Raumtemperatur ist druck-, feuchte- und temperaturabhängig. Der Einfluss des Drucks und der Feuchte spielt zwar eine untergeordnete Rolle, aber der Temperatureinfluss ist bei extremen Schwankungen zu kompensieren. Die zwischen Sendebeginn und Empfang des Echos vergangene Zeit lässt sich, unter Berücksichtigung der Schallgeschwindigkeit, in die Entfernung umrechnen. Eine ausgesendete Impulsfolge benötigt durchschnittlich 5,82 ms, um vom Sensor zu einem 1 m entfernten Messobjekt zu gelangen und zum Empfänger zurückzukehren.

Für den Sender eines Ultraschallsensors verwendet man einen Timer 555, der als Rechteckgenerator arbeitet. Die externen Bauelemente des Timers erzeugen eine Frequenz von 40 kHz und mit dieser wird eine Endstufe angesteuert. Am Ausgang der Endstufe befindet sich ein piezokeramischer Transduktor, der als Sender arbeitet.

Liegt am Ausgang des Timers ein 0-Signal, entlädt sich der Kondensator mit 1 nF, der Transistor BC177 schaltet durch und der Ultraschallsensor liegt an +9 V. Unterschreitet die Entladung etwa 1/3 der Betriebsspannung, kippt der Timer zurück und am Ausgang liegt ein 1-Signal. Der Kondensator lädt sich auf und der Transistor BC107 schaltet durch. Der Sendetransduktor stellt einen Resonanzkreis dar, d. h. er kann Stromspitzen aus seiner Signalquelle ziehen. Um Beschädigungen zu vermeiden, befindet sich zwischen Timer und Transduktor eine Transistorendstufe. Wenn der Stromverbrauch des Ultraschallsensors vermindert werden soll, ist die Transistorendstufe gegen einen CMOS-Inverter aus-

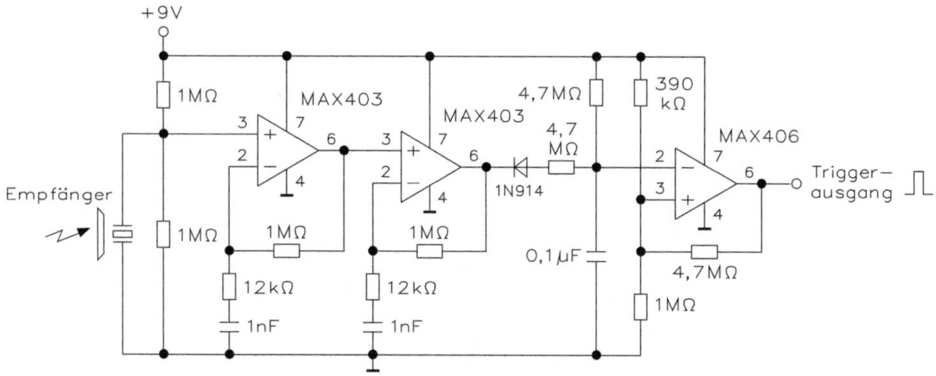

Abb. 6.51 Empfänger des Ultraschallsensors für die Erkennung von Objekten

zutauschen. Mit dem Einsteller von 5 kΩ lässt sich die Ausgangsfrequenz auf 40 kHz abgleichen.

Der Empfänger in Abb. 6.51 besitzt an seinem Eingang ebenfalls einen piezokeramischen Transduktor und dem folgen drei Operationsverstärker. Die beiden MAX403-Bausteine sorgen für die notwendige Verstärkung des empfangenen Signals und begrenzen die Bandbreite durch die frequenzabhängige Gegenkopplung. Der MAX406 arbeitet als Komparator (Schmitt-Trigger) für die Erzeugung eines Triggerimpulses. Das Schaltverhalten der Komparatorfunktion bestimmen die drei Widerstände in der Mitkopplung am nicht invertierenden Eingang. Die MAX403-Bausteine benötigen für den Offset einen Trimmer mit 2 kΩ, der MAX406 dagegen einen Trimmer mit 100 kΩ. Der Bereich der Betriebsspannung kann zwischen +2,5 und +12 V betragen.

Um die Ladungsveränderungen an dem Transduktor möglichst ohne größere Ableitung messen zu können, wird ein Verstärker mit sehr hohem Eingangswiderstand benötigt. Der sehr schnelle Baustein MAX403 arbeitet daher als nicht invertierender Verstärker und der +-Eingang mit $R_e = 10^9\ \Omega$ kommt voll zur Wirkung. Es ist daher gewährleistet, dass der Transduktor quasistatisch kalibriert werden kann und nur ein unwesentlicher Anteil der Ladung durch den Operationsverstärker abfließt. Durch den Spannungsteiler ist der Transduktor mit der halben Betriebsspannung vorgespannt. Wichtig ist nur, dass die Übertragungsstrecke zwischen dem Transduktor und dem Operationsverstärker sehr kurz ausfällt, denn diese Verbindung hat Einfluss auf die Linearität der Schaltung. Der Sender gibt eine kontinuierliche Tonfolge ab, die vom Empfänger erfasst wird, wenn sich beispielsweise ein Mensch dem Sensor nähert. Am Ausgang entsteht ein Triggerimpuls, der sich durch eine nachgeschaltete Elektronik weiterverarbeiten lässt.

Durch die Diode 1N914 und das nachgeschaltete RC-Glied (4,7 MΩ und 0,1 µF) ergibt sich eine spezielle Methode für die Auswertung. Der Triggerimpuls signalisiert das Verweilen einer Person vor dem Ultraschallsensor und reagiert nicht auf vorübergehende Personen. Das Transduktorsignal wird durch die Diode gleichgerichtet und mittels des

RC-Gliedes gefiltert. Dieses Filter verhindert außerdem einen Fehltrigger, der durch zufällig eingestreute Ultraschallimpulse aus der Umgebung entsteht.

Soll die Schaltung für einen Entfernungsmesser ausgelegt sein, ist eine Zusatzelektronik für die Synchronisation erforderlich. Synchron mit dem Takt wird der Ultraschallwandler über ein UND-Gatter freigegeben und gleichzeitig ein Zähler gestartet. Erhält der Ultraschallwandler im Empfänger den reflektierten Schall, stoppt der Zähler. Somit entsteht zwischen dem Start- und Stoppsignal eine Laufzeit, die durch den Zähler ausgewertet wird. Der Stand des Zählers ist mit dem zurückgelegten Weg des Schalls proportional.

Fast alle Summer arbeiten heute nach dem Piezoeffekt. Dieser Effekt besteht darin, dass sich bestimmte Kristalle nach dem Anlegen einer Spannung verformen. Bei den Tongebern wandelt eine aus Bariumtitanat aufgebaute Platte, die Piezoscheibe, die angelegte Spannung der Tonfrequenz in mechanische Bewegung um, die dann als Schall abgestrahlt wird.

Die Effektivität dieser Anordnung wird durch mehrere mechanische Maßnahmen unterstützt. Durch das Aufbringen der Piezoscheibe auf eine Metallscheibe mit definiertem Durchmesser lässt sich ein Gebilde konstruieren, das eine Resonanzfrequenz hat und das bei dieser mit besonderer Effizienz abgestrahlt wird.

6.4 Thermistoren

Wärme und Temperatur werden im täglichen Sprachgebrauch häufig verwechselt. Es handelt sich hierbei um ganz verschiedene Größen. Die Atome und/oder Moleküle, aus denen jeder Stoff aufgebaut ist, befinden sich, für das menschliche Auge unsichtbar, in fortwährender Bewegung. Mit steigender Temperatur nimmt ihre Geschwindigkeit zu und die Temperatur beschreibt den Wärmezustand.

Wärme ist dagegen die Bewegungsenergie der Moleküle und Atome. Durch Energie lässt sich Arbeit verrichten. Dieses Arbeitsvermögen bezeichnet man als Wärmemenge Q und hat die Einheit „Joule“ J. Diese ist definiert als

$$J = N \cdot m = W \cdot s = \frac{kg \cdot m^2}{s^2}.$$

Jeder Stoff kann drei unterschiedliche Zustände annehmen: fest, flüssig oder gasförmig – die sogenannten „Aggregatzustände“. Welchen davon er gerade einnimmt, hängt von der Temperatur ab. Bei bestimmten Temperaturen können zwei oder sogar drei Aggregatzustände nebeneinander vorhanden sein. Beim Wasser liegt die Temperatur, bei der die feste, flüssige und gasförmige Phase zusammen existieren (die sog. Tripelpunkttemperatur) bei 0,01 °C.

Ein fester Körper hat eine bestimmte Form und ein bestimmtes Volumen. Wirkt auf ihn eine Kraft, so wirkt eine innere Kraft der Gestalt- und Volumenänderung entgegen, die man als „Kohäsionskraft“ bezeichnet. Ein flüssiger Körper hat nur ein bestimmtes Volumen und dieses passt sich jeder vorgegebenen Form an. Die Oberfläche ist im ruhenden

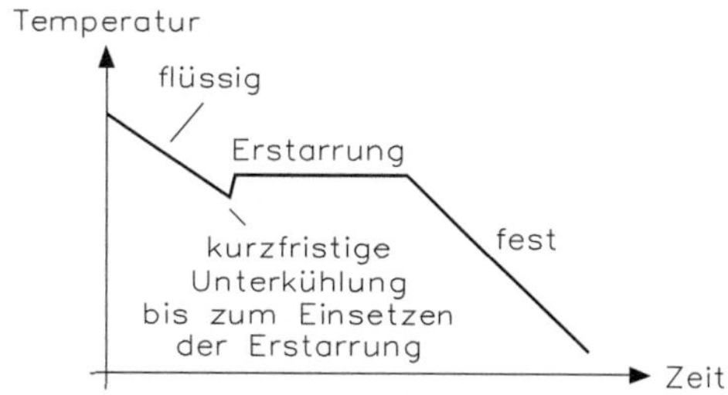

Abb. 6.52 Typischer zeitlicher Verlauf der Erstarrungskurve eines Stoffes

Zustand immer waagerecht. Auch in Flüssigkeiten wirkt eine Kohäsionskraft, die aber sehr viel geringer ist als bei den festen Körpern.

Ein gasförmiger Körper hat dagegen weder eine feste Gestalt noch ein bestimmtes Volumen, sondern füllt jeden angebotenen Raum voll aus. Das Volumen ist durch äußeren Druck veränderbar. Zwischen den Atomen bzw. Molekülen eines Gases wirken keine Kohäsionskräfte und die Zusammenhangswirkung ist daher aufgehoben. Sie befinden sich in fortwährender regelloser Bewegung.

In der Praxis kennt man außer dem des Wassers noch andere Fixpunkte. Hierbei handelt es sich um die Erstarrungspunkte reiner Metalle. Kühlt ein geschmolzenes Metall ab, beginnt die Schmelze ab einer bestimmten Temperatur zu erstarren (Abb. 6.52), wobei es manchmal kurzfristig zu einer Unterkühlung kommen kann. Die Umwandlung von der flüssigen in die feste Phase verläuft nicht schlagartig, sondern langsam. Die Temperatur bleibt so lange konstant, bis die Umwandlung vollständig abgeschlossen ist. Diese Temperatur bezeichnet man als Erstarrungstemperatur und ihr Wert hängt von der Reinheit des Metalls ab. Auf diese Weise lassen sich bestimmte Temperaturen hochgenau reproduzieren.

Die den Fixpunkten entsprechenden Temperaturen kann man mit Gasthermometern oder anderen Messgeräten ermitteln. Auf Basis einer Vielzahl von Vergleichsmessungen in den staatlichen Instituten (z. B. PTB[2]) werden dann die Werte gesetzlich vorgeschrieben.

Für die Temperaturmessung sind moderne Halbleiterbauelemente nicht mehr wegzudenken. Es ist heute möglich, außer dem eigentlichen Sensorelement alle dafür nötigen Zusatzfunktionen inklusive Verstärker und evtl. Vergleichsstelle auf einem einzigen Siliziumchip zu integrieren.

Bei der Ausgabe des Messwertes stehen mehrere Möglichkeiten zur Verfügung, z. B. in Form von Strom, Spannung, Frequenz oder als Digitalsignal, das ein angeschlossenes PC-System dann verarbeiten kann.

[2] Physikalisch Technische Bundesanstalt.

6.4.1 Temperaturabhängige Effekte

Fast alle physikalischen Eigenschaften eines Stoffes ändern sich mit der Temperatur, z. B. die Abmessungen, die Dichte, der spezifische Widerstand, die Dielektrizitätskonstante, die magnetische Suszeptibilität, manchmal auch die Farbe (bei der Betrachtung sämtlicher Wellenlängen).

Die drei am häufigsten genutzten temperaturabhängigen elektrischen Größen sind der Widerstand, die thermoelektrische EMK und der Spannungsfall an einer stromführenden Halbleiterdiode. In den USA hat das Thermoelement die größte Verbreitung, dicht gefolgt vom Widerstandsthermometer. Dieses ist in Deutschland der wichtigste Sensor zur Temperaturerfassung, aber auch Thermoelemente gewinnen hier rasch an Bedeutung. Innerhalb von temperaturmessenden integrierten Schaltungen finden Dioden als Sensoren Anwendung. In Abb. 6.53 sind die wichtigsten Temperatursensoren, die auf einer Widerstandsänderung basieren, zusammengefasst.

Aus den recht unterschiedlichen Kennlinien ergeben sich in der Praxis verschiedene Einsatzmöglichkeiten. Eine an den Sensor angeschlossene Schaltung wertet die Widerstandsänderungen aus und setzt sie in eine Signalform um, die sich leicht weiterverarbeiten lässt.

Wichtig ist die Unterscheidung zwischen der berührenden und der berührungslosen Temperaturmessung. Die berührende Messung ist erheblich einfacher und auch preiswerter, denn der Sensor lässt sich unmittelbar am Messobjekt anbringen. Dies bringt eine hohe Genauigkeit, ein schnelles Ansprechen und einen weiten Temperaturbereich. Die berührungslose Temperaturmessung wertet die von einem Körper ausgehende Infrarotstrahlung aus. Man findet sie z. B. bei Drehöfen oder Hochöfen in der Schwerindustrie und in der chemischen Industrie – immer dort, wo sich nicht direkt, sondern nur aus einer größeren Entfernung messen lässt. Als Sensoren eignen sich hier die Pyrometer, von denen es zahlreiche Bauformen gibt:

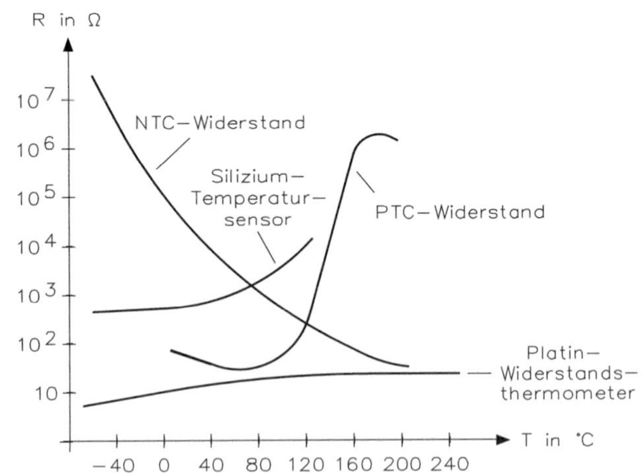

Abb. 6.53 Kennlinien von Temperatursensoren, die auf einer Widerstandsänderung basieren

- Gesamtstrahlungspyrometer für eine wellenlängenunabhängige Temperaturmessung, die nach dem Prinzip des „stefan-boltzmannschen“-Strahlungsgesetzes arbeiten,
- Spektralpyrometer für einen schmalbandigen Bereich der Temperaturstrahlung nach dem „planckschen“-Strahlungsgesetz,
- Bandstrahlpyrometer für den breitbandigen Bereich der Temperaturstrahlung, die nach dem „stefan-boltzmannschen“ bzw. „planckschen“-Strahlungsgesetz arbeiten,
- Strahldichtepyrometer, die nach dem Vergleichsverfahren arbeiten,
- Verteilungspyrometer, die entweder die Temperatur aus der Strahldichte einer Farbmessung oder aus einem Vergleichsverfahren in Verbindung mit einer Mischfarbe beziehen,
- Verhältnispyrometer, die das Messergebnis aus einer Reihe von Messungen in verschiedenen Bereichen des Spektrums der Temperaturstrahlung ermitteln.

6.4.2 Temperaturabhängige Widerstände

Der Widerstandswert ist abhängig vom Material, den Abmessungen und der Temperatur. Tab. 6.2 listet den spezifischen Widerstand ρ und den Temperaturkoeffizienten α der wichtigsten leitenden Stoffe auf.

Die Temperaturabhängigkeit der ohmschen Widerstände wird durch den Temperaturkoeffizienten α gekennzeichnet. Dieser gibt an, um wieviel ein Widerstand von 1 Ω bei 1 K Temperaturerhöhung zunimmt. Die Maßeinheit dafür ist 1/K. Kelvin ist nach dem heute gültigen Maßeinheitensystem die Maßeinheit für die Temperatur. 0 K entspricht dem absoluten Nullpunkt, es gilt folgende Temperaturumrechnung:

0 K $\hat{=}$ −273,16 °C (absoluter Nullpunkt),
273,16 K $\hat{=}$ 0 °C,
293,16 K $\hat{=}$ +20 °C Zimmertemperatur (Bezugstemperatur).

Temperaturdifferenzen sind auf der Kelvin- und der Celsius-Skala identisch. Der Temperaturkoeffizient ist außer vom Material des Widerstands auch selbst noch von der Temperatur, bei Kohleschichtwiderständen zusätzlich vom Widerstandswert abhängig. In den Tabellen ist er meistens für die Zimmertemperatur 20 °C = 293,16 K angegeben.

Der Widerstandswert R_T eines Leiters bei einer anderen Temperatur als der Bezugstemperatur von 20 °C ergibt sich aus den nachfolgenden Formeln:

$$\begin{aligned} R_W &= R_{20} + \Delta R \\ &= R_{20} + (R_{20} \cdot \alpha \cdot \Delta T) \\ &= R_{20} \cdot (1 + \alpha \cdot \Delta T) \end{aligned}$$

R_W = Widerstandsendwert in Ω
R_{20} = Widerstandswert bei 20 °C in Ω
ΔR = Widerstandsdifferenz in Ω
α = Temperaturkoeffizient in 1/K
ΔT = Temperaturdifferenz in K oder °C.

Tab. 6.2 Spezifischer Widerstand ρ und Temperaturkoeffizienten α von verschiedenen Materialien. Die Bezeichnung *WM* bedeutet Widerstandsmaterial

	Material	ρ in $\frac{\Omega \cdot mm^2}{m}$	γ in $\frac{m}{\Omega \cdot mm^2}$	α in $\frac{1}{K}$
Metalle	Aluminium	0,0278	36	0,00403
	Blei	0,2066	4,84	0,0039
	Eisendraht	0,15 ... 0,1	6,7 ... 10	0,0065
	Gold	0,023	43,5	0,0037
	Kupfer	0,01724	58	0,00393
	Nickel	0,069	14,5	0,006
	Platin	0,107	9,35	0,0031
	Quecksilber	0,962	1,04	0,00092
	Silber	0,0164	61	0,0038
	Tantal	0,135	7,4	0,0033
	Wolfram	0,055	18,2	0,0044
	Zink	0,061	16,5	0,0039
	Zinn	0,12	8,3	0,0045
Legierungen	Konstantan (WM 50)	0,5	2,0	±0,00001
	Manganin	0,43	2,32	0,00001
	Neusilber (WM 30)	0,3	3,33	0,00035
	Nickel-Chrom	1,09	0,92	0,00004
	Nickelin (WM 43)	0,43	2,32	0,00023
	Stahldraht (WM 13)	0,13	7,7	0,0048
	Wood-Metall	0,54	1,85	0,0024
Nichtmetalle	Graphit	22	0,046	−0,0002
	Kohle	65	0,015	−0,0003
Schichtwiderstände	Kohleschicht bis 10 kΩ			−0,0003
	Kohleschicht bis 10 MΩ			−0,002
	Metallschicht			±0,00005
	Metalloxidschicht			±0,0003

Ein Kohleschichtwiderstand mit einem Temperaturkoeffizienten von $\alpha = -0{,}0003/\text{K}$ hat bei Raumtemperatur einen Wert von 10 kΩ. Der Wert bei 100 °C berechnet sich wie folgt:

$$\begin{aligned} R_T &= R_{20} \cdot (1 + \alpha \cdot \Delta T) \\ &= 10\,\text{k}\Omega \cdot (1 + [-0{,}0003/\text{K}] \cdot 80\,\text{K}) = 9{,}760\,\text{k}\Omega\,. \end{aligned}$$

Mit den folgenden Gleichungen lassen sich Reihen- und Parallelschaltungen von Widerständen mit unterschiedlichen Temperaturbeiwerten berechnen:

Reihenschaltung

$$\alpha = \frac{\alpha_1 \cdot R_1 + \alpha_2 \cdot R_2}{R_1 + R_2}$$

α = Gesamttemperaturbeiwert in 1/K
R = Gesamtwiderstand in Ω

Parallelschaltung

$$\alpha = R \cdot \frac{\alpha_1 \cdot R_2 + \alpha_2 \cdot R_1}{R_1 \cdot R_2}$$

α_1, α_2 = Temperaturbeiwerte der Einzelwiderstände in 1/K
R_1, R_2 = Einzelwiderstand in Ω

6.4.3 NTC-Widerstände oder Heißleiter

Bei NTC-Widerständen (Negativer Temperaturkoeffizient) nimmt der Widerstand mit steigender Temperatur ab, daher bezeichnet man sie auch als „Heißleiter“. Der Effekt beruht auf der mit steigender Temperatur zunehmenden Zahl von freien Ladungsträgern. Der Temperaturkoeffizient ist sehr viel größer als bei Metallen – in der Praxis in der Größenordnung 3 bis 6 % 1/K und deshalb setzt man diese Bauelemente häufig als Temperatursensoren ein.

Abb. 6.54 zeigt die Kennlinie eines NTC-Widerstands mit dem Schaltsymbol. Die beiden gegenläufigen Pfeile definieren die Arbeitsweise eines NTC-Verhaltens, denn mit zunehmender Temperatur wird der Widerstandswert geringer. Bei der Entscheidung für einen bestimmten Typ geht man in fast allen Fällen von der Bauform aus, die für den jeweiligen Einsatz optimal ist. Spezielle Heißleiterbauformen gibt es für Flüssigkeiten, Gase und feste Körper. In Tablettenform werden sie erst vom Anwender zu einem montierbaren Sensor vervollständigt.

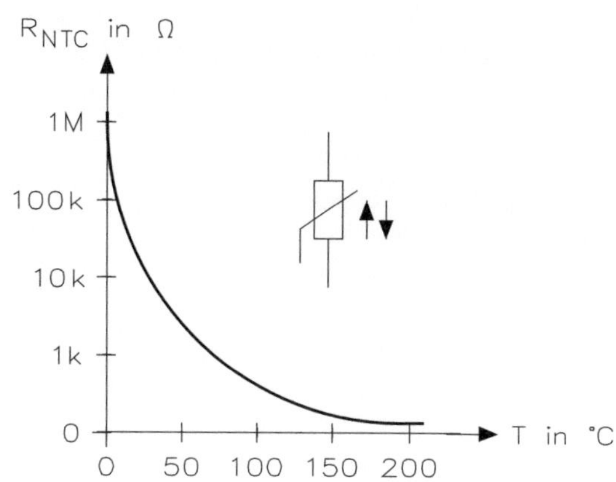

Abb. 6.54 Kennlinie und Schaltsymbol eines NTC-Widerstands

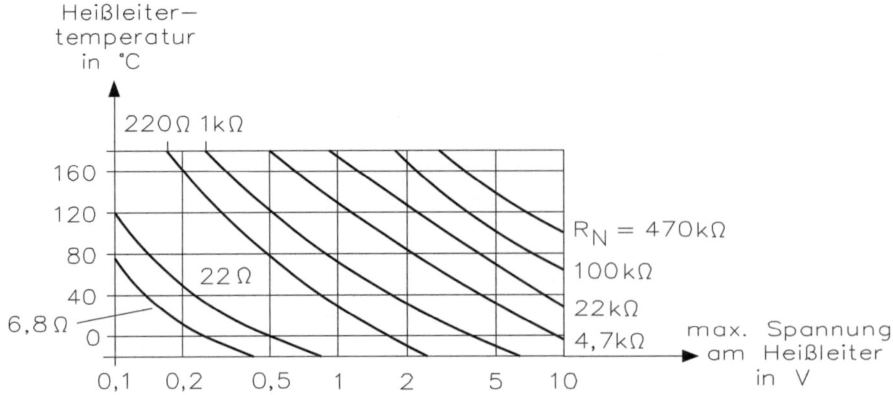

Abb. 6.55 Zulässige Spannung an Heißleitern des Typs K164 mit unterschiedlichen Nennwiderständen R_N bei konstanter Belastung mit $P_{NTC} = 5\,mW$

Hat man sich für die Bauform entschieden, muss man den Nennwiderstandswert festlegen und dieser Wert gilt bei der Nenntemperatur, die meistens 25 °C aber auch −30 oder +100 °C betragen kann.

Die temperaturabhängige Widerstandsänderung lässt sich nicht direkt, sondern nur über eine Messspannung auswerten. Damit diese möglichst hoch wird, bevorzugt man hochohmige NTC-Typen. Die erzielbare Messspannung ist umso höher, je größer die Spannung am Heißleiter und je höher seine Belastbarkeit ist. Die Eigenbelastung des NTC-Widerstands erwärmt diesen und verfälscht damit den Messwert. Deshalb sollte man sie nicht zu hoch wählen. Der Wärmeleitwert G_{th} in mW/K gibt an, welche Eigenbelastung den Heißleiter um 1 K erwärmt.

Der jeweilige Wert ist immer im Datenblatt angegeben. Abb. 6.55 zeigt den Zusammenhang zwischen Temperatur und Spannung an einem Heißleiter des Typs K164 bei einer Eigenbelastung von 5 mW. Man erkennt die großen Unterschiede bei den verschiedenen Nennwiderstandswerten. Die mit einem Heißleiter erzielbare Messspannung ist natürlich umso höher, je größer man die angelegte Betriebsspannung wählt.

Abb. 6.56 Temperaturmessbrücke mit NTC-Widerstand

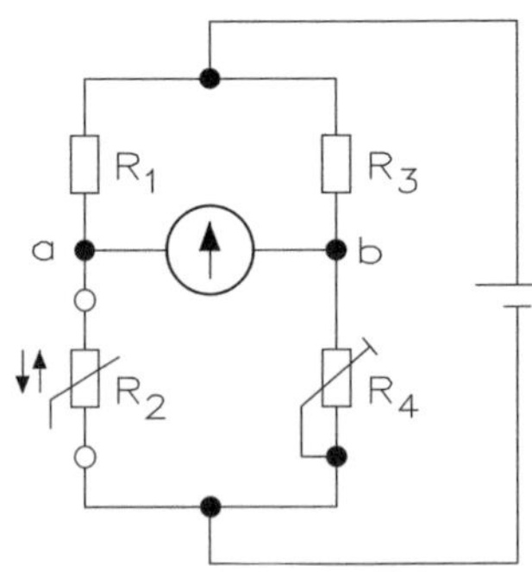

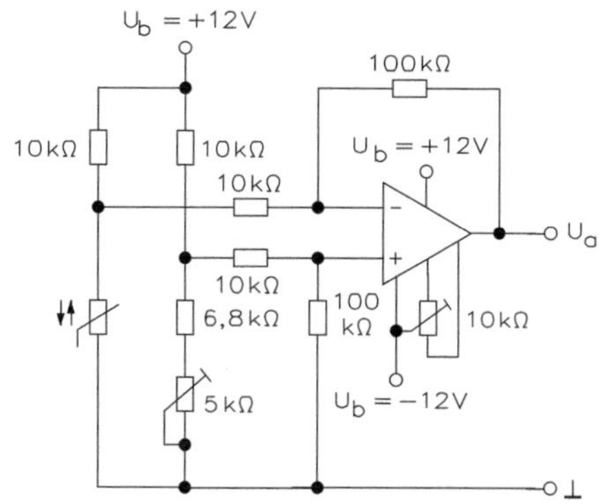

Abb. 6.57 Temperaturmessbrücke mit Operationsverstärker

In der klassischen Messtechnik betreibt man einen NTC-Widerstand in einer Messbrücke, wie die Schaltung von Abb. 6.56 zeigt. Sie wird durch den Einsteller R_4 auf 20 °C abgeglichen. Bei der Bezugstemperatur tritt dann zwischen den beiden Punkten a und b keine Spannungsdifferenz auf. Wenn die Umgebungstemperatur steigt, wird der Heißleiter niederohmiger und die Spannung am Punkt a verringert sich. Es entsteht eine Differenzspannung, die das Messgerät anzeigt. Verringert sich dagegen die Umgebungstemperatur, dann vergrößert der Heißleiter seinen Widerstandswert und die Spannung am Punkt b steigt an. Die Skala im Messinstrument lässt sich direkt in °C beschriften, so erhält man eine analoge Temperaturanzeige.

Das Verhalten der Temperaturmessbrücke lässt sich erheblich verbessern, wenn man einen Operationsverstärker nachschaltet. Abb. 6.57 zeigt die Schaltung. Der linke Zweig der Messbrücke dient zur Messung, der rechte für den Abgleich. Der Verstärkungsfaktor lässt sich in weiten Grenzen variieren und bei Bedarf so einstellen, dass man in engen Bereichen Präzisionsmessungen durchführen kann.

6.4.4 PTC-Widerstände

PTC-Widerstände haben einen positiven Temperaturkoeffizienten, d. h. der Widerstandswert nimmt mit steigender Temperatur zu. Aus diesem Grunde hat das Schaltsymbol zwei Pfeile, die in eine gemeinsame Richtung zeigen. Die PTC-Widerstände bezeichnet man auch als „Kaltleiter“. Fast alle Metalle sind Kaltleiter und die Widerstandsänderungen, hervorgerufen durch Temperaturschwankungen, sind hier sehr gering. Sehr viel höher sind sie bei bestimmten gesinterten Keramiken, etwa Bariumtitanat und ähnlichen Titanverbindungen. Durch Zusätze von Metalloxiden und -salzen lassen sich die elektrischen Eigenschaften variieren.

In Abb. 6.58 verdeutlicht der sehr steile Anstieg der Widerstands-/Temperaturkennlinie den besonderen Vorteil des keramischen Kaltleiters als Temperatursensor, z. B. bei der Überwachung fest vorgegebener Grenztemperaturen. Hier lässt er sich mit geringem

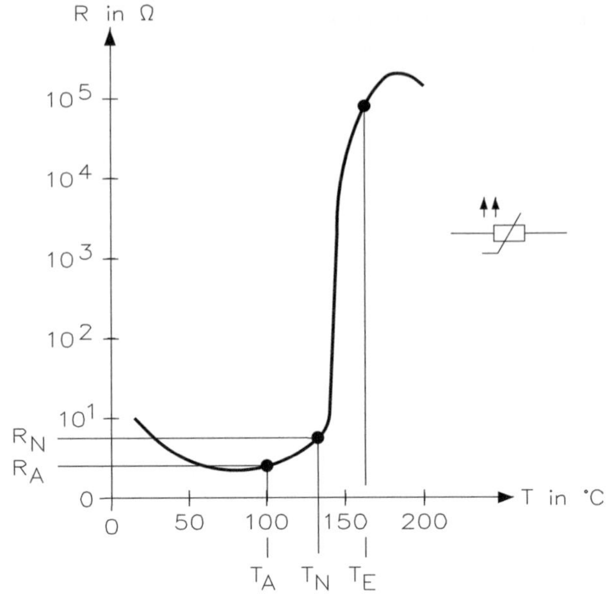

Abb. 6.58 Kennlinie und Symbol eines PTC-Widerstands

Aufwand für Mess- und Regelungsaufgaben nutzen. Der Kaltleiter steht hierbei mit dem zu überwachenden Körper oder Medium in thermischem Kontakt. Wird die vorgegebene Grenztemperatur überschritten, wird er schnell hochohmig mit einem Widerstandsanstieg um bis zu mehreren Zehnerpotenzen.

Wie bei genauerer Betrachtung der Kennlinie eines Kaltleiters zu erkennen ist, liegt bis zur Anfangstemperatur T_A ein Heißleiterverhalten vor. Danach wechselt der Temperaturkoeffizient sein Vorzeichen. Bei der Nenntemperatur T_N beginnt der steile Anstieg der Kurve. Der Nennwiderstand ergibt sich wie folgt:

$$R_N = 2 \cdot R_A.$$

Bei der Endtemperatur T_E endet der steile Anstieg der Kurve. Oberhalb der Endtemperatur wird die Kurve flacher und geht wieder in ein Heißleiterverhalten über.

Mit Kaltleitern lassen sich elektrische Maschinen sehr zuverlässig und wirksam gegen thermische Überlastung schützen. Ein im Störungsfall auftretender Überstrom oder ein Überschreiten der maximal zulässigen Temperatur führt dann zu keiner Zerstörung.

Die Motorschutzfühler von Abb. 6.59 werden direkt in die Wicklung eingebaut, so dass die gute Wärmekopplung ein schnelles und zuverlässiges Auswerten einer Fehlfunktion des Motors ermöglicht. Die Ansprechtemperatur wird so gewählt, dass bei Überschreiten der maximal zulässigen Betriebstemperatur des Motors der Kaltleiter sprungartig hochohmig wird. Bei Drehstrommotoren sind drei PTC-Fühler in Reihe geschaltet. Eine angeschlossene Auswerteschaltung trennt den Motor bei thermischer Überlastung durch

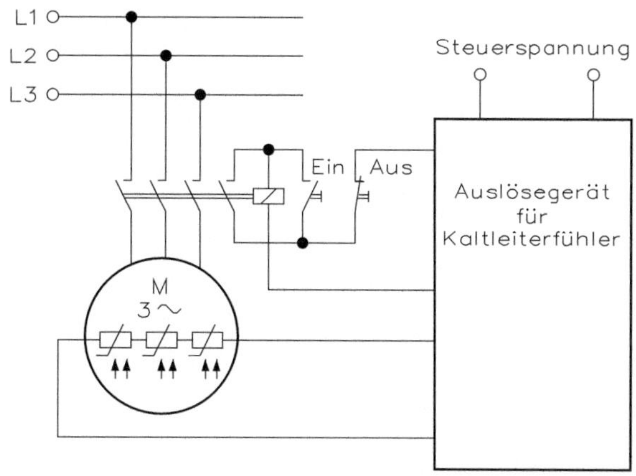

Abb. 6.59 Maschinenschutzfühler für Drehstrommotoren mit PTC-Widerstand

Abschalten des Motorschützes vom Netz. Durch konstruktive Maßnahmen wird eine hohe Ansprechempfindlichkeit erreicht, die eine einfache Auswerteschaltung ermöglicht.

6.4.5 Thermoelemente

Thermoelemente sind preiswert und robust und weisen im Gegensatz zu den meisten anderen Temperatursensoren eine relativ gute Langzeitstabilität auf. Ferner sind die geringen äußeren Abmessungen sowie das schnelle Reaktionsverhalten über weite Temperaturbereiche oft ausschlaggebend für ihren Einsatz. Die Anwendung erstreckt sich von der Tieftemperaturtechnik bis zu Messungen an Düsentriebwerken oder in Hochöfen. Die Genauigkeit ist recht gut, die Kennlinie ist zwar nicht gerade ideal, lässt sich aber linearisieren.

Die Zahl der freien Elektronen in einem Metall hängt von der Temperatur und von seiner Zusammensetzung ab. Der thermoelektrische Effekt wurde 1822 von Seebeck entdeckt, daher spricht man auch vom „Seebeck"-Effekt. Bereits 1826 setzte A. E. Becquerel ein Platin-Palladium-Element für eine Temperaturmessung ein. Werden zwei verschiedene Metalle miteinander verbunden, so entsteht eine Potentialdifferenz. Die erzeugte Spannung ist eine Funktion der Temperatur und im Allgemeinen sehr klein. In Tab. 6.3 sind einige der gebräuchlichsten Thermoelemente aufgeführt.

Jedes Thermopaar besteht aus zwei unterschiedlichen Metallen. Ein Thermoelement aus Kupfer und Lötzinn erzeugt eine Spannung von 3 μV/K. Da ein elektrischer Kreis immer aus mindestens zwei Kontakten in Serie besteht, muss man bei Messungen mit Thermoelementen darauf achten, dass nicht durch derartig unerwünschte und zufällige Thermoelemente entsprechende Messfehler entstehen. Die Auswahlkriterien für Thermopaare sind:

Tab. 6.3 Temperaturbereiche und Thermospannung für die wichtigsten Thermoelemente nach DIN IEC 584

Thermopaar, Material	Typ	Messbereich	Thermospannung
Cu-CuNi	T	−270 ... +400 °C	−6,26 bis 20,87 mV
NiCr-CuNi	E	−270 ... +1000 °C	−9,84 bis 76,36 mV
Fe-CuNi (Fe-Konst)	J	−210 ... +1200 °C	−8,1 bis 69,54 mV
NiCr-Ni	K	−270 ... +1372 °C	−6,64 bis 54,88 mV
PtRh13-Pt	R	−50 ... +1769 °C	−0,23 bis 21,10 mV
PtRh10-Pt	S	−50 ... +1769 °C	−0,24 bis 18,69 mV
PtRh30-PtRh 6	B	0 ... +1820 °C	0,00 bis 13,81 mV

- Fe-CuNi hat bei Temperaturen bis 500 °C eine fast unbegrenzte Lebensdauer, über 600 °C beginnt der Fe-Draht jedoch stark zu zundern. Gegen reduzierende Gase, außer Wasserstoff, ist dieses Thermopaar sehr beständig. Die Nachteile sind so groß, dass es kaum in der Praxis eingesetzt wird.
- Cu-CuNi hat gegenüber Fe-CuNi den Vorteil, nicht zu rosten. Da Kupfer ab 400 °C oxidiert, ist der Anwendungsbereich für dieses Thermopaar etwas eingeschränkt. Dieses Thermopaar wird in der Praxis sehr oft eingesetzt, denn es ist sehr preiswert, jedoch korrosionsgefährdet.
- NiCr-Ni ist gegen oxidierende Gase am beständigsten, ist aber besonders empfindlich gegen schwefelhaltige Gase und wird in reduzierender Atmosphäre von Siliziumdämpfen angegriffen. Gasgemische mit einem Sauerstoffgehalt unter 1 % verursachen eine „Grünfäule“, d. h. die Thermospannung und die Festigkeit verändern sich. In der Praxis wird dieses Thermopaar sehr oft im Messbereich 800 bis 1000 °C verwendet. Zu dieser Gruppe gehört auch das NiCr-CuNi-Thermopaar, das zwar eine hohe Thermospannung erzeugt, aber trotzdem kaum eingesetzt wird. Auch das NiCrSi-NiSi-Thermopaar lässt sich in diese Sparte einordnen, ist jedoch in der Praxis nur wenig verbreitet. Der Arbeitsbereich erstreckt sich bis 1300 °C; dieser Typ kann teilweise edlere und damit teure Thermoelemente ersetzen.
- PtRh10-Pt ist wegen der Reinheit der verwendeten Metalle besonders anfällig gegen Verunreinigungen jeder Art. Dieses Thermopaar bietet aber in oxidierender Atmosphäre eine gute chemische Beständigkeit. Die Kosten sind sehr hoch, dafür bietet es jedoch eine sehr gute Langzeitkonstanz und eine geringe Toleranz bei der Herstellung.
- PtRh30-PtRh6 hat ähnliche korrosionschemische Eigenschaften, ist jedoch gegen Verunreinigungen etwas weniger empfindlich. Die Kosten sind sehr hoch, aber es eignet sich für extreme Temperaturen. Dieses Thermopaar hat aber die geringste Thermospannung.

Abb. 6.60 zeigt eine typische Thermoelement-Anwendung mit Messstelle TC1 und Vergleichsstelle TC2. Das Thermopaar an TC1 besteht aus einem Nickelchromdraht und

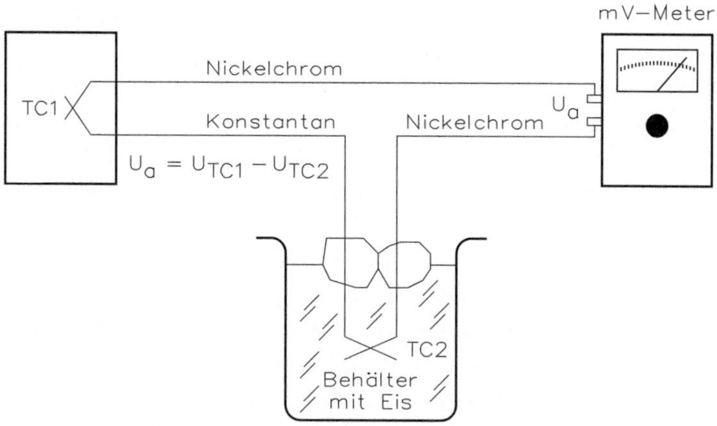

Abb. 6.60 Prinzipschaltung eines Messkreises mit einem Thermoelement, mit Eisbad von 0 °C zur Erzeugung der Referenztemperatur

einem Konstantandraht, wodurch sich das NiCr-CuNi-Thermopaar ergibt. Das gleiche gilt auch für das Thermopaar an TC2.

6.4.6 Messungen mit Thermoelementen

Um die Thermospannung als Maß für die Temperatur einsetzen zu können, müssen sich die freien Enden des Thermopaares in der Vergleichsstelle auf einer konstanten Bezugstemperatur befinden – etwa in einem Gefäß mit Eiswasser von 0 °C. Da es etwas hinderlich sein dürfte, immer einen Eiskübel mit sich herumzutragen, kann man auch auf das Eisbad verzichten und dafür die Temperatur der Vergleichsstelle messen, wie Abb. 6.61 zeigt.

Abb. 6.61 Praktisches Beispiel für eine Temperaturmessung für ein Thermopaar mit Vergleichsstelle, wobei sich die unterschiedlichen Oberflächentemperaturen einer Kerze messen lassen

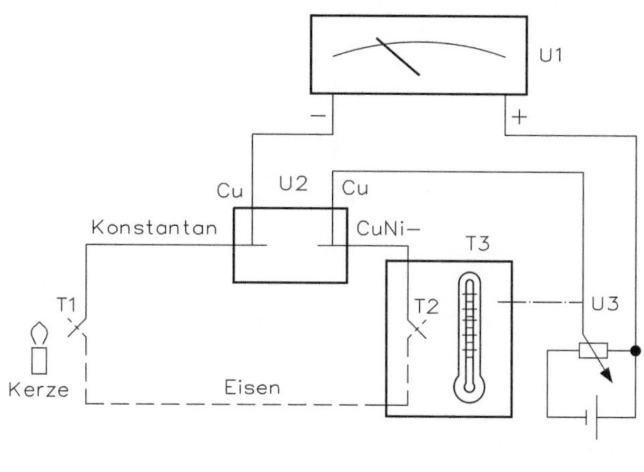

Befindet sich die Vergleichsstelle z. B. auf einer Temperatur von +25 °C, so subtrahiert das Vergleichsstellen-Thermoelement eine 25 °C entsprechende Thermospannung. Deshalb muss man diese Spannung an anderer Stelle wieder addieren. Diese Methode erscheint im ersten Augenblick etwas unsinnig, denn jetzt muss noch ein zweites Mal gemessen werden. Da man die Temperatur der Vergleichsstelle selbst bestimmen kann und sie sich normalerweise am oder im Messgerät befindet, kann man davon ausgehen, dass die Temperatur im Bereich von −20 bis +70 °C liegt. In diesem Bereich lässt sie sich problemlos mit einem Halbleitersensor messen.

Thermoelemente weisen zwar eine niedrige Ausgangsimpedanz auf, liefern aber dafür eine sehr geringe Spannung. Deshalb ist die nachfolgende Signalverarbeitung nicht gerade einfach. Nutzsignale von nur einigen Millivolt erfordern aufwendige Nachfolgeelektronik mit sehr geringer Drift, wenn Temperaturauflösungen in der Größenordnung von 1 K gefordert sind. Bei den meisten Typen ist die Linearität nicht besonders gut. Da aber die Kennlinien genau bekannt sind, lässt sich im Zuge der weiteren Signalverarbeitung entweder analog oder digital eine Linearisierung vornehmen.

Bis ins Jahr 1985 benötigte man für den Betrieb von Thermopaaren eine recht aufwendige Verstärkerelektronik. Seitdem bringt der Baustein AD594 (Abb. 6.62) eine erhebliche Vereinfachung. Er enthält Instrumentenverstärker und Kompensationsschaltung auf einem Chip. Dadurch kann das zweite Thermoelement für den Ausgleich entfallen. Der AD594 verwendet dafür die beiden parasitären Elemente der Anschlussklemmen. Da in diesem Fall drei unterschiedliche Metalle (Eisen/Kupfer, Konstantan/Kupfer bzw. Nickel/Kupfer, Chrom-Nickel/Kupfer) vorhanden sind, heben sich die Thermospannungen selbst bei kleiner Temperatur an den Anschlussklemmen nicht auf. Das Ergebnis ist ein Thermoelement,

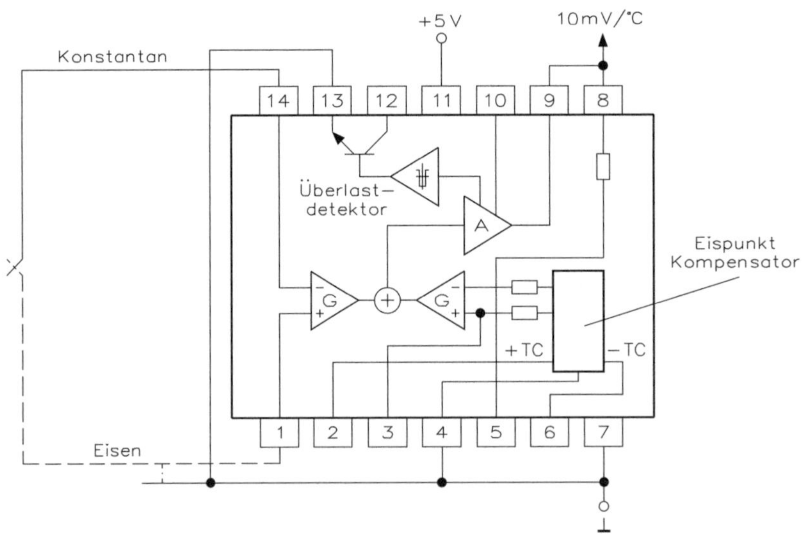

Abb. 6.62 Messschaltung für Thermopaare mit dem AD594. Der Temperaturbereich liegt zwischen 0 und +300 °C

Tab. 6.4 Vergleich zwischen Pt100 und Ni100

	Pt100	Ni100
Messbereich °C	−200 … +850	−60 … +180
Widerstandsänderung Ω/K	0,42 … 0,32	0,47 … 0,81

dessen Ausgangsspannung um die Differenz der beiden Klemmenspannungen zu klein ist, Diese Differenzspannung muss dann wie bei der vorher besprochenen Methode zur eigentlichen Messspannung addiert werden.

6.4.7 Widerstandsthermometer mit Pt100 bzw. Ni100

Hinsichtlich seiner Empfindlichkeit (Ω/K) ist Nickel dem Platin deutlich überlegen. Da sich auch die Konstanz und die Reproduzierbarkeit der Kennlinie als gut bezeichnen lässt, findet man in der Praxis häufig auch genormte Ni100-DIN-Widerstandsthermometer neben den ebenfalls genormten Pt100-Typen. Die wichtigsten Eigenschaften führt Tab. 6.4 auf.

Abb. 6.63 vergleicht die Steilheit der Kennlinien von Pt100- und Ni100-Widerstandsthermometern. Die Kennlinie von Platin nimmt mit steigender Temperatur ab, d. h. die Empfindlichkeit sinkt, die von Nickel nimmt dagegen zu, die Empfindlichkeit steigt. Ein Sensor mit linearer Charakteristik hätte in dieser Darstellung eine waagerechte Gerade. Die Zahl 100 in der Normbezeichnung deutet darauf hin, dass R_0 bei 0 °C zu 100 Ω gewählt wird.

Ein Pt100-Widerstandsthermometer ist im Gegensatz zu einem Thermoelement ein passives Element, d. h. die Wirkungsweise beruht nur auf der Temperaturabhängigkeit des elektrischen Widerstands. Die Temperaturmessung ist also eine reine Widerstands-

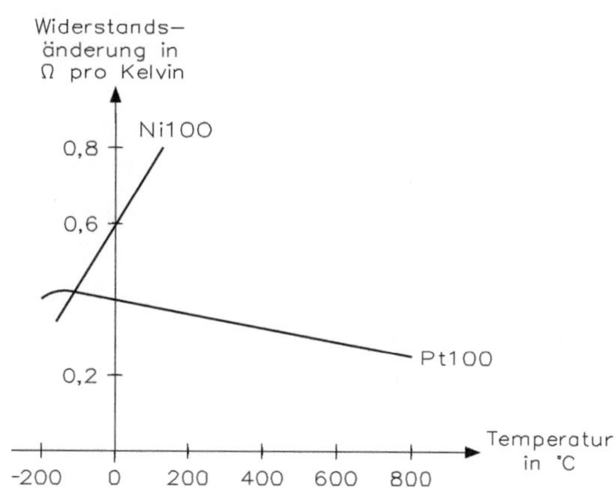

Abb. 6.63 Empfindlichkeit (Steilheit) von Pt100- und Ni100-Widerstandsthermometern

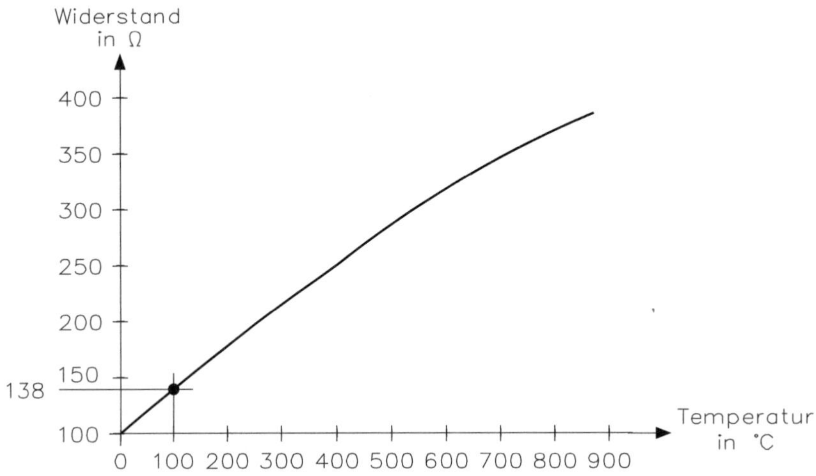

Abb. 6.64 Kennlinie des Widerstandsthermometers Pt100

messung, wobei sich in Verbindung mit dem genormten Wert des Pt100 und dessen Bezugstemperatur eine optimale Bedingung ergibt.

Der Platin-Messwiderstand ist je nach Bauart als Platindraht oder -band in einem Keramik- oder Glaskörper eingebettet oder befindet sich als dünne Schicht auf einem Keramikplättchen. Abb. 6.64 zeigt die Kennlinie. Die Anschlussdrähte des Messelements sind erschütterungsfest mit dem aktiven Widerstandsteil verbunden. Die zusammengehörenden Anschlüsse bei Mehrfachmesswiderständen unterscheiden sich durch die Länge der Anschlussdrähte. Als ausgedehntes Element erfasst der Messwiderstand den Mittelwert der über seiner Länge herrschenden Temperatur.

Alle Pt100-Ausführungen entsprechen in ihren Grundwerten und Grenzabweichungen der Norm DIN IEC751. Dabei gelten die DIN-Angaben für Nennwiderstandswerte von $R_N = 100\,\Omega$. Für Widerstände mit dem n-fachen Nennwert von $R_N = 100\,\Omega$ müssen auch die Grundwerte bzw. Grenzabweichungen mit n multipliziert werden.

Der zulässige Messstrom richtet sich vor allem nach dem Wärmekontakt zwischen dem Messwiderstand und dem Medium, dessen Temperatur gemessen werden soll. Auch die Art des Mediums ist relevant. So ist bei einem in fließendem Wasser eingesetzten Widerstandsthermometer bei gleich großem Erwärmungsfehler ein wesentlich größerer Messstrom möglich als bei dem gleichen Sensor in Luft.

Da in der Praxis unter völlig unterschiedlichen Bedingungen gemessen wird, muss hier auf theoretische Empfehlungen für den Messstrom verzichtet werden. In den Datenblättern findet man für jeden einzelnen Messwiderstand den Selbsterwärmungskoeffizienten „S" in Kelvin pro Milliwatt der aufgenommenen Leistung. Bei einem gegebenen Messstrom kann die Leistung anhand der Grundwertreihe mit

$$P = I^2 \cdot R$$

errechnet werden. Nach der Gleichung

$$\Delta T = P \cdot S$$

ergibt sich dann der Selbsterwärmungsfehler ΔT in Kelvin.

Die Pt100-Messwiderstände lassen sich für Gleich- und Wechselstrommessungen verwenden. Die Glasausführungen G und GX sowie die Schicht-Messwiderstände sind praktisch induktionsfrei, bei den Keramikwiderständen K, KE und KN ist eine geringe Induktivität möglich, mit max. 100 µH aber bedeutungslos.

Die Halbwertszeit ist die Zeit, die ein Thermometer benötigt, um die Hälfte eines Temperatursprungs zu erfassen. Analog dazu ist die 9/10-Zeit definiert. Diese beiden Ansprechzeiten sind für Wasser mit 0,4 m/s Strömungsgeschwindigkeit und für Luft mit 1 m/s angegeben und können auf jedes Medium mit bekannter Wärmeübergangszahl nach VDI/VDE 3522 umgerechnet werden. In Bezug auf Widerstandsthermometer spricht man von Hysterese, wenn die Widerstandswerte bei bestimmten Temperaturen nach Durchlaufen eines Temperaturzyklus (z. B. Abkühlen und wieder Erwärmen) gegenüber dem Ausgangszustand unterschiedlich sind. Ebenso ist die Hysterese dadurch gekennzeichnet, dass die Messwertänderungen durch einen gegenteiligen Temperaturzyklus wieder zum Verschwinden gebracht bzw. überkompensiert werden können. Dieser Vorgang ist also reversibel. Die Messwert-Hysterese kann bei Widerstandsthermometern gegebenenfalls nach schockartigen Temperaturänderungen auftreten.

Für eine betriebssichere Temperaturmessung mit Platin-Messwiderständen ist es notwendig, dass die mechanischen Merkmale des Messwiderstands (Größe, Form, Erschütterungsfestigkeit, Temperatureinsatzbereich, Ansprechzeit, Isolationswiderstand und andere Funktionen) auf die Messaufgabe und die Verhältnisse am Messort abgestimmt werden.

Neben der Auswahl des Messwiderstandstyps ist daher der Einbau am Messort von sehr großer Bedeutung. Es lassen sich keine allgemein gültigen Hinweise geben. Es ist ein hohes Maß an Erfahrung notwendig und deshalb empfiehlt sich die Beratung durch einen Spezialisten.

In der Praxis findet man nicht nur den Pt100, sondern auch den Pt500 und Pt1000. Diese weisen bei 0 °C einen Grundwiderstand von 500 bzw. 1000 Ω auf.

Statt Platin lässt sich auch Nickel für ein Widerstandsthermometer verwenden. Es ist kostengünstiger und hat einen doppelt so großen Temperaturkoeffizienten. Der Messbereich ist allerdings etwas eingeschränkt und reicht von −60 bis +250 °C. Abb. 6.65 zeigt die Kennlinie für einen Ni100.

Das Ni100-Widerstandsthermometer hat bei einer Messtemperatur von 0 °C einen Widerstandswert von 100 Ω mit einer zulässigen Abweichung von 0,2 Ω.

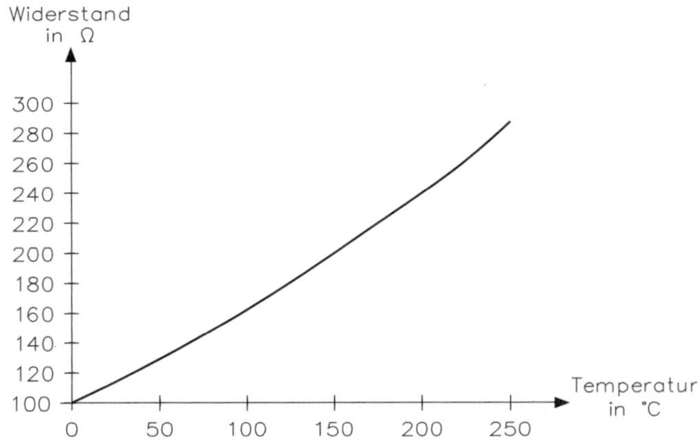

Abb. 6.65 Kennlinie eines Ni100-Widerstandsthermometers

6.4.8 Silizium-Temperatursensor als Pt100-Ersatz

Auf dem Sensormarkt wurden bis ins Jahr 1990 nur Halbleiter-Temperatursensoren angeboten, die bei einer Temperatur von meistens 25 °C mit einer Toleranzangabe definiert waren. Durch ein neues Fertigungsverfahren und eine aufwendige, computergestützte Messanlage ist man nun in der Lage, die Serie der Si-Temperatursensoren KTY87 mit einer geringen Streuung von ±0,5 % zu spezifizieren, und zwar bei den Temperaturen 25 und 100 °C. Damit ist sichergestellt, dass der Sensor zwischen 20 und 100 °C einen Temperaturfehler von ±0,8 K nicht überschreitet. Vergleicht man die KTY87-Familie mit der Pt100-Serie, ergibt sich kein wesentlicher Unterschied in den Eigenschaften, sondern hauptsächlich im Preis.

Wegen der Toleranzen bei den Bauelementen und der Offsetspannung der Standard-Operationsverstärker muss man die Auswerteschaltung für den Temperatursensor abgleichen, um dessen Messgenauigkeit voll ausnutzen zu können. Die absolute Messgenauigkeit des KTY87 im Bereich von 25 bis 100 °C erlaubt es jedoch, den Verstärker in Bezug auf die Nominalwiderstandswerte des KTY87 abzugleichen und dann mit jedem beliebigen Sensorexemplar zu betreiben, wobei der Temperaturmessfehler kleiner als ±1 K bleibt. Im Temperaturbereich von 20 bis 100 °C ist der KTY87 eine preiswerte Alternative zum Pt100-Temperaturfühler, wenn man die etwas geringere Messgenauigkeit akzeptiert.

Bei der Schaltung von Abb. 6.66 arbeitet der Operationsverstärker als Differenzverstärker mit einer Betriebsspannung von +5 V. Daher lässt sich diese Schaltung für die direkte Ansteuerung eines AD-Wandlers verwenden. Hier sind unbedingt Metallfilmwiderstände mit einer Toleranz unter ±0,5 % und einem 1/K-Wert unter ±50 ppm/K notwendig. Zum Abgleich der Schaltung wird der Sensor durch einen Messwiderstand von 1640 Ω (Nominalwert des KTY87 bei 0 °C) ersetzt und mit P_1 die Ausgangsspannung auf $U_a = 0{,}5$ V eingestellt. Dann wird ein Messwiderstand von 3344 Ω (Nominalwert bei 100 °C) anstelle des Sensors eingesetzt und mit P_2 auf eine Ausgangsspannung von $U_a = 4{,}5$ V eingestellt. Damit ist die Schaltung für den nominalen Temperatursensor KTY87 abgeglichen. Diese

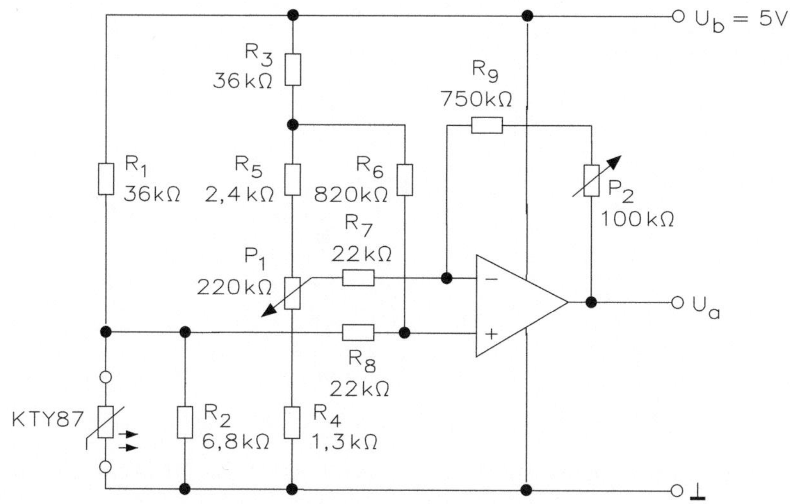

Abb. 6.66 Auswerteverstärker für den Temperatursensor KTY87

Schaltung lässt sich mit jedem Sensor KTY87 einsetzen, wobei der verbleibende Messfehler von weniger als ±1 K im Bereich 20 bis 100 °C erhalten bleibt.

Wenn der Verstärker an einen bestimmten Sensor angepasst werden soll, erfolgt die Abgleichprozedur anstatt mit Messwiderständen mit diesem Sensor, der dann den Temperaturen der Abgleichspunkte ausgesetzt wird, z. B. in einem genauen Flüssigkeitsthermostat. Diese erheblich aufwendigere Methode bringt einen weiteren Gewinn an Messgenauigkeit, jedoch nur für diesen bestimmten Sektor auf der gesamten Kennlinie.

6.4.9 Anschluss eines Widerstandsthermometers

Widerstandsthermometer lassen sich nach drei Methoden anschließen:

- Zweileiterschaltung,
- Dreileiterschaltung,
- Vierleiterschaltung.

In Abb. 6.67 ist die klassische Methode für die Zweileiterschaltung gezeigt. Vor dem Operationsverstärker befindet sich eine Widerstandsbrücke, deren linker Zweig den Sensor und den Einsteller enthält, während der rechte aus festen Widerstandswerten besteht.

Bei dem Temperatursensor muss man im Wesentlichen nur auf die Eigenerwärmung achten, damit keine Messverfälschung auftritt. Der Schaltungsaufwand für diese Variante ist sehr gering, aber es ergeben sich auch Nachteile, wenn der Sensor zu weit von der Auswerteelektronik entfernt ist. Jede Temperaturänderung auf Zuleitung zum Sensor geht als

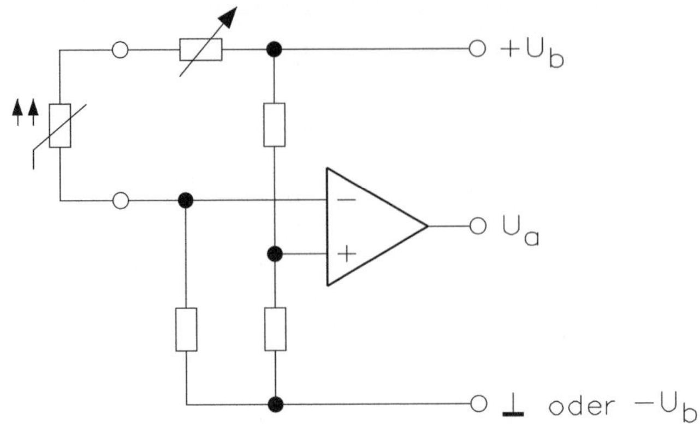

Abb. 6.67 Zweileiterschaltung für ein Widerstandsthermometer

Messfehler in den kompletten Aufbau ein. Ist der Sensor z. B. 25 m vom Operationsverstärker entfernt, so hat die Zuleitung eine Gesamtlänge von 50 m. Als Leitungsmaterial für die Zuleitung setzt man in der Praxis Kupfer ein, wobei in diesem Beispiel ein Querschnitt von 0,5 mm^2 gewählt wurde. Arbeitet der Sensor in einem Bereich von 0 bis +100 °C, ergibt sich folgende Temperaturabhängigkeit von der Zuleitung:

$$R_L = R_K = \frac{1 \cdot \rho}{A} = \frac{25\,\mathrm{m} \cdot 0{,}01724\,\Omega \cdot \mathrm{mm}^2/\mathrm{m}}{0{,}5\,\mathrm{mm}^2} = 1{,}724\,\Omega,$$

$$R_W = R_K(1 + \alpha \cdot \Delta T) = 1{,}724\,\Omega(1 + 0{,}00393/\mathrm{K} \cdot 100\,\mathrm{K}) = 2{,}4\,\Omega.$$

Die Widerstandsänderung von 2,4 Ω entspricht einem Fehler von etwa 6 K, wenn die Schaltung optimal bei 20 °C abgeglichen wurde.

Um die Einflüsse der Leitungswiderstände auf die Auswerteelektronik möglichst gering zu halten, setzt man die Dreileiterschaltung von Abb. 6.68 ein. Der Temperatursensor erhält eine direkte Stromversorgung, die gleichzeitig auch den linken Zweig der Brückenschaltung betreibt. Dadurch eliminieren sich die Temperaturschwankungen auf den Messleitungen, da der linke Zweig ebenfalls auf die Auswertungselektronik zurückgeführt wird. Jede Art der Temperaturänderung auf die Messleitungen lässt sich durch die Dreileiterschaltung kompensieren.

Ideal für die Messtechnik ist die Vierleiterschaltung von Abb. 6.69. Der Messwiderstand befindet sich zwischen den beiden Eingängen des Operationsverstärkers und kann so direkt wirken. Das Problem ist aber der Betriebszustand des Messwiderstands, der mit einem konstanten Strom angesteuert werden muss, d. h. es ist in die Zuleitung zum Messwiderstand eine Konstantstromquelle einzuschalten.

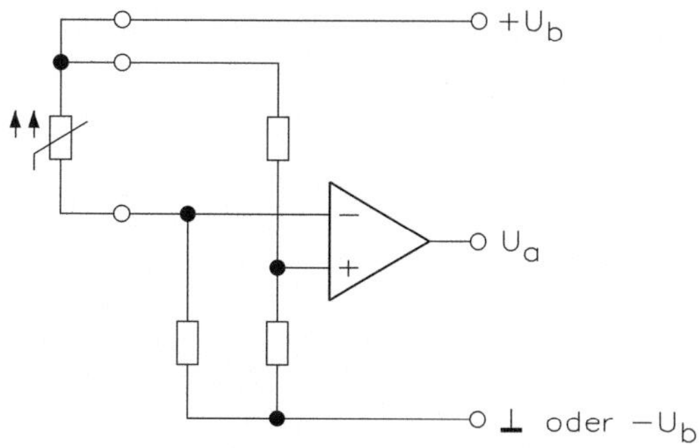

Abb. 6.68 Dreileiterschaltung für ein Widerstandsthermometer

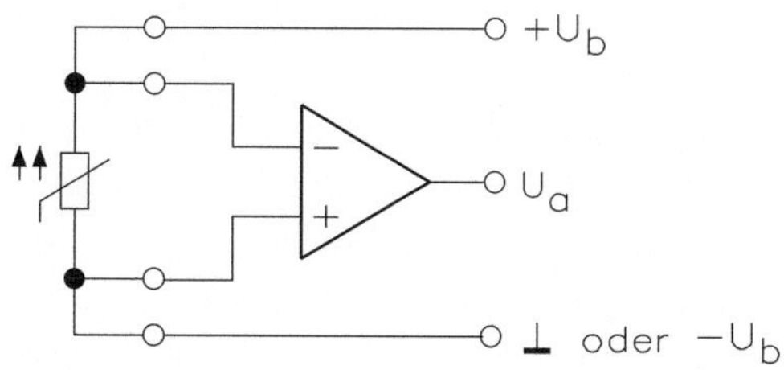

Abb. 6.69 Vierleiterschaltung für ein Widerstandsthermometer

6.5 Dehnungmessstreifen

Die Wahl der DMS-Geometrie (Dehnungmessstreifen) hängt von der zu lösenden Messaufgabe ab.

- Linearstreifen weisen ein Messgitter auf und messen die Dehnung in Messgitterrichtung. Abb. 6.70 zeigt den Aufbau.
- T-Rosetten mit zwei Messgittern verfügen über zwei Messgitter, die 90° zueinander versetzt angeordnet sind. Diese DMS finden vornehmlich Verwendung, wenn ein zweiachsiger Spannungszustand vorliegt, dessen Hauptrichtung bekannt ist. Bei einem einachsigen Spannungszustand, der nur in Zug- und Druckstäben vorkommt, liegt durch die Querkontraktion des Materials ein zweiachsiger Dehnungszustand vor. Die Maxima der beiden Dehnungen liegen 90° zueinander versetzt. T-Rosetten erlauben es, die Dehnung in Kraftrichtung und die Querkontraktion gleichzeitig zu erfassen. Werden die beiden Messgitter zu einer Halbbrücke verschaltet, erhält man eine ausgezeichnete Temperaturgang-Kompensation und zusätzlich ein größeres Ausgangssignal. Diese Effekte ergeben sich aus den schaltungstechnischen Eigenschaften der in der DMS-Technik angewandten wheatstoneschen Brückenschaltung. Abb. 6.71 zeigt den Aufbau eines T-Rosetten-Dehnungsmessstreifens.
- Rosetten mit drei Messgittern werden eingesetzt, um einen zweiachsigen Spannungszustand zu bestimmen, dessen Hauptspannungsrichtungen unbekannt sind. Dabei müssen drei Dehnungssignale aufgenommen werden, aus denen sich dann der Betrag der ersten und zweiten Hauptspannung und die Hauptspannungsrichtung berechnen lässt.

Abb. 6.70 Aufbau eines DMS-Linearstreifens

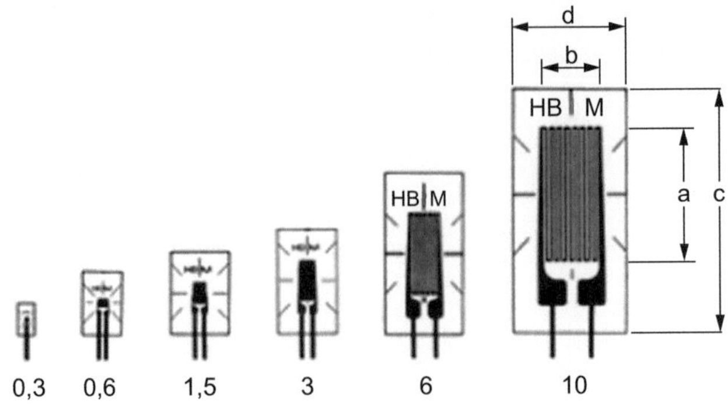

- V-förmige DMS eignen sich ideal zur Messung an Wellen, die auf Torsion beansprucht sind. Dabei liegt ein zweiachsiger Spannungszustand vor, dessen Hauptnormalspannungen unter einem Winkel von ±45° zur Wellenrichtung verlaufen. Installiert man den DMS mit der Symmetrieachse parallel zur Wellenachse, so liegen die Messgitter in Richtung der Hauptnormalspannungen. Weiterhin lassen sich mit diesen DMS Scherspannungen, wie sie in Scherstäben im Bereich der neutralen Faser vorkommen, ermitteln. Abb. 6.72 zeigt den Aufbau einer DMS-T-Rosette.
- Vollbrücken-DMS eignen sich unter anderem zur Bestimmung von Scherspannungen. Abb. 6.73 zeigt den Aufbau einer Vollbrücken-DMS.
- Membranrosetten eignen sich ideal für Membran-Druckaufnehmer.
- DMS-Ketten enthalten mehrere DMS, die in einem konstanten Abstand zueinander auf einem gemeinsamen Träger aufgebracht sind. Damit lassen sich Dehnungsverläufe ermitteln. Es sind DMS-Ketten auch mit mehreren Rosetten und alternierenden Messgitterrichtungen lieferbar, so dass auch der Verlauf eines zweiachsigen Spannungszustandes ermittelt werden kann.

Das Ergebnis einer Messung mit DMS ist der Mittelwert der Dehnungen unter dem Messgitter. Deshalb ist die zu verwendende Messgitterlänge vom Messziel abhängig. In den meisten Anwendungsfällen stellen Messgitterlängen von 3 oder 6 mm eine gute Lö-

Abb. 6.71 Aufbau eines T-Rosetten-Dehnungsmessstreifens

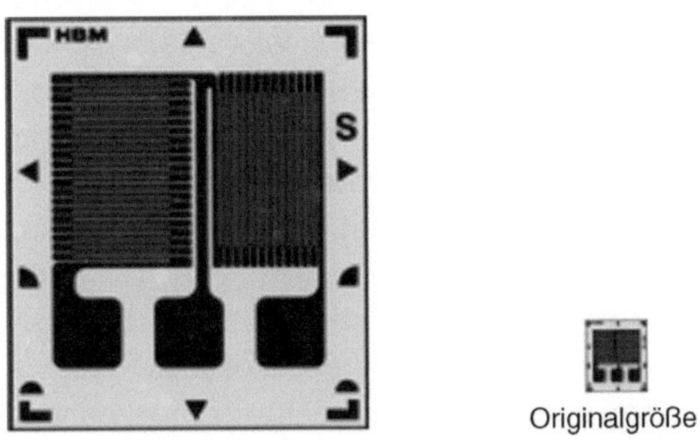

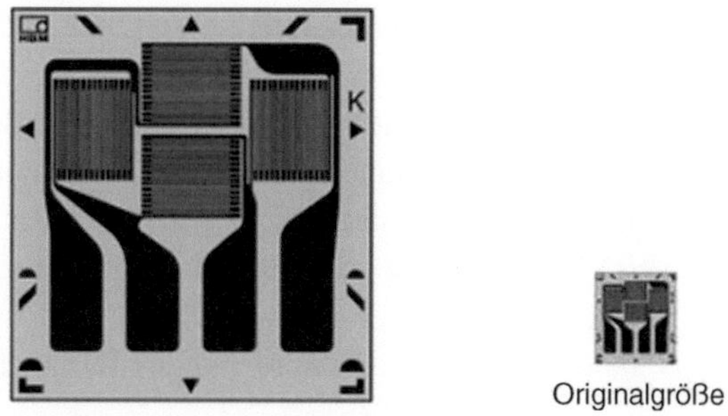

Abb. 6.72 Aufbau einer DMS-T-Rosette

sung dar. Lange Messgitter empfehlen sich, wenn ein inhomogenes Material, wie z. B. Beton oder Holz, vorliegt. Kurze DMS würden auf Beton die Partialdehnungen von Kieselsteinen oder des Zementsteins erfassen. Ein langer DMS überbrückt die Inhomogenitäten des Werkstückes und liefert als Messergebnis die gemittelte Dehnung unter dem Messgitter. Demgegenüber eignen sich kurze Messgitter zur Erfassung eines lokalen Dehnungszustandes. Deshalb bieten sie sich zur Bestimmung von Dehnungsverläufen, dem Maximum von Kerbspannungen und Ähnlichem an.

Der Vorteil von einem DMS mit 120 Ω liegt in der Unempfindlichkeit gegenüber Schwankungen des Isolationswiderstands, z. B. durch Feuchteeinwirkung. Höherohmige DMS erzeugen infolge des geringeren Messstroms weniger Eigenwärme und sind unempfindlicher gegenüber ohmschen Widerständen in den Leitungen zum Messverstärker. Dafür bilden sie bessere Antennen für den Empfang von Störimpulsen.

Das Dehnungsmessstreifen-Programm zwischen denen charakteristische Unterschiede in der Konstruktion und den technischen Daten bestehen. Diese DMS-Serien sind wiederum in unterschiedliche Typenreihen aufgegliedert. Zu jeder DMS-Serie sind die technischen Daten für alle Typenreihen gemeinsam angegeben. Die Daten, nach denen

Abb. 6.73 Aufbau einer Vollbrücken-DMS

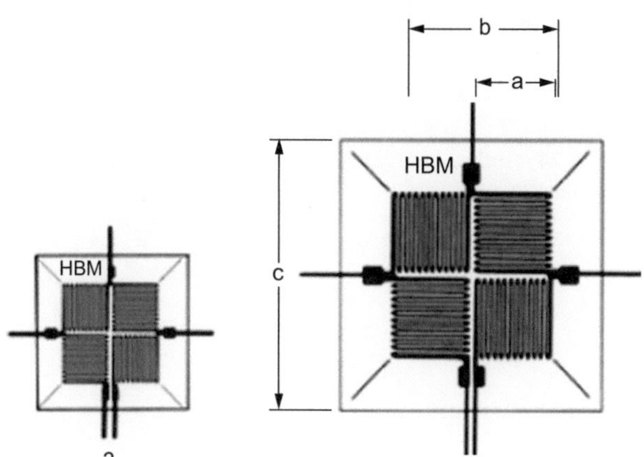

sich die Typenreihen innerhalb einer Serie unterscheiden, sind bei jeder Typenreihe angegeben.

Die technischen Daten wurden nach den in der OIML-Richtlinie 1R62 festgelegten Bedingungen und Verfahren ermittelt. Die Toleranzen sind nach OIML mit zweifacher Standardabweichung angegeben, gegenüber der einfachen Standardabweichung nach VDI/VDE. Die Angaben entsprechen deshalb auch der VDI/VDE Richtlinie 2635, wenn man die angegebenen Toleranzwerte des k-Faktors, der Querempfindlichkeit, des Temperaturkoeffizienten, des k-Faktors und des Temperaturganges halbiert.

6.5.1 Aufbau eines Dehnungsmessstreifens

Klebt man einen elektrischen Leiter auf einen Träger, dessen Form sich verändern kann, entsteht in diesem Leiter eine Formänderung, mit der dieser gestaucht oder gedehnt wird. Dabei ändert sich sein Querschnitt und damit auch der elektrische Widerstand. Diese Widerstandsänderung lässt sich als Schutzschicht für die Messgröße der Dehnung des Trägers verwenden. Die Widerstandsänderung ist etwa doppelt so groß wie die Längenänderung und wird auch als k-Faktor bezeichnet. Die Kenntnis des k-Faktors ermöglicht ein direktes Umrechnen einer Widerstandsänderung in eine Längenänderung und umgekehrt. Das Trägermaterial eines Dehnungsmessstreifens besteht meistens aus einer dünnen Kunststofffolie und darauf ist der Messleiter, der mäanderförmig angeordnet wurde. Abb. 6.74 zeigt den typischen Aufbau eines Dehnungsmessstreifens.

Vorzugsweise besteht das Messgitter aus einer Folie eines Widerstandsmaterials (z. B. Konstantan), das durch Ätzen in seine Form gebracht wird und nur wenige μm dick ist. Als Widerstand wird ein Wert zwischen 100 und 500 Ω verwendet.

Der k-Faktor wird durch Ermittlung für jedes Exemplar bestimmt und meistens auf den Packungen angegeben. Der k-Faktor stellt das Verhältnis von der Dehnung abhängiger Widerstandsänderungen dar:

$$\frac{\Delta R}{R} = k \cdot \varepsilon.$$

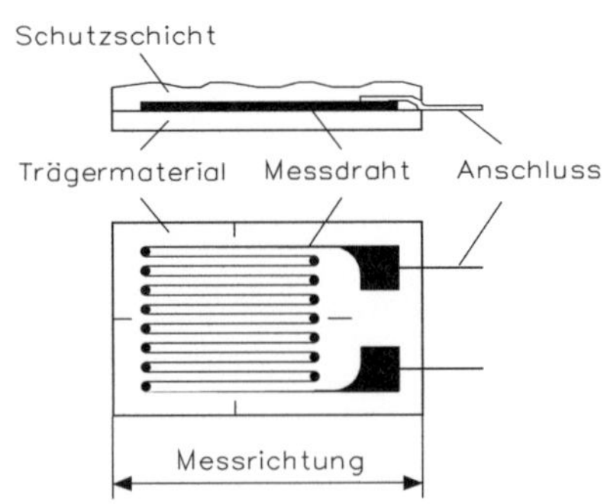

Abb. 6.74 Aufbau eines Dehnungsmessstreifens

Die Dehnungsempfindlichkeit k eines DMS ist der Proportionalitätsfaktor zwischen relativer Widerstandsänderung $\Delta R/R$ und der zu messenden Dehnung ε. Die Dehnungsempfindlichkeit ergibt sich als dimensionslose Zahl und wird k-Faktor genannt. Dieser k-Faktor wird für jedes Fertigungslos durch Messen bestimmt und als Nennwert mit Toleranz auf jeder DMS-Packung angegeben. Die k-Faktoren variieren zwischen den Fertigungslosen nur um wenige Promille.

Der k-Faktor, der auf den DMS-Packungen abgedruckt ist, gilt bei Raumtemperatur. Er ändert sich mit der Temperatur, jedoch ist der Zusammenhang in sehr guter Näherung linear. Bei dem Messgitterwerkstoff Konstantan steigt der k-Faktor mit der Temperatur, bei Chrom-Nickel-Messgitterfolien wird der k-Faktor mit steigender Temperatur geringer. Der Temperaturkoeffizient des k-Faktors ist auf jeder DMS-Packung angegeben.

Die angegebenen Maximalwerte sind nur bei Applikation auf gut wärmeleitendem Material (z. B. Stahl mit ausreichender Dicke) zulässig. Andernfalls können Temperaturerhöhungen im Messgitterbereich zu Messfehlern führen. Besondere Messungen an Kunststoffen und ähnlich schlecht wärmeleitenden Materialien erfordern ein Verringern der Betriebsspannung oder der Einschaltdauer (Impulsbetrieb).

Auch bei sehr tiefen Temperaturen kann die kleiner werdende Wärmekapazität der Werkstoffe eine geringere Betriebsspannung notwendig machen.

Die Querempfindlichkeit ist das Verhältnis der relativen Widerstandsänderung eines senkrecht zu einem einachsigen Verformungsfeld applizierten DMS (quergedehnt) zu der relativen Widerstandsänderung eines gleichen DMS, der parallel zu demselben Verformungsfeld (längsgedehnt) appliziert ist. Abb. 6.75 zeigt die Querempfindlichkeit.

Ändert sich an einer Messstelle die Temperatur, so entsteht aufgrund der Änderung des spezifischen Widerstands und der thermischen Ausdehnung von Messgitter und Bauteil ein Ausgangssignal. Dieses Signal wird als scheinbare Dehnung oder auch Temperaturgang einer Messstelle bezeichnet und ist unabhängig von einer mechanischen Belastung des Messobjektes. Es ist jedoch möglich, das Temperaturverhalten eines DMS so einzustellen, dass die Temperatureffekte des Werkstückes weitgehend kompensiert werden. Jeder DMS wird an einen bestimmten Wärmeausdehnungskoeffizienten angepasst. Die

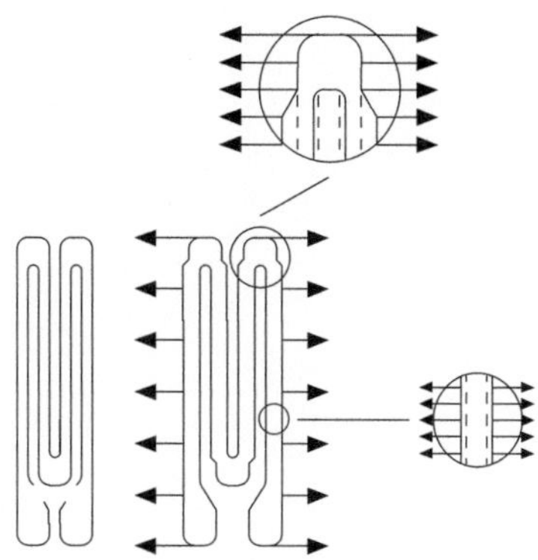

Abb. 6.75 Querempfindlichkeit eines Dehnungsmessstreifens

Hersteller bieten DMS für ferritischen Stahl, Aluminium, Kunststoff, austenitischen Stahl, Titan/Grauguss, Molybdän und Quarz an.

In Abb. 6.76 ist das Diagramm für einen Dehnungsmessstreifen gezeigt, und die relative Widerstandszunahme bzw. -abnahme entspricht der Dehnung oder Stauchung.

Ein Dehnungsmessstreifen darf nur innerhalb der Elastizitätsgrenze des Widerstandsmaterials betrieben werden, d. h. der Sensor soll nicht überdehnt werden.

Um einen Dehnungsmessstreifen optimal einsetzen zu können, sind einige Informationen erforderlich.

Die statische Beanspruchung, insbesondere unter Langzeit-Lastbedingungen, stellt höchste Anforderungen an die Dehnungsmessstreifentechnik. Die Auswahl von DMS und DMS-Zubehör, wie Klebstoff, Abdeckmittel oder Anschlusskabel, muss für jede Anwendung speziell erfolgen. Das ist notwendig im Hinblick auf die Grenzen einer jeden Anwendung, ebenso wie der Gesamtinstallation. Für statische Messungen wird der DMS so ausgewählt, dass ein Maximum an elektrischer Stabilität und Wiederholbarkeit garantiert wird und das bei einem minimalen Zeitaufwand für die Anwendung.

Bei dynamischer Beanspruchung ohne Betrachtung des statischen Anteils (falls vorhanden) werden die Anforderungen an die Stabilität und die Temperaturempfindlichkeit des DMS reduziert. Dadurch lassen sich Gitterwerkstoffe von größter Dehnungsempfindlichkeit verwenden. Für diese Anwendung sind die Dehnungsmessstreifen vom Material und der Konstruktion her auf hohe Ermüdungsdauer ausgelegt.

Praktische Einsatzgrenzen sind abhängig von der Gitterauslegung, vom Träger, vom Klebstoff und von der Wärmeleitfähigkeit des Materials, auf dem appliziert wird. Der

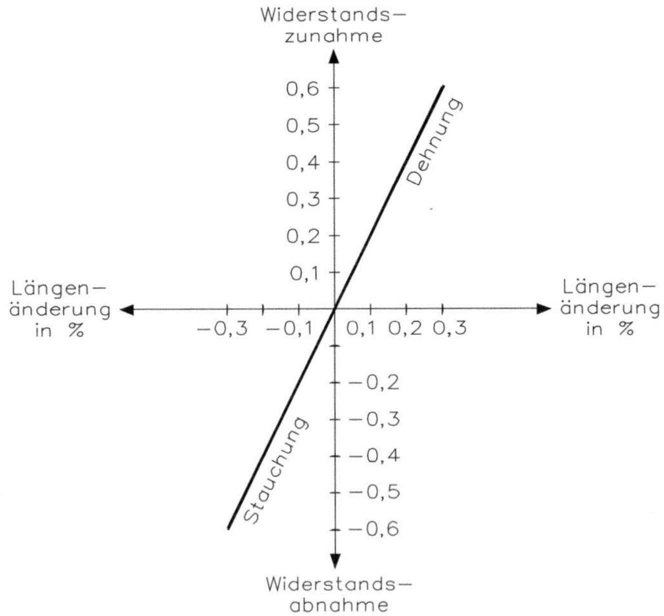

Abb. 6.76 Widerstandsänderung bei Dehnung oder Stauchung

gewählte Betriebsstrom richtet sich auch nach der gewünschten Einlaufzeit. Auf metallischen Prüfteilen geklebte Dehnungsmessstreifen mit Papierträger sind im Allgemeinen auf 25 mA begrenzt, während Phenol-Träger auf 50 mA kommen. Werte von 5 bis 6 mA könnten bei schlecht wärmeleitenden Materialien, wie Kunststoffe, erforderlich sein.

Der Grenzbereich der Betriebstemperatur von Dehnungsmessstreifen hängt von den verwendeten Materialien ab. Bei der statischen Dehnungsmessung ebenso von der Temperaturkompensation und der elektrischen Stabilität, die sich durch passive Kompensations-Dehnungsmessstreifen oder durch Temperatur-selbstkompensierende Dehnungsmessstreifen erhöhen lassen.

Die allgemein anerkannten statischen Dehnungsgrenzen für die experimentelle Spannungsanalyse basieren auf idealen Voraussetzungen von Kurzzeitversuchen, wo kleine Änderungen der Umgebungsbedingungen keine Ungenauigkeiten oberhalb der akzeptablen Toleranzgrenzen hervorrufen.

Strenge Maßstäbe muss man bei längeren Versuchszeiten und bei der Änderung der Umgebungsbedingungen anlegen. Temperaturgrenzwerte für dynamische Dehnungsmessungen sind im Allgemeinen viel höher als bei statischen Messungen.

Der Dehnungsbereich oder die maximale Dehnbarkeit eines Dehnungsmessstreifens hängt von der Geometrie des Messgitters und von den elastischen Eigenschaften des Trägers und Klebstoffs ab. Die meisten Polyimid- und Papier-DMS mit einer Gitterlänge von mehr als 3,17 mm messen 4 oder 5 % der relativen Dehnung ($\varepsilon = 40.000$ bis $50.000\,\mu$m/m). Kürzere Folien- oder Draht-Dehnungsmessstreifen erreichen mindestens 2 bis 3 % der Dehnung. Folien-Dehnungsmessstreifen mit Phenol-Trägern kommen auf mindestens 2 % der Dehnung. Falls die Dehnungsmessstreifen auf plastischen und duktilen Werkstoffen zu applizieren sind, wird ein Dehnungsmessstreifen für hohe Dehnung (Post-Yield) benötigt.

Kupfer-Nickel-Legierungen (Konstantan) lassen sich in erster Linie für statische Dehnungsmessungen verwenden. Die niedrigen und kontrollierbaren Temperaturkoeffizienten bei diesen Messungen sind dafür der Grund. Die Betriebstemperatur dieser Legierung liegt im Bereich zwischen −73 und +238 °C. Das gilt für statische Dehnungsmessungen unter idealen Kompensationsbedingungen oder für dynamische Messungen. Die konventionellen Grenzwerte liegen zwischen −20 und +205 °C.

Nickel-Chrom-Legierungen (Legierung 800, Stabiloy) decken einen breiten Temperaturkompensationsbereich ab. Die spezielle Behandlung dieser Legierungen garantiert eine exzellente Nullstabilität bis zu 315 °C und ein Minimum an Abweichung bis zu 426 °C.

Es ist ratsam, einen Leitungswerkstoff zu wählen, der einen niedrigen spezifischen Widerstand besitzt. Gleichzeitig soll dieser mit einem Isolationswerkstoff überzogen sein, der die gleiche elektrische Isolationsqualität aufweist wie DMS-Träger und Kleber.

Die Dreileiterschaltung sollte immer benutzt werden, falls selbstkompensierte Dehnungsmessstreifen zum Einsatz kommen.

Die aufgeführten Werkstoffe sind für den Gebrauch mit DMS geeignet. Man beachte, dass bei Temperaturen über 260 °C der Isolationswiderstand von Glasisolierungen niedriger werden kann. Tab. 6.5 gibt hier Auskunft.

Tab. 6.5 Temperaturbereiche für Leiter und Isolierung bei Dehnungsmessstreifen

	Arbeitstemperatur °C	
Leiter	Stabil	Maximal
Kupfer mit Nickelüberzug	370	537
Silber mit Nickelüberzug	537	816
Nickelchrom	370	927
Isolierung	Temperaturbereich °C	
Nylon	Unter −73	
Vinyl	−73 bis +105	
Polyäthylen	−73 bis +93	
Teflon	−73 bis +260	
Glas mit imprägniertem Silikon	Über +260	
Isolierschlauch aus Glas	Über +260	

In der Praxis findet man selbstkompensierende Dehnungsmessstreifen. Sie sind über weite Temperaturbereiche für Werkstoffe mit einem großen Bereich thermischer Ausdehnungskoeffizienten einsetzbar. Selbstkompensierende Streifen werden im Allgemeinen dort benutzt, wo sich ein separater Kompensationsstreifen nicht verwenden lässt. Grad und Genauigkeit der Temperaturkompensation sind wie folgt definiert: scheinbare Dehnung (µm/m) je °C-Temperaturänderung über einen spezifizierten Temperaturbereich (z. B. 10 bis 205 °C) auf einem Material, das einen spezifischen Dehnungskoeffizienten vom gleichen Bereich hat. Die Kurveneignungstoleranz, die erreicht werden kann, hängt von der DMS-Herstellungsmethode ab.

Die temperaturkompensierten Dehnungsmessstreifen sind aus Ni-Cu- oder Ni-Cr-Legierungen mit einem abgestimmten Widerstandstemperaturkoeffizienten hergestellt. Dieser gleicht die Widerstandsänderung aus, die durch die unterschiedlichen thermischen Ausdehnungskoeffizienten von DMS und Probe erzeugt wurden. Gekennzeichnet sind diese Streifenarten durch den Buchstaben „S“, gefolgt von einer Zahl, die den thermischen Dehnungskoeffizienten (µm/m/°C) des Probematerials angibt. Die Toleranz des Temperaturkoeffizienten für diese Streifen liegt bei $<+1{,}8$ (µm/m/°C) über dem spezifizierten Temperaturbereich.

Der Wärmeausdehnungskoeffizient des Materials, auf das der jeweilige DMS angepasst ist, wird auf der Packung angegeben und geht aus dem Teilenummernschlüssel hervor. Diese Anpassung reduziert den Temperaturfehler erheblich. Der verbleibende Temperaturgang ist durch eine grafische Darstellung auf der Packung und ein Polynom definiert, so dass der entstehende Messfehler mathematisch korrigiert werden kann. Werden DMS mit Anschlussbändchen eingesetzt, kann auch der Temperatureffekt der Anschlussbändchen längenabhängig korrigiert werden. Eine andere Möglichkeit, die scheinbare Dehnung zu unterdrücken, sind schaltungstechnische Maßnahmen (z. B. Schaltung mit Kompensations-DMS, Halbbrückenschaltung …).

Federwerkstoffe reagieren auf eine sprungartige Belastung mit einer spontanen positiven bzw. negativen Dehnung. Bei konstanter Belastung wird sich der Werkstoff langsam in Belastungsrichtung weiterverformen, d. h. er wird kriechen. Da Aufnehmer nur im streng elastischen Bereich belastet werden, handelt es sich hier um einen reversiblen Vorgang. Man bezeichnet diesen als elastische Materialnachwirkung. Die elastische Nachwirkung liefert einen zeitabhängigen Fehler mit positivem Vorzeichen (in Richtung der Verformung durch die Messgröße). Wird ein DMS einer statischen Belastung unterworfen, so zeigt er trotz konstanter Bauteildehnung eine langsame zeitliche Veränderung seines Widerstands. Diese Veränderung des Messsignals eines gedehnten (oder gestauchten) DMS erfolgt in Entlastungsrichtung. Erklären lässt sich dieses Kriechen folgendermaßen: das gedehnte Messgitter wirkt ähnlich einer gespannten Feder, die Schubspannungen zwischen Messgitter und Träger erzeugt (hauptsächlich im Bereich der Umkehrstellen des Messgitters). Unter dem Einfluss dieser Spannungen relaxieren die Kunststoffe des DMS und des Klebstoffes. Durch Modifikation der Umkehrstellen lässt sich das DMS-Kriechen gezielt beeinflussen.

Somit führt die elastische Nachwirkung des Federkörperwerkstoffes zu einem positiven Fehler, während das DMS-Kriechen einen negativen Fehler erzeugt. Im Idealfall werden sich diese beiden Fehler kompensieren. Um diesem Idealfall möglichst nahe zu kommen, muss man experimentell den bestpassenden DMS ermitteln. Deshalb bietet die K-DMS-Serie drei verschiedene Kriechanpassungen für jeden DMS-Typ an.

Unter der mechanischen Hysterese eines DMS versteht man den Unterschied der Messwertanzeige zwischen ansteigender und abfallender Dehnungsbeanspruchung bei gleichen Dehnungswerten des Prüflings. Der Verlauf der Hysterese ist nicht nur vom DMS selbst abhängig, sondern in starkem Maße auch von den Applikationsparametern, wie Art und Schichtdicke des Klebstoffes usw. Aus diesem Grund können nicht für alle Variationsmöglichkeiten die Daten der mechanischen Hysterese angegeben werden.

Unter der maximalen Dehnbarkeit eines DMS wird die Dehnung verstanden, bei der seine Kennlinie (Widerstandsänderungs-Dehnungs-Charakteristik) um mehr als $\pm$ 5 % von der mittleren Kennlinie des Typs abweicht. Dies ist meist dann der Fall, wenn die Anwendung oder der DMS beschädigt ist.

Die Flexibilität eines DMS wird durch den kleinsten Krümmungsradius gekennzeichnet, dem er in jeweils einer Richtung ohne Hilfsmaßnahmen standhält.

Die Polyimid-Träger sind so flexibel, dass sich diese praktisch um Kanten kleben lassen. Die Trägermaterialien der anderen DMS-Serien sind zwar spröder, lassen sich aber auch leicht durch thermisches Vorformen für die Applikation an kleineren Radien präparieren.

Wird ein DMS mit einer Wechseldehnung beansprucht, der einer statischen Mitteldehnung überlagert sein kann, so können mit zunehmender Lastspielzahl verschiedene Änderungen des Nullpunktes entstehen. Dieser Effekt wird als Dauerschwingverhalten von Dehnungsmessstreifen bezeichnet und ist abhängig von der Wechseldehnungsampli-

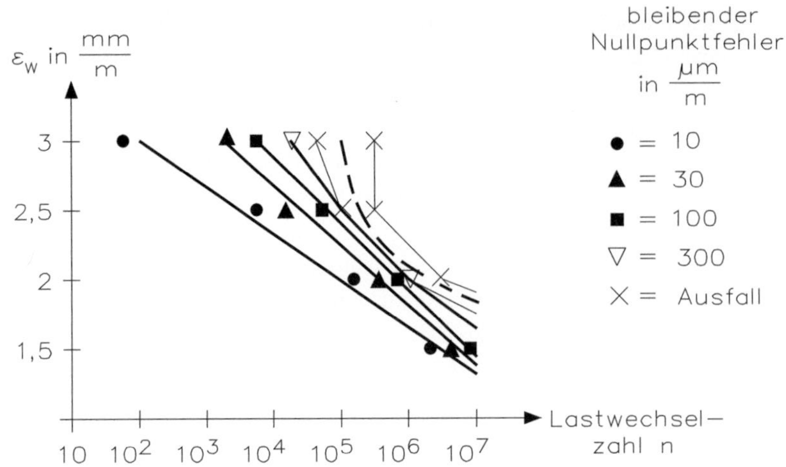

Abb. 6.77 Darstellung des Dauerschwingverhaltens

tude und der Mitteldehnung, aber weitgehend unabhängig von der Frequenz. Abb. 6.77 zeigt eine Darstellung des Dauerschwingverhaltens.

Zu jedem DMS-Typ sind die verwendbaren Befestigungsmittel angegeben. Hinsichtlich der Anwendungstechnik unterscheidet man kalt- und heißhärtende Klebstoffe und Punktschweißverfahren. Eines der wichtigsten Auswahlkriterien ist der Anwendungstemperaturbereich der einzelnen Befestigungsmittel.

6.5.2 Messung einer mechanischen Biegung

Für die Messung mechanischer Kräfte gibt es mehrere Möglichkeiten, wobei der Dehnungsmessstreifen von Abb. 6.78 eingesetzt wird.

Abb. 6.78 Messbrücke mit DMS-Sensoren und Operationsverstärker

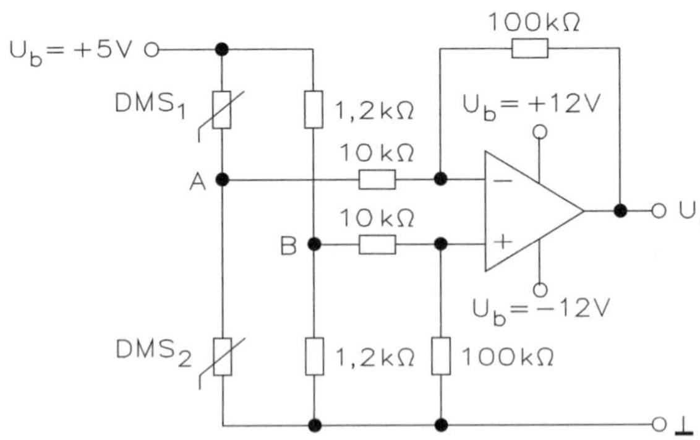

Für den Dehnungsmessstreifen gibt es folgende Standardoptionen:

- Ein 25,4 µm dünner Polyimid-Film überdeckt beim FSE-Typ den Dehnungsmessstreifen bis etwa zur Hälfte der Anschlussfähnchen. Der Polyimid-Überzug garantiert dem Gitter eine hohe Langzeitstabilität und Schutz gegen Staub, Schmutz und Fingerabdrücke.
- Die Kapselung des Dehnungsmessstreifens beim FAE-Typ ist identisch mit dem FSE-Typ, bei dieser Option entfallen aber die Lötstützpunkte und die Anschlussbändchen, da sich die Leitungsdrähte direkt an goldbeschichteten Anschlüssen anlöten lassen. Der Goldüberzug schützt die Anschlüsse vor Korrosion während des Aushärteprozesses von Hochtemperatur-Klebern.
- Der Typ EL vereinigt die Optionen FSE und FAE. Der DMS besitzt Anschlussbändchen und ist mit einer 2,54 µm dicken Polyimidschicht überzogen.
- Der Typ ET ist eingekapselt mit integrierten nicht beschichteten Beryllium-Kupfer-Lötstützpunkten. Die geätzten nickelbeschichteten Beryllium-Kupfer-Stützpunkte sind auf dem Dehnungsmessstreifen-Polyimid-Träger integriert. Die Einkapselung erfolgt wie bei der Option FSE. Diese Option eignet sich wegen der kürzeren Installationszeit sehr gut für allgemeine Anwendungen. Auch stabile lange Drähte können direkt angeschlossen werden.

Für den einfachen Betrieb reicht es, wenn man eine Messbrücke mit nachgeschaltetem Operationsverstärker einsetzt. Abb. 6.78 zeigt die Schaltung, wobei der Operationsverstärker als Differenzverstärker arbeitet. Bei der Schaltung handelt es sich um eine Standardvariante. Folgende Schritte sind jedoch für die Auswahl des DMS erforderlich:

- Auswahl der geeigneten DMS-Serie: Für Messwertaufnehmer, die in der industriellen Automation eingesetzt werden, ist die FAE-Serie eine gute Wahl. Für höchste Genauigkeit ist die FAB-Serie die beste Alternative. Die FSE-Serie ist für den Einsatz bei Betriebstemperaturen über +200 °C oder unter −50 °C empfohlen.
- Auswahl der Kompensation für scheinbare Dehnung: Für Fehlerkörper aus ferritischem Stahl ist der S6-Typ geeignet, ebenso für viele Edelstähle ($\alpha = 10{,}8$ ppm/°C). Für Aluminium wird der S13-Typ ($\alpha = 23{,}4$ ppm/°C) gewählt. Andere Temperaturkompensationen, z. B. der S9-Typ ($\alpha = 16{,}2$ ppm/°C), sind ebenso erhältlich.
- Auswahl der Kriechkomponenten: Wenn noch keine Kriechdaten vorliegen, ist es empfehlenswert, mit der Standard-Kriechanpassung zu beginnen und damit vier bis fünf Messwertaufnehmer zu testen. Abhängig vom Resultat kann dann eine geeignete Kriechanpassung vom Hersteller empfohlen werden oder der Anwender wählt aus eigener Erfahrung eine Kriechanpassung aus den Katalogen aus. Es sollte beachtet werden, dass Kriechresultate von abgedeckten Messgittern nicht mit denen von offenen Messgittern vergleichbar sind.

An der Oberseite und Unterseite eines Balkens befindet sich jeweils ein Dehnungsmessstreifen. Wirkt die Kraft von oben auf den Balken ein, wird der obere DMS1 gedehnt,

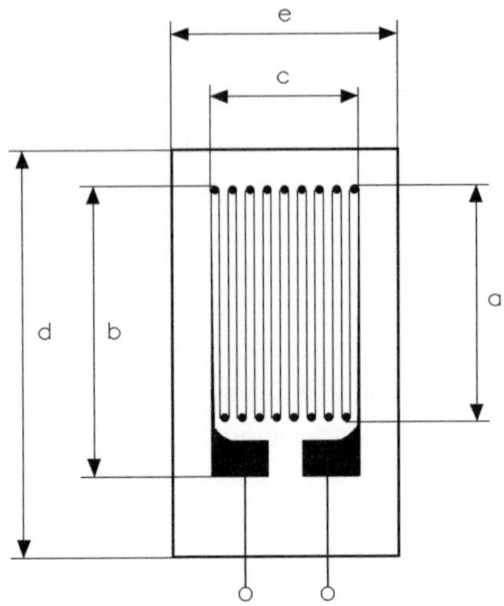

Abb. 6.79 Standard-Dehnungsmessstreifen mit den Angaben der Gitterlänge *a*, der Gesamtlänge *b*, der Gitterbreite *c*, der Einbaulänge *d* und der Einbaubreite *e*

der untere DMS2 dagegen gestaucht. Durch die Dehnung erhöht sich der Innenwiderstand des DMS1, während sich der von DMS2 verringert.

Wichtig in diesem Fall ist die Frage nach dem Innenwiderstand eines Dehnungsmessstreifens. Der Innenwiderstand ist im Wesentlichen von der Gitterlänge a und der Gitterbreite c abhängig, wie Abb. 6.79 zeigt.

Die Gitterlänge liegt bei 0,8 mm (minimal) mit einer Gitterbreite von 1,3 mm und einer Gitterlänge von 12,7 mm (maximal) mit einer Breite von 6,3 mm. Bei kleinen Dehnungsmessstreifen hat man einen typischen Innenwiderstand von 120 Ω, bei großen Dehnungsmessstreifen dagegen von 350 Ω. Setzt man zwei große Dehnungsmessstreifen in der Schaltung von Abb. 6.78 ein, fließt ein Strom von

$$I = \frac{+5\,\text{V}}{2 \cdot 350\,\Omega} = 7{,}1\,\text{mA}$$

durch den linken Zweig der Brückenschaltung und damit ergibt sich pro DMS eine Leistung von

$$P = U \cdot I = 2{,}5\,\text{V} \cdot 7{,}1\,\text{mA} = 17{,}8\,\text{mW}.$$

Mit der Brückenschaltung von Abb. 6.78 und der Anordnung der Dehnungsmessstreifen lässt sich die Zugfestigkeit in der Mechanik messen. Die äußeren Kräfte wirken in diesem Fall in Längsrichtung des Körpers und versuchen diesen zu strecken oder zu zerreißen. Es tritt eine Zugspannung auf, z. B. bei Zugstangen, Seil oder Kette.

Befindet sich der Balken von Abb. 6.80 auf zwei Stützen, lässt sich die Biegefestigkeit eines Werkstoffes messen. Die Kraft F erzeugt in dem Körper ein Biegemoment, d. h. in dem oberen Teil entsteht eine Druckspannung und in seinem unteren Teil eine Zugspannung. Wirkt die Kraft von oben auf die Mitte des Balkens, lässt sich anhand einer einfachen Messung das Biegemoment feststellen. Wird jedoch der Balken durch eine oder

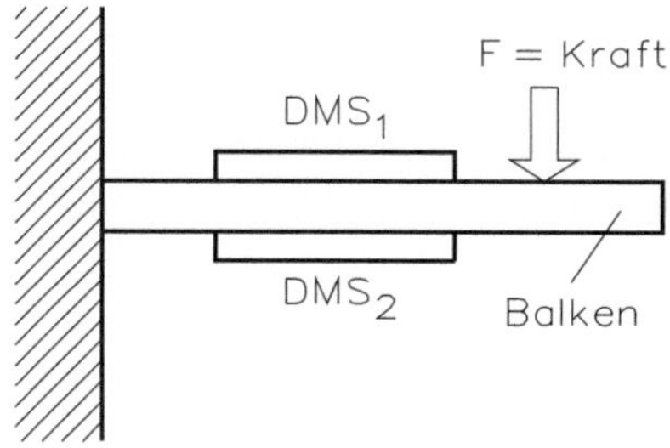

Abb. 6.80 Kraftmessung mit zwei Dehnungsmessstreifen

mehrere Kräfte ungleichmäßig beansprucht, so werden sich diese Kräfte auf die beiden Auflagen entsprechend verteilen. Für die Messtechnik bedeutet dies aber, dass der Anwender mehrere Schaltungen von Abb. 6.78 einsetzen muss.

6.5.3 Messung der Torsionsmomente

Bei der Messung der Torsionsmomente wird ein Stab um seine Längsachse verdreht und damit entsteht in ihm eine Drehbeanspruchung. Für die Messung dieses Moments kann man entweder die Standard-Dehnungsmessstreifen einsetzen oder T-Rosetten bzw. Halbbrücken für Scherung und Torsion. Abb. 6.81 zeigt die Möglichkeiten.

In der Praxis verwendet man zur Messung der Torsionsmomente spezielle Formen von Dehnungsmessstreifen. Welche Form man wählt, ist von der Erfahrung des Messtechnikers abhängig. Die Dehnungsmessstreifen lassen sich mit einem flüssigen Ein- oder Zweikomponentenkleber auf dem Stab befestigen. Der Einkomponentenkleber besteht aus Flüssigsilikon und ist durchsichtig. Dieser Kleber lässt sich mit dem Pinsel auftragen, haftet ohne Grundierung und trocknet in der Luft. Die Aushärtezeiten liegen bei 24 h, wenn bei Raumtemperatur gearbeitet wird, oder bei 30 min, wenn mit 77 °C gehärtet wird. Mittels Toluol lassen sich die Dehnungsmessstreifen wieder entfernen.

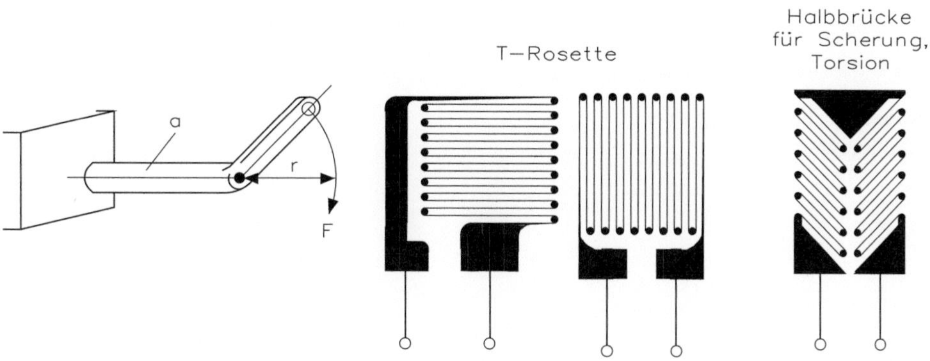

Abb. 6.81 Messung der Torsionsmomente mittels spezieller Dehnungsmessstreifen als T-Rosette oder Halbbrücke

Speziell unter schwierigen Messbedingungen setzt man einen flüssigen Zweikomponentenkleber ein. Mit diesem sehr dünnflüssigen Klebstoff lässt sich eine extrem dünne und scherfeste Klebeschicht erreichen. Die Aushärtezeiten liegen bei zwei Stunden, wenn die Temperatur mindestens 120 °C beträgt.

6.5.4 Druckmessung mittels Kraftmessdose

Der Druck ist die Kraft, die senkrecht auf eine Flächeneinheit wirkt. Um eine einfache Druckmessung durchführen zu können, benötigt man eine dichte Dose, die mit Luft oder Flüssigkeit gefüllt ist. Durch die Kraft, die auf die Dose wirkt, erhöht sich der Durchmesser und die Höhe wird geringer. Befestigt man an der Dose entsprechende Dehnungsmessstreifen, lassen sich die mechanischen Veränderungen messen. Abb. 6.82 zeigt den Aufbau einer Kraftmessdose.

Für einfache Anwendungen setzt man fertige Dosen ein, die für bestimmte Druckeinheiten ausgelegt sind. Für spezielle Messungen ist die Dose an einen Druckregler angeschlossen, der je nach Anforderungen bestimmte Drucknormale an 0 bis 10 kPa (Kilopascal) und 0 bis 300 MPa (Megapascal, $1\,\text{Pa} = 1\,\text{N/m}^2$) erzeugt. Wenn man noch mit den alten Druckeinheiten arbeitet, so gilt: $1\,\text{bar} \mathrel{\hat{=}} 10^5\,\text{Pa}$ oder $1\,\text{Pa} \mathrel{\hat{=}} 10^{-5}\,\text{bar}$.

Als Druckerzeuger steht eine pneumatische Steuerung für niedrige Drücke zur Verfügung, der mit Instrumentenluft oder Stickstoff bestimmte Drücke bis 30 Pa mit einer Genauigkeit von 0,05 Pa erzeugt. Setzt man ein Druckluftnetz oder eine Druckgasflasche ein, lassen sich über eine pneumatische Steuerung bereits Drücke bis zu 150 kPa regeln. Schließt man dagegen eine Vakuumpumpe an, erlaubt dies eine Regelung von negativen oder absoluten Drücken. Statt Luft kann man auch Öl, Wasser oder andere nicht aggressive Flüssigkeiten aus einem internen Reservoir für die Druckerzeugung in der Dose einsetzen. Hiermit lassen sich Drücke zwischen 1 und 300 MPa erzeugen.

Um die Temperaturabhängigkeit zu kompensieren, verwendet man die Schaltung von Abb. 6.83 für die Dehnungsmessstreifen. Insgesamt sind sechs Dehnungsmessstreifen vorhanden, wobei man die beiden Dehnungsmessstreifen DMS_1 und DMS_2 für die Temperaturkompensation einsetzt. Die anderen vier sind als Messbrücke angeordnet und der

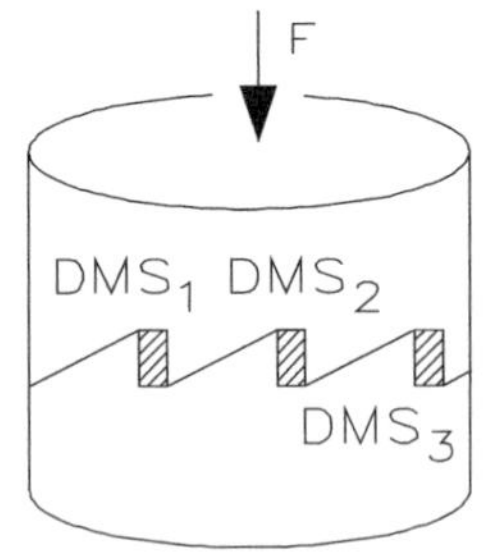

Abb. 6.82 Realisierung einer Kraftmessdose

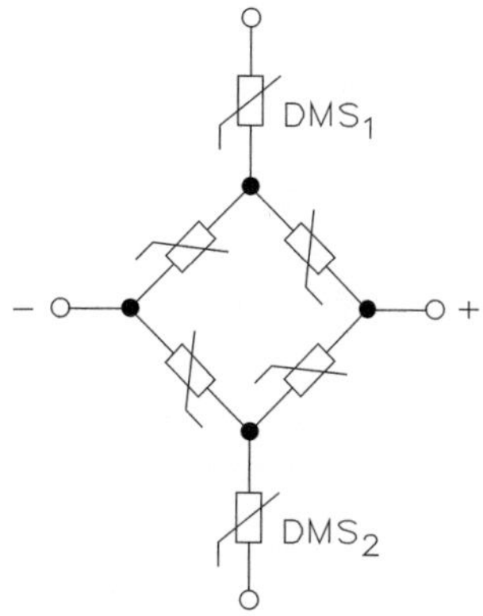

Abb. 6.83 Anordnung der Dehnungsmessstreifen für die Kraftdose

Operationsverstärker erhält die beiden Ausgangssignale für den invertierenden und nicht invertierenden Eingang.

Abb. 6.84 zeigt eine Vollbrücke mit Abgleich- und Kompensationselementen. Für die Schaltung sind vier Dehnungsmessstreifen vorhanden. Der NA1 ist ein anpassbarer Folienwiderstand für den Nullpunktabgleich auf Polyimid-Träger mit einem Rohwiderstand von zweimal ca. 9 Ω. Je Brückenzweig können maximal 4,73 Ω zugeschaltet werden, gestuft in 2,4 Ω – 1,2 Ω – 0,6 Ω – 0,3 Ω – 0,15 Ω – 0,08 Ω mit ±20 %.

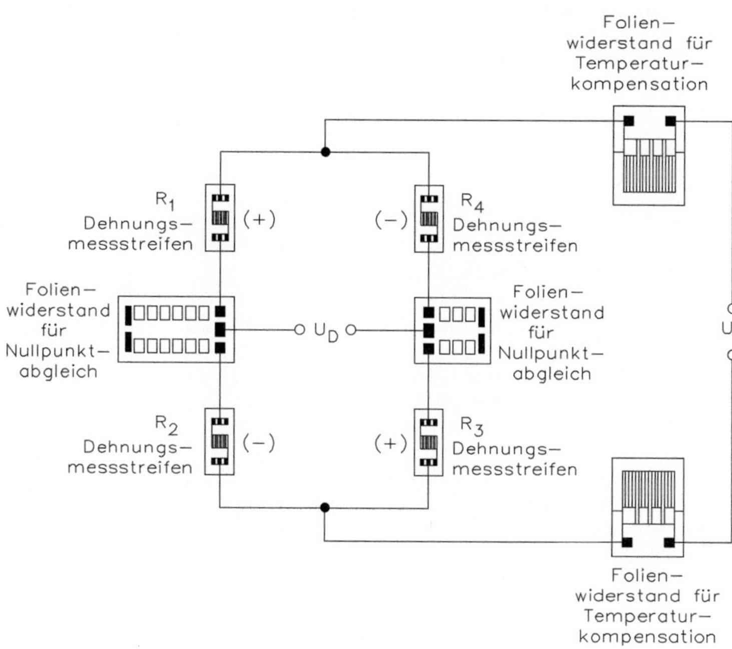

Abb. 6.84 Abgleich- und Kompensationselemente

Der Widerstand TN1 ist ein anpassbarer Folienwiderstand für die Temperaturkompensation des Nullpunktes. Nickelfolie auf Polymid-Träger mit einem Rohwiderstand von zweimal ca. 0,7 Ω. Je Brückenzweig können maximal 1,05 Ω zugeschaltet werden, gestuft in 0,6 Ω – 0,3 Ω – 0,15 Ω mit ±20 %. Der Temperaturkoeffizient des Widerstands: +20 bis 70 °C, $4{,}9 \cdot 10^{-3}$/K.

Der Widerstand TC1 ist ein anpassbarer Folienwiderstand für die Temperaturkompensation des Kennwertes. Nickelfolie auf Polymid-Träger mit einem Rohwiderstand von ca. 1 Ω. Maximal können 60 Ω zugeschaltet werden, gestuft in 32 Ω – 16 Ω – 4 Ω mit ±20 %. Der Temperaturkoeffizient des Widerstands: +20 bis 70 °C, $4{,}9 \cdot 10^{-3}$/K.

6.6 Drucksensoren

Während man früher die Drucksensoren mittels Dehnungsmessstreifen realisierte, arbeitet man heute weitgehend mit Siliziumdrucksensoren.

Der prinzipielle Aufbau eines Drucksensors ist in Abb. 6.85 dargestellt. Sein Kernstück ist eine Siliziummembrane, in der durch Ionenimplantation die Widerstandsbahnen erzeugt werden. Wird auf die Membrane ein Druck ausgeübt und biegt diese sich durch, führt dies zu einer Widerstandsänderung nach dem piezoresistiven Effekt. Forderungen, die an die Qualität des Sensors gestellt werden, bestimmen den Schaltungsentwurf, die Technologie und die Montage des Chips im Drucksensor.

Die Vorteile eines Drucksensors in Halbleitertechnologie gegenüber konventionellen Dehnungsmessstreifen sind

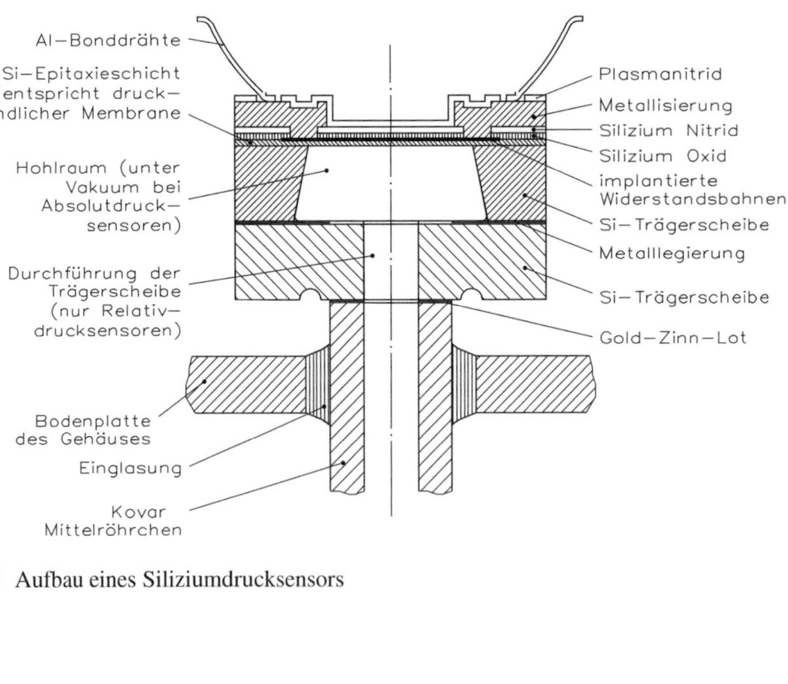

Abb. 6.85 Aufbau eines Siliziumdrucksensors

- höhere Empfindlichkeit,
- gute Linearität,
- sehr kleine Druck- und Temperaturhysteresen,
- gute Zuverlässigkeit durch Siliziumnitridpassivierung,
- kurze Ansprechzeit,
- hohe Lastwechselfestigkeit durch ermüdungsfreie monokristalline Siliziummembrane,
- kompakte Bauweise,
- kostengünstige Herstellung in Planartechnologie.

Nachteilig ist die Temperaturabhängigkeit, die man durch spezielle Schaltungsmaßnahmen kompensieren kann.

Die KPY-Drucksensoren werden in verschiedenen Druckstufen von 0,02 bar (2 kPa) bis zu 400 bar (40 MPa) für professionelle Anwendungen in der Mess-, Steuer-und Regelungstechnik verwendet. Durch die Technologie lässt sich die Streuung der Nullspannung, die Empfindlichkeit und deren Temperaturabhängigkeit sowie die Stabilität des Sensors entscheidend bestimmen. Weitere vom gewünschten Idealverhalten abweichende Effekte, wie Langzeitdrift, Druck- und Temperaturhysteresen, sowie eine gute Dichtigkeit werden hauptsächlich durch die Montageart beeinflusst.

6.6.1 Brückenschaltung mit Piezowiderständen

Um eine maximale Messgenauigkeit zu erzielen, sind die vier Piezowiderstände in einer Brückenschaltung zusammengefasst, wie Abb. 6.86 zeigt.

Die Position der Einzelwiderstände wird so gewählt, dass eine Durchbiegung der Membrane bei zwei sich gegenüberliegenden Widerständen zu einer positiven, bei den beiden anderen zu einer negativen Widerstandsänderung führt. Diese Widerstandsänderungen ergeben eine Ausgangsspannung U_a nach der Gleichung

$$U_a = U_e \cdot \frac{R_1(\rho) \cdot R_3(\rho) - R_2(\rho) \cdot R_4(\rho)}{[R_1(\rho) + R_2(\rho)] \cdot [R_3(\rho) + R_4(\rho)]}.$$

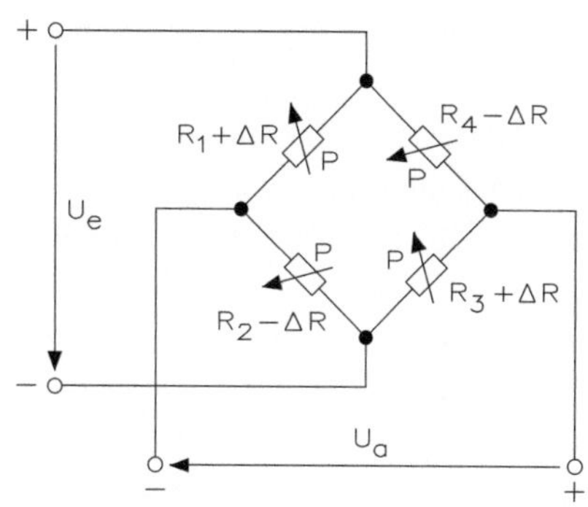

Abb. 6.86 Messbrückenschaltung mit den vier Piezowiderständen innerhalb des Halbleiter-Drucksensors

Hierbei sind U_e die Eingangsspannung, U_0 die Offsetspannung und $R_i(\rho)$ die druckabhängigen Widerstände.

$$R_i(\rho) = R_i + \Delta R_i(\rho)$$

Der Wert U_0 ist eine der Brückenspannung proportionale Nullpunktverschiebung, die aufgrund von Ungleichmäßigkeit der Einzelwiderstände entsteht. Mit Hilfe einer geeigneten Technologie und dem richtigen Schaltungsentwurf ist es möglich, sowohl alle Einzelwiderstände R_i als auch deren druckabhängige Änderung ΔR_i betragsgemäß gleichgroß zu gestalten. Die Gleichung lässt sich vereinfachen zu:

$$U_a = U_e \cdot \frac{\Delta R}{R} + U_0 \qquad \frac{\Delta R}{R} = \kappa \cdot \varepsilon(\rho).$$

Dabei ist ε die mechanische Dehnung und κ ein Proportionalitätsfaktor, der auch als „Gaugefaktor" bezeichnet wird. Da die Funktion $\varepsilon(\pi \cdot \varphi)$ für geringe Membrandehnung in erster Näherung linear verläuft, ist der Zusammenhang zwischen Ausgangsspannung und dem Druck ebenfalls linear:

$$U_a = U_e \cdot \kappa \cdot \varepsilon(\rho) + U_0.$$

Bei steigender Dehnung nimmt die Nichtlinearität jedoch zu, da sich dann die Widerstandsänderung einer gemeinsamen Streckung aller vier Widerstände überlagert, das bei zwei Widerständen eine weitere Vergrößerung und bei den anderen eine Verkleinerung der Widerstandsänderung bedeutet (Balloneffekt). Mit der Wahl geringfügig unterschiedlicher Innenwiderstände R_i bzw. durch einen geeigneten Entwurf lässt sich dieser Effekt teilweise wieder kompensieren. Die verbleibende Lineritätsabweichung ist z. B. bei dem Sensortyp KPY43, der eine mittlere Empfindlichkeit von 8,8 mV/(V · bar) hat, kleiner als 0,5 %.

6.6.2 Ankopplung eines Drucksensors

Wenn man sich die Gehäuseformen betrachtet, ergeben sich für die Ankopplung der Drucksensoren folgende Unterschiede:

- Vorderseitenankopplung,
- Rückseitenankopplung,
- mediengetrennte Drucksensoren.

Absolut- sowie Relativdrucksensorsysteme werden auf der Einprägung einer TO-8-Bodenplatte angebracht. Eine kaminförmige Kappe wird darüber montiert und mit der Bodenplatte verschweißt oder verlötet. Das Podest der Bodenplatte sowie die Rückseite des Chips werden bei Relativdrucksensoren mit einer Bohrung versehen, was die Zufuhr des

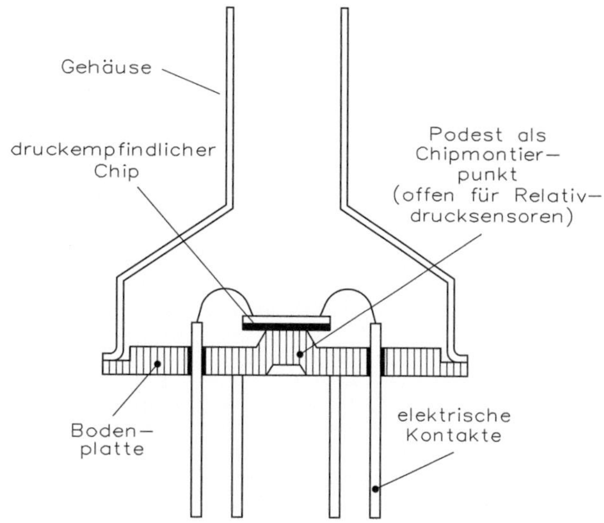

Abb. 6.87 Aufbau der Drucksensoren nach KPY10 und KPY30

Referenzdrucks zur Rückseite des Systems ermöglicht. Diese Bohrung erübrigt sich bei Absolutdrucksensoren. Der zu messende Druck wird mittels des kaminförmigen Gehäuses direkt auf die Oberfläche des druckempfindlichen Chips geführt. Da durch diese Konstruktionsweise der Chips die empfindlichen Bonddrähte direkt Kontakt zu den Druckmedien bekommen, ist diese Bauweise nur für trockene Gase und nicht aggressive Medien gedacht. Abb. 6.87 zeigt den Aufbau der Drucksensoren nach KPY10 und KPY30.

Beim Betrieb der Silizium-Drucksensoren ist unbedingt ein Lichteinfall durch die Druckeinlassöffnung zu vermeiden, da sonst Photoströme im Halbleiter eine Veränderung des Ausgangssignals bewirken können.

Bei den KPY40-Drucksensoren wird der druckempfindliche Chip direkt auf ein Röhrchen aus Kovar montiert und man kann nun eine Rückseitenankopplung durchführen. Abb. 6.88 zeigt den Aufbau der KPY40-Serie.

Der Sensor wird durch Aufschweißung einer Nickelkappe auf der Bodenplatte abgedichtet. Einer der elektrischen Anschlüsse (Pin 1) wird durch ein Kapillarröhrchen ersetzt. Dieses dient als Druckausgleich bei Relativdrucksensoren. Bei Absolutdrucksensoren wird es nach der Evakuierung des Gehäuses dicht verschweißt oder verlötet. Eine Dickschichtschaltung auf Keramik ermöglicht die internen Verbindungen zwischen Chip und Kontaktpins und dient gleichzeitig als Substrat für einen Temperatursensorchip des Typs KTY. Dieser Temperatursensor lässt sich auch als Kompensationselement verschalten.

Der Aufbau dieses Sensors führt die zu messenden Medien auf die Rückseite der Si-Membrane. Dadurch wird eine bessere Medienverträglichkeit erreicht, da der direkte Kontakt zwischen dem Medium, der Oberfläche des Chips sowie den Bonddrähten vermieden wird.

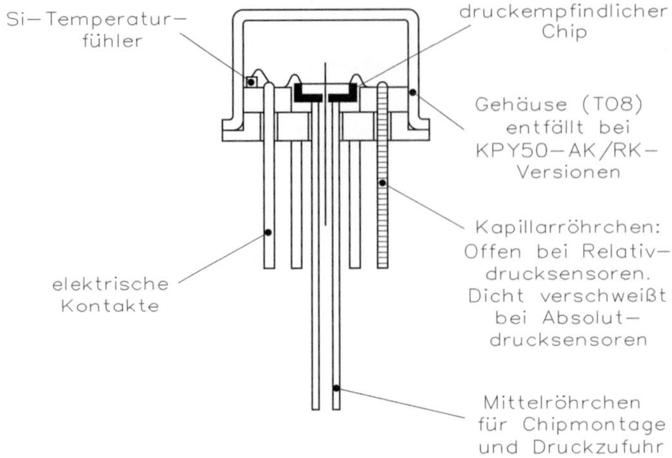

Abb. 6.88 Aufbau der KPY40-Serie

Für Anwender, die diese Sensoren weiter konfektionieren möchten, stehen die KPY50-AK- und die KPY50-RK-Typen, jeweils für Absolut- bzw. Relativdruckerfassung, zur Verfügung. Diese sogenannten „Kappenversionen" bestehen aus dem entsprechenden KPY40-Baustein ohne TO-8-Transistorkappe. Diese Sensoren werden in ein Kunststoffgehäuse verpackt, damit die Teile während der Prüfung und beim Versand geschützt sind. Diese Reihe wird durch den KPY58-AK für den Messbereich bis 160 bar sowie der KPY59-AK für den Messbereich bis 400 bar ergänzt.

6.6.3 Mediengetrennter Drucksensor

Die Bodenplatte sowie die innere Struktur der KPY50-Serie sind mit denen der KPY-40-Serie identisch. Der Unterschied ist, dass die Bodenplatte mit einem Edelstahlgehäuse verschweißt ist, wie Abb. 6.89 zeigt.

Auf der gegenüberliegenden Seite des Edelstahlgehäuses befindet sich die Metallmembrane. Der Hohlraum ist mit Siliziumöl gefüllt und das Kapillarröhrchen wird nach der Füllung dicht verschweißt. Das Silikonöl dient als Koppelmedium zwischen dem zu messenden Druck und dem druckempfindlichen Siliziumsensorelement. Bei der Absolutdruckversion wird der Chip auf einen Faconstift aufgelötet, wobei das Referenzvakuum im Chip integriert ist. Bei der Relativdruckversion wird der Chip auf einem Faconröhrchen befestigt. Die Rückseite des Chips ist geöffnet, um den Druckausgleich zur Umgebung herzustellen.

Diese Bauform ist für aggressive Medien und für Einsätze unter erschwerten Umgebungsbedingungen geeignet, z. B. in der Medizintechnik oder Lebensmittelchemie. Diese Sensoren werden mit eigenem Prüfprotokoll geliefert und sind für folgende Parameter er-

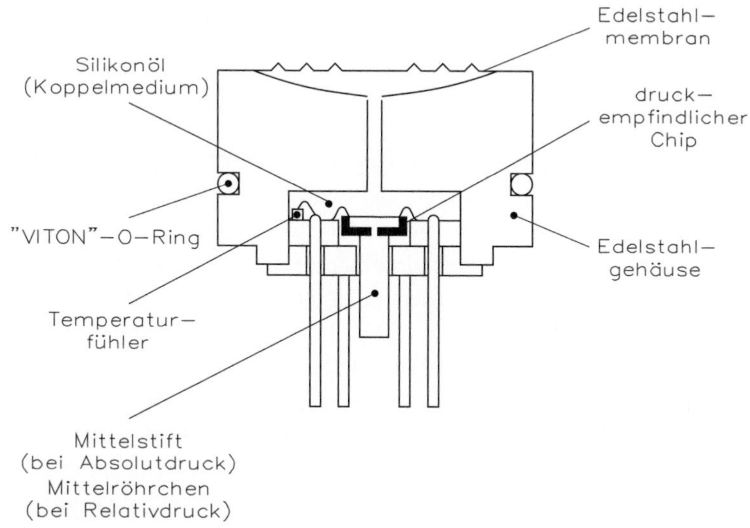

Abb. 6.89 Aufbau der Drucksensortechnik der KPY-50-Serie für mediengetrennte Version für den Absolutdruck

hältlich: U_0(20 °C) und U_0(80 °C), U_{fin}(20 °C) und U_{fin}(80 °C), R_B(20 °C) und R_B(80 °C) sowie die Widerstandswerte des eingebauten Temperatursensors bei 20 bzw. 80 °C und die daraus resultierenden Abgleichwiderstände R_v und R_p.

Für die Einbauhinweise gilt allgemein:

- Lötbedingungen: max. 245 °C mit Mindestabstand 1,5 mm vom Gehäuse. Weder das Mittelröhrchen noch das Kapillarröhrchen dürfen eingelötet werden.
- Da die elektrischen Anschlusspins sowie das Mittelröhrchen bzw. der Mittelstift in der Bodenplatte des Gehäuses eingeglast sind, sollte man sie keinen mechanischen Belastungen aussetzen, um Beschädigungen zu vermeiden.

Das Mittelröhrchen bzw. der Mittelstift sowie die elektrischen Kontakte lassen folgende maximale Belastungen zu:

- Axiale Zugkraft: 5 N,
- Axiales Biegemoment: 0,02 Nm,
- Radiales Drehmoment: 0,02 Nm.

Die in der geätzten Membrane der KPY40-Serie implantierten Piezowiderstände sind vom Chipsubstrat durch einen PN-Übergang isoliert. Aus Stabilitätsgründen ist das Substrat des Drucksensorchips mit dem Pluspol der Betriebsspannung verbunden. Da der Chip auf ein Mittelröhrchen gelötet ist, muss beim Einbau darauf geachtet werden, dass keine leitende Verbindung zum Gehäuse entsteht, z. B. bei Anwendung mit elektrisch leitenden Medien.

Eine Verkürzung des Druckanschlussröhrchens oder der Pins darf nur unter Vermeidung jeglicher mechanischer Belastung auf die Einglasung vorgenommen werden. Das Kapillarröhrchen lässt sich nur vom Relativdrucksensor kürzen. Quetschungen oder Verbiegungen führen zu Funktionsstörungen. Bei der Verarbeitung muss man eine Verstopfung der Kapillare durch Lötzinn oder Flussmittel bzw. Eindringen von Reinigungsmitteln in den Sensor vermeiden. Beim Absolutdrucksensor darf die verschweißte Kapillare auf keinen Fall mechanisch bearbeitet werden, denn dies führt zum Vakuumverlust bzw. zu Undichtigkeit.

Der Temperatursensor ist bei einem Betrieb über eine längere Leitung durch Parallelschaltung eines 10-nF-Kondensators vor Überspannungen zu schützen. Die Drucksensoren der KPY40-Serie entsprechen der Feuchteklasse F nach DIN 40 040.

Bei der Serie KPY50 sind die in die geätzte Membrane implantierten Piezowiderstände vom Chipsubstrat durch einen PN-Übergang isoliert. Aus Stabilitätsgründen ist das Substrat des Drucksensorchips mit dem Pluspol der Betriebsspannung verbunden. Da der Chip auf ein Mittelröhrchen (Relativdruck) bzw. auf einen Massivstift (Absolutdruck) gelötet ist, muss beim Einbau darauf geachtet werden, dass keine leitende Verbindung zum Gehäuse entsteht. Eine Verkürzung des Mittelröhrchens oder der Anschlusspins darf nur unter Vermeidung jeglicher mechanischer Belastung auf die Einglasung vorgenommen werden. Generell erfolgen diese Eingriffe auf eigenes Risiko. Das Füllröhrchen darf man auf keinen Fall bearbeiten, denn es kann zum Austritt des Füllmediums kommen, was einer Zerstörung des Sensors gleichkommt.

Um die mechanische Stabilität des Sensors zu gewährleisten, muss bei den Typen KPY56A bis KPY59A die Bodenplatte mit einer 3 mm dicken Stahlplatte unterstützt werden. Dabei ist zu berücksichtigen, dass keine leitende Verbindung zwischen Anschlusspin und Mittelröhrchen bzw. Mittelstift verursacht wird, und man muss die geforderten Isolationswerte des Komplettsensors erreichen.

Der Temperatursensor ist bei einem Betrieb über eine längere Leitung durch Parallelschaltung eines 10-nF-Kondensators vor Überspannung zu schützen. Die Drucksensoren der KPY50-Serie entsprechen der Feuchteklasse F nach DIN 40040.

6.6.4 Technologie der Drucksensoren

Die meisten Schritte, die man zur Herstellung von Halbleiter-Drucksensoren einsetzt, sind die aus jahrelanger Erfahrung bekannten Prozesse der Silizium-Planartechnologie. Hierzu zählen Oxidation, Fotolithographie, Ionenimplantation, Temperprozesse, verschiedene Reinigungsverfahren, Bedampfung von Metall- und Passivierungsschichten, Ätzprozesse sowie Mess- und Prüfverfahren. Zu diesem kommen speziell bei den Drucksensoren noch zwei Prozesse, nämlich die Membranherstellung und ein Scheibenverbindungsverfahren.

Außerdem müssen einige spezielle Anforderungen an die Passivierungsschichten und an die Montagetechnik gestellt werden. Bei der Festlegung des Planarprozesses für Drucksensoren wird größte Sorgfalt auf das Verhindern von Instabilitäten gelegt, die eine Drift des Ausgangs- und Offsetsignals zur Folge haben. Ursache für derartige Driften sind Leckströme zwischen dem PN-Gebiet, den Oberflächenkriechströmen und mechanischen Fehlanpassungen. Solche auftretenden Störgrößen werden durch die verwendete Technologie sowie eine geeignete Chip-Montagetechnik möglichst klein gehalten. Außerdem dürfen die Isolationswiderstände zwischen den Anschlusspins und dem Gehäuse einen Wert von $10^9\ \Omega$ nicht unterschreiten.

Zusätzlich werden die P-leitenden Widerstandsbahnen mit einem niederohmigen Kanalstopper umgeben, der die Bildung von Inversionsschichten an der Halbleiteroberfläche verhindert. Alternativ kann man auch die gesamte Oberfläche, inklusive der Widerstandsbahnen, schwach gegenimplantieren. Die Dotierung von $10^{12}\ \mathrm{mm}^{-3}$ wird in diesem Falle durch die Durchbruchspannung, die typisch bei 25 V liegt, nach oben begrenzt.

Wichtig für die Stabilität ist außerdem die Verwendung einer Nitridschicht als Diffusionsbarriere über dem Oxid. Da der thermische Ausdehnungskoeffizient von Silizium ($2 \cdot 10^{-6}$/K) zwischen dem des Oxids ($0{,}55 \cdot 10^{-6}$/K) und dem des Nitrids ($4 \cdot 10^{-6}$/K) liegt, lässt sich durch eine geeignete Kombination beider Schichten ein verspannungsfreier Zustand realisieren, der eine Verringerung des TK_{V0} (Offsettemperaturkoeffizienten) bewirkt.

Weitere Maßnahmen zur Stabilitätsverbesserung sind das Aufbringen einer Plasmanitridschicht über den Metallisierungsbahnen, wodurch sich Kriechströme zwischen benachbarten Bahnen unterdrücken lassen. Ferner kommt eine dünne leitfähige Abschirmschicht aus aufgedampftem Silizium darüber, wodurch sich die horizontalen Feldkomponenten vermeiden lassen. Dadurch wird eine Akkumulation von Ladungsträgern in dem Siliziumoxid unterdrückt und Induktionen durch externe Ladungen abgeschirmt. Abb. 6.90 zeigt den Querschnitt durch einen Halbleiterdrucksensor.

Viele Parameter des Drucksensors, wie z. B. Empfindlichkeit, Linearität, Bruchlast usw., werden wesentlich durch die Mechanik der druckempfindlichen Membrane bestimmt. Zur Charakterisierung dienen die Dichte und die Fläche der Membrane, die Form des Membranenrandes sowie die kristallografische Orientierung der Mem-

Abb. 6.90 Querschnitt durch einen Halbleiterdrucksensor

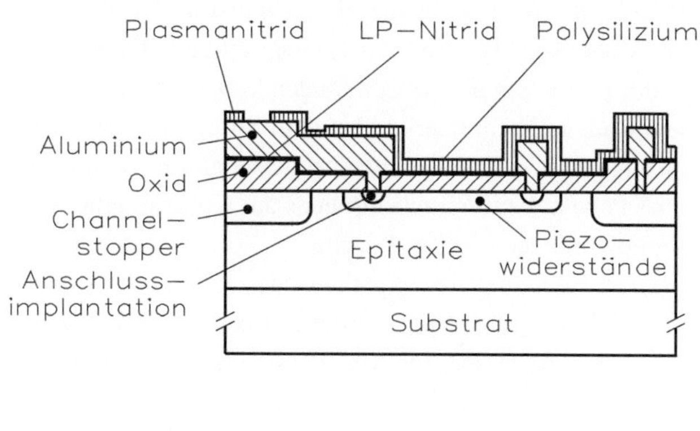

branenoberfläche. Die unvermeidlichen Schwankungen einiger dieser Größen in den Fertigungsprozessen liefern die Toleranzen der elektrischen Daten. So ist beispielsweise der Zusammenhang zwischen der Empfindlichkeit s und dem Radius r sowie der Dicke d eine kreisförmige Membrane im Bereich $r < r_{ideal}$:

$$s = \frac{k \cdot r^2}{d^2}$$

wobei r_{ideal} der ideale Radius und k eine schaltungsabhängige Konstante ist.

Die Dicke der Membrane wird durch Aufwachsen einer niedrig dotierten Epitaxieschicht auf ein hochdotiertes Substrat definiert. Durch eine verfeinerte Ätztechnik, die aus einer nasschemischen isotropen Grobätzung und einer elektrochemischen Feinätzung besteht, gelingt es, die mittlere Toleranz der Membrane auf die Epidickentoleranz zu reduzieren.

Bei Verwendung kreisförmiger Membranstrukturen werden die montagebedingten Verspannungen durch die Radialsymmetrie auf die vier Piezowiderstände gleichmäßig übertragen. Membranen, die in der kristallografischen Ebene sind, zeichnen sich durch hohe Durchbruchfestigkeit aus.

Um montagebedingte Verspannungen abzubauen, wird die Systemscheibe mit einer Siliziumträgerscheibe gleicher Dicke verbunden. Die Verbindungen erfolgen durch ein Au- oder Al-Legierungsverfahren. Dadurch wird eine gute Langzeitstabilität, eine Metalldichtigkeit sowie eine gute mechanische Belastung gewährleistet. Im Au- bzw. Al-Legierungsverfahren wird die Trägerscheibe dann mit aufgedampftem Au bzw. Al beschichtet. Die Rückseite des Systemchips bleibt frei. Die Legierung erfolgt unter Vakuum bei einer Temperatur, die oberhalb des eutektischen Punktes von Au bzw. Al und Silizium liegt. Nach einer Abkühlphase entsteht eine feste Verbindung aus Au/Si bzw. Al/Si-Eutektikum, deren Zerreißgrenze höher liegt, als die der Siliziummembrane. Durch eine Modifikation der Trägerscheibe (geschlossen oder mit Öffnung) entstehen Absolut- oder Relativdrucksensoren.

Weitere Schritte zur Reduzierung der störenden Verspannung bei der Chipmontage beziehen sich auf die Auswahl des Gehäusematerials sowie auf das Montageverfahren. Durch eine „weiche Montage" werden die Ausdehnungsunterschiede von Chip und Bodenplatte in einer Verbindungsschicht, z. B. Silikon-Kautschuk, aufgefangen. Diese Montageart wird in der Regel bei dem Einbau in Plastikgehäusen angewendet. Nachteile sind hierbei größere Hysteresen und eine geringere Dichtigkeit.

Für professionelle Anwendungen verwendet man hauptsächlich Metallgehäuse mit einem Bodenplattenmaterial, das dem Silizium in der thermischen Ausdehnung möglichst gut angepasst ist. Die Bondfläche zwischen Chip und Bodenplatte wird durch Verwendung eines Podest- bzw. Mittelröhrchens auf Kovar möglichst gering gehalten. Die Verbindung erfolgt durch eine Au/Sn-Lötung.

Die Umsetzung der physikalischen Größe des Drucks in ein elektrisches Signal geschieht durch präzise positionierte druckempfindliche Widerstände auf einer dünnen Siliziummembrane, die zur wheatstoneschen Messbrücke verschaltet sind. Die Positionen der Piezowiderstände auf der Membrane, die die optimale Linearität ergibt, wird durch die Finite-Elemente-Analyse-Rechnung bestimmt.

Bei den Drucksensoren kennt man folgende Bereiche:

- Niederdruckbereich von 2 bis 10 kPa,
- Mitteldruckbereich von 25 bis 1000 kPa,
- Hochdruckbereich von 6 bis 40 MPa.

Unterhalb von 20 kPa lassen sich mit kreisförmigen Membranen nur noch Ausgangssignale von höchstens 5 mV/V erreichen, wenn der Linearitätsfehler 0,2 % nicht übersteigen soll. Eine Möglichkeit, das Ausgangssignal bei vorgegebenem Linearitätsfehler zu erhöhen, ist durch den Übergang von einer Kreismembrane auf eine Ringmembrane mit einer Dicke von 15 bis 20 µm gegeben. Durch Verkleinerung der biegsamen Fläche wird das Durchbiegen des Ringes und damit die mechanische Nichtlinearität herabgesetzt. Die Piezowiderstände werden dann longitudinal an den inneren Kanten sowie an den äußeren Kanten des geätzten Ringes platziert. Hierdurch werden für den Niederdruckbereich Sensoren realisiert, die ein um den Faktor 2 bis 3 größeres Ausgangssignal aufweisen, als entsprechende Sensoren mit Kreismembranen. Bei einer Spannung von 5 V liefern die 5- und 10-kPa-Sensoren ein Ausgangssignal von 35 bis 40 mV.

Mitteldrucksensoren bestehen aus einem Chip mit kreisförmiger Membrane mit einer Dicke von 20 bis 40 µm. Die vier Piezowiderstände sind radial, zwei am Rand, zwei in der Mitte der Membrane angeordnet. Für diesen Druckbereich wurde die kristallografische 111-Ebene wegen höherer Bruchfestigkeit gewählt. Diese Mitteldrucksensoren weisen Spannungssignale von 25 bis 200 mV bei einer Betriebsspannung von 5 V auf.

Bei hohen Drücken sind die realen Biegespannungen nicht auf den Membranbereich beschränkt, sondern reichen weit in den verdickten Randbereich hinein. Bei einer 111-Ebene hätte dies eine Nichtlinearität von mehr als 1 % zur Folge. Für Hochdrucksensoren wurde daher die kristallografische 100-Ebene mit kreisförmig geätzten Membranen gewählt. Die Membranendicke beträgt hier 300 µm. Die Piezowiderstände sind paarweise tangential und radial am Rande der Membrane angeordnet, damit betragsmäßig gleiche Widerstandsänderungen auftreten. Diese Hochdrucksensoren weisen Spannungssignale von 200 mV bei einer Betriebsspannung von 5 V auf.

6.6.5 Elektrische Kenndaten

Die typische Kennlinie eines Drucksensors ist in Abb. 6.91 gezeigt. Während die Summe aller Störgrößen bei 1 % vom Endwert gehalten werden kann, muss die Nullpunktspannung U_0, die Empfindlichkeit sowie deren Temperaturkoeffizient bei Bedarf mit Hilfe einer externen Beschaltung abgeglichen werden.

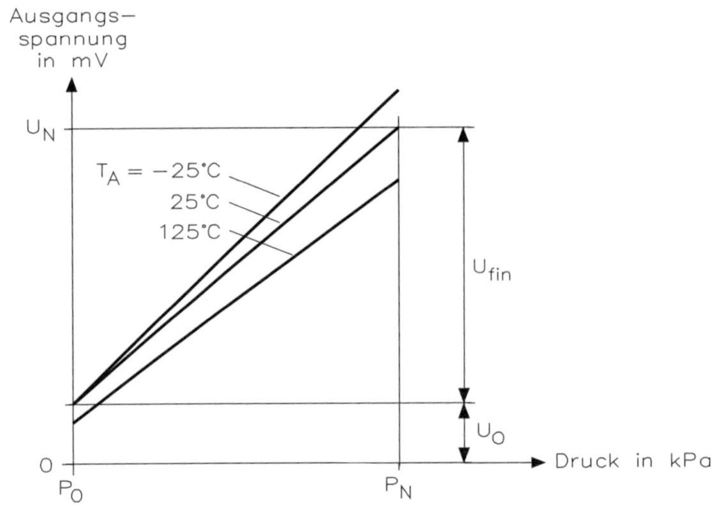

Abb. 6.91 Kennlinie eines Drucksensors

Für die Kennlinie gelten folgende Definitionen:

U_e = Betriebsspannung,
U_a = Ausgangsspannung,
U_0 = Nullpunktspannung,
U_{fin} = Spannensignal: $U_{fin}(T) = U_N(T) - U_0(T)$,
S = Normiertes Spannungssignal: $S(T) = U_{fin}(T)/U_e$,
S = Empfindlichkeit: $s(T) = S(T)/(\rho_N - \rho_0)$,
P_N = Nenndruck: Vakuum bei Absolutdrucksensoren,
P_0 = Atmosphärischer Druck bei Relativdrucksensoren.

Mit Elementardrucksensoren sind vier Parameter zu kompensieren:

- Nullpunktspannung,
- Empfindlichkeit,
- Temperaturkoeffizient der Nullpunktspannung,
- Temperaturkoeffizient der Empfindlichkeit.

Andere Störgrößen, wie Linearität, Langzeitstabilität, Druckhysterese und Temperaturhysterese, sind in der Regel derart klein, dass sich eine Kompensation erübrigt.

Wird das Ausgangssignal U_a eines Drucksensors in Abhängigkeit vom Lastdruck ρ gemessen, so erhält man den in Abb. 6.92 schematisch dargestellten, leicht gekrümmten Verlauf $U_a(\rho)$ für den Bereich zwischen dem Referenzdruck ρ_0 (hier $\rho_0 = 0\,\text{kPa}$) und dem

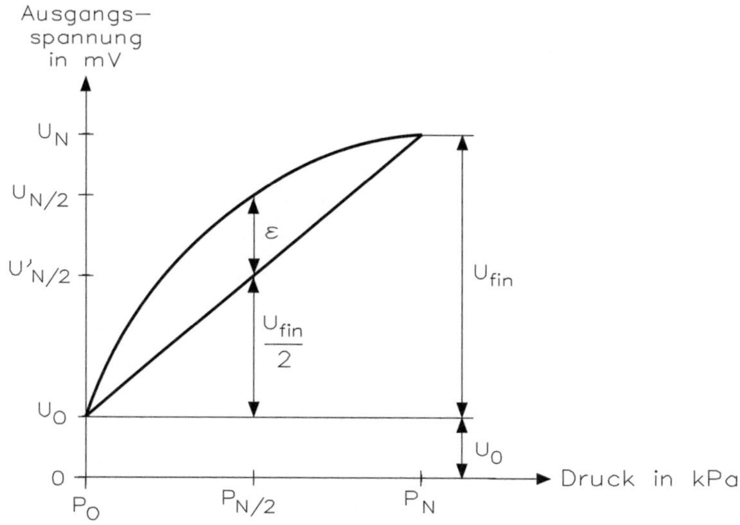

Abb. 6.92 Fixpunkteinstellung bei einem Drucksensor

Nenndruck P_N (realer Kurvenverlauf). Das Ausgangssignal bei Nenndruck ρ_N ist

$$U_0(\rho_N) = U_0 + U_{fin} = U_N.$$

Das Ausgangssignal bei Referenzdruck ρ_0 (Nullpunktspannung) ist

$$U_a(\rho_0) = U_0.$$

Das gemessene (reale) Ausgangssignal bei halbem Nenndruck entspricht $\rho = \rho_N/2$ ist $U^*_{N/2}$.

Es gibt folgende Messbedingungen: Eingangsspannung $U_e = 5\,V$ und Temperatur $T_A = 25\,°C$. Im Gegensatz dazu ist im Idealfall eines streng linearen Drucksensors der Kurvenverlauf eine Gerade, welche durch die Punkte U_0 und U_N bestimmt wird (idealer Kurvenverlauf). Das berechnete (ideale) Ausgangssignal bei halbem Nenndruck wird als $U^*_{N/2}$ bezeichnet und man bezeichnet diese Definition als Fixpunkteinstellung.

Die Abweichung ε zwischen idealem U_{N-} und realem U_N-Verlauf ist die Differenz zwischen dem realen Ausgangssignal $U^*_{N/2}$ und idealem Ausgangssignal $U_{N/2}$ bei halben Nenndruck:

$$\varepsilon = U_{N/2} - U^*_{N/2}$$

wobei

$$U^*_{N/2} = U_{fin}/2 + U_0$$

ist. Der Linearitätsfehler in der Fixpunkteinstellung wird somit wie folgt definiert:

$$L = \varepsilon / U_{fin} \cdot 100\,\%.$$

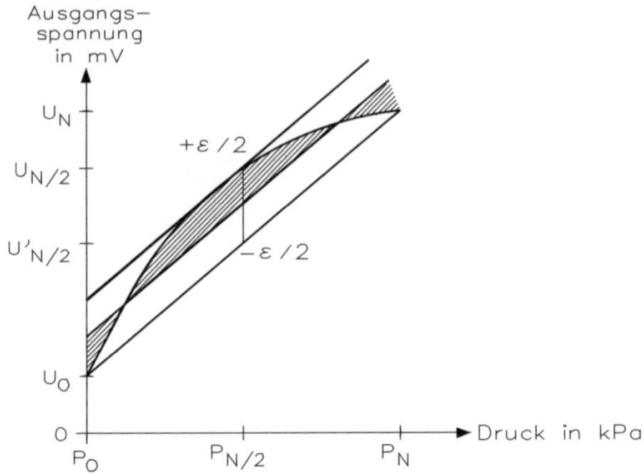

Abb. 6.93 Toleranzbandeinstellung bei Drucksensoren

Es ergibt sich aus der Gleichung durch Einsetzen von

$$L = \frac{U_{N/2} - U^*{}_{N/2}}{U_{fin}} \cdot 100\,\%.$$

Der Linearitätsfehler L in der Fixpunkteinstellung ist nur durch die drei folgenden Messgrößen bestimmt: U_0, $U_{N/2}$ und U_N.

Häufig wird für die Linearitätsfehlerbestimmung aber die in Abb. 6.93 dargestellte Toleranzbandeinstellung gewählt. Bei dieser Definition wird der ideale Geradenverlauf so gelegt, dass die Schnittfläche mit der idealen Messkurve oberhalb (Fläche 1) und unterhalb (Summe Fläche 2a + Fläche 2b) flächengleich ist.

Hierdurch ergibt sich der Fehler

$$F_L = 0{,}5 \cdot L = \frac{\varepsilon}{U_{fin}} \cdot 100\,\%.$$

6.6.6 Faktoren für die Stabilität in einer Messung

Unter Instabilitäten versteht man die zeitliche Änderung physikalischer Eigenschaften unter konstanten äußeren Betriebsbedingungen. Bei Drucksensoren z. B. sind die Eigenschaften der Empfindlichkeit, des Offsetsignals, der Linearität und die Temperaturabhängigkeit als wichtigste Parameter zu nennen. Bei mechanischen Drucksensoren aus elastischem Material können solche Änderungen durch Materialermüdungen auftreten.

Silizium ist ein ermüdungsfreies Material und aus diesem Grund wird dieser Effekt bei Siliziumdrucksensoren ausgeschlossen. Andere Mechanismen ermöglichen jedoch auch bei diesen Sensoren Instabilitäten. Zur Realisierung stabiler Drucksensoren muss man besonderes Augenmerk auf die technologischen Prozesse legen. Wesentlich für die Sensorstabilität ist die Offsetdrift, welche typisch bei $U_e = 10$ V und bei 125 °C im Überstress für Stichproben getestet wird. Die Stichproben betragen bei einer Prüfzeit von 10.000 h (typisch) weniger als 0,4 %. Bei normalen Betriebstemperaturen mit einer Brückenspannung von 5 V ist die Drift aber geringer.

Eine weitere Änderung der physikalischen Eigenschaften der Drucksensoren ist unter zyklischen Änderungen der Betriebsbedingungen möglich. Hier sind die Druckhysterese und die Temperaturhysterese zu nennen. Die Ursachen dieser Hysteresen sind die langsamen Änderungen der Verspannungen zwischen dem Siliziumgrundmaterial und den darauf angebrachten Schichten oder auch der Metallbodenplatte. Während die Temperaturhysterese im Allgemeinen größer ist als die Langzeitdrift, kann man die Druckhysterese praktisch vernachlässigen.

Die Ausgangslinie des Drucksensors wird in erster Linie durch den physikalischen Einfluss der Temperatur verändert. Die Temperatureinflüsse auf U_0, die Nullpunktspannung U_N und die Ausgangsspannung U_a sind unterschiedlich groß. Erschwerend kommt hinzu, dass diese Koeffizienten keine Konstanten sind, sondern selbst temperaturabhängig sein können. Diese Gründe führen zu nicht linearen Temperaturverläufen. Da aber die Abweichung von einem linearen Verlauf im Temperaturbereich von 25 bis 125 °C sehr gering ist, genügt eine Definition der temperaturabhängigen Konstanten, bezogen auf den normierten Temperaturkoeffizienten des Offsets wie folgt:

$$TC_{U0} = \frac{U_0(T_1) - U_0(T_0)}{T_1 - T_0} \cdot \frac{1}{U_{fin}(T_0)} \cdot 100\,\%K^{-1},$$

und für den normierten Temperaturkoeffizienten des Spannensignals

$$TC_{Vfin} = \frac{U_{fin}(T_1) - U_{fin}(T_0)}{T_1 - T_0} \cdot \frac{1}{U_{fin}(T_0)} \cdot 100\,\%K^{-1}.$$

Für die Bestimmung des Temperaturkoeffizienten TC genügt die Messung des Offsetsignals U_0, des Ausgangssignals U_{fin} bei Nenndruck ρ_N und zwei Temperaturen von $T_0 = 25$ °C bzw. $T_1 = 125$ °C. Es ergeben sich folgende typischen Werte:

$$TC_{V0} = +0{,}02\,\%K^{-1} \text{ und } TC_{Vfin} = 0{,}15\,\%K^{-1}.$$

Durch Einsetzung dieser TC-Werte ergibt sich für die Ausgangsspannung

$$U_a = U_0(T_0) + U_{fin}(T_0)\left\{TC_{V0}(T - T_0) + \frac{\rho}{\rho_N} \cdot (1 + TC_{Vfin}(T - T_0))\right\}.$$

Kehrt ein Sensor nach einer Temperatureinwirkung wieder in den ursprünglichen Temperaturzustand zurück, so kann sich sowohl die Offsetspannung als auch das Spannensignal um einen kleinen Betrag verändert haben. Diese Änderung bezeichnet man als Temperaturhysterese. Die Größe der Hysterese ist von zwei Einflüssen abhängig:

- Größe der Temperaturdifferenz zwischen dem Ausgangs- und dem Zwischenzustand,
- Länge der Verweilzeit in diesen Zuständen.

Die Definition der Temperaturhysterese der Offsetspannung ist

$$TH_{V0} = \frac{U_0(T_0^*) - U_0(T_0)}{U_{fin}(T_0)} \cdot 100\,\%,$$

und die Temperaturhysterese des Spannensignals errechnet sich aus

$$TH_{Vfin} = \frac{U_{fin}(T_0^*) - U_{fin}(T_0)}{U_{fin}(T_0)} \cdot 100\,\%.$$

Aus den Erfahrungen mit mechanischen Drucksensoren ist bekannt, dass auch die Messgröße „Druck" eine Hysterese der Offsetspannung U_0 und des Spannungssignals U_{fin} bewirkt. Zwischen der Anfangs- und der Endbelastung ρ_0 und $\rho_0{}^*$ wird der Sensor mit dem Nenndruck ρ_N belastet. Wegen der ausgezeichneten elastischen Eigenschaften der Siliziummembrane ist der Einfluss mit typisch kleiner 0,1 % sehr gering und damit zu vernachlässigen. Wird analog zur Temperaturhysterese definiert, so ergibt sich für die normierte Druckhysterese des Offsets

$$PH_{V0} = \frac{U_0(T_0, \rho_0^*) - U_0(T_0, \rho_0)}{U_{fin}(T_0)} \cdot 100\,\%.$$

Die maximal zulässige Luftfeuchtigkeit im Jahresmittel kann bis zu 75 % betragen. An 30 Tagen im Jahr, die in natürlicher Weise über das Jahr verteilt sind, ist auch eine Luftfeuchtigkeit von 95 % erlaubt. An den übrigen Tagen des Jahres, unter Einhaltung des Jahresmittels, darf gelegentlich die Luftfeuchte auf 85 % ansteigen, nach der Definition DIN 40040.

Die mechanischen Belastungen von der Tab. 6.6 sind maximale Grenzdaten. Diese Parameter wurden an den Typen KPY40 erprobt, mit 100 Zyklen im Temperaturbereich von −55 bis +150 °C.

Um permanente Beschädigungen des Sensors zu vermeiden, sollten die in der Tabelle angegebenen Werte bei mechanischer Dauerbelastung um 50 % reduziert werden.

6.6.7 Relativdrucksensor bis 50 mbar bzw. 5 kPa

Für die Schaltung einer Überwachungsanlage in Verbindung mit einem PC-System wurde der Relativdrucksensor KPY32R verwendet, der einen Druckbereich von 50 mbar bzw.

Tab. 6.6 Mechanische Belastung für die maximalen Grenzdaten

Beanspruchung	Richtung	Beschleunigung	Dauer
Horizontalbeschleunigung	X, Y	150 g	100 min
Horizontalbeschleunigung	Z	500 g	10 min
Periodische Schwingungen 1 bis 20 kHz	X, Y, Z	20 g	3 h
Halbsinusförmiger Schock (je 5 Stöße)	X, Y, Z	1500 g	je 0,5 ms

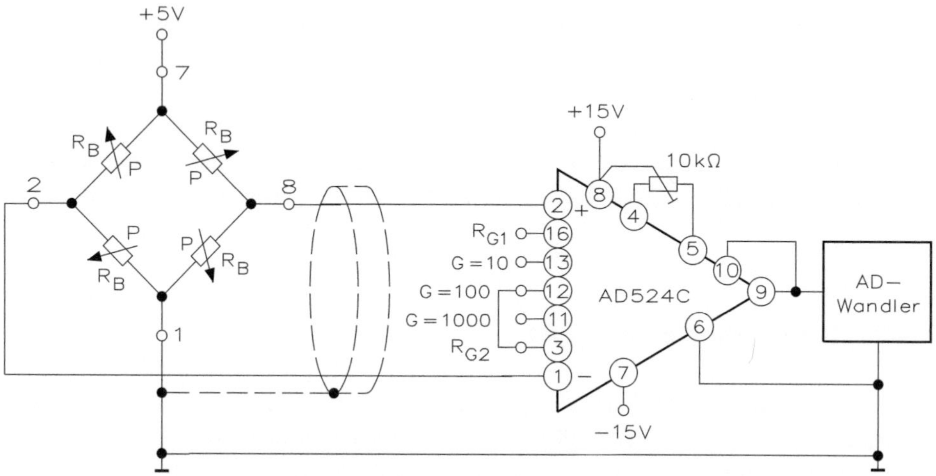

Abb. 6.94 Überwachungsanlage im Druckbereich von 50 mbar bzw. 5 kPa mit dem Relativdrucksensor KPY32R und dem Instrumentenverstärker AD524

5 kPa hat. Die Verstärkung übernimmt der Instrumentenbaustein AD524. Die Schaltung von Abb. 6.94 zeigt die Realisierung für die Überwachungsanlage.

Der Relativdrucksensor KPY32R wird mit einer Betriebsspannung von $U_b = +5$ V betrieben. Der Anschluss erfolgt zwischen Pin 7 ($+U_b$) und Pin 1 (Masse). An dem Pin 8 steht die positive und an dem Pin 2 die negative Ausgangsspannung zur Verfügung. Entsprechend der Polarität wird der Drucksensor an den Instrumentenverstärker angeschlossen.

Pin 1 ist der invertierende Eingang und Pin 2 der nicht invertierende Eingang des Instrumentenverstärkers AD524. Die Verstärkung des Bauteils wird über die fünf Anschlüsse festgelegt, wobei die beiden Eingänge R_G jeweils einen Summenpunkt darstellen. Mit den drei G-Eingängen legt man dagegen die Verstärkung fest, wobei man zwischen vier Verstärkungsfaktoren wählen kann:

v = 1, wenn kein Verstärkerpin angeschlossen ist,
v = 10, wenn Pin 13 mit Pin 3 direkt verbunden ist,
v = 100, wenn Pin 12 mit Pin 3 direkt verbunden ist,
v = 1000, wenn Pin 11 mit Pin 3 direkt verbunden ist.

In der Schaltung von Abb. 6.94 ist der Pin 12 mit dem Pin 3 direkt verbunden, d. h. man hat eine Verstärkung von v = 100. Da der Sensor eine typische Empfindlichkeit von 140 mV/(V · bar) hat, ergibt sich eine Ausgangsspannung von $U_a = 14$ V.

Der Instrumentenverstärker wird mit einer Betriebsspannung von ±15 V betrieben und dadurch lässt sich eine maximale Ausgangsspannung von $U_a = 14$ V erreichen. Um eine sichere Arbeitsweise zu erhalten, befinden sich die beiden Zuleitungen vom Sensor zum

Verstärker in einem abgeschirmten Kabel. Wenn man die Schaltung an einen AD-Wandler anschließt, sollte man entweder die Verstärkung reduzieren oder einen Ausgangsspannungsteiler verwenden.

In der Praxis reduziert man die Verstärkung entweder auf $v = 10$ oder man verändert über einen Zusatzwiderstand die interne Verstärkung. Schaltet man einen Widerstand von $R = 4\,k\Omega$ zwischen Pin 16 (RG_1) und Pin 3 (RG_2) ein, erhält man einen Verstärkungsfaktor von $v = 20$.

6.6.8 Begriffe und Erklärungen

- Druck: Als Druck bezeichnet man das Verhältnis einer senkrecht auf eine Fläche wirkenden Kraft zur Größe dieser Fläche $P = F/A$ (Einheit: Pa oder bar).
- Atmosphärendruck: Das Eigengewicht der Luftschicht erzeugt auf der Erde einen sogenannten Atmosphärendruck, der mit zunehmender Höhe über Meer kleiner wird. Es gelten als Beispiele die Meereshöhe mit ca. 1,01 bar (101,3 kPa), 400 m ü. M. mit ca. 0,96 bar (96,6 kPa) und 2000 m ü. M. mit ca. 0,79 bar (79,5 kPa).
- Ausgangsspanne: Die Ausgangsspanne ist die Differenz zwischen dem Ausgangssignal bei Nenndruck und dem Ausgangssignal bei völlig entlasteter Membrane.
- Absolutdruckmessung: Absolutdruckmessende Sensoren liefern ein Nullsignal, wenn am Druckanschluss ein Vakuum $< 1\,mbar_{abs}$ anliegt. Häufige Anwendungen sind Unterdruck- oder Luftdruckmessungen, bei Messungen an Saugpumpensystemen usw. Bei offenen Systemen wirken Atmosphärendruckschwankungen auf die Signalgröße mit ein.
- Druckadapter: Für Druckanschlüsse mit 1/4″ Innengewinde bietet ein Sortiment an verschiedenen Druckanschlussadaptern flexible Montagelösungen. Die zugehörigen Dichtungsringe lassen sich bis 1000 bar belasten.
- Schutzart: Die erreichbare Schutzart ist auf der jeweiligen Produktseite aufgeführt. Bei Sensoren in Steckerausführung ist die Schutzart immer mit montierter Kabeldose spezifiziert.
- Druckmittleröl: Die Silizium-Messmembrane der Polysilizium-Drucksensoren ist aus Langzeitstabilitäts- und Medienresistenzgründen nicht direkt mit dem zu messenden Medium in Kontakt zu kommen. Das hinter der Edelstahl-Trennmembrane befindliche Silikonöl überträgt den Druck nahezu verlustfrei auf das Silizium-Messelement.
- Nenn-/Berstdruck: Die Nenndruckbereiche sind in DIN-Abstufungen enthalten. Die Membrandimensionierung garantiert in diesem Bereich über 10^7 Druckwechsel (Dauerfestigkeit). Der Überlastbereich ist der Druckbereich, in denen die Genauigkeitsangaben überschritten werden können, wobei jedoch keine bleibenden Veränderungen der messtechnischen Eigenschaften des Sensors auftreten. Das elektrische Ausgangssignal der Transmitter wird nach ca. 110 % Nenndruck nicht mehr nachfolgen. Abb. 6.95 zeigt die verschiedenen Druckbereiche.

Abb. 6.95 Druckbereiche

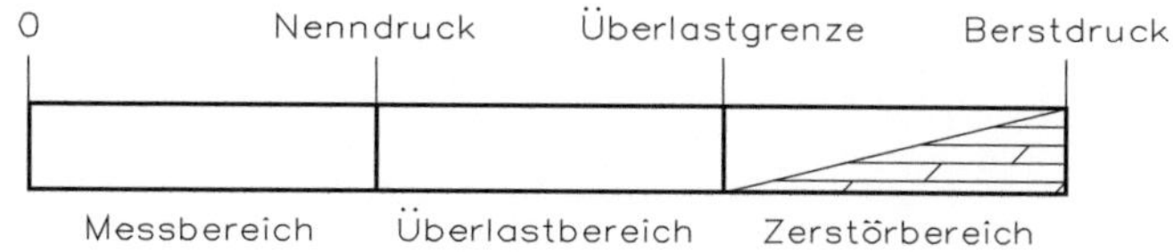

- Relativ- und Absolutdruck: Abb. 6.96 zeigt die Skala des Relativ- und Absolutdrucks.
- Relativdruck: Abb. 6.97 zeigt die Skala des Ausgangssignals für den Unter- und Überdruck.

  Der Referenzpunkt beim Relativ-Drucksensor ist vom herrschenden Umgebungsdruck abhängig (Atmosphärendruck), d. h. dass der Nullpunkt des Drucksensors dem Umgebungsdruck entspricht.
- Absolutdruck: Abb. 6.98 zeigt die Abhängigkeit des Ausgangssignals vom Überdruck.

Abb. 6.96 Skala für die Ausgangsspannung des Relativ- und Absolutdrucks

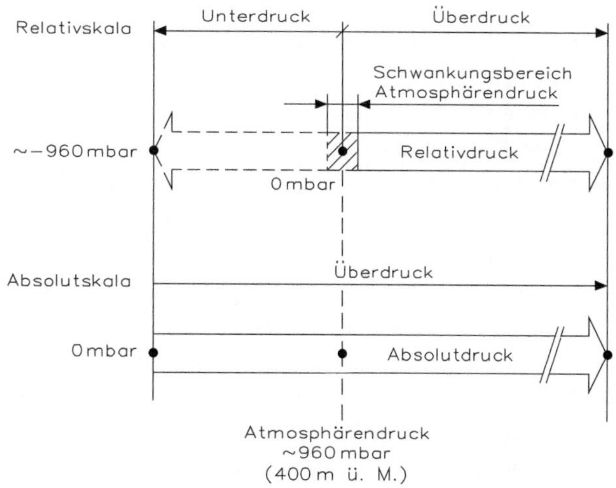

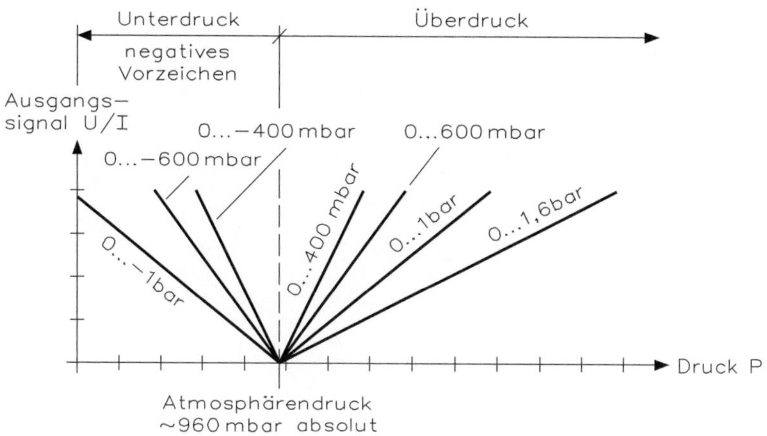

Abb. 6.97 Skala für die Ausgangsspannung des Unter- und Überdrucks

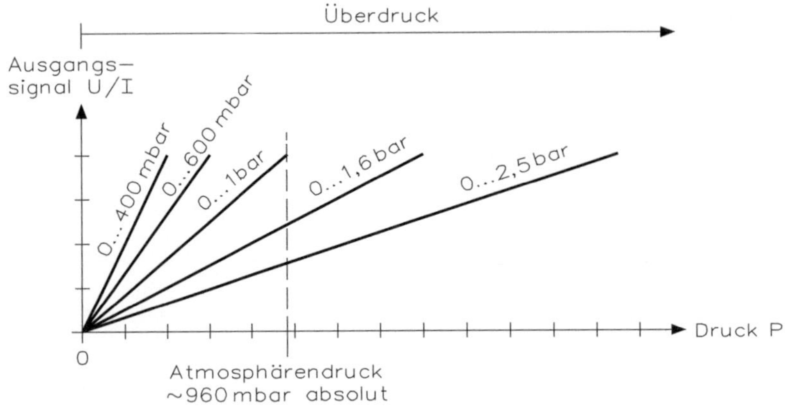

Abb. 6.98 Skala für die Ausgangsspannung des Überdrucks

Der Referenzpunkt liegt beim Absolut-Drucksensor bei vollständigem Vakuum, also bei $P_{abs} = 0$.
Relativ-Drucksensoren benötigen immer eine Möglichkeit des Druckausgleiches zum Atmosphärendruck.

- Kennlinienabweichung (Grenzpunkteinstellung): Die Kennlinienabweichung bezeichnet die maximale Abweichung der Istkurve von einer festgelegten Sollgeraden. Die Kennlinienabweichung wird durch Hysterese, Linearitätsfehler und Wiederholbarkeit verursacht und in % von FS (Full Scala) angegeben. Grenzpunkteinstellung bedeutet, dass die Anfangs- und Endpunkte der Istkurve auf der Sollgeraden liegen. Abb. 6.99 zeigt die Kennlinienabweichung (Grenzpunkteinstellung).
- Hysterese: Die Hysterese ist die bei gleichem Druck auftretende größte Differenz der Ausgangsgrößen zwischen Messungen in Richtung zunehmendem Druck und daran anschließenden Messungen in Richtung abnehmendem Druck. Sie wird in % von FS (Full Scala) angegeben. Abb. 6.100 zeigt die Abhängigkeit des Ausgangssignals der Hysterese.

Abb. 6.99 Ausgangssignal in Abhängigkeit der Kennlinienabweichung (Grenzpunkteinstellung)

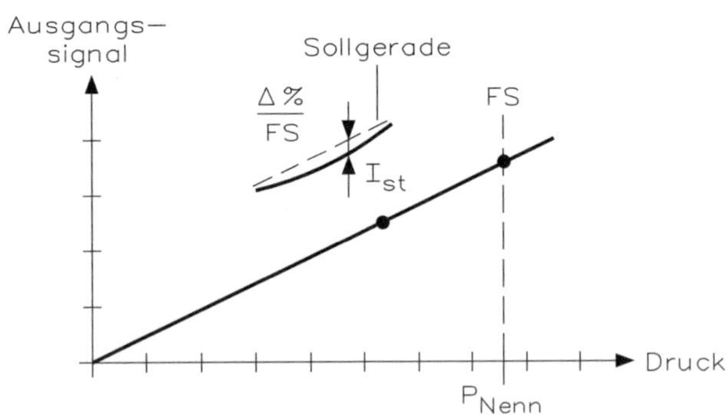

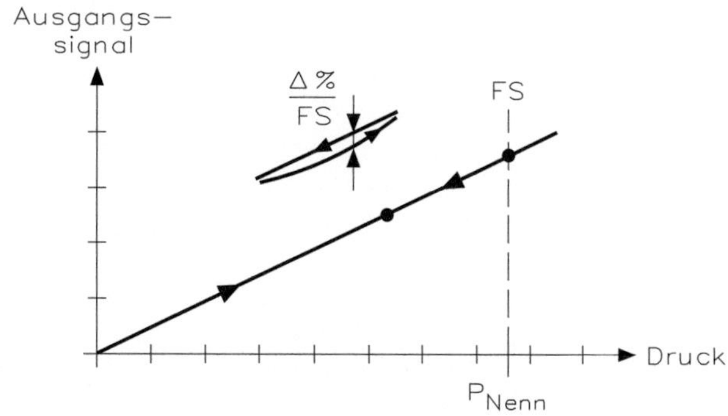

Abb. 6.100 Beeinflussung des Ausgangssignals von der Hysterese

- Nullsignal: Bei völlig entlasteter Membrane ist ein minimaler Offset des Nutzsignals messbar. Dieser Offset wird in % von FS angegeben und mit Nullsignal bezeichnet. In der Anwendung wird der Offset durch nachfolgende Verstärker kompensiert. Transmitter weisen standardmäßig ein von Außen zugängliches Potentiometer zur Nullsignaleinstellung auf. Abb. 6.101 zeigt das Ausgangssignal in Abhängigkeit des Nullsignals bei entlasteter Membrane.
- Größtes TK-Nullsignal: Der größte Temperaturkoeffizient (TK) des Nullsignals ist die größte Änderung des Nullsignals, die bei Änderung der Temperatur um 1 Kelvin entsteht. Die Angabe erfolgt in % von FS pro 1 K und Abb. 6.102 zeigt die Abhängigkeit des größten Temperaturkoeffizienten vom Nullsignal.
- Größte TK-Ausgangsspanne: Der größte Temperaturkoeffizient (TK) der Ausgangsspanne ist die größte Änderung der Ausgangsspanne, die bei Änderung der Temperatur um 1 K entsteht. Die Angabe erfolgt in % von FS pro 1 K. Abb. 6.103 zeigt die Abhängigkeit des Ausgangssignals vom größten Temperaturkoeffizienten der Ausgangsspanne.

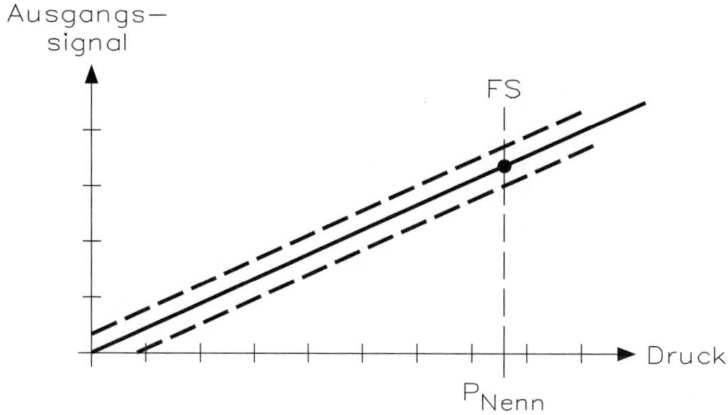

Abb. 6.101 Nullsignal bei entlasteter Membrane

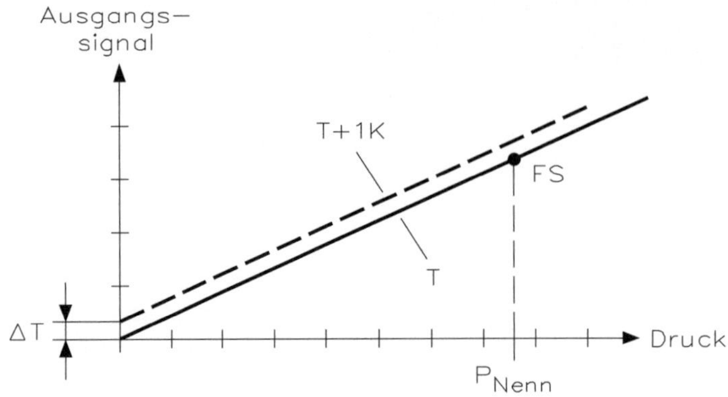

Abb. 6.102 Diagramm für den größten Temperaturkoeffizienten des Nullsignals

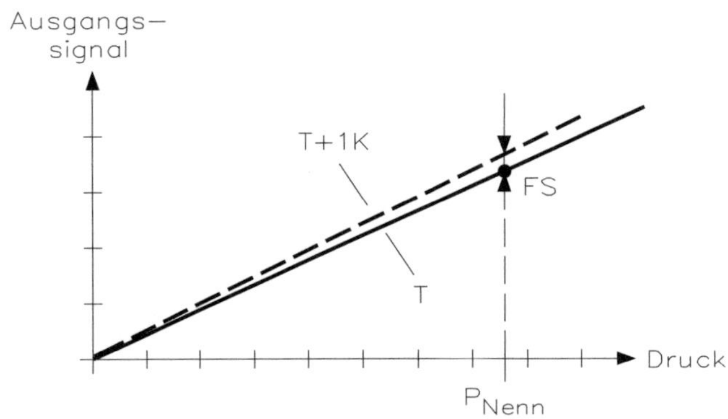

Abb. 6.103 Diagramm für den größten Temperaturkoeffizienten der Ausgangsspanne

Begriffserläuterungen

Abschließbarkeit (EN 60204-1) Bedingung für die Funktion eines Schaltgerätes als Hauptschalter. Das Schaltgerät muss in der AUS-Stellung, z. B. durch Einhängen von mindestens einem Bügelschloss, abschließbar sein.

Anhaltezeit (Zeit bis zum Aufheben der Gefährdung) (EN 1088) Die Zeit zwischen dem Zeitpunkt, zu dem die Verriegelungseinrichtung den Anhaltebefehl auslöst, und dem Zeitpunkt, zu dem das Risiko durch gefährdende Maschinenfunktion vorbei ist.

Anlauf (Maschinenanlauf) (EN 1037) Der Übergang vom Ruhezustand zur Bewegung einer Maschine oder eines ihrer Teile.

Anmerkung: Die Definition schließt andere als Bewegungsfunktionen mit ein wie z. B. Einschalten eines Laserstrahls.

Anlauf, unerwarteter (unbeabsichtigter) (EN 292-1) Jeder Anlauf, der durch sein unerwartetes Auftreten ein Risiko für Personen hervorrufen kann.

Anlauf, unerwarteter (unbeabsichtigter) (EN 1037)

Jeder Anlauf, der verursacht wird durch:

- einen durch einen Fehler verursachten Startbefehl in der – oder einen äußeren Einfluss auf die –Steuerung;
- einen Startbefehl, der durch eine menschliche Fehlbedienung an einem Startstellteil oder anderer Teile der Maschine erzeugt wird, wie z. B. an einem Sensor oder an einem Leistungssteuerelement;
- Wiederkehr der Energiezufuhr nach einer Unterbrechung;
- äußere/innere Einflüsse (Schwerkraft, Wind, Selbstzünden in Verbrennungsmotoren …) bei Teilen der Maschine.

Ausfall (EN 954-1) Die Beendigung der Fähigkeit eines Gegenstands, eine geforderte Funktion durchzuführen.

H. Bernstein, *Sicherheits- und Antriebstechnik*, DOI 10.1007/978-3-658-12934-7

Anmerkung 1: Nach Ausfall hat der Gegenstand einen Fehler.

Anmerkung 2: „Ausfall“ ist ein Ereignis, im Gegensatz zu „Fehler“, der einen Zustand darstellt.

Anmerkung 3: Der hier definierte Begriff gilt nicht für Gegenstände, die nur aus Software bestehen.

Back-up-Schutz (EN 60947-1) Zuordnung zweier Überstrom-Schutzeinrichtungen in Reihe, wobei die auf der Einspeisungsseite befindliche Schutzeinrichtung im Kurzschlussfall die nachgeordnete Schutzeinrichtung vor übermäßiger Beanspruchung oder Zerstörung schützt.

In selektiv geschützten Anlagenteilen muss bei der Projektierung berücksichtigt werden, dass die vorgeschaltete Überstrom-Schutzeinrichtung innerhalb kürzester Zeit einen Kurzschluss abschaltet, wenn das Schaltvermögen des näher zur Fehlerstelle liegenden Schaltgerätes überschritten wird. Die Abstimmung erfolgt durch Vergleich der Auslösekennlinien der beteiligten Schaltgeräte bei dem zu erwartenden Kurzschlussstrom.

Bausteinsystem Modulares Konzept von Schaltgeräten, das es ermöglicht, benötigte Funktionen je nach Anwendungsfall zu komplettieren oder bei Bedarf nachzurüsten, z. B. Hilfsstromschalter, Spannungsauslöser, Handhaben, Gehäuse.

Bedienteil (Stellteil) (EN 60204-1) Der Teil des Betätigungssystems, auf den von außen eine Betätigungskraft aufgebracht wird.

Anmerkung 1: Das Bedienteil darf z. B. ein Handgriff, ein Knopf, eine Taste, eine Rolle, ein Stößel sein (IEV 441-15-22).

Anmerkung 2: Es gibt einige Betätigungsmittel, die keine äußere Betätigungskraft benötigen, sondern nur eine Handlung.

Anmerkung 3: siehe auch Maschinenantrieb, EN 60204-1

Befehlsgerät Handbetätigte Steuergeräte zur Steuerung, Signalgabe, Verriegelung usw. von Schaltgeräten und Schaltanlagen, z. B. Drucktaster, Drehschalter.

Bemessungskurzschlussstrom, bedingter (EN 60947-1/IEV 441-1 7-20) Kurzschlussstrom, den ein durch eine Kurzschlussschutzeinrichtung (z. B. Motorschutzschalter) geschütztes Schaltgerät (z. B. Leistungsschütz) während der Ausschaltzeit der Schutzeinrichtung führen kann.

Benutzerinformation (EN 292-1) Sicherheitsmaßnahmen, die aus Kommunikationselementen wie Texten, Wörtern, Zeichen, Signalen, Symbolen oder Diagrammen bestehen, die einzeln oder zusammen verwendet werden, um Informationen an den Betreiber weiterzugeben. Sie richten sich an gewerbliche und/oder nicht gewerbliche Verwender.

Berühren, direktes (EN 60204-1)

Berühren aktiver Teile durch Personen oder Nutztiere (Haustiere) (IEV 826-03-05).

Berühren, indirektes (EN 60204-1) Berühren von Körpern elektrischer Betriebsmittel, die infolge eines Fehlers unter Spannung stehen, durch Personen oder Nutztiere (Haustiere)
(IEV 826-03-06).

Betätiger, Betätigungselement Mechanisches Element eines Sicherheits-Positionsschalters oder einer Sicherheitsverriegelung, das den Schaltvorgang auslöst. Aufgrund ihrer Konstruktion sind Positionsschalter und Betätiger so aufeinander abgestimmt (codiert), dass eine Manipulation mit einfachen Hilfsmitteln (Schraubendreher, Drahtstücke) ausgeschlossen ist.

CE-Kennzeichnung (Communautè Europèene, Europäische Gemeinschaft) Zeichen für die Konformität des gekennzeichneten Erzeugnisses nach den entsprechenden europäischen Richtlinien und somit Zulassung für ganz Europa. Maßgeblich sind die Maschinenrichtlinie (kennzeichnungspflichtig seit 1995), EMV-Richtlinie (ab 1996) und die Niederspannungs-Richtlinie (ab 1997). Die CE-Kennzeichnung ist nicht als Qualitätsmerkmal anzusehen, sondern als „Reisepass“ für den freien Warenverkehr im europäischen Binnenmarkt.

Eigenfestigkeit Eigenschaft eines Schaltgerätes, das bei bestimmten Spannungen einen im Kurzschlussfall zu erwartenden Strom, den prospektiven Kurzschlussstrom, in beliebiger Höhe abschaltet (größer 100 kA), ohne dass es in seiner Funktion (Strom führen, Auslösen im Überlastfall) beeinträchtigt wird. Eigenfestigkeit wird in der Regel durch dämpfende Bauteile im Schaltgerät erreicht, die einen Kurzschlussstrom soweit verringern, dass er vom Kontaktapparat ausgeschaltet werden kann. Bei Leistungs- oder Motorschutzschaltern mit kleinen Bemessungsbetriebsströmen wird dies durch den Widerstand im Bimetallauslöser und in der Wicklung des Kurzschlussauslösers hervorgerufen. Größere Schaltgeräte erreichen diesen Effekt durch schnelles, weites Öffnen der Kontakte, was zu einem raschen Aufbau des Lichtbogenwiderstands führt, der ebenfalls strombegrenzend wirkt. Aufgrund der zunehmenden Massenträgheit der Kontaktapparate großer Leistungsschalter ist die Eigenfestigkeit vor allem Schaltgeräten mit kleinen Bemessungsströmen vorbehalten.

Einrichtung/Gerät (EN 60204-1) Teil eines elektrischen Systems, das vorgesehen ist elektrische Energie zu übertragen aber nicht zu verbrauchen.

Elektrofachkraft (EN 60204-1) Eine Person, die aufgrund ihrer fachlichen Ausbildung, Kenntnisse und Erfahrungen sowie Kenntnis der einschlägigen Normen die ihr übertragenen Arbeiten beurteilen und mögliche Gefahren erkennen kann.

Energietrennung und -ableitung (EN 1037) Ablauf, der aus allen vier folgenden Schritten besteht:

a) Trennen (Ausschalten, Abtrennen) der Maschine (oder definierter Teile davon) von allen Energiequellen.
b) Abschließen (oder anderweitig Sichern) aller Trenneinrichtungen falls notwendig (z. B. bei großen Maschinen oder Anlagen) in der „getrennten Stellung".
c) Ableiten oder Zurückhalten jeder gespeicherten Energie, die Ursache für eine Gefahr sein kann. Anmerkung: Energie wie c) kann z. B. gespeichert sein in:
   - mechanischen Teilen, die sich aufgrund von Massenträgheit weiterbewegen
   - mechanischen Teilen, die sich unter Schwerkrafteinwirkung bewegen können
   - Kondensatoren, Akkumulatoren
   - unter Druck stehenden Medien
   - Federn.
d) Durch eine sichere Arbeitsweise gewährleisten, dass die obigen Maßnahmen entsprechend a), b) und c) den gewünschten Effekt bewirkt haben.

Fehler (EN 954-1) Der Zustand eines Gegenstands, der durch die Unfähigkeit gekennzeichnet ist, eine geforderte Funktion auszuführen, ausgenommen die Unfähigkeit bei der Durchführung präventiver Instandhaltung oder anderer geplanter Handlungen oder aufgrund fehlender externer Betriebsmittel. Anmerkung: Ein Fehler ist häufig das Ergebnis eines Ausfalls des Gegenstands selbst, kann aber auch ohne vorherigen Ausfall vorhanden sein.

Fehlschließsicherung Die Fehlschließsicherung einer Verriegelungseinrichtung mit Zuhaltung verhindert mechanisch, dass das Sperrmittel bei geöffneter Schutzeinrichtung in Sperrstellung geht.

Fingersicher Ein Schaltgerät, dessen spannungsführende Teile bei Betätigung der Bedienungselemente nicht berührt werden können, wird als fingersicher bezeichnet. Dies gilt auch bei der Bedienung benachbarter Schaltgeräte. Der fingersichere Bereich eines druckbetätigten Betriebsmittels ist eine Kreisfläche mit einem Mindestradius von 30 mm um das Betätigungselement senkrecht zur Betätigungsrichtung. Innerhalb dieser Kreisfläche dürfen berührungsgefährliche Teile erst in einer Tiefe von 80 mm unterhalb der Betätigungsebene angeordnet sein.

Freischalten (DIN VDE 0100 Teil 200) Allseitiges Abschalten oder Abtrennen einer Anlage, eines Teiles einer Anlage oder eines Betriebsmittels von allen nicht geerdeten Leitern.

Frühschließer Schließerkontakt, meist mit Hilfsschalterfunktion, der gegenüber den Hauptkontakten des Grundgerätes voreilend schließt.

Funktionskleinspannung mit sicherer Trennung (PELV) (IEC 364-4-41) Kleinspannung bis 50 V AC und 120 V DC, die sicher von anderen Stromkreisen getrennt ist, wobei aktive Teile und Körper geerdet sind.

- Schutzkleinspannung,
- sichere Trennung

Fuß- und Grobhandtaster Robuster Hilfsstromschalter mit einem sehr großflächigen Bedienteil, das mit der Hand oder dem Fuß betätigt werden kann.

Gefährdende Maschinenfunktion (EN 292-1) Jede Funktion einer Maschine, die während des Betriebs eine Gefährdung hervorruft.

Gefährdung (EN 292-1, EN 1050) Eine Quelle einer möglichen Verletzung oder Gesundheitsschädigung.

Gefährdungssituation (EN 292-1) Jede Situation, in der ein Mensch einer oder mehreren Gefährdungen ausgesetzt ist.

Gefahrbereich (EN 292-1) Jeder Bereich in oder um eine Maschine herum, in dem eine Person dem Risiko einer Verletzung oder Gesundheitsschädigung ausgesetzt ist.

Bemerkung: Die Gefährdung, die das Risiko im Sinne dieser Definition hervorruft:

- ist entweder permanent gegenwärtig während der bestimmungsgemäßen Verwendung der Maschine Bewegung von gefährdenden beweglichen Teilen, Lichtbogen während einer Schweißphase usw.
- oder kann unerwartet auftreten (unbeabsichtigter, unerwarteter Anlauf usw.).

Gleichzeitig (EN 60204-1) Handeln in Verbindung; angewendet zur Beschreibung einer Situation, in der zwei oder mehrere Befehlsgeräte zur gleichen Zeit in betätigtem Zustand sind (aber nicht notwendigerweise synchron).

Gleichzeitige Betätigung (EN 574) Die ununterbrochene Betätigung beider Stellteile während des gleichen Zeitabschnitts, unabhängig von dem zeitlichen Versatz zwischen dem Beginn des einen Eingangssignals und dem Beginn des anderen.

Grenztaster → Positionsschalter

Handrückensicher Ein Schaltgerät, dessen spannungsführende Teile durch eine Kugel mit einem Durchmesser von 50 mm nicht berührt werden können, gilt als handrückensicher.

Hauptschalter Von Hand bedienbarer Schalter, der für Maschinen mit elektrischer Ausstattung zwingend vorgeschrieben ist. Seine Aufgabe ist es, durch Freischalten während Reinigungs-, Reparatur- und Wartungsarbeiten sowie bei längeren Stillstandszeiten eine Gefährdung durch elektrische Betriebsmittel auszuschließen. Ein Hauptschalter muss folgenden Anforderungen entsprechen:

1. Von außen zugängliches Bedienteil.
2. Nur je eine AUS- und EIN-Stellung mit zugeordneten Anschlägen.
3. Kennzeichnung der beiden Schaltstellungen durch „0“ und „1“.
4. Abschließbare AUS-Stellung.
5. Abdeckung der Anschlussklemmen gegen zufälliges Berühren.
6. Mindestschaltvermögen von Lastschaltern AC-23, von Motorschaltern AC-23.

Hauptstromkreis (EN 60204-1) Ein Stromkreis, der die Betriebsmittel, die dem Produktionsablauf dienen, und die Steuertransformatoren mit Energie aus dem Netz versorgt.

Hilfskontakt (EN 60947-1/IEV 441-15-10) Kontakt, der in einem Hilfsstromkreis eines mechanischen Schaltgerätes liegt und von diesem betätigt wird.

Hilfsschalter (EN 60947-1/IEV 441-15-11) Ein Schalter, der einen oder mehrere Steuer- oder Hilfskontakte besitzt und mechanisch von einem Schaltgerät betätigt wird. Hilfsschalter können im Bausteinsystem bei Leistungsschützen, Leistungs- und Motorschutzschaltern nachgerüstet werden oder sind fester Bestandteil eines Schaltgerätes, z. B. Hilfsschütz. Ihre Bezeichnung erfolgt aufgrund ihrer

1. Kontaktgabe als Öffner, Schließer, Wechsler oder Wischer.
2. Schaltfunktion als Normal-, voreilender, nacheilender, Antriebs- oder Auslösemelder.

Hilfsschütz (EN 60947-1/IEV 441-14-35) Alle leitfähigen Teile eines Schaltgerätes oder einer Anlage, die zu anderen Stromkreisen als dem Hauptstromkreis und den Steuerstrom kreisen des Gerätes gehören.

Industriebmaschine (EN 60204-1) Eine kraftgetriebene Maschine, die verwendet wird, um Werkstoff zu formen oder zu prägen durch Schneiden, Stoß, Druck, elektrische, thermische oder optische Verfahren, Schichtung oder eine Kombination aus diesen

Verfahren oder zugehörige Maschinen oder Ausrüstung, die in Verbindung mit diesen Maschinen verwendet werden zur Weiterleitung von Rohmaterial, zur laufenden Arbeit oder zur Werkzeugausrüstung (einschließlich Bearbeitungsvorrichtungen), zum Anbringen/Auseinandernehmen, Spritzen oder Überziehen, Untersuchen oder Prüfen oder Packen. Die zugehörige elektrische Ausrüstung einschließlich der Regeleinrichtung(en) und zugehöriger Programme oder Logik zusammen mit den Bedienelementen und Messfühlern werden als Teil der Maschine betrachtet.

Konstruktion einer Maschine (EN 292-1) Eine Reihe von Handlungen, einschließlich:

a) der Untersuchung der Maschine selbst, wobei alle Phasen ihres „Lebens" berücksichtigt werden:
   1. Bau
   2. Transport und Inbetriebnahmen
      - Aufbau und Installation
      - Einstellung
   3. Einsatz/Gebrauch:
      - Einstellen, Teachen/Programmierung oder Verfahrensänderung/Umrüsten
      - Betrieb
      - Reinigung
      - Fehlersuche
      - Instandhaltung
   4. Außerbetriebnahme, Abbau, Demontage und, sofern die Sicherheit betroffen ist, Entsorgung

b) des Entwurfs von Anleitungen bezüglich aller oben erwähnten „Lebens"-Phasen der Maschine (mit Ausnahme des Baus), der in EN 292-2 behandelt wird.

Kurzschluss (EN 60947-1/IEV 151-03-41) Leitende Verbindung von zwei oder mehr Punkten in einem Stromkreis, die normalerweise unterschiedliche Spannung haben, mit einem niedrigen Widerstand bzw. Impedanz. Der Kurzschluss ist ein Betriebszustand, der einen die maximale Strombelastbarkeit überschreitenden Strom verursacht, der von einem Defekt oder einer Fehlschaltung hervorgerufen wird.

Kurzschlussstrom (EN 60204-1) Überstrom, der bei einem Kurzschluss infolge eines Fehlers oder einer falschen Verbindung in einem elektrischen Stromkreis fließt (IEV 441-11-07).

Lastabwurf

1. Schaltungstechnische Maßnahme zur Vermeidung von drohenden Überlastungen oder Verringerung von Leistungs- bzw. Stromspitzen durch Ausschalten sekundärer Lasten. Der Lastabwurf wird z. B. durch die Auslöseelektronik eines Leistungsschalters vorgenommen, um eine bevorstehende Überstromauslösung zu vermeiden. Hierzu schaltet der Lastabwurfkontakt die Betätigungsspannung eines Leistungsschützes ab, das den Verbraucher vom Stromkreis trennt.
2. Voreilendes Ab- bzw. nacheilendes Zuschalten von Lasten zur Verminderung der Kontaktbelastung von Trennschaltern. Da Trennschalter nicht in jedem Fall über das volle Lastschaltvermögen verfügen, wird die eigentliche Lastschaltung von der zugeordneten Schützsteuerung übernommen.

Leistungsschütz Schütz, das zum Schalten von Verbrauchern in Hauptstromkreisen geeignet ist. Es ist in der Regel mit drei Hauptstrombahnen ausgestattet und kann mit weiteren Hilfskontakten (Schließer, Öffner) zum Ansteuern von Hilfsstromkreisen ergänzt werden. Die Einteilung von Leistungsschützen erfolgt aufgrund ihres Schaltvermögens: Motorschaltvermögen AC-3 und AC-4, Wirklastschaltvermögen AC-1 und konventioneller thermischer Strom I_{th}.

Maschine (EN 292-1) Eine Gesamtheit von miteinander verbundenen Teilen oder Vorrichtungen, von denen mindestens eines beweglich ist, sowie gegebenenfalls von Antriebselementen, Steuer- und Energiekreisen usw., die für eine bestimmte Anwendung, wie die Verarbeitung, die Behandlung, die Fortbewegung und die Aufbereitung eines Werkstoffs zusammengefügt sind. Als „Maschine“ wird auch eine Gesamtheit von Maschinen betrachtet, die so angeordnet und gesteuert werden, dass sie als einheitliches Ganzes zur Erreichung ein und desselben Ziels zusammenarbeiten.

Maschine, bestimmungsgemäße Verwendung (EN 292-1) Die Verwendung, wofür die Maschine nach den Angaben des Herstellers geeignet ist, oder die von ihrer Konstruktion, Bau und Funktion her als üblich angesehen wird. Zur bestimmungsgemäßen Verwendung gehört außerdem die Übereinstimmung mit den technischen Anleitungen, festgelegt in der Betriebsanleitung, wobei ein vernünftigerweise vorhersehbarer Missbrauch in Betracht gezogen werden muss. Anmerkung: Bezüglich des vorhersehbaren Missbrauchs sollten folgende Verhaltensweisen bei der Risikoeinschätzung besonders berücksichtigt werden:

- Das vorhersehbare Fehlverhalten infolge normaler Unachtsamkeit, aber nicht infolge absichtlichen Missbrauchs der Maschine.
- Das reflexartige Verhalten einer Person im Falle einer Fehlfunktion, eines Zwischenfalls, eines Ausfalls usw. während des Gebrauchs der Maschine.
- Das Verhalten, das darauf zurückzuführen ist, dass man den „Weg des geringsten Widerstands“ beim Ausführen einer Aufgabe wählt.

- Bei einigen Maschinen (besonders bei Maschinen für den nicht gewerblichen Gebrauch) das vorhersehbare Verhalten bestimmter Personen, wie z. B. Kindern oder Behinderten.

Muting (EN 954-1) Ein zeitbegrenztes automatisches Aufheben einer Sicherheitsfunktion(en) durch sicherheitsbezogene Teile der Steuerung.

Niederspannungsschaltgeräte Schaltgeräte für Stromkreise bis 1000 V Wechselspannung oder 1500 V Gleichspannung.

NOT-AUS-Einrichtung (EN 418) Anordnung von Bauteilen, die dazu bestimmt sind, aufkommende oder bestehende Gefahren für Personen, Schäden an der Maschine oder dem Arbeitsgut abzuwenden oder zu vermindern. Die Funktion einer NOT-AUS-Einrichtung muss nicht in jedem Fall im Abschalten der Spannungsversorgung der Arbeitsmaschine bestehen. Zum Abwenden von Gefahren kann es sinnvoller sein, einzelne Stromkreise weiter in Betrieb zu halten, z. B. elektromagnetische Spannvorrichtungen oder bestimmte Sicherheitsabläufe einzuleiten, z. B. Bremsen oder Rücklauf.

NOT-AUS-Schaltgerät Schaltgerät einer NOT-AUS-Einrichtung, die Gefahren für Personen, Schäden an Maschinen oder Arbeitsmaterialien verhindern soll.

Person, elektrotechnisch unterwiesene (EN 60204-1) Person, die durch eine Elektrofachkraft über die ihr übertragenen Aufgaben und die möglichen Gefahren bei unsachgemäßem Verhalten unterrichtet und erforderlichenfalls angelernt sowie über die notwendigen Schutzeinrichtungen und Schutzmaßnahmen belehrt wurde.

Positionsschalter (EN 60947-5-1/IEV 441 -14-49) Hilfsstromschalter, bei dem das Betätigungssystem durch ein sich bewegendes Maschinenteil betätigt wird, wenn dieses Teil eine vorbestimmte Stellung erreicht hat. Positionsschalter werden aufgrund ihrer Betätigungsart unterschieden:

- Mechanische Positionsschalter: Betätigung mittels direkten An- oder Überfahrens des Antriebskopfes durch ein Maschinenteil. Für die Stellungsüberwachung von Schutzeinrichtungen an Arbeitsmaschinen werden Sicherheitspositionsschalter mit separatem Betätigungselement verwendet.
- Näherungsschalter: Berührungslose Betätigung durch Einbringen eines Teiles in den Überwachungsbereich. Entsprechend ihrer Wirkungsweise werden sie in induktive, kapazitive und optische Näherungsschalter unterteilt.

Positionsschalter mit Sicherheitsfunktion (IEV 441 -14-50) Positionsschalter der über zwangsöffnende Kontakte verfügt.

Redundanz (EN 60204-1) Anwendung von mehr als einem Gerät oder System oder Teil eines Gerätes oder Systems, um sicherzustellen, dass bei Fehlverhalten ein anderes verfügbar ist, diese Funktion auszuführen.

Risiko (EN 292-1) Eine Kombination der Wahrscheinlichkeit und des Schweregrads der möglichen Verletzung oder Gesundheitsschädigung in einer Gefährdungssituation.

Risikobewertung (EN 292-1) Eine umfassende Einschätzung der Wahrscheinlichkeit und des Schweregrads der möglichen Verletzung oder Gesundheitsschädigung in einer Gefährdungssituation, um so geeignete Sicherheitsmaßnahmen auszuwählen.

Risikominderung durch Konstruktion (EN 292-1) Zur Risikominderung durch Konstruktion gehört:

- die Vermeidung oder Verminderung von so vielen Gefährdungen wie möglich, durch die geeignete Auswahl von Konstruktionsmerkmalen, und
- die Begrenzung der Aussetzung von Personen gegenüber unvermeidbaren Gefährdungen, die ungenügend reduziert werden können. Dies wird erreicht durch Verringerung der Notwendigkeit in Gefahrenzonen, Handlungen durchführen zu müssen.

Rückstellung, manuelle (EN 954-1) Eine Funktion innerhalb der sicherheitsbezogenen Teile der Steuerung, um gegebene Sicherheitsfunktionen vor erneutem Anlaufen der Maschine manuell wiederherzustellen.

Rückführkreis Der Rückführkreis dient der Überwachung nachgeschalteter, redundanter Schütze mit zwangsgeführten Kontakten. In Reihe geschaltete Öffner von beiden Schützen werden an den Rückführkreis der Sicherheitsschaltung angeschlossen. Verschweißt ein Haupt- oder Freigabekontakt, ist kein erneutes Aktivieren der Sicherheitsschaltung möglich. Die Sicherheitsschaltung kann nur bei geschlossenem Rückführkreis eingeschaltet werden.

Schaltgerät (EN 60204-1) Gerät zum Ein- oder Ausschalten des Stroms in einem oder mehreren Stromkreisen (IEV 441 -1 4-01).

Schlüsseltaster (EN 60947-5-1) Drucktaster, der nur betätigt werden kann, solange ein Schlüssel eingesteckt ist.

Schutzart Die Schutzart eines elektrischen Betriebsmittels oder eines Gehäuses gibt Auskunft über den Umfang von:

- Berührungsschutz: Schutz von Personen gegen Berührung gefährlicher Teile
- Fremdkörperschutz: Schutz des Betriebsmittels gegen Eindringen fester Fremdkörper
- Wasserschutz: Schutz des Betriebsmittels gegen Eindringen von Wasser.

Der Grad, den ein Gehäuse an Schutz bietet, wird durch das IP-Kurzzeichen (international protection) und zwei Ziffern angezeigt. Die erste Ziffer steht hierbei für den Berührungs- und Fremdkörperschutz, die zweite für den Wasserschutz.

Schutzeinrichtung (EN 60204-1) Eine trennende Schutzeinrichtung oder Schutzeinrichtung, die als Sicherheitsmaßnahme angewandt wird, um Personen vor einer aktuellen oder drohenden Gefahr zu schützen.

Schutzeinrichtung, trennende (EN 292-1) Teil einer Maschine, das speziell als eine Art körperliche Sperre zum Schutz gebraucht wird. Je nach Bau kann eine trennende Schutzeinrichtung auch als Gehäuse, Abdeckung, Schirm, Tür, Verkleidung usw. definiert werden.

- feststehende trennende Schutzeinrichtung. Eine trennende Schutzeinrichtung, die an einer Stelle gehalten wird (d. h. geschlossen ist):
  - entweder dauerhaft (z. B. angeschweißt)
  - oder mit Hilfe von Befestigungselementen (Schrauben, Muttern usw.), die das Wegnehmen oder Öffnen ohne Werkzeuge unmöglich machen.
- bewegliche trennende Schutzeinrichtung: Eine trennende Schutzeinrichtung, die meistens mechanisch mit dem Maschinengestell oder einem angrenzenden festen Element verbunden ist, z. B. über Scharniere oder geradlinige Führungen, und die ohne Verwendung von Werkzeugen geöffnet werden kann.
- verriegelte trennende Schutzeinrichtung (EN 1088)
  Eine trennende Schutzeinrichtung mit einer Verriegelungseinrichtung, so dass:
  - die gefährdenden Maschinenfunktionen, die die Schutzeinrichtung absichert, nicht ausgeführt werden können, wenn die Schutzeinrichtung nicht geschlossen ist;
  - ein Halt-Befehl ausgelöst wird, wenn die Schutzeinrichtung während gefährdenden Maschinenfunktionen geöffnet wird;
  - wenn die Schutzeinrichtung geschlossen ist, die gefährdenden Maschinenfunktionen, die durch die trennende Schutzeinrichtung abgesichert sind, ausgeführt werden können; jedoch löst das Schließen der trennenden Schutzeinrichtung das Ingangsetzen nicht aus.
- steuernde trennende Schutzeinrichtung
  Eine trennende Schutzeinrichtung in Verbindung mit einer Verriegelung (mit oder ohne Zuhaltung), so dass
  - die gefährdenden Maschinenfunktionen, die durch die trennende Schutzeinrichtung abgesichert sind, nicht ausgeführt werden können, wenn die trennende Schutzeinrichtung nicht geschlossen ist;
  - das Schließen der trennenden Schutzeinrichtung die gefährdenden Maschinenfunktionen in Gang setzt.

Schutzeinrichtung, verriegelte trennende (EN 1088) Eine trennende Schutzeinrichtung in Verbindung mit einer Verriegelungseinrichtung, so dass:

- die gefährdenden Maschinenfunktionen, die durch die Schutzeinrichtung abgesichert sind, nicht ausgeführt werden können, wenn die Schutzeinrichtung nicht geschlossen ist;
- ein Halt-Befehl ausgelöst wird, wenn die Schutzeinrichtung während gefährdenden Maschinenfunktionen geöffnet wird;
- wenn die Schutzeinrichtung geschlossen ist, die gefährdenden Maschinenfunktionen, die durch die trennende Schutzeinrichtung abgesichert sind, ausgeführt werden können; jedoch löst das Schließen der trennenden Schutzeinrichtung das Ingangsetzen nicht aus.

Schutzeinrichtung mit Zuhaltung, verriegelte trennende (EN 1088) Eine trennende Schutzeinrichtung in Verbindung mit einer Verriegelungseinrichtung und einer Zuhaltung, so dass:

- die gefährdenden Maschinenfunktionen, die durch die trennende Schutzeinrichtung abgesichert sind, nicht ausgeführt werden können, wenn die Schutzeinrichtung nicht geschlossen und zugehalten ist;
- die trennende Schutzeinrichtung so lange geschlossen und zugehalten bleibt, bis das Verletzungsrisiko, das von den gefährdenden Maschinenfunktionen ausgeht, vorbei ist;
- wenn die Schutzeinrichtung geschlossen und zugehalten ist, die gefährdenden Maschinenfunktionen, die durch die trennende Schutzeinrichtung abgesichert sind, ausgeführt werden können; jedoch löst das Schließen und Zuhalten der trennenden Schutzeinrichtung das Ingangsetzen nicht aus.

Schutzkleinspannung (SELV) (IEC 364-4-41/DIN VDE 0100 Teil 410) Schutzmaßnahme, bei der Stromkreise mit Spannungen bis 50 VAC und 120 V DC ungeerdet betrieben werden und von Stromkreisen mit höherer Spannung galvanisch sicher getrennt sind. Schutzkleinspannung bietet im Falle eines Isolationsfehlers Schutz vor zu hohen Berührungsspannungen durch direktes und indirektes Berühren.

Schutzleiter (EN 60204-1) Ein Leiter, der für einige Schutzmaßnahmen gegen gefährliche Körperströme erforderlich ist, um die elektrische Verbindung zu einem der nachfolgenden Teile herzustellen:

- Körper
- fremde, leitfähige Teile
- Haupterdungsklemme (in Übereinstimmung mit IEV 826-04-05).

Schutzmaßnahmen (EN 60204-1) Sicherheitsmaßnahmen, die besondere technische Mittel, Schutzeinrichtungen genannt (trennende Schutzeinrichtungen/Sicherheitseinrichtungen), einsetzen, um Personen vor Gefahren zu schützen, die nicht in angemessener Weise vermieden oder konstruktiv nicht ausreichend begrenzt werden können.

Schutzmaßnahmen, technische (EN 292-1) Sicherheitsmaßnahmen, die besondere technische Mittel, sogenannte Schutzeinrichtungen (trennende/nicht trennende Schutzeinrichtungen) einsetzen, um Personen vor den Gefährdungen zu schützen, die vernünftigerweise nicht beseitigt oder ausreichend konstruktionsmäßig begrenzt werden können.

Schutztrennung Schutzmaßnahme, bei der die Betriebsmittel vom speisenden Netz galvanisch sicher getrennt (Trenntransformator, Motor-Generator) und nicht geerdet sind.

Selbsthaltung Schaltung, durch die sich ein Schütz nach impulsartiger Betätigung in der „Angezogen-Position" hält. Nach dem Zuschalten der Betätigungsspannung über einen EIN-Taster wird dieser durch einen Hilfsstromschalter des Schützes überbrückt und so die Betätigungsspule weiter an Spannung gehalten.

Sichere Trennung Verstärkte oder doppelte Isolierung, die den Spannungsübertritt von einem Stromkreis in einen anderen mit Sicherheit verhindert. Anwendung findet die sichere Trennung vor allem zwischen Haupt- und Hilfsstromkreisen von Schaltgeräten sowie bei Sicherheits- und Trenntransformatoren.

Sicherheit einer Maschine (EN 292-1) Die Fähigkeit einer Maschine, ihre Funktion(en) durchzuführen und transportiert, aufgebaut, eingerichtet, instandgehalten, abgebaut und entsorgt zu werden, unter den Bedingungen der bestimmungsgemäßen Verwendung, wie sie vom Hersteller in der Betriebsanleitung festgelegt ist (und auf die in einigen Fällen für bestimmte Zeitabschnitte auch in der Betriebsanweisung hingewiesen ist), ohne dass dadurch Verletzungen oder Gesundheitsschädigungen verursacht werden.

Sicherheit von Steuerungen (EN 954-1) Die Fähigkeit von sicherheitsbezogenen Teilen einer Steuerung, ihre Sicherheitsfunktion(en) für einen gegebenen Zeitraum entsprechend der für sie festgelegten Kategorie auszuführen.

Sicherheitsbezogenes Teil einer Steuerung (EN 954-1) Ein Teil oder ein untergeordneter Teil (untergeordnete Teile) einer Steuerung, der (die) auf Eingangssignale anspricht (ansprechen) und sicherheitsbezogene Ausgangssignale erzeugt (erzeugen). Die kombinierten sicherheitsbezogenen Teile einer Steuerung beginnen dort, wo die sicherheitsbezogenen Signale eingegeben werden, und enden am Ausgang der Leistungssteuerungselemente (EN 292-1). Dies beinhaltet auch Überwachungssysteme.

Sicherheitsfunktionen von Steuerungen (EN 954-1) Eine durch ein Eingangssignal ausgelöste und durch sicherheitsbezogene Teile von Steuerungen verarbeitete Funktion, die der Maschine (als System) das Erreichen eines sicheren Zustands ermöglicht.

Sicherheitsmaßnahme (Sicherheitsfunktion) (EN 60204-1) Mittel, das eine Gefahr beseitigt oder vermindert.

Sicherheitspositionsschalter Positionsschalter, der über ein separates Betätigungselement verfügt, das durch eine mechanische Codierung die Betätigung überlistungssicher macht. Sicherheitspositionsschalter werden zur Stellungsüberwachung von Schutzabdeckungen wie Türen, Klappen und Hauben eingesetzt.

Sicherheitsschalter Gekapselter Hauptschalter in unmittelbarer Nähe eines Antriebs oder Verbrauchers, zum Freischalten während Wartungs- und Reparaturarbeiten. Ein Sicherheitsschalter ist vor allem dann erforderlich, wenn die Zugehörigkeit von Hauptschalter und Verbraucher nicht eindeutig ist oder der Hauptschalter nicht abgeschaltet werden soll. Durch Einhängen seines Bügelschlosses kann sich jeder Mitarbeiter davor schützen, dass ein anderer unbefugt einschaltet.

Sicherheitstransformator Trenntransformator mit einer Ausgangsspannung ≤ 50 V. Sicherheitstransformatoren finden Einsatz in Anlagen mit Schutzkleinspannung (SELV).

Spannungssicherheit Begriff für die Betriebssicherheit eines Magnetantriebs in Bezug auf die Grenzwerte der angelegten Betätigungsspannung. Ein Schütz gilt als spannungssicher, wenn es beim Anlegen der kleinsten zulässigen Betätigungsspannung ohne Zwischenzustand einschaltet (Anzugsspannung = Durchzugsspannung). Für das Abschalten ist ein verhältnismäßig niedriger Spannungswert erforderlich, damit bei Spannungseinbrüchen keine unerwünschten Schaltzustände auftreten. Die Abfallspannung darf aber nicht zu niedrig liegen, da bei langen Steuerleitungen aufgrund der Leitungskapazität der Haltestrom auch noch nach Öffnen des Steuerkontaktes weiterfließen kann und somit das Abfallen zumindest verzögert wird.

Spätöffner Öffnerkontakt, meist mit Hilfsschalterfunktion, der gegenüber den Hauptkontakten des Grundgerätes nacheilend öffnet.

Steuerstromkreis (einer Maschine) (EN 60204-1) Stromkreis, der für die betriebliche Steuerung einer Maschine und zum Schutz der Hauptstromkreise benutzt wird.

(Steuerungs-)Kategorie (EN 954-1) Eine Einteilung der sicherheitsbezogenen Teile einer Steuerung in Bezug auf ihre Widerstandsfähigkeit gegen Fehler und ihr Verhalten im Fehlerfall, die aufgrund der strukturellen Anordnung der Teile und/oder deren Zuverlässigkeit erreicht wird.

Stillsetzen, gesteuertes (EN 60204-1) Das Stillsetzen einer Maschinenbewegung durch Zurücksetzen des Befehlssignals auf „0", sobald das Signal von der Steuerung erkannt worden ist. Die Speisespannungen für die erforderlichen Maschinen-Stellglieder bleiben während des Stillsetzungsvorganges erhalten.

Stillsetzen, ungesteuertes (EN 60204-1) Das Stillsetzen einer Maschinenbewegung durch Abschalten der Energiezufuhr für die Maschinenantriebe, Betätigen aller Bremsen oder anderer mechanischer Stillsetzungseinrichtungen.

STOP – Kategorie 0 (EN 60204-1) Stillsetzen durch sofortiges Ausschalten der Energiezufuhr zu den Maschinenantrieben (d. h. ein ungesteuertes Stillsetzen).

STOP – Kategorie 1 (EN 60204-1) Ein gesteuertes Stillsetzen, wobei die Energiezufuhr zu den Maschinenantrieben beibehalten wird, um das Stillsetzen zu erzielen, und die Energiezufuhr erst dann unterbrochen wird, wenn der Stillstand erreicht ist.

STOP – Kategorie 2 (EN 60204-1) Ein gesteuertes Stillsetzen, bei dem die Energiezufuhr zu den Maschinenantrieben erhalten bleibt.

Strom, unbeeinflusster (EN 60947-1/IEV 441 -1 7-01) Strom, der in einem Stromkreis fließen würde, wenn alle Pole des Schaltgerätes oder der Sicherung durch Leiter mit vernachlässigbarer lmpedanz ersetzt wären.

Strom/Zeit-Kennlinie Graphisches Abbild des Zusammenhangs zwischen dem durch einen Überstromauslöser oder eine Sicherung fließenden Überstrom und der Zeitspanne bis zur Auslösung. Die Linie wird in einem doppellogarithmischen Raster dargestellt, mit der Zeit auf der senkrechten und dem Vielfachen des Stromeinstellwerts bzw. des Bemessungsstroms auf der horizontalen Achse (normierte Darstellung).

Synchrone Betätigung (EN 574) Ein besonderer Fall von gleichzeitiger Betätigung, wobei der zeitliche Versatz zwischen dem Beginn eines Eingangssignals und dem Beginn des anderen kleiner oder gleich 0,5 s ist.

Trennfunktion (IEC 947-1) Trennfunktion haben Schaltgeräte, deren Schaltkontakte im geöffneten Zustand die vorgeschriebene Öffnungsstrecke (Trennstrecke) zum Trennen von Stromkreisen erreichen. Die gesamte Anlage oder das Anlagenteil kann so aus Sicherheitsgründen, z. B. während einer Wartung, von der Energiezufuhr abgetrennt werden.

Typ A-Normen (EN 292-2) Diese Normen (Sicherheitsgrundnormen) enthalten Grundbegriffe, Gestaltungsleitsätze und allgemeine Aspekte, die für alle Maschinen, Geräte und Anlagen gelten.

Typ B-Normen (EN 292-2) Diese Normen (Sicherheitsgruppennormen) behandeln einen Sicherheitsaspekt oder eine Art von sicherheitsbedingten Einrichtungen, die für eine ganze Reihe von Maschinen, Geräte und Anlagen verwendet werden können.

- Typ B1-Normen beziehen sich auf spezielle Sicherheitsaspekte (z. B. Sicherheitsabstände, Oberflächentemperaturen, Lärm).
- Typ B2-Normen beziehen sich auf sicherheitsbedingte Einrichtungen (z. B. Zweihandschaltungen, Verriegelungen, Kontaktmatten, trennende Schutzeinrichtungen).

Typ 0-Normen (EN 292-2) Diese Normen (Maschinensicherheitsnormen) enthalten detaillierte Sicherheitsanforderungen für eine bestimmte Maschine oder Gruppen von Maschinen.

Überlistungssicher

1. Kurzbegriff für die Anforderung der Berufsgenossenschaften zur Manipulationssicherheit an Positionsschaltern mit Personenschutzfunktion: „Es darf keine gefährliche Bewegung des Werkzeugs (der Arbeitsmaschine) durch Umgehen der Schutzeinrichtung (Schutzabdeckung) eingeleitet werden, z. B. durch Betätigen des Grenztasters (Positionsschalters) oder durch Eingriff mit einfachen Hilfsmitteln wie Schraubendrehern, Bolzen, Drahtstücken.“
2. Ein NOT-AUS-Schaltgerät ist überlistungssicher, wenn ein ausgeführter Auslösevorgang nicht ohne Hilfsmittel oder vorgeschriebene Prozeduren rückgängig gemacht werden kann. Das Schaltgerät verrastet in der Ausgelöststellung. Die zufällige oder gewollte Manipulation (Tippbetrieb) ist ausgeschlossen.

Überwachung, automatische (EN 292-1) Eine indirekt wirkende Sicherheitsfunktion, die sicherstellt, dass eine Sicherheitsmaßnahme ausgelöst wird, sobald die Fähigkeit eines Teiles oder Elements eingeschränkt ist, seine Funktion auszuführen, oder wenn die Verfahrensbedingungen so verändert werden, dass Gefährdungen entstehen.

Es gibt zwei Kategorien automatischer Überwachung:

- die „kontinuierliche“ automatische Überwachung, durch die eine Sicherheitsmaßnahme sofort ausgelöst wird, wenn ein Ausfall auftritt;
- die „diskontinuierliche“ automatische Überwachung, durch die eine Sicherheitsmaßnahme während des nachfolgenden Arbeitszyklus der Maschine ausgelöst wird, wenn ein Ausfall aufgetreten ist.

Unterspannungsauslöser (EN 60947-1/IEV 441-16-42) Auslöser, der das Öffnen oder Schließen eines mechanischen Schaltgerätes verzögert oder unverzögert freigibt, wenn die Spannung an den Anschlüssen des Auslösers unter einen vorgegebenen Wert sinkt. Unterspannungsauslöser finden Anwendung in NOT-AUS-Einrichtungen, als Wiederanlaufsperre nach einem Spannungsausfall und in elektrischen Verriegelungen.

Verriegelungseinrichtung (Verriegelung) (EN 292-1, EN 1088) Eine mechanische, elektrische oder andere Einrichtung, die den Betrieb eines Maschinenelements unter bestimmten Bedingungen verhindert (üblicherweise solange eine trennende Schutzeinrichtung nicht geschlossen ist).

Wartungsschalter Sicherheitsschalter zum Freischalten von elektrischen Antrieben während Wartungsarbeiten.

Zugangsebene (Bedienebene) (EN 60204-1) Ebene, auf der Personen üblicherweise während der Bedienung und den Instandhaltungsarbeiten an der elektrischen Ausrüstung stehen.

Zugangs- bzw. Zugriffszeit (Zeit für den Zugang bzw. Zugriff zum Gefahrbereich) (EN 1088) Die benötigte Zeit für den Zugriff bzw. Zugang zu den gefährdenden Maschinenteilen nach Auslösen des Anhaltebefehls durch die Verriegelungseinrichtung, berechnet auf der Basis einer Annäherungsgeschwindigkeit, deren Wert für den Einzelfall gewählt werden kann, unter Berücksichtigung der Parameter in EN 999 „Sicherheit von Maschinen" – „Anordnung von Schutzeinrichtungen im Hinblick auf Annäherungsgeschwindigkeiten von Körperteilen".

Zuordnungsart Zustand einer Schaltgerätekombination (Motorstarter) während und nach der Prüfung mit dem bedingten Bemessungskurzschlussstrom:

Zuordnungsart „1":
- Keine Gefährdung von Personen und Anlagen.
- Keine sofortige Betriebsbereitschaft notwendig.
- Beschädigungen am Starter sind zulässig.

Zuordnungsart „2":
- Keine Gefährdung von Personen und Anlagen.
- Starter ist für den weiteren Betrieb geeignet.
- Keine Beschädigung am Starter mit Ausnahme eines leichten Verschweißens der Schaltkontakte, wenn diese ohne nennenswerte Verformung leicht zu trennen sind.

→ Bemessungskurzschlussstrom, bedingter.

Zuverlässigkeit (EN 292-1) Die Fähigkeit einer Maschine, eines Teiles oder einer Ausrüstung eine geforderte Funktion unter spezifizierten Bedingungen und für einen vorgegebenen Zeitraum ohne Fehler auszuführen.

Zwangsgeführte Kontaktelemente (IEC 17B/726/NP) Kombination von n Schließer- und m Öffner-Kontaktelementen, die mechanisch so miteinander verbunden sind, dass sie nicht gleichzeitig geschlossen sein können.

Zwangsläufigkeit (IEC 947-5-1) Zwangsläufigkeit bezeichnet eine Verbindung zwischen Bedienteil und Schaltglied, die bewirkt, dass die auf das Bedienteil ausgeübte Kraft direkt (ohne federnde Teile) auf das Schaltglied übertragen wird.

Zwangsöffnung (EN 60947-1/IEV 441 -16-11) Öffnungsbewegung die sicherstellt, dass die Hauptkontakte eines Schaltgerätes die Offenstellung erreicht haben, wenn das Bedienteil in AUS-Stellung steht. Die Ausführung einer Kontakttrennung als direktes Ergebnis einer festgelegten Bewegung des Bedienteiles des Schalters über nicht federnde Teile (z. B. nicht abhängig von einer Feder).

Zwangsöffnungskraft (EN 60947-5-1) Betätigungskraft oder Betätigungsmoment (eines Drehschalters), die der am Bedienteil erforderlich ist, um die Zwangsöffnung zu erreichen.

Zwangsöffnungsweg (EN 60947-5-1) Mindestweg vom Beginn der Betätigung des Bedienteiles bis zur Stellung, in der die Zwangsöffnung der öffnenden Kontakte beendet ist.

Zweihandschaltung (EN 574) Eine Einrichtung, die mindestens die gleichzeitige Betätigung durch beide Hände erfordert, um den Betrieb einer Maschine einzuleiten und aufrechtzuerhalten, solange eine Gefährdung besteht, um auf diese Weise eine Maßnahme zum Schutz nur der betätigenden Person zu erreichen.

Zweihandschaltung, ortsveränderliche (EN 574) Ein bewegliches Gerät, das in mehr als einer bestimmbaren Position in Bezug auf den Gefahrenbereich der von ihm gesteuerten Maschine verwendet werden kann.

Literatur

Richtlinien und Normen

Europäische Maschinenrichtlinie 2006/42/EG

EN ISO 12100-1 Sicherheit von Maschinen – Grundbegriffe, Allgemeine Gestaltungsleitsätze – Teil 1: Grundsätzliche Terminologie, Methodologie

EN ISO 12100-2 Sicherheit von Maschinen – Grundbegriffe, Allgemeine Gestaltungsleitsätze – Teil 2: Technische Leitsätze

EN ISO 14121-1 Sicherheit von Maschinen – Risikobeurteilung – Teil 1: Leitsätze

PD 5304: 2005 Leitfaden zum sicheren Umgang mit Maschinen

EN 60204 Sicherheit von Maschinen. Elektrische Ausrüstung von Maschinen. Allgemeine Anforderungen

EN 13850 Sicherheit von Maschinen. Not-Halt. Gestaltungsleitsätze

EN IEC 62061 Sicherheit von Maschinen, Funktionale Sicherheit sicherheitsbezogener elektrischer, elektronischer und programmierbarer elektronischer Steuerungssysteme

EN 61508 Funktionale Sicherheit sicherheitsbezogener elektrischer/elektronischer/programmierbarer elektronischer Systeme

EN ISO 13849-1 Sicherheit von Maschinen – Sicherheitsbezogene Teile von Steuerungen – Teil 1: Allgemeine Gestaltungsleitsätze

Gräf, Winfried: Maschinensicherheit. Auf der Grundlage der europäischen Sicherheitsnormen, Hüthig Verlag

J. Volberg Sicherheit im Steuerstromkreis nach der Maschinenrichtlinie, VER 07-818, Moeller, Bonn

W. Esser Schutz gegen gefährliche Körperströme, VER 06+43-779, Moeller, Bonn

Lexikon Schaltgeräte und Automatisierungstechnik, TB0-012, Moeller, Bonn

Sander. M, Sicherheit und Betriebsfestigkeit von Maschinen und Anlagen, Konzepte und Methoden zur Lebensdauervorhersage, Springer Verlag

Gehlen. P, Funktionale Sicherheit von Maschinen und Anlagen, Siemens Publicis MCD

Sachverzeichnis

MIX
Papier aus verantwortungsvollen Quellen
Paper from responsible sources
FSC® C105338

If you have any concerns about our products,
you can contact us on
ProductSafety@springernature.com

In case Publisher is established outside the EU,
the EU authorized representative is:
Springer Nature Customer Service Center GmbH
Europaplatz 3, 69115 Heidelberg, Germany

Printed by Libri Plureos GmbH
in Hamburg, Germany